博物馆研究书系
Series of Museum Research

博物馆建造
及展览工程管理

［陆建松 著］

复旦大學出版社

图书在版编目(CIP)数据

博物馆建造及展览工程管理/陆建松著. —上海：复旦大学出版社，2019.10（2024.5 重印）
（博物馆研究书系）
ISBN 978-7-309-14656-1

Ⅰ.①博… Ⅱ.①陆… Ⅲ.①博物馆-建筑设计 ②博物馆-展览会-工程管理
Ⅳ.①TU242.5 ②G265

中国版本图书馆 CIP 数据核字(2019)第 223485 号

博物馆建造及展览工程管理
陆建松 著
责任编辑/胡欣轩

复旦大学出版社有限公司出版发行
上海市国权路 579 号 邮编：200433
网址：fupnet@fudanpress.com http://www.fudanpress.com
门市零售：86-21-65102580 团体订购：86-21-65104505
出版部电话：86-21-65642845
常熟市华顺印刷有限公司

开本 787 毫米×960 毫米 1/16 印张 51.5 字数 667 千字
2024 年 5 月第 1 版第 3 次印刷

ISBN 978-7-309-14656-1/T·657
定价：248.00 元

目　录
CONTENTS

◀绪　论▶

从世界范围来看，随着社会的发展和博物馆的进步，现代博物馆的角色和功能日益多元化，在社会生活中发挥的作用越来越大。博物馆具有收集、保存和维护人类文明进步和社会经济发展成果及生态环境演变资料的作用；传承社会文化、促进文化交流的作用；向社会大众，特别是青少年传播和普及科学文化知识的作用；陶冶人们的情操、提高人们的涵养，以及丰富人们的精神文化生活的作用；培养人们的价值观、引导社会大众适应时代和社会发展的作用；引导社会大众了解、欣赏及爱护生态环境和自然资源的作用；提升地方或城市文化品位、营造商贸环境，以及促进旅游经济发展与繁荣的作用等。

博物馆事业是我国社会主义文化事业的重要组成部分，是国家文化软实力的重要组成部分，是公共文化服务体系建设的重要内容，其发展对于弘扬中华文化，建设中华民族共有精神家园，增强民族凝聚力和创造力，建设社会主义核心价值体系，促进人的全面发展，提高全民族文明素质，满足人民群众不断增长的精神文化需求，实现好、维护好、发展好人民群众基本文化权益，都具有十分重要的意义。

1949 年，新中国成立时，我国仅有 25 座博物馆。1957 年第一个五年计划结束时，全国博物馆总数已达到 73 座。1978 年底全国文物系统有博物馆 349 座，1980 年有博物馆 365 座，1982 年增加到 409 座，1983 年为 467 座，1990 年迅速增加到 1 013 座，1991 年为 1 075 座，2000 年增加到 1 397 座。

国际经验表明，当人均GDP超过3 000美元的时候，文化消费会快速增长。随着我国经济社会持续快速发展，2008年我国人均GDP超过3 000美元。随着我国人民经济生活水平的提高，人民群众对精神文化的需求日益旺盛。近年来，越来越多的人民群众走进博物馆，渴望在这里得到文化享受和精神愉悦，对博物馆寄予了殷切期望。特别是2008年，博物馆实行免费开放以来，公众参观的兴趣得到进一步激发，各地博物馆参观人数普遍比免费开放前增长数倍，有的甚至增长10倍之多，博物馆的文化辐射力和社会关注度得到空前提高。

随着我国综合国力的增强和社会的进步，中共中央从实现科学发展和促进人的全面发展的战略高度，高度重视文化建设，大力推动公共文化服务体系建设。

2011年10月，党的十七届六中全会提出了“努力建设社会主义文化强国”的战略目标，指出要“完善覆盖城乡、结构合理、功能健全、实用高效的公共文化服务体系”；要“大力发展公益性文化事业，保障人民基本文化权益”；“加强文化馆、博物馆、图书馆、美术馆、科技馆、纪念馆、工人文化宫、青少年宫等公共文化服务设施和爱国主义教育示范基地建设”。

2011年国家文物局颁布的《国家博物馆事业中长期发展规划纲要（2011—2020）》指出，到2020年，要构建一个与中华文明成就和综合国力相适应的、特色鲜明、结构优化、布局合理、惠及全民的博物馆公共文化服务体系，形成以国家级博物馆为龙头、省市级博物馆为骨干、国有博物馆为主体、民办博物馆为补充、各类专题特色和各行各业博物馆全面发展的博物馆发展新格局，进入世界博物馆先进国家行列。具体目标包括：实现每个地级城市拥有1个以上功能健全的博物馆，实现全国地级城市博物馆的全覆盖；大力推进遗址博物馆建设；大力促进少数民族博物馆发展；大力发展自然科技类博物馆；支持发展各行各业的博物馆；大力促进民办博物馆的发展；大力推动儿童博物馆的发展；积极发展人类学、当代艺术和社区等博物馆等。

《国家中长期科学和技术发展规划纲要（2006—2020）》和国务院《全民科学素质行动计划纲要（2006—2010—2020年）》提出，要大力发展科技馆、自然博物馆等科技类博物馆，城区常住人口100万人以上的大城市至少拥有1座科技类博物馆。依托国家地质公园、森林公园、风景名胜区、自然生态保护区，建设好各类专题自然科学博物馆。地市级以上中心城市逐步建立自然科学或科技博物馆。

2012年“十八大”报告指出：“公共文化服务体系建设取得重大进展。”

党的“十八大”以来，习近平总书记高度重视文物“见证历史、以史鉴今、启迪后人”的重要作用，多次强调“让文物活起来”“让文物说话”。2014年2月25日，习近平总书记在首都博物馆参观北京历史文化展览时强调：“搞历史博物展览，为的是见证历史、以史鉴今、启迪后人。要在展览的同时高度重视修史修志，让文物说话、把历史智慧告诉人们，激发我们的民族自豪感和自信心，坚定全体人民振兴中华、实现中国梦的信心和决心。”2014年3月27日，习近平主席在联合国教科文组织总部演讲时说：“让收藏在博物馆里的文物、陈列在广阔大地上的遗产、书写在古籍里的文字都活起来，让中华文明同世界各国人民创造的丰富多彩的文明一道，为人类提供正确的精神指引和强大的精神动力。”

2015年中央办公厅和国务院办公厅印发了《关于加快构建现代公共文化服务体系的意见》要求：统筹推进公共文化服务均衡发展、增强公共文化服务发展动力、加强公共文化产品和服务供给、推进公共文化服务与科技融合发展、创新公共文化管理体制和运行机制、加大公共文化服务保障力度。“深入推进公共图书馆、博物馆、文化馆、纪念馆、美术馆等免费开放工作，逐步将民族博物馆、行业博物馆纳入免费开放范围。”

2016 年 12 月 25 日第十二届全国人民代表大会常务委员会第二十五次会议通过了《中华人民共和国公共文化服务保障法》，本法所称的公共文化设施是指用于提供公共文化服务的建筑物、场地和设备，主要包括图书馆、博物馆、文化馆（站）、美术馆、科技馆、纪念馆、体育场馆、工人文化宫……第十五条规定："县级以上地方人民政府应当将公共文化设施建设纳入本级城乡规划，根据国家基本公共文化服务指导标准、省级基本公共文化服务实施标准，结合当地经济社会发展水平、人口状况、环境条件、文化特色，合理确定公共文化设施的种类、数量、规模以及布局，形成场馆服务、流动服务和数字服务相结合的公共文化设施网络。"

2017 年 1 月 25 日中共中央办公厅、国务院办公厅发布《关于实施中华优秀传统文化传承发展工程的意见》强调："随着我国经济社会深刻变革、对外开放日益扩大、互联网技术和新媒体快速发展，各种思想文化交流交融交锋更加频繁，迫切需要深化对中华优秀传统文化重要性的认识，进一步增强文化自觉和文化自信；迫切需要深入挖掘中华优秀传统文化价值内涵，进一步激发中华优秀传统文化的生机与活力；迫切需要加强政策支持，着力构建中华优秀传统文化传承发展体系"，"更加自觉、更加主动推动中华优秀传统文化的传承与发展"，"充分发挥图书馆、文化馆、博物馆、群艺馆、美术馆等公共文化机构在传承发展中华优秀传统文化中的作用"。

2017 年"十九大"报告指出："推动文化事业和文化产业发展。满足人民过上美好生活的新期待，必须提供丰富的精神食粮。要深化文化体制改革，完善文化管理体制，加快构建把社会效益放在首位、社会效益和经济效益相统一的体制机制。完善公共文化服务体系，深入实施文化惠民工程，丰富群众性文化活动。加强文物保护利用和文化遗产保护传承。"

2018 年 7 月 6 日，中央全面深化改革委员会第三次会议审议通过的《关于加强文物保护利用改革的若干意见》强调："创新文物价值传播推广体系。将文物保护利用常识纳入中小学教育体系和干部教育体系，完善中小学生利用博物馆学习长效机制。实施中华文物全媒体传播计划，发挥政府和市场作用，用好传统媒体和新兴媒体，广泛传播文物蕴含的文化精髓和时代价值，更好构筑中国精神、中国价值、中国力量。"

国家对文化繁荣发展的重视、投入和推动，为博物馆事业的发展提供了难得的历史机遇，各地按照中央要求，纷纷加大投入力度，新建、改建和扩建博物馆，不断改善文物藏品保护、陈列展览和社会服务条件。

近十年来，我国博物馆事业进入了快速发展时期。根据国家文物局历年年检备案统计，2009 年底全国共有 3 020 家博物馆，此后平均每年以几百家的速度增长。截至 2018 年底，全国博物馆达 5 354 家，比 2017 年增加 218 家（图 1）。2018 年全国博物馆举办展览 2.6 万场，教育活动近 26 万次，观众达 11.26 亿人次，分别比 2017 年增长 30%、30% 和 16%，博物馆成为人民向往的美好生活的重要组成部分[①]。

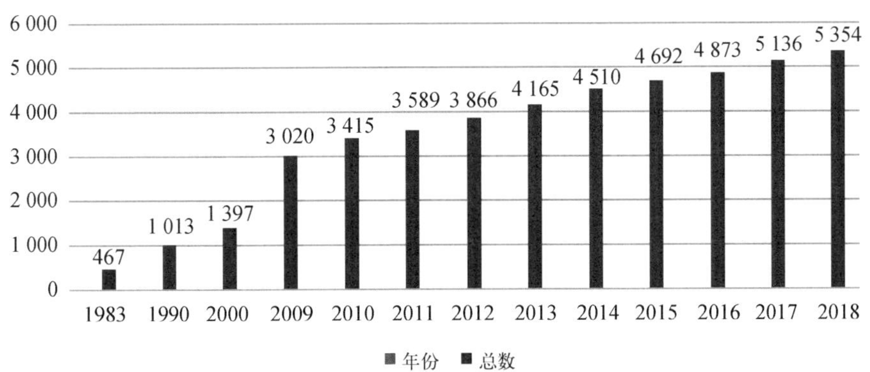

图1 1983—2018年历年我国博物馆总数量

① 中国博物馆达5 354家！, http: //dy.163.com/v2/article/detail/EFIHKOUD0524BJUB.html。

尽管近十年来我国博物馆以平均每年几百家的速度增长，但与美国相比，我国博物馆总量依然较少。根据美国博物馆与图书馆服务协会（Institute of Museum & Library Services）2014 年 6 月发布的信息：全美国有各类博物馆 35 000 家，超过星巴克 Starbucks（11 000 家）和麦当劳 McDonald's（14 000 家）的总和①。

较之博物馆事业发达国家，无论从博物馆总量还是人均博物馆拥有量，我国还有很大的差距。要达到世界发达国家的博物馆发展水平，要建成与中华文明和综合国力相适应的全国博物馆公共文化服务体系，我国还有很长的发展道路要走。因此，无论从国土面积、人口还是历史文化和自然遗产的角度看，未来中国的博物馆至少应该在 10 000 家以上。可以预见，随着综合国力的不断增强，未来 10 年甚至 20 年，中国博物馆建设将继续保持高速增长态势。

虽然 21 世纪我国迎来了博物馆建设的新高潮，各地、各行业都在投入巨资新建、扩建和改建博物馆，博物馆事业发展形势喜人。但与此同时，我国博物馆建造中也存在诸多令人忧虑的问题，例如：重建筑、轻展览；博物馆建筑盲目攀高比大；重建筑形态、轻建筑功能；博物馆建设程序混乱和管理要求不清；博物馆展览工程设计、制作和布展工程管理混乱；重建设、轻经营；盲目追求建馆速度等。这些问题严重影响了博物馆的建设质量，导致不少建成的博物馆不能发挥应有的公共文化服务效能，甚至成为政府财政的包袱。

为了引起各级政府和博物馆界对我国博物馆建设问题的关注、讨

---

① "There are roughly 11 000 Starbucks locations in the United States, and about 14 000 McDonald's restaurants. But combined, the two chains don't come close to the number of museums in the U.S., which stands at a whopping 35 000.

So says the latest data released from the Institute of Museum and Library Services, an independent government agency that tallies the number and type of museums in this country. By their count the 35 000 active museums represent a doubling from the number estimated in the 1990s." Wonkblog There are more museums in the U.S. than there are Starbucks and McDonald's combined. By Christopher Ingraham June 13,2014, http: //www.washingtonpost.com.

论，改进和提高我国博物馆的建设质量，笔者结合几十年博物馆建设的实践经验以及对博物馆建设规律的思考和探索，撰写本书。

本书以我国博物馆建设中存在的主要问题为导向，以提高我国博物馆建设质量为目标，根据博物馆建设的内在规律及其技术和方法，试图探讨和分析我国博物馆建设及其展览工程管理中存在的主要问题，涉及博物馆建设的任务和流程、博物馆建设总体规划书编写、博物馆建筑设计任务书编写、展示内容策划、展览造价概算和预算编制、展览工程招标、展览形式设计、展品展项制作、展览工程现场管理、展览工程验收和移交、结算和审计等。

希望本书的出版，一方面能为各地、各行业博物馆建设工程提供借鉴和参考，帮助他们科学有序地推进博物馆建设，提高博物馆的建设质量；另一方面能为高校博物馆学专业提供博物馆建设及其展览工程管理的参考教材，满足我国博物馆建设及其展览工程管理对专业人才的需求。

◀ 第一章 ▶

中国博物馆建设的弊端与误区

2006年3月31日，针对过去十几年中国博物馆建设存在的问题，笔者在《中国文物报》上发表了《侃谈当前中国博物馆建设的九大弊端与误区》一文，引起了时任国家文物局局长单霁翔先生以及业内人士的广泛关注。然而13年过去了，这些问题不仅依然没有得到解决，而且有愈演愈烈的趋势。

当前我国博物馆建设中突出的主要问题有：博物馆建设动机不够端正；博物馆建筑盲目攀高比大；本末倒置，重建筑形态，轻建筑功能；主次颠倒，重建筑，轻展览；博物馆建设的学术研究和展品基础薄弱；不按博物馆建设的程序和管理要求做；普遍不重视展览的内容策划和设计；地方行政领导不当、干预过多；盲目追求建馆时间和速度；“交钥匙”工程和代建制；文物保护没有得到足够的重视；重建设，轻经营。这些问题严重影响了我国博物馆建设的质量，亟待克服。

一、博物馆建设的动机不够端正

各级政府响应党和国家文化建设号召，加大对文化设施建设的投入，重视博物馆建设，这本身是好事。但是，对“为什么要建博物馆”“欲建的博物馆要发挥怎样的作用”“建成的博物馆的宗旨和使命是什么”等博物馆建设首先必须认真考虑和论证的问题，却往往并没有经过充分的论证和规划。一些地方匆忙上马建设博物馆，不少是受“政绩观念”和“形象工程”的影响，往往由长官意志所决定。说严重点，某些博物馆的建设，与其说是为了保护和传承中华优秀传统文化，为了满足人民群众精神文化生活的需求，倒不如说是为了一届政府或某些个人的“政绩”。

例如2019年6月11日，河南省政府网站以“未来三年 郑州将谋划建设各类博物馆100家以上”为题，报道了郑州市以2021年为限，三年内谋划建设各类博物馆100家以上的消息。地方政府愿意拿出钱投入文化事业，其出发点是好的，但三年内建设如此庞大数量的博物馆是否做好了充足的准备？博物馆建设不是建房子，而是一项复杂的文化建设工程，在3年内建设100座博物馆不符合客观规律。如此，建博物馆成了政绩工程，原本应该有的公共文化服务功能反而被忽视了，必然本末倒置。于是博物馆建设往往重建筑、轻展览，追求建筑大而全；重建筑形态、轻建筑功能，把博物馆建设当作造纪念碑或标志性建筑，结果建成的博物馆往往发挥不了应有的作用，成了政府装点门面的摆设，甚至成为政府的财政包袱。

因此，博物馆建设首先要端正动机，要立足于服务国家的文化建设和人民群众精神文化生活需要，强化博物馆的功能和作用，重视博物馆的内容建设。诚如2017年4月19日习近平总书记在参观合浦汉代文化博物馆时所强调的那样，“博物馆建设不要‘千馆一面’，不要追求形式上的大而全，展出的内容要突出特色”①。

① 霍小光、鞠鹏、谢环驰：《习近平广西考察：博物馆要突出特色　不要“千馆一面”》，2017年4月20日，新华网，http: //www.ce.cn/culture/gd/201704/20/t20170420_22161455.shtml。

二、博物馆建筑盲目攀高比大

博物馆建筑不是越大越好。建多大规模的博物馆，主要取决于博物馆的功能及其需求，即博物馆展示、教育、收藏、公共服务和行政管理的功能的需求。例如，展示空间的面积取决于展示的内容，包括基本陈列、专题陈列和临时陈列的数量及其对空间的具体需求；收藏空间的面积取决于博物馆收藏的数量、各类文物的尺度、配套设施的配置等；行政管理空间的面积取决于博物馆部门及其管理人员数量的配置等。总之，博物馆建筑规模大小的规划必须有充分的依据。

但是遗憾的是，在各地博物馆建设中，为了表示对文化建设的重视，一些地方看到兄弟省、市建了博物馆，就要想方设法建一个比人家更大、更气魄的博物馆。在这种攀比心理的驱使下，不顾当地的经济实力，也不管博物馆的实际使用需求，不惜巨资在博物馆建筑上盲目攀高比大，投资规模动辄上亿元，甚则十多亿元。结果不仅造成博物馆建成后实际使用需求不足，建筑空间大量浪费，而且造成开馆后每天能耗巨大，营运不堪重负，陷入财政困境，成为政府的包袱，并有损博物馆的社会形象。

例如，1996 年建成的上海博物馆建筑面积 39 200 m^2，2006 年建成的首都博物馆建筑面积 63 390 m^2；2004 年建成的山西博物院建筑面积 51 000 m^2，2016 年建成开放的太原博物馆建筑面积 64 400 m^2，超山西博物院；2004 年建成的温州博物馆建筑面积 26 000 m^2，2008 年建成的宁波博物馆建筑面积 34 000 m^2；2006 年建成的常州博物馆建筑面积 20 000 m^2，2007 年建成的无锡博物院建筑面积 71 000 m^2；2009 年建成的四川博物院建筑面积 32 026 m^2，2017 年建成的成都博物馆建筑面积 65 000 m^2；1998 年建成的河南博物院建筑面积 78 000 m^2，2018 年建成的郑州博物馆建筑面积 145 000 m^2。

图2　无锡博物院建筑效果图

图3　成都博物馆建筑设计效果图

三、本末倒置，重建筑形态，轻建筑功能

建博物馆不是造纪念碑，更不是形象工程。博物馆是一个容器，是功能性建筑，要承载博物馆收藏、研究、展示、教育和管理等功能。因此，“博物馆建筑的首要原则是‘形随功能而生’：建筑物必须符合或适应博物馆的营运需求”[①]。也就是说，博物馆建筑规划和建造的首要原则是“功能第一”。所谓“功能第一”，就是说博物馆建筑物必须符合或适应博物馆的功能需求，满足博物馆文物标本收藏、研究、展示、教育和经营管理等工作和活动对建筑空间的要求。博物馆不是一栋简单的建筑物，而是一个涉及特殊需要和活动的有机体，不能让博物馆机构这个活动体去适应建筑，而应该让建筑去配合博物馆。一个合适的建筑舞台是博物馆工作和活动，尤其是展览活动正常开展的基本保障。

但遗憾的是，在各地博物馆建设中，普遍存在重建筑形态、轻建筑功能的现象。为了将博物馆建成城市的标志性建筑，甚至视为政府的形象工程，一些地方过分追求博物馆建筑的外观造型，刻意追求建筑的象征性，搞标新立异或哗众取宠。于是，弄出许多观众根本感觉不到也没有实际意义的具象崇拜，例如所谓的“天圆地方”“中原之气”或仿古器物建筑。相反，对博物馆建筑最重要的使用功能——收藏功能，研究功能，展示功能，教育功能和管理功能等的实际需求，则不做深思熟虑的规划，导致博物馆建筑各功能分区布局不合理，建筑功能适应性差，展示空间不适应布展，功能动线规划不当，相关设施不配套。如此不仅严重影响到建成后博物馆工作和活动的开展，而且还造成空间浪费或运行成本加重。

---

① 乔治·艾里斯·博寇(G. Ellis Burcaw)著:《博物馆这一行》,张誉腾等译,五观艺术管理有限公司,1997年,第260页。

图4　浙江桐乡市博物馆建筑效果图，象征蚕宝宝

图5　中国港口博物馆建筑效果图，象征海螺

图6 上海广富林遗址博物馆建筑效果图,象征三个瓦罐

图7 中国香榧博物馆建筑图,屋顶置三颗香榧

图8　太原博物馆建筑效果图,被调侃为五个桶装方便面

图10　河南博物院建筑照片,寓意“九鼎定中原”

图11 1999年建成的郑州博物馆老馆照片，寓意“问鼎中原”

四、主次颠倒，重建筑，轻展览

建造博物馆不等于造建筑。建筑固然是构成博物馆的要素，但博物馆建筑仅仅是舞台，展览才是博物馆建设的主角和核心，成功的展览方能真正吸引观众。博物馆建筑建设得再宏伟壮观，如果展览不精彩，难说博物馆建造成功。并且，博物馆建筑的形态、布局和体量主要取决于以展览为主的博物馆的功能需求。

但遗憾的是，各地博物馆建设往往错误地认为建造博物馆就等于造建筑。于是，博物馆建造往往主次颠倒，重建筑，轻展览，建设资金大量用在博物馆建筑上，而本该是博物馆建设最重要的展览筹建费用则捉襟见肘，这与国际上通行的建筑与展览经费之比 1∶1 甚至 1∶2 不相适应。结果造成建成后的博物馆展览缺乏吸引力和感染力，导致博物馆建成开放不久就出现门可罗雀的尴尬局面。

显然，博物馆是个通过举办展览向观众传播科学文化知识的机构，只有推出既具有思想性、科学性、知识性，又具有艺术感染力的精品展览，博物馆建设才能称得上成功。

五、博物馆建设的学术研究和展品基础薄弱

博物馆不是光有钱就可以建成的。建设一座理想的博物馆，需要一系列的条件保障，包括资金、建筑、展品、学术研究基础等。因为博物馆是一种知识形态的文化设施，其建设离不开两个重要的学术支撑——展品收藏基础和学术研究基础。博物馆展览需要展品支撑，展品收藏是博物馆建设的物质基础，而学术研究成果则是博物馆展览提出概念和观点、提炼展览主题、策划展览内容以及创作辅助展品的依据。显然，没有一定的收藏基础和较为扎实的学术研究是难以建成一个理想的博物馆的。

但遗憾的是，我国不少博物馆，在建设之际，藏品收藏很少，甚至是零收藏，并且与展览主题有关的学术研究基础也十分薄弱。在这种情况下，虽然博物馆的建筑躯壳建起来了，但作为博物馆灵魂和核心的展览却往往是劣质的。一些地方博物馆建筑建造得很壮观，但因为没有展品收藏，结果博物馆被迫用作大商场，成为笑柄。

六、不按博物馆建设的程序和管理要求做

博物馆建设工程是一项复杂的系统工程，不仅程序多、涉及面广，而且专业性强。从建设工程的主要任务讲，依次是展览内容策划与设计，展示形式初步设计，建筑空间规划与建造，展览深化施工设计与工程实施。就博物馆展览设计与制作布展而言，包括展览工程立项与经费概算编制→编制工程招标文件→形式概念设计与招标→形式深化设计与

施工设计→制作与施工→监理→验收→移交→结算→审计→评估。

但在博物馆建设实践中，普遍存在的问题是：（1）不按这样的科学程序做，特别表现在先造建筑，后办展览，展览被迫去适应空间；（2）对博物馆建设过程中的每个程序，例如建筑设计、内容设计、展览工程委托、展览形式设计、工程管理等的管理要求不清楚或不规范，最突出的问题是在不具备规范的展览内容脚本和展品清单的前提下，就让展览公司去办展览。由于不按博物馆建设的程序和管理要求做，严重影响了博物馆建设工程的质量。

七、普遍不重视展览的内容策划和设计

博物馆展览设计制作与影视剧创作类似，首先应该由展览内容策划师依据学术资料和展品形象资料拟定陈列大纲；再在大纲的基础上根据展览表现的规律和方法撰写类似于剧本的展览内容脚本；继而由形式设计师依据展览内容脚本来进行展览的二度创作——形式设计和制作。在影视剧创作中，剧本是一剧之本，是第一位的。同样，只有首先具备一个好的展览内容脚本，才能期待形式设计师设计和制作出一个具有思想知识内涵、文化学术基础，并符合当代人审美情趣的展览来。反之，就不可能设计和制作出高水准的博物馆展览。

但各地在筹建博物馆展览时，无论是地方史展览、自然史展览，还是人物和事件类展览，普遍不重视作为展览形式设计和制作布展蓝本的展览内容脚本的策划，大多只是一个简单的陈列大纲——文字说明加陈列品清单罗列。如果说对于一般的文物陈列，这样的大纲尚能勉强应付；而对于叙事类主题展览，如地方史展览、自然史展览、人物和事件类展览，这样的大纲则显然是远远不够的。多年来，我国博物馆展览水平之所以普遍不高，甚至平庸，一个关键的因素是普遍不重视展览内容的策划。

八、地方行政领导不当干预过多

各地博物馆的建设项目往往是当地政府的重点工程，甚至是政府的形象工程和政绩工程。因此，博物馆建设往往受到当地主要领导的高度关注。领导关心博物馆建设固然是好事，但关注不当或干预过多就会严重影响博物馆的质量。博物馆建设工程是一项专业性很强的工程，其专业性不仅表现在博物馆建筑上，更体现在展览设计与工程上。显然，博物馆建设应该尊重专业判断，多听博物馆专家的意见。

但在各地博物馆的建设工程中，普遍情况是以行政判断替代专业判断，领导的意见往往左右博物馆建设工程，似乎行政领导比博物馆专家更“专家”。一是主要领导对建筑形态、展览设计、时间进度等的意见成为主导意见，谁官大听谁的；二是下级主管往往不敢对上级领导的错误意见甚至是瞎指挥说“不”，往往抱有“只要领导满意就可以了”的不负责任的想法；三是为了规避责任，下级执行部门故意将责任往上移交，什么事都让领导决定。此外，地方利益机构往往把博物馆建设工程视为“肥肉”，千方百计地通过影响领导从而插手博物馆建设工程，结果造成博物馆建设工程质量受到严重影响。

多年来我国博物馆建设的实践表明，当地政府领导干预愈多，博物馆建设工程的问题就愈多；反之，由博物馆专家主导的博物馆建设工程，情况则要好得多。

九、盲目追求建馆时间和速度

博物馆建设是文化建设类项目中最复杂的建设工程之一，不仅建筑设计和建造工程复杂，展览资料的搜集研究、展览内容策划、展示形式设计和制作布展更加复杂。因此博物馆建设需要花费大量的时间和精力，是一项慢工出细活的建设工程，必须要有充分的时间保障。国际上建一个博物馆，往往需要四五年甚至十几年的论证、规划和建设时间。

例如位于美国纽约“9·11”恐怖袭击的发生地——世界贸易中心遗址的“9·11”国家纪念博物馆，该馆是为了纪念在9·11事件中失去生命的美国人民，它分为国家纪念馆和国家博物馆两个部分。2001年“9·11”恐怖袭击发生，2005年春季世界贸易中心基金会（World Trade Center Foundation，Inc.）开始筹建该博物馆，并与曼哈顿下城发展公司（Lower Manhattan Development Corporation）开展设计和施工方面的合作计划。纪念博物馆的建筑由以色列建筑师迈克尔·阿拉德和美国景观设计师彼得·沃克共同设计，并于2006年3月13日开工建设，2011年9月11日“9·11”恐怖袭击十周年之际，纪念馆部分正式对外开放，而博物馆的场馆于2012年9月11日开放。整个博物馆建设花了8年时间。

再如波兰首都华沙的波兰犹太人历史博物馆，位于华沙一处二战前犹太人聚居地的中心地带，纳粹曾将此处改造为集中营。博物馆关注的不仅是大屠杀，还关注犹太人在波兰的800多年历史。该博物馆由芬兰建筑师Ralner Mahlamaeki和Mar Lahdelma设计，总建筑面积18 000 m^2。1992年启动建设，到2016年建成开放，共计花了24年时间。其中1992—2014年，整整花费20年时间用于展品和学术研究资料的搜集、整理和研究以及展览文本策划设计。也正因为如此，该博物馆无论是建筑还是展览都做得非常好。

而我国，各地博物馆建设大多是前期不做充分的准备工作，一旦领导拍了板，就匆忙上马，要求在一二年内速战速决，或是为了赶在本届政府任期内完成，或是为了迎接各种各样的旅游节、博览会等。例如2019年6月11日，河南省政府网站以“未来三年　郑州将谋划建设各类博物馆100家以上”为题，报道了郑州市以2021年为限，三年内谋划建设各类博物馆100家以上的消息。试想三年内建设如此数量庞大的博物馆，怎么能建好？在这种情况下，博物馆建设被迫置博物馆建造的客观规律于不顾，建设速度和质量被迫服从行政命令规定的时间节点，按非常规程序操作。结果造成博物馆建设质量存在严重问题，使博物馆建设投资的有效性和合理性大打折扣，违背了博物馆建造的初衷。

十、“交钥匙”工程和代建制

各地博物馆建设不少是“交钥匙”工程，即政府往往将博物馆建造视为普通公共建筑，依照行政命令由政府公共工程建设部门主持营造，例如建委、建设厅等政府建设主管部门，或是政府通过工程总承包模式（EPC）委托城市投资公司建造等，建成后再交给业主博物馆使用。但由于公共建设部门或城市投资公司不懂得博物馆建筑功能需求的特殊性，而又不让博物馆真正的使用者参与决策，必然导致博物馆建筑不符合博物馆功能需求，而且展览不伦不类。这种做法十分荒唐，就像裁缝师傅给人做衣服，衣服主人没有发言权，衣服式样、尺寸大小由裁缝师傅说了算！因此，即便是“交钥匙”工程，由于博物馆建筑的特殊性和复杂性，也必须听取博物馆使用者的意见。

例如当年四川博物院新馆建设，整个项目从建筑到展览完全由四川省建设厅主导，而四川省文化厅和文物局则没有主导权，作为博物馆的真正用户——四川博物院更没有话语权。由于建设厅不了解博物馆展览的特殊性和专业性，在展览设计与工程招标中按建筑装饰工程运作，最后新馆展览工程由从来没有做过博物馆展览工程的四川省最大的建筑装饰工程公司——粤海装饰公司中标。众所周知，博物馆展览不是装饰工程，让没有任何博物馆展览设计制作经验的建筑装饰公司设计制作博物馆展览，无异于请兽医给人治病。最后建成的四川博物院新馆展览效果自然不理想，受到业内的广泛诟病。

总之，“交钥匙”工程或工程总承包模式（EPC）更适合标准化的政府工程，而不适合博物馆建设项目，博物馆建设项目应由使用方博物馆负责。

十一、文物保护没有得到足够的重视

文物是国家珍贵的文化遗产，同时，它具有脆弱性和不可再生的特点，其长久保存需要我们精心呵护！“维护文物藏品的质量，既取决于其材料质地，更取决于它所经历的环境。环境因素影响着藏品的寿命……影响文物质量的环境因素，主要是环境气候、空气污染、光线辐射、昆虫危害、微生物繁殖等”①。因此，无论在陈列展览、库房收藏等各个环节都要维持一个相对稳定的环境条件。在文物的展示中，要特别重视文物小环境的保护。

但是在新建的以文物为展品的博物馆展览中，由于博物馆业主方对展柜、照明和恒温恒湿等关系到文物保护的问题没有提出明确和严格的要求，展览设计制作公司往往为降低成本而采用简单的展柜、非专业的照明，以及未考虑恒温恒湿设备。在库房设备购置方面，博物馆建设方也提不出具体的要求，导致库房设备购置预算严重不足，或采购的库房设备不适应文物保护的需要。这样，时间长了必然会对展示和库房中保存的文物造成破坏。

因此，在博物馆新馆建设中，必须高度重视文物保护问题，不仅要重视展示文物的保护，也要重视库房文物的保护。

---

① 王宏钧主编：《中国博物馆学基础》，上海古籍出版社，2001年，第201页。

十二、重建设，轻经营

建造博物馆只是博物馆经营的第一步，建一个博物馆相对容易，养一个博物馆，特别是经营好一个博物馆则非常不容易。不仅要长期持续地投入大量的物力和财力，而且需要一支品德高尚、业务精湛、结构合理、充满活力的高素质的专业化博物馆经营队伍。

但各地在博物馆建造之前，往往盲目地追求博物馆建筑越大越好，在博物馆展览中采用的多媒体和科技装置越多越好。而对建成后的博物馆需要多少经营人员和运营经费，往往缺乏充分的考虑，以为建成后就万事大吉。结果导致建成后的博物馆因为缺乏专业经营、运营人才，缺乏后续运营经费，不仅不能发挥其应有的社会作用，甚至陷入财政困境，成为政府的包袱。

因此，在博物馆建设中，不仅要重建设，更要重经营，必须考虑今后长期维护和运营的费用。

除了上述十二个突出问题外，博物馆建设中还存在诸多问题，例如：不重视总体规划的论证编写、不重视建筑设计任务书的论证编写、不重视博物馆展览概算的编制、不重视展览工程招标文件的科学编撰、不重视展览工程的配合与控制、不重视展览工程的验收和移交，等等。

各地博物馆建设中之所以出现这些问题，并严重影响了我国博物馆建设的质量，究其主要原因，一是博物馆建造往往受到“长官意志”或“行政命令”的左右，政府领导说了算；二是受“政绩观念”的影响，急功近利；三是博物馆筹建方不懂得博物馆建设的科学程序和管理要求，不重视博物馆专家的作用，未能按博物馆建造的客观规律办事。

我国博物馆的发展不仅要追求数量的增长，更要追求质量的提高。时任国家文物局局长单霁翔先生在 2010 年上海国际博物馆协会第 22

届大会上的发言中曾指出：“在博物馆馆舍建设方面，不但要重视建设速度，更要重视功能保障；不但要重视建设规模，更要重视长远发展；不但要重视造型新颖，更要重视地方特色；不但要重视建筑装饰，更要重视陈列展览；不但要重视硬件投入，更要重视管理支撑。”国家文物局副局长宋新潮在该大会上接受记者采访时也表示：“博物馆的建设，不仅要重视数量的增长，更要重视质量的提高。博物馆建设的核心是内容建设、服务能力建设，而不是馆舍的建设，特别要避免形式主义、内容空洞、贪大求洋的不正确的建设观念。”

21 世纪迎来了博物馆建设的新高潮，我国各地、各行业都在投入巨资新建、扩建和改建博物馆。尽管到 2018 年我国各类博物馆达到 5 354 座，但与美国全国 35 000 座博物馆相比，今后我国博物馆建设还有很大的发展空间。随着我国综合国力的增强和人民精神文化生活需求的增长，今后十几年仍将是我国博物馆建设事业的高速增长期。

建造博物馆是一项造福于人民和社会的公益性文化事业。各地重视博物馆建设，固然可敬可贺，但是，只有把博物馆建好了，真正发挥服务民众和社会的作用，博物馆的建设才有意义。为了把新博物馆建设好，使之真正服务和造福于人民和社会，我国博物馆建设中存在的上述问题值得政府有关部门和博物馆建设方引以为戒！

◀ 第二章 ▶

博物馆建设的任务和流程

要建设好一座博物馆，首先要明白博物馆是一个什么性质的机构，它具有什么功能，博物馆建设的主要任务有哪些，博物馆建设的科学流程及其节点管理要求应该是怎样的，只有对这些问题心中有数，我们方能有的放矢地建设好一个博物馆。

但在我国博物馆建设实践中，普遍存在的问题是以为建博物馆就是造建筑，于是按照一般建设工程项目进行运作。而对博物馆建设项目的特殊性、主要的建设任务、科学的建设流程、每个建设环节的管理要求和时间需求等并不清楚，导致整个建设过程走了很多弯路，浪费了很多金钱和宝贵时间，甚至严重影响了博物馆的建设质量。

因此，要建设好一座博物馆，建设方必须首先弄清楚博物馆建设的主要任务、科学流程以及每个建设环节的管理要求和时间需求等。

一、博物馆建设工程的特殊性

按照国际博物馆协会的定义，博物馆是一个为社会及其发展服务的、非营利的常设机构，向公众开放，为教育、研究、欣赏之目的征集、保护、研究、传播、展示人类及人类环境的有形遗产和无形遗产。

博物馆种类丰富多样，无奇不有。根据国际博物馆协会对博物馆的定义，历史类博物馆、艺术类博物馆（含美术馆）、自然生态类博物馆、科技类博物馆（含科学馆）、纪念类博物馆等都是博物馆。

博物馆是国民教育的特殊资源和阵地，是社会教育的重要承担者。在现代博物馆的经营管理中，“教育”（知识传播）不仅是博物馆公共服务的主要内容，也是其首要目的和社会责任。

欧美博物馆发达国家都将“教育”作为博物馆公共服务的主要内容，将“教育”置于博物馆公共服务角色的中心。

1906年美国博物馆协会成立时也宣言“博物馆应成为民众的大学”，博物馆理应成为普通人的教育场所，成为民众接受终身教育的大学堂。1984年美国博物馆协会出版的《新世纪的博物馆》将“教育”认定为博物馆的“首要”目标。并强调：“若典藏是博物馆的心脏，教育则是博物馆的灵魂。”①

欧美博物馆都有明确的教育使命定位，并以使命出发开展博物馆的收藏、保护、研究、展示、教育和公共服务。例如：

1753年建立的大英博物馆，其教育使命为：“对人类文明中所有艺术和知识，进行系统的整理和研究，并让人人有机会接触人类的历史文物，从中获得知识和快乐。”

英国维多利亚-艾尔伯特博物馆的教育使命为：“让每一个人享受博物馆的藏品，展示创造这些物品的文化，鼓舞现代设计的成长。”

伦敦科学博物馆的教育使命为：“理解影响我们生活的科学。”

美国国家自然博物馆的教育使命为：“了解自然界及我们的生存环境，探讨自然界的变迁，并呈现人与环境的互动关系。”

芝加哥菲尔德自然史博物馆的教育使命为：“激发对地球生命的好奇，同时探索世界如何形成，以及我们如何改善世界。”

芝加哥科学与工业博物馆的教育使命为：“鼓励和激发儿童实现他们在科学、技术、医药和工程方面的全部潜能。”

纽约大都会艺术博物馆的教育使命为：“以服务广大公众为目的，

① 段勇：《当代美国博物馆》，科学出版社，2003年，第97页。

遵照最高专业标准，收藏、保护、研究和展示代表了人类最高成就的各类优秀艺术作品，并促进对于这些作品的理解、重视和欣赏。”

法国发现宫的教育使命为：“唤起社会大众对科技发展的关心，发扬科学精神，培养严谨、精密、真实、批评和自由思考的科学态度，引导青少年发展科学能力和兴趣，协助民众以健全的态度去适应现代科技新世界。”

日本名古屋市科学馆的教育使命为：“创造乐趣与兴奋，让观众理解科学的原则与应用；让观众思考科技与人类的关系；运用科技，更好地理解社会面临的问题。”

西澳大利亚博物馆的教育使命为：“启发人们探索和分享自己的身份、文化、环境和地域感，体验并贡献于世界的多样性和创造性。”

1846 年建立的美国史密森博物学院是全球最大的博物馆群，现有 20 座直属博物馆，包括国立美国历史博物馆（National Museum of American History）、国立美国艺术博物馆（National Museum of American Art）、国立非洲艺术博物馆（National Museum of African Art）、国立航空航天博物馆（National Museum of Air and Space）、国立自然历史博物馆（National Museum of Natural History）等。其使命就是：“增长知识，传播知识。”

从总体上讲，现代博物馆工作可分为两个部分：一是对人类及其环境的物质遗产和非物质遗产收集、整理、保管、研究和阐释，这部分工作是围绕“物”展开的，其工作目标实质上是组织、加工和生产公共知识的过程；二是通过展示、拓展性教育活动将博物馆加工和生产的公共知识有效传达给公众，这部分工作是面向“人”展开的，其工作目标实质上是传播和普及公共知识（教育）的过程。

虽然博物馆具有收藏、保护、研究和展示文化遗产和自然遗产的功能，但无论什么博物馆，其共性都是一个出于公共教育和利用的目的，对人类及其环境的物质遗产和非物质遗产进行搜集、整理、保管、研究和展出，最终实现知识传播的非正规教育机构。

因此，从根本上讲，博物馆是个向观众进行知识传播和公共教育的非正规教育机构，陈列展览是博物馆传播先进文化、发挥社会教育作用的主要手段，也是博物馆为公众提供公共文化产品和服务的主要形式。因此，展览才是博物馆建设的主角，才是博物馆建设的核心，只有优秀的展览方能真正吸引观众。只有将展览建设好了，才能说博物馆建设成功。

可见，建博物馆不是简单地造建筑。建筑固然是构成博物馆的要素，是博物馆建设的重要内容，但博物馆建筑只是舞台，博物馆建筑建设得再宏伟壮观，如果展览不精彩，难说博物馆建造得成功。所以，建设一个博物馆，绝不等于造一个建筑。一些地方建博物馆，简单地认为，建博物馆就是造建筑，建筑越大越好，把大量物力和财力用在博物馆建筑建造上，而展览建设往往被忽视，投入的经费很少。结果虽然博物馆建得宏伟壮观，但因为展览不成功，最终导致博物馆建设失败。

即便是造建筑，博物馆建筑也有别于普通建筑，有别于其他文化建筑（如图书馆、档案馆、大剧院等）。作为博物馆业务的活动舞台，博物馆建筑的设计与建造要贯彻“功能第一”的原则，首先要满足博物馆四大功能的需求，即必须具备四大功能区：展示区、收藏区、行政管理办公（包括研究）区、公共服务区。

虽然全世界博物馆建筑在功能分区上都有共性——四大功能区，但因为博物馆种类丰富多样，无奇不有，有历史、艺术、自然、科学、人物等，不同的博物馆因为具体功能需求的不同，往往对建筑功能有不同的需求。以展示空间为例：不同性质的博物馆有不同展览，不同的展览有不同的展品和展示方式，不同的展品和展示方式对展示空间的体量、层高、柱距、楼板荷载、采光等都有不同的要求。

由于误认为建博物馆就是造建筑，所以不少地方在博物馆建设上，一上来就一拍脑袋设计建造博物馆建筑。笔者曾经遇到多个博物馆筹建方，在没有明确博物馆功能的前提下让建筑师无的放矢地设计博物馆，结果建筑设计花了大半年，投入了很大的财力和精力，最后都成了一堆废纸。更有甚者，在没有充分考虑博物馆建筑功能需求的情况下就一口气把博物馆建好了，结果建好的博物馆或因为功能不合适而无法使用，或因为面积过大而空间浪费严重。

综上所述，建博物馆不等于造建筑，博物馆建设的核心是展览。即便是博物馆建筑设计与建造，也必须尊重不同博物馆特殊的功能需求。

二、博物馆建设工程的任务

在所有公共文化设施——博物馆、图书馆、档案馆、青少年活动中心、群艺馆等的建设项目中，博物馆建设项目是最复杂的，其复杂性不仅体现在建筑功能和形态上，更表现在其展览内容和形式及其展示工程运作上。从博物馆建设的一般规律看，博物馆建设项目的主要任务有三项：展示内容策划与设计；展示形式设计、制作与布展工程；建筑空间规划与建造。

（一）展示内容策划与设计

展示内容策划与设计，不仅是博物馆陈列展览筹建的关键环节，也是博物馆建设的难点。

所谓展览内容策划设计，是指在展览学术研究资料和展品形象资料研究的基础上，遵照博物馆展览的传播目的和受众需求分析，按照博物馆展览表现的规律及其表现方法，进行二度改编和创作，将前期的学术资料、展品形象资料转化为可供展览形象设计和创作的展览内容剧本。这是一项基于传播学和教育学的设计。概括地讲，这是将学术问题通俗化、理性问题感性化、知识问题趣味化、复杂问题简单化的改变和创作过程。展览内容策划设计包括展览传播目的的研究、展览主题和副主题的提炼和演绎、展览内容逻辑结构策划、展示内容取舍安排、前言和单元以及小组说明撰写、展品组合及其分镜头策划、辅助展品设计依据及创作要求、展览传播信息层次思考，以及形式设计初步规划等。只有首先具备一个好的展览内容文本，形式设计和制作师才能制造出一个优秀的博物馆展览来。

展示内容策划与设计是一项集学术、文化、思想与技术的创意作业，是一项复杂的智力劳动。策展人不仅要花大量时间研究与展览主题有关的各种学术研究资料和展品形象资料，思考展览的社会教育和时代性问题，还要熟悉博物馆展览信息传播的规律，懂得展览形式表现的方法和手段。可见，展示内容策划与设计不仅难度高，而且需要充分的时间保障。

但各地博物馆建设往往意识不到展示内容策划与设计的重要性和复杂性，普遍不重视展览内容文本的策划。一是不愿投入必要的经费，宁愿花上几个亿甚至十几个亿在建筑和展览制作上，但就是不愿在关键的展览内容策划上花钱；二是不愿给予展览内容策划与设计必要的时间，国际上策划一个博物馆常设展览往往要四五年甚至更长的时间。展览内容文本是展览形式设计和制作的蓝本，面对一个简单粗糙的展览内容文本，即使是最优秀的展览形式设计和制作大师，也难以创造出一个有吸引力、感染力的展览来。因此，博物馆建设要高度重视博物馆展览内容的策划设计。

（二）展示形式设计、制作与布展工程

展示形式设计、制作与布展工程是博物馆建设的另一项重要任务。所谓博物馆展览，是指在特定空间内，以文物标本和学术研究成果为

基础，以艺术的或技术的辅助展品为辅助，以展示设备为平台，进行观点和思想、知识和信息、价值与感觉传播的直观生动的陈列艺术形象序列。虽然展示内容是博物馆展览的灵魂，但展示形式也很重要。因为作为一种视觉和感观艺术，博物馆展览的表现形式应该是感性的，要通过观众喜欢的视觉和感观方式与观众进行信息和知识的交流。只有具备较高艺术水准及引人入胜感观效果的展览，才能吸引观众参观。即一个好的博物馆陈列展览，不仅要有思想知识内涵、文化学术概念，还要符合现代人的审美需求。可见，展示形式设计和制作也是博物馆建设工程的重要内容。

展示形式设计、制作与布展工程包括展示概念设计、深化设计和施工设计、制作与布展工程。具体包括空间设计、平面布局和参观流线设计、展厅氛围设计、图文版面设计、艺术类辅助展品设计、科技类辅助展品设计与研发、照明设计、展示家具和道具设计、展厅基础装饰工程、展品展项制作与布展等。博物馆展览工程不同于普通建筑装饰工程，也不同于商业会展，其技术和艺术含量及复杂性远高于普通建筑装饰工程和商业会展。因此，在博物馆展览工程建设中，我们切不可将博物馆陈列展览等同于普通建筑装饰工程或一般商业会展来处理。

（三）建筑空间规划与建造

建筑空间规划与建造是博物馆建设的又一个重要任务。博物馆不是一栋简单的建筑物，而是一个涉及特殊需要和活动的有机体。博物馆建筑是一个容器，要承载博物馆收藏、研究、展示、教育和管理等功能。建筑是一个舞台，一个好的建筑，是博物馆工作和活动，尤其是展览活动正常开展的基本保障；反之，如果建筑功能适应性差，展示空间不适应布展，功能动线规划不当，相关设施不配套，就难以满足博物馆工作和活动的需要。

其次，博物馆建筑也是一个文化地标，要在满足博物馆的功能需求的前提下，具有自己独特的建筑风貌和格调，成为一座独一无二的、令人印象深刻的建筑，堪当一个城市的文化象征和景观标志。可见，博物馆建筑不同于其他建筑，必须同时满足功能需求和文化需求两个条件。

综上所述，博物馆建设项目主要任务不仅仅是博物馆建筑的设计与建造，还包括展示内容策划与设计以及展示形式设计、制作与布展工程。

三、博物馆建设工程的流程

博物馆建设及其展览工程是一项复杂的系统工程，不仅程序多、专业性强，而且涉及面广。要确保建筑的适用性，展览内容的思想性、科学性、知识性、艺术性，以及制作布展工艺的严肃性、技术的可靠性、造价的合理性，必须按照博物馆建设的客观规律办事。

在博物馆建设中，常见的程序错误有：在缺乏科学的总体规划前提下就匆匆忙忙上马建造博物馆，导致不断修改建筑规模和建设预算；在没有规范完备的展览内容文本的情况下，就让展览公司搞展览形式设计，造成不断变更展示设计方案；在没有科学的建筑设计任务书的情况下，匆忙造建筑，导致不断修改建筑方案；先造建筑，后搞展览，展览被迫去适应建筑空间，等等。由于没有按照科学的博物馆建设工程的客观规律办事，程序颠倒混乱，不仅博物馆的建设质量受到严重影响，建设工期和建设成本也被迫延长和增加。

根据博物馆建设的一般规律，一个博物馆建设工程的科学程序宜为：建设总体规划书编写→学术研究成果和展品形象资料整理研究→展示内容策划与文本撰写→展示形式概念设计→建筑设计任务书编写→建筑设计与建造（含弱电工程）→展示形式深化设计（含施工设计）→展品展项制作及布展工程实施（参见下图）。

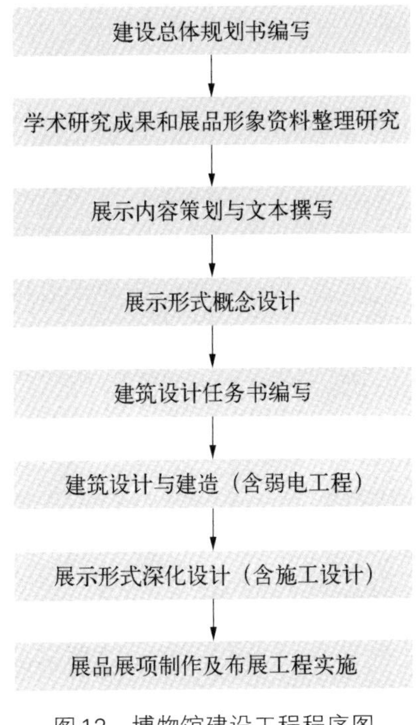

图12　博物馆建设工程程序图

（一）博物馆建设总体规划书

博物馆建设总体规划书应该是项目可行性研究报告的核心部分。其内容包括博物馆建设的需求和目的、性质定位、功能定位、建设目标、建设规模、资源分析、展览主题和内容、投资估算、资金筹措、效益分析、建设任务和流程及时间进度、未来营运规划等。博物馆建设总体规划书是博物馆建设投资决策的科学依据，因此其涉及的内容以及反映情况的数据，必须真实可靠，要进行充分论证。

之所以要对博物馆建设工程进行科学严谨的总体规划，编制博物馆建设总体规划书，是为了克服博物馆投资和建设上的随意性和盲目性，避免博物馆建设工程的不确定性及其带来的影响和问题，保障博物馆投资和建设决策的合理性和科学性、建设条件的可能性和可行性，以及博物馆建设过程中资金、进程和质量的可控性。

总之，建设总体规划书是博物馆建设总的行动纲领和路线图，是博物馆建设成功的重要前提。因此，在博物馆建设工程启动之前，务必要对整个博物馆建造工程进行统筹思考、认真论证和规划，做好博物馆建设总体规划书。此项工作应该委托富有博物馆建设管理经验的博物馆专家来承担。但是，不重视博物馆建设总体规划书的编写和论证是我国各地博物馆建设的通病，这是影响我国博物馆建设质量的又一个重要因素。

（二）学术研究成果和展品形象资料整理研究

众所周知，博物馆建设的核心是展览，只有展览建设好了，博物馆建设方能说成功。而博物馆展览不是有钱就可以做好的，展览筹建的两大学术支撑是：与展览主题和内容有关的学术研究成果、与展览主题和内容有关的展品形象资料。如果缺少这两大学术支撑，博物馆展览内容策划和形式设计肯定做不好，展览肯定建不好；展览建不好，那博物馆建设一定不会成功。此外，展品形象资料也是博物馆建筑设计任务书编写的重要依据，例如库房的面积大小、藏品的分类及库房布局等都要依据藏品的数量、质地、体量等进行科学规划。

总之，学术研究成果和展品形象资料的整理研究，不仅是展览内容策划和形式设计、制作及布展的基础，也是编写博物馆建设总体规划书和建筑设计任务书的重要依据。因此，在建设博物馆之前，首先要对与展览主题和内容有关的学术研究成果和展品形象资料进行整理研究，这项工作应由文博、地方史或相关学科专家承担，这是博物馆建设的重要前提。但是不重视或缺乏充分的学术研究成果和展品形象资料的整理研究是我国各地博物馆建设的通病，也是影响我国博物馆建设质量的一个重要因素。

（三）展示内容策划与文本撰写

博物馆展览的制作类似于电影的制作。在电影制作中，剧本是第一位的因素，我们很难想象没有一个好的电影剧本，导演和演员怎能创造出一部优秀的电影来！同样，只有首先具备一个好的展览文本，形式设计和制作师才能制造出一个优秀的博物馆展览来。反之，面对一个简单粗糙的展览文本，即使是最优秀的展览形式设计和制作大师，也难以创造出一个有吸引力、感染力的展览来。

展览内容策划文本不仅是展览形式设计、制作和布展的蓝本，也是博物馆建筑设计中展示空间规划的重要参考依据。因此，在博物馆展览形式设计和建筑设计任务书编写之前，必须做好展示内容策划与文本撰写。此项工作应委托富有博物馆展览内容策划经验的博物馆专家承担。鉴于展览文本的策划是一项集学术、文化、思想与技术于一体的作业，是一项复杂的智力劳动，所需时间一般要一年甚至更长。

但是，我国各地博物馆建设普遍不重视展览文本的策划设计，多数博物馆的展览文本仅仅是一个简单粗糙的展览文字大纲或展品清单，或是一个学术著作或教科书式的学术资料汇编，更有一些博物馆连一个简单的展览文字大纲也没有。宁愿花上几个亿，甚至十几个亿在建筑和展览制作上，但就是不愿在关键的展览内容策划上花钱。如果不改变这种状况，要想提高我国博物馆展览的水平，显然是不可能的。

（四）展示形式概念设计

形式设计是对展览内容的表达，只有在具备展览内容文本的前提下，方可进行展览形式概念设计。概念设计是展览的初步设计，是对展览的总体规划，它包括：展览点、线、面的规划，展览内容各部分在空间上的布局和内容分配，每部分主要知识点和信息传播点的布局及展示方式和手段，观众参观的动线规划，展示设备的设计或选型，展厅采光及其效果氛围设计等，体现在图纸上是各展厅内容平面图、观众流线图、空间轴侧图、展厅总体艺术效果图、重点展项表现效果图、展示设备（展柜、壁龛、展台、展墙）造型图等。此项工作应该由专业博物馆展览设计公司承担。

展示形式概念设计不仅是展示形式深化设计和施工设计的基础，也是编写博物馆建筑设计任务书的重要依据。例如展示空间建筑设计涉及的展示空间的面积、布局、参观流线、采光、层高、柱距、楼板荷载、用电量等，都要根据展览的内容及其呈现方式而定。如果没有形式概念设计做依据，那么博物馆建筑展示空间的设计就缺乏科学依据，难以做到量体裁衣，必然造成建筑空间不适应展示需要的尴尬局面，严重影响展览的展示。

因此，在编写建筑设计任务书之前，应该首先进行展示形式概念设计。但是，我国各地博物馆建设中普遍存在的问题是：在没有展示形式概念设计之前就拍脑袋决定博物馆建筑展示空间面积、布局及其空间条件。这种违背博物馆建设科学程序和规律的做法，必然严重影响博物馆的建筑设计，造成展示空间难以符合展示的需要。

（五）建筑设计任务书编写

博物馆建筑是博物馆活动的舞台，一个合适的舞台是博物馆工作和活动，尤其是展览活动，正常开展的基本保障。博物馆建筑是最复杂的建筑之一，不同的博物馆，甚至是同类的博物馆，因其展示内容与方式不同，收藏品数量、体量和质地不同，以及公共服务和管理体制及编制的不同，对博物馆建筑空间有不同的功能需求。此外，仅仅指望建筑大师设计好博物馆是不现实的。因为隔行如隔山，哪怕是著名的建筑大师也不可能熟悉某个博物馆的具体需求。

建筑设计任务书是博物馆建筑规划设计的基础和依据。建筑规划与设计是否到位的关键是博物馆建设方能否为建筑师提供规范、科学的博物馆建筑设计任务书，能否对博物馆建筑设计提出明确的边界条件和具体需求。例如展示空间的面积、布局及其空间条件；收藏空间的面积、布局及其空间条件；公共空间的面积、布局及其空间条件；管理研究空间的面积、布局及其空间条件等。建筑设计任务书的编写应该由富有博物馆建设经验的专家来担纲，业主方配合，共同完成。如果博物馆建筑比较复杂，例如有环幕影院、球幕影院、4D影院等，需要有影院的专项设计进行配合。总之，只有认真做好一个规范的博物馆建筑设计任务书，我们才能期待建筑师设计出一个布局合理、功能齐全、适用美观的优秀博物馆建筑来。

但是，我国各地博物馆建设中普遍存在的问题是：不重视建筑设计任务书的编写，未能向建筑师提供明确、清晰的建筑设计边界条件和具体需求，这正是严重影响我国博物馆建设质量的重要因素。

此后，博物馆建设的任务依次是建筑设计与建造（含弱电工程）、展示形式深化设计（含施工设计）和展品展项制作及布展工程实施。

四、博物馆建设工程进度及时间要求

如前文所述，博物馆建造工程是所有公共文化设施建造工程中最复杂的项目之一，不仅程序多、专业性强，而且涉及面广，往往建设周期比较长。一般来说，建得比较成功的博物馆，不仅都遵循博物馆建造的科学流程，而且都有较为充分的时间作保障。

（一）学术研究成果和展品形象资料整理研究

此项工作应由与展览主题和内容有关的学术专家承担，需要的周期视不同博物馆情况而定。总之，学术研究成果和展品形象资料的搜集、整理和研究要充分扎实，满足博物馆展览内容策划和形式设计的要求。

（二）展示内容策划与文本撰写

此项工作应由博物馆策展人承担，或委托资深的展览内容策划专家策划。“内容为王”，博物馆展览文本的策划是一项集学术、文化、思想与技术于一体的作业，是一项复杂的智力劳动，此项工作所需时间应不少于 1 年。

（三）建筑设计与建造

建筑设计与建造，含博物馆弱电工程设计与实施。此项工作应由建设部门负责实施，但建筑设计功能需求任务书的编写必须听取博物馆使用方和博物馆专家的意见。所需时间遵循建筑设计与建造规律。

（四）展示形式设计

包括展览设计与制作工程招标阶段的概念设计，以及中标后的深化设计与施工设计。概念设计不少于 2 个月；深化设计与施工设计不少于 6 个月。此项工作应由专业博物馆展示设计公司承担。

（五）展厅基础装饰工程

包括展厅（有些博物馆也包括公共空间）顶、地、墙和电气工程，此项工作应在展览内容空间布局以及重点展项（包括位置、尺寸）确定并完成施工设计的前提下进行，一般需要3～4个月。此项工作应由专业博物馆展示制作和布展公司承担。

（六）二次艺术设计、科技装置研发和辅助展品制作

包括重点辅助艺术品、多媒体、科技装置等复杂辅助展品的设计、研发和制作，一般不少于6个月的时间，甚至更长。例如多媒体影片的拍摄、动画设计与制作、雕塑的创作等，往往需要较长的时间。此项工作应由专业的博物馆展项设计制作公司承担。

（七）现场布展工程实施

主要落实展柜、各种大型展品或装置在展厅中的安装，以及各类文物标本和辅助展品的布置，包括各种设备设施以及软件的调试、安保和消防配合和协调等工作。此项工作所需时间不少于2个月，应由博物馆方与展示制作和布展公司配合完成。

为了保障博物馆展览工程质量和艺术水准，建议给展示形式设计、制作和布展尽量留足较为充分的时间，切不要为了赶工期而影响展览工程质量。

◀ 第三章 ▶

博物馆建设总体规划书编写

“凡事预则立，不预则废”。做任何事情，首先要有规划，规划比努力更重要。在博物馆筹建之前，首先必须认真编写和论证博物馆建设总体规划书，即对博物馆建造的动因、资源、博物馆机构、观众参观体验、工程实施、未来营运等进行统筹思考、认真规划。博物馆建设总体规划书是博物馆建设项目可行性研究报告的核心内容，是指导博物馆建设的总的行动纲领和实施路线图，是博物馆建造成功的基本保障。

但在我国博物馆建设实践中，普遍存在的问题是不重视博物馆建设总体规划书的论证与编写，对上述这些原本是博物馆建设首先必须认真考虑和论证的问题，往往没有经过充分的论证和规划，就匆忙上马建设博物馆。由于没有认真编写和论证博物馆建设总体规划书，导致博物馆建设过程出现无序、被动的状态，往往想到哪里做到哪里，不断变更投资预算以及建筑和展览设计等，不仅影响博物馆的建设质量，而且造成无谓的资金和时间浪费。

因此，为了避免博物馆建设工程的随意性及其带来的影响和问题，确保博物馆建设工程资金和质量的可控性以及建设目标的实现，博物馆建设方必须高度重视博物馆建设总体规划书的编写和论证。

一、博物馆建设总体规划书编写的重要性

按照建设项目的要求，各地博物馆建设项目启动时都要编写博物

馆建设项目可行性研究报告，包括博物馆建设项目的基本情况介绍、必要性分析、建设方案、可行性分析等。例如某博物馆建设项目可行性研究报告基本内容如下：

目　　录

第一章　总论

一、项目背景

1. 基本情况

2. 主管部门

3. 编制依据、原则及范围

二、项目概况

1. 项目主要建设内容

2. 主要建设条件

3. 项目投资

4. 主要技术经济指标

第二章　项目建设背景及必要性

一、项目建设背景

1. 某某市博物馆

2. 建设前期过程

二、项目建设的必要性

1. 我国文化战略及当代博物馆的发展趋势需求

2. 某某市发展定位及规划对于历史文化展示中心建设的需求

3. 某某市博物馆自身发展定位的需求

第三章　项目选址与建设条件

一、项目选址

1. 项目选址原则
2. 项目拟建位置
3. 项目拟建地块性质及面积
4. 项目拟建地块总体概况

二、建设条件

1. 地质地貌
2. 气象、水文
3. 地震设防
4. 公共设施条件

第四章　项目建设方案

一、总体设计要求

1. 建设目标及功能定位
2. 主要建设内容和规模
3. 建设标准和规范
4. 建筑要求

二、初步建设方案

1. 设计理念
2. 平面布置
3. 馆舍功能分区
4. 地下室
5. 停车场（位）
6. 道路和出入口
7. 绿化和室外景观
8. 展示中心建筑内部空间功能区块指标

三、结构与负载设计

1. 设计依据

2. 设计要求

3. 设计荷载取值

4. 结构选型

5. 地基基础

6. 结构措施

7. 主要结构材料

8. 主要计算软件

9. 结构设计特点和难点

10. 降低造价的结构措施

四、施工组织与工程管理

1. 工程材料的质量控制

2. 工程施工与管理

第五章　公用工程

一、给排水工程

1. 给水

2. 排水

二、供电

1. 设计范围

2. 主要设计依据

3. 10/0.4 kV 高低压变配电系统

4. 应急电源系统

5. 低压配电系统

6. 照明

7. 防雷与接地

三、弱电

1. 设计范围

2. 主要设计依据

3. 综合布线系统

4. 计算机网络系统

5. 宽带及电话交换系统

6. 有线电视系统

7. 广播音响系统

8. 视频监控系统

9. 门禁系统

10. 语音导览系统

11. 多媒体会议与教学系统

12. 信息导引与发布系统

13. 一卡通系统（考勤、消费、出入口控制）

14. 能耗监测系统

15. 智能化系统集成（电子标签管理系统）

16. 机房工程

17. UPS 电源系统

18. 综合管路系统

四、公共设施

1. 空调

2. 通风

3. 防盗

4. 防虫防鼠

5. 防烟尘与有害气体

第六章　节能、节水与水土保持

一、节能

1. 主要设计依据

2. 主要节能措施

二、节水

三、暖通节能

四、电气节能

1. 设计依据

2. 建筑电气节能设计技术措施

3. 照明设备选择及节能技术措施

4. 照明照度标准值选用

5. 照明控制方式选择

6. 能源系统运行与管理控制

第七章　环境保护

一、执行的环保标准

二、项目建设与运营对环境的影响及主要防治措施

1. 项目施工期间对环境的影响及主要防治措施

2. 项目运营期对周围环境的影响及主要防治措施

三、水土保持

第八章　消防安全与卫生

一、消防安全

1. 消防设计依据

2. 火灾隐患分析

3. 总图消防设计

4. 电气消防设计

5. 暖通消防设计

6. 消防安全

二、卫生防疫

1. 饮用水

2. 固、液废物（水）处理

3. 其他

第九章 项目建设进度

一、本项目建设内容

二、建设进度

第十章 项目招标方案

一、招标方式

二、招标计划和资质要求

1. 工程设计招标

2. 工艺设计招标

三、招标组织形式

四、招标方式

第十一章 投资估算与资金筹措

一、估算范围及依据

1. 估算范围

2. 编制依据

二、建设投资估算

三、资金筹措

第十二章 结论与建议

一、主要结论

1. 项目建设的必要性

2. 项目建设的可行性

二、相关建议

由上述目录可见，此博物馆项目可行性研究报告基本上是一个土建项目的可行性研究报告（各地博物馆项目可行性研究报告几乎都是如此），缺乏对博物馆项目的特殊性考虑。对一些原本是博物馆建设首先必须认真考虑和论证的重大问题，或没有进行充分的论证和规划，或根本没有考虑。例如：为什么要建博物馆？欲建的博物馆要发挥怎样的作用？博物馆建设的目标是什么？博物馆建设的基础和条件是否具备？博物馆展览的主题和内容是什么？观众参观体验的规划目标是什么？要建多大规模？除了博物馆建筑外，博物馆展览建设所需资金是多少？博物馆建设的任务是什么？建设流程及时间进度怎样安排才科学？每个节点的管理要求是什么？建成后博物馆机构运营团队如何构成？建成后博物馆的运营模式是如何考虑的？建成后博物馆每年所需的运营经费是多少？社会效益和经济效益如何评估？

因此，这样的博物馆项目可行性研究报告必然不具有操作性和实际指导意义，只能是流于形式。依据这样的可行性研究报告建设博物馆，带来的后果往往是，要么不断变更博物馆建造的规模、方案和预算，要么建成的博物馆存在种种问题，难以保障博物馆的建设质量。

众所周知，博物馆建设是所有文化建设工程项目——博物馆、图书馆、档案馆、大剧院、艺术中心、青少年活动中心等中最为复杂的工程。这种复杂性不仅体现在其建筑形态和功能上，更表现在其展览工程上。为了避免博物馆建设工程的随意性和不确定性及其带来的影响和问题，保障博物馆建设工程的可控性，科学有序地推进博物馆建设，确保博物馆建筑功能的适用性和合理性，外观造型的标志性和文化性，陈列展览的思想性、科学性、知识性和艺术性，以及制作布展工艺的严肃性、技术的可靠性、造价的合理性，根据博物馆建设及其展览工程的一般规律，在编写博物馆项目可行性研究报告之前，首先必须认真撰写博物馆建设总体规划书，对整个博物馆建造工程进行统筹思考、论证和严谨规划。

博物馆建设总体规划书不仅是博物馆项目可行性研究报告的核心

内容，更是指导博物馆建设总的行动纲领和实施路线图，是博物馆建造成功的基本前提。

二、博物馆建设总体规划书编写的基本内容

在博物馆事业发达的美国，建造一个博物馆之前，首先要认真编写和充分论证博物馆建设总体规划书（Master Plan），并将其视为博物馆建设项目的顶层设计。其内容大体包含五个重要领域：

（1）博物馆建设动因分析：阐述博物馆建设动因，包括博物馆建设的目的、功能作用定位、观众需求分析和研究、建设规模和建设目标等；

（2）博物馆建设资源分析：分析博物馆项目建设的可行性，包括藏品基础、学术研究支撑、财政可行性分析、使用土地、投资估算和效益分析等；

（3）博物馆机构整体规划：将博物馆视为一个机构进行整体组织规划，包括阐明博物馆的使命和目标、博物馆的运营商业模式、博物馆管理和组织构架模式、博物馆功能设施构架、与政府及其他公共部门的关系、博物馆未来营运规划等；

（4）观众参观体验规划：对展览和观众参观体验做出规划，包括藏品规划、学术研究规划、展示主题和内容规划、形式表现规划、观众体验规划、执行实施规划等，所有的规划和执行都需要遵循博物馆的使命、目标和愿景；

（5）博物馆建设实施规划：包括博物馆建设的任务、建设的科学流程及管理要求、建设的时间进度等。

结合我国的国情，博物馆建设总体规划书应认真思考和研究如下内容：博物馆建设的目的、功能定位、性质定位、使命与愿景、建设目标、资源分析、展览主题和内容、投资估算、建设任务和流程及时间进度、未来营运规划等。

（一）建馆目的与功能定位

建馆目的是指建馆的动机，即为什么要建博物馆？建成的博物馆要发挥怎样的作用？这是博物馆建设首先必须认真考虑的问题，不同博物馆有不同的功能定位。

以县市级地方历史文化博物馆为例，其功能定位一般为：

- 作为乡土教育的重要基地，帮助所在地人民更好地了解家乡的历史文化和传统，增强他们的文化认同感和爱国爱乡的情怀；
- 作为文化休闲设施，满足人民群众不断增长的精神文化需求，丰富人民群众的休闲娱乐生活；
- 作为“第二课堂”和“终身教育学校”，向社会大众，特别是青少年传播历史文化知识和自然生态知识；
- 作为对外宣传交流的窗口，向外来游客宣传本地的历史文化和经济社会发展，提升博物馆所在地的文化品位和魅力，促进地方旅游经济发展和繁荣；
- 作为文化遗产的保管和研究中心，起到收集、整理、保管、研究和继承地域历史文化遗产的作用。

浙江绍兴诸暨市中国香榧博物馆的建设的目的是：通过香榧博物馆建设，促进古香榧群的可持续保护管理、农业生物多样性和文化多样性保护、遗产地经济社会可持续发展和生态文明建设。主要发挥如下功能：

- 作为香榧科普知识的教育场所。绍兴会稽山区是香榧的原产地和主产区，通过对香榧的自然历史、种类、分布、特性和价值以及与人类生活环境和生活质量之间的密切关系的展示，普及香榧科普知识和农业生物多样性知识，让观众认识宝贵的香榧资源。
- 作为人与自然和谐发展的生态教育基地。通过向观众介绍会稽山先民创造的融水土保持、林果生产为一体的人与自然和谐发展的农林复合系统，以及香榧遗传资源在生物多样性上的重大意义的展示，增强民众的生态保护的意识。

• 作为乡土历史文化的教育基地。通过对绍兴会稽山区近 2 000 年的香榧人工栽培历史以及作为世界农业文化遗产价值的传播，让绍兴人民更好地了解家乡在世界农业文明中的杰出创造和贡献，增强他们的文化认同感和爱乡爱国的情怀。

• 作为香榧资源的保育、保护和研究中心。全面收集、整理、研究有关会稽山区香榧资源的标本资料和科学数据，与全国和世界开展香榧保护和开发、培育和加工方面的研究交流活动，促进香榧资源的保护和可持续开发利用。

• 作为诸暨香榧产业商贸交流中心。通过举办各种有关香榧栽培、加工、销售的商贸洽谈会与品牌推广活动等，提升自己企业产品的价值和知名度，增加效益，促进诸暨香榧产业的发展和壮大。

• 作为文化休闲及旅游设施。有助于促进诸暨的文化建设，提升城市的文化品位，起到满足民众精神文化需求、丰富民众和游客的休闲娱乐生活的作用，并促进诸暨旅游产业的发展和繁荣。

再如 2016 年杭州 G20 峰会博物馆的功能定位：

• 作为杭州 G20 峰会历史记忆和会议史料的保存机构之一，延续峰会效应，弘扬杭州 G20 峰会服务精神；

• 作为对外交流的重要窗口，向世界传播中国国际合作互惠共赢理念以及对全球作出的贡献，塑造中国负责任大国形象；

• 作为社会主义和爱国主义教育的重要基地，展示近年来中国政治、经济、外交等方面取得的伟大成就，激发观众的爱国情怀，增强民族自信；

• 作为都市文化和旅游设施，让中外观众感受杭州 G20 峰会的盛况，宣传杭州“精致、和谐、大气、开放”的城市形象，增强杭州国际旅游城市的吸引力，进一步推进城市国际化。

（二）性质定位

博物馆性质多种多样，有综合馆，也有专题馆，有社会历史类馆，也有自然科技类馆。即使是社会历史类馆，也分艺术类、地方历史、人物历史，等等。例如位于杭州市的中国湿地博物馆，其性质定位如下：本博物馆是一座以湿地为主题，集展示、宣传、教育和收藏、研究为一体的多功能的现代博物馆。通过湿地科学知识、世界湿地及其保护行动、中国湿地资源状况和价值、中国湿地与我国生态安全及经济社会可持续发展关系、中国政府为保护和可持续利用湿地作出的努力及取得的成就，以及首个国家湿地公园——西溪国家湿地公园等的展示，旨在向观众普及湿地知识，宣传湿地保护的重大意义，以及人和自然和谐发展的科学发展观，增强观众的生态保护意识，促进我国经济、社会、文化和环境的和谐发展。本馆强调科普性、知识性、教育性、休闲娱乐性，努力建设成为中国湿地以及湿地保护的宣传教育基地。

（三）使命和愿景

欧美博物馆都有明确的使命和愿景。所谓使命，是指博物馆要努力追求的方向；所谓愿景，是指博物馆未来要达到的理想状态。使命和愿景是博物馆顶层设计，博物馆的一切业务与活动都必须服从和服务于博物馆的使命与愿景。但遗憾的是，目前国内博物馆只有上海科技馆集团有明确的使命与愿景。

2016 年笔者承担《上海科技馆集团“十三五”发展规划》的编制工作，经过与上海科技馆集团的讨论研究，确定其使命与愿景如下：

上海科技馆集团总使命（Mission）：增进和传播自然和科技知识（the increase and diffusion of knowledge in science, technology and nature)。

1. 上海科技馆

使命：通过有吸引力的展品和项目，鼓励在科学、技术、工程和数学方面的终身学习和创新。

愿景：成为一流的科学、技术、工程和数学创新学习中心。

2. 上海自然博物馆

使命：了解自然界及我们的生存环境，探讨自然界的变迁，并呈现人与环境的互动关系，为地球创造一个更加美好的未来。

愿景：成为优秀的了解自然、探讨有关地球未来命运的学习中心。

3. 上海天文馆

使命：传播天文知识，教育、鼓励、激发公众对宇宙、地球和空间探索的好奇心。

愿景：成为优秀的了解宇宙、地球和空间的学习中心。

（四）建设目标

建设目标一般指博物馆欲建成的规模、特点和水平。

例如浙江诸暨中国香榧博物馆的建设目标是：作为我国乃至世界独一无二的专业香榧博物馆，其建设目标宜为国内一流、省内领先。本馆要成为国内专业自然生态博物馆的示范工程，成为世界农业文化遗产保护和展示的样板工程。本馆要成为集科普性、教育性、研究性、商贸性、体验性和休闲娱乐性于一体的多功能博物馆。

再如杭州中国湿地博物馆确定的建设目标定位是："国内领先、国际一流"，"学术性、知识性、科普性和娱乐性相结合的国家级湿地类专业博物馆"。这就要求无论是其建筑的规模和质量，还是其展览的水平，都要达到较高的标准，同时也意味着从建设资金到工程管理都要以这样的标准来要求。

（五）资源分析

博物馆建设的中心任务是展览，博物馆建设成功的主要标志也是展览，而支撑展览的两个重要学术条件就是学术研究成果和展品形象资料。从这一角度看，博物馆不是有钱就可以建的，必须有学术研究成果和展品形象资料的积累和保障。学术研究成果不仅是提炼展览概念、观点、思想和主题的基础，也是制作科学或艺术的辅助展品的依据；展品形象资料则是展览的物质基础。因此，学术研究成果和展品形象资料是博物馆建设的基础。为此，博物馆的建设必须首先对展览资源做出客观分析，没有足够的资源支撑是做不好展览的。例如诸暨中国香榧博物馆建设资源分析如下：

第一，诸暨具有可用于建设香榧博物馆的丰富的香榧资源。绍兴会稽山区是香榧的原产地和主产区，古香榧群资源占全国的80%以上。据统计，以诸暨为主要产区，诸暨结实香榧大树4.5万株，嵊州2.83万株，绍兴县1.7万株，占地30万亩，香榧树数量和香榧产量均占全国首位。会稽山古香榧群历史悠久，其人工培育香榧有2 000多年历史。会稽山古香榧群是中国古代嫁接技术应用罕见的例证，是古代良种选育与嫁接技术的"活化石"，这里也是我国保存最为完好的古香榧群，树龄百年以上的香榧有72 000余株，千年以上的有4 500余株，现存最古老的香榧树有1 400多年树龄。绍兴现有"浙江诸暨香榧国家森林公园""绍兴稽东千年香榧森林公园"和"嵊州谷来镇香榧森林公园"。诸暨、嵊州和绍兴稽东均被命名为"中国香榧之乡"，在"2007年中国香榧节"开幕式上，诸暨又被国家林业局命名为"中国香榧之都"。

第二，诸暨具有支持建设香榧博物馆的丰富的历史文化资源。会稽山古香榧群上千年延续不断的农作历史，形成了其深厚的历史文化底蕴。香榧生产是榧农千百年来的生存方式，至今仍是这里的主导产业，是农民农业收入的主要来源之一。绍兴会稽山居民千百年的实践生活，形成了从种植嫁接香榧、采摘香榧到加工香榧的一整套完整的生产经营知识体系与适应性技术。会稽山香榧文化是一种特有的地方文化符号，榧农通过村落的集体活动、祭祀与节庆代际传承香榧文化，并将其融入整个社会的历史与文化记忆之中。绍兴会稽山区（以诸暨为中心）香榧已被认定为全球重要农业文化遗产之一。

第三，绍兴市和诸暨市人民政府非常重视香榧资源的保护和香榧产业发展。绍兴市政府先后建立了2个省级自然保护小区和3个绍兴市级自然保护小区，制定《会稽山古香榧群农业文化遗产保护与发展规划》，将古香榧群的保护纳入科学法制的轨道。同时，通过抓香榧科研，制定扶持政策，推动香榧产业发展，做大香榧产业规模。高度重视会稽山古香榧群全球重要农业文化遗产的申报工作，举办有关农业文化遗产保护的培训班，积极参加2011年底在日本举行的全球重要农业文化遗产国际论坛、2012年“两会”期间农业部主办的“中华农耕文化展”等各种各样的农业文化遗产活动；组织承办2012年8月在绍兴举行的“农业文化遗产保护与管理国际研讨会”和“香榧文化与香榧产业发展研讨会”；委托中央电视台拍摄“绍兴古香榧群的科技秘密”电视专题片，深入学习和借鉴多个全球重要农业文化遗产保护试点和候选点的宝贵经验。政府的重视为博物馆建设提供了重要的保障。

第四，具有建设香榧博物馆的学术研究基础。香榧作为一种重要而又独特的遗传资源，对营养学、医药学、生态学、植物学和历史地理学等多种学科，都具有重要的研究价值。诸暨历来重视香榧的科研，从20世纪五六十年代的香榧人工授粉、圃地育苗、小苗嫁接、假种皮提炼香油到七八十年代成立林业科学研究所和香榧研究所，专门开展香榧科研，取得种砧、根砧嫁接育苗、扦插繁育等科研成果。特别是近几年，在绍兴市委市政府领导下，实施科技兴榧战略，进行科技攻关，并重点抓好科技成果的推广、技术培训和信息服务，使诸暨的香榧种植面积、产量和产值猛增，同时也带动了周边县市香榧产业的发展。文化部门积极开展有关香榧文化的资料搜集与研究并取得了丰硕的成果。上述研究成果，为香榧博物馆建设奠定了较为扎实的学术基础。

第五，具有建设香榧博物馆的产业发展基础。诸暨是全国的香榧之乡，香榧产量占全国总产量的 65% 以上，种植面积 5.8 万亩，具有历史最久、面积最大、产量最高、品质最佳的产业优势，香榧产业已成为诸暨农业经济的支柱产业之一。全市现共有香榧生产、加工企业 40 余家，注册商标 50 多个，香榧总加工能力 600 吨以上，年产值逾亿元，产品内销上海、南京、广东等地，外销日本、东南亚。

综上所述，诸暨具有建设中国香榧博物馆得天独厚的资源优势。

（六）展览主题和内容

展览主题和内容主要指博物馆常设展览的主题及其内容。博物馆展览主题和内容直接关系到未来博物馆的作用发挥。要遵循博物馆的功能定位，充分挖掘本地历史文化资源的特点和优势，研究和确定展览的主题和内容。

例如 2017 年策划设计的杭州富阳博物馆，根据对富阳地方历史文化的研究，确定博物馆基本陈列的主题和内容，即展览将以现在富阳行政区划为基础，以其历史文化地理为地域范围，从社会史的角度，按照从远古到近代的历史发展脉络，并以重要历史发展时期为节点，以地方历史文化特点和优势为重点，系统展示富阳这片美丽土地上的人类的生产、生活活动及其文化创造。通过展示，彰显富阳地域历史文化的特点——山水秀丽，历史悠久，东吴之源，造纸名乡，鱼米之乡，黄金水道，人杰地灵，自古以来就是繁华富庶之地。展览名称为“家在富春江上”，具体内容为：第一单元　山水富阳；第二单元　千年古县；第三单元　东吴源流；第四单元　造纸名乡；第五单元　鱼米之乡；第六单元　黄金水道；第七单元　人杰地灵。

再如杭州 G20 峰会博物馆，展览主题为“让‘杭州共识’引领世界经济新航程”，展示内容由三部分组成：第一部分为喜迎盛会（杭州 G20 峰会的筹备），第二部分为峰会盛况（杭州 G20 峰会的举办），第三部分为中国印记（杭州 G20 峰会的成果及意义）。

（七）展示形式和观众体验规划

展示形式和观众体验规划是对博物馆展示手段和方式以及观众体验的规划。例如我们对世界旅游博物馆展示手段以及观众体验的初步规划：

1. 展示手段和方式设想

展览将按照新的展示理念和多维展示技术进行展示，努力达到观众看得懂、喜欢看、有趣好玩的目标。为此，展示要强调通俗易懂、强调观赏性和趣味性；强调观众参与互动，通过一系列与旅游知识相关的参与互动设计，塑造一个生动活泼、富有参与性的参观学习环境，引导观众“耳听、眼看、手动、心跳”；强调环境体验，用“真实再现”的手段，“有根据地还原、重构”展品的自然环境和文化背景，户内与户外结合，让观众有身临其境般的感动和震撼；强调观众的旅游体验，抓住观众的五感（视觉、味觉、听觉、触觉、嗅觉），体现旅游的六大要素（娱、吃、住、购、游、行）；强调智慧博物馆，采用多媒体、3D 动画、APP、AR、VR、大数据和人工智能、数字导览、影像处理等高科技辅助系统，使展示手段突破传统的文字图片加说明的做法，强化展览信息的传播和交流，增强展览的参与性、交互性和趣味性。

2. 观众体验项目初步规划

包括：（1）太空游（动感穹幕多媒体影院），（2）海底旅游（沉浸式 720° 多媒体剧场），（3）亚马逊热带雨林旅游，可采用三种展示形式：4D 影院、飞跃影院和黑暗骑乘。

4D 影院（空间利用率高）：占地 400 m^2（20 m × 20 m），理想层高 7.5 m。采用 120° 弧形屏幕，18 m × 5 m。栩栩如生的画面让观众身临其境，配合吹风、下雨的特效，雨季的闪电效果，以及扫腿特效动作，带来恍如置身丛林的惊险感与真实感。采用最新电动动感座椅，动作柔和、灵敏准确。根据最佳观影区域，设计 66 座。

飞跃影院（对建筑层高要求极高）：让观众悬浮在空中观影，对建筑层高要求极高，理想层高为 20 m。最佳观赏区域观众为 40～60 人。观众悬浮在空中，如同在亚马逊雨林里飞跃，时而跃向空中鸟瞰，时而贴地飞行，在丛林中穿梭，并可飞跃至其他著名景点，极具惊险刺激感。

黑暗骑乘（占地空间较大）：在建筑空间内设计轨道，整个空间设计为亚马逊雨林，沿轨道设计不同的亚马逊场景，每个景点都采用场景和 4D 结合的效果，观众乘坐轨道车，沿途在雨林中穿梭。全景式的黑暗骑乘对场地要求较高，一般面积需要 2 000 m^2 以上，层高 6～8 m。比较著名的有美国《变形金刚》黑暗骑乘体验馆。新出现的 VR 黑暗乘骑，用 VR 眼镜代替大场景和 4D 投影。观众只需佩戴 VR 眼镜并乘坐轨道车，便可体验，节约了空间和场景布置的成本。最小空间需求仅 600 m^2，层高 3.5 m 即可。

（八）博物馆建设规模与造价估算

博物馆建设规模与造价估算是指对建筑规模、造价和展览工程费用的估算。在造价估算上，博物馆建造费用主要由三部分组成：一是建筑建造费用（含弱电工程），二是展览工程费用，三是库房与办公设备采购费用。博物馆的建筑规模不是越大越好，而要在根据实际需要，兼顾未来发展的基础上，量力而行地决定建筑规模（参见下表）。

表 1 博物馆建造费用表

	主 要 内 容
建筑建造费用	建筑费（电气、给排水、暖卫、通风等），弱电系统费（安防、消防、BA 等），装修费
展览工程费用	展示内容策划费，展览设计、制作和布展费，文物征集、修复和复制费，展览工程监理费（含艺术总监费）
库房及办公设备采购费用	库房存储搬运设备费，博物馆办公家具费

目前，博物馆建筑建造费用一般在按每平方米 9 000～11 000 元，其中包括建筑本体、装修、电气、暖卫、通风、消防和安防等，每项都要做出具体估算。由于各地建设成本差异较大以及建筑形态结构的不同，建筑造价也各有不同。

博物馆展览工程费用估算比较复杂。国际上展览工程费用与建筑建程费用之比一般为 1∶1、2∶1，有时甚至更高。由于不了解博物馆展览工程造价构成及其费用行情，建设方往往对此估算不足，其费用估算可参考第七章“展览工程造价构成与概算编制”。

博物馆库房及办公设备采购费用，特别是库房设备采购费用往往被博物馆建设方忽视。过去，我国博物馆库房储存设备多为木质或铁质架、柜和箱，无论从文物保护还是使用的角度看，都存在很多问题。例如木质设备容易受潮受虫害，固定式柜箱门多、锁多，频繁开启容易造成文物受损，此外，传统柜、箱规格尺寸较小，受内部空间和结构限制，使用不方便，也无法存放超大、超重、超长文物。图书馆、档案馆储存设备主要适用于图书档案等文物，也不适应博物馆文物多种类、多规格、多尺寸的保管要求。

近十年来，随着技术工艺的进步和我国博物馆事业的发展，博物馆库房储存设备越来越专业化和市场化，涌现出以宁波邦达为代表的一些专业博物馆库房储存设备生产商。他们针对博物馆藏品多样性、复杂性、差异化和安全方面的特殊性，重点在安全可靠、使用便捷、空间布局合理、智能化管理、产品美观以及具有一定的展示功能等方面狠下功夫，开发和生产出以移动密集架技术为核心的适应各类文物的非标准化储藏设备。不仅满足了博物馆藏品个性化（类型、质地、尺寸、重量不同的特点）的储藏要求，使得藏品储藏安全可靠、使用便捷、空间布局合理，并实现了智能化管理的可行性以及一定的展示功能。例如，为解决博物馆超大、超重、超长藏品（例如大型石碑、建筑构件等）存放和便捷使用的特大型移动式密集抽屉架柜；为解决文物藏品防震、减震和防晃动和倾倒的移动式密集抽屉架柜等。因此，各地新馆建设应适应库房保管设计技术的发展，淘汰陈旧落后的设备，及时购置有利于藏品保护和使用的高效保管设备。为此新馆建设时，应从本馆藏品类型和规格出发，做好库房保管设备的采购概算，量身定制库房设备。

（九）博物馆建设的任务、流程和时间要求

根据博物馆展览设计与布展工程的客观规律，从大的方面讲，一个博物馆的建设任务主要有两项——博物馆建筑设计与建造，展览设计、制作与布展工程。其建设的一般流程为：选题研究→学术研究成果和展品形象资料收集整理→展览内容策划与文本撰写→建筑设计与建造→形式概念设计与工程委托→深化设计与施工设计→场外制作→施工布展→监理→结算→验收→审计→评估。

从时间要求来讲，一个中等规模的博物馆展览筹备时间要求一般为：

（1）学术研究成果和展品形象资料整理研究（本地学术专家承担）；

（2）展示内容策划与文本撰写（委托展览专家策划，不少于 1 年）；

（3）建筑设计与建造（含弱电工程设计与实施，约 1 年）；

（4）形式概念设计与工程委托（不少于 2 个月）；

（5）展示深化设计和施工设计（5～7个月）；

（6）展厅基础装饰工程（约2个月）；

（7）二次艺术设计、科技装置研发和场外制作（约4个月，与第6项同步进行）；

（8）现场布展工程实施与调试（约2个月）。

（十）未来营运规划

未来营运规划包括职能部门设置、人员编制、博物馆管理机制、博物馆教育活动策划与规划、每年所需的营运费用估算等，以上各项都要做出明确规划。

1. 职能部门设置

例如某市博物馆，根据其规模、功能定位和业务需求，拟设置如下职能部门：

（1）博物馆领导：2人；

（2）综合办公室：2人；

（3）财会室：会计和出纳各1人；

（4）教育部：6人；

（5）陈列部：5人；

（6）研究部：3人；

（7）图书资料中心：2人；

（8）信息中心：2人；

（9）设备运行部：2人；

（10）文物标本征集和库房：2人；

（11）博物馆市场营销：2人；

（12）安全保卫：社会化；

（13）博物馆保洁：社会化。

合计：30 人

2. 人员编制

根据国家事业单位分类管理的原则，博物馆工作人员可采用如下管理方式：

（1）编制内员工：对象为博物馆业务人员；

（2）合同制员工：讲解员和后勤人员、博物馆市场营销人员；

（3）社会化员工：例如安全保卫和保洁人员。

3. 博物馆管理机制建设

为了充分调动人、财、物资源，保障博物馆的高效运行以及为社会提供高质量的文化服务，博物馆应建立一系列管理制度，例如激励机制、用人机制、监督问责机制、风险管理和应急机制、资源筹措机制、合作共享机制等。

激励机制：人的因素是博物馆事业中最具活力的因素，也是博物馆管理系统中最活跃的变量。从一定意义上说，任何管理在本质上都是对人的管理。博物馆的激励机制包含物质激励机制和精神激励机制。博物馆要建立起一套重实绩、重贡献，向优秀人才和关键岗位倾斜的、灵活的分配激励机制。

用人机制：博物馆的用人机制实际上就是博物馆人力资源的配置机制。通过聘用制度和岗位管理制度等制度创新，搞活用人机制。通过完善博物馆的岗位管理制度，使博物馆在用人机制上实现从身份管理向岗位管理的转变。全面建立聘用制度，破除终身制。建立公开招聘和公开考试的选人用人制度，把优秀人才吸引到博物馆来，防止通过非正当途径向博物馆安排人员。

监督问责机制：指博物馆对博物馆工作人员开展监督问责的机制，即博物馆对内的监督问责机制。这种内部监督问责机制实行的直接目的，就是督促博物馆工作人员履行其岗位责任。

风险管理和应急机制：针对博物馆面对的各种风险，必须建立健全博物馆风险管理和应急机制，制定相应的预案和事故处理的大致流程。如博物馆人员伤亡突发事件应急预案、博物馆文物及设备人为损坏应急预案、博物馆要害部门停电期间保卫应急预案等。在开放之后，还要制定人流控制、开放过程中突然停电、发生火灾、文物被偷窃、观众突发疾病等突发事件应急预案，保障开放后博物馆文物、公共设施和观众的安全。

资源筹措机制：资源投入是博物馆事业发展的基础。博物馆本身就是一个以展品资源（文物标本）为中心而由人力、物力、财力资源等多种资源聚合起来的组织体。为了吸纳更多的资源投入，除了政府拨款外，博物馆要积极通过各种渠道广泛筹措各种社会资源，以弥补博物馆人力、财力、物力及展示资源的不足，增强博物馆的经营活力。例如：建立完善会员制、博物馆之友等制度，扩大博物馆的特别顾客群；建立社会捐赠动员机制；建立博物馆文化产品开发与市场创收机制等。

合作共享机制：指博物馆与其他博物馆或组织机构相互合作，以实现彼此资源共享的机制。即与社会上拥有能为博物馆提供所用资源（如资金、场地、设施、人员、网络渠道、营销模式等）的其他组织机构（包括企业、事业单位、民间组织等）的合作。为了使这些资源能够为博物馆所用，博物馆应建立健全与这些组织机构的合作共享机制，使合作双方能够取长补短、各取所需，实现双赢。

4. 博物馆教育活动策划与规划

尽管博物馆的基本使命是收藏、保管、研究和展示传播自然和文化遗产，但现代博物馆的核心使命是教育。“教育”不仅是博物馆对社会的责任，而且是其首要目的和功能。博物馆是社会教育的重要承担者，应成为普通人的教育场所。评价一个博物馆的价值，不仅要看其藏品的丰富和精优程度，更要看它在鼓励观众参与和学习方面所取得的成绩。

因此，对博物馆来讲，仅仅做好博物馆的藏品保管和研究工作是不够的，更重要的是要在做好藏品搜集、保管、整理和研究的基础上，通过博物馆的展览教育活动，为社会和观众提供富有成效的参观学习机会。

为此，博物馆要“三条腿”走路，除了做好基本陈列外，还要精心规划和设计多样化的特展活动，开展丰富多彩的博物馆教育活动。

要精心策划多样化的特展活动。特展是吸引观众、保持博物馆活力的重要手段。为满足观众不断变化的、多样化的需求，吸引观众反复前来参观博物馆，保持博物馆的生气和活力，博物馆就必须充分挖掘馆藏，或开展馆际展览交流，或充分利用社会资源，多举办丰富多彩的特展活动。特展不仅可以起到补充和扩展基本陈列的作用，也可以为那些无法在博物馆常设展览中展示的文物提供展示的机会，可以反映学术研究成果，可以配合时政和社会热点话题等。同时，临时展览还是博物馆新概念、新技术的实验平台。其中，更重要的是能够吸引观众更频繁地参观博物馆，吸引从前未来博物馆参观的观众走进博物馆。

要开展丰富多彩的博物馆教育活动。从国际先进国家的博物馆成功经验看，展览固然是博物馆教育的主要形式、载体或媒介，但不是教育活动开展的唯一形式。为充分发挥博物馆的教育功能，增强博物馆的公共服务能力，博物馆必须改变“重展”不“重教”的落后局面。除了做好陈列展览外，还要围绕或配合博物馆藏品和展览策划，开展一系列相关延伸教育和拓展服务。例如专题讲座、视听欣赏、摄影比赛、研习活动、知识竞赛、夏令营、辅助学校活动、函授课程、巡回展览、各种节庆活动、学术讨论会、出版刊物、咨询服务、文化产品开发等，以达到博物馆教育和社会服务效益的最大化。

因此，在博物馆建设总体规划时，必须从建筑空间和运营经费方面，充分考虑博物馆特展活动和教育活动的需求。

◀ 第四章 ▶

博物馆建筑设计任务书编写

建筑是博物馆活动的舞台，合适的建筑是博物馆开展工作和活动的基本保障。尽管博物馆的基本功能是相同的，但不同类型博物馆的具体功能需求是不同的。设计一个博物馆，要根据不同博物馆的具体功能需求而定，这就如同裁缝师傅给人做衣服一样，要根据不同人的身高、肩宽、胸围、腰围等量体裁衣。

但是，在我国各地博物馆建设实践中，普遍存在不重视博物馆建筑设计任务书的编写和论证的情况。各地往往把博物馆建筑工程当成普通基建工程处理，当成“交钥匙”工程操作，不仅没有聘请富有博物馆建设经验的专家编写建筑设计任务书，甚至将博物馆建筑的使用方——博物馆排挤出博物馆建设项目的决策圈，博物馆建设方提供给建筑师的只是建筑体量、楼层等简单要求。由于不能向建筑师提供博物馆设计明确的功能需求和设计边界，博物馆方就只能由建筑师任意发挥。更糟糕的情况是，博物馆建筑设计往往由政府领导说了算，谁官大听谁的！

为了保障设计的博物馆能满足博物馆的功能需求，必须认真研究和编写博物馆建筑设计任务书，向建筑师提供明确的建筑设计边界和要求。如此，建筑师方能设计出一个适用的博物馆建筑来。

一、博物馆建筑设计任务书编写的重要性

博物馆建筑是博物馆活动的舞台，一个合适的舞台是博物馆工作

和活动，尤其是展览活动，正常开展的基本保障。也就是说，博物馆不是纪念碑，而是一个容器，博物馆建筑物必须满足博物馆的功能需求，符合或适应博物馆文物标本收藏、研究、展示、教育和经营管理等工作和活动对建筑空间的要求。

但是遗憾的是，在过去的十多年中，虽然各地、各行业建设了众多的博物馆，但是称得上合适的博物馆建筑并不多。各地博物馆建设普遍存在重建筑形态、轻建筑功能的现象。为了将博物馆建成城市的标志性建筑，甚至视为政府的形象工程，一些地方过分追求博物馆建筑的外观造型，刻意追求建筑的象征性，搞标新立异或哗众取宠。于是，弄出许多观众根本感觉不到也没有实际意义的具象崇拜，例如所谓的“天圆地方”“中原之气”或仿古器物建筑。结果造成博物馆建筑普遍存在功能分区和布局不合理，建筑功能适应性差；展示空间的展示面积、层高、走向、宽度和布局不适应布展的需要；博物馆功能要素不配套或不齐全，相关设施不配套；功能动线规划不当，博物馆的观众进出、工作人员进出、物资设备进出功能动线不合理等。如此不仅严重影响建成后博物馆工作和活动的开展，而且还造成空间浪费或运行成本的加重。

各地博物馆建设中之所以存在上述弊端和误区，究其原因主要是博物馆建设方不了解博物馆建设工程的特殊性和复杂性，把博物馆建筑当成普通基建工程处理，当成“交钥匙”工程处理，不重视博物馆建筑设计任务书的编写。

各地博物馆建设工程往往按照普通基建工程的常规来操作。其操作模式为：由政府建设部门或政府城市投资公司牵头，组建筹建班子，委托建设项目编制单位编制《项目建议书》及《可行性研究报告》，报请政府计划部门审批。其间，一方面，前期需要认真开展的博物馆建设调研和论证，包括功能定位、规划选址、基本规模、投资数量、建设周期、建筑设计、工程实施等，往往被仓促下达、需要抓紧完成的立项任务所冲淡；另一方面，博物馆建筑的使用方——博物馆往往被排挤出博物馆建设项目的决策圈，失去对博物馆建设需求的话语权，由此导致博物馆建筑的特殊性和功能需求得不到充分反映。

由于博物馆建设方普遍不重视博物馆建筑设计任务书的编写和论证，不能向建筑师提供博物馆建筑设计明确的功能需求和设计边界，在这种情况下，即便是天才的建筑师也难以设计出一个合适的、成功的博物馆建筑来。对大部分建筑师来说，虽然设计过很多建筑“作品”，但终其一生也很少有机会承担一座博物馆建筑的设计任务。并且，设计博物馆往往是建筑师成名的一个好机会，于是，为了树碑立传或过于想表现自己，建筑师往往会过度发挥，置博物馆的功能于不顾，最后设计出奇形怪状的博物馆建筑来。再加上博物馆建设工程往往受到“长官意志”或“行政命令”的左右，导致最后设计出来的博物馆必然存在重大的“后遗症”。

博物馆事业是一项造福于人民和社会的公益性文化事业，建造一座博物馆往往是各地一代甚至几代博物馆人不懈奋斗以及各界努力呼吁、政府高度重视的结果，而且需要投入大量的财力和物力，实属不易。为了避免博物馆建筑设计的各种“后遗症”，真正发挥博物馆服务民众和社会的作用，博物馆建设方必须高度重视前期调研的重要性，在立项阶段多做些考察、论证和理性思考，少做些草率、盲目的不当决策。特别要发挥博物馆专业人士的经验和智慧，高度重视和认真做好博物馆建筑设计任务书的编写，为建筑师设计提供明确、清晰的博物馆功能需求和设计边界，这样才能让建筑师有的放矢地设计出一座使用功能合适又美观大方的博物馆。

二、如何编写博物馆建筑设计任务书

如何才能编写好博物馆建筑的设计任务书呢？博物馆建筑设计任务书的编写是一项专业工作，应该交给具有博物馆建设经验的专家承担。在编写过程中，既要尊重博物馆建筑设计的基本理念和原则，同时也要从实际出发，根据所要建造的博物馆的具体功能需求量体裁衣。

（一）树立“功能第一”的博物馆建筑规划设计理念

博物馆建筑远比一般民用建筑和工业建筑复杂，也不同于图书馆、档案馆等公共建筑，它有自己特殊的功能要求。美国爱达荷大学博物馆学教授乔治·艾里斯·博寇（G. Ellis Burcaw）将之称为“形随功能而生”[①]。所谓“功能第一”就是说博物馆建筑物必须符合或适应博物馆的功能需求，满足博物馆文物标本收藏、研究、展示、教育和经营管理等工作及活动对建筑空间的要求。

从博物馆的功能需求看，一般有收藏功能、研究功能、展示功能、教育功能、行政管理功能和公共活动功能，对应的博物馆建筑就有上述建筑功能分区。因此博物馆建筑规划必须从上述博物馆功能出发来思考和安排博物馆各种建筑要素，包括：收藏、研究、展示、教育、办公空间的比例如何分配和组织？各自需要多大面积？宜安排在哪个楼层？哪个相对空间区位？各功能分区之间的空间关系有什么要求？平面和立体的考虑是什么？此外，总建筑面积是多少？楼层是多少？展览空间是否适宜展示？空间的弹性如何（博物馆建筑空间必须要能适宜展览）？库房的区位、面积、高度、安全如何考虑？观众服务设施（接待室、餐厅、商店、卫生间、寄存室、厕所、停车和休息室）需要哪些？出入口、大门、大厅、走廊、楼梯、电梯等其他公共空间的安排有什么要求？这些都会因博物馆的性质、收藏、规模和未来发展等不同在具体需求上有不同要求。

---

① 乔治·艾里斯·博寇著：《博物馆这一行》，张誉腾等译，五观艺术管理有限公司，1997年，第261页。

此外还要考虑如下因素：博物馆是否易达、是否与周围环境适应、是否免于噪音和污浊空气、将来能否扩展，户外环境（花园、草地、景观以及其他空地）如何安排，博物馆工作设施（研究室、修复室、观摩室、摄影室、实验室、消毒室、警卫室、编目室）需要哪些，博物馆学术服务设施（图书室、会议室、演讲室、放映室）需要哪些，博物馆是否有复合用途（兼做其他用途，如社区文化中心）考虑，博物馆设备维护设施空间需要多少。这些因素必须进行认真思考、分析，并在博物馆建筑设计任务书中予以明确。

（二）详细、明确地列举出博物馆各功能区的空间需求

对每个博物馆来讲，各功能分区的具体空间需求都是不同的。要根据本博物馆各功能的任务需求，详细、明确地列举出本博物馆各功能区的空间需求。

1. 收藏空间（库房）功能需求

库房建设和保管设备要求安全、坚固、适用、经济。文物库应有防火、防盗、防潮、防虫、防尘、防光、防震、防空气污染等设备和措施。一般来讲，收藏空间由库前管理区和库房两个功能区组成。库前管理区包括消毒室、编目室、研究室、鉴定室、试验室、标本室、加工室、修复室、摄影室等配套设施。库房包括基本库房、特殊库房、暂存库房。本馆需要哪些库房？各需要多大面积？空间位置宜在哪里？在物理上如防火、防雷、防潮、防震、防盗、防光、防尘、防污染、防虫菌有什么特殊要求？这些都要根据本馆藏品性质、特点、数量、保护要求、未来发展等实际情况而定。例如国家级和省级综合性大馆，藏品数量大、品质高、种类齐全丰富，文物保护技术人才多、设备相对比较齐全，本身承担全国或全省文物保管的责任大，因此，对收藏空间要求就大；县、市级博物馆藏品数量小、品质不高、种类

少，缺乏文物保护技术人才和设备，承担文物保管的责任小，因此，对收藏空间要求就小。

1.1　库前管理区功能要求

库前管理区主要担负着文物的接收、鉴选、登记编目、消毒、拍摄等工作。库前管理区位置布局要求与藏品库房相邻，便于接收、提取、装卸外来文物。

文物走廊是文物出入库的重要通道，走廊空间尺寸为全程保证宽度不小于 3 m，净高不低于 3.3 m，确保大型文物在运输流线上畅通无阻。

库前管理区设置有征集、鉴选、编目、拍摄、建档、查询、研究、鉴赏、临展出入库房等房间及库房，这些房间及库房为文物暂时存放的空间，在建筑设计过程中，各项设计均围绕有效的文物保护措施这一重点展开。

库前管理区防水设计采用一级屋面防水等级，防火消防设计中设置独立防火分区减小火势蔓延对本区域的影响。同时，针对书画、织绣类文物的特性，房间内采用气体灭火系统，避免文物遇水遭受严重破损。对文物存放时间较长的房间，空调系统采用恒温恒湿。安全防护体系按照防护级别Ⅰ设置。库前管理区建筑结构设计标准要满足文物防震和安全防护等要求。

1.2　文物库房的功能需求

文库库房一般以质地对文物进行分类，按照文物的地质类别存放保管文物。文物质地归类有金属文物类、书画文物类、砖陶瓷玉器文物类、考古挖掘类、民族文物类、丝绸织绣皮革类、漆木牙角骨类等。不同质地的文物对存放环境的温湿度条件有不同的要求，每个库区根据不同质地类别的文物，设置特定的温湿度标准。文物库房内部的交通脉络清晰，主次分明，库区可辨性强。

文物库房内存放有大量珍贵文物，常规消防措施极易对文物造成不可恢复的损坏，要采用特殊消防措施。文物库房为禁区，风险等级及安全防护等级均为一级，属于国家规范规定的最高级别。总库门安装防盗、防火、防烟、防水的特殊安全门；库房内配置最高配置等级的探测装置；库房内通道和重要部位安装摄像机，保证24小时内可以随时监视。

2. 展示空间功能需求

博物馆展示空间一般有基本陈列厅、专题陈列厅、临时陈列厅。需要考虑的问题有：这些展厅分别需要几个？各需要多大面积？空间位置宜在哪里？空间布局关系是并联、串联还是放射状分布？它们的层高、负重、柱距、宽度、采光、走向有什么具体要求？

此外，还要考虑是否有特殊空间（如下沉或抬高）的要求。例如位于浙江杭州萧山的世界旅游博物馆，展示空间楼层规划净高为6 m，但其“太空游”和“海底游”两个展项为特殊空间，建筑设计要求分别如下：

太空游：动感穹幕多媒体影院

多媒体影院为圆顶式结构，银幕布满整个半球，观众完全置身于整个球型银幕的包围之中，感觉银幕如同苍穹。影片播放时，整个画面视域范围可达180°，在观众的视野范围内看不到银幕边缘。观众如置身其间，产生立体视觉。配合影片同步播放控制的动感座椅，随着影片播放到不同故事及不同场景情节时，上下升降，左右倾斜，前俯后仰，观众似搭乘着航天器遨游太空。该影院占地400 m^2，20 m × 20 m，净高14 m，由外球、内球银幕层，观影看台等部分组成。外球的吊杆以及地面四根钢架支撑内球，设备吊装在内球银幕周围的环形钢架上。影院两侧设计有1.8 m × 2.2 m的出入口，符合影院消防疏散规范。影院承重为1 t/m^2。

穹幕直径 16 m，看台 14.2 m×9.3 m，可容纳座椅 60 座。座椅阶差 0.39 m，间隔 1.4 m。

海底游：沉浸式 720° 多媒体剧场

影院占地 400 m^2（20 m×20 m），净层高 8 m。360° 环幕高 5.5 m，屏幕底边距地面 0.6 m（为观看完整空间，效果图隐藏部分屏幕）。顶部为 LED 天幕，地面采用投影打出全景效果。可升降式观影平台，可容纳 60 名观众。观众从二楼进入平台，视点在屏幕中上方，环幕显示内容为海平面。顶部天幕显示为天空。地下投影显示为海面。多媒体剧场演绎开始后，观影平台缓缓下沉。360° 环幕进入海平面以下视野。天幕显示从海里仰望海平面的视野。地面投影显示悬浮在海中视野。随着情节推进，观影平台再次下沉，360° 环幕进入海底视野。天幕显示从海底仰望海面的视野。大群的沙丁鱼在顶部盘旋。地面投影显示海底。演绎尾声，平台随着画面缓缓上升，离海面越来越近，成群的海鸟扎入海水捕食，在水中划出白色冲击轨迹。平台最终浮出海面，正遇到成群海豚、海鸟、围猎沙丁鱼群的壮观场景。系统复位成功，待机再次演绎。

不同性质、不同规模、不同展览表现方式的博物馆各有不同要求，这些要根据具体博物馆展览规模、展览特点、展览表现方式、展品情况、未来规划等具体情况而定。须指出的是，展示空间的功能需求应该在展览内容和形式方案确定的基础上提出，这样提出的展示空间的功能需求比较准确，切合实际展示需求。

3. 公共活动空间功能需求

出于“观众服务至上”的理念以及满足观众休息、娱乐、消遣、社交的需要，国际上博物馆建筑发展的一个趋势是愈来愈重视其公共活动空间的作用及规划。一般来讲现代博物馆公共活动空间包括集会大厅、报告厅、会议室、放映室、教室、休息室、贵宾接待室、商店、寄存处、母婴室、卫生间、餐厅设施、书店、咨询台、停车站等。以上空间本馆需要哪些？各需多大面积？空间位置宜在哪里？这些都要根据本馆具体需要而定。

4. 行政管理空间功能需求

博物馆行政管理空间一般包括馆长室、副馆长室、各部门办公室、财务室、图书资料室、监控中心、会议室、一般保洁区与其他行政用房等。以上空间本馆需要哪些？各要多大面积？空间位置如何安排？采光和层高与展示空间有什么不同？这些都要根据本馆工作人员数量、管理体制、工作岗位设置、未来工作人员增加等具体需要而定。

（三）明确博物馆功能动线安排的基本要求

博物馆功能动线安排是否恰当合理，对博物馆人（观众和工作人员）和物（展品和设备）的交流、活动至关重要。为了使建筑适应博物馆活动的开展，保障人和物品在博物馆各空间内的有序流动，必须根据博物馆工作的一般活动规律认真规划博物馆观众、物品、工作人员进出三条动线。

一般来讲，观众进出动线要相对独立，从入口到大厅（公共活动区）及各展厅，都要直接通畅，避免迂围复杂。出于安全和不影响博物馆开放考虑，物品进出动线要相对独立和隐蔽，对动线上的门、楼道、电梯宽度和高度等都要有专门要求。工作人员进出动线也要相对独立，以便管理。至于每个博物馆的三条功能动线安排，要结合本馆实际情况分别提出具体要求。

此外还要认真考虑交通控制，例如：出入口、大门、大厅、走廊、楼梯、电梯、参观路线、部分空间的开关控制、紧急逃生、其他公共空间的安排等。

（四）提出博物馆建筑形象设计的基本要求

博物馆往往是一座城市重要的公共建筑，是一个城市的文化象征和景观标志。因此，在满足博物馆的功能需求的前提下，还要从外观结构和艺术形象方面满足城市景观和文化标志的需求，要有自己独特的建筑风貌和格调，成为一座独一无二的、令人印象深刻的建筑，能吸引更多人来参观。此外，博物馆建筑应该是博物馆收藏和展示内容的直接或间接的反映，整个建筑物的构造要烘托博物馆收藏和展示的内容。

这就要求建筑师既要对博物馆所在地的历史文化、地理环境、博物馆性质等具有深刻的理解和高超的把握，还要对本博物馆收藏和展示的文化内容有深入的了解，并进行抽象和提炼，将文化含义转化为建筑语言（建筑风格、艺术形态和结构等）。只有这样，才能设计出具有文化性、经典性和纪念性的博物馆建筑；也只有具备文化性、经典性和纪念性的博物馆建筑，才称得上是一座优秀的博物馆建筑。

例如湖北省十堰博物馆之所以成功，一是功能性强，主体建筑为扇形，空间好用，特别适宜展示，参观线路流畅；二是造型简洁、结构简单，造价不高；三是文化象征性好，似道教的一个符号“眼睛”，特别适宜武当山所在地的十堰市并与博物馆展示的重要内容武当山文化吻合。

再如杭州良渚博物院建筑，由英国著名建筑师戴卫·奇普费尔德设计。良渚文化存续时间约为距今 5300 年至距今 4200 年间，该文化遗址最大的特色是所出土的玉器，包含有璧、琮、冠形三叉形玉器、玉镯、玉管、玉珠、柱形玉、玉带及环等。玉器是良渚先民所创造的物质文化和精神文化的精髓。建造师以“一把玉锥散落地面”为设计理念。博物馆建筑由不完全平行的 4 个长方形建筑组成，被称为“收藏珍宝的盒子”。建筑空间方正，层高达 13 m，柱跨 18 m，最宽处 36 m，非常适宜展示。整个建筑凸显简约、粗犷、厚重、大气的风格。注重景观与自然的结合，在依山傍水、野草萋萋的景致中，置于蓝天白云之间，让人强烈感受到一种艺术与自然、历史与现代的和谐融合。①

值得一提的是，较之博物馆的使用功能，建筑外观是第二位的。千万不要为了建筑外观的美丽而牺牲博物馆的使用功能，建筑是用来满足博物馆使用功能的，观众来博物馆参观主要是看展览而不是看建筑。这就像衣服，首先是用来穿的，如果衣服穿不下或像大马褂一样，人们是不会穿的。

图 12　湖北省十堰博物馆建筑效果图

① 良渚博物院建筑欣赏，参见网址 https: //wenku.baidu.com/view/7474ca106f1aff00bfd51e34.htmlhttps: //wenku.baidu.com/view/7474ca106f1aff00bfd51e34.html。

图13　湖北省十堰博物馆建筑照片

图14　杭州良渚博物院建筑照片

（五）博物馆建筑规划的“安全性”

安全性是所有建筑最基本的要求，更是博物馆建筑师必须奉为圭臬的唯一法则。安全是博物馆的生命，这不仅是因为博物馆是观众集结的公共场所，而且是收藏具有不可再生、不可替代特点的文物的场所。要确保文物藏品的安全，从建筑的角度讲，必须具备先天的良好条件。在建筑上要求任何与文物藏品有关的空间——库房、展厅、修复室、观摩室、摄影室、实验室、消毒室、编目室等，都应该有专门的物理防范考虑——防盗、防火、防光、防温、防湿、防有害气体、防菌虫害等。无论博物馆建筑规模大小，博物馆建筑的设计和利用必须遵循安全性原则，从而为博物馆的藏品和观众提供持续的最佳的安全保障。

总之，建筑设计任务书是博物馆建筑规划设计的基础和依据。只有认真做好一个规范的博物馆建筑设计任务书，对博物馆建筑师提出明确的建筑设计的边界条件和具体需求，我们才能期待建筑师设计出一个布局合理、功能齐全、适用美观的优秀博物馆建筑来，博物馆建设方应该高度重视博物馆建筑设计任务书的编写。

附：××市博物馆建筑设计任务书

序　　言

博物馆建筑是博物馆活动的舞台，合理、科学的建筑规划和设计，不仅可以满足博物馆的使用需求，而且节约博物馆建筑的建造成本和降低博物馆的长期营运费用。

博物馆建筑不同于一般民用建筑，也与其他公共建筑不同。同样是博物馆，也因每个博物馆性质、功能、收藏和展示内容及其体量和表现方式等的不同，往往对博物馆建筑的功能需求及其建筑规划有不同的要求。

××市博物馆是一座历史文化类综合博物馆。为了帮助建筑设计方有的放矢地设计好××市博物馆，满足博物馆实际使用功能需求，根据博物馆建筑的一般功能需求并结合××市博物馆的具体情况，我们特提出其建筑设计的基本要求。

一、博物馆建筑规划设计原则

为了使××市博物馆在建筑设计上满足博物馆的使用功能需求和艺术造型的审美需求，达到建筑功能和造型的和谐统一，要求建筑规划和设计符合如下基本原则。

（一）“功能第一”原则

博物馆建筑首先必须确立“功能第一”原则。即博物馆建筑物必须符合或适应博物馆使用功能的需求，达成博物馆各项业务工作顺利开展和实现自我社会功能的目的，应该让博物馆建筑去配合博物馆的使用功能，而不是让博物馆的使用功能去适应博物馆建筑。

作为建筑容器，博物馆建筑要承载展示、收藏、管理、公共服务等功能，相应的博物馆建筑要有如下功能分区：收藏空间、展示空间、行政管理空间、公共活动空间，每个功能分区包含本馆需要的空间要素。此外，博物馆一般有三条相对独立的功能动线：观众进出动线、物资设备进出动线、工作人员进出动线。

（二）“文化性、经典性和标志性”原则

博物馆的本质属性是一种文化知识形态的设施，博物馆建筑应该与博物馆的性质相协调。同时，作为一个城市重要的公共建筑和文化景观，要从外观结构和艺术形象等方面满足城市景观和文化标志的需求。

这就要求设计师对××市的历史文化与地理环境具有深刻的理解和高超的把握，并进行抽象和提炼，将文化与自然环境含义转化为建筑语言，进而设计出具有文化性、经典性和标志性的博物馆建筑；也

只有具备文化性、经典性和标志性的博物馆建筑，才称得上是一座优秀的博物馆建筑。

因此，博物馆建筑首先要在满足使用功能需求的前提下考虑建筑的艺术造型。博物馆建筑使用功能和艺术造型的和谐统一与平衡是博物馆建筑追求的目标。

（三）“安全性”原则

安全是博物馆的生命，这不仅因为博物馆是观众集结的公共场所，而且因为博物馆是收藏文物标本的场所。要确保文物标本的安全，从建筑的角度讲，必须具备先天的良好条件。在建筑上要求任何与文物标本藏品有关的空间——库房、展厅、修复室、实验室等都应该有专门的物理防范考虑——防盗、防火、防光、防温、防湿等，从而为博物馆收藏品和观众提供持续的最佳的安全保障。

二、博物馆建筑功能分区及其面积分配

根据××市博物馆的功能需求，本博物馆总建筑面积拟为24 000 m^2（不包括地下层），地上三层。依据博物馆的展览内容及其表现特点、文物标本收藏情况、行政管理及其工作人员等因素，以及现代博物馆重“展示教育与开放服务”的经营理念，我们建议博物馆建筑在功能面积分配上，尽可能扩大展示空间，适当扩大公众服务空间。

同时，根据博物馆功能分区明确、面积合理、相对独立、交通组织合理的原则，博物馆主要分为4大功能分区——展示区、管理区、公共服务区、库房区。

功能区	展示区	管理区	公共服务区	库房区
建筑面积	约18 000 m^2	约2 000 m^2	约2 500 m^2	约3 500 m^2
实际可用面积	约11 000 m^2	约1 200 m^2	约1 500 m^2	约2 100 m^2

注：博物馆建筑面积与实际可用面积之比一般为1∶0.58

三、博物馆展示区面积分配及布局

展示区建筑面积约 18 000 m^2，实际展示面积约 11 000 m^2，占博物馆总建筑面积的 75%。

（一）展示区面积分配及布局

1.“历史陈列”展览

建筑面积约 5 000 m^2，实际展示面积约 3 000 m^2。宜安排在二层，独立大空间或相连 2 个空间。

2.“儒家文化”展览

建筑面积约 4 000 m^2，实际展示面积约 2 400 m^2。宜安排在三层，独立大空间或相连 2 个空间。

3.“文物精品”展览

包括青铜器、陶瓷、玉器、书画、工艺杂件等。建筑面积约 3 000 m^2，实际展示面积约 1 800 m^2。宜安排在三层，独立大空间或相连 2 个空间。

4.“名人堂”展览

建筑面积约 2 000 m^2，实际展示面积约 1 200 m^2。宜安排在二层，独立大空间。

5. 临展厅

2 个，建筑面积约 4 000 m^2，实际展示面积约 2 400 m^2。宜安排在一层，可根据需要合并为 1 个。满足博物馆馆际交流展、博物馆自身临展、配合时政展览等需要。

为了遵循博物馆的使用习惯与方便，以及陈列展览的完整性、顺序性和系统性，楼层使用规划如下：

三　层	“儒家文化” 4 000 m^2	“文物精品” 3 000 m^2	
二　层	“历史陈列” 5 000 m^2	“名人堂” 2 000 m^2	

（续表）

一　层	临展厅 4 000 m²	公共活动区 2 500 m²	管理区 2 000 m²，库房 1 500 m²
地下室			库房 2 000 m²

（二）展示区空间要求

1. 展示区布局建议

展示区的确定主要依据是博物馆展览数量、展示内容体量以及展示的表现方式，其中，拟采用的展示方式对空间规模与式样起着关键的作用。

“历史陈列”和“儒家文化”的展示方式将有别于“文物精品”展柜加说明的展示方法，而是一个叙事型主题展览，即有明确主题贯穿和统领，表现方式要较多采用二维和三维辅助展品和信息传达装置，例如景箱、生态箱、模型、沙盘、场景、蜡像、壁画、历史画、油画、半景画、雕塑、多媒体、动画和影视等。这样的表现方式阐释能力强、趣味性和观赏性好，容易达到让普通观众看得懂、觉得有意思、喜欢看的目的和效果，往往受观众欢迎。但这样的展览对展示空间的要求比较高，包括层高、跨度、柱间距及采光方式等。“名人堂”的空间形式最好是圆形或接近圆形。

根据对博物馆展示内容、表达方式及展品资源状况的分析，我们提出关于展示空间的相关建议：

展　厅	建筑面积	净　高	柱　距	宽　度
“历史陈列”	5 000 m²	≥ 4.5 m	≥ 9 m	≥ 18 m
“儒家文化”	4 000 m²	≥ 4.5 m	≥ 9 m	≥ 18 m
“名人堂”	2 000 m²	≥ 4.5 m	≥ 9 m	≥ 18 m
“文物精品”	3 000 m²	≥ 3 m	≥ 9 m	≥ 18 m
临展厅	4 000 m²	≥ 4.5 m	≥ 9 m	≥ 18 m

2. 展示区的其他相关建议

◆ 表中展厅的净高是指设备层以下的实际可用高度。

◆ 展厅柱网尽可能简单，柱间距不小于 9 m。如果展示中有特殊空间要求，可考虑在相关位置减少柱子。

◆ 照明主体为人工光，可间歇从侧面引进自然光和风，作为视觉与情绪的调节。在一些场合下可考虑借用自然光。

◆ 展厅的楼板活荷载可在 500 kg/m^2 左右，用电量 8～10 $kw/100\ m^2$。

◆ 临展厅要相对独立，最好有独立的出入口。

◆ 通风问题要引起特殊注意，最好能利用建筑设计本身解决一部分通风，以便在无空调的季节有较好的新风量。

◆ 要充分注意展览空间与收藏空间的关系，尤其是物品运送的安全问题。

◆ 博物馆三条功能动线（观众进出、工作人员进出、展品与设备进出）应相对独立，观众参观动线要考虑到博物馆的经营，观众参观完后要自动导入到公共活动空间。

◆ 上下电梯、楼梯由设计师根据消防规定设置。

◆ 库房区和办公区要相连，方便博物馆使用藏品。

◆ 库房区和办公区为封闭空间，一般不对观众开放，要考虑到开关控制。

四、博物馆行政管理区面积分配及布局

建筑面积约 2 000 m^2，实际可用面积约 1 200 m^2，占博物馆总建筑面积的 8.3%。位于一层，此区域为博物馆封闭空间，要有独立进入口。

层高为一般办公室净高（≤ 3 m），门窗和楼层高度采用一般办公用房要求。

● 博物馆领导办公室：馆长、副馆长、书记各 1 间，建筑面积 200 m^2；

● 综合办公室：建筑面积 100 m^2；

- 财会室：建筑面积 70 m^2；
- 教育部：建筑面积 200 m^2；
- 陈列部：建筑面积 200 m^2；
- 图书资料信息中心：建筑面积 400 m^2；
- 设备运行部：建筑面积 100 m^2；
- 博物馆研究部：建筑面积 200 m^2；
- 内部会议室：建筑面积 300 m^2；
- 内部厕所：建筑面积 100 m^2；
- 其他：建筑面积 130 m^2。

五、博物馆库藏区面积分配及布局

建筑面积约 3 500 m^2，其中地上一层 1 500 m^2，地下 2 000 m^2，实际使用面积约 2 100 m^2，净高≤ 3 m。

1. 库房位置

一方面为了有效利用地下空间，另一方面为了研究、使用需要和安全考虑，博物馆库房分为地上一层（库房管理区，建筑面积约 1 500 m^2）和地下（藏品库区，建筑面积约 2 000 m^2）两部分，两部分有专门通道连接，在两者之间设置总门。

其中地上一层部分作为库前管理区和部分对防潮要求高的文物（书画、服饰等有机类文物）库区，并与博物馆办公管理区接近，方便研究和使用。

库房属于博物馆封闭空间，要与展示空间和公共服务空间分开，要有独立出入口和专用货运电梯，库房内通道和电梯轿厢要宽大，方便大件藏品装卸和运送。另外，为了文物安全，要尽量减少门窗，并且窗不宜大（但要保障库房管理人员通风）。

2. 博物馆库藏区组成要素

库房管理区：缓冲间、消毒室、编目室、鉴赏室、试验室、加工室、修复室、复制室、摄影室、研究室、管理办公室等。

藏品库区：基本库房、特殊库房、暂存库房等。

3. 库藏区面积确定的参考依据

×× 市博物馆馆藏文物 1 万余件，包括铜器、陶器、瓷器、玉器、汉画像石、汉碑、铁炮、书画等十几个大类，其中国家一级文物 53 件（套），二级文物 50 件（套），三级文物 407 件（套）。

根据文物的质地、类别、体量情况分析，结合未来文物总量的增长，库房建筑面积应不少于 3 500 m^2。

4. 博物馆库藏区空间分配建议

藏品库房建筑面积 2 500 m^2，可根据需要自由分隔。包括：

- 陶瓷器库房：1 间，建筑面积 400 m^2；
- 汉碑、汉画像石：1 间，建筑面积 500 m^2；
- 青铜器：1 间，建筑面积 400 m^2；
- 铁器、铁炮：1 间，建筑面积 400 m^2；
- 玉器库房：1 间，建筑面积 150 m^2；
- 书画：1 间，建筑面积 150 m^2；
- 纺织品：1 间，建筑面积 200 m^2；
- 其他杂项：1 间，建筑面积 300 m^2。

库房配套用房建筑面积 1 000 m^2，位于库房前厅。包括：

- 暂存室：1 间，建筑面积 200 m^2；
- 包装整理室：1 间，建筑面积 100 m^2；
- 消毒室：1 间，建筑面积 100 m^2；
- 编目 / 档案室：1 间，建筑面积 150 m^2；
- 鉴赏 / 摄影室：1 间，建筑面积 100 m^2；
- 修复 / 装裱室：1 间，建筑面积 100 m^2；
- 保管工具存放室：1 间，建筑面积 100 m^2；
- 工作人员办公室：1 间，建筑面积 100 m^2；

- 库房厕所：1 间，建筑面积 50 m^2。

5. 库藏空间安全要求

藏品库房建筑要避免人为和自然力对文物的危害，为此库房建筑必须考虑防火、防雷、防潮、防震、防盗、防光、防尘、防污染、防虫菌，特别是防火（按一级耐火建筑等级设计）、防潮（考虑保温隔热和密封，以及防水墙和排水系统）、防盗（减少门窗，并且采用高强度门窗设计）。

六、博物馆公共服务区面积分配及布局

总建筑面积约 2 500 m^2，实际可用面积 1 500 m^2，占博物馆总建筑面积的 10.4%，位于博物馆一层。

现代博物馆已不仅仅是单纯文物标本的收藏、保管和研究机构，而更是一个为公众服务的文化教育机构，人们游览、娱乐和消遣的场所。正是出于“观众至上、服务至上”的理念，出于满足观众休息、娱乐、消遣、社交需要的考虑，现代博物馆在建筑的设计和规划上，愈来愈重视其公共服务区的作用及其规划。

1. 基本功能需求

根据现代博物馆公共活动空间功能的需求，博物馆公共服务区的基本功能需求主要有：迎候和引导观众参观，聚散观众的枢纽作用，观众休息放松的场所，观众购物消费的场所，社交和聚会的重要场所，博物馆开展教育活动的场所。

2. 公共服务区的基本空间要素

中央大厅（博物馆大厅）基本空间要素包括中央大厅、教育活动区、休闲区、购物区等。以自然采光为主。

3. 公众服务区要素建议

- 公共大厅：建筑面积 500 m^2（空旷空间，用于集会）；
- 总服务台：建筑面积 50 m^2；
- 包裹寄存处：建筑面积 50 m^2；

- 保卫人员办公室：建筑面积 50 m^2；
- 监控中心：建筑面积 50 m^2；
- 贵宾接待室：1 间，建筑面积 200 m^2；
- 多功能报告厅：建筑面积 500 m^2；
- 博物馆教室：2 间，建筑面积 200 m^2；
- 购物区：建筑面积 200 m^2，拟设在入口和出口的必经之路；
- 休闲咖啡茶室：建筑面积 200 m^2；
- 博物馆食堂：建筑面积 350 m^2；
- 保洁人员办公室：建筑面积 50 m^2；
- 博物馆厕所：建筑面积 100 m^2。

4. 博物馆大厅空间规划和设计的基本要求

- 公共服务区要素的安排要合理适用。既要满足博物馆引导和组织观众参观的需要，满足观众休息的需要，起到类似中央庭院的作用，又要有助于观众活动、社交和聚会。
- 公共服务区各空间要素在平面和立面上的安排和配置，要布局得当，分割有致，聚散合理，疏密有致。
- 大厅是观众人流通过、暂停、疏散和重新分配的枢纽。能合理组织各种人流，路线简洁、明晰、通畅，避免重复、迂回和交叉。
- 大厅要舒展、流畅、开朗，既不宜安排过多的设施，以免使观众感到繁琐、压抑、沉闷或眼花缭乱，也不要过于单独、空旷、冷漠，使人感到索然无味。
- 大厅技术上要求具有通风、防火、防潮、防尘、防滑、防噪、紧急逃生等安全设施。大厅要考虑到特殊观众的需要，为残疾观众和老年观众配置专用通道及设施。
- 大厅环境装饰总的要求：典雅、庄重、美观、简洁、大方、和谐、舒畅、亲切、宜人。既要有文化氛围，又不失时代气息。色彩宜淡雅调和，光线宜柔和明朗，避免繁琐装饰、富丽堂皇和矫揉造作。

● 大厅建筑装饰风格和气氛营造，既要与展厅内容和风格协调、共鸣和支持，相得益彰，浑然一体，又要为观众创造一个舒适、和谐和温馨的游览环境。

七、博物馆设备用房与停车库

博物馆车库、空调、配电等设备用房安排在地下一层。

八、博物馆建筑造型风格设计要求

在满足博物馆的使用功能需求的前提下，要求博物馆建筑从外观结构和艺术形象方面满足 ×× 市城市景观和文化标志的需求，要有自己独特的建筑风貌和格调。本博物馆建筑形象总体风格基本要求：

● 美观、典雅、简洁、大方；

● 体现 ×× 市历史文化和自然环境的特色，具有独特性；

● 一定程度上反映建筑与展览主题和内容的统一；

● 与周边建筑（图书馆、群艺馆、美术馆）风格相协调。

三、博物馆建筑设计的科学流程

科学、合理的博物馆建筑设计程序是保障建筑设计质量的前提。一般来讲，科学的博物馆建筑设计流程如下[①]：

第一，建筑师要了解博物馆的性质或本质是什么，这是博物馆建筑策划的起点。博物馆是收藏、研究和展示文物标本，并提供公众学习、教育和欣赏机会的特殊的公共文化设施，不是一般的商业大楼、学校建筑、宾馆和写字楼，也有别于普通博览建筑。

---

① 乔治·艾里斯·博寇著：《博物馆这一行》，张誉腾等译，五观艺术管理有限公司，1997年，第265页。

第二，建筑师要了解博物馆具有何种特殊功能。博物馆具有收藏、研究、展示和教育等特殊功能，因而其建筑功能比商业大楼、学校、宾馆和写字楼建筑要复杂，博物馆建筑的功能就是要满足博物馆文物标本收藏、研究、展示和教育几大功能的空间需求。

第三，建筑师要根据博物馆的特殊功能，详细、明确地列举出所设计的这栋博物馆建筑的各项任务。例如收藏空间的任务、研究空间的任务、展示空间的任务、教育空间的任务、办公空间的任务和观众服务空间的任务等。

第四，建筑师要针对博物馆的功能，特别是收藏的状况、展览内容的规模，定出其空间需求，并将能够共同使用空间的功能加以归类。

第五，以概要式图说的形式制定空间组织图，用来表明博物馆各种功能所需要的相对空间以及各空间之间的关系，并配以人（工作人员和观众）和物品在各空间内的流动路线。

第六，拟定出博物馆建筑的楼层配置图。

第七，设计出各个空间的外部结构。

博物馆建筑的规划作业程序是由内而外展开的，是以博物馆建筑物所要达到的功能为基础的一种设计作业。显然，这种设计作业程序保证了博物馆建筑对博物馆功能的适应和满足。按照这种设计作业程序，容易设计出一座较为理想的博物馆建筑。

但是，在博物馆建筑设计实际中，许多建筑师往往不遵循这样的博物馆建筑策划程序，相反，采取的是一种由外而内的、违背博物馆建筑策划规律的做法。他们往往更像艺术家，而不是建筑工程师。他们太希望通过博物馆建筑设计创造出自己的代表作，以致太过强调博物馆建筑的外观，而忽视博物馆的功能需求，忽视博物馆内部空间的规划。

鉴于博物馆建筑的特殊性以及博物馆建筑规划原则和程序的要求，也鉴于众多博物馆建筑规划失败的惨痛教训，需要提醒博物馆建设方：

一、不要把博物馆建筑当成普通的基建工程处理。特别是各级政府投资建设的博物馆，不要将博物馆建设工程当成“交钥匙”工程，完全由政府建设部门负责。在博物馆建设立项和实施阶段，应突出博物馆全面参与的管理，应该多听取博物馆建筑真正的使用者——博物馆的意见。多年来的博物馆建设实践表明，类似1993—1996年上海博物馆那样由博物馆自始至终全面管理自身建设过程的博物馆是一个成功的模式。

二、应该借力博物馆界的力量和智慧，认真做好博物馆建筑甲方设计任务书，向建筑设计师提出本博物馆在功能、使用、安全、环境等各方面的具体要求，以便让建筑设计师充分了解博物馆的需求。

三、在聘请博物馆建筑师时，不要迷信知名的建筑师。须知伟大的建筑师不等于博物馆建筑师，更不等于贵馆的建筑师，重要的是要选择那些具有丰富博物馆建筑设计成功经验，并熟悉博物馆功能需求的建筑师。

四、要组织博物馆专家和建筑师之间开展对话。建筑师与博物馆专家及博物馆使用方缺乏交流是造成我国博物馆建筑存在诸多问题的重要原因。在建筑设计任务书起草过程中，非常有必要组织博物馆专家和建筑师间的对话。建筑师与博物馆专家之间的关系好比是：前者是搭台的，后者是演戏的。因此，两者必须紧密合作，充分交流，一方面博物馆专家要向建筑师交代清楚博物馆建筑的具体功能需求，以便在建筑设计中充分考虑到展览空间、公共空间、库房空间、管理空间以及其他辅助设施的具体需求；另一方面建筑师要充分听取博物馆专家的意见，这样建筑设计才能有的放矢。只有双方充分交流，才能规划设计出一个适用的博物馆建筑来，才能达到共赢。值得一提的是，在选择博物馆专家时，务必要选择那些具有丰富博物馆建设和管理经验的专家（特别是博物馆展览专家）；同样，在选择建筑师时，要选择那些熟悉博物馆性质和功能需求、具有博物馆建筑设计成功经验的建筑师，知名的建筑师不见得一定是博物馆建筑师。

四、《博物馆建筑设计标准》的评析

2010年文化部下属有关机构起草了《博物馆建筑设计标准》(以下简称《标准》)。虽然这个标准总体内容是正确的，但由于编制者缺乏较深的博物馆专业造诣，导致《标准》存在三个方面的严重不足：

(一)对“博物馆”的概念和范围缺乏准确的认识，导致本《标准》主要指的是文物艺术品类和历史类博物馆，对其他众多博物馆类型没有涵盖，因此在实践中容易造成歧义和误解。

从世界范围看，博物馆种类丰富多样，无奇不有。根据国际博物馆协会对博物馆的定义，除了历史、艺术、自然、科学、人物等大类博物馆外，水族馆、动物园、植物园也是博物馆。国际博物馆协会对博物馆定义的第一条B款指出：“其他机构其目的亦符合博物馆的定义，这些机构包括：

- 自然、考古或民族学的纪念物或遗址、历史纪念或遗址；
- 拥有物种的机构；
- 科学中心与星象厅；
- 由图书馆或档案馆永久性经营的非营利艺廊、保存机构或展示中心；
- 自然保留区；
- 其中管理或负责各种在本定义所列机构的国际、国家级或地区性的博物馆组织；
- 从事维护、研究、教育、训练、记录和其他与博物馆与博物馆学相关工作的机构；
- 从事保存、永续维护和管理有形与无形文化遗产的文化中心与其他组织；

- 其他从事与博物馆或博物馆学相关的部门。

显然，该《标准》难以涵盖自然博物馆、科技博物馆及其他各行各业的博物馆。

（二）第 1.1.2 条关于博物馆建筑物规模的规定，简单地按藏品数量多少为依据规定博物馆建筑规模，显然不符合博物馆实际。

《标准》规定博物馆建筑规模可按其藏品数量分为：

（1）大型馆：馆藏文物在 10 万件以上者，其建筑面积应大于 10 000 m^2。一般适用于中央各部直属博物馆和各省、自治区、直辖市博物馆；

（2）中型馆：馆藏文物在 1 万～10 万件之间，建筑规模为 4 000～10 000 m^2。适用于直辖市博物馆；

（3）小型馆：馆藏文物在 1 万件以下者，建筑面积可小于 4 000 m^2。适用于县和县级市博物馆。

其错误主要表现在三个方面：一是不能简单按藏品数量决定博物馆建筑规模，更应该考虑藏品的类别、体量和尺寸，玉器、钱币、书画等微型文物显然与青铜器及其他大型文物无法简单类比。二是博物馆建筑规模大小不完全取决于藏品及其库房，更要考虑博物馆的展示区、公共服务区、行政管理区的需求，特别是展示区因展览的类别、内容及展示方式不同而有极大差别。例如自然博物馆的恐龙展、航天博物馆的飞机和卫星展对展示空间的规模要求远大于文物艺术品展览的需求。三是建筑面积与博物馆实际可用面积比一般为 1∶0.58，显然馆藏文物在 1 万～10 万件之间，建筑规模为 4 000～10 000 m^2 这样的规定已经落后于博物馆实际。

（三）第 1.3.1 条藏品库区和陈列展区面积之和与总面积的比例控制指标规定：大型馆为 50%～60%，中型馆为 60%～70%，小型馆为 70%～80%。这显然也不符合博物馆实际。

藏品库区主要由库管理区和文物库房两部分组成，库房管理区一般包括缓冲间、消毒室、编目室、鉴赏室、试验室、加工室、修复室、复制室、摄影室、研究室、管理办公室等，不同级别、不同专业水平的博物馆对这些功能要素的需求不同的，国家级和省级博物馆往往配置比较齐全，而市县级博物馆往往配置较少。文物库房面积需求也因文物的数量、类别、体量情况而具体情况具体分析。陈列展区的面积的确定主要依据是博物馆展览数量、展示内容体量以及展示的表现方式。较之“展柜加说明”的文物艺术品展览，叙事类的展览会较多采用二维和三维辅助展品和信息传达装置，例如景箱、生态箱、模型、沙盘、场景、蜡像、壁画、历史画、油画、半景画、雕塑、多媒体、动画和影视等。这样的展览对展示空间的面积、层高、跨度要求比较高。总之，藏品库区和陈列展区面积之和与总面积的比例要依据博物馆的展览内容及其表现特点、文物标本收藏情况的实际情况而定，不能简单机械地以大型馆、中型馆、小型馆来划定。

此外，必须强调，现代博物馆已不仅仅是单纯文物标本的收藏、保管和研究机构，而更是一个为公众服务的文化教育机构以及游览、娱乐和消遣的场所。正是出于“观众至上、服务至上”的理念，出于满足观众休息、娱乐、消遣、社交的需要，现代博物馆在建筑的设计和规划上，公共活动空间的作用越来越重要，相应的博物馆公共空间的面积也就愈来愈大。欧美新建博物馆建筑设计有一种趋势：公共空间的面积越来越大，主要扩大了博物馆商店、餐饮、教育活动等公共服务空间，例如位于瑞典首都斯德哥尔摩的现代艺术博物馆。之所以要扩大博物馆公共服务空间，就是为了适应现代博物馆越来越重视公共服务这一发展趋势。

◀ 第五章 ▶

博物馆展示内容策划设计

博物馆建设的核心是展览，建筑是舞台，展览才是博物馆建设的中心。只有展览建设成功了，方能说博物馆建设是成功的。博物馆展览设计包括内容策划和形式设计两个方面。内容为王，展览成功与否首先取决于展览内容策划的水准。只有首先具备一个好的展览内容文本，形式设计和制作师才能制造出一个成功的博物馆展览来。

但是，各地博物馆建设普遍不重视展览内容的策划设计，面对一个简单甚至低劣的展览文本，即使是最优秀的展览形式设计和制作大师，也难以创造出一个有吸引力、感染力的展览来。因此，要做好博物馆展览，博物馆建设方应该高度重视展览内容文本的策划编写工作，要从学术研究成果梳理、展品形象资料搜集整理、展览内容文本策划编写上加大资金和精力投入。

一、博物馆展览内容策划的重要性

展览内容策划是博物馆新馆建设的重要内容。博物馆是个通过举办展览向观众传播科学文化知识的机构，因此，陈列展览是博物馆的一项十分重要的工作。只有推出既具有思想性、科学性、知识性，又具有艺术感染力的精品展览，博物馆才能在传播科学文化知识、丰富民众精神文化生活和促进文化交流方面真正发挥重要的作用。

“十二五”以来，特别是党的十八大以来，习近平总书记高度重视文物工作，强调搞历史博物展览，为的是见证历史、以史鉴今、启迪后人，让文物说话、把历史智慧告诉人们。在党中央和各级政府的重视与支持下，我国文博事业进入全面、快速发展时期，成绩斐然。

据《2017 中国文物统计提要》最新统计，2011 年到 2016 年，全国文博单位每年举办的展览数量从 1.9 万个上涨到近 2.5 万个，增长 28.3%。博物馆陈列展览水平和传播能力也在不断提升，为群众提供更优质的公共服务。其中，博物馆免费开放的陈列展览数量由 1.4 万个增加到近 2 万个，增长 38.8%，占 2016 年全国文物机构举办的全部陈列展览总数的 81.1%。仅 2016 年，全国 3 393 家免费开放的博物馆，共接待观众 6.8 亿人次。2018 年全国博物馆举办展览 2.6 万个，教育活动近 26 万次，观众达 11.26 亿人次，分别比上年增长 30%、30% 和 16%。

“十二五”期间，全国博物馆积极举办陈列展览，努力创新展示教育的内容、形式和手段，并取得了长足的进步。第一是展览数量增长快；第二是陈列展览题材和内容更加丰富多彩，展览内容的学术和文化含量有了明显提高；第三是展示手段和表现形式日趋多样，舞美、声光电和新媒体等新技术、新工艺、新材料得到普遍应用，展览的科技含量和艺术感染力都有较大提高；第四是精品陈列展览开始增多。博物馆正日渐成为传播先进文化、普及科学知识、弘扬社会正气和塑造美好心灵的重要课堂。

但另一方面，我们必须清醒地认识到，除少量博物馆陈列展览外，我国大部分博物馆陈列展览依然面临吸引不了观众的尴尬境地。究其原因，还是因为我国博物馆陈列展览的总体水平依然不高，突出表现在：展览选题缺乏新意，似曾相识、千馆一面现象严重，多为文物陈列或学科教科书的翻版，与普通观众的关注点和兴趣不相契合，与观众的生活有较大距离，不能吸引广大观众的眼球，难以激发观众参观的欲望；展览内容解读和阐述过于理性，通俗性不足，学究气太浓，枯燥乏味，展示内容逻辑清晰度不强，平铺直叙，面面俱到，观众看不懂或看得很累；展览形式表现依然陈旧，理性有余，感性不足，多为图文版面加文物说明标签，互动性、趣味性、观赏性和参与性不足，视觉冲击力和艺术感染力不强，难以激发观众参观的欲望；过分追求展览的外在装饰华丽，过度追求声、光、电和新媒体等技术秀，忽视展览内容的思想性、知识性、教育性和科学性，为“秀”而秀。

造成我国博物馆展览总体水平普遍不高的一个关键原因在于：在博物馆陈列展览工程管理中普遍不重视展览内容文本的策划和撰写工作。

多数博物馆将展览内容文本混同于陈列大纲，即展览内容文本仅仅是一个简单粗糙的展览文字大纲或展品清单，是一个学术著作或教科书式的学术资料汇编，并以此为展览蓝本让专业展览公司进行形式设计和制作布展。更有一些博物馆连一个简单的展览文字大纲也没有，将原本应由当地博物馆研究人员或博物馆展览策划专家撰写的展览文本编写任务推给了从事展览形式设计和制作的专业布展公司，任由不擅长展览文本策划的专业布展公司自由发挥。也有一些博物馆虽然委托博物馆展览文本策划专家撰写展览文本，但所提供的展览文本策划依据十分不充分，要么有关展览选题的学术资料不完整，要么展览选题所需的展品资料储备不足，要么给予博物馆文本策划专家展览文本策划的时间很少，在这种情况下，展览文本策划专家也是“巧妇难为无米之炊”。

还有一些博物馆错误地把学术专家与展览文本策划专家混为一谈，把展览策划交给学术专家承担。固然，学术专家熟悉本展览的学术问题，但他不懂得博物馆展览的表现规律和表现方法。正因为如此，他所做的往往是一个学术体系而非展览体系的展览文本。面对这样的文本，展览形式设计师往往无所适从。

博物馆建设的核心是展览，建筑是舞台，展览才是博物馆建设的中心。只有展览建设成功了，方能说博物馆建设是成功的。如前所述，博物馆展览成功与否首先取决于展览文本的水准。只有首先具备一个好的展览文本，形式设计和制作师才能制造出一个优秀的博物馆展览来。

我国博物馆不重视展览文本的策划设计，首先表现在不重视展览文本策划的投入上。在各地博物馆建设中，我们宁愿花上几个亿，甚至十几个亿在建筑和展览制作上，但就是不愿在关键的展览内容策划上花钱。尽管较之国际上博物馆展览的形式设计取费，我国博物馆展览形式设计取费是很低的，一般在4%～8%（国际上一般在10%以上，高的甚至达20%），但内容文本策划比形式设计取费还要低很多。这种现象显然是不合理、不正常的。因为展览形式设计往往是相通的，这种手段今天搬到这里，明天可以搬到那里，只是如何合理应用的问题。而每个博物馆的内容策划面对的主题和内容都是不同的，要阅读和消化大量与展览相关的展品形象资料和学术研究资料，并创造性地策划展览内容文本，显然是一项需要花费大量复杂智力劳动的艰苦工作。博物馆展览建设中不重视内容策划的现象与我国影视剧制作中不重视编剧的现象一样。一线演员的片酬多达一百多万一集，一部电视剧一个主演往往赚几千万甚至上亿，所有片酬高的演员的片酬占到总投资的50%以上。而与演员高报酬形成鲜明对比的是，编剧片酬很低，只有十几万元一集。这种严重的"脑体倒挂"直接影响了我国影视剧制作的质量，一些编剧自嘲自己是替演员打工的。美国影视界一直恪守着"剧本中心制"。一些编剧甚至能冠以制片人的名分，拿着堪比超级明星的报酬。一般来说，编剧能拿到剧集收益的10%，一线编剧一年的收入远远超过绝大部分一线电影演员①。展览成功的关键是展览内容的策划（编剧），如果不改变展览内容策划上投入不足的现象，要想提高我国博物馆展览的水平，显然是不可能的。

不重视展览文本的策划设计还表现在展览内容策划的时间保障上。当年日本建设滋贺县境内的琵琶湖博物馆展览时，不仅集中了一个高水平的展览内容策划团队，而且花了四五年时间，经过反复讨论、推敲

---

① 稼辛:《国外编剧圈的游戏规则》,《新民晚报》2014年5月31日,B15版。

和精雕细琢才最终形成展览文本。因为有优质的展览内容策划为基础，所以其展览堪称一流。相比之下，我国大部分博物馆在展览内容文本策划编撰方面花的时间很少，一般不超过一年，有的甚至只有几个月。

博物馆展览文本的策划是一项集学术、文化、思想与技术于一体的作业，是一项复杂的智力劳动。展览策划人才应该是通才，他们不仅要熟悉与展览主题和内容有关的各种专业知识，研究和思考学术和文化，同时也要懂得教育学、传播学、认知学、心理学和美学，要关注社会、现实、民生和观众。博物馆展览策划也是一项文化创意活动，要有开放的思想和意识，要有较高的博物馆学修养和人文涵养，要有生活常识和阅历，要有宽广的视野和丰富的文化想象力，善于把握观众的需求，善于从平凡、常见或普通的素材中发掘出令观众感兴趣的内容和话题，找到富有新意的切入点。博物馆展览策划也是一项技能作业。展览文本策划师不仅要熟悉博物馆展览信息传播的规律，还要懂得展览形式设计等“形而上”的知识，熟悉博物馆展览表述的基本方法和手段。

综上所述，展览内容文本是博物馆展览的基础，而要做好展览内容文本，博物馆建设方应该高度重视展览内容文本的策划设计工作。为了做好展览内容文本，有能力的博物馆建设方要组织相关学者、展览人员和教育人员共同策划编写展览内容文本，没有能力的博物馆建设方可以委托擅长博物馆展览内容文本策划的专家编写展览内容文本。为了确保展览内容文本的水准，博物馆建设方一要在展览内容文本策划编写上投入合理的资金，二要保障展览内容文本策划编写的时间，三要对展览内容文本策划编写的进程进行把控，例如展览大纲的论证评审、展览内容文本初稿的论证评审等。

二、要重视展览学术和展品支撑体系建设

所谓展览学术与展品支撑体系，一是指与展览主题相关的学说理

论、研究成果、历史文献资料、档案资料、口碑和调查资料以及其他故事情节材料等，二是指与展览主题相关的文物标本、遗迹、声像和图片资料及其文化意义等。学术和展品支撑体系不仅是博物馆展览建设的基础，而且直接影响着展览的质量和水准。

展览文本是博物馆展览设计、制作和布展施工的基础，要提高博物馆展览的水平，首先必须做好展览文本的策划和撰写工作。而做好博物馆文本策划和撰写工作，固然取决于展览文本策划师的水平和经验，但更取决于展览筹建方为展览文本的策划师所提供的学术和展品支撑。如果甲方不能为策划师提供充分的学术和展品资料，那么，即便是最高明的策划师，也难以策划和撰写出一个理想的展览文本来。因此，对甲方来说，提供完备的展览学术与展品资料是一件很重要的工作。在委托策划师撰写展览文本之前，需要明白自己应该提早为展览文本策划准备什么。

根据博物馆展览文本策划的规律，以历史文化类主题性展览为例，甲方应该为展览文本策划师提供如下条件。

（一）有关展览主题和内容的完整的学术研究资料

学术研究资料包括与展览主题有关的学说理论、研究成果、历史文献资料、档案资料、口碑和调查资料以及其他故事情节材料等。这不仅是博物馆展览的学术基础，也是展览文本策划的重要学术条件。

博物馆展览不同于商业会展。其宗旨是进行文化传播，旨在给受众以信息、知识和文化，起到传授文化、知识、艺术、观念和思想，促进文化交流和传播的作用。它所反映的内容都是建立在客观、真实的学术研究的基础上的。学术研究资料能起到深化和揭示展览主题的重要作用。如果没有学术研究资料作支撑，展览就难以起到深化和揭示展览主题的重要作用，难以起到传播文化、知识、艺术、观念和思想的作用。

另一方面，固然展览是以“实物”为主角的，但仅靠实物是不够的。因为展览所需的实物展品往往缺少，且实物展品常常有局限性，外在表现力不强，很难充分与受众对话。因此，也需要学术研究资料的辅助，为制作科学的或艺术的辅助展品提供学术支撑，起到补充展览主题和内容的作用。

（二）有关展览主题和内容的较完整的实物展品资料

实物展品不仅仅是指文物标本，也包括声像资料和图片资料；不单单是文物标本的简单清单汇编，还应该整理分类，并研究清楚每件实物展品的名称、时代、背景和文化意义等。

博物馆展览信息的传播主要依靠实物媒介来进行的，靠实物“说话”，通过实物揭示事物的本质，体现展览的主题思想，实物是展览的“主角”。因此，实物展品资料不仅是博物馆展览的物质基础，也是展览文本策划的重要依据。

实物展品的丰富程度和质量高低直接影响到展览传播的效果和质量。一般来说，实物展品越丰富，就越有挑选的空间。这样，就能从丰富的实物展品中选出更多最能揭示主题、最具典型性、最有外在表现力的实物做展品，就能更好地实现展览传播的目的。可见，学术研究成果和展品支撑对博物馆展览策划设计是何等地重要！

例如乌克兰切尔诺贝利核事故纪念馆。纪念馆里最引人注目和最令人感慨的是一段由因切尔诺贝利核事故死亡少年儿童照片组成的照片墙（图 17）。当观众看到那么多活泼可爱的少年儿童因切尔诺贝利核事故而死时，想必其心灵的震撼一定十分强烈！展览策划师之所以不选择死去的青壮年和老人的照片而选择少年儿童的照片，就是因为少年儿童的死亡最能够打动观众的心，从而激发观众对核事故的反思。

又如纽约 9・11 纪念馆感动千万人的展品（图 18—图 20）。

图17 切尔诺贝利核事故纪念馆照片墙

图18 一只Todd Beamer的手表，指针永远定格在了灾难发生的那一刻

图15　小兔子玩偶：玩偶的主人小女孩一家三口乘坐美联航175航班，前往洛杉矶迪士尼乐园，可小女孩乘坐的飞机被劫持，撞向了世贸中心南塔

图16　靴子：纽约警察局探长Carol Orazem的靴子，她在当天被派往事发现场。靴子的橡胶底已经融化脱落

图19　消防车：纽约消防队的3号阶梯式消防车，被掉落的废弃物融化变形

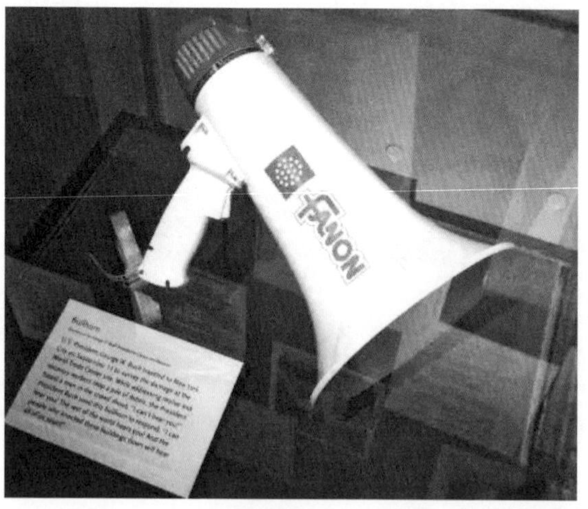

图20　扩音喇叭：小布什总统在2001年9月14日遗址清理现场发表演讲。一个声音突然从人群中喊道："我无法听见你的声音！"小布什总统用这个喇叭向人群喊道："我能听见你！世界人民也能听见你！那些推倒我们自由高塔的人更将听见我们的怒吼！"

再如日本广岛原子弹博物馆令人触动的展品（图 21—图 26）。

图21　一对因原子弹爆炸而死去的姐妹及其童车

图22　一个因原子弹爆炸而死去的人的身体骨架模型

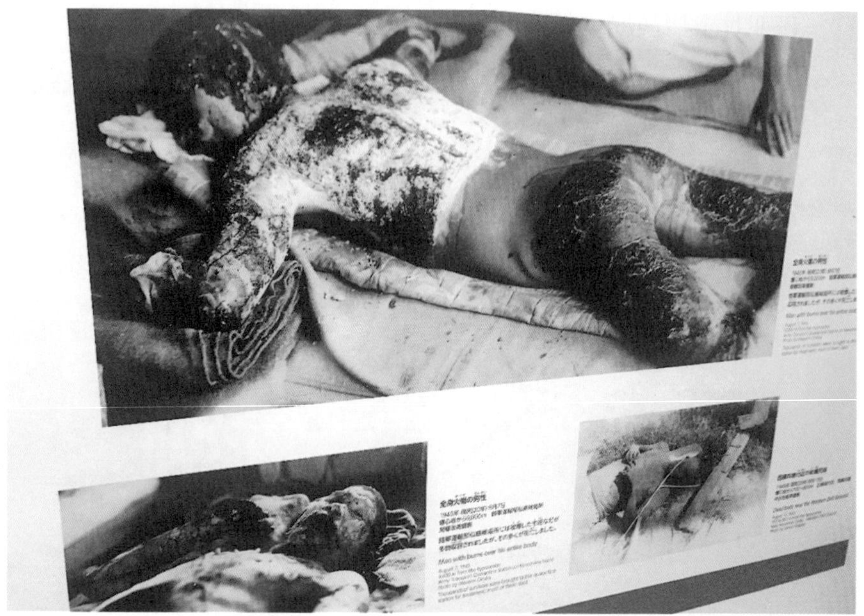

图23　一个因原子弹爆炸而身体溃烂的人的照片

图24　一对因原子弹爆炸而得白血病死去的姐妹

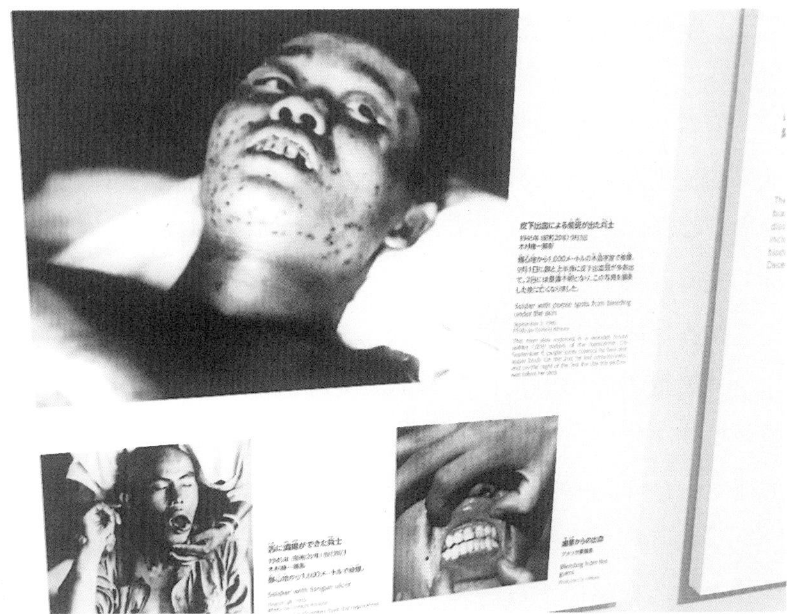

图25　一组因原子弟爆炸而身体溃烂的照片

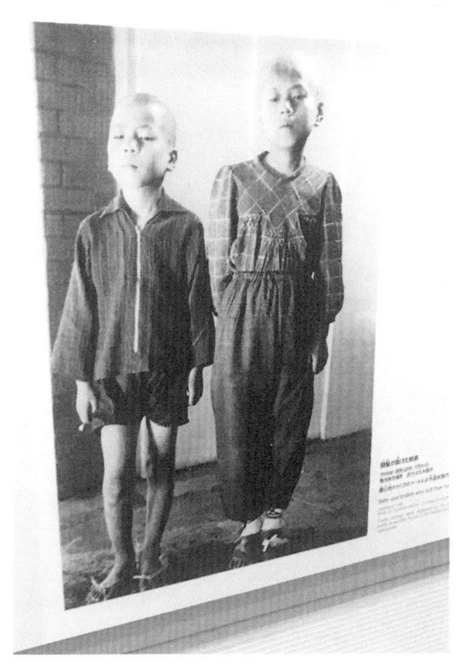

图26　一对因原子弹爆炸辐射而掉光头发的兄弟

（三）学术和展品支撑不足是普遍现象

但在各地博物馆建设实践中，博物馆建设方往往不重视学术研究成果的梳理和积累，不重视实物展品的收集、储备、整理和研究工作。普遍存在学术和展品支撑不足的现象，这正是制约中国博物馆展览水准的关键因素。

就各地博物馆收藏研究而言，普遍存在的问题：

（1）量少与同质化程度高，县级博物馆平均只有几千件文物，地市级博物馆平均只有几万件文物，而且文物品类单一，多为陶瓷、青铜器、玉石器、书画等，同质化程度高，体系不完整；

（2）馆藏文物难以反映地域历史文化发展，不少藏品系征集而来，还有一些文物虽然来自墓葬出土，但因为是商品交换而来，与地方历史文化关联度不够；

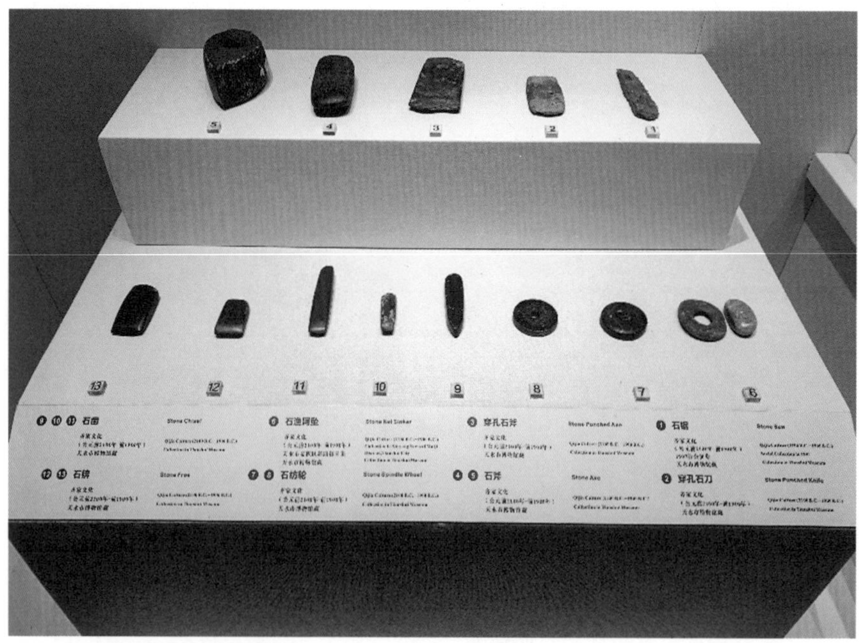

图27　简单的文物分类展示(1)

图28　简单的文物分类展示(2)

图29　简单的文物分类展示(3)

图30　简单的文物造型展示(1)

图31　简单的文物造型展示(2)

图32　简单的文物造型、工艺展示(1)

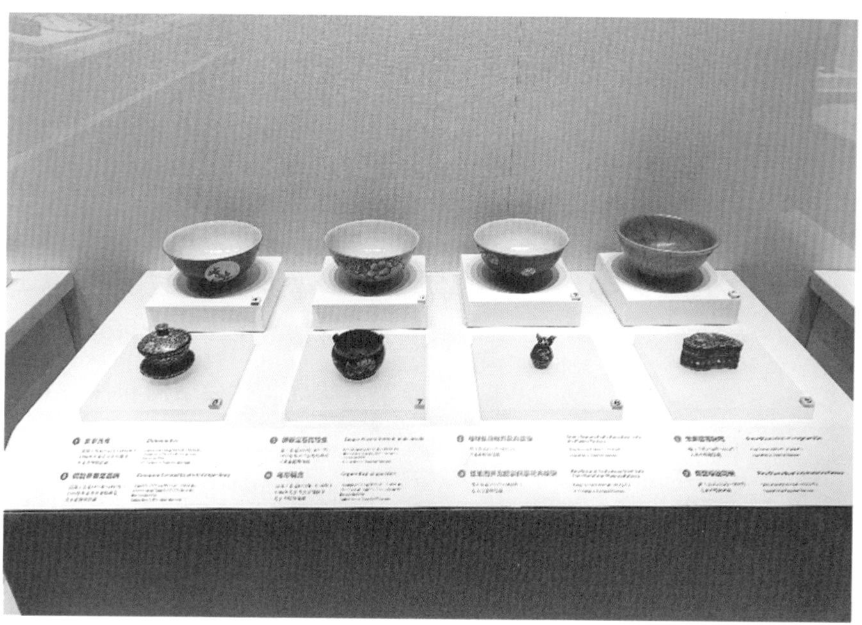

图33　简单的文物造型、工艺展示(2)

（3）缺乏文物与本地历史文化的关联度研究，文物研究多停留在对时代、名称、尺寸、分类、用途、造型、工艺等的简单描述和阐释，而对文物反映的历史文化现象的揭示很不够；

（4）与展览相关的历史文化研究不到位。例如地方历史文化博物馆，普遍存在对本地区历史文化发展脉络、节点、各时期政治经济和文化历史发展的梳理和研究不到位的现象。

如此，导致各地博物馆的文物收藏研究无法对历史文化的展示构成有力的支撑，无法生动地讲述历史文化的故事，而只能向观众呈现一种器物形态。

就考古发掘研究而言，普遍存在如下问题：

（1）重器物、轻遗迹，考古信息采集不完整、不系统。不仅血迹、毛发、植物纤维和孢粉等隐性信息丢失，而且连地层、器物残片、建筑遗址、动物和人类遗骸、农作物颗粒和淀粉、植物种子等有形信息也往往丢失。

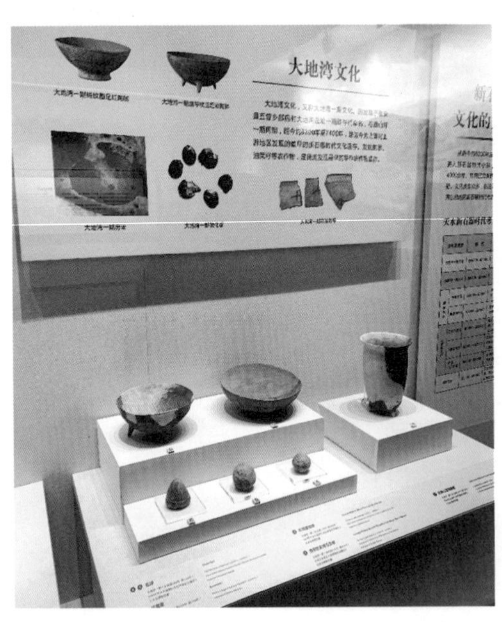

图34　学术化的考古文化展示（1）

（2）只作考古发掘而不进行还原研究，要么只有一个简单的考古发掘报告，要么考古研究只局限在区系、分期、类型、器物上，很少对考古遗址中反映出的人与环境、生产方式和经济形态状况、社会结构和社会关系以及人类意识形态、宗教信仰等进行多学科的系统深入的研究，甚至不少考古发掘多年连一个考古发掘报告都没能发表。

图35　学术化的考古文化展示(2)

图36　学术化的考古文化展示(3)

图37　学术化的考古文化展示（4）

图38　学术化的考古文化分期展示

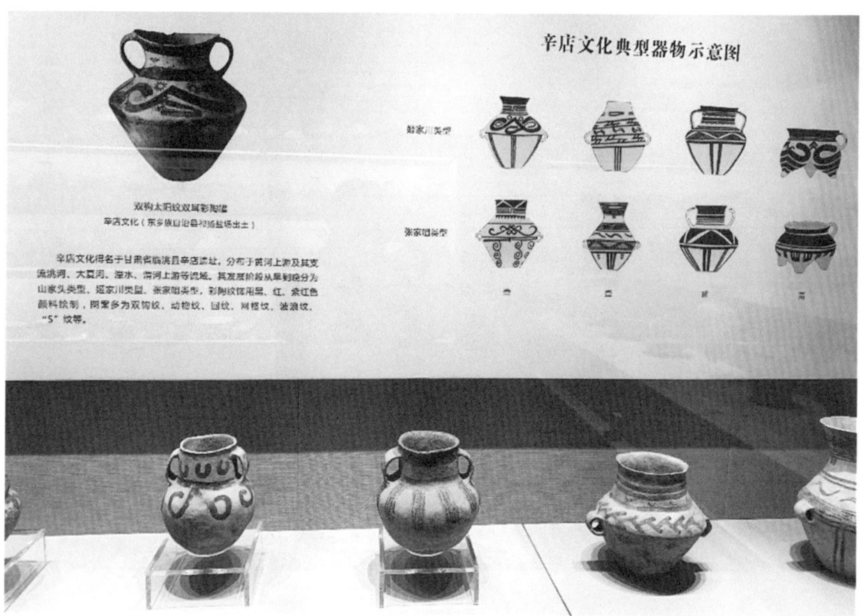

图39　考古文物造型和装饰展示(1)

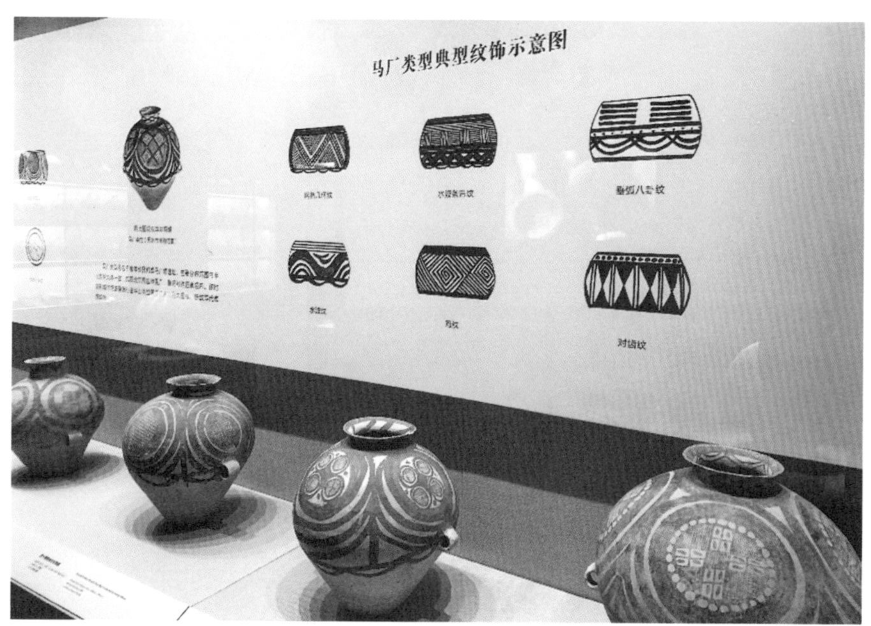

图40　考古文物造型和装饰展示(2)

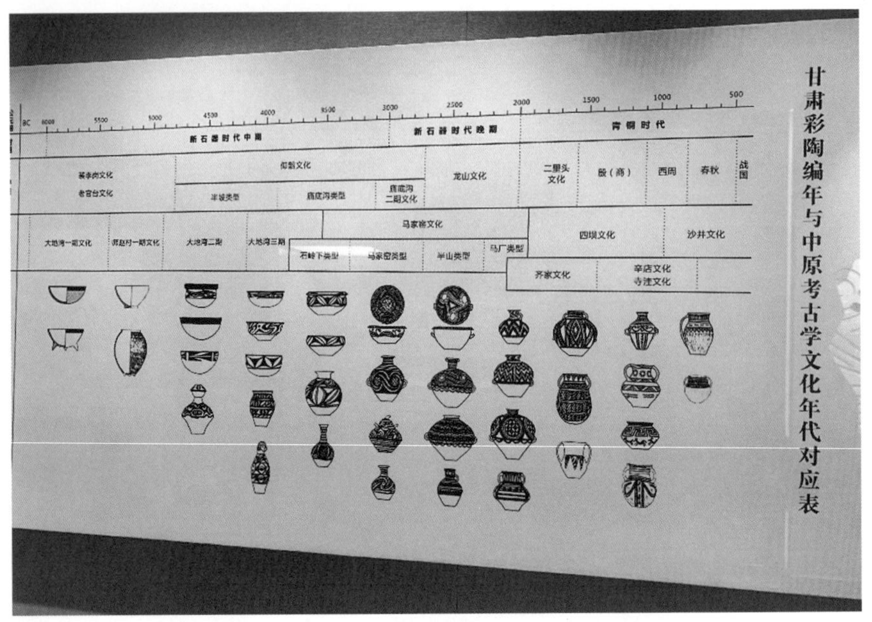

图41　彩陶分期展示

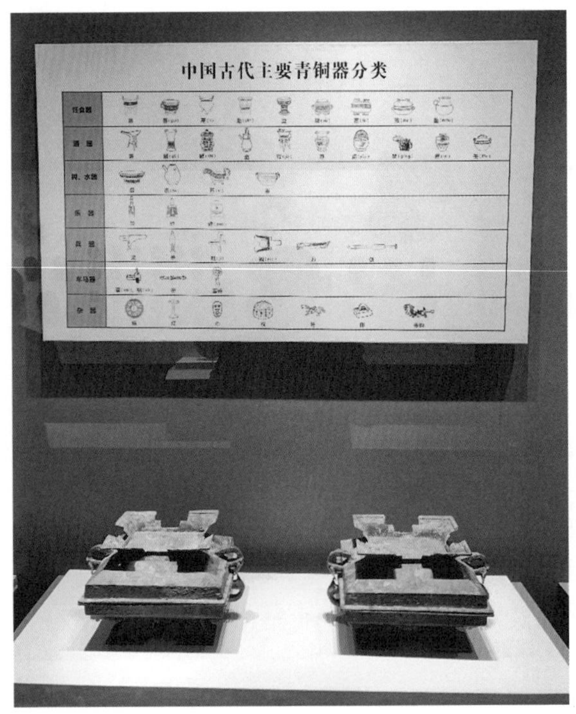

图42　青铜器分期展示

如此，导致我们的考古发掘研究无法对遗址的历史文化展示构成有力的支撑，无法全景式地展示遗址的全貌，无法生动地讲述这片遗址上的人地关系和人的活动故事，而只能是见物不见人。

前面提到，位于华沙的波兰犹太人历史博物馆为了筹备博物馆展览，花了22年时间（1992—2014年）进行展品和学术资料收集、整理和研究。较之波兰犹太人历史博物馆，我国大部分博物馆在展品和学术研究极不充分的条件下匆忙筹建展览，实在让人汗颜！

随着政府对文化建设的重视和投入，各地、各行业纷纷建设博物馆，但遗憾的是，很多博物馆建设的展品和学术基础非常薄弱，有的甚至在藏品数量方面是零起点。更有不少城市提出要建设“博物馆之城”“博物馆之都”的口号或规划，比如成都、广州、深圳、东莞、佛山、潮州、顺德、郑州、洛阳、西安、长沙、武汉、杭州、南京、南通、济南、青岛、十堰等。但因为缺乏博物馆展览学术研究支撑和展品资料支撑，所建设的博物馆往往不成功。博物馆不是有钱就可以建的，它必须要有展览学术研究和展品资料作支撑。没有扎实的展览学术研究支撑和展品资料支撑，显然是不可能建设好博物馆的。

（四）加强博物馆展览学术和展品支撑体系建设

文物，就是承载于实物之上的文化。“每一个民族文化的特征，最好的表现，便是在各个时代遗留下的古文物、古文书上”①。文物的核心价值和意义不是器物本身，而是文化。文以载道，我国五千年文明留下来的具有东方特色的文物，积淀着中华民族的生存智慧，承载着中华优秀传统文化，体现着自强不息的中华民族精神，蕴含着中华民族的思想精华和道德精髓。文物考古和研究的目的就是要深入挖掘和阐释文物蕴含的丰富的历史文化信息，特别是中华优秀文化的核心思

① 郑振铎：《保存古物刍议》，《大学》1947年第6卷第3、4期合刊。

想理念、中华传统美德和中华人文精神，透物见史，古为今用。

党的“十八大”以来，习近平总书记高度重视文物“见证历史、以史鉴今、启迪后人”的重要作用，多次强调“让文物活起来”“让文物说话”。2014 年 2 月 25 日，习近平总书记在首都博物馆参观北京历史文化展览时强调，搞历史博物展览，为的是见证历史、以史鉴今、启迪后人。要在展览的同时高度重视修史修志，让文物说话、把历史智慧告诉人们，激发我们的民族自豪感和自信心，坚定全体人民振兴中华、实现中国梦的信心和决心。2014 年 3 月 27 日，习近平主席在联合国教科文组织总部演讲时说：“让收藏在博物馆里的文物、陈列在广阔大地上的遗产、书写在古籍里的文字都活起来，让中华文明同世界各国人民创造的丰富多彩的文明一道，为人类提供正确的精神指引和强大的精神动力。”

但长期以来，我国的文物考古与研究大多停留在器物学和文物学的层面，远未达到透物见人、见史、见生活、见精神的高度，普遍存在难以支撑“讲好文物故事”的现象，这正是我国大部分博物馆展览枯燥乏味、不能吸引观众的主要原因所在。

为了保障博物馆展览策划、设计与布展的质量，甲方应该在展览筹备之前，投入必要的人力、物力和财力，加强博物馆展览学术和展品支撑体系建设，夯实博物馆展览建设的基础。

1. 强化博物馆藏品科学体系建设

从博物馆的性质和使命出发，改变只有陶瓷、铜器、钱币、玉器、字画等才是博物馆藏品的错误认识，要以展示传播为导向，明确博物馆藏品搜集的范围。各类博物馆因其性质和使命不同，各有其收藏范围。以地方历史文化博物馆为例，其展览的主要使命就是讲述某特定地域的人地关系及自古以来人们的生存智慧，即生产、生活及其文化创造。因此，其藏品科学体系应该与这片土地的特定的地域历史文化资料有关，包括：自然的，如矿产资源、动植物资源、自然遗产、物产、生态资源等；历史的，如地方历史沿革、政治变革、历史事件、历史人物等；经济的，如地方农业、水利、手工业、生产活动、商品经济等；文教的，如宗教、民间文化、民间艺术、民间文学、工艺、戏曲、教育等；风俗的，如饮食、丧葬、节庆、时令、信仰、服饰、游艺等。

2. 强化博物馆藏品文化内涵的揭示研究

作为人类社会实践活动的遗存，文物是由那个时代的人们根据当时社会生活的需要，凭借人类的生存智慧，运用当时所能获得的材料，按照一定的价值观念和审美标准制造出来的。一件文物，一个遗址，哪怕是一砖、一瓦、一木、一器，都反映着人类在生产和生活方式、科学与技术、宗教和信仰、审美和思维等领域的文化继承和创造，记录着人类自我发展、自我完善的足迹，承载着中国智慧、中国精神和中国价值。任何一件文物或一处遗址，其背后都有历史文化故事。因此，应改变仅仅从器物学和考证学的角度研究藏品的简单做法，加强对藏品历史信息和文化内涵的揭示研究，藏品研究要做到透物见事、见人、见精神。例如：

上至五六千年以前的彩陶和三四千年以前的青铜器，下至秦汉的织锦和漆器、唐宋的金银器、明清的瓷器和刺绣，这些绚丽多彩、巧

图43　上海博物馆藏束腰爵（图片来源：上海博物馆官网）

图45　上海博物馆藏清康熙景德镇窑青花果树纹双管瓶（图片来源：上海博物馆官网）

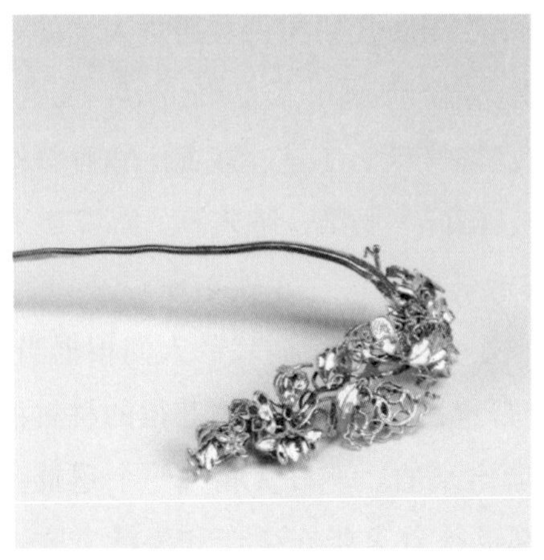

图46　上海博物馆藏金发簪(图片来源：上海博物馆官网)

图47　上海博物馆藏大克鼎(图片来源：上海博物馆官网)

夺天工的古代艺术瑰宝，无不闪耀着古代中国人民的聪明智慧、艺术灵感和审美情趣。

青海大通出土的一件新石器时代舞蹈图案的彩陶盆，内壁彩绘三组舞蹈图案，每组五人，舞者手拉手，头面向右前方，踏着节拍翩翩起舞，情绪欢快，场面壮观。从中我们不仅可以直接感受到新石器时代先民的生活情景，而且还可以从中了解当时的制陶工艺、绘画以及音乐舞蹈的发展水平。

图48　陕西蓝田县文管会藏㝬(hú)叔鼎

为了维护奴隶制统治秩序，商周统治者制定出整套礼制，规定了森严的等级差别。一些用于祭祀和宴饮的器物，被赋予特殊的意义，成为礼制的体现，这就是所谓“藏礼于器”。因此三四千年以前的青铜器可以反映商周王朝的礼仪制度。

“台北故宫博物院”的翠玉白菜，系翠玉雕成的白菜，是父母送给女儿的嫁妆。“青”“白”两种颜色，是父母想告诉女儿，到婆家要清清白白做人；菜叶上还有两只昆虫，都是多产的昆虫，寓意多子多孙。

辟邪，是一种想象中的神话动物，基本造型是一只有翅膀的狮子，但是头部又有点像传说中的龙，或是麒麟。集合了狮子和龙的威猛、庄严，有超越一切的神力，所以可以避邪除恶。

图49　“台北故宫博物院”藏汉代玉辟邪（图片来源：“台北故宫博物院”官网）

从很早开始，中国历代统治者就十分重视典章制度的建设。《史记》中的“书”和后来各朝正史中的“志”“录”就留下了丰富的有关典制的记载。此外，还有不少典制方面的专书，如《文献通考》《通典》《通志》，以及各种“法令”“律则”“典章”“会要”“会典”等。古代竹木简牍文书不仅反映了古代的典章制度，也反映历朝政府的行为规范和操作方式。

钱塘江海塘遗址，从土塘、竹笼木桩塘、柴塘，到斜坡式石塘、直立式石塘，再到鱼鳞石塘，不仅体现了人类的生存智慧，也反映了与水抗争的不屈精神等。

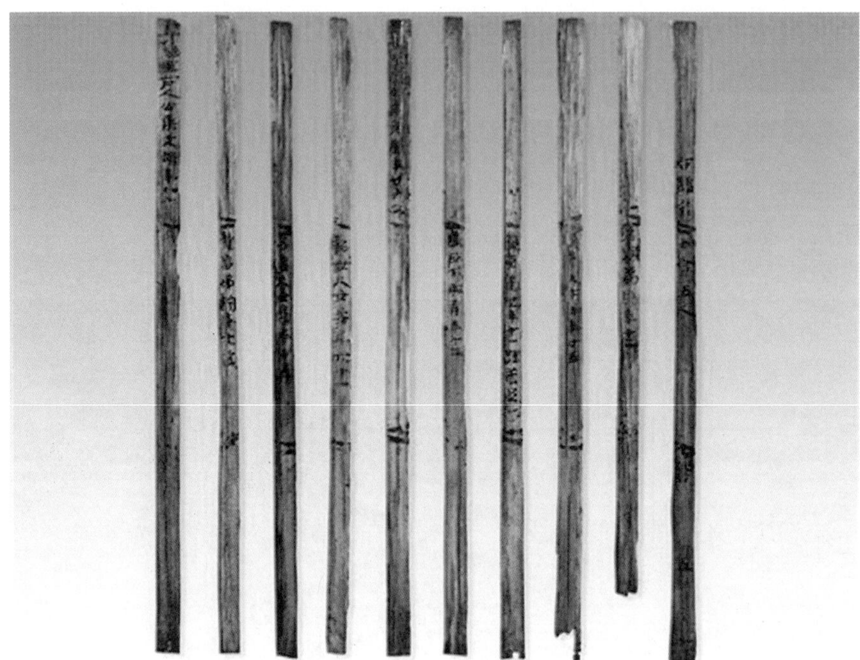

图50 长沙简牍博物馆藏三国孙吴户籍简牍（图片来源：长沙简牍博物馆官网）

图51 杭州海塘遗址博物馆（图片来源：中国海洋报.杭州有了海塘遗址博物馆（2019-07-10）[2019-12-17]. http://www.oceanol.com/wenhua/201907/10/c88174.html.）

3. 强化与展览相关的历史文化研究

以地方历史文化博物馆为例，应该加强对地方历史文化的全面系统梳理和研究，弄清地方历史发展的脉络和节点，各个历史时期的历史文化概貌、优势和特点。包括地方历史沿革、历史事件、历史人物、农业、水利、手工业、商品经济、宗教文化、风俗文化、民间文艺等。

4. 强化考古遗址的信息采集

改变只注重采集出土器物的简单做法，以展示传播和公共教育为导向，有针对性地搜集有关遗址及其出土物的完整信息，包括：物质的和非物质的、显性的和隐性的、有形的和无形的——地层、器物残片、植物孢粉、植物纤维、农作物颗粒和淀粉、动物和人类遗骸等。

例如：

浙江桐乡发现的良渚文化晚期新地里遗址和姚家山遗址，两者同处一个时空背景，前者发现一处由140座贫民墓组成的墓地，后者发现了一处由7座高等级墓组成的墓地。考古信息采集应该这样做：（1）对两处遗址分别进行鸟瞰式全景照片拍摄；（2）对贵族墓和贫民墓尺寸比较信息进行采集；（3）对贵族墓二层台信息进行采集（贫民墓无）；（4）对贵族墓棺椁痕迹信息进行采集（贫民墓无）；（5）对贵族墓和贫民墓随葬品数量、优劣比较信息进行采集。有了这样科学、完整的信息采集，我们就能通过比较展示，向观众讲出考古遗址的故事：良渚文化晚期低等级墓地和高等级墓地并存，说明良渚文化晚期社会阶层已经分化。

再如：马家浜文化墓地中典型墓葬葬式与葬具的套箱截取，良渚文化中卞家山木骨泥墙的截取，良渚文化建筑内类似砖坯的红烧土块的截取。

5. 加强考古遗址及其出土物的还原研究

考古学是一门还原古代社会面貌的学科。要改变考古学界重发掘、轻研究，重文化命名和文化分期而轻考古还原研究的做法，积极主动地与地理、环境、遗传、植物、动物、建筑、园林、地质等学科合作，根据遗址及其出土物做进一步的还原研究。在科学研究的基础上，有依据地还原和重构古代社会的自然和人文环境、生产和生活状态，并推动研究成果向遗址展示传播方面的转化。

例如，根据考古发掘的良渚先民的房屋平面图及其柱洞遗迹、出土的榫卯结构的建筑构件等，还原良渚先民的房屋形态。再如，通过金沙遗址出土的动物标本、植物孢粉、古地理信息等，依据孢粉学、环境科学、古 DNA 技术和方法还原 3 000 多年前金沙先民的自然环境。如此，才能为考古遗址面貌的还原、再现和重构提供扎实的学术支撑，才能在展示传播中准确、完整、形象地向观众展现该遗址的历史面貌。

总之，没有较为扎实的学术研究和展品支撑，博物馆展览就不可能成功；博物馆展览不成功，就很难说博物馆建造得成功。因此，博物馆建设方必须高度重视展览学术研究和展品支撑体系的建设。

三、展览内容文本策划的流程

博物馆陈列展览策划设计是一项集学术、文化、思想、创意与技术于一体的作业，是一项复杂的创作活动。从展览策划大流程来讲，主要包括依次推进的三个环节：学术研究成果和展品形象资料收集整理，展览内容文本策划编写，展览形式设计。对博物馆建设方来讲，了解这些流程有助于对展览策划设计的节点进行有效的配合和管理。

（一）博物馆陈列展览策划设计的三个环节

根据博物馆陈列展览策划设计的规律，博物馆陈列展览从内容策划到形式设计必须经过依次进行的三项转换（三个相互衔接的环节），三项转换各有任务和目标，并分别应由不同的专家或设计机构来承担。

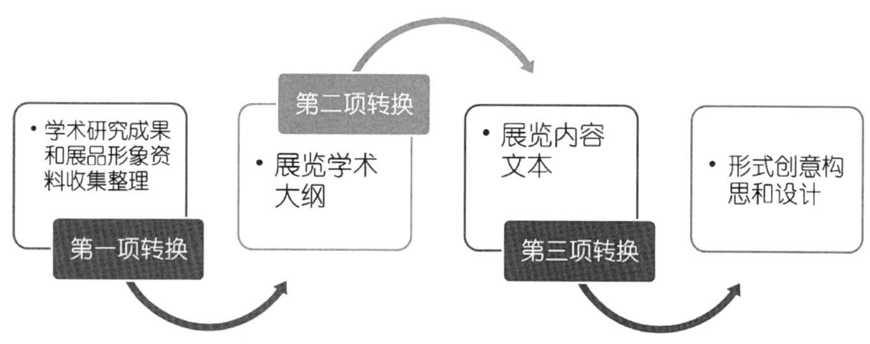

第一项转换：从学术研究成果和展品形象资料收集整理到展览学术大纲的编写。

众所周知，博物馆展览不同于商业会展，它是学术、文化、思想与技术的集合。其宗旨是向观众传授文化、知识、艺术、观念和思想，促进文化交流和传播。因此，它所反映的观点、思想和内容都是建立在客观、真实的学术研究基础上的。展览必须建立在全面研究的基础上，必须以最精确的研究结论与最前沿的研究信息作为学术支撑。

学术研究成果和展品形象资料不仅是展览提炼概念、观点和思想的基础，起到深化和揭示展览主题的重要作用，而且也是制作科学或艺术的辅助展品的基本依据。可见，学术研究成果和展品形象资料的收集整理对博物馆展览的策划设计十分重要，是展览内容文本策划的重要学术依据和基础。

学术研究成果包括与展览主题有关的学说理论、思想观点、研究成果、历史文献资料、档案资料、口碑和调查资料以及其他故事情节材料等。展品形象资料不仅仅是指文物标本及其背景和文化意义，也包括声像资料和图片资料。

收集、整理与展览相关的学术研究成果和展品形象资料并将其编写成展览学术大纲，博物馆建设方应该将这项工作交给与展览选题有关的学术专家承担，因为他们是本领域的学术专家，最熟悉相关的学术资料和展品形象资料，最能把握相关的学术概念、观点和思想。

例如无锡鸿山遗址博物馆展览学术大纲的编写工作，分别由南京博物院考古所和复旦大学的考古专家担纲。再如杭州中国湿地博物馆，为了准确把握与展览相关的学术研究成果和展品形象资料，建设方聘请了一个由湿地专家组成的学术顾问团队，成员包括雷光春、陈家宽、崔丽鹃、崔宝山、唐晓平、陈克林、李湘涛、刘兴土、张正旺、安树青、陆键键、丁平、陈水华、康熙民、吕宪国、胡维平等，并由这些专家对与展览相关的学术研究成果和展品形象资料进行把关。

第二项转换：从展览学术大纲到展览内容文本。

展览学术大纲不等于展览内容文本，只是系统化的学术研究成果和分类化的展品形象资料的汇编，尚不足以作为展览形式设计的依据。按照博物馆展览策划设计的流程，从展览学术大纲过渡到形式设计，之间必须经过一个类似于电影分镜头剧本的展览内容文本策划设计环节。展览内容文本才是可供展览形式设计和创作的蓝本。

所谓展览内容文本的策划设计，是指在展览学术大纲（包括学术研究资料和展品形象资料）的基础上，遵照博物馆展览的传播目的和受众需求分析，按照博物馆展览表现的规律及其表现方法，进行二度改编和创作，将前期的学术研究成果、展品形象资料转化为可供展览形象设计和创作的展览内容剧本，这是一项基于传播学和教育学的设计。概括地讲，这是将学术问题通俗化、理性问题感性化、知识问题趣味化、复杂问题简单化的改编过程。展览内容策划设计包括展览传播目的的研究、展览主题和副主题的提炼和演绎、展览内容逻辑结构策划、展示内容取舍安排、前言和单元以及小组说明撰写、展品组合及其分镜头策划、辅助展品设计依据及创作要求、展览传播信息层次思考以及形式设计初步规划等。

博物馆展览内容文本策划设计是一项集学术、文化、思想与技术于一体的作业。展览内容文本策划设计专家应该是通才，不仅要有开放的思想、要懂得博物馆学和观众研究，还要熟悉与展览主题和内容有关的各种专业知识，更要懂得博物馆展览信息传播的规律，懂得展览形式设计"形而上"的知识和展览表述的基本方法和手段。此外，还要思考展览的社会问题、思想问题和教育问题。这就是为什么学术专家和展览形式设计师不能替代展览内容文本策划师的基本理由。

如果博物馆建设方本身缺乏展览内容策划人才，那么应该将展览内容文本策划这一工作交给富有博物馆展览内容策划经验的专家承担。让专业的人做专业的事，往往能事半功倍，保障展览内容策划的质量。

需要特别指出的是，在各地博物馆展览内容文本的策划实践中，一些博物馆展览建设方和学术专家往往将展览学术专家和展览内容策划专家的角色和作用混为一谈。

一种情况是，博物馆展览建设方将展览内容文本策划交由不熟悉展览表现规律和方法的学术专家来承担，结果是学术专家撰写的展览内容文本就像是一部学术著作或学术资料汇编，让展览形式设计师感到无从入手；另一种情况是，学术专家认为自己是本领域的专家，所以也应是展览内容策划的当然承担者，于是往往对专业策展人策划的展览文本进行情绪化的指责，让展览内容策划人感到很无奈。

因此，为了消除学术专家和专业策展人两者之间的误会，加强两者之间的理解和合作，必须明确两者的责任边界：凡是展览涉及学术观点和学术材料方面的问题，主要听取学术专家的意见；凡是展览内容、展览结构、表现方法等方面的问题，应尊重专业策展人的意见。

第三项转换：从展览内容文本到形式创意构思和设计。

博物馆展览是要通过实物、造型艺术和信息装置等艺术形象来表述的，因此，展览内容文本要进一步过渡到形式设计。形式设计是展览内容设计的“物化”，是对展览主题和内容准确、完整和生动的表达。也就是说，展览形式设计人员需要根据现有的展品和形象资料以及展览内容文本，将内容文本转化为可供形式布展的形式设计和施工制作工程方案。展览形式设计是一个再创作的过程，即在对展览主题和内容、文物展品及展览特定空间的研究的基础上，运用形象思维，对展品和材料进行取舍、补充、加工和组合，塑造出能鲜明、准确地表达主题思想和内容的陈列艺术形象系列。形式设计是对展览内容深入、具体和形象化的设计，主要落实所有展品（包括实物展品和辅助展品、立体展品和平面展品以及高科技装置）在展示空间的布局与展品之间的组合关系。它包括展厅空间规划、观众参观动线安排、展厅环境氛围营造、展示家具和道具设计、辅助展品设计、展示灯光设计、版面设计、多媒体规划、互动展示装置规划等。好的形式设计不仅能完整、准确地表达展览思想和内容，而且还能增强展览的趣味性、娱乐性，吸引更多的观众。

显然，博物馆建设方应该将这项工作交给擅长博物馆展示形式设计的专业机构来承担。

综上所述，一个优秀的展览设计方案的形成，是不同专家集体劳动和智慧的产物，它要经过三个转换：从学术研究成果和展品形象资料收集整理到展览学术大纲的编写；从展览学术大纲到展览内容文本；从展览内容文本到展览形式创意构思和设计。三个转换必须依次进行，任何一个环节都不能缺失。并且，博物馆展览设计转换的三个环节应该由不同的专家分别担纲，展览学术大纲的编写应该由学术专家来担纲，展览内容文本的编写应由擅长博物馆展览文本策划的专家担纲，展览形式设计应由展览形式设计师来担纲，各个角色不能替代和错位。

（二）博物馆展览内容文本策划流程

博物馆展览文本策划有其内在的规律。对于博物馆建设方来说，了解博物馆展览内容文本策划作业的基本流程及其管理要求，有助于加强对展览内容文本策划的配合和管理。

以叙事类历史文化展览内容策划为例，其策划流程一般为：展览选题研究→藏品资料研究→学术资料→观众动机和需求分析→确立展览传播目的→确定展览的基本内容→提炼展览的总主题→思考展览的基本结构→安排展览的结构层次→凝练部分或单元的主题→提示部分内容的重点和亮点→选择和安排展览的素材→策划展品的组合→分类并科学安排展览传播的信息→展览文本文字编写→提示展览的表述方式→向形式设计师讲授展览内容。

- 研究展览选题

选题研究是指根据本地或本行业历史文化的特点或优势，以市场和观众需求调查为前提，从展览信息传播的目的和使命出发，拟定出最能反映本地或本行业历史文化特点、最受观众欢迎的展览选题。要对展览选题进行评估：是否对观众有意义？是否有足够的材料或收藏做展览？是否有良好的学术研究做展览支撑？

- 研究藏品资料

博物馆展览信息的传播主要依靠实物媒介来进行，实物是展览的“主角”。藏品资料研究的任务是：熟悉与本展览主题和内容有关的实物资料，弄清其意义和价值，并根据展览主题和内容表现的需要，选出那些最能揭示主题、最具典型性、最有外在表现力的实物做展品。

- 涵化学术资料

对博物馆展览来说，仅靠实物是不够的。一方面需要依靠学术资料提炼、揭示和深化展览的主题；另一方面需要依靠学术资料弥补实物的不足或局限性，为制作科学或艺术辅助展品提供学术支撑。为此，必须充分理解全部学术资料并进行深入的研究。

- 分析观众的需求

展览好比是提供给观众的“产品”，“产品”要让观众感兴趣，就必须根据观众的需求来思考展览的选题和内容。因此，在确定展览的选题和内容之前，首先必须研究观众的参观动机和兴趣。

- 确立展览传播目的

展览是一种知识与信息、文化与艺术、价值与情感的传播媒介。因此，策划一个博物馆展览的内容文本，首先必须思考本展览想告诉或影响观众什么，这是展览策划设计的出发点和归宿。例如深圳博物馆“深圳改革开放史”展览的传播目的为向观众展示：深圳改革开放的伟大成就是什么？深圳奇迹是如何创造的？深圳历史性巨变靠的是什么？其大胆实践和成功经验对中国社会产生了怎样的巨大影响？这些问题决定着展览的主题和内容的取舍以及表现方法。

- 确定展览的基本内容

在确立展览传播目的后，就要根据展览传播目的拟定展览的基本内容。基本内容必须服从和服务于展览传播目的。同样以“深圳改革开放史”展览为例，其主要内容为两部分——“改革”和“开放”。“改革”的主要对象是经济体制和政治体制，主要涉及工资、土地、基建、价格、劳动用工、住房、企业、股份制、分配、城市建设与管理、干部人事、政府机构等领域。“开放”的重点体现在突破闭关锁国，实行对外开放上，主要包括建立经济特区、创办保税区、开放市场、口岸开放、对外贸易等。

- 提炼展览的总主题

主题是展览的灵魂，贯穿于展览的全过程。主题提炼的任务是要在对大量与选题有关的学术资料和藏品资料研究和涵化的基础上，进行从现象到本质、从事实到概念、从具体到一般的高度概括、抽象和升华，进而从教育学和传播学的角度，提炼出一个能统领整个展览的、个性鲜明的、具有高度思想性的展览主题。主题提炼与立意的高度和深度直接关系到展览传播的思想水准。展览主题提炼愈充分，立意就愈高，展览的意义、思想性和教育性就愈强。展览切忌平铺直叙，就事论事。主题提炼的结果往往反映在展览标题（名称）上，标题是展览主题的集中表现，被誉为展览的“眼睛”或“灵魂”。例如美国国家历史博物馆“总统厅”主题——“光荣的负担”（A Glorious Burden），“战争厅”主题——“自由的代价”（The Price of Freedom）。

● 演绎展览主题结构

根据展览的内容特点、信息传播的要求及观众参观心理，合理安排展览的主题结构。展览结构就如一本书的篇章目录，结构合理清晰有助于观众阅读展览，有助于展览有效传播信息。例如邓小平故居展览“我是中国人民的儿子”，以邓小平的人生重大历程递进展开：走出广安—戎马生涯—艰辛探索—非常岁月—开创伟业—您好！小平。

● 合理安排展览的结构层次

一般展览结构层次分为部分、单元、组和展品 4 个层次，结构层次要脉络清晰，各层次之间逻辑性和连贯性强，下一级必须服从和服务上一级，紧扣上一级的主题，是对上一级的具体化。展览结构层次清晰，有助于观众阅读展览，有助于展览有效传播信息。切忌上下级之间没有关系，或关系不大，或关系混乱。

● 凝练部分或单元主题

根据展览内容，高度提炼每部分或单元的主题。例如山西省博物院历史文化展“晋魂”依据山西历史发展的各个阶段的特点，依次凝练出如下单元主题：文明摇篮、夏商踪迹、晋国霸业、民族熔炉、佛风遗韵、戏曲故乡、明清晋商。

● 安排展览的重点和亮点

展览需要亮点支撑，亮点是指观众感兴趣的兴奋点或展览要表现的重点。如“深圳改革开放史”展览第一部分“深圳特区创立阶段”的七大亮点是：邓小平提出经济特区和深圳特区的建立、蛇口开山炮和罗湖开发、建国贸大厦创深圳速度、价格体制改革、劳动用工制度改革、兴办八大文化设施、邓小平视察深圳。

- 选择和安排展览的素材

展览内容的表现和信息的传达需要生动、形象的展示素材的支撑，展示素材不仅包括文物标本、图片声像资料，还包括可用于创作辅助展品的故事情节资料。好的展览素材能够生动形象地表现展览的内容，揭示展览的主题。因此，在展览文本策划中，要认真研究和选择展览的素材。一般来说，那些“见人见物见精神”的素材，那些具有代表性、通俗性、故事性和情节性的素材，往往最能表现展览的内容，最能打动观众。因此，在选择和安排展览素材时，我们要尽可能选择这样的展示材料。例如，纽约 9·11 纪念馆感动千万人的展品：一只 Todd Beamer 的手表，指针永远定格在了灾难发生的那一刻；小兔子玩偶，玩偶的主人小女孩一家三口乘坐美联航 175 航班，前往洛杉矶迪士尼乐园，可小女孩乘坐的飞机被劫持，撞向了世贸中心南塔；纽约警察局探长 Carol Orazem 的靴子，她在当天被派往事发现场，靴子的橡胶底已经融化脱落。

- 研究展品组合

展品组合要素包括文字说明、实物、图片、声像资料、多媒体及其他辅助展品，它们之间必须是相互关联和呼应的，共同揭示一个主题。展品组合愈恰当巧妙，愈能传播展览的信息。如当年“周恩来展览”最后部分“鞠躬尽瘁　死尔后已”中的“为人民服务纪念章、台历和手表”的组合。

- 分类并科学安排展览传播的信息

作为信息传播的载体，一方面展览的信息要丰富饱满，能满足不同观众的不同信息需求；另一方面要避免信息的混乱，合理处理好信息层次。为此要特别合理处理好展览的显性信息和隐性信息，即显性信息通常与观众直接见面，主要满足普通观众的需要，隐性信息的一般处理方式是触摸屏，主要满足专业观众的需要或再次来博物馆参观的观众的需要。展览信息安排要合理清晰，便于观众感知。

- 展览文本文字编写

文字编写是展览内容文本策划的重要内容。展览内容文本文字至少应该包含两类文字——各级看板说明文字、辅助展品创作描述和依据文字。其中，看板说明文字包括前言和结语以及一级、二级、三级或四级看板说明文字，辅助展品创作说明和依据文字包括各类绘画、模型沙盘、景箱场景、蜡像雕塑、多媒体动画、互动装置、影视等的创作要求和依据文字。好的展览文本文字编写，不但能增加观众对展览的兴趣，而且有利于展览形式设计和创作。

- 提示展览的表达

展览是一种视觉和感性艺术。虽然展览传播的信息、知识和思想是理性的，但其表现的形式应该是感性的，即要“感性进，理性出”。展览内容策划要对一些重点内容提出形式表现的提示与建议，并为形式设计提供各种感性形式表现的背景资料。

- 与形式设计师对话

从展览内容文本转化为形式表现和空间视觉形象，形式设计师首先必须吃透展览文本的主旨、内容、结构、重点和亮点等。然而，目前博物馆陈列展览实践中普遍存在的一个问题是展览形式设计师往往不能准确、完整地把握住展览的内容。为了能使形式设计师更好地表现和烘托展览主题和内容，展览文本策划者必须向形式设计师解读和讲解展览文本，就像编剧和导演给演员讲戏一样，包括本展览的宗旨、展览内容结构安排、展览各部分或单元的传播目的、展览内容板块的组成及其主次关系、展览主要的知识信息传播点、展品的组合关系、展览隐性和显性信息的处理，乃至展品和展项的表现等。否则，形式设计师难以完全或充分理解展览的内容文本。

其他叙事型展览，例如人物类展览、科技类展览、自然历史类展览等，其展览内容文本策划作业的流程也基本如此。

四、什么是一个好的展览内容文本

展览内容文本是展览形式设计的蓝本，是一个展览成功的基本保障。那么，怎样的展览内容文本才是一个好的文本？即一个好的展览文本应该满足哪些基本要求？根据笔者多年的博物馆展览文本策划和展览设计的经验，以叙事类主题展览为例，一个合格规范的展览文本至少应该符合如下基本要求：

首先，展览文本要有明确、准确的展览传播目的。

博物馆展览是一项基于传播学和教育学，集学术文化、思想知识和审美于一体的，面向大众的知识、信息、文化和艺术的传播载体。一个好的展览内容文本必定有准确的传播目的，即本展览想让观众知道什么，或想对观众有何影响？并且一个好的展览内容文本必定是按照传播目的来系统组织、规划和策划的。反之，没有明确传播目的或不按照传播目的来策划设计的展览内容文本必定不是一个好的展览内容文本。判断一个展览内容文本的质量时，我们首先要考察它是否准确设定了展览的传播目的？是否忠实地表达了该展览总的传播目的？只有准确设定展览的传播目的并且按照传播目的来系统组织、规划和策划的展览内容文本才是一个好的展览内容文本。

例如上海禁毒教育馆展览的传播目的是："对青少年进行毒品防范教育，增强他们自觉抵制毒品的意识和能力，让他们远离毒品，珍爱生命。"具体传播目的包括：

（1）帮助青少年辨识毒品及其种类；

（2）帮助青少年充分认识到毒品的严重危害；

（3）帮助青少年提高防范和拒绝毒品的能力；

（4）告诉染毒青少年：戒毒是唯一的出路；

（5）帮助青少年树立正确的人生观，珍爱生命；

（6）介绍我国政府的禁毒政策和法律，让他们积极参与到禁毒斗争中来。

其次，一个好的展览内容文本必定有一个高度提炼的主题。

主题是展览的灵魂，贯穿于展览的全过程。主题提炼的任务是要在对大量与选题有关的学术资料和藏品资料研究和含化的基础上，进行从现象到本质、从事实到概念、从具体到一般的高度概括、抽象和升华，进而从教育学和传播学的角度，提炼出一个能统领整个展览的、个性鲜明的、具有高度思想性的展览主题。主题提炼与立意的高度和深度直接关系到展览传播的思想水准。展览主题提炼愈充分，立意就愈高，展览的意义、思想性和教育性就愈强。展览切忌平铺直叙，就事论事。例如美国国家历史博物馆“战争厅”，内容包括九大部分：

（1）War of Independence 独立战争（美国人 VS 英国人）；

（2）Wars of Expansion 领土扩张战争（美国人扩张到印第安人聚居区、与西班牙争夺殖民地）

（3）Civil War 国内战争 / 南北战争 1861—1865；

（4）World War I 一战；

（5）World War II 二战 1941—1945；

（6）Cold War 冷战；

（7）Vietnam War 越战；

（8）New American Roles 1989-present 1989 年至今，包括 1989 年柏林墙倒塌、1991 年海湾战争、2001 年 9·11 事件、2001 年阿富汗战争、2003 年伊拉克战争；

（9）Medal of Honor 荣誉勋章（表彰人与精神）。

提炼的主题是：自由的代价——战争中的美国人（The Price of Freedom—Americans at War）。

再如：温州博物馆的主题“温州人和温州精神：一个生存与开拓的故事”，邓小平故居的主题“我是中国人民的儿子，我深情地爱着我的祖国和人民！”，河北西柏坡纪念馆陈列的主题“新中国从这里走来”，无锡博物院革命史基本陈列的主题“肩负民族复兴期望的无锡人”，中国国家博物馆的主题“复兴之路”和新加坡孙中山纪念馆展览的主题“孙中山：一个改变中国命运的人”等。

第三，一个好的展览内容文本必定有一个清晰、合理的叙事逻辑结构。

所谓展览内容叙事逻辑结构，是指依据展览传播目的和展览主题对展览内容逻辑结构的合理安排，或是展览内容叙事的逻辑合理度，类似一本书的目录框架。展览内容叙事结构要符合逻辑，即点、线、面规划清晰，故事线策划巧妙。展览内容主题结构的逻辑清晰度是展览设计最基本的要求，它直接关系到观众对展览内容的认知与感受，关系到展览信息传播的效果。科学、合理地安排展览内容主题基本结构，对有效传达展览的信息，对观众参观并接受知识和信息十分重要。因此展览内容主题结构安排必须合理巧妙。一个好的展览内容主题结构安排不仅能让观众轻松易懂地“阅读”展览，接受展览的信息，而且能起到引人入胜的效果。反之，观众对展览内容会感到难懂费解。因此，要根据展览的传播目的、展览主题、内容特点和观众参观心理的特点，科学地规划展览的内容主题结构。常见的内容主题结构有递进式结构和并列式结构。

例如：邓小平生平展览内容结构按照邓小平的人生历程重大节点递进展开，形象生动地展示了小平同志为中国革命、建设和改革开放事业不懈奋斗的光辉一生。

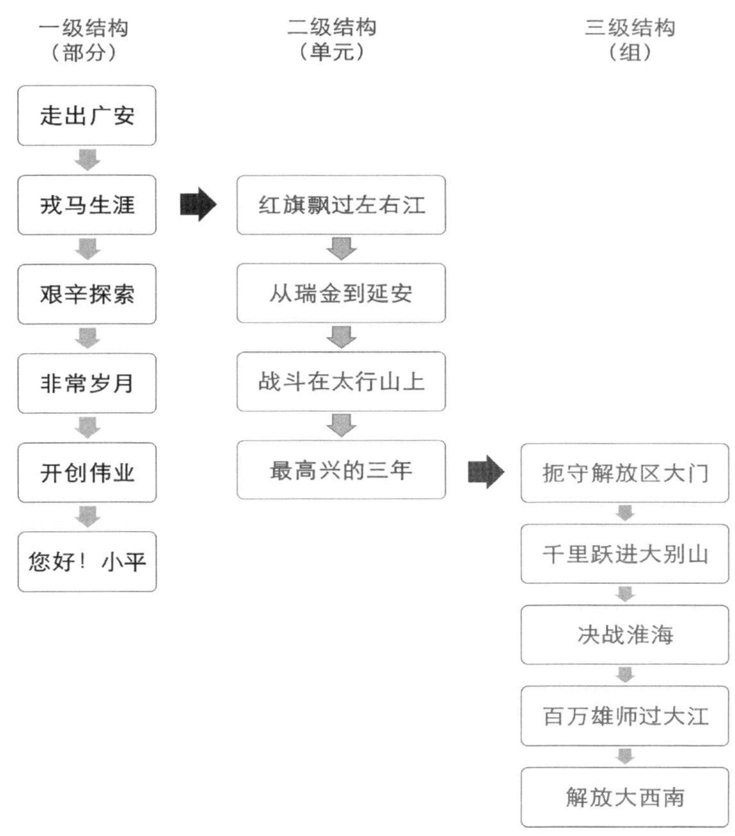

第四，一个好的展览内容文本必定是展览重点和亮点突出的展览内容文本。

博物馆展览不是写书，在有限的时空内展示某个主题展览内容，不可能面面俱到、不可能娓娓道来、不可能细说。同时，展览叙事有其自身的规律和特点，它是通过一个个知识传播点来叙事的。因此，在展览内容的规划上，要特别重视展览传播点（知识点、信息点）的选择和规划，即要选择有代表性、典型性的“点”（秀），并且通过这些“点”的有序串联来述说事物的发展过程（以点带线），或反映事物的面貌和状况（以点带面），通过这些“点”的逻辑化串联为观众构成一个完整的知识体系。一个成功的展览，离不开展览重点和亮点的支撑。如果展览内容脚本不对展览的重点和亮点进行提示，光靠专长艺术创作的形式设计师的揣摩是难以准确把握展览的“秀”的。没有重点和亮点规划的展览内容文本，肯定是一个主次不分的展览文本，必定不是一个好的展览内容文本。因此，在展览内容文本策划中，我们要认真研究并选准每部分或单元的内容的重点、亮点，并且合理地安排这些重点、亮点的布局。

例如：深圳博物馆“深圳改革开放史”展览第一部分“要杀出一条血路来！——深圳经济特区开创阶段（80年代初—80年代中期）”的10个重点、亮点是：

（1）开放前港深比较；

（2）邓小平提出经济特区和深圳特区的建立；

（3）蛇口开山炮打响了中国对外开放的第一炮；

（4）建国贸大厦，创深圳速度；

（5）价格体制改革；

（6）基建体制改革；

（7）劳动用工制度改革；

（8）干部人事制度改革；

（9）兴办八大文化设施；

（10）邓小平视察深圳。

第五，一个好的展览内容文本其内容必定是善用展品形象资料支撑的文本。

博物馆展览依赖展品形象资料表现和叙事，展品形象资料是博物馆展览特有的表达语言。好的展品形象资料不仅能有效传播展览的信息，而且能打动观众。所谓展品形象资料，是指那些“见人见物见精神”的展品形象资料，那些具有代表性、通俗性、故事性和情节性的素材，往往最能揭示主题、有效表现展览内容、最能打动观众。不仅如此，好的展览内容文本要善于对展品形象资料进行巧妙的组团。通过对一组展品形象资料（实物展品和辅助展品）的巧妙组团，共同传达展览要传播的知识和信息。

第六，一个好的展览内容文本必定为辅助展品创作做出提示并提供创作依据。

在叙事型博物馆展览中，一方面为了弥补实物展品的欠缺或外在表现力不强的问题，另一方面为了增强博物馆展览叙事的通俗性和生动性，展览往往会采用大量艺术的辅助展品（图表、地图、模型和沙盘、绘画、雕塑、场景等）或科学的辅助展品（多媒体、动画、科技装置等）。展览内容文本是展览形式设计和制作的蓝本。为了使展览内容文本对展览形式设计和制作具有可操作性，仅仅在文本中列出辅助展品的表现方式是不够的。一个好的展览内容文本还必须说明辅助展品的传播目的和创作要求，必须提供辅助展品创作的学术资料和参考图片等。

例如诸暨市中国香榧博物馆的展览内容文本《榧香会稽山》：

传播目的：香榧采摘和集市贸易景象；

表现形式：青石板浮雕雕刻；

创作要求：采用山水画风格，浮雕分近、中、远三段层次绘画效果。近景着重体现香榧果交易集市，表现林农从上山挑着香榧果，沿着古道下来，重点表现香榧果交易集市热闹场面。中景着重表现千年古香榧群和古道，点缀农舍、采摘的老百姓、林间古道、溪水、山石、林下作物等。远景着重表现会稽山的崇山峻岭和深林密布。

参考资料与图片（省略）。

第七，一个好的展览内容文本必定有规范、准确、精炼和具有文采的各级说明文字编写。

展览内容文本必须撰写所有看板的文字说明，包括前言和结语、部分主题说明、单元主题说明、组主题说明以及重点展品的文字说明。展览看板文字的基本要求是“信、达、雅”，即可读、精练和具有文采，要有感染力、激发性、引导性、召唤力，能引起或激发观众阅读的兴趣。此外在设计风格上宜采取提问式、鼓励参与、吸引注意力、指引观众和鼓励比较的方式等。例如杭州五四宪法博物馆前言和结语：

前　言

“治国，须有一部大法。我们这次去杭州，就是为了能集中精力做好这件立国安邦的大事。”一座城市和一部大法由此结下了不解的渊源。

1953年12月28日至1954年3月14日，77个日日夜夜，在西子湖畔的这座小楼里，毛泽东率领宪法起草小组成员遍览各国宪法，反复研究、四易其稿，起草了新中国第一部宪法的草案初稿。由此，初稿被赋予一个浪漫的名字——“西湖稿”。1954年9月20日，第一届全国人大第一次会议全票通过了此法，史称“五四宪法”。

风雨六十年，西子湖畔的小楼静默如初。在此设立五四宪法历史资料陈列馆，还原那段鲜为人知的光荣历史，旨在让我们从历史的启迪和传承中弘扬宪法精神，增强宪法自信和自觉。

西湖，是新中国第一部宪法的起草地，能在中国宪法史上留下了浓墨重彩的一笔，是西湖之幸、杭州之幸；而五四宪法精神在几经磨难后仍能弦歌不辍，更是国家之幸、民族之幸！

结　语

宪法乃九鼎重器。近百年来，中国一直为找寻一部适合民族的宪法而上下求索、前赴后继，走过了一条从无到有、从不完善到逐步完善的坎坷之路。时至今日，五四宪法依然闪烁着科学立法、民主立法的璀璨之光，照亮着具有中国特色的社会主义的良法善治之路。

宪法的根基在于人民发自内心的拥护，宪法的伟力在于人民出自真诚的信仰。管用而有效的法律，既不是铭刻在大理石上，也不是铭刻在铜表上，而是铭刻在公民们的内心里。今天，我们希冀每个人都能奉宪法为准绳，让宪法精神真正根植人心，让宪法实施成为全体人民的自觉行动。

五四宪法的历史在这里凝固，但依宪治国、依宪执政的脚步永远不会停歇。宪法的有效实施与法治中国建设的全面推进，必将更好地守护法治星空之下的万家灯火，为人民群众带来权利的保障、法治的信仰和对美好生活的向往，从而凝聚起亿万人民实现中华民族伟大复兴中国梦的磅礴力量。

第八，展览文本学术观点必须正确，依据材料要真实可信。

博物馆展览不是娱乐媒介，而是观点和思想、知识和信息传播的教育媒介。因此，陈列展览内容文本所选择的文物标本必须是真实的、科学的；展览内容文本所提出的观点和思想、知识和信息必须是客观真实的，是基于主流学术研究的成果；展览内容文本提出的各种辅助展品的创作都必须建立在科学的、真实的基础上，必须以主流学术观点为基础，必须以客观真实的材料为支撑，是有依据的还原、创作和重构，杜绝非主流学术观点，杜绝非客观的创作依据。

◀ 第六章 ▶

博物馆展览工程及其管理流程

不同于普通建筑装饰工程，博物馆展览工程是一项复杂的系统工程，不仅程序多、专业性强，而且涉及面广。要确保展览内容的思想性、科学性、知识性、艺术性和布展制作工艺的严肃性、技术的可靠性、造价的合理性，必须按照科学的工作程序有序推进，必须遵循展览工程各个节点的管理要求进行专业化管理。

但在各地博物馆建设实践中，普遍存在建设方不了解博物馆展览工程特点，将博物馆展览工程当作普通建筑装饰工程处理；不清楚博物馆展览工程的科学程序，程序颠倒或缺失；不熟悉展览工程各个节点的管理内容与要求等问题。例如如何编制展览工程经费概算和预算，如何编制展览工程招标文件，如何对形式深化设计与施工设计管理等。如此，必然严重影响博物馆展览工程的质量。

对博物馆展览建设方来讲，尊重博物馆展览工程的特点，并按照展览工程科学程序及管理要求操作，对保障博物馆展览工程质量至关重要！

一、什么是博物馆展览工程

博物馆展览工程，是指在特定空间内，以文物标本和学术研究成果为基础，陈列设备技术为平台，艺术的或技术的辅助展品为辅助，基于知识传播和公共教育的目的，面向大众的知识与信息、文化与艺术、价值与情感的传播工程。

博物馆展览工程是一项高度综合的，专业性、前沿性极强的工作，是一项思想性、科学性和艺术性很强的工作，是一项集学术文化、思想知识和审美于一体的作业，它有自己独特的个性和工作规律。承担展览工程的机构必须对展览内容文本及其学术资料、文物标本要有一个再研究的过程，即在对展览传播或教育目的、展览主题和内容以及特定展示空间研究的基础上，对展品和材料进行取舍、补充、加工和组合，同时运用形象思维，塑造出能鲜明、准确地表达展览传播或教育目的、展览主题思想和内容的陈列艺术形象序列。博物馆展览也不是简单的文物摆放，布展企业还要懂得如何处理文物的安全小环境。博物馆展览固然包含美化装饰，但绝不是建筑装潢。

博物馆展览工程的任务主要包括展厅基础装饰工程、展示形式设计、展品展项制作、现场布展安装工程等几个方面。

展厅基础装饰工程包括展览空间的吊顶工程、地面工程、墙体基础装饰装潢施工工程以及水暖、消防、安防、电气和智能化控制系统。

展示形式设计包括概念设计、深化设计和施工设计，主要内容有：展厅基础装饰工程设计（顶、地、墙及电气工程）、展示内容空间布局设计、观众参观动线设计、展品展项设计、艺术辅助展品设计、图文版面设计、多媒体规划与设计、观众互动体验装置设计与研发、展示家具和道具设计、展示灯光设计等，以及施工图设计与编制展览工程量清单和预算书等。

展品展项制作包括所有图文版面、辅助艺术品、多媒体与观众互动体验装置、展示家具与道具等的制作。

现场布展安装工程包括落实所有设备（展柜、灯具、多媒体及科技装置硬件等）、所有展品（包括文物标本、图文版面、辅助展品等）在展示空间的摆放、安装，并与安防、消防、电气、智能化控制系统等工程对接。

可见，博物馆展览工程和普通装饰、商业会展项目以及其他公共建设项目有着本质上的不同。普通装饰工程是办公和居室的环境美化和装饰，例如家庭装饰和办公室装饰；一般商业会展是产品营销和市场推广，例如手表展、家具展；迪士尼乐园是娱乐设施，手段和目的都是娱乐。

因此，在博物馆展览工程管理中，无论是招标、制作与施工，还是监理、验收、结算和审计，我们切不可将博物展览工程等同于普通建筑装饰工程、一般商业会展和娱乐休闲设施来处理。

二、博物馆展览工程与建筑装饰工程有何不同

一直以来，在博物馆展览工程招标和管理中，困扰博物馆业主及其上级主管部门的一个突出问题是：博物馆展览工程与普通建筑装饰工程有何不同？是按普通建筑装饰工程还是作为非建筑装饰工程进行招标和管理呢？

对这个问题不同的认识将导致不同做法，不同的做法又将导致不同的结果。为了改变各地博物馆展览工程管理中将其与普通建筑装饰混为一谈的错误做法，有必要对“博物馆展览工程与普通建筑装饰工程有何不同”这个问题进行进一步分析和澄清。

首先，两者的性质和目标不同。“建筑装饰是建筑装饰装修工程的简称。建筑装饰是为保护建筑物的主体结构、完善建筑物的物理性能、使用功能和美化建筑物，采用装饰装修材料或饰物对建筑物的内外表面及空间进行的各种处理过程”①。普通建筑装饰工程的性质主要是环境美化和装饰，例如家庭装饰和办公室装饰。而博物馆展览是一项面

---

① https://baike.baidu.com/item/%E5%BB%BA%E7%AD%91%E8%A3%85%E9%A5%B0/6720992.

向大众的知识、信息和文化传播工程，是一项思想性、科学性和艺术性很强的艺术工程，即博物馆展览是一项集思想知识内涵、文化学术概念并符合现代审美的集合。博物馆展览工程是以学术研究资料和文物标本为基础，展示设备和技术为平台，辅助艺术形式为突破，高度综合的、专业性和前沿性极强的工作。不论是文物艺术品展览、人物展览、历史展览，还是科技展览、自然史展览，它们都是集学术文化、思想知识和审美于一体的大众传播载体。显然，博物馆展览工程与侧重环境美化和装饰的普通装饰工程有着本质上的不同。

其次，两者的工程内容和工作规律差异极大。博物馆展览工程有自己独特的工程内容和工作规律，是一项基于传播学和教育学的设计和创作活动，是一项兼具学术性、知识性和科学性的艺术创作活动，以知识信息有效传达为目标。展览设计制作包括展示空间设计、功能动线规划、展览内容点线面规划、展示家具和道具设计、展示灯光设计、辅助展品设计、图文版面设计、多媒体规划和研发、互动展示装置规划和研发、文物保护设计。并且，整个展览设计制作过程是个边设计、边琢磨、边调整的过程。展览工程也不是简单的文物摆放，还要善于处理文物的安全小环境。显然，博物馆展览工程与普通装饰的工程内容和工作规律有着本质上的不同。

再次，两者的艺术和技术含量相差很大。普通建筑装饰工程的目标是环境美化和装饰，其艺术和技术含量较低，并且一般采用市场上买得到的通用建筑装饰材料设计制作。而博物馆展览旨在进行文化知识和信息传播，除文物标本外，大量采用各种辅助艺术品和科技装置，例如：地图、模型、沙盘、景箱、场景、蜡像、壁画、油画、半景画、全景画、雕塑、多媒体、动画、幻影成像、影视、观众参与装置等。作为知识和思想传播的载体，它们一要符合展览传播的需要，即它们的创作必须服从展览传播目的、展览主题和内容表现的需要，必须要有学术支撑，是有依据的还原、再现和重构；二要符合现代人审美的需要，即要有较高的艺术水准或相当的技术含量，要有较强的艺术感染力。与普通装饰不同，它们不是市场上可以买到的通用品，而是需要专门约商艺术效果、专门委托艺术家设计和制作，或专门进行研发制作，因此它们也往往是独特的或唯一的。

最后，两者工程量中艺术创作比重相差悬殊。一般普通建筑装潢工程中大部分是基础装饰工程，艺术创作较少。而博物馆展览工程则完全相反，虽然也包含普通装饰内容，但从总体上讲，它是一项兼具学术性和科学性的艺术工程。也就是说，在整个博物馆展览工程中，占工程量绝大部分的是艺术工程，包括前面提到的各种艺术辅助展项和科技装置及其软件的研发，也包括特殊照明和灯效。而普通装饰工程量仅占整个博物馆展览工程的20%左右，主要是展示空间的吊顶工程、地面工程、墙体基础装饰工程，以及展览的基础电器工程。显然，从两者工程量中艺术创作的比重看，博物馆展览工程也不同于普通建筑装饰工程。

综上所述，博物馆展览工程包含美化装饰，但绝不是普通建筑装饰工程，而是一项兼具学术性和科学性的艺术工程。博物馆展览工程的目标和性质、任务和内容，以及形式的特殊性、专业性和二度创作的必要性，是博物馆展览工程区别于普通建筑装饰工程的充分依据，与普通建筑装饰工程在管理上有重大差异。

因此，在博物馆展览工程的管理上，我们应该尊重博物馆展览工程的特殊性和内在规律，对博物馆展览工程采取不同于普通建筑装饰工程的管理，包括博物馆展览设计和制作机构资质管理、展览工程的委托方式、展览工程的质量控制、展览工程的验收标准、展览的造价审核等。在博物馆展览工程的委托上，千万不能以普通建筑装潢资质作为入围的必要条件，将博物馆展览工程委托给普通建筑装饰公司，而应该委托那些具有博物馆展览工程实际设计和施工能力的机构。否则，无异于请兽医为人治病，而且一步错将会造成步步错，严重影响博物馆展览工程的质量，甚至造成博物馆展览工程的失败。近年来我国不少博物馆展览工程失败的惨痛教训充分说明了这一点。

随着我国博物馆建设事业的快速发展和博物馆展览工程的社会化和市场化，博物馆展览工程市场的规模不断扩大。但是，目前我国在博物馆展览工程管理方面规范和标准缺位，给博物馆展览工程市场造成了极大的混乱，并严重影响了博物馆展览工程的质量。为了改变博物馆展览工程管理中的无序状态，加强对博物馆展览工程的行业规范管理，使博物馆主管部门、展览筹建方、设计施工方有章可循和有法可依，政府主管部门亟需制订博物馆展览工程管理规范和标准，包括《博物馆展览工程管理办法》《博物馆展览工程资格管理办法》《博物馆展览形式设计规范》和《博物馆展览工程核算标准》等。

三、博物馆展览工程管理流程

博物馆展览工程是一项复杂的系统工程，不仅程序多、专业性强，而且涉及面广。要确保展览内容的思想性、科学性、知识性、艺术性和布展制作工艺的严肃性、技术的可靠性、造价的合理性，必须按照科学的工作程序运作。

根据博物馆展览工程的内在客观规律，一个完整的博物馆展览工程的科学程序宜为：工程立项与经费概算编制→编制工程招标文件→形式概念设计与招标→形式深化设计与施工设计→制作与施工→监理→竣工验收→移交→结算→审计→评估。

工程立项与经费概算编制阶段的主要工作包括：起草立项报告、编制经费概算、确定工程进度、效益分析、经费筹措和建立组织班子。

编制工程招标文件的主要任务包括：施工单位资质认定、编制招标文件、编制工程进度表等。

形式概念设计与招标阶段的主要任务包括：概念设计评审和优选、

确定中标人、签订合同。

形式深化设计与施工设计阶段的主要任务包括：空间布局规划、功能动线规划、展品展项设计、展示家具和道具设计、展示灯光设计、图文版面设计、多媒体规划与设计、互动展示装置规划与设计、展示环境氛围设计、施工图设计、编制布展预算书等。

制作与施工阶段的主要任务主要包括：制作与施工的组织、制作与施工方案制定、工艺和技术要求把关、进度控制、预算控制、质量控制，以及甲乙双方配合完成展览设备和大型辅助展品的安装、实物展品和辅助展品的布置，展览和安保协调，按需调整展览的设计和工艺。

监理阶段的主要任务包括：选定监理单位和艺术总监，开展展览工程的材料监理、展品展项的技术和工艺监理以及经济监理等。

竣工验收阶段的主要任务包括：确定验收人员的资格和组成、确立验收的标准和内容、按验收的标准或合同规定的要求进行验收。展览工程项目经竣工验收合格后，便可办理工程移交手续。

移交阶段的主要工作包括展览实体移交和展览工程文件移交两部分。

结算阶段的主要任务是分别确立展览基础装饰工程和非标部分的计费标准，严格按计费标准逐项进行。

审计阶段的主要任务是由政府审计部门按国家相关规定独立对博物馆展览设计与施工计费标准进行审计。

评估阶段的主要任务包括评估工作的组织、评估方法的选择、收集分析反馈信息、社会效益评估、经济效益评估、展览工作总结。

第七章

展览工程造价构成与概算编制

工程造价控制是所有建设工程管理的重要内容，博物馆展览工程同样如此。对普通建筑装饰工程来说，有设计图纸就可以根据国家建筑装饰信息价或定额价得出比较明确的工程造价预算。但对博物馆展览工程来说，由于其运作过程及造价构成的复杂性，工程造价控制往往要经过三个阶段：一是概算（估算）阶段，这是在工程立项阶段根据展览工程的需求、市场价和建设方的财力，大致估算出一个造价；二是预算阶段，这是展览完成形式深化设计、施工设计和工程量清单以后得出的造价；三是结算阶段，这是展览工程完工验收后根据展览工程数量、质量和效果计算出的造价。

首先要在编制博物馆展览工程项目建议书阶段对博物馆展览工程进行投资估算，即编制博物馆展览工程概算书，这不仅关系到政府部门对投资额度的确定，更重要的是关系到展览工程造价的合理性和科学性。但是，在各地博物馆建设实践中，普遍存在的问题是博物馆建设方不了解展览工程造价体系的构成，不清楚展览工程概算的科学编制，对展览工程的概算心中无数，多数所谓的概算不科学、不合理，存在较多缺项漏项或估算不准确的现象。科学准确的投资概算有助于博物馆展览工程的成功开展，反之，不合理的投资概算将严重影响博物馆展览工程的质量，或造成不必要的浪费。因此，为了确保展览工程概算的合理性和科学性，博物馆建设方应高度重视并认真编制展览工程概算书。

一、规范博物馆展览工程概算编制的必要性

"截至2018年底，全国博物馆达5 354家，比上年增加218家。"在2019年"5·18国际博物馆日"中国主会场活动开幕式上，国家文物局局长刘玉珠公布了上述数据[①]。而且每年有数百座博物馆在新建、改建和扩建，全国所有博物馆的常设展览与临时展览（不含展馆建筑建设及运营支出）每年的市场规模在500亿元左右[②]。

虽然每年我国有大量博物馆展览工程建设项目，但各地在博物馆展览工程项目概算编制方面普遍的情况是心中无数，大多只是笼统地估一个投资额度。不仅主管立项和出资的政府发展与改革委员会和政府财政部门心中无数，就连文物局局长和博物馆馆长也心中无数。一到建博物馆时，就四处打听兄弟馆展览需要多少钱，盲人摸象，甚至把博物馆展览工程看作普通建筑装饰工程，对展览经费预估不足。这种状况，不仅严重影响博物馆展览工程质量，也造成展览设计过程中缺乏造价控制依据，在展览工程实施过程中难以实现有效的资金管理，在展览建成后难以对展览进行有效的效益评估。之所以出现这种情况，主要是由于博物馆展览工程项目投资概算编制无章可循。与其他建设项目有投资概算编写规范和依据不同，目前无论是新建博物馆中的展览工程建设项目还是博物馆临时展览工程项目，在编写可行性报告和投资概算时都缺乏投资概算编写的规范和依据。如何管控建设投资，使财政投入高效利用，不仅成为博物馆展览建设的重要课题，也是困扰各地博物馆展览建设的一大难题。

---

① 国家文物局：《截至2018年底全国博物馆数量已达5 354家》，http: //whs.mof.gov.cn/pdlb/mtxx/201905/t20190530_3268687.html。

② 《深度解读：财政部〈陈列展览预算标准〉对博物馆展览的影响》，http: //www.sohu.com/a/213206303_488370。

为完善中央部门预算管理体系，推进中央部门项目支出预算标准化管理，提高管理的规范化、精准度和合理性，2017 年 7 月财政部也发布了财办预〔2017〕56 号文关于印发《陈列展览项目支出预算方案编制规范和预算编制标准试行办法》(以下简称《试行办法》) 的通知。主要适用于中央财政资金安排的博物馆、纪念馆、美术馆等场馆所开展的布展内容相对固定，展示时间较长（一般五年以上）的常设陈列展览项目。其中，博物馆是指兼具社会科学与自然科学双重性质的博物馆，纪念馆是指以研究和反映历史上的重要事件和重要人物为主要内容的博物馆，美术馆是指包括绘画、书法、工艺美术等文化艺术类博物馆。展示馆、科技馆等场馆常设陈列展览项目可参照执行。《试行办法》规定的陈列展览预算构成主要包括基础装修费、陈列布展费、专业灯光购置费、多媒体系统工程费、其他费用等五部分，不包括展品的征集、修复和运输，展品的后期维护费用等预算支出。这是我国陈列展览项目支出预算的第一份全国性的规范和标准。

尽管《试行办法》对博物馆展览工程的投资进行了一定的范围限定，但仍没有明确博物馆展览工程比较系统成型的造价体系及计算依据。目前，各地在博物馆展览工程造价体系构成及概算编制中，只有基本装修和安装部分的内容有国家规范，占展陈工程主体的非标部分仍然没有一个统一的造价构成体系和概算编制的规范或标准。这样，依然存在陈列设计过程中缺乏造价控制依据、展览制作布展实施过程中难以实现有效的资金管理、陈列展览项目完成后难以进行效益评估等问题。因此，为了加强对博物馆展览工程项目进行科学准确的投资估算，对展览设计过程进行造价控制，对展览工程实施过程进行有效的资金管理，在展览建成后对展览进行有效的效益评估，必须对展览工程的造价构成体系及其概算编制进行规范。

二、《陈列展览项目支出预算方案编制规范和预算编制标准试行办法》评述

尽管《试行办法》是我国陈列展览项目支出预算的第一份全国性的规范和标准，对博物馆陈列展览建设具有重要意义，但《试行办法》依然存在许多与展览工程实际不符的问题，举例如下：

第一，关于适用对象，《试行办法》明确提出：其主要适用于中央财政资金安排的博物馆、纪念馆、美术馆等场馆所开展的布展内容相对固定，展示时间较长（一般五年以上）的常设陈列展览项目。但部分非财政全额拨款项目，如采取“PPP 模式”或者“世行贷款”等其他模式的项目，如果其中有与政府合作的，仍然要参照这个标准来执行，显然不尽合理[①]。

第二，展览预算编制的工作阶段划分不合理。《试行办法》将整个展览工作分为两个阶段，即展览初步设计阶段和深化设计阶段。在展览初步设计阶段需对展览的定位、性质、期望目标进行分析，制定合理的概算指标，经过批准就可作为深化阶段的设计依据。目前预算编制的思路依然是建筑装饰工程设计与施工强制分离的做法。按照博物馆展览工程操作实际，整个博物馆展览工作可分内容策划设计、形式设计、展览制作布展实施三个大阶段。按照博物馆展览工程形式设计与制作布展宜一体化推动的规律，从预算编制的角度看可以分为两个阶段，即内容策划设计、展览工程形式设计与制作布展实施。一方面展览内容文本策划设计很重要，也需要较多经费预算投入，另一方面没有展览文本，就无法进行展览工程形式设计与制作布展工程招标。因此，展览内容文本应该提前单列预算。

---

① 《深度解读：财政部〈陈列展览预算标准〉对博物馆展览的影响》，http://www.sohu.com/a/213206303_488370。

第三，关于展览造价上限的规定，《试行办法》规定：（1）博物馆预算标准为每平方米造价≤ 14 000 元；（2）纪念馆预算标准为每平方米造价≤ 12 000 元；（3）美术馆预算预算标准为每平方米造价≤ 10 000 元（见下表）。依博物馆、纪念馆和美术馆来划分展览造价上限，显然是不了解博物馆展览造价构成体系，也不符合博物馆展览工程市场实情，是极不科学的。

表 2　概念设计阶段项目预算标准表

展馆类别	预算构成	预算标准	计算基准	备　注
博物馆	综合考虑项目从立项筹建到完成所需的全部费用	≤ 14 000 元 / 平方米	按展区地面面积算	展示馆可参照美术馆预算标准控制，科技馆可参照博物馆预算标准控制
纪念馆		≤ 12 000 元 / 平方米		
美术馆		≤ 10 000 元 / 平方米		

因为展览造价费用高低主要与展览的类型有关。按陈列展览的传播目的和构造分类，博物馆陈列展览不外乎两类：一类是以审美为诉求的文物艺术品展览，例如上海博物馆的书画展和陶瓷展等。这类展览主要陈列文物艺术品，一般较少利用辅助展品和多媒体，展览造价构成主要是展柜、照明以及恒温恒湿。文物品级越高，对照明与展柜以及恒温恒湿的要求越高，造价就越高，反之，造价就较低。美术馆展览也属于此类。另一类是叙事型展览，这类展览试图以讲故事的方式表达展示意图、达成教育目的。它们或是讲述一段历史或故事，一个人物或事件，一种自然现象或科学原理等。例如通史类展览、自然生态展览、科技类展览等。这类展览除了文物标本外，往往大量采用辅助艺术品、多媒体和观众体验装置，例如：模型、沙盘、景箱、场景、蜡像、壁画、油画、半景画、全景画、雕塑、多媒体、动画、幻影成像、影视、观众参与装置等。因此其展览造价往往比较高，甚至占到博物馆展览工程总造价 50% 以上。纪念馆大多是叙事类主题性展览，美术馆大多

是文物艺术品审美类展览，博物馆往往两者兼具。

第四，陈列展览项目总预算表分类不科学（见下表）。根据博物馆陈列展览项目的实际情况，一个完整、科学的陈列展览项目预算构成应该包括六个部分：（1）展厅基础装饰工程；（2）照明部分；（3）展柜部分；（4）辅助艺术品部分；（5）多媒体及观众体验装置部分；（6）其他，包括文物征集、修复和复制费，展览内容策划费、形式设计费、展览工程监理费（含艺术总监费）、间接费（利税、运输、包装等）、管理费、不可预见费。

表 3　陈列展览项目总预算表

序号	项目名称	计算基准	预算金额（万元）	备　注
	合　计			
一	**基础装修费**			
（一）	装饰工程费			
（二）	安装工程费			
二	**陈列布展费**			
（一）	设备购置、制作及安装费			
（二）	辅助展品制作费			
三	**专业灯光购置费**			
四	**多媒体系统工程费**			
（一）	硬件费用			
（二）	软件费用			
（三）	系统集成费			
（四）	影像制作费			
五	**其他费用**			
（一）	建设单位管理费			
（二）	招标代理费			

（续表）

序号	项目名称	计算基准	预算金额（万元）	备 注
（三）	监理费			
（四）	设计费			

第五，关于陈列展览照明灯具的规定也不合理。《试行办法》强调特殊照明的使用上鼓励购买国产灯具，展柜的选用上鼓励国产品牌以及进口中低端品牌。鼓励尽量采用国产设备材料没有错，但要视展览的类别和文物保护的需要而定。以博物馆专业照明而言，国产照明最便宜的一套（光源、灯具、灯罩和控制系统）几百元，而进口照明最贵的一套可以达到一万多元。对于高品质的文物艺术类展览，例如古代书画，显然几百元的国产照明远远达不到文物保护的需要，而对于非高品质的文物类展览或叙事类的展览采用进口照明就浪费了。因此，《试行办法》不问展览和文物类别笼统规定"国产灯具的使用每平方米不高于 1 000 元，进口灯具的使用则是每平方米不高于 1 500 元"，显然是武断的，不符合博物馆展览实际的①。

第六，关于陈列展览展柜的规定也不合理。《试行办法》强调展柜的选用上鼓励国产品牌以及进口中低端品牌。展柜关乎文物保护和展示效果，要求坚固、密封好，防尘、防虫、防盗等技术可靠，并符合环保的要求。每个博物馆因为展览类别、文物种类以及保护要求不同，博物馆专业展柜选用也不同，对于文物保护要求不高的展览，国产品牌以及进口中低端品牌没有问题，但对于文物保护要求高的珍贵文物，必须考虑进口高品质专业展柜。目前国产展柜与日本、韩国、德国、比利时展柜在造价上存在一倍甚至数倍的差价。另外展柜不仅仅是柜子本身，还包括其他辅助装置，例如玻璃（钢化玻璃、超白玻璃、低

① 《深度解读：财政部〈陈列展览预算标准〉对博物馆展览的影响》，http://www.sohu.com/a/213206303_488370。

反射玻璃等)、照明、恒温恒湿等。总之，要根据文物保护和展示需要的具体情况而定，不能机械地采用国产品牌以及进口中低端品牌。

第七，关于多媒体使用的规定也不尽合理。《试行办法》要求减少不合理的多媒体使用没有错，但不分展览的类别规定“多媒体要求原则上不超过整体预算的20%”也是不切合实际的。对自然生态、科技中心这类博物馆展览，往往需要采用较多大制作、互动体验的多媒体。例如上海自然博物馆展览造价在30 000元/平方米以上，其中多媒体在展览总造价中远超20%。因此多媒体的使用要依据展览的类别及其展示内容与表达方式而定，不能强制规定不超过整体预算的20%。

第八，没有单列展览内容策划费用。陈列展览项目预算构成里面包括基础装饰费、陈列布展费、专业灯光购置费、多媒体系统费、其他费用，在“其他费用”里没有包括陈列展览内容脚本策划费，这显然不合理。展示内容是陈列展览形式设计和制作的蓝本，“内容为王”，展览的成功与否首先取决于展览内容脚本的策划。鉴于不重视展览内容策划或展览内容文本不理想是制约我国博物馆展览水平的关键因素，必须单列“展览内容策划”预算。

第九，其他不合理的内容。博物馆弱电系统，例如消防、安防和智能化安装工程通常不应包含在展览项目的范围之内，而且展陈公司并不具备消防、安防的资质，这类项目应该由土建单位归入土建安装预算，或专门设立预算交给专业的安防和消防专业公司。文物展品的征集、复制、购买等费用应该计算在展览的支出之中，不能从展览项目预算中剔除。

由上分析可见，虽然财政部对博物馆展览项目预算构成及其预算依据做了有益的探索，但仍然存在很多不合理、不科学的地方。特别是占展陈工程主体的非标部分仍然没有一个统一的造价构成体系和预算编制的规范或标准，严重影响博物馆陈列展览预算的科学编制。为了保障政府对博物馆展览项目公共财政投入的合理性、有效性和透明性，规范博物馆展览工程市场，亟待制定博物馆展览项目概算编制的规范和依据。

三、博物馆展览工程造价构成体系

要科学制定博物馆展览工程项目概算编制的规范和依据，首先要科学分析和合理划分博物馆展览工程造价构成，这是制定博物馆项目概算规范的基本依据。

目前国内各地博物馆展览概算编制五花八门，仅从概算构成看，各地有各地的分类。

例如上海一般把博物馆展览项目分为三类。第一，工程费用。包括（1）陈列布展工程：展厅装饰工程（顶、地、墙装饰工程和电气工程）；（2）展项工程：艺术品展项工程、多媒体展项工程、辅助展项工程（专业展柜、图文版面、灯箱、实物互动装置）、展厅配套展项工程（多媒体视厅室、中控系统、恒湿机、恒湿环境监控系统）；（3）专项设备工程：数字化博物馆工程、弱电系统、消防系统；（5）其他工程（导览标识系统）。第二，工程建设其他费用。包括前期咨询费（项建书或可研报告）、招标代理费、设计费、监理费、建设单位管理费。第三，预备费（5%）。

再如浙江省财政部门对博物馆展览项目概算编制分为六大类：（1）展览策划设计费，包括展览内容文本策划、形式初步设计、深化设计；（2）展览基础装饰费；（3）展览设备费，包括展柜和照明；（4）多媒体费；（5）辅助艺术品费；（6） 管理费。

博物馆展览是一项基于传播学和教育学，面向大众的知识、信息和文化传播工程，它以学术研究资料和文物标本为基础，展示设备和技术为平台，辅助艺术形式为突破，是一项高度综合的、专业性极强的工作。除文物标本外，大量采用各种辅助艺术品、多媒体和科技装置。例如：地图、模型、沙盘、景箱、场景、蜡像、壁画、油画、半景画、全景画、雕塑、多媒体、动画、幻影成像、影视、观众参与装置等。在整个博物馆展览工程中，占工程量绝大部分的是艺术工程，包括各种艺术辅助展项的创作和科技装置及其软件的研发，以及特殊灯效和音效。虽然博物馆展览工程包含部分普通装饰内容，但从本质上讲，它不是普通建筑装饰工程。因此，博物馆展览概算编制应区别于普通建筑装饰工程的概算编制。

博物馆展览工程主要包括展厅基础装饰工程和展陈工程两个部分。其中，展厅基础装饰工程包括展览空间的吊顶工程、地面工程、墙体基础装饰装潢施工工程以及水暖、电气工程，这部分造价一般占博物馆展览工程的 20% 左右。展陈工程是博物馆展览工程的主体，一般占整个工程造价的 70% 以上。一般来讲，博物馆展览工程造价构成要素如下：

（1）展厅基础装饰部分：包括展厅顶部、地面、墙面装饰工程以及电气、水暖等工程。一般占展览工程总造价 20% 左右。

（2）照明部分：光源、灯具、灯罩、控制系统。一般占展览工程总造价 8%～12%。对于文物保护和审美要求比较高的文物艺术品展览，例如绘画、瓷器、青铜器、雕塑、纺织品等，照明的造价比较高，甚至占展览工程总造价的 30% 以上；对于非文物艺术品类展览，例如历史类、人物类展览，则相对较低。

（3）展柜部分：包括展柜（通柜、独立柜和斜面柜）及其配套玻璃、灯具、温湿度设备，以及库房密集柜等。一般占展览工程总造价 10%～15%。对于文物保护（防尘、防盗、防菌、防虫、恒温恒湿以及高品质玻璃）要求高的文物艺术品展览，展柜的造价比较高，甚至占展览工程总造价的 30% 以上；对于非文物艺术品类展览，例如历史类、人物类展览，则相对较低。

（4）辅助艺术品部分：分平面和立体两类，平面的包括图文版面、地图、图表、素描、速写、壁画、油画、国画、连环画、漆画、版画、水墨画等。立体的包括模型、沙盘、景箱、场景、灯箱、半景画、全景画、雕塑、蜡像等。对叙事类博物馆展览，例如人物类、历史类、自然类和科技类展览，一般较多使用辅助艺术品，其占展览工程总造价一般在30%以上；但对以审美为导向的文物艺术品展览，例如书画、陶瓷、青铜器、雕塑等，较少使用辅助艺术品，其在展览工程总造价中的占比就比较低。

（5）多媒体及观众体验装置部分：多媒体及观众体验装置，包括硬件、操作软件和内容（拍摄、动画、剪辑）。对叙事类博物馆展览，

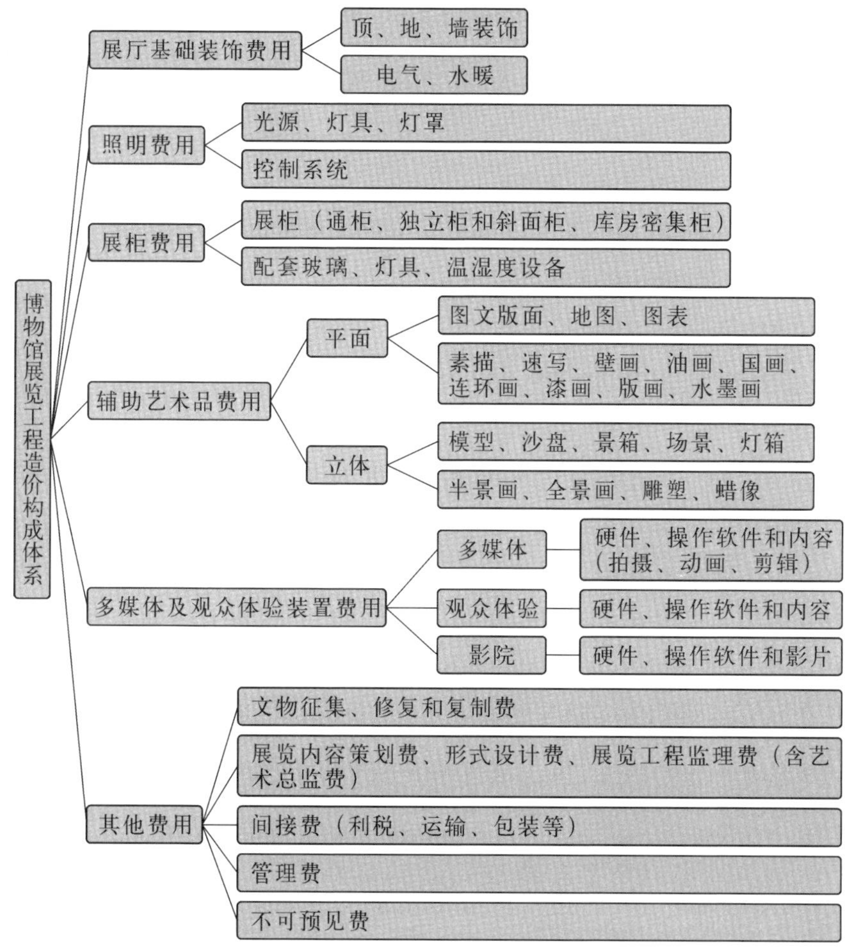

图43 博物馆展览工程造价构成体系图

例如人物类、历史类、自然类和科技类展览，一般较多使用多媒体及观众体验装置，其占展览工程总造价一般在 30% 以上；但对以审美为导向的文物艺术品展览，例如书画、陶瓷、青铜器、雕塑等，较少使用多媒体及观众体验装置，其占展览工程总造价的比例就比较低。

（6）其他：文物征集、修复和复制费；展览内容策划费；形式设计费；展览工程监理费（含艺术总监费）；间接费（利税、运输、包装等）；管理费；不可预见费。一般占展览工程总造价 10%～15%。

表 4 不同类型博物馆展览工程造价构成比例表

类 别	基础装饰工程	照明系统	展柜系统	辅助艺术品	多媒体	其 他
叙事类展览造价占比	约 20%	8%～12%	10%～15%	30% 以上	30% 以上	10%～15%
文物艺术品展览造价占比	约 20%	30% 以上	30% 以上	10% 以下	10% 以下	约 10%

四、展览工程造价概算编制

现阶段，在缺乏类似普通建筑装饰工程《建设工程工程量清单计价规范》的情况下，博物馆展览工程概算编制较为合理的做法即是采用经验及同类比较法，即展览工程造价概算书由三部分组成：（1）博物馆展览工程费用构成概算；（2）同类博物馆展览造价决算举例（分高、中、低三档）；（3）与展览造价档次对应的展示效果图。在此基础上提出博物馆展览工程造价概算。这样的展览工程概算书相对有理有据，因此容易得到政府发改委和财政局领导的理解和支持。

（一）博物馆展览工程费用构成概算

基于“不同类型博物馆展览工程造价构成比例表”，结合本博物馆展览的类型、文物保护的具体需求，提出本博物馆科学合理的展览工程造价概算：

表 5 博物馆展览工程费用构成表

序号	类 别	主 要 内 容	比 例	估 算
1	基础装饰工程	展厅吊顶、地面、墙面装饰、电器工程及其安装工程		
2	展柜系统	裸柜、玻璃、照明、恒温恒湿		
3	照明系统	光源、灯具、灯罩、控制系统		
4	辅助艺术品	平面美术品、立体美术品		
5	多媒体及体验科技装置	硬件设备、操作软件、动画影片		
6	其 他	文物征集、修复和复制费；展览内容策划、形式设计、工程监理费（含艺术总监费）；间接费（利税、运输、包装等）；管理费；不可预见费。		
7	总 计			

以 2018 年 11 月某博物馆新馆展览工程造价概算编制为例，博物馆展厅总面积 12 600 平方米，包括基本陈列厅、专题陈列厅、临时展厅。按 13 000 元 / 平方米造价估算，总造价约为 1.63 亿元。其中：

（1）展厅基础装饰部分：包括展厅顶部、地面、墙面装饰工程以及电器工程。占展览工程总造价的 20%，估算为 3 260 万元。

（2）照明部分：光源、灯具、控制系统、灯罩。占展览工程总造价的 8%，估算为 1 300 万元。

（3）展柜部分：包括展柜（通柜、独立柜和斜面柜）及其配套玻璃、灯具、温湿度设备，以及库房密集柜等。占展览工程总造价的 12%，估算为 1 950 万元。

（4）辅助艺术品部分：分平面和立体两类，平面的包括图文版面、地图、图表、素描、速写、壁画、油画、国画、连环画、漆画、版画、水墨画等。立体的包括模型、沙盘、景箱、场景、灯箱、半景画、全景画、雕塑、蜡像等。占展览工程总造价的 27%，估算为 4 400 万元。

（5）多媒体与科技信息装置部分：多媒体观众体验装置，包括硬件、操作软件和内容（拍摄、动画、剪辑）。占展览工程总造价的 27%，估算为 4 400 万元。

（6）其他：文物征集、修复和复制费；展览内容策划费、形式设计费、展览工程监理费（含艺术总监费）；间接费（利税、运输、包装等）；管理费；不可预见费。占展览工程总造价的 6%，估算为 970 万元。

表 6　博物馆展览工程费用占比表

	基础装饰	照明系统	展柜系统	辅助艺术品	多媒体	其他	总计
占比	20%	8%	12%	27%	27%	6%	100%
估算（万元）	3 260	1 300	1 950	4 400	4 400	970	16 280

（二）某博物馆展览工程概算书

例如 2012 年某博物馆展厅总面积 7 000 平方米，其中，序厅 900 平方米，生态厅 1 600 平方米，历史厅 1 600 平方米，专题厅 1 900 平方米，临时展厅 1 000 平方米。其展览工程造价概算书由三部分组成：

（1）博物馆展览工程费用构成概算（省略）；

（2）部分同类博物馆展览造价举例（高、中、低，省略）；

（3）与展览档次对应的展示效果图（省略）。

在此基础上提出博物馆展览工程各展厅概算：

（1）序厅：900 平方米

中高：900 平方米 ×10 000 元 / 平方米 =900 万元；

中档：900 平方米 ×8 000 元 / 平方米 =720 万元；

中低：900 平方米 ×7 000 元 / 平方米 =630 万元。

（2）生态厅：1 600 平方米

中高：1 600 平方米 ×16 000 元 / 平方米 =2 560 万元；

中档：1 600 平方米 ×13 000 元 / 平方米 =2 080 万元；

中低：1 600 平方米 ×10 000 元 / 平方米 =1 600 万元。

（3）历史厅：1 600 平方米

中高：1 600 平方米 ×13 000 元 / 平方米 =2 080 万元；

中档：1 600 平方米 ×10 000 元 / 平方米 =1 600 万元；

中低：1 600 平方米 ×8 000 元 / 平方米 =1 280 万元。

（4）专题厅：1 900 平方米

中高：1 900 平方米 ×10 000 元 / 平方米 =1 900 万元；

中档：1 900 平方米 ×8 000 元 / 平方米 =1 520 万元；

中低：1 900 平方米 ×7 000 元 / 平方米 =1 330 万元。

（5）临时展厅：1 000 平方米

中高：1 000 平方米 ×7 000 元 / 平方米 =700 万元；

中档：1 000 平方米 ×6 000 元 / 平方米 =600 万元；

中低：1 000 平方米 ×4 000 元 / 平方米 =400 万元。

6. 其他（文物征集、修复、监理费和不可预见费等）：500 万元。

根据该博物馆建设目标，建议按中档执行。该博物馆展览工程造价估算为：序厅 720 万元 + 生态厅 2 560 万元 + 历史厅 2 080 万元 + 专题厅 1 900 万元 + 临时展厅 600 万元 + 其他 500 万元 =8 360 万元。

投资估算是博物馆展览工程投资管理的首道管理线，这不仅关系到政府部门对博物馆展览工程的投资额度的合理性和科学性，更关系到博物馆展览工程的质量和水准。为了尽可能对展陈工程进行科学准确地投资估算，在博物馆项目项建书书写及可行性估计阶段，博物馆展览工程建设方应该邀请富有博物馆展览工程管理经验的专家共同参与确定适合的投资估算，并参与全过程造价管理，这一点至关重要。

◀ 第八章 ▶

招标文件的编制

展览工程招标文件的编制非常重要，这不仅关乎能否选择一支优秀的展览设计与制作队伍，关乎博物馆展览工程的质量与命运，也关系到展览工程招标的公平与公正。

目前，在展览工程招标文件编制上基本都是简单套用建筑装饰工程的招标管理办法。在竞标资格上，以建筑装饰公司的资格标准要求博物馆展陈公司，非得要求展陈公司具有建筑装饰专项工程设计甲级资质和建筑装饰装修工程专业承包一级及以上，或建筑装饰装修工程设计与施工一级及以上资质，必须有建筑师、土建工程师、结构师等。评标办法对博物馆展览设计与制作（特别是展览项目中占主要部分的非标内容）针对性不强，重资质、轻业绩，重证书、轻经验；技术标标准、商务标规范过于烦琐或不适当；重价格、轻设计，以最低价中标，难以优选出最佳的设计团队和设计方案。不鼓励创新设计、不尊重知识产权，对没有中标单位补偿标准过低，对没有中标单位的设计版权通过低价补偿的方式强行占用。招标主体多为政府建设部门或政府的城市投资公司，招标办法和评审标准由他们制定，评审专家从地方建筑装饰工程专家库抽取，政府文物主管部门和博物馆对招标办法、评审标准和评审专家资格没有发言权。

这些问题不仅直接导致博物馆展陈设计制作招标难以优选出最佳的设计团队和设计方案，而且不符合公平、公正的招标原则，严重扰乱了博物馆展览工程市场的正常秩序。从长远的角度看，这些问题将阻碍我国博物馆展览设计与制作水平的整体发展与进步。

一、招标文件的组成

1. 招标文件由投标邀请书、投标须知前附表、投标须知、主要合同协议条款、评标办法、招标要求及技术规格、设计图纸、工程量清单、附件、投标文件格式等组成。

2. 投标人应认真阅读招标文件中所有的内容。如果投标人编制的投标文件实质上不响应招标文件要求，将作无效标处理。

评述：

目前编制招标文件的招标公司大都是做建筑装饰工程招标的，他们不懂，也不尊重博物馆展览设计、制作和布展工程的特点和规律，除了在招标文件中加入一些博物馆专家提出的技术要求外，基本上都是简单套用建筑装饰工程的招标管理办法。

一般来说，博物馆展览工程建设方在发布招标项目时，须向投标方提供如下四部分组成材料：1. 招标文件本身（包括技术标文件、商务标文件和展览工程合同）；2. 意图明确、规范的展览内容文本；3. 有关展览主题的展品形象资料和学术资料汇编（实物展品必须注明名称、尺寸、质地、用途或文化意义并附形象资料）；4. 展览布展空间的建筑图纸（包括展览空间的平面图、立面图、剖面图、楼层高度、柱距以及水、电、暖及通讯、消防设计图纸）等。

二、投标通知书或邀请书

投标通知书或邀请书一般包括招标工程项目的概况、投标人资格要求、招标文件及图纸的获取、投标保证金数额及交纳方式、投标文件递交截止时间及地点等。例如：

1. ________ 博物馆基本陈列布展工程经 ________ 批准建设，由 ________ 文化广电新闻出版局负责组织实施。现决定对该项目的 ________ 博物馆基本陈列布展工程施工进行公开（邀请）招标。

2. 本次招标工程项目的概况如下：

（1）建设规模：博物馆展览工程总面积约 9 600 平方米；

（2）工程类型：博物馆展览设计、制作和布展一体化工程；

（3）招标范围：________ 博物馆基本陈列布展工程招标文件规定的设计图纸范围内所有工程，包括博物馆基础装修及展览陈列施工、设备采购等全部内容；

（4）资金来源：________ 财政拨款；

（5）建设地点：____________；

（6）工期要求：150 日历天（含）以内。计划开工日期为 ____ 年 ____ 月，具体以建设单位书面开工通知为准；

（7）工程质量：按照博物馆展览工程质量以及《建筑工程施工质量验收统一标准》（GB50300–2001）、《建筑装饰装修工程质量验收规范》（GB50210–2001）及相关专业质量验收规范验收，要求达到优良工程标准，争创“中国博物馆十大陈列展览精品奖”。

评述：

关于展览“工程质量”的要求简单套用建筑装饰工程的要求，除了展厅基础装饰工程外，不适应博物馆展览设计、制作和布展的实际，对博物馆展览设计、制作和布展的质量并没有提出明确的质量要求。

3. 投标人资格要求：

投标人资格一般包括机构资格、主创设计师和项目经理资格，例如：

（1）投标人应具有建筑装饰专项工程设计甲级资质和建筑装饰装修工程专业承包一级及以上，或建筑装饰装修工程设计与施工一级及以上资质。

评述：

简单套用建筑装饰工程的要求，除了展厅基础装饰工程外（一般占展览工程总造价的20%左右），博物馆展览工程大部分不是建筑装饰工程，因此没有必要按建筑装饰工程资格要求投标人，更没有必要按建筑装饰最高资格要求投标人。

（2）拟派主创设计师应具备博物馆或展览馆的陈列展览艺术设计经验。项目经理具有建筑装饰装修一级及以上项目经理资质，或者建筑工程一级及以上建造师资质，并承诺施工期间全职担任本项目的项目经理，不得同时担任其他项目的任何工作。

评述：

博物馆展览工程大部分不是建筑装饰工程，因此没有必要按建筑装饰工程要求博物馆展览设计、制作和布展公司有建筑师、土建工程师、结构师，这些对博物馆展览设计与施工来说意义不大。

（3）投标人持有工商行政管理部门核发的有效企业法人营业执照。

（4）投标人持有建设行政主管部门颁发的有效《安全生产许可证》，具有企业主要负责人（包括企业法定代表人、企业经理、企业分管安全生产的副经理以及企业技术负责人等四岗位人员）的“三类人员”A类证书，拟派项目经理的“三类人员”B类证书，拟派施工现场专职安全生产管理人员的“三类人员”C类证书。拟派的B类和C类人员不能与A类人员为同一人，且B类和C类人员只能分别担任一个岗位职务。

评述：

博物馆展览工程大部分不是建筑装饰工程，因此没有必要按建筑装饰工程要求博物馆展览设计、制作和布展公司。

（5）投标人必须具有博物馆、纪念馆及大型文化展览工程设计和施工经验，近三年（以开标时间为准）承担过省级以上博物馆展览设计与施工的业绩，独立承担工程造价 1 000 万元以上（须提供经工程所在地建设主管部门备案的中标通知书、合同及竣工验收合格证明等证明材料）。

（6）投标人、拟派项目经理没有不良行为正在受公示。

（7）本次招标不接受联合体投标。

4. 招标文件及图纸的获取：

（1）________ 招标代理机构于 ____ 年 ____ 月 ____ 日至 _____ 年 ____ 月 ____ 日（法定公休日、节假日除外）上午 9:00～11:30、下午 14:00～16:30 在 ________ 出售招标文件，招标文件每套收取工本费 500 元，售后不退，逾期不再出售。同时，投标人应向招标代理机构提交每套 500 元的图纸资料押金，该押金在退还完整图纸资料后由招标代理机构无息退还给投标人。

（2）请你单位在以上同一时间在 ________ 公共资源交易中心报名，并按本邀请书要求的时间、地点购买招标文件。

（3）投标人报名时应向 ________ 公共资源交易中心提交下列资料：联系人、联系电话、单位介绍信、经办人身份证原件和复印件、企业法人营业执照副本、企业资质等级证书副本、安全生产许可证副本、拟派项目经理资质证书（或建造师注册证书）。上述证书需提供原件和复印件（全本复印），复印件加盖单位公章，原件核验后退回。

5. 投标保证金数额及交纳方式：

投标人应按招标文件规定提交壹拾万元人民币的投标保证金（银行电汇或银行汇票）。

开户名称：________________

开户银行：________________

账　　号：________________

6. 现场勘察及投标预备会时间及地点：

本次招标人不组织现场勘察及投标预备会，由投标人自行踏勘现场。

7. 投标文件递交截止时间及地点：

（1）投标文件送交的截止时间为____年____月____日____时____分（北京时间），投标文件必须在上述时间前送交至________公共资源交易中心。

（2）逾期送达的或者未送达指定地点的投标文件，招标人不予受理。

（3）投标人在签订合同之前应办妥交易席位费（每家投标单位600元/月），中标人还需向_________公共资源交易中心缴纳交易服务费（中标价的0.018 75%）。

8. 有关本项目投标、开标、评标的具体事项，请仔细审阅招标文件，其他事宜请与招标人或招标代理机构联系。

项目负责人（签字）：_________ 编制人（签字）：_________

招标人（盖章）：____________

办公地址：________________

法人代表（签章）：___________

联系人：____________ 联系电话：____________

招标代理机构（盖章）：____________

办公地址：________________

法人代表（签章）：___________

联系人：________ 联系电话：________ 传真：________

日期：____年____月____日

三、投 标 须 知

投标须知一般包括招标前附表、总则、招标文件、招标报价、投标文件的编制、投标文件的递交、开标和评标、授予合同等重要内容。

（一）前附表

序号	内　　容	
1	工程综合说明	工程名称：________博物馆基本陈列布展工程
		建设地点：____________________
		建设规模：博物馆展览总面积约 9 600 平方米
		承包方式：包工包料
		要求质量标准：按照《建筑工程施工质量验收统一标准》（GB50300-2001）、《建筑装饰装修工程质量验收规范》（GB50210-2001）及相关专业质量验收规范验收，要求达到优良工程标准，争创“中国博物馆十大陈列展览精品奖”
		要求工期：150 日历天（含）以内。工期按甲方发出开工令之日起计算
		工程类别：装饰装修及展览陈列
2	建设资金来源：财政拨款	
3	投标单位资质要求：具有建筑装饰专项工程设计甲级资质和建筑装饰装修工程专业承包一级及以上，或建筑装饰装修工程设计与施工一级及以上资质。项目经理资质要求：具有建筑装饰装修一级及以上项目经理资质，或者建筑工程一级及以上建造师资质，并承诺施工期间全职担任本项目的项目经理，不得同时担任其他项目的任何工作	

（续表）

序号	内　　容
4	投标保证金数额：10 万元人民币（须由法人账户提交，以后退回法人账户） 投标保证金缴纳方式：采用银行汇票或银行电汇形式，同时出票人必须是投标人（不接收以投标人分公司或办事处为户名的银行汇票或银行电汇） 投标保证金缴纳截止时间：____年__月__日下午 17 时前 投标保证金有效期：90 日历天 投标保证金的退还：要求投标人提供正规收据，并注明投标人全称、开户银行及账号
5	投标有效期：60 日历天（从投标截止之日算起）
6	投标文件份数：正本一份，副本四份
7	投标文件递交至：________公共资源交易中心，地点：________
8	投标截止时间：____年__月__日上午 9 时 00 分（北京时间）
9	开标时间：____年__月__日上午 9 时 00 分（北京时间） 开标地点：
10	投标人在参加开标会议前需办理交易席位手续（每家单位 600 元 / 月），中标人还需向_______公共资源交易中心缴纳交易服务费（中标价的 0.018 75%）
11	如发现招标文件及其评标办法中存在含糊不清、相互矛盾、多种含义以及歧视性不公正条款或违法违规等内容时，请在招标人发出招标文件后 5 日内同时向招标人、招标代理机构和________建筑工程招标投标管理站书面反映，逾期不得再对招标文件的条款提出质疑
12	招标单位联系人：__________　联系电话：__________ 招标代理单位联系人：__________　联系电话：__________ 传　　真：__________　（招标代理单位）__________

评述：

序号 1“要求质量标准：按照《建筑工程施工质量验收统一标准》（GB50300-2001）、《建筑装饰装修工程质量验收规范》（GB50210-2001）及相关专业质量验收规范验收，要求达到优良工程标准，争创‘中国博物馆十大陈列展览精品奖’”。不能简单套用建筑装饰工程要求博物馆展览工程。

序号 3.“投标单位资质要求：具有建筑装饰专项工程设计甲级资质和建筑装饰装修工程专业承包一级及以上，或建筑装饰装修工程设计与施工一级及以上资质。项目经理资质要求：具有建筑装饰装修一级及以上项目经理资质，或者建筑工程一级及以上建造师资质，并承诺施工期间全职担任本项目的项目经理，不得同时担任其他项目的任何工作”。无论是机构资格还是项目经理资格都不能简单套用建筑装饰工程要求博物馆展陈公司。另外，还应该对博物馆展览主创设计师资质提出要求——应具备博物馆或展览馆的陈列展览艺术设计经验。

（二）总则

1. 工程说明

________博物馆基本陈列布展工程由________文化广电新闻出版局组织实施，本项目按《中华人民共和国招标投标法》《____省招标投标条例》等有关规定组织招标投标。

2. 招标范围

________博物馆基本陈列布展工程招标文件规定范围内的博物馆基础装修及展览陈列施工、设备采购等全部内容，包括完成本项目陈列展厅的所有展柜、展墙、景观制作、场景复原、科技展示设施、雕塑、模型、沙盘、灯具照明系统、多媒体、音像制作、平面设计、文字制作、标识、展品装饰、辅助展品、幻影成像、绘画等陈列布展设施的制作、施工、布展等及所发生的所有措施费用，以及知识产权费用、专业工程配合服务费、竣工资料整理费用、方案优化调整增加费、不可预见费等完成本次工程一切内容在内的所有费用。不含展厅范围内的暖通空调、弱电智能化、安防、消防等专业安装工程费用。

3. 招标方式

本工程按照建设工程招投标管理的有关规定，采用公开（邀请）招标的方式，择优选定乙方。

4. 资金来源

甲方的资金通过前附表所述的方式获得，并将部分资金用于本工程合同项下的合格支付。

5. 合格投标人

本工程采用资格后审，通过资格后审的投标人为合格投标人，详见第 × 章“评标办法”。

6. 投标费用

投标人应自行承担编制投标文件、现场勘察、递交投标文件所涉及的一切费用。不管投标结果如何，招标人对上述费用不负任何责任。

7. 其他事项

中标人不得将工程非法转包和违法分包，否则一旦发现即中止合同，并赔偿由此造成的一切损失。

（三）招标文件

1. 招标文件的组成

（1）招标文件由投标邀请书、投标须知前附表、投标须知、主要合同协议条款、评标办法、招标要求及技术规格、设计图纸、工程量清单、附件、投标文件格式等组成。

评述：

博物馆展览工程建设方在发布招标项目时，除了技术标文件、商务标文件和展览工程合同等外，须向投标方提供如下材料：1. 意图明确、规范的展览内容文本；2. 有关展览主题的展品形象资料和学术资料汇编（实物展品必须注明名称、尺寸、质地、用途或文化意义并附形象资料）；3. 展览布展空间的建筑图纸（包括展览空间的平面图、立面图、剖面图、楼层高度、柱距以及水、电、暖及通讯、消防设计图纸等）。如果招标方不提供上述完整的资料，投标方怎么可能提供准确、科学的技术设计方案和工程量清单及其报价？

（2）投标人应认真阅读招标文件中所有的内容。如果投标人编制的投标文件实质上不响应招标文件要求，将作无效标处理。

（3）有关工程的报价（算术性修正的细小偏差除外）、质量、工期、项目经理、工程结算办法、付款办法、违约责任等为招标文件的实质性内容。

2. 招标文件的解释

投标人在收到招标文件后，若有问题需要澄清，应于收到招标文件后 5 日内，以书面形式（包括书面文字、电传、传真、电报等）向招标人提出，招标人将在规定时间内以书面形式答复，在经所在县招投标站备案后送给所有获得招标文件的投标人。答复内容作为招标文件的组成部分。

3. 招标文件的修改

（1）在投标截止日期 15 天前，招标人可能会以补充通知的方式修改招标文件。

（2）补充通知将以书面方式发给所有获得招标文件的投标人，补充通知作为招标文件的组成部分，对投标人起约束作用。

（3）为使投标人在编制投标文件时把补充通知内容考虑进去，招标人可以酌情延长递交投标文件的截止日期，以书面文书为准。

（4）书面纪要、补充通知须经所在县招投标站备案。

四、投 标 报 价

（一）投标报价

1. 投标报价应是招标文件所确定的招标范围内全部工作内容的价格表现。其应包括人工、材料、设备、机械、管理、利润、风险、规费、税金及政策性文件规定等各项应有费用。

2. 本工程报价采用综合单价法方式进行编制。

（1）综合单价是指完成一个规定计量单位的分部分项工程量清单项目或措施清单项目所需的人工费、材料费、施工机械使用费、企业管理费、利润以及风险费用。

（2）投标人在工程投标价格中应考虑风险因素。投标人应按招标人提供的实物工程量清单中列出的工程项目和工程量填报单价和合价，工程量清单中内容不得随意删除或涂改，并按表中项目顺序填写，且每一项目只允许一个报价。投标未填单价或合价的项目，在实施后，招标人将不予以支付，并视为该项目费用已包含在其他有价款的单价或合价内。

（3）投标人应根据市场行情，结合自身技术、管理水平等自行报价。同时，投标人必须遵守指令性计价依据的规定。

编制工程报价依据:《××省建设工程计价规则》(2010版)、《××省建筑工程预算定额》(2010版)、《××省安装工程预算定额》(2010版)、《××省建设工程施工取费定额》(2010版)、《××省施工机械台班费用定额》(2010版)等；人工、材料、机械单价依据投标人自行采集的价格信息或参照省、市造价管理机构发布的价格信息确定，并考虑相应的风险费用。

评述：

上述编制工程报价依据都是按照建筑装饰工程定额价，这种把博物馆展览工程视为建筑装饰工程的做法，显然不符合博物馆展览工程的实际。因为展厅基础装饰工程只占博物馆展览工程总量的约20%，而占展览工程量主体的是兼具创意性、艺术性和知识性的辅助艺术品、多媒体和科技装置等。这些包含复杂劳动的展项岂能被肢解为材料、重量、体积、工时、单价等没有任何创造性、艺术性等含金量的项目，用材料计量学来计价呢！

（4）投标人根据上述要求编制报价，结合本工程特点及市场行情，依据自身的竞争实力报出包括全部费用及竞争浮动口径在内的投标总价，包括投标人按期、按质、文明施工在内完成本工程全部内容而认为要计取的全部费用。其投标费率、综合单价等均实行固定包干，除了合同条款规定之外，不得调整。即使投标人发生差错、遗漏的费用及定额修改调整的费用均不得调整。

评述：

在招标阶段编制的工程量清单必然存在大量缺项、漏项、调整项，而且在中标以后深化设计过程中，专家和领导必然会提出修改、增加内容及其展项。如果实行综合单价固定包死的话，不仅不合理、不科学，而且必会将错误进行到底，必然严重影响展览工程质量。

（5）投标人若无造价人员的，应当委托有资质的造价咨询中介机构负责编制报价。

（二）投标货币

投标报价中的单价和合价全部采用人民币表示。

（三）投标文件的编制

1. 投标文件的组成

投标人的投标文件包括“商务标”“技术标”（正本一份、副本四份）。

2. 投标文件要求

2.1　商务标的组成

投标函、投标报价表、投标书编制综合说明、主要材料数量及价格汇总表（应提供主要材料的品牌、规格、产地）、施工图预算报价清单。

评述：

在招标阶段，因为业主没有提供详细的设计依据——全套完整的展品形象资料和学术资料，方案也没有经过业主方领导和专家的指导，投标方提供的只能是一个概念设计或初步设计，因此，所有投标方提交的设计方案、主要材料数量及价格汇总表、施工图预算报价清单，都是虚拟的、不准确的，依照这样一个虚拟的报价来评审比较各投标方的商务标，显然是自欺欺人的做法。

2.2　技术标的组成

（1）投标说明：包括计划进场的具体深化设计总负责人及各专业设计人员的安排，施工队伍、现场施工、质量材料等技术、管理人员及项目管理班子配套情况，具体施工队伍的技术、管理人员的素质及特长简介，近年来承担类似工程的情况、目前正在施工的工程情况及富余力量。对招标人的要求建议，对招标文件的确认意见，投标诚意及其他优惠条件，投标书编制的有关说明。

（2）施工组织设计：包括施工现场平面布置图、施工总进度计划表、安全保证措施、文明施工管理办法及措施，保证工程质量及施工安全、施工进度等技术措施和管理措施，符合质量、环保及现场文明施工要求的措施，针对本工程制定的专门技术方案；劳动力、机械的配备、投入本工程的检测仪器及设备，施工用电、用水的最高平均及总用量。

（3）资格审查资料及业绩信誉：包括投标人的资质证书、营业执照、安全生产许可证等复印件；项目经理的资质证书复印件，主创设计师资格证书复印件，“三类人员”任职资格证书和企业经理及企业安全副经理的任职文件复印件以及主要管理人员及项目管理班子资格证书复印件等；投标人自 2008 年来获 AAA 信用等级及地（市）级以上（含）重合同守信用称号的证书复印件；投标人通过 ISO9000 系列质量体系认证的证书复印件；投标人的其他业绩证明（复印件）。

（4）方案设计文本及图纸（设计说明、平面图、览线图、轴侧图、重点部位效果图、投标单位认为有必要提供的其他图纸、多媒体光盘）；施工组织方案；服务承诺。

评述：

对设计方案及图纸的要求过于笼统，没有明确的设计要求。应该作如下明确要求，除了要阐述展览设计和创作的基本思想和创意说明外，设计方案基本要求必须完整表达展览文本体系在展厅建筑空间中的合理布局，观众参观路线，未来展览空间设计及其总体艺术风格，重点和亮点设计效果图等。设计文件必须包括：展览内容点、线、面布局平面图及观众流线图；序厅设计效果图；每个部分或单元重点和亮点设计效果图；展厅艺术效果和氛围效果图；多媒体项目效果及原理分析图；展厅指示系统规划图和设计图等。同时，为了使各家方案具有可比性，应规定典型展品组合效果图，包括序厅和各个单元重点和亮点的效果图的设计范围和要求。序厅要求：功能说明、创意说明、形态效果图、工艺或技术支撑说明。第一单元，5～8个形态效果图（“秀”），要求：创意说明、形态效果图、工艺或技术支撑说明；第二单元，5～8个重点形态效果图（“秀”），要求：创意说明、形态效果图、工艺或技术支撑说明；第三单元，5～8个重点形态效果图（“秀”），要求：创意说明、形态效果图、工艺或技术支撑说明……同时对图纸规格统一为“A3”尺寸，设计汇报形式要求采用多媒体演示汇报（20～30分钟）。

3. 投标保证金

（1）投标人应提供前附表中数额的投标保证金，此投标保证金是投标文件的一个组成部分。

（2）投标人应根据前附表所述的缴纳方式缴纳投标保证金。

（3）对于未提交投标保证金的投标人，将作无效标处理。

（4）投标保证金的退还：对未中标单位，将在招标会议结束一周内返还投标保证金；对于中标单位，招标人与中标人签署合同协议后，________公共资源交易中心收到施工合同之日起5个工作日内，由________公共资源交易中心负责无息退还。

4. 如投标人有下列情况，将被没收投标保证金

（1）投标人在投标有效期内撤回其投标文件；

（2）中标人未能在规定期限内签署合同协议和提交履约保证金。

5. 现场勘察及投标预备会

（1）本次招标人不组织现场勘察及投标预备会，由投标人自行踏

勘现场。

（2）投标人应自行对工程施工现场和周围环境进行勘察，以获取编制投标文件和签署合同所需的资料。勘察现场所发生的费用由投标人自行承担。

（3）招标人向投标人提供的有关施工现场的资料和数据，是招标人现有的能使投标人利用的资料。招标人对投标人由此而作出的推论、理解、结论概不负责。

（4）投标人一旦参与投标即视为已完全理解全套招标文件和掌握项目情况，中标后提出的一切疑问，将按最不利于中标人的原则处理。

6. 投标人现场管理及劳动力安排

（1）投标人在投标书中，按工程范围和周围现状相应做好施工现场管理班子人员安排计划，以确保本工程顺利竣工，保质保量投入使用。

（2）投标人应安排强有力的现场管理班子，提供项目经理、技术负责人、质量、安全、治安等负责人名单并经招标人认可。投标书内的人员应与今后实际施工时人员名单相一致，一旦中标，班组人员不得随意变动，必须调整时应事先书面通知监理和招标人现场负责人，经认可后方可调动。

（3）项目经理须持证上岗工作。投标人中标后，不允许更换项目经理，遇特殊情况者，施工企业须推选符合规定的项目经理人选，在征得招标人同意后，方可进行更换。

（4）施工期间主创设计师必须全程现场跟踪。

7. 投标文件的份数和签署

（1）投标人按前附表规定的份数，编制投标文件“正本”和“副本”，并在封面上注明“正本”和“副本”。投标文件“正本”和“副本”如有不一致之处，以“正本”为准。

（2）投标文件“正本”与“副本”均要求打印、复印或以擦不去的墨水书写，并在规定的地方加盖投标单位公章和法定代表人或委托代理人（须提供委托书原件）签字或盖章。

（3）全部投标文件应无涂改和行间插字，除非这些删改是投标人造成的必须修改的错误。修改处应由投标文件签字人签字或盖章。

（4）投标人必须把“商务标”单独装袋密封，袋上标明标书名称。把“技术标”单独装袋密封，袋上标明标书名称。把“设计方案图纸”单独装袋密封，袋上标明标书名称。包封都应写明工程名称及投标单位名称，并加盖公章、法定代表人印鉴。

（四）投标文件的递交

1. 投标截止期

（1）投标人递交投标文件按前附表规定的日期、时间和地点。逾期送达的或未送至指定地点的，其投标文件不予受理。

（2）招标人可以补充通知的方式酌情延长递交投标文件的截止日期。上述情况下，招标人与投标人以前在投标截止期方面的全部权利、责任和义务，将适用于延长后新的投标截止期。

2. 投标文件的修改与撤回

（1）投标人递交投标文件以后，在规定的投标截止时间之前，可以书面形式提出补充修改其投标文件。在投标截止时间以后，不能更改投标文件。

（2）投标人的补充修改应按规定编制、密封、标志和递交，并在包封上标明“修改”字样。

（五）开标

1. 开标

（1）招标人将于前附表规定的时间和地点举行开标会议，投标人法定代表人或委托的代表人携带身份证、授权委托书的原件参加开标会议。开标会议开始之前，由公证机构查验上述证件。

在开标前请投标人同时提供：企业营业执照、资质证书、安全生产许可证、“三类人员”任职资格证书和企业经理及企业安全副经理的任职文件的原件［开标前提供原件，投标人确因特殊原因（如证书因单位更名上报发证机关等）不能提供“三类人员”证书原件时，应提供加盖单位公章的复印件和当地建设行政主管部门出具的不能提交证书原件的书面证明原件，证明须注明适用的投标工程的名称、相关人员的身份证号及证书编号等内容］，项目经理资质证书或建造师注册证书原件，业绩证明文件的原件，以及其他资格审查需要的原件。【以上原件请投标人自装一袋，并在袋面上注明投标人名称、原件清单、联系人及联系电话，评标委员会查验结束后请投标人各自领回并核查相关原件是否齐全，事后遗失概不负责】

（2）开标会议在县招投标管理部门的监督下，由招标代理单位组织并主持，并邀请 ×× 县公证处到场公证。

（3）投标人法定代表人或委托代理人未参加开标会议的视为默认开标结果。

2. 投标文件有下列情况之一视为无效

（1）投标文件未密封；

（2）投标文件的关键内容（按唱标内容）字迹模糊、辨认不清的，或不响应招标文件的实质性要求的；

（3）逾期送达的；

（4）投标人递交两份或两份以上内容不同的投标文件，未声明哪一份有效的；

（5）投标文件中未按招标文件要求加盖投标人的企业公章和企业法定代表人或委托代理人印章或签字的，或者企业法定代表人的委托代理人没有合法、有效的委托书（原件）；

（6）投标函中投标总报价不大写的；

（7）未按招标文件要求递交投标保证金，或未将投标保证金交纳收据复印件附入投标书中；

（8）提供的材料弄虚作假的；

（9）不同投标人由同一家造价咨询中介机构编制报价的（指如果投标人需要委托造价咨询中介机构负责编制报价的）；

（10）未经招标人和招投标管理机构同意，擅自更换投标报名时项目经理；

（11）法律法规和招标文件中规定的其他无效标情况。

3. 投标文件鉴证和公布

投标文件密封情况经确认无误后，由有关工作人员当众拆封，并宣读投标人名称、项目经理姓名、投标报价（按商务标的投标函中用文字数额表示的报价）、修改内容、工期（按商务标的投标函）、质量目标（按商务标的投标函）和招标人认为适当的其他内容。开标、唱标在招投标管理部门监督下进行。

4. 唱标和记录

唱标内容将做好记录，并由各投标人法定代表人或委托代表人签字确认。

（六）评标

1. 评标委员会

按照现行有关规定执行。

2. 评标原则

应遵循公正、合理、科学的原则。

3. 评标办法

本工程评标办法采用综合评估法，具体详见“评标办法”。

4. 投标文件的澄清

为了有助于投标文件的审查、评价和比较，在招投标管理部门监督下，评标委员会可以要求投标人澄清其投标文件。有关澄清的要求和答复，应以书面形式进行，但不允许更改投标报价（算术性修正的细小偏差除外）、投标方案等实质性内容。同时各投标人所作询标澄清、说明均作为投标文件的有效补充文件。

5. 投标文件的符合性

如果投标文件实质上不响应招标文件的要求，招标人将予以拒绝，并且不允许通过修正或撤销其不符合要求的差异或保留，使之成为具有响应性的投标。

6. 评标内容的保密

凡评标过程中属于审查、澄清、评价和比较投标的所有资料信息等，都不应向投标人或与评标无关的其他人泄露。

（七）授予合同

1. 中标通知书

（1）招标人根据县招投标站备案的中标通知书通知中标人，中标通知书对招标人和中标人具有法律效力。

（2）中标通知书将成为合同的组成部分。

2. 合同签订

招标人将根据建设工程施工合同管理的规定，依据招标文件、投标文件，与中标人签订施工合同。中标人在签订施工合同前须向甲方提交中标价 5% 的履约保证金。

3. 未中标单位

参加方案投标的未中标单位，由招标人在招标人与中标人签订合同后十个工作日内，支付第二名补偿金人民币 5 万元，第三名人民币

3 万元，第四名人民币 2 万元，第五名不补偿，但其所提供的设计方案（包括总体模型、沙盘、设计图、文字、PDF 文档等）全部资料归业主所有。

评述：

在各地博物馆展览设计和施工招标中，业主在招标文件中一般都有类似这样的条款规定：参加方案投标的未中标单位，由招标人在招标人与中标人签订合同后若干工作日内，分别给未中标的第二名、第三名、第四名几万元的补偿，但其所提供的设计方案，包括总体模型、沙盘、设计图、文字、PDF 文档等，全部资料归业主所有。

根据这样的条款规定，展览设计公司要么为了保护自己设计方案的知识产权拒绝参与本展览项目的招标，要么为了参与招标而被迫接受设计方案知识产权被业主不公平买断的结果。显然，这样的条款是不公平的。因为，一是设计方案的补偿费过低（一般不超过六万元），远不能抵消设计方的成本（差旅费、人力费和工本费等），更重要的是其设计方案的全部知识产权被业主强行买断了，未中标单位通常为他人作嫁衣裳。吃一堑长一智，迫于这样的招标规定，于是展览设计公司也想出对应的办法：每次投标在设计方案上不敢全力投入，把更多的精力花在了招标的公关上，这已经成为我国博物馆展览工程招标中的常态。

在展览工程招标中不尊重投标设计公司的知识产权行为，已严重影响到我国博物馆展览水平的提高与进步：

一是导致展览设计公司不敢用心、用力做好展览设计方案。每次投标，都不愿在设计方案上投入足够的人力、物力和财力，而是在以往展览项目的基础上，通过改头换面或简单拼凑弄出一个投标设计方案来应付。通过对国内主要展览设计公司参与各地投标方案的考察，其设计方案普遍给人似曾相识、大同小异的感觉。说好听点是形成一种模式，其实是一种简单重复。今天搬到这里，明天搬到那里。

二是鼓励抄袭或偷窃别人的设计方案。在上述招标规则下，一旦某个展览设计公司中标后，就会把其他参与投标而未中标的设计公司的设计方案占为已有。不仅在本项目中可以理直气壮地进行抄袭和模仿，而且还把这些设计方案理所当然地存入本公司的资料库，以备下次投标之用。久而久之，全国大部分展览设计公司的设计方案愈来愈趋同，各地博物馆展览雷同现象愈来愈严重，都是类似的套路，都是同样的表现方式。

三是严重影响博物馆展览的创新与进步。新颖的展示方式是博物馆增强吸引力和保持生命力的重要因素，创新是推动博物馆展览进步的强大动力。但创新是一种需要付出大量的时间、资金和智力的创造性劳动。在上述招标规则下，加上目前事实上存在的不公平竞争环境，展览设计创新不仅成本高，而且未必能得到承认和合理的回报，这就会严重挫伤展览设计公司的创新积极性，其创新动力必然难以持续。如此，必然严重阻碍博物馆展览有个性的原创设计，必然导致我国博物馆展览雷同现象严重，必然严重影响我国博物馆展览水平的进步。

在过去的十几年中，尽管各地在博物馆展览建设上的投入不断加大，但博物馆展览水平却没有显著提升，相反，各地博物馆展览的雷同现象却愈来愈严重，一个重要的原因就是忽视对展览设计的知识产权的保护。因此，为了增强我国博物馆展览设计的自主创新能力，鼓励博物馆原创性展览，不断创新陈列展览的表现形式和手段，推动我国博物馆展示水平的进步，我们必须从法律、行政和教育等方面，鼓励展览设计自主创新，尊重知识产权，重视对展览设计知识产权的保护。为此，博物馆政府主管部门应该参考2006年1月商务部领衔四部委联合颁布的《展会知识产权保护办法》，制订和颁布《博物馆展示设计知识产权保护条例》，以图对博物馆展示设计的知识产权保护进行规范和指导。其中，应该特别重视对展览工程招标中未中标单位设计方案的知识产权保护问题。

五、招标要求及技术规格

（一）项目建设标准与规范

由投标人提供的所有产品和服务必须符合下列规范、条例及标准，包括并不限于下列规范、条例及标准（以下规范如有最新版本，按最新版本执行）：

（1）《博物馆和文物保护单位安全防范系统要求》GB/T16571；

（2）《文物系统博物馆风险等级和安全防护级别的规定》GA27；

（3）《安全防范工程技术规范》GB50348；

（4）《文物系统博物馆安全防范工程设计规范》GB/T16571；

（5）《安全防范工程程序与要求》GA/T75；

（6）《安全防范系统验收规则》GA308；

（7）《入侵报警系统工程设计规范》GB50394；

（8）《视频安防监控系统工程设计规范》GB50395；

（9）《出入口控制系统工程设计规范》GB50396；

（10）《博物馆照明设计规范》GB/T23863-2009；

（11）《博物馆建筑设计规范》JGJ66-91；

（12）《建筑装修工程质量验收规范》GB50210；
（13）《建筑结构可靠度设计统一标准》GB50068；
（14）《建筑结构载荷规范》GB50009；
（15）《低压配电设计规范》GB50054；
（16）《建筑照明设计标准》GB50034；
（17）《建筑物防雷设计规范》GB50057；
（18）《建筑设计防火规范》GB50016；
（19）《建筑节能工程施工质量验收规范》GB50411；
（20）《建筑给排水及采暖工程施工质量验收规范》GB50242；
（21）《给水排水构筑物工程施工及验收规范》GB50141；
（22）《自动喷水灭火系统施工及验收规范》GB50261；
（23）《智能建筑设计标准》GB/T50314；
（24）《民用建筑电气设计规范》JGJ16；
（25）《综合布线工程设计规范》GB50311；
（26）《综合布线系统工程验收规范》GB50312；
（27）《商用建筑布线系统管道及空间位置标准》EIA/TIA；
（28）《商用建筑线缆标准》EIA/TIA；
（29）《火灾自动报警系统设计规范》GB50116；
（30）《建筑设计防火规范》GB50016；
（31）《民用闭路监视电视系统工程技术规范》GB50198；
（32）《安全防范工程程序与要求》GA/T75；
（33）《中华人民共和国公共安全行业标准》GA38；
（34）《防盗报警控制器通用技术条件》GB12663；
（35）《入侵探测器通用技术条件》GB10408.1；
（36）《工业企业通信接地设计规范》GBJ79；
（37）《计算机软件开发规范》GB8566；
（38）《防盗报警控制器通用技术条件》GB12663；

（39）国家、地方、行业现行的建设工程其他规范和标准；

（40）国家、地方、行业现行的有关材料、设备的规范和标准；

（41）其他现行国家有关技术标准、验收规范等。

（二）装饰设计的要求

（1）室内装饰设计要在建筑设计提供的相关基础上进行。

（2）对地面、墙面、顶棚等各界面线形、质感和装饰进行设计。

（3）确定室内的采光、照明要求并进行初步的照明设计，包括灯具布置、选用和灯光效果。

（4）确定室内主色调，应对总体色彩的配置提出设计要求。

（5）符合安全疏散、防火、消防、卫生等有关设计规范要求。

（6）地毯、木地板、木装修等均应做阻燃处理。

（7）装修设计不应该改变原建筑的防火分区、防烟分区。安全疏散通道、应急照明应符合《建筑设计防火规范》现行标准的要求。

（8）设计应做到安全可靠、美观、不影响主体结构的安全。

（9）按照国家建设部《公共建筑节能设计标准》《民用建筑节能管理规定》《绿色建筑技术导则》《绿色建筑评价标准》，以及××省建设厅《绿色建筑标准》及《绿色建筑评价体系》等有关规定进行系统化的节能设计。

……

评述：

以上招标要求和技术规格简单套用建筑装饰工程，表明招标方根本不懂博物馆展览工程。科学的做法应该是对博物馆展览工程设计和布展、设备和照明、辅助艺术品、多媒体硬件和软件质量以及投标报价等提出明确要求。补充如下：

（一）展览设计和布展基本要求

1. 形式设计必须是对展览内容准确、完整和生动的表达；

2. 通过各种艺术设计，使展览更深入、更具体和更丰满；

3. 科学划分展览各单元内容的平面布局，重点突出，参观动线合理；

4. 艺术表现方式和科技手段力求开拓创新，避免与其他博物馆陈列方式雷同；

5. 辅助展品设计要有学术支撑，符合科学性和真实性原则；

6. 展品（实物展品、辅助展品、图文版面）组合科学合理，能有效传达展览的信息；

7. 展览设计要富有观赏性、趣味性，有艺术感染力和引人入胜的效果；

8. 展厅气氛营造要典雅、庄重、大方，与建筑空间、展览内容完美结合；

9. 展览设计和布展要遵循人性化原则和符合人体工学；

10. 形式设计、制作和布展要符合绿色设计和安全设计原则。

（二）展示设备技术要求

1. 展览设备如展柜、锁具、展具、灯具、电源等基本硬件，要求坚固、美观、实用，符合环保、文物保护、防火、节能的要求。要针对文物等级，配备相应的展柜、锁具等，既要美观，又要保障安全。

2. 展柜要求采用成品柜，开启方式应方便、安全、可靠，玻璃要求达到安全牢固的厚度。展厅中的独立柜、独立展台应考虑相应的电源和光源，以及这些独立柜、独立展台在进行一定的调整（增减、移位）时电源和光源能给予很好的配合。原则上反对独立柜、独立展台与地面完全固定。

（三）照明系统技术要求

1. 能集中、远距离、分组控制展厅的灯光，方便节电和管理。

2. 展厅要求采用一线专业品牌的灯具光源，陈列照明设计中对不同的展品和文物应按《博物馆照明设计规范》和展陈效果需要，分别采取不同的照明灯具。照度合适，展厅里一般照明与特殊照明需参照行业标准设计，以达到理想的照明效果。

3. 照度均匀：一般情况下展品的照度要均匀，重点文物和重点辅助展品应根据具体的对象采取不同的照明方式。

4. 工作照明是指安装在展厅内除展品照明以外的工作用光。工作照明应与安防联动，并满足安防摄像的照度，以及满足对"光害"消除与控制的要求。

5. 各展厅内必须按国家规范配置应急照明系统，并与消控中心的UPS电源系统联动。

6. 灯具质量要求：要选用低能耗、高稳定性的照明灯具，尽可能选用光纤照明、LED照明等新型照明技术。

（四）多媒体设计要求

1. 提供项目策划方案：项目要新颖，要有很强的吸引力，与展览主题和内容相吻合。

2. 多媒体项目必须提供设计图纸、三维演示、系统原理图及说明、施工安装方案、技术保障措施及相关资料。

3. 硬件要求采用目前型号最新、性能最优的国内一流品牌。详细标明品牌、产地、技术参数、规格型号、数量及单价等。

4. 投标人所提供的设备应是全新设备，应符合相应的国家标准。

5. 进口设备必须具备商检局的报关单。国内设备或合资厂的货物必须具备出厂合格证、保修卡、说明书。

6. 中标人应向甲方提供所有项目完整的控制性软件及其知识产权，在工程竣工时，给招标人提供软件完全备份文件，如果系统崩溃，招标人能够自行恢复。在工程质保期内，中标人应向招标人提供相关软件24小时免费技术支持，重大问题应在接到招标人通知后36小时内派人到达现场解决。

7. 软件设计须功能实用，便于操作，系统管理员要对数据库进行备份和维护，操作界面友好，简洁明了，配色方案与环境相协调，凡观众可直接操作的软件，必须设置防止观众误操作功能。

（五）辅助艺术品要求

1. 必须是由相应专业一流的艺术家或工艺美术师创作和制作，要达到馆藏级标准。投标时要提供代表作品。

2. 包括雕塑、雕刻、油画、国画、场景复原等，其创作人员、材质、尺寸大小、创作主体及内容要在投标文件中注明，并要与展览深化设计成果一致。造型要准确，符合历史特征，要神形兼备，有艺术感染力。如有景观制作的创意至少应有一张效果图，并用文字说明表现主题、设计思想、制作工艺、材料运用和相关尺寸。

（六）投标报价的技术规格要求

1. 投标人应按照招标文件要求和展陈设计需要，编制工程量清单报价。投标人没有填写单价及合价的项目，招标人将视为此项费用已包括在工程量清单项目的其他单价及合价中而不予支付。

2. 报价清单中要详细列出展览陈列中所有可能采用的展示手段及材料等，并详细列出单价和总价以及材料的生产厂家、产地、品牌、材质、规格型号、尺寸及数量等。投标人要提供每个分项目的制作方名称、行业声誉及业绩等背景资料。如投标人未注明生产厂家、产地、品牌、型号等要求的材料，一旦中标，则必须使用招标人指定产品，并且价格不予调整。

3. 如果中标后的展示手段及材料有变更，且中标人无此项报价，报价以其他投标单位的报价为参考。如双方不能达成一致，招标人有权对此项目另行组织招标。

4. 投标报价中应包括本工程所发生的所有费用（包括但不限于以下费用：人工费、材料费、机械费、管理费、利润、项目措施费、规费、税金以及施工合同包含的所有风险责任等）。投标人漏报或不报，招标人将视为有关费用已包括在工程量清单项目的其他单价及合价中而不予支付。

5. 投标人依据招标文件提供的工程量清单，设计文件等资料并自行考虑风险因素计算投标报价，一旦中标，投标报价将不会因市场因素变化而得到调整。

六、商务标格式

商务标格式是对投标函、投标报价表、投标书编制综合说明、主要材料数量及价格汇总表（应提供主要材料的品牌、规格、产地）、施工图预算报价清单等内容和格式提出的要求。

（一）投标函

投　标　函

××文化广电新闻出版局：

1. 我方已仔细研究了＿＿＿＿＿＿＿＿（工程名称）设计、制作和施工招标文件的全部内容，愿意以人民币（大写）__________元（￥________）的投标总报价，工期为________日历天竣工，按合同约定实施和完成承包工程，修补工程中的任何缺陷，工程质量达到__________________。

2. 我方同意在自规定的开标日起60天的投标有效期内严格遵守本投标文件的各项承诺。在此期限届满之前，本投标文件始终对我方具有约束力，并随时接受中标。我方承诺在投标有效期内不修改、撤销投标文件。

3. 随同本投标函提交投标保证金一份，金额为人民币（大写）____________元（￥______________）。

4. 如我方中标：

（1）我方承诺在收到中标通知书后，在中标通知书规定的期限内与你方签订合同。

（2）我方承诺按照招标文件规定向你方递交履约保证金。

（3）我方承诺在合同约定的期限内完成并移交全部合同工程。

5. 我方在此声明，所递交的投标文件及有关资料内容完整、真实和准确，且不存在法律法规限制投标的任何情形。

投 标 人：____（盖章）

单位地址：____

法定代表人或其委托代理人：__________________（签字或盖章）

邮政编码：________ 电话：________ 传真：________

开户银行名称：____

开户银行账号：____

开户银行地址：____

日期：____年____月____日

（二）投标报价表

投标报价表

工程名称	报　价	工　期	质量承诺	备　注
展厅基础装修				
基本陈列厅布展				
投标总报价				
主要说明：				

注：投标单位应附《施工图工程量清单预算》。

投标人（盖章）：________　法定代表人或委托代理人（签字或盖章）：________

日期：______年____月____日

（三）主要材料品牌、型号

主要材料品牌、型号表

工程名称：××博物馆基本陈列布展工程

序号	材料名称	品牌（或生产厂家或产地）	型号	序号	材料名称	品牌（或生产厂家或产地）	型号
1				22			
2				23			
3				24			
4				25			
5				26			
6				27			
7				28			
8				29			
9				30			
10				31			
11				32			
12				33			
13				34			
14				35			
15				36			
16				37			
17				38			
18				39			
19				40			
20				41			
21				42			

投标人（盖章）：________ 法定代表人或委托代理人（签字或盖章）：________

日期：______ 年 ____ 月 ____ 日

【注：投标人根据施工图纸、招标文件和工程量清单要求填写主要材料的品牌、型号或厂家。如投标人未填写完整的，在工程量清单附件中有要求的按其执行。】

评述：完全照搬普通建筑装饰工程模式。

（四）施工图工程量清单预算书格式

1. 投标总价

投　标　总　价

投标总价：______________________________

招　标　人：______________________________

工程名称：______________________________

投标总价（小写）：______________　（大写）：______________

投　标　人：______________________________（单位盖章）

法定代表人或其授权人：______________________________

（签字或盖章）

编制人：______________________________

（造价人员签字盖专用章）

编制时间：______ 年 ____ 月 ____ 日

2. 总说明

总　说　明

工程名称：

3. 工程项目投标报价汇总表

工程项目投标报价汇总表

工程名称：　　　　　　　　　　　　　　　　　　第　页　共　页

序　号	单位工程名称	金额（元）
1	单位工程	
1.1	专业工程	
1.2	专业工程	
……		
合　计		

评述：完全照搬普通建筑装饰工程模式。

4. 单位工程投标报价计算表

单位（专业）工程投标报价计算表

单位（专业）工程名称：　　　　　　　　　　　　　第　页　共　页

序　号	费 用 名 称	计 算 公 式	金额（元）
1	分部分项工程		
2	措施项目		
2.1	施工技术措施项目		
2.2	施工组织措施项目		
其中	安全文明施工费		
	建设工程检验试验费		
	其他措施项目费		
3	其他项目费		
3.1	暂列金额		
3.2	暂估价		
3.3	计日工		
3.4	总承包服务费		
4	规费		
5	税金		
合　　计			

评述：完全照搬普通建筑装饰工程模式。

5. 分部分项工程量清单与计价表

分部分项工程量清单与计价表

单位（专业）工程名称：　　　　　　　　　　　　　　第　页　共　页

序号	项目编码	项目名称	项目特征	计量单位	工程量	综合单价（元）	合价（元）	其中（元）		备注
								人工费	机械费	
本页小计										
合　计										

评述： 完全照搬普通建筑装饰工程模式。

6. 工程量清单综合单价计算表

工程量清单综合单价计算表

单位（专业）工程名称：　　　　　　　　　　　　　　第　页　共　页

序号	编号	名称	计量单位	数量	综合单价（元）							合计（元）
					人工费	材料费	机械费	管理费	利润	风险费用	小计	
1	（清单编码）	（清单名称）										
	（定额编号）	（定额名称）										
	主材	（主材名称、规格）										
	……	……										
2	（清单编码）	（清单名称）										
	（定额编号）	（定额名称）										
	主材	（主材名称、规格）										
	……	……										
合计												

注：本表仅适用于安装工程。

评述： 完全照搬普通建筑装饰工程模式。

7. 施工技术措施项目清单与计价表

施工技术措施项目清单与计价表

单位（专业）工程名称：　　　　　　　　　　　　　　　　　第　页　共　页

序号	项目编码	项目名称	项目特征	计量单位	工程量	综合单价（元）	合价（元）	其中（元）		备注
								人工费	机械费	
本页小计										
合　计										

评述：完全照搬普通建筑装饰工程模式。

8. 措施项目清单综合单价计算表

措施项目清单综合单价计算表

单位（专业）工程名称：　　　　　　　　　　　　　　　　第　页　共　页

序号	编号	名称	计量单位	数量	综合单价（元）							合计（元）
					人工费	材料费	机械费	管理费	利润	风险费用	小计	
1	（清单编码）	（清单名称）										
	（定额编号）	（定额名称）										
	……	……										
2	（清单编码）	（清单名称）										
	（定额编号）	（定额名称）										
	……	……										
合计												

评述：完全照搬普通建筑装饰工程模式。

9. 施工组织措施项目清单与计价表

施工组织措施项目清单与计价表

单位（专业）工程名称：　　　　第　页　共　页

序号	项　目　名　称	计算基础	费率（%）	金额（元）
1	安全防护、文明施工费			
2	建设工程检验试验费			
3	其他组织措施费			
3.1	冬雨季施工增加费			
3.2	夜间施工增加费			
3.3	已完工程及设备保护费			
3.4	二次搬运费			
3.5	行车、行人干扰增加费（限市政）			
3.6	提前竣工增加费			
合　计				

评述：完全照搬普通建筑装饰工程模式。

10. 其他项目清单与计价汇总表

其他项目清单与计价汇总表

工程名称：　　　　　　　　　　　　　　　　　　　　第　页　共　页

序号	项目名称	计量单位	金额（元）	备注
1	暂列金额			
2	暂估价			
2.1	专业工程暂估价			
3	计日工			
4	总承包服务费			
合计				

评述： 完全照搬普通建筑装饰工程模式。

11. 暂列金额明细表

暂列金额明细表

工程名称：　　　　　　　　　　　　　　　　　　　　　　　　第　页　共　页

序号	项 目 名 称	计量单位	暂定金额（元）	备　注
合　计				

12. 专业工程暂估价表

专业工程暂估价表

工程名称：　　　　　　　　　　　　　　第　页　共　页

序号	工程名称	工程内容	金额（元）	备注
合计				

评述：完全照搬普通建筑装饰工程模式。

13. 日工报价表

日工报价表

工程名称: 第 页 共 页

编号	项目名称	单位	暂定数量	综合单价（元）	合价（元）
一	人 工				
1					
2					
3					
4					
人工小计					
二	材 料				
1					
2					
3					
4					
5					
6					
材料小计					
三	施工机械				
1					
2					
3					
4					
施工机械小计					
总 计					

14. 总承包服务费报价表

总承包服务费报价表

单位工程名称：　　　　　　　　　　　　　　　第　页　共　页

序号	项目名称	项目价值（元）	服务内容	费率（%）	金额（元）
合　计					

评述： 完全照搬普通建筑装饰工程模式。

15. 主要工日价格表

主要工日价格表

单位（专业）工程名称： 第 页 共 页

序号	工 种	单 位	数 量	单价（元）

评述： 完全照搬普通建筑装饰工程模式。

16. 主要材料价格表

主要材料价格表

单位（专业）工程名称：　　　　　　　　　　　　　　第　页　共　页

序号	编码	材料名称	规格型号	单位	数量	单价（元）	备注

评述：完全照搬普通建筑装饰工程模式。

17. 主要机械台班价格表

主要机械台班价格表

单位（专业）工程名称：　　　　　　　　　　　　　　　　第　页　共　页

序号	机械设备名称	单　位	数　量	单价（元）

评述：

上述商务标关于展览工程的工程量清单编制简单套用了建筑装饰工程工程量编制办法。工程量分类不合理、不清晰，有的按展厅编制工程量清单，有的按类别编制工程量清单；辅助艺术品和多媒体的工程量编制指标不规范，例如品牌、型号、规格、作者、内容描述、材料、工艺、尺寸、面积、数量、单价等不完整、不清晰。

这样的工程量清单编制必然导致专家、政府财政和审计部门无法对工程量清单及其价格作出准确、科学的判断，难以保障博物馆展览工程市场的公开、透明、合理和合法，亟待规范。

应按照本书“第十一章　施工图设计与工程量清单编制”规范编制。

七、技术标格式

（一）施工组织设计

1. 编制具体要求

编制技术标时应采用文字结合图表的形式说明各分部分项工程的施工方法；列明拟投入的主要施工机械设备情况、劳动力计划等；结合招标工程特点提出切实可行的工程质量、安全生产、文明施工、工程进度、技术组织措施，同时应对关键工序、复杂环节重点提出相应技术措施，如恶劣气候条件下施工技术措施，减少扰民噪音、降低环境污染技术措施，原有建筑物构筑物、管线及其他设施的保护加固措施等。

2. 施工组织设计主要内容

（1）施工总进度计划及保证措施；

（2）劳动力配备；

（3）现场投入主要机械设备及检测仪器；

（4）主要材料、构配件供应进度计划；

（5）主要分部分项施工方法及技术措施；

（6）质量保证体系及控制要点；

（7）安全保证体系及安全文明施工措施要点；

（8）建筑节能的具体内容及措施。

3. 施工组织设计除采用文字表述外应附下列图表，图表及格式要求附后

3.1 拟投入的主要施工机械设备表

拟投入的主要施工机械设备表

工程名称：

序号	机械或设备名称	型号规格	数量	国别产地	制造年份	额定功率（kW）	生产能力	用于施工部位	备注

3.2　劳动力计划表

劳动力计划表

工程名称：　　　　　　　　　　　　　　　　　　　　　　　单位：人

工种	按工程施工阶段投入劳动力情况						

注：投标人应按所列格式提交估计劳动力计划表。

3.3　计划开工、完工、竣工日期和施工进度网络图

计划开工、完工、竣工日期和施工进度网络图

（1）投标人应提交施工进度网络图或施工进度表，说明按招标文件要求的工期进行施工的各个关键日期。中标的投标人还应按合同有关条款的要求提交详细的施工进度计划。

（2）施工进度表可采用网络图（或横道图）表示，说明计划开工日期、各分项工程各阶段的完工日期和分包合同签订的日期。

（3）施工进度计划应与其他施工组织设计相适应。

3.4　临时设施表

临 时 设 施 表

工程名称：

用　途	面　积（平方米）	位　置	需用时间
合　计			

注：投标人应逐项填写本表，指出全部临时设施用地（房）面积以及详细用途。

（二）现场施工组织管理机构

1. 项目管理机构配备情况表

工程名称：

职务	姓名	职称	执业或职业资格证明					已承担在建工程情况	
			证书名称	级别	证号	专业	原服务单位	项目数	主要项目名称
一旦我单位中标，将实行项目经理负责制，我方保证并配备上述项目管理机构。上述填报内容真实，若不真实，愿按有关规定接受处理。项目管理班子机构设置、职责分工等情况另附资料说明。									

2. 项目管理机构配备情况辅助说明资料

工程名称：

注：辅助说明资料主要包括管理机构的机构设置、职责分工、有关复印证明资料以及投标人认为有必要提供的资料。

评述：

上述施工组织设计和现场施工组织管理也是简单套用建筑装饰工程的管理办法，没有反映出博物馆展览工程施工组织设计的特点和要求，没有体现博物馆展览工程现场施工组织管理的特点和要求。

（三）资格审查资料

1. 资格审查须知

（1）投标人必须按本须知要求认真填写招标文件规定的所有表格，并对其真实性负责，招标人有权对其进行质疑和调查。若投标人提供虚假资料，一经查实，作废标处理，若中标，取消其中标资格，并报有关主管部门予以通报。

（2）资格审查按通过和不通过方式进行评定，强制性资格条件经核查有一项不符合要求，则投标人的资格审查不通过，资格审查未通过的投标文件不再进行后续评审。

（3）投标人必须按本资格条件资料文件格式填写。

2. 资格条件资料文件格式

资格条件资料包括资格声明、法定代表人资格证明书、法定代表人授权委托书、基本情况表、企业近年财务状况表、项目经理简历表、主创设计师简历表、投标人资质（强制性资格条件）、业绩（强制性资格条件）、主要人员资历（强制性资格条件）、符合安全生产任职资格的管理人员表（强制性资格条件）、不良行为记录和公示情况表（强制性资格条件）、投标保证金交纳收据复印件和相关证照文件等资料复印件等资料。

（1）资格声明

资 格 声 明

致　　　　　　　　　　　　（招标人全称）：
我声明：作为本工程投标人，对提交的资格条件资料的真实性负责，如有任何不实，愿按招标文件和相关法律法规的有关规定接受处理。如果资格审查通过，我将此作为投标文件的一部分，并承担投标文件承诺的全部责任和义务。 投标人：__________　法定代表人：__________ （单位盖章）　或其授权的代理人（签字或盖章）：__________ 日期：______年____月____日

（2）法定代表人资格证明书

法定代表人资格证明书

姓名：______　　性别：______
年龄：______　　职务：______
身份证号码：______

______系我单位的法定代表人，为设计、施工、竣工和保修______的工程，签署上述工程的投标文件（含资格条件资料文件），进行合同谈判，签署合同和处理与之有关的一切事务，特此证明。

投标人（盖章）：______
日期：____年____月____日

（3）法定代表人授权委托书

法定代表人授权委托书

本授权委托书声明：我______（法定代表人姓名）系______（投标单位名称）的法定代表人，现授权委托本单位的______（被授权人姓名）为我单位法定代表人授权委托代理人，身份证号码______。该代理人有权在______（工程项目名称）的投标活动中，以我单位的名义签署投标文件（含资格条件资料文件）和其他文件，以及在参加招投标过程中执行的一切有关的事项和签署的相关文件，我均予以承认。

代理人无转委权，特此委托。

代理人：　　性别：　　年龄：
单　位：　　部门：　　职务：

授权委托人身份证复印件	授权委托人身份证复印件

投标人（盖章）：______
法定代表人（签字或盖章）：______
被授权的代理人（签名）：______
授权委托日期：____年____月____日

（4）企业基本情况表

企业基本情况表

___________：（招标人全称）

我单位参加 ______________ 工程投标，现附上企业基本情况表一份。

投标人名称						
注册地址				邮政编码		
联系方式	联系人			电　话		
	传　真			网　址		
重点建筑企业	（如是，请填写：某某市或某某县重点建筑企业）【见第 页（证明文件所在页码）】					
法定代表人	姓　名		技术职称		电　话	
技术负责人	姓　名		技术职称		电　话	
成立时间			员工总人数：　　人			
企业资质等级			其　中	项目经理		
营业执照号				高级职称人员		
注册资金				中级职称人员		
开户银行				初级职称人员		
账　　号				技　　工		
质量、环境、职业健康安全管理体系认证						
获得某某建设局通报表扬情况（在有效期内）			【见第 页（证明文件所在页码）】			
被某某建设局通报批评情况（在有效期内）			【见第 页（证明文件所在页码）】			
经营范围						

投标人（盖章）：__________

法定代表人或委托代理人：（签字或盖章）__________

日期：______ 年 ____ 月 ____ 日

（5）企业近年财务状况表

企业近年财务状况表

序 号	项 目 名 称	金额（人民币：万元）
1	资产总额	
2	流动资产	
3	固定资产	
4	负债总额	
5	流动负债	
6	长期负债	
7	短期负债	
8	未完工程全部投资	
9	最近2年企业年平均完成施工产值	

注：指最近年度的财务状况。

投标人（盖章）：__________
法定代表人或委托代理人（签字或盖章）：__________
日期：______年____月____日

（6）项目经理简历表

项目经理简历表

姓 名		性 别	
职 务		职 称	
学 历		年 龄	
资质等级		资质证书编号	

（续表）

已完成及在建工程项目情况							
建设单位	项目名称	建设规模	开、竣工日期	工程质量		安全生产标化工地	
				合格·好工程	获杯工程	县级标化	市（含以上）标化

投标人（盖章）：__________

法定代表人或委托代理人（签字或盖章）：__________

日期：______ 年 ____ 月 ____ 日

评述：

已完成和在建工程项目应该明确为“博物馆陈列展览项目”，而不是一般土建或建筑装饰项目。

（7）主创设计师博物馆展览设计业绩表

主创设计师博物馆展览设计业绩表

姓　名		性　别		年　龄	
职　务		职　称		学　历	
参加工作时间		从事项目经理年限			

建设单位	博物馆设计项目名称	建设规模	开、竣工日期	工程质量

投标人（盖章）：__________

法定代表人或委托代理人（签字或盖章）：__________

日期：______ 年 ____ 月 ____ 日

（8）投标人资质（强制性资格条件）

投标人资质（强制性资格条件）

要　　求	投标人情况	证明文件所在页码
具有建筑装饰专项工程设计甲级资质和建筑装饰装修工程专业承包一级及以上，或建筑装饰装修工程设计与施工一级及以上资质		
持有工商行政管理部门核发的有效企业法人营业执照		
具有建设行政主管部门核发的有效安全生产许可证		
具有企业主要负责人（包括企业法定代表人、企业经理、企业分管安全生产的副经理以及企业技术负责人等四岗位人员）的“三类人员”A类证书，企业经理、企业分管安全生产的副经理的任职文件，拟派项目经理的“三类人员”B类证书，拟派施工现场专职安全生产管理人员（1人）的“三类人员”C类证书。拟派的B类和C类人员不能与A类人员为同一人，且B类和C类人员只能分别担任一个岗位职务		

投标人（盖章）：__________
法定代表人或委托代理人（签字或盖章）：__________
日期：______年____月____日

评述：

博物馆展览不是建筑装饰工程，没有必要要求博物馆展陈公司必须“具有建筑装饰专项工程设计甲级资质和建筑装饰装修工程专业承包一级及以上，或建筑装饰装修工程设计与施工一级及以上资质”。

（9）业绩（强制性资格条件）

业绩（强制性资格条件）

项目	业绩要求	投标人达到程度的简介（投标人填写）	证明文件所在页码
企业业绩	近三年来（以开标时间为准）独立承担过省级以上博物馆展览设计与施工，且工程造价 1 000 万元以上的项目		

说明：须提供经工程所在地建设主管部门备案的中标通知书、合同及竣工验收合格证明等证明材料。

投标人（盖章）：__________
法定代表人或委托代理人（签字或盖章）：__________
日期：______ 年 ____ 月 ____ 日

（10）主要人员资历（强制性资格条件）

主要人员资历（强制性资格条件）

人员	人数	资 历 要 求	投标人达到程度的简介（投标人填写）	证明文件所在页码
项目经理	1	具有建筑装饰装修一级及以上项目经理资质，或者建筑工程一级及以上建造师资质，并承诺施工期间全职担任本项目的项目经理，不得同时担任其他项目的任何工作		
主创设计师	1	具备博物馆或展览馆的陈列展览艺术设计经验		
质量检验负责人	1	具有助理工程师（含）以上技术职称，并有 ×× 省建设厅或同级城建主管部门核发的质检员岗位证书		
专职安全生产管理人员	1	具有省级建设行政主管部门颁发的“三类人员”C 类证书		

投标人（盖章）：__________
法定代表人或委托代理人（签字或盖章）：__________
日期：______ 年 ____ 月 ____ 日

评述：

博物馆展览不是建筑装饰工程，没有必要在强制性资格条件上要求项目经理“具有建筑装饰装修一级及以上项目经理资质，或者建筑工程一级及以上建造师资质，并承诺施工期间全职担任本项目的项目经理，不得同时担任其他项目的任何工作”。

（11）符合安全生产任职资格的管理人员表（强制性资格条件）

符合安全生产任职资格的管理人员表（强制性资格条件）

企业名称						
工程名称						
序号	岗位名称	类别	人员姓名	证书号（文件号）	身份证号	备注
1	法人代表（按营业执照）	A 类				
2	企业经理	A 类				
	任职文件					
3	企业安全副经理	A 类				
	任职文件					
4	企业技术负责人（按资质证书）	A 类				
5	项目经理	B 类				
6	专职安全员	C 类				

投标人（盖章）：__________

法定代表人或委托代理人（签字或盖章）：__________

日期：______ 年 ____ 月 ____ 日

（12）不良行为记录和公示情况表（强制性资格条件）

不良行为记录和公示情况表（强制性资格条件）

编号	不良行为记录对象	违法违纪行为情况	违法违纪行为处理情况	不良行为记录公示情况
1	投标单位			
2	拟派本工程的项目经理			

投标人（盖章）：__________

法定代表人或委托代理人（签字或盖章）：__________

日期：______ 年 ____ 月 ____ 日

（13）投标保证金交纳收据复印件

投标保证金交纳收据复印件

（投标人应附上投标保证金交纳收据的复印件）

投标保证金交纳收据复印件

（14）相关证、照、文件等资料复印件

相关证、照、文件等资料复印件

投标人企业法人营业执照

投标人企业资质证书

投标人安全生产许可证

项目经理资质证书（或注册证书）、职称证书、学历证书

主创设计师资格证书、职称证书、学历证书

“三类人员”任职资格证书和任职文件

企业业绩证明文件

注：复印件加盖投标人的企业公章

3. 投标人其他业绩信誉材料

重合同守信用、银行资信等级证书，质量、环境、职业健康安全管理体系认证情况，近三年承建工程的获奖情况等复印件。

（四）附：工程量清单及相关附件（另册）

八、评 标 办 法

为规范建设工程招标投标活动，维护招标投标双方的合法权益，确保评标工作公平、公正和科学合理，根据《中华人民共和国招标投标法》、国家七部委联合制定的《评标委员会及评标方法暂行规定》、国家七部委联合制定的《工程建设项目施工招标投标法》等，结合实际，制定本办法。

（一）评标组织

评标工作由评标专家组负责，人数为 7 人以上单数，评标专家由受邀的博物馆学等方面的专家及 ×× 公共资源交易中心专家库中随机抽取的专家组成。

（二）总则

1. 本工程招标评标定标采用综合评分法，评标委员会推荐综合评分最高的投标人为中标候选人。

2. 招标文件没有规定的评标、定标标准方法不得作为评标依据。

3. 评标定标活动遵循公平、公正、科学、择优的原则。

4. 评标定标活动依法进行，评标过程和结果不受任何单位和个人的非法干预或影响。

5. 招标人将采取必要措施，保证评标活动在严格保密的情况下进行。

6. 评标定标活动有关当事人应自觉接受依法实施的行政监督。

（三）工程招标评标定标程序

1. 投标人自述设计理念。

2. 评标的准备。

3. 初步评审。

4. 详细评审。

5. 综合评价，确定中标候选人。

6. 起草评标报告。

（四）评标顺序

1. 投标人自述设计理念

为充分了解投标人的设计理念，在评标委员会成员评标前投标人按递交投标文件的时间顺序依次阐述设计理念，并用投影仪展示效果图（U 盘），每个投标人的阐述时间不得超过 30 分钟。

2. 评标准备

评标前评标委员会成员熟悉招标文件、投标文件、评标标准和方法。

3. 初步评审

主要是评标委员会对投标文件进行资格及响应性评审，确定初步审查合格的投标人，未通过初步评审的投标人其商务标和技术标文件不予评分。

（1）资格评审：主要评审内容为 a. 承诺书；b. 营业执照、资质证书；c. 财务状况；d. 项目负责人；e. 项目设计负责人；f. 施工主要管理人员。

a～f 项如果其中一项不符合招标文件要求，则资格评审不合格。不进入响应性评审。

（2）响应性评审：主要评审内容为 g. 投标文件盖投标人公章，且法定代表人或授权代理人签字或盖章；h. 投标文件正本文字被改动，有法定代表人或授权代理人签字或盖章；i. 投标文件中含有授权书、投标函及投标函附录、投标报价书；j. 投标文件符合“投标文件格式”规定的格式；k. 投标文件满足招标文件要求。

g～k 项如果其中一项不符合招标文件要求，则响应性评审不合格。初步评审不合格。

4. 详细评审

对初审合格的投标人进行详细评审。

5. 综合评价，确定中标候选人

评标委员会按得分高低排序，确定综合评分最高的投标人为中标候选人。

6. 起草评标报告

评标委员会讨论通过评标报告并签字。

（五）评标办法

评标专家组以审标、询标情况为基础依据，对投标书及投标单位分别进行分析、评议。采用百分制计分法，分别对设计方案、技术标、商务标进行评分。

1. 设计方案评分 50 分，由评标专家按评分细则，采用记名方法自行判定评分，如某个单项的评分超过所规定的分值范围，则该张打分表中的所有分数均为无效。

2. 技术标评分 20 分，由评标专家按评标细则，采用记名方法自行判定评分，如某个单项的评分超过所规定的分值范围，则该张打分表中的所有分数均为无效。

3. 商务标评分30分。由专家组按评分细则集体统一判定评分，专人计算复核后填写。

投标单位的综合评分为概念设计方案、技术标、商务报价三部分评分的总计。

（六）评分细则

1. 设计方案（50分）

为了保证概念设计方案评审的科学性和公平性，本次评审将以类比的方式进行比较，即在限定的概念设计范围内进行评价。具体评审范围和评标分数组成如下：

（1）每个单元内容主题结构演绎及其点、线、面空间布局 权重5%

（2）序厅设计 权重5%

（3）重点、亮点的选择和表现 权重20%

（4）多媒体项目效果及原理分析图 权重10%

（5）展厅指示系统规划图和设计图 权重10%

评述：

应该明确具体评标细则如下：

1. 展览内容主题结构演绎及点、线、面空间布局（权重5%）

评审标准：

展览内容“点”“线”和“面”整体布局是否科学、合理？依据“内容平面规划布局图”考察。

一等	二等	三等	四等
5	3	2	1

2. 序厅设计（权重 5%）

评审标准：

● 序厅是展览的开篇，要起到点题和导入作用。设计是否起到了点题和导入的作用？

● 序厅作为展览开篇，要精彩并吸引住观众，设计是否激发了观众参观的愿望？

一等	二等	三等	四等
5	3	2	1

3. 重点、亮点的选择和表现（权重 20%）

评审标准：

在认真阅读理解展览内容大纲的基础上，找出展览真正的重点和亮点，并能选择最合适的表现手段，用最富创意的理念和可靠的技术手段予以表现，包括场景、模型、沙盘、艺术创作。

● 是否选准了展览真正的重点和亮点？

● 每个重点和亮点的表现手段是否恰当？

● 重点和亮点的表现是否达到内容与形式完美统一？

● 艺术场景设计是否实现了构思立意准确、构图布局合理、艺术感染力强的需求？

● 重点和亮点的总体形式表现是否丰富多样和新颖独特？

一等	二等	三等	四等
20	14	9	5

4. 多媒体项目效果及原理分析图（权重 10%）

评审标准：

多媒体展项是否达到互动性强、性能优、操作简便、维护容易和价格合理的需求?

一等	二等	三等	四等
10	7	4	2

5. 展厅指示系统规划图和设计图（权重 10%）

评审标准：

展厅指示系统规划是否合理、科学？标识系统是否清晰和引人注目？

一等	二等	三等	四等
10	7	4	2

2. 技术标（20 分）

（1）施工部署及现场施工组织管理机构（1～2 分）;

（2）施工总进度计划及保证措施（1～2 分）;

（3）劳动力配备计划（1～2 分）;

（4）主要展陈艺术品及各类主要材料供应进度计划（1～3 分）;

（5）主要分部分项施工方法及技术措施（1～3 分）;

（6）质量保证体系及控制要点（1～3 分）;

（7）安全保证体系及安全文明施工措施要点（1～2 分）;

（8）投标人业绩（0～3 分）：2010 年以来，获得过全国博物馆十大精品展览综合奖，每个得 1 分，最高得 3 分。

评述：

在评标阶段，1～7 这些指标及其要求都是没有实际意义的，不应该作为评标的指标，而应该在合同阶段去约定。

3. 商务标（30 分）

（1）本次招标控制价最高不超过 2 800 万，最低不得低于 2 500 万，报价不在此区间为零分。

（2）经审查合格后进入评标的投标书中，按各有效投标单位投标价的平均值作为评标基准价，基准价满分 30 分，此评标基准价以上，每上升 1 个百分点扣 0.5 分，评标基准价以下，每下降一个百分点扣 0.25 分。

评述：

其实，投标阶段各级提供的设计方案都是概念设计（初步设计或不完整设计），存在大量缺项漏项，只有到深化设计和施工图设计完成后才是完整的设计，才有工程量清单及其预算。因此，招标阶段工程各家的工程量清单及其报价完全是拍脑袋的、虚拟的，不宜作为展览工程评标的关键指标。设计方案得分是主观分，即每个评委评分都不同，往往分差不大。而商务标得分是客观分，即所有评委打出的分是一致的。由于商务标得分往往起到“四两拨千斤”的作用，于是越不擅长展览设计的投标人越会通过低价来追求商务标得分。如此不仅不利于选出优秀的博物馆展览设计制作机构，而且会将博物馆好不容易从政府财政部门争取来的展览工程资金浪费掉。几年前，曾经有一个博物馆展览项目招标，争取政府财政资金 3 000 万元，由于按建筑装饰规定最低价得商务分最高，迫使大家都往低报价，居然有投标人报出 1 000 多万元，最后综合得分最高的中标人的报价是 1 500 多万元。由于资金减少一半，严重影响了这个博物馆展览的质量，违背了展览建设的初衷。这样的案例不胜枚举！

附则

1. 设计方案总得分：去掉一个最高评审分和一个最低评审分的算术平均值。技术标总得分：去掉一个最高评审分和一个最低评审分的算术平均值。

2. 评标委员会成员评分时采用记名方式。评委评分保留小数点后一位。

3. 评分的计算：每项得分均保留小数点后二位，小数点后第三位数四舍五入。

4. 评标委员会应根据招标文件规定的评标标准和办法，对投标文件进行综合评审和比较后，提出评标书面报告，并推荐得分最高的不超过3名的投标人为中标候选人。评标报告由评标委员会全体成员签字，如有保留意见可在评标报告中阐明，评标委员会成员拒绝在评标报告上签字且不陈述理由的，视为同意评标结论。在评审过程中的争议问题在符合有关规定的前提下，按少数服从多数的原则讨论确定，并报所在县建设局认定。

5. 招标人应当在评标委员会推荐的中标候选人中确定排名第一的中标候选人为中标人，并应当在××市公共资源交易信息网上公示，公示期限不得少于3日。招标人不得在评标委员会推荐的中标候选人之外确定中标人。招标人也可以授权评标委员会直接确定中标人。

6. 当确定的中标人放弃中标，因不可抗力提出不能履行合同，或者未按招标文件规定期限递交履约保证金的，招标人可依序确定其他中标候选人为中标人，但必须向××市建设局办理报批核准手续，如发现有显失公正的决标，应责令招标人重新决标或重新招标。

7. 中标人放弃中标的，应向招标人提出书面报告，说明详细的理由，并报××市相关监督管理部门核准。对无正当理由放弃中标的，必须承担相应责任，同时列入投标企业不良行为记录并予以公示。对串通投标、扰乱招投标秩序的，××市建设局依法予以查处。

8. 设计补偿：参加投标的未中标单位，由招标人在招标人与中标人签订合同后十个工作日内，支付补偿金，第一名为中标单位不予补偿，第二名补偿6万元，第三名补偿4万元，第四名补偿2万元，但其所提供的设计方案（包括总体模型、沙盘、设计图、文字、PDF文档等）全部资料归业主所有。投标单位由于所得的补偿金而可能发生的税金应自理。

9. 关于投标方案的知识产权：所有参加本项目投标的投标单位，不论其是否中标，也不论得到补偿金的多少，其投标方案的知识产权都归属招标单位所有，所有投标文件一律不予退还。

10. 本评标办法的解释权属招标人和招标代理单位。

九、工 程 合 同

合同是招标文件的一个重要部分，一经正式公开发布，就负有法律责任，就会对此后的展览工程产生重要影响。因此，在招标文件编写中，必须严肃认真对待，特别是涉及展览工程的关键条款。

目前，博物馆建设单位使用的博物馆展览工程合同大多是在土建工程的制式合同上稍作修改后的版本，所以全国各地大同小异，基本上分为三部分。第一部分：合同书；第二部分：通用条款；第三部分：专用条款，有的加上廉政协议书、保修合同等。以某博物馆展览设计与布展工程合同为例：

（一）目前博物馆展览工程合同范式

工 程 合 同

合同采用建设部、国家工商局制定的建设工程施工合同示范文本（GF-1999—0201）。

合同协议书、专用条款将由招标人（甲方）与中标人（乙方）结合本工程具体情况协商后签订。以下为招标人提出的主要条款，投标人在投标文件中进行承诺。

第一部分 合 同 书

甲方（全称）：某某文化广电新闻出版局

乙方（全称）：

依照《中华人民共和国合同法》《中华人民共和国建筑法》《建设工程质量管理条例》及其他有关法律、行政法规，遵循平等、自愿、公平和诚实信用的原则，双方就本建设工程施工事项协商一致，订立本合同。

一、工程概况

工程名称：某某博物馆基本陈列布展工程

工程地点：

工程内容：博物馆展览设计与施工一体化

工程建设批准文号：

资金来源：财政拨款

二、工程承包范围

承包范围：某某博物馆基本陈列布展工程招标文件规定范围内的所有工程，包括博物馆基础装修及展览陈列施工、设备采购等全部内容。

三、合同工期

开工日期：计划开工日期为______年_____月_____日，实际开工日期以甲方书面通知为准。

完工日期：计划完工日期为______年_____月_____日，实际要求完工日期以中标人的投标工期为准。

合同工期：以中标人的投标工期为准。

完工日期是指乙方完成承包范围内的所有工程量，并通过交接验收的日期。

竣工日期是指建筑安装工程与各专业工程全部竣工，并通过竣工验收的日期。

四、质量标准

工程质量标准：以中标人的质量承诺为准

五、合同价款

本工程合同价款：____________ 元

金额大写：__________________ 元

六、组成合同的文件

组成本合同的文件包括：

（1）本合同协议书

（2）本合同专用条款

（3）合同附件［含甲方、展示效果监理和其他甲方委托的第三方审核并书面确认的陈列展示的设计、深化（施工图）设计文件］

（4）中标通知书

（5）本合同通用条款

（6）标准、规范及有关技术文件

（7）招标文件及其补充通知或招标答疑

（8）设计图纸及变更联系单

（9）投标书及其附件（含工程报价单或预算书）

双方有关工程的洽商、变更等书面协议或文件视为本合同的组成部分。

七、本协议书中有关词语含义与本合同第二部分《通用条款》中分别赋予它们的定义相同。

八、乙方向甲方承诺按照合同约定进行施工、竣工并在质量保修期内承担工程质量保修责任。

九、甲方向乙方承诺按照合同约定的期限和方式支付合同价款及其他应当支付的款项。

十、合同生效

合同订立时间：____年___月___日　合同订立地点：__________

本合同双方约定签字、盖章后生效。

发包人（公章）：__________	承包人（公章）：__________
住　　　所：__________	住　　　所：__________
法定代表人/	法定代表人/
委托代理人：__________	委托代理人：__________
电　　　话：__________	电　　　话：__________
传　　　真：__________	传　　　真：__________
开户银行：__________	开户银行：__________
账　　　号：__________	账　　　号：__________
邮政编码：__________	邮政编码：__________

第二部分　通用条款

详见建设部、国家工商行政管理局1999年12月24日印发的《建设工程施工合同（示范文本）（GF-1999-0201）》【略，由投标人自备】。

第三部分　专用条款

一、词语定义及合同文件

1. 词语定义

除非另有说明，本合同及合同附件中出现术语或词名具有以下含义：

1.1　“甲方”：系指________________________________。

1.2　“乙方”：系指________________________________。

1.3　“工程监理”：系指__________博物馆基本陈列布展工程的工程监理公司，由甲方另行确定并书面通知乙方。

1.4　“展示效果监理”：系指__________博物馆基本陈列布展

工程的展示效果监理人员，由甲方另行确定并书面通知乙方。

1.5 “合同”：系指甲方和乙方之间达成的协议，与全部合同附件一起组成的合同文件。

1.6 “合同附件”：为便于合同的查阅和执行，甲乙双方对本合同正文内容进行必要补充所形成的及其他依双方约定而形成的合同文件，包括但不限于设计布展过程中形成并经甲方、展示效果监理和其他甲方委托的第三方审核并书面签字盖章确认的图纸、资料和其他技术文件、预算书、计算书以及其他相关文件。所有合同附件均为本合同不可分割的组成部分。

1.7 “适用法律”：指由中华人民共和国各级人民代表大会和政府机构发布并生效的法律、法规、行政性规章和其他通知、命令、指示或相关司法解释。

1.8 “设计”：指乙方依据甲方提供的项目设计相关文件和要求，对项目（包括展品展项）进行的设计、深化（施工图）设计（包括效果图、施工图、制作图等图纸及其说明等），上述设计应符合国家法律、有关规范及本合同规定的深度要求，经甲方、展示效果监理和其他甲方委托的第三方审核并书面确认后方可使用。

1.9 “布展工程”：是为完成这些展示配套的环境、水、电（包括强、弱电）、AV 系统等专业工程的施工、制作、采购、安装、调试、预验收和竣工验收、结算、质量保修等一揽子交钥匙工程。

1.10 “验收”系甲方依据组成合同的所有文件，组织有关单位和专家按照规定的程序确认乙方完成合同项目的工作是否符合要求。

2. 合同文件及解释顺序

2.1 组成本合同的文件及优先解释顺序如下：

（1）本合同协议书

（2）本合同专用条款

（3）合同附件［含甲方、展示效果监理和其他甲方委托的第三方

审核并书面确认的陈列展示的设计、深化（施工图）设计文件］

（4）中标通知书

（5）本合同通用条款

（6）标准、规范及有关技术文件

（7）招标文件及其补充通知或招标答疑

（8）设计图纸及变更联系单

（9）投标书及其附件（含工程报价单或预算书）

合同履行中，甲方和乙方有关工程的洽商、变更等书面协议或文件视为本合同的组成部分。

2.2 其他构成本合同的文件

本合同如有未尽事宜，可另行商议，经双方授权代表签字确认后的书面文件以补充合同的形式作为合同附件。

3. 语言文字和适用法律、标准及规范

3.1 本合同除使用汉语外，还使用 ________ 语言文字。

3.2 适用法律和法规：《中华人民共和国合同法》《中华人民共和国建筑法》等现行法律、法规。

3.3 适用标准、规范的名称：国家、地方规定的建设工程施工验收规范、质量检验操作规范与评定标准及其他有关标准规范、规定，若不同标准和规范之间要求不一致的，以较高标准为优先。

甲方提供标准、规范的时间：由乙方负责采购及承担费用。

4. 图纸

甲方向乙方提供图纸日期和套数：签订合同后三日内提供三套图纸。

甲方对图纸的保密要求：未经甲方同意不得向其他人透露。

二、双方权利和义务

5. 监理单位委派的工程师

监理单位：____________；

工程师姓名：____________，职务：总监。

甲方委托的职权详见监理授权通知书。

需要取得甲方批准才能行使的职权：施工图和工程量变更。

6. 甲方代表

6.1　甲方指定______为甲方代表，在合同有效期内，甲方代表将代表甲方负责合同履行。除非另有规定，甲方发出的所有通知、指示、命令、证明、批准、确认和其他信息都应通过甲方代表传达。除非另有规定，乙方提供给甲方的所有报告、通知、文件、资料和其他信息应交给甲方代表。甲方可以随时指定他人替代原指定的代表，但应及时以书面形式通知乙方，重新指定的时间和方式不应该产生权利重复的现象，这种指定只能在乙方收到书面通知时生效。

6.2　甲方代表可在任何时候把其权利和义务授权给任何人，这种授权可随时收回。授权和收权应以书面形式并由甲方代表签名。授权或收权通知应规定相应授予或收回的权利和责任。授权或收权应在通知书到达乙方时生效。任何得到授权的人的行动，应被视为是甲方代表的行动。

7. 乙方代表

7.1　乙方指定______为乙方代表，在合同有效期内，乙方代表将代表乙方负责合同履行。此指定应认为是请求甲方同意指定之人。如在合同生效后14天内，甲方没有作出反对表示，则认为乙方指定已被批准；如甲方在14天内作出反对表示，乙方应在甲方作出反对表示后14天内另选一人替代直至甲方书面同意为止。

7.2　乙方代表将始终代表乙方行事，负责向甲方代表报告、提交、传达所有乙方的报告、通知、文件、资料和其他信息。

（1）除非另有规定，甲方提供给乙方的所有通知、指示、命令、证明、批准、确认和其他有关合同的信息应提供给乙方代表。

（2）乙方在征得甲方同意并经甲方书面批准后，可以指定他人替代原指定人作为代表，替代的时间、方式不应导致工程延误、停止或产生代表的权利重复。如甲方在收到预先书面通知的 14 天内未作反对答复，新代表应被视为被接受。

7.3 从现场工程开始到验收通过为止，乙方应派遣足够的项目管理人员在工程现场从事本合同项下工作，其数量及人员资质条件应事先获甲方同意并经甲方书面批准。乙方代表应从上述人员中指定______作为经理（以下称“项目经理”）。项目经理将负责监督乙方的所有现场工作情况，并应在正常工作时间内亲临现场。当项目经理离开现场时，应指定一合适人员作为其代理人。该代理人的一切行动，视为是乙方项目经理的行动。

7.4 如甲方 / 工程监理认为乙方雇用的任何代表或人员行为不当，或不称职，或玩忽职守，甲方 / 工程监理可以提出并经甲方批准后要求乙方进行调换，乙方必须执行。

7.5 乙方如要改变投标文件约定的施工组织框架、项目经理、主要管理人员，都必须征得甲方的同意，否则，将被视为违约。

7.6 设计人员与联络

7.6.1 在执行本合同的过程中，乙方将指派________担任布展工程的设计负责人并至现场负责展区布展工程的深化（施工图）设计以及设计管理、联络工作。

7.6.2 乙方如要改变投标文件约定的设计组织框架、设计负责人、主要设计人员，都必须征得甲方的同意，否则，将被视为违约。

8. 甲方工作

8.1 甲方应保证乙方顺利进入为履行合同义务所需的工地现场。

8.2 甲方应负责提供能满足施工需要的水、电来源，以确保乙方顺利开展展区布展工程工作。

8.3 甲方应及时审阅乙方提交的设计、深化设计和施工（制作）图，回答乙方提出的有关设计、深化（施工图）设计要求方面的问题，并及时对符合其要求的设计、深化（施工图）设计作出书面确认。

8.4　甲方应及时审阅并答复乙方在工程实施过程中书面提交需甲方确认的文件。

8.5　甲方应按照本合同第 × 条的规定向乙方支付合同款项。

9. 乙方工作

9.1　乙方承担合同范围内一切与承包项目有关的职责和义务。乙方应尽一切努力，按合同规定的技术要求和标明的技术规范、工程进度和合同总价，切实履行全部合同义务。

9.2　乙方应根据展区布展工程的总体要求和设计的具体要求，选用优质材料，施工精细，确保制作、安装、施工、调试等各个环节的质量达到优良的水平。同时，乙方还应根据展区布展工程进度的要求，保证其负责的布展工程按照工程节点的时间进度表按时完工与竣工。

9.3　乙方必须严格、全面地把握深化（施工图）设计、采购、制作、安装以及施工的工作质量，确保其承包范围内的展区项目通过甲方所在地的质量技术监督以及有关政府部门和职能部门的验收。

9.4　乙方应根据其实施的各项工作内容，及时向甲方 / 工程监理提交各项专题报告、日常进度报告、施工质量报告、突发事件报告、施工内容修改申请等甲方 / 工程监理要求提供的报告。

9.5　乙方在履约过程中接到甲方的书面通知对某些采用的器材、设备、制作工艺或安装情况提出整改意见或要求时，乙方应立即采取措施自费进行整改，直至符合甲方 / 工程监理的要求为止。但是由于非乙方原因修改所发生的费用应由甲方承担。

9.6　乙方应当在动工前已了解并书面确认甲方提供已有的与展区布展工程相关的设计图纸、说明、规格要求及其他文件的内容。

9.7　乙方负责所有的深化设计图、设计计算、施工图等文件的制作，并负责在实施前获得甲方和有关专业机构对其技术上的认可及政府有关部门的审核批准。

9.8　乙方在完成深化（施工图）设计的完善并经甲方书面确认

后的 14 个工作日内，将编制的工程预算书报甲方审核直至获得书面批准。

9.9　在施工过程中，乙方负责现场管理和监督，以保证施工有序、安全、文明地进行，并承担展区布展工程的未完工和已完工工程的看管保护义务。

9.10　乙方对与其签订合同的制造商、供货商的行为负责，不能以制造商和供应商的违约行为为由推脱责任。对于本合同项下的货物，除对该货物本身品质保证义务外，并不免除乙方于本合同项下的任何责任。

9.11　乙方接受甲方竣工验收和工程结算的工作安排，并接受财政、审计部门的审价 / 审计，并承担依本合同及适用法律应承担的其他责任。

9.12　需乙方办理的有关施工场地交通、环保和施工噪音管理等手续由乙方负责办理，甲方协助；费用已列入投标报价（施工措施费）。

9.13　已完工程成品保护的特殊要求及费用由乙方负责承担，并保护完好至竣工交付使用；保护费用已列入投标报价（施工措施费）。

9.14　民工工资支付保证金按有关规定执行，并向甲方提供已履行凭证。

三、施工组织设计和工期

10. 进度计划

10.1　乙方的组织机构

乙方在合同签订前应向甲方提供组织机构图，以示其为执行本合同而建立的组织机构。

10.2　工程计划

完成深化（施工图）设计完善后 7 天内，乙方应根据合同规定的时间节点，向甲方提供工程进度计划表（包括各工作阶段的时间进度及节点）作为施工组织设计的内容之一，说明其完成工程的顺序与进度，供甲方审核并经甲方书面批准。乙方计划应与合同规定的时间节点一致。

10.3　进度报告

10.3.1　乙方应按照合同条款第 10.1 条规定的时间节点和合同条款第 10.2 条工程计划的进度，每月向甲方提供一份进度报告。

10.3.2　进度报告应采用甲方可接受的形式并须说明。

10.4　工程进度

在任何时候乙方的实际进度如落后于合同条款第 10.2 条的计划进度，或很明显要落后时，乙方应对原计划进行修改，采取加快进度的措施，并将一份修正后的计划，报甲方同意并经甲方书面确认和批准，以确保在合同规定的时间内完成全部工作。

10.5　工作程序和施工组织设计（施工方案）

乙方应在完成深化（施工图）设计完善后 7 天内提供一份其为履行合同而制订的工作程序和施工组织设计（施工方案）供甲方审核并报甲方书面批准。施工组织设计应根据项目的特点和要求，分阶段细化提供给甲方审批。

11. 工期及延误赔偿

11.1　合同履行的时间节点

11.1.1　乙方在 ______ 年 ____ 月 ____ 日前完成展区深化设计效果图完善。

11.1.2　乙方在 ______ 年 ____ 月 ____ 日前完成展区施工图设计并进场施工。

11.1.3　若深化（施工图）设计成果不能得到甲方的认可，乙方须无条件对设计进行修改及完善，并在 10 天内将修改完成的设计成果提交甲方。

11.1.4　基本展厅全部工程竣工时间为 ______ 年 ____ 月 ____ 日。

11.1.5 详细时间节点另附合同附件。

11.2 乙方应严格按照合同履行的时间节点完成各阶段的工作，如果乙方未能在合同规定时间节点内完成相应的工作，乙方则应根据本合同条款第 11.3 条的规定向甲方支付违约金，由甲方原因造成的工期延误除外。如果给甲方带来损失的，乙方还应赔偿甲方的全部损失。

11.3 如乙方未能按 11.1 规定的时间节点完成相应的工作，每逾期 1 天，乙方应向甲方支付合同总价的 0.2 ‰ 作为违约金。如深化（施工图）设计成果不能得到甲方的认可，乙方须无条件对设计进行修改及完善，并在 10 天内将修改完成的设计成果提交甲方，如乙方不予配合或再次不能得到甲方的认可，甲方有权视作乙方违约，直至终止合同；如乙方在施工过程中按照施工进度计划表累计延迟 4 周，甲方有权解除合同，并追究乙方的违约责任。甲方接受乙方逾期交付的设计和施工成果，并不能免除乙方依本合同规定应承担的违约责任。如果因此使甲方遭致损失的，乙方还应赔偿甲方的全部损失。

乙方的全部延误工期违约金应不超过合同总价的 ____。同时，支付违约金并不减免乙方根据合同条款完成展区布展工程的责任和义务或根据合同规定应承担的其他责任和义务。

对以下原因造成竣工日期的推迟，经甲方确认后，合同工期可相应顺延：

（1）额外或附加的增加工程量超过合同造价 10% 以上。增加的工期，经甲方同意，可作适当调整。

（2）由甲方造成的延误、障碍阻止。

（3）不可抗力。

（4）非乙方的过失或造成的延误（不包括停电原因）。

四、质量与验收

12. 陈列布展深化（施工图）设计与布展工程的质量要求

12.1 陈列布展深化（施工图）设计与布展工程必须达到国内一

流水平。展厅的装修工程一次性验收合格。布展工程所涉及的产品、材料应优先采用该类产品、材料的较高质量标准。

12.2　乙方须无条件接受甲方质量监督管理部门的质量检查和管理，共同把好质量关。

12.3　展区陈列展示深化（施工图）设计必须得到甲方和效果监理单位的确认及相关部门的图纸会审合格后，方可进入下一步的制作施工。

12.4　乙方施工（制作）完成的布展必须严格按照经审定的设计图纸施工，达到甲方所要求的展示效果。

12.5　展区的深化（施工图）设计要求、设计深度、最终成果内容及其他要求。

12.5.1　设计要求如下：

深化设计效果图完善要求：展览主题和内容的理解有深度，艺术表现的逻辑清晰，艺术表现元素与主题和内容相吻合，展览空间规划符合人体工学，展览节奏满足人体体验舒适度，面对不同层面受众的信息传播丰富，造价合理，技术可靠。

◆ 展示设计方案应符合招标文件要求及国家有关规范规定。

◆ 满足对公众开放的要求。

◆ 材料选择得当，色彩选配考究，线条处理协调，并且符合国家规范要求。

◆ 运用新材料、新工艺，提高布展中的科技含量；运用节能、环保材料和环保技术，甲醛含量要符合国家卫生标准，严格杜绝装修过程中的二次污染，充分考虑材料的安全性、通用性、牢固性、美观性、标准化。

◆ 软件设计须功能实用，便于操作，系统管理员可以对数据库进行备份和维护，操作界面友好，简洁明了，配色方案与环境相协调，凡观众可直接操作的软件，必须设置防止观众误操作功能。

◆ 照明系统要求：

（1）照明艺术性

根据总体形式设计，强调灯光设计艺术性，达到为总体陈列及装修艺术效果做渲染的目的。

（2）展品照明

A 照度适宜

照度高度不能损害文物与展品本身，低度不能影响观众的视觉效果，并在总体上符合观众的视觉过渡。

B 照度均匀

一般情况下展品的照度要求均匀，重点文物和重点辅助展品应根据具体的对象采取不同的照明方式增强和减弱照度，以增强文物与展品本身的艺术效果。

（3）工作照明

工作照明是指安装在展厅内除展品照明以外的工作用光。工作照明应与安防联动并满足安防摄像的照度，以及满足对“光害”的消除与控制的要求。

◆ 展厅中的独立柜、独立展台应考虑相应的电源和光源，以及这些独立柜、独立展台在进行一定的调整（增减、位移）时电源和光源能给予很好的配合。

所有展柜的开启方式应方便、安全、可靠，若需借助辅助设备（如必要）亦应符合此原则。

◆ 模型要求形象逼真，注重学术依据；展墙、展柜、展台、道具及吊顶和地面等达到较高工艺水平；艺术品制作精良；辅助陈列品及艺术品需由专业艺术家或高等艺术院校教师、工艺美术师设计、制作或监制。

◆ 充分考虑安全性，符合公共场所安全、消防规范。

12.5.2　设计深度完善要求：

（1）应包含展示项目及展区环境所涉及的所有专业的施工（制作）

设计图，其中包括设计说明、技术经济指标、必需的设备、材料表，其他如模型、灯光、音视频、电气等设计。

（2）应提供展区及展示项目的平面、立面、剖面、大样、主要节点图纸、分解图、透视效果图、用料及规格、性能、技术标准、制作程序、详细的材料及其报价分析表以及其他要求的各项技术参数。

（3）应包含展示项目的尺寸、形状、结构、材质、色彩、模型、技术、工艺、功能等。

（4）为了实现高质量的展示，乙方应用文字的形式详细叙述将如何以初步设计为基础推进深化设计，包括深化（施工图）设计的顺序、方法、具体的工程制作顺序以及在制作阶段（短期内）从制作到设置安装的实施办法。

12.5.3　深化（施工图）设计最终成果包括但不限于以下内容：

（1）展区场景及展示项目要有正立面图、平面图、侧剖图、效果图，制作用于情景再现探讨的模型，提供标本（模型）数量、布局、尺寸、材质等，场景及展示项目的进深、宽度、高度及面积，地面塑型、背景画及声、光、电多媒体设备的施工安装图纸及相关资料。标明各种设备、材料、模型的品牌、型号、产地、技术、工艺要求等。

（2）展墙、展板、展柜、展架等装修部分要有效果图、平面图、立面图、剖面图、节点大样图、收口大样图等，标明使用材料、尺寸、制作要求等相关资料。

（3）展区和公共区域内综合布线及照明系统设计要符合国家有关规程规范、标准，设计要科学、合理，提供综合布线图纸，标明各种器材的品牌、型号、产地、技术要求等。

（4）乙方完成深化（施工图）设计，同时应向甲方提供本项目的预算。

12.5.4　其他

（1）乙方设计成果归甲方所有，乙方不得以任何形式向甲方以外的任何单位提供乙方的设计资料，如有违反，必须赔偿甲方的损失。

（2）规格和图纸

乙方应根据合同要求及有关的工程惯例，及时按进度完成深化（施工图）设计制作。

（3）甲方对技术文件的审核和批准

乙方应根据工程进度计划，将其编制并经其设计负责人签发的深化（施工图）设计图、效果图及其他履行合同中需要甲方审核的设计成果，报甲方审核并经甲方书面批准。只有经过甲方/展示效果监理审核并经甲方书面批准的设计成果才能计入工作量，成为向乙方支付该部分费用的依据。

（4）甲方在收到设计文件后应尽快进行审核，如审核通过，应予以确认，并书面通知乙方；如审核未通过，应书面告知乙方以为异议，乙方应在甲方要求的合理的时间内对设计文件免费进行修改或补充，并重新交付甲方审核。

（5）乙方不得违背任何已批准的文件，除非乙方的修改建议被甲方书面批准。

12.6　关于展示设备及辅助展品的要求

12.6.1　展柜要求

（1）展览设备如展柜、锁具、展具、灯具、电源等基本硬件，要求坚固、美观、实用，符合环保、文物保护、防火、节能的要求。要针对文物等级，配备相应的展柜、锁具等，既要美观，又要安全。

（2）展柜要求采用一线品牌的成品柜，开启方式应方便、安全、可靠，玻璃要求达到安全牢固的厚度。

（3）展厅中的独立柜、独立展台应考虑相应的电源和光源，以及这些独立柜、独立展台在进行一定的调整（增减、移位）时电源和光源能给予很好的配合。原则上反对独立柜、独立展台与地面完全固定。

12.6.2 照明系统要求

（1）能集中、远距离、分组控制展厅的灯光，方便节电和管理。

（2）照度适宜

展厅要求采用一线专业品牌的灯具光源，陈列照明设计中对不同的展品和文物应按《博物馆照明设计规范》和展陈效果需要，分别采取不同的照明灯具。照度合适，展厅里一般照明与特殊照明需参照行业标准设计，以达到理想的照明效果。

（3）照度均匀

一般情况下展品的照度要均匀，重点文物和重点辅助展品应根据具体的对象采取不同的照明方式。

（4）工作照明

工作照明是指安装在展厅内除展品照明以外的工作用光。工作照明应与安防联动，并满足安防摄像的照度，以及满足对“光害”消除与控制的要求。

（5）地灯

根据展览设计的需要及具体的情况，可以选择在光线较暗或地面有高差的参观路线上设置地灯光源，其前提是不影响展览的氛围和效果。

（6）应急照明

各展厅内必须按国家规范配置应急照明系统，并与消控中心的UPS电源系统联动。

（7）灯具质量

要选用低能耗、高稳定性的照明灯具，尽可能选用光纤照明、LED照明等新型照明技术。

12.6.3 多媒体设计要求

（1）提供项目策划方案：项目要新颖，要有很强的吸引力，与展览主题和内容相吻合。

（2）多媒体项目必须提供设计图纸、三维演示、系统原理图及说明、施工安装方案、技术保障措施及相关资料。

（3）硬件的约定

硬件要求采用目前型号最新、性能最优的国内一流品牌。详细标明品牌、产地、技术参数、规格型号、数量及单价等。

凡能采购到的品牌设备，不允许使用定制。要详细标明采用的技术手段及系统原理等。特殊需要定制的产品要有厂家书面的售后、质保书。

乙方所提供的设备应是全新设备，应符合相应的国家标准。

进口设备必须具备商检局的报关单。

国内设备或合资厂的货物必须具备出厂合格证、保修卡、说明书。

（4）软件的约定

控制性软件：乙方应向甲方提供所有项目完整的控制性软件及其知识产权，在工程竣工时，给招标人提供软件完全备份文件，一旦系统崩溃，甲方能够自行恢复。在工程质保期内，乙方应向甲方提供相关软件24小时免费技术支持，重大问题应在接到甲方通知后36小时内派人到达现场解决问题。

游戏软件：软件的内容形式要由甲方审定；乙方应向甲方提供所有游戏软件的完整系统和知识产权，工程验收时，给甲方提供软件的完全备份文件；游戏必须可靠稳定，若在质保期内出现频繁死机掉线，乙方应对软件进行重新编制；乙方应向甲方提供24小时免费技术支持，重大问题应在48小时内到甲方现场解决。

软件设计须功能实用，便于操作，系统管理员要对数据库进行备份和维护，操作界面友好，简洁明了，配色方案与环境相协调，凡观众可直接操作的软件，必须设置防止观众误操作功能。

多媒体所有软件（控制软件、视频软件、系统软件）必须提供备份。

12.6.4　艺术展项要求

（1）必须是由相应专业一流的艺术家或工业美术师创作和制作，要达到馆藏级标准。投标时要提供代表作品。

（2）包括雕塑、雕刻、油画、国画、场景复原等，其创作人员、材质、尺寸大小、创作主体及内容要在投标文件中注明，并要与展览深化设计成果一致。造型要准确，符合历史特征，要神形兼备，有艺术感染力。如有景观制作的创意，至少应有一张效果图，并用文字说明表现主题、设计思想、制作工艺、材料运用和相关尺寸。

12.6.5　其他要求

（1）本工程一般材料与设备原则上由乙方采购，必须是全新、未经使用的原装合格产品，进口设备是通过正规渠道引进的。所有材料设备均应征得甲方的同意后方可用于本工程。若双方不能达成一致意见，甲方有权单独采购。

（2）乙方保证投标文件及资料均未侵犯他人的知识产权，否则必须承担全部责任。若投标人使用了他人的专利、专有技术，涉及的费用由乙方负责。

13. 验收主体

由甲方组织的验收小组进行建筑安装完工交接验收和竣工质量验收。

14. 隐蔽工程和中间验收

14.1　双方约定隐蔽验收部位：按国家现行施工和验收规范要求的部位进行验收。

14.2　隐蔽工程施工和验收：乙方在施工前48小时，以书面形式通知监理单位、甲方。

14.3　甲方对隐蔽工程和中间工程的验收和检查并不能解除和减少乙方的任何责任。

五、现场管理制度和安全施工

15.1　乙方应根据甲方的规章制度及相关的行业规章、惯例制定现场管理制度，订立各项规定、要求，在现场作业执行合同时遵守。

这些制度应包括但不限于以下内容：

（1）乙方工作人员（包括主要设计人员）现场工作制度；

（2）施工现场的财物和工程的保管及维护；

（3）安全保卫；

（4）消防措施；

（5）安全作业；

（6）文明施工措施；

（7）门卫制度；

（8）保护周边环境，不影响甲方已建成的其他环境设施。

乙方应在本合同文本签署生效后14天内将上述制度、规定、要求送交甲方/工程监理审核确认并经甲方书面批准，以示对甲方的承诺和保证。

15.2　施工安全

15.2.1　乙方应与甲方签订《安全施工协议》并报甲方备案。乙方与任何进场施工的制造商/供货商也应签订这样的协议并报甲方备案。

15.2.2　乙方进入甲方提供的施工场地后，应遵守甲方的相关规定并在其施工的范围内设置明显标志以保证安全。如因乙方疏忽而发生的意外（包括但不限于人身或财产损害），乙方应负全责。在乙方的施工队伍进场前，乙方应提交安全施工的措施，获甲方/工程监理批准并经甲方书面确认。

15.2.3　乙方应在施工现场配备足够的安全防范器材和设施，以保证应付可能出现的任何意外情况。如乙方因任何理由未配备足够的安全防范器材和设施，甲方在通知乙方无效的情况下，可以安排其认为必需的补救措施，包括代乙方进行配备等，并从应付给乙方的合同价款中扣除代为配备的费用。

15.3　清理现场

15.3.1　乙方必须自负费用及时清除处理在现场产生的废弃物。展区布展工程完工时，应将所有的废料、杂物及临时设施等清除干净并运离施工现场至合法弃置的场所，并自行承担所有费用。

15.3.2　甲方需配合乙方提供废弃物的倾倒场所，并联络有关专业废弃物处理机构。

15.4　乙方应对其在施工场地的工作人员进行安全教育，并对他们的安全负责。

15.5　施工过程中乙方应做好安全防护工作，本工程施工必须达到省 / 市级文明标化工地标准。乙方应遵守工程建设安全生产有关管理规定，严格按安全标准组织施工，并随时接受行业安全检查人员依法实施的监督检查，采取必要的安全防护措施，消除事故隐患。施工过程中一切安全事故（也包括第三者引起的安全事故）造成的责任和费用均由乙方承担。以上安全技术措施和风险等费用在报价中已考虑。

六、合同价款与支付

16.1　价格的组成

16.1.1　陈列布展合同总价为（小写）人民币 ＿＿＿＿＿＿ 元，（大写）人民币 ＿＿＿＿＿＿＿。合同范围包含展示设计与布展所有内容的价格。最终造价根据展示设计与布展工程“据实结算”（由专家和审计部门组织结算审价），但总造价不突破展示设计与布展的中标合同价，除非因为甲方原因在施工期间变更设计或增加展项内容，则以补充合同为准。

16.1.2　本合同总价包括施工设备、劳务、管理、材料、施工、安装、调试、维护、深化及施工（制作）图设计、设计的修改和确认、因工程设计和施工质量问题造成的返工、设计交流、图纸会审、施工、制作、二年保质期内的维修整改、政策性文件规定及本项目包含的所有风险、责任等各项应有费用。

16.2　合同价款的支付

16.2.1　合同签订之 7 日内，甲方向乙方支付合同总额的 20% 作为工程预付款。

16.2.2 艺术品小样小稿通过，并且装饰工程完成50%后支付合同总额的20%。

16.2.3 主要艺术展品现场安装完成90%后支付合同总额的20%。

16.2.4 工程竣工验收通过后一周内支付合同总额的20%。

16.2.5 工程竣工结算审价结束后，根据确认的竣工结算报告，乙方向甲方申请支付工程竣工结算尾款。甲方在收到申请后一个月内，由甲方付款达到工程结算总造价的95%（含工程预付款）。

16.2.6 余款5%作为质量保修金。在工程交付使用两年质保期到期后28天内无息返还质量保修金。

七、材料和设备供应

17. 乙方采购材料、设备

乙方采购材料设备的约定：所采购的材料、设备等必须具有相应的质量合格证和检测合格报告，并须经监理工程师、甲方检查认可后方可使用。

应承担的违约责任：如使用不合格建材，无偿返工，并承担由此造成的所有后果。

招标文件中暂定价部分（如有）及变更新增部分的材料和设备的质量、价格在采购前必须得到甲方确认。

八、工程变更

18.1 合同变更、工程整改与暂停必须以书面形式进行。甲方代表可以在工程完工前的任何时候向乙方发出工程变更令或整改通知书，要乙方整改、改善、省去、增加或变更工程的任何部分。乙方可以在任何时候向甲方代表提出对工程进行变更的建议，但不得变更本合同实质性条款。

18.2 在任何变更令发出之前，甲方的代表应告知乙方这种变更的性质和形式。乙方在收到这样的变更通知之后，应尽快向甲方的代表递交下述材料：

（1）对工作的描述（如果有的话）和实施的方案和计划及施工图。

（2）乙方提出的对方案必需的修改或根据合同乙方必须做出的修改。

（3）除非是因甲方原因对合同范围作实质性调整而涉及合同变更，乙方应根据调整范围提出合同价格调整的合理建议外，因乙方的原因（见合同的相关条款和附件）造成任何的整改、改善和其他变更，合同价格不作调整。

在收到乙方递交的材料后，甲方的代表在与乙方进行适当协商后，尽快决定变更是否要执行。

18.3　如果甲方代表决定变更有必要执行，则由其发出变更令，变更应明确变更内容、要求和完成的时间等有利于实施的信息，乙方必须服从。

（1）如因合同条款第 18.2 条（3）款中乙方原因而引起的工程变更，即乙方未达到合同要求而进行的任何调整、改善和其他变更，乙方应自行承担费用按甲方代表要求着手整改或变更。

（2）如因合同条款第 18.2 条（3）款中甲方原因而引起的工程变更，乙方有权得到下列支付：

A 由于甲方原因提出变更造成的已执行的部分工程被废弃的施工费用。

B 由于甲方原因提出变更造成的对已经制造完毕的设备作必要修正的费用或在制造过程中要对已完成的工序作修正所需的费用。

18.4　在收到变更令后，乙方应立即着手执行变更，并按变更的要求去做，不得以任何理由延误工期和影响工程质量。

18.5　暂停

甲方可以书面形式通知乙方，要求其暂停履行其合同规定的全部或部分义务，通知应说明暂停履行的义务、有效日期和理由，乙方应立即暂停履行其义务（照管工程所需的部分除外）直到甲方签发恢复履行的书面通知。

18.6　乙方在其已全面履行合同义务并经甲方书面确认的情况下，如果甲方无合理原因未能在规定期限内根据合同支付乙方合同价款，且甲方在收到乙方书面催付通知后 14 天内仍未能采取上述任何行动，乙方可书面通知甲方将暂停履行其对应该价款部分的合同义务。

18.7　如果乙方全面履行合同义务而合同仍依照合同条款第 18.5 条暂停，则完工期应相应延长，但由于乙方违约引起的合同暂停除外。

18.8　在暂停期间，未经甲方事先书面同意，乙方或任何第三方不得将展区布展工程内的任何货物、任何部分或任何材料、设备运离施工现场，否则由乙方承担相应的责任。

18.9　竣工期限的延长

如果由于下述原因，乙方被迟延完成其合同规定的义务，合同条款第 11 条所规定的竣工期应相应推迟：

（1）合同因甲方原因变更；

（2）不可抗力事件发生；

（3）甲方根据合同条款第 18.5 条所作暂停命令（但由于乙方违约引起的合同暂停除外）；

（4）涉及工程进度的法律、法规的变更。

18.10　工程变更按照《××市政府投资项目变更管理办法》文件规定办理变更审批手续。

九、竣工验收与结算

19. 调试与验收

19.1　预调试

19.1.1　展区布展工程的全部或部分施工安装完工，乙方应开始进行或组织进行预调试，为正式调试做准备。

19.1.2 甲方应在与乙方商定的时间内提供预调试及调试所需供水、供电等条件。

19.2 调试

乙方在预调试完成后即进行或组织调试工作。调试分为展区布展工程的单体调试和联合调试。

19.3 验收

19.3.1 乙方向甲方提供完整竣工资料及竣工验收报告。

19.3.2 甲方收到乙方送交的竣工验收报告后 28 天内不组织验收，或验收后 14 天内不提出修改意见，视为竣工验收报告已被认可。

19.3.3 验收须经甲方代表正式签署并经甲方盖章有效。

19.3.4 展区布展工程的验收标准、验收方法和工作程序按国家有关规范及本合同确定的展区布展工程质量的特殊要求执行，乙方须提交所需的竣工验收资料。

19.4 现场的保护与保管

19.4.1 所有权的转移

19.4.1.1 乙方依本合同采购的任何货物，应约定所有权在货物运到现场并经验货后即转移给甲方。

19.4.1.2 根据 16.2 条规定（工程照管），尽管货物所有权已转移，乙方还应负责保管并承担责任直到按照合同条款第 15 条规定的展区布展工程或其部分通过验收为止。

19.4.2 工程照管

在任何情况下，乙方对展区布展工程（或其部分，包括但不限于货物、成品、材料、已完工工程）的保护照管的责任均应持续到展区布展工程验收且移交甲方接收之日，并自负费用使展区布展工程在此期间所受任何损坏恢复完好。乙方应承担由其制造商 / 供货商或任何第三方在此期间发生的损坏责任。

19.5　竣工技术文件的交付

在展区布展工程的调试完毕，展区布展工程经甲方验收通过前，乙方应向甲方提交下述技术文件与资料并取得甲方和工程监理的审核与书面批准。

19.5.1　竣工文字资料（一式伍份装订文本和两份电子文本）

开工报告、竣工报告、项目小结。

19.5.2　竣工图纸资料（一式伍份装订文本和两份电子文本）

总平面图、总接线图、深化（施工图）设计图纸。

19.5.3　各个展示主题的操作手册和说明书（一式伍份印刷文本和两份电子文本）。

19.5.4　其他甲方认为必须提交的技术文件。

20. 竣工结算

20.1　乙方应在竣工验收后60天内完成项目竣工结算编制工作，未在规定期限内完成并提不出正当理由延期的，责任自负。

乙方同意工程结算接受由专家和审计部门组织的审价及审计。

结算审计原则：在双方确认工程单价的前提下“据实结算”。“据实结算”的计费和审计标准：

（1）展陈施工工程中展陈空间的吊顶工程、地面工程、墙体基础装饰装潢施工工程，按照《××省建设工程计价规则》（2010版）、《××省建筑工程预算定额》（2010版）、《××省安装工程预算定额》（2010版）、《××省建设工程施工取费定额》（2010版）、《××省施工机械台班费用定额》（2010版）结算和审计；

（2）展陈辅助展品中的普通工艺及美术效果的制品，包括雕塑、绘画、场景、沙盘、特殊展柜、特殊光源的灯光照明、特定型展品托架、模型、视频、多媒体等，按博物馆展览工程市场相似货品的可比价进行定价，并据博物馆展陈工作的特殊性，协商正负调节范围。审计时主要由专家核实情况。

（3）展陈中采用的无可比价的辅助展品类艺术作品，如场景制作，一般采用协商艺术效果后的报价确认。审计时主要由专家核实情况。

（4）社会知名艺术家参与创作的辅助展品类艺术作品，如国画、油画、雕塑，其计费按照协商价确认。审计时主要由专家核实情况。

（5）其他辅助展品中艺术创作部分，按博物馆展览市场相似货品的可比价或甲乙双方协商确认价结算审计。

（6）除招标文件规定材料其结算价格可调整外，施工期间人工工资、材料价格和机械台班费等的浮动（包括政策性调整）等风险均由乙方考虑在投标报价中，结算时不作调整。

（7）材料暂估价按供货发包的成交单价结算，专业工程暂估价按共同发包的成交价结算。

（8）在合同工期内，当主要建筑材料价格出现异常波动时，按照《××市政府投资项目建筑材料合同价格与工程结算调整实施意见》执行。

20.2　甲方收到乙方递交的竣工结算报告和完整的竣工结算资料后进行核实，再送有关审价部门进行竣工结算的审核，审核完成时限由甲方、乙方和审价部门共同协商确定。

十、违约、索赔和争议

21. 违约

21.1　乙方违约

（1）由于乙方原因未能按本合同规定的竣工日期完工，应按合同条款第 11 条规定承担延误赔偿责任。

（2）乙方未能按合同条款第 15 条规定提供符合本合同总体展示效果及质量保证之工作成果，应按该条规定承担违约责任。

（3）乙方未能按合同条款第 7 条规定提供符合本合同的相关人员，应按该条规定承担违约责任。

（4）由于乙方在履行合同中的任何瑕疵，给甲方或任何第三方造成财产或人身损害时，乙方均应赔偿由此造成的全部直接和间接的损失。

（5）对乙方所造成的违约责任，按甲方估计的可能对甲方造成的直接和间接的经济损失，有权预先在支付的款项中扣除，直至双方达成违约赔偿的协议金额。如乙方的违约所造成的直接和间接的经济损失超过甲方的未支付款项的部分，乙方应在甲方的要求下在14个工作日内予以支付该违约赔偿金额。甲方对乙方的违约金及/或赔偿金的任何扣除，并不意味着减少或免除乙方在合同中应承担的义务和责任。

21.2 甲方未能依本合同约定且无正当理由未支付本合同价款，则甲方承担违约责任，按逾期支付金额的万分之一向乙方支付违约金。

22. 争议

双方约定，在履行合同过程中产生争议时：

（1）请 ××市建设行政主管部门调解；

（2）如上述调解不成，约定向 ×× 市人民法院提起诉讼。

十一、其他

23. 不可抗力

23.1 不可抗力是指地震、台风、水灾、火灾、战争或其他不能预见，对其发生和后果不能防止或避免的事件。如果有一方认为不可抗力发生并影响其履行本合同义务，应迅速通知另一方并提供该不可抗力事件发生之有效（公证）证明。按照事件对履行合同影响的程度，由双方协商决定是否解除合同或者部分免除履行合同的责任，或者延期履行合同。

23.2 当不可抗力发生时，任何一方都不能被视作是违约或不履行本合同义务。

24. 保险

本工程双方约定投保内容如下：

按行业管理有关要求由乙方投保，包括建筑工程一切险和安装工程一切险、第三者责任险等，上述保险费已由投标人在报价中考虑。

25. 合同解除

25.1 乙方过失或过错导致的合同解除

如果发生下述情况，甲方可以直接向乙方发出书面解除通知书（“解除通知”）以解除合同：

（1）如果乙方违反合同规定转让合同或任何权利与利益；

（2）如果乙方严重违约，导致合同全部或部分不能履行；

（3）乙方提交的深化（施工图）设计成果、交付的货物、工程质量及提供的服务，与合同要求明显不符，又不按照甲方书面通知进行纠正、整改；

（4）乙方无正当理由未能按项目进度规定的日期内完成其合同义务；

（5）如果乙方已放弃合同或否认合同有效；

（6）乙方在收到甲方要求开工通知后超过 28 天，无有效理由而不能迅速开工或推迟工程进程；

（7）乙方不断地不根据合同施工要求或不断地忽视履行合同项下的义务，或者没有采取补救措施而造成甲方损失或重大人员伤亡；

（8）因不可抗力原因导致合同无法履行。

25.2 乙方解除合同

（1）甲方未按合同约定支付款项，并在收到乙方通知 28 天后未纠正其过失；

（2）因不可抗力原因导致合同无法履行。

倘若触发上述终止条件，甲方应将在终止合同日前乙方应得的所有金额支付给乙方。

26. 合同生效与终止

合同双方确认，本合同及本合同约定的其他文件组成部分中的各项约定都是通过法定招标过程形成的合法成果，不存在与招标文件和中标人投标文件实质性内容不一致的条款。如果存在任何此类不一致的条款，也不是合同双方真实意思的表示，对合同双方不构成任何合同或法律约束力。合同双方也不存在且也不会签订任何背离本合同实质性内容的其他协议或合同。如果存在或签订背离本合同实质性内容的其他协议或合同，也不是合同双方真实意思的表示，对合同双方不构成任何合同或法律约束力。

27. 合同份数

（1）本合同正本两份，具有同等效力，由甲方、乙方分别保存一份。

（2）本合同副本六份，甲方、乙方各保存三份。

（3）本合同双方约定自双方签字盖章之日起生效。

28. 补充条款

28.1　乙方在签订合同前须向甲方提交合同价 5% 的履约保证金，履约保证金应是银行存款，由中标人拨入甲方指定的其银行账户中。在竣工验收达到约定条件，并扣除相应违约金后，甲方向乙方无息返还剩余履约保证金。

28.2　从工程开工到完工期间，项目经理到位率必须达工期日历天数的 70%（含）以上，无正当理由到位率低于 70% 的，每少一天乙方应向甲方支付违约金 1 000 元，不足一天的按一天计算。项目部人员（以乙方投标文件中项目管理机构配备情况表为准）到位率必须达工期日历天数的 90%（含）以上，无正当理由到位率低于 90% 的，每少一天乙方应向甲方支付违约金 500 元 / 人，不足一天的按一天计算。项目经理和项目部人员的到岗到位考核明确如下：

（1）项目经理和项目部人员每天由工程所属监理单位负责考核，

考核期限为甲方批准的开工日始至甲方确认的完工日止，考核方法为每天16：30时前由被考核人在考核表上签字，当天未签的视作不到位，应签字栏由监理方当时签字备查；

（2）甲方或主管部门在检查中发现有不到位情况的，则该日按不到岗处理。

28.3　除招标文件规定材料其结算价格可调整外，施工期间人工工资、材料价格和机械台班费的上涨等风险均由乙方考虑在投标报价中，结算时不作调整。

十二、工程质量保修

（一）质量保修期（缺陷责任期）

缺陷责任期从工程通过竣工验收之日起计。由于乙方原因导致工程无法按规定期限进行竣工验收的，缺陷责任期从实际通过竣工验收之日起计。由于甲方原因导致工程无法按规定期限进行竣工验收的，在乙方提交竣工验收报告90天后，工程自动进入缺陷责任期。

缺陷责任期内，由乙方原因造成的缺陷，乙方应负责维修，并承担鉴定及维修费用。如乙方不维修也不承担费用，甲方可按合同约定扣除保修金，并由乙方承担违约责任。乙方维修并承担相应费用后，不免除对工程的一般损失赔偿责任。

乙方提交的展区布展工程成果的质量保证期为布展工程的调试完毕，甲方对展区布展工程的正式竣工验收通过后（以甲方代表正式签署之日起计算）的24个月。

在甲方授权管理范围内，乙方应免费安排对甲方的技术人员和维护、维修或操作人员进行展区布展工程设施的操作、运行的培训，以便甲方的上述人员能够正确地掌握设施的操作、运行及维修方法，保证展区布展工程的正常运行。

乙方负责向甲方提供其他技术服务，包括履行质量保证期内的责任，提供足量的备品、备件并提供消耗品清单，以及本布展工程建设和运行期间的技术咨询、服务与技术指导。

如乙方未全面或部分履行上述义务，甲方有权自行或另派其他单位承担上述工作，由此发生的一切费用（包括甲方的管理费用）在乙方的质量保证金中扣除。

（二）质量保修金的数额

本工程约定的工程质量保修金为工程结算总造价的 5 %。质量保修金不计息。

（三）质量保修金的返还

缺陷责任期内，乙方认真履行合同约定的责任，到期后，乙方向甲方申请，由甲方返还保修金。质量保修金的返还，详见工程款支付方式。

甲方在接到乙方返还保修金申请后，应于30日内会同乙方按照合同约定的内容进行核实。如无异议，甲方应当在核实后30日内，将保修金返还给乙方。甲方在接到乙方返还保修金申请后30日内不予答复，经催告后30日内仍不予答复，视同认可乙方的返还保修金申请。

（四）其他约定

由他人原因造成的缺陷，甲方负责组织维修，乙方不承担费用，且甲方不得从保修金中扣除费用。

工程质量保修书

甲方：____________________

乙方：____________________

承包人（乙方，下同）根据《中华人民共和国建筑法》《建筑工程质量管理条例》和《房屋建筑工程质量保修办法》，对博物馆陈列与布展工程特作工程质量保修书的承诺。

一、工程质量保修范围和内容

乙方在质量保修期内，按照有关法律、法规、规章的管理规定和发包人（甲方，下同）的要求，承担本工程质量保修责任。

质量保修范围：展区的布展工程。

二、质量保修期

根据《建筑工程质量管理条例》及有关规定，承诺本工程的质量保修期如下：

1. 质量保修期为 2 年。

2. 质量保修期自工程竣工验收合格之日起计算。

三、质量保修责任

1. 属于保修范围、内容的项目，乙方应当在接到保修通知之日起 24 小时内派人保修，乙方不在约定期限内实行上述保修的，甲方可以委托他人修理，修理费由乙方支付。

2. 发生紧急抢修事故的，乙方在接到事故通知后，应当立即到达事故现场抢修。

3. 若未能按时按质完成保修，愿承担由此造成的一切直接或间接损失。

4. 对于涉及结构安全的质量问题，应当按照《房屋建筑工程质量保修办法》的规定，立即向当地建设行政主管部门报告，采取安全防范措施；由原设计单位或者具有相应资质等级的设计单位提出保修方案，乙方实施保修。

5. 质量保修完成后，由甲方组织验收。

四、保修费用

保修费用由承包方承担。

五、质量保修联系

质量保修负责人：

单位名称和地址：

联系电话和手机：

六、其他

双方约定的其他工程质量保修事项：

____

本工程质量保修书，由施工合同乙方在竣工验收前签署，作为施工合同附件，其有效期限至保修期满。

乙方（公章）：__________

法定代表人（签字）：__________

______年____月____日

（二）博物馆展览工程合同的评述

博物馆展览工程不同于建筑装饰工程。为了保障博物馆展览工程的质量，维护甲乙双方的合法权利，博物馆展览工程必须在符合国家政策法规的前提下，结合自身的特点和规律，制定针对性的合同条款。特别是第三部分专用条款，要明确如下内容：工程承包范围、工程质量要求、付款方式、甲乙双方责任权利、展示设计要求、展柜技术要求、多媒体设计照明系统要求与制作要求、辅助艺术品要求、结算和审计方式、质量保证书等。

1. 关于通用条款

目前博物馆展览合同中的通用条款内容大都是针对土建工程的要求，对展陈意义不大，有些监理单位以此来制约施工单位等，这些对博物馆工程来说都是十分不利的，无谓地耗费了施工企业的大量人力、物力。

2. 关于工程承包范围与内容

不能笼统地说“博物馆陈列布展设计、施工总承包”，而应该根据自己博物馆的具体情况明确界定工程承包范围和内容。例如博物馆陈展方案设计、制作和布展，博物馆公共空间以及室内外装修设计装修施工，包括但不限于图文版面设计与制作、多媒体项目设计与制作、辅助艺术类设计与制作、照明设计与灯具采购、展柜设计与采购、博物馆标识系统设计与制作、博物馆导览设计与制作等。

3. 关于工程质量要求

不能笼统地说“博物馆展览工程要达到优良水平”，而应该结合博物馆展览工程的特点提出明确的要求。特别是展柜的技术要求、照明设备的技术要求、多媒体设计与制作要求、辅助艺术品设计与制作要求。

例如关于展柜的技术要求：

展览设备如展柜、锁具、展具、展板等基本硬件，要求坚固、美观、实用，符合环保、文物保护、防火、节能的要求；要针对文物等级，配备相应的展柜、锁具等，既要美观，又要安全防范；展厅中的独立柜、独立展台应考虑相应的电源和光源，这些独立柜、独立展台在进行一定的调整（增减、移位）时电源和光源能给予很好的配合；原则上反对独立柜、独立展台与地面完全固定；所有展柜的开启方式应方便灵活、安全可靠，密封性良好，具备防尘、防潮、防盗功能，若需借助辅助设备（如必要）亦应符合此原则；大型通柜玻璃要求采用厚度适宜的夹胶玻璃等。

再如关于照明控制系统的要求：

照明设计必须符合《博物馆照明设计规范》；能够集中、远距离、分组控制展厅的灯光，方便节电和管理；照度适宜、均匀；工作照明应与安防联动，并满足安防摄像的照度，以及满足对“光害”消除与控制的要求；根据展览设计的需要及具体的情况，可以选择在光线较暗或地面有高差的参观路线上设置地灯光源，其前提是不影响展览的氛围和效果；各展厅内必须按国家规范配置应急照明系统，并与博物馆内的UPS电源系统联动；灯具要求选用低能耗、高稳定性的照明灯具，选用光纤照明、LED 照明等新型照明技术等。

再如对辅助艺术品的质量要求：

符合知识性教育性原则，传播目的清晰，信息阐释和传播力强，能准确和完整地表达展示的内容；符合观赏性、艺术性和趣味性原则，创意新颖，构图巧妙，艺术表现元素与表现内容要高度吻合，制作工艺先进，艺术感染力强；符合真实性和科学性原则，有学术支撑，是有依据地进行再现和还原，保证历史或事实的真实性。

4. 关于工程量量化条款和非标部分技术标准

合同中非标部分工程量的量化条款缺失，导致展览工程进度款支付不能及时到位，非标部分资金周转困难；合同中非标部分技术标准不一，导致监理单位往往以装修工程的要求来处理非标部内容；合同中工程竣工资料中的非标部分内容没有标准，导致竣工资料拖延，影响展览工程验收。

5. 关于合同变更

博物馆展览工程从概念设计、深化设计、施工设计到具体制作布展实施是一个边琢磨、边调整、边修改、边完善的过程。即便是最优秀设计团队设计的展览方案，在具体空间实施中都有进一步调整、修改和完善的过程。这不仅是博物馆展览工程的特点，也是博物馆展览工程的常态。因此，为了保障博物馆展览工程的质量，达到最佳展陈效果，应该允许“变更”，但必须在合同中对“变更”做出约定。

一般来说，“变更”的发起主要有两种，一是为了提升质量或扩大展陈范围或内容，由博物馆方（包括专家和当地领导）发起；二是为了弥补之前设计中的漏项或改进展项，由乙方发起。对于博物馆方发起的“变更”，在结算时应予以承认，结算时有类似项目，参考类似项目结算，没有类似项目，则由专家审价。对于乙方发起的“变更”，如果博物馆方和专家认可，结算时应予以承认。

关于“变更”可能超出预算的问题，可以以两种办法处理：一是按现行政策，将“变更”产生的费用控制在总预算10%内；二是设立“不可预见费”，并在此中支出。

6. 关于付款约定

支付展览工程的款项是业主的义务。目前在各地博物馆展览工程实践中，普遍存在的问题是业主比较强势，业主支付进度款往往滞后于展览工程的进度，甚至让乙方填资做工程。首付款以土建制式合同代替（一般在10%～20%之间），并且要施工单位提供相应数额资金担保。其实这既不合情合理，也不利于展览项目的推进和质量的保障。在这种情况下，乙方为了保护自己的合法权利，也必然会留一手。因此，为了保障展览工程的顺利推进和工程质量，应该根据博物馆展览工程的特点和规律，合理安排展览工程进度款，即既不能多付进度款，也不能少付进度款，从而影响工程推进。

由于展览工程设计、制作和施工环节复杂，周期较长，因此应该采用分期付款的方式。一般来说，对于半年以上周期比较长的展览工程，可分五期支付。例如浙江自然博物院（安吉馆）的支付方式比较合理：“合同签订后一周内支付合同总价10%作为预付款；全部深化（施工图）设计得到甲方、展示效果监理及有关部门验收认可通过并开始施工（制作）后，甲方向乙方累计支付到合同总价30%作为备料款；布展进度款按形象进度支付，展示效果监理/工程监理对乙方的该项已完工作报告进行审核确认并经甲方书面批准后，由甲方向乙方支付被批准的金额的80%，并同比扣除备料款费用；工程价款支付合计达到合同总价的80%时，甲方暂停支付进度款，待装修工程完工验收合格、审计完毕后，支付到实际结算总价的95%；留存5%作为工程质量保证金待二年质量保证期结束后10日内结清。”

对于周期短的展览工程，例如几个月的展览工程，不必分五期，否则会影响展览工程进度。

7. 关于验收、结算、审计的约定

验收、结算和审计是博物馆展览工程的重要内容，应该在合同中做出明确约定。

目前各地博物馆展览工程实践中，对验收普遍不重视，或走过场，或拖而不验收，例如首都博物馆2006年竣工开放，吉林博物院2011年开放以来，至今都没有验收。验收，不仅关系到展览工程的质量，也关乎乙方的权利。因此，必须在合同中对验收流程与时间、验收主体、验收内容、验收标准做出约定。

结算与审计是博物馆展览工程中甲乙双方争论最多的领域之一。主要争论的焦点，一是结算与审计的原则与标准。业主方，特别是政府的财政主管部门，往往把博物馆展览工程视为建筑装饰工程，因此，在结算和审计时往往按建筑装饰工程项目的方式进行结算与审计，而乙方认为博物馆展览工程虽然包含装饰美化，但不是普通建筑装饰工程，属于知识、信息、思想和艺术创作范畴的文化传播工程，涉及综合性多专业的交叉，不能简单套用建筑装饰结算审计办法。二是结算与审计的时间。乙方认为展览工程项目验收开放以后就应及时进行结算与审计，结算与审计后应支付工程款，但一些甲方往往在展览工程项目验收开放以后迟迟拖而不结算审计，并以此为理由不支付乙方工程款。为了保障展览工程的质量，维护甲乙双方的合法权利，必须在合同中对展览工程的结算与审计办法和时间作明确约定。

（三）浙江自然博物院“自然艺术馆”展览工程合同

目前，在全国各地博物馆展览工程合同中，相对来说，浙江自然博物院（安吉馆）展览工程合同比较合理，兹附件如下：

浙江自然博物院核心馆区

自然艺术馆（含自然餐饮体验馆、临特展厅）深化设计及施工布展一体化项目

合同协议书

采购编号：J-174643-6

第一部分 合同协议书

甲方：浙江自然博物院

乙方：

合同编号：

标书编号：ZJ-174643-6

经费来源：省财政

鉴证方：

签约地点：

确认日期：

依照《中华人民共和国建筑法》《中华人民共和国合同法》《中华人民共和国政府采购法》及其他有关法律、行政法规，遵循平等、自愿、公平和诚实信用的原则，双方就本项目实施事项协商一致，订立本合同。

1. 项目概况

项目名称：浙江自然博物院核心馆区自然艺术馆（含自然餐饮体验馆、临特展厅）深化设计及施工布展一体化项目

项目地点：浙江自然博物院（安吉县梅园路1号）

2. 项目工作内容

包括但不限于以下内容：浙江自然博物院核心馆区自然艺术馆（含自然餐饮体验馆、临特展厅）展区的深化设计及施工布展一体化，具体包括在初步设计的基础上进行深化设计及为完成展示内容及配套的环境、水、电（包括强、弱电）、AV系统、暖通、消防（安防系统

不在本次招标范围内，暖通和消防只需对原有的设计方案进行合理修改）及与展览相关的所有事宜等进行设计和施工。

3. 合同工期要求

合同总工期为200日历天，深化设计周期为45日历天，超出时间期限，甲方有权终止合同，追究相应的违约责任。施工、布展工程在155日历天内完成，并具备试运营所必须的一切条件。

4. 设计、施工布展质量标准

4.1 项目设计质量标准

4.1.1 设计成果满足国家及行业标准，达到施工图深度。总之，设计是安全的、防火的、规范的、节能环保的、经济的、美观的、实用的，并且能通过甲方组织的设计成果验收。

4.1.2 设计文件要完整、正确、清晰。

（1）“完整”是指符合合同及附件的规定、符合相关工程设计规范的要求、满足国家及行业标准。

（2）“正确”是指保证设计输入的基础资料完整、正确，设计方法、计算方法与结果、技术参数的选用正确，构造合理，图面表达清楚、文字叙述准确，各专业设计协调统一。

（3）“清晰”是指每次交付的设计文件中的图样、线条、术语、符号、尺寸标准、文字说明等清楚准确。

4.2 项目施工布展质量标准

本项目的施工质量标准应达到合格等级。同时，执行国家规定的相关工程建设标准强制性条文要求，执行《建筑装饰装修工程质量验收规范》GB50210—2001、《建筑内部装修设计防火规范》GB50222等相关标准。

4.3 相关服务质量标准

乙方严格按照建设部颁发的《建设工程施工现场管理规定》实施本项目的管理，井然有序，有条不紊，使项目按总控进度计划和乙方编制并经甲方批准的工期进度计划顺利实施；做到零投诉、零事故。

5. 合同价款

5.1　合同价

本合同总价为:（大写）__________________，

（小写）__________________。

5.2　本合同价款原则上采用固定总价合同方式确定。合同价款包括：设计费、人工费、材料费、机械使用费、施工用水电费、措施费、保修费、管理费、对展项总体管理和协调费、税费等乙方为完成本合同双方约定的工作内容所发生的一切费用。

6. 组成合同的文件及解释顺序

组成本合同的文件及优先解释顺序如下：

（1）本合同协议书

（2）本合同专用条款

（3）本合同通用条款

（4）中标通知书

（5）招投标文件及其附件

（6）设计图纸

（7）标准、规范及有关技术文件

（8）双方有关工程的洽商、变更等书面协议或文件视为本合同的组成部分

7. 主导语言

（1）本合同的主导语言为中文，且以中文表述为准。

（2）乙方提交的所有文件和图表等均必须用中文编制，技术数据以公制表示。

（3）合同各方在履约过程中往来的函电等文件均必须用中文书写。原件为外文的，应有中译文，外文原件可以作为附件一并送交对方，中英文不一致时，以中文为准。

8. 适用法律和法规

需要明示的法律、行政法规：《中华人民共和国建筑法》、《中华人民共和国合同法》、《中华人民共和国政府采购法》、国务院颁发的《建设工程质量管理条例》、《建设工程施工发包与承包计价管理办法》等。

9. 合同生效

9.1　本合同经三方法定代表人或其授权委托人签字并加盖三方公章后，乙方提交5%的履约保证金之日起生效。

9.2　本合同一式捌份，甲方执伍份，乙方执贰份，鉴证方执壹份。

9.3　与本合同有关的招标文件、投标文件、询价纪要、澄清回复、补充协议等与本合同同样具有法律效力。

甲方（公章）：

法定代表人或授权委托人（签字）：

地址：

邮编：

联系人：

电话：　　　　手机：

传真：

开户银行：

账号：

乙方（公章）：

法定代表人或授权委托人（签字）：

地址：

邮编：

联系人：

电话：　　　　手机：

传真：

开户银行：

账号：

签证方（公章）：

法定代表人或受委托人（签字）：

联系人：

电话：　　　　手机：

传真：

第二部分　专用合同条款

1. 设计质量标准

1.1　项目设计成果验收标准

1.1.1　设计成果满足国家及行业标准，达到施工图深度。总之，设计是安全的、防火的、规范的、节能环保的、经济的、美观的、实用的，并且能通过甲方组织的设计成果验收。

1.1.2　设计文件要完整、正确、清晰。

（1）“完整”是指符合合同及附件的规定、符合相关工程设计规范的要求、满足国家及行业标准。

（2）“正确”是指保证设计输入的基础资料完整、正确，设计方法、计算方法与结果、技术参数的选用正确，构造合理，图面表达清楚、文字叙述准确，各专业设计协调统一。

（3）“清晰”是指每次交付的设计文件中的图样、线条、术语、符号、尺寸标准、文字说明等清楚准确。

1.1.3　本次布展中所有的复原场景背景画必须全部现场手绘。本标项中必须包含100幅原创科学绘画。每幅面积不小于A3纸大小，通过甲方验收。

1.1.4 深化设计要求：

（1）在本展区初步设计文件、项目基本需求和标准及采购人其他技术要求的基础上，明确传播信息、传播目的与传播方式，全面对整体标项进行深化设计。细化阐述总体构思理念、设计特点、区域划分、环境要求等。完成具体的深化设计方案如展示设计的特点及亮点，设计流线、展示空间分布、展示方式和手段、平面布置、重要节点的处理和说明、采用设备等。其施工工艺、材料应用、设备选型、安装等方面具有实际可操作性，同时还需充分考虑到技术运用的成熟可靠性和易维护性。其成果可直接用于施工的技术设计和其他的相关技术服务，并给出项目实施计划。展示工程的实施必须遵守国家和行业的标准与相应的规范，也应符合浙江省的相应法规。

（2）中标人在设计过程中，要严格按照招标文件及合同的约定，围绕相关现场勘测资料，进行设计工作，图纸应符合有关工程惯例，应对其提供的技术规格、图纸和错误或遗漏负责（不管这些技术规格、图纸和资料是否已征得采购人的同意和确认）。

（3）采购人提供的技术规范和标准适用于深化设计。

（4）深化设计文件和成果须征得采购人及委托机构的审核或批准。

（5）具体深化内容与要求：（参见本采购文件第二部分技术文件9.3.1—9.3.2）。

（6）材料选择得当，色彩选配考究，线条处理协调，并且符合国家规范要求，主要部件及配件应采用同类产品中的优质品牌。

（7）运用新材料、新工艺，提高布展中的科技含量：运用节能、环保材料和环保技术，充分考虑材料的安全性、通用性、牢固性、审美观、标准化。

（8）为了实现高质量的展示，设计单位应用文字的形式详细叙述深化（施工图）设计的顺序、方法、具体的工程制作顺序以及在制作阶段（短期内）从制作到设置安装的实施办法。

（9）充分满足安全性，符合安防监控要求、防火规范、消防设施设计规范及有关规定。

（10）标准及规范必须达到以下现行版的中华人民共和国有关法规的要求，如下列标准及规范要求与标书要求有出入则以较为严格者为准：

《中华人民共和国工程建设标准强制性条文（房屋建筑部分）》

《建筑工程设计文件编制深度规定》

《建筑内部装修设计防火规范》

《建筑装修工程质量验收规范》

国家、地方其他有关规定。

若设计人使用的标准在本招标文件的规定外，则应明确说明用于替代的标准或使用规范，并提供所使用的标准，该标准必须是国际公认的同等或更高级的标准。

1.2　项目施工布展质量标准

本项目的施工质量标准应达到合格等级。同时，执行国家规定的相关工程建设标准强制性条文要求，执行《建筑装饰装修工程质量验收规范》GB50210—2001、《建筑内部装修设计防火规范》GB50222 等相关标准。

施工布展要求：

（1）中标人应根据本展区初步设计文件、项目基本需求和标准及采购人其他技术要求，保证完成一切需要完成的深化设计、制作、运输、安装、调试、质保等工作。

（2）中标人完成的场内、场外制作需得到采购人的审核与批准，中标人须配合采购人对场外制作进行进度跟踪和技术质量监督。中标人的场景部分模特地考察、样本采集须得到采购人确认。无论是否已征得采购人的同意和确认，中标人应对最终的质量和效果负责。

（3）中标人施工（制作）完成的布展效果必须达到招标文件和展

示方案设计要求，并通过验收，如不能达到，在采购人允许的一定时间内进行修改、完善，使其达到承诺的效果，所涉及的费用由中标人承担。

（4）隐蔽工程经采购人验收合格后方可进入下道工序施工（制作）。

（5）布展施工应符合国家相关专业规范要求。

1.3 相关服务质量标准

乙方严格按照建设部颁发的《建设工程施工现场管理规定》实施本项目的管理，井然有序，有条不紊，使项目按总控进度计划和乙方编制并经甲方批准的工期进度计划顺利实施；做到零投诉、零事故。

2. 检查与验收

本合同执行过程中的检查和验收包括：设计成果验收、材料进场验收、隐蔽工程验收、预验收和竣工验收。

2.1 设计验收

（1）乙方须在 11 月 20 日前完成并通过深化设计效果初步验收。

（2）乙方须按甲方的要求编制施工图纸和施工图预算书。

（3）乙方在合同规定的时间内，完成设计工作后，向甲方提交所有图纸并通过评审。

2.2 材料与设备进场验收

材料与设备进场前，乙方向甲方申报材料与设备进场申请，对材料与设备进行取样封存。乙方在采购前，其品牌、型号需征得甲方书面签字认可，所有材料与设备均应符合设计要求，并按规定向监理工程师和甲方提供材质与设备合格证书和检验合格证后才能用于工程中。

2.3 隐蔽工程和阶段性工程验收

乙方完成隐蔽工程或阶段性工程后必须向监理方申请验收，验收合格后方可进行下一步工续的施工。

2.4 预验收

（1）乙方在确定完成布展施工的工作后，应向甲方提交完整的资料，提出预验收申请。

（2）甲方收到申请后在五个工作日内组织相关人员进行预验收工作，项目质量不合格或项目内容有尚未完成者，由乙方在商定的期限内进行修补后，再进行预验收。

（3）验收依据和标准：施工图纸，图纸说明，有关设计变更资料和图纸，技术交底及会议纪要，国家颁布的施工验收规范、规定，以及专家委员会根据国家有关标准、规范制订的针对本项目特殊子项的施工规范及验收标准。

（4）项目预验收合格后进入试运行期间，本项目的试运行期为3个月，试运行期间，不属于甲方单方使用本项目。

2.5　竣工验收

（1）试运行结束前14天内，乙方应向甲方提出竣工验收申请，并提供竣工图及有关竣工文件资料一式陆份（竣工验收时签发的文件除外）。

（2）验收依据和标准：竣工图纸，图纸说明，有关设计变更资料和图纸，装修材料报检报验证明书、技术交底及会议纪要，国家颁布的施工验收规范、规定，以及专家委员会根据国家有关标准、规范制订的针对本项目特殊子项的施工规范及验收标准。

（3）项目完工后，乙方经自检达到合格标准后才向甲方提出竣工预检申请书。预验合格后，双方协商确定竣工验收时间。

（4）由甲方组织相关部门对工程整体验收评定。

（5）经验收评定，项目质量及项目内容符合合同要求的，甲方、监理单位、乙方均应在项目竣工验收证明书上盖章签字；项目质量不合格或项目内容有尚未完成者，由乙方在商定的期限内进行修补后，再进行竣工验收，直至达到完全符合合同要求为止，并按最后验收合格的日期作为竣工日期，由此产生的一切费用和责任均由乙方承担。

（6）甲乙双方应于验收合格后10天内签署项目交接验收证明文件，乙方将场地清理干净后将项目移交给甲方管理。

3. 合同价款

3.1　合同价

本合同总价为:（大写）________________,

（小写）________________。

3.2　本合同价款原则上采用固定总价合同方式确定。合同价款包括：设计费、人工费、材料费、机械使用费、施工用水电费、措施费、保修费、管理费、对展项总体管理和协调费、税费等乙方为完成本合同双方约定的工作内容所发生的一切费用。对合同文件规定范围内的工作内容，原则上采用固定总价合同方式确定。无论承包商多报工程量、多报工程项目，还是漏报工程量、漏报项目，招投标文件中已有的工程项目，全部由施工单位固定总价包干。

（1）合同价款中包括的风险范围:

① 人、材、机的市场价格变化;

② 连续8小时的停水、电、气;

③ 政策性的调整;

④ 技术措施费;

⑤ 有经验的承包商应该可以预料的风险;

⑥ 布展设计方案虽未明确表示但按国家规范必须实施的内容;

⑦ 设计不完善需修改及整改的内容;

⑧ 招标文件明确要求包干的内容。

风险费用的计算方法已包含在总价中。

（2）风险范围以外合同价款调整方法:

① 投标文件中有相同子目的，按投标价;

② 投标书中有相似子目的，按相似子目组价计算;

③ 没有相同及相似的，按2013版定额相应子目组价计算，费率及规费按投标口径组价计算;

④ 仅调整主要材料的，则仅调整材料之间的当期信息价（无信息

价时按市场价）差价；

⑤ 部分内容进行调整的，则以原投标单价为基础，仅就调整部分进行调整。

（3）双方约定合同价款的其他调整因素：

发包人要求增加的布展方案范围外的内容。

3.3　合同结算价

项目竣工验收后，乙方按项目实际的工作量上报结算书，经监理单位和甲方审查后，上报审计部门最终定案的价格，即为本合同的结算价格。最终结算造价以审计部门审定为准。

4. 费用的支付

4.1　乙方在合同签订后 7 日内，向甲方提供合同总价的 5% 的履约保证金。

4.2　履约保证金到位并经财政审批通过后 10 日内支付合同总价 10% 的预付款；深化设计效果通过初步验收，支付至合同总价的 24%；全部施工（制作）图设计评审通过，现场基础装修完成，主要设备采购并进场后支付至合同总价的 50%；现场布展工程基本完成，设备全部安装完毕后支付至合同总价的 70%；布展安装施工预验收合格后，甲方向乙方支付至合同总价的 80%；待整个工程竣工验收合格后，甲方向乙方支付至合同总价的 90%；工程审计完毕后，支付到结算总价的 100%。

4.3　履约保证金

（1）履约保证金递交形式：现金支票、转账支票、电汇或银行汇票；

（2）金额：合同总价的 5%；

（3）递交时间：合同签订生效后 7 天内；

（4）退还：竣工验收合格后，履约保证金转为质量保证金，待质保期满 2 年后无息退还。

5. 权利和义务

5.1 监理工程师

姓名：

甲方委托的职权：监督、管理、协调、服务，对设计和施工的质量、进度、安全、投资进行全面控制。需要取得甲方批准才能行使的职权：另行通知。更换监理工程师后，监理单位应承认前任监理的签证和相关工作。

5.2 甲方代表

姓名： 职务：项目组组长

职权：监督、管理、协调、服务项目实施。

5.3 乙方人员

（1）设计负责人

姓名： 职务：设计负责人

（2）施工负责人

姓名： 职务：施工负责人

（3）以上人员必须在施工期间长住现场，如果有特殊情况需要离开现场，必须经甲方和监理批准。但合同履约期间，上述人员每人缺勤最多累计不得超过 7 个工作日。如累计超过 7 个工作日不在现场，视为工作不到位，每个人超过一天罚款 1 000 元，如果每个人超过 20 个工作日不在现场另罚款 10 万元。

（4）以上人员经甲方和监理方书面同意可以更换，但乙方须保证更换后的人员其综合素质（工作能力、职称资质、工作经验）不得低于更换前的人员。

5.4 甲方工作

甲方应按本合同约定的时间和要求完成以下工作：

（1）提供施工所需的场地；

（2）向乙方提供施工所需水、电等接口，并保障乙方施工期间的需要；

（3）协助本工程涉及的市政配套部门及当地各有关部门的联系和协调工作，协助办理施工所需的有关批件、证件和临时用地等的申请报批手续；

（4）委托监理单位协调施工场地内各交叉作业施工单位的之间关系，配合乙方按合同的约定顺利施工；

（5）水准点与坐标控制点交验要求：开工之前提供。

5.5　乙方工作

乙方应按本合同约定时间和要求，完成以下工作：

（1）布展设计文件的提交；

（2）提供进度计划和相关报表；

（3）承担展区内安全保卫工作及夜间施工照明；

（4）需乙方办理的有关施工场地、道路、环卫和施工噪音管理等手续，按政府有关安全文明施工规定办理，并承担费用；

（5）施工场地清洁卫生的要求：按施工组织设计和有关规定执行，做到文明施工，费用已包括在投标报价内；

（6）双方约定乙方应做的其他工作：按时参加监理例会，配合接受甲方和监理公司的管理协调。

标书编号：ZJ-174643-6

◀ 第九章 ▶

博物馆展览工程委托管理

展览工程的委托管理与前章招标文件编制密切相关。目前博物馆展览工程委托管理存在的主要问题有：重形式和程序，轻结果和效率；招标方式过于单一刻板，只强调公开招标；不尊重展览工程的特点和规律，把展览工程当作建筑装饰工程处理，要求展览设计与制作施工强制分离；投标文件对形式设计的内容与边界规定不明确、不规范，导致各家竞标方案各做各的，无法进行类比；评审标准不科学，过分强调没有实际意义的施工进度、质量、安全保障和投入设计施工力量等；虚拟的展览工程报价在招标评审标准中占了过大的比重，并对竞标的胜出起到了决定性作用；评审主体不专业，评委中真正懂博物馆展览工程的权威专家比例过少等。

这些问题必然导致难以优选出最佳的设计团队和设计方案，进而严重影响博物馆展览工程的质量和水准。展览工程招标，不仅事关公平、公正，更关系到能否真正优选出一支胜任的展览设计与制作团队。选好一支富有博物馆展览成功经验的博物馆展览设计与制作团队非常重要，这是博物馆展览成功的基本保证。否则，选错人、选错队伍，就会一步被动，步步被动；一步错，步步错。

一、把博物馆展览工程当作建筑装饰工程处理的危害

多年来，在各地博物馆展览工程项目的委托和管理方式上，普遍

采用的模式是按建筑装饰工程资质进行招标。即展览建设方在展览工程的报名条件、资质认定、业绩考察、施工监理、结算和审计等的管理上往往套用建筑装潢的管理方式。这种貌似合法、合理的做法，其实很不科学、很不合理，存在极大的弊端，给博物馆展览工程造成了严重的危害。

第一，把博物馆展览工程当作建筑装饰工程管理，必然按建筑装饰工程招标办法进行展览工程招标。即招标办法必然反映建筑装饰工程的要求，如按建筑装饰资质要求报名和入围，按建筑装饰技术标准评价竞标方案，报价游戏规则往往在竞标中起主导作用等；而博物馆展览工程的特殊要求、博物馆展览评价的专业指标无法在招标文件与招标办法中予以体现。这样，招标结果往往与业主方的需求相背，选中的往往是建筑装饰公司而非专业博物馆展览公司。其结果必然是，要么中标后项目无法实施下去，中途退场；要么转卖或分包中标的博物馆展览工程项目；要么将错误进行到底，做砸博物馆展览。特别要提出的是，目前我国没有真正懂得博物馆展览工程规律和特点的招标公司，这些招标公司拟定的招标文件与办法存在极大的问题。

第二，按建筑装饰招标办法进行展览工程招标，一开始就将展览工程的未来命运维系在资质的考量上。入围和选中的必然是具有双甲资质的建筑装饰公司，或是被迫挂靠建筑装潢企业的博物馆专业布展公司，而将很多实际具有博物馆展览工程资格和丰富成功经验但没有建筑装饰双甲资质的优秀展览公司挡在门外。这种看似合法的、完美的招标工作背后，其实隐藏着巨大的隐患。如果是建筑装饰公司来承担博物馆展览工程，其后果是非常可怕的。因为它们不懂博物馆展览的特点和制作规律，往往会把博物馆展览当作一般装潢工程和商业会展处理，或作为试验品处理，结果搞出不伦不类的展览来。如果是挂靠的专业布展公司来承担博物馆展览工程，虽然可能做得好博物馆的展览，但也容易造成种种问题：或因为要协调总包和分包的问题无谓地增加了甲方的管理难度，或因为资金的多重转账影响到资金的及时到位并由此影响工程的进度，或因为以建筑装潢性质来进行博物馆展览工程的结算造成甲乙双方在工程取费上的分歧。此外，由于博物馆展览工程业绩被所挂靠建筑装潢企业占有，容易给该建筑装潢企业竞投另一个博物馆展览工程项目提供“合法”的业绩，影响下一个博物馆展览工程的质量。

第三，按建筑装饰招标办法进行展览工程招标，建筑装饰评标中的价格游戏规则往往起决定性作用。在评标规则中，价格分所占比例很高，谁价格低，往往谁就中标。低价中标后，要么与业主讨价还价要求增加投入，要么就偷工减料，影响展览工程的质量。建筑装饰工程有国家定额价和参考价，因此，按工程量清单招标有其合理性。但博物馆展览工程有其特殊性，即招标阶段概念设计的工程量“概算”是虚拟的。因为一方面，在没有进行深化设计和施工设计之前，工程量是无法准确统计的，必然缺项和漏项很多；另一方面，各家竞标方的工程报价是不可类比的，展项的表现形式、工艺和技术不同，必然造价不同；第三，展览中的辅助艺术品价格只有合理不合理之分，是不能按装饰材料来定价的。因此，按装饰工程量清单招标是不科学、不合理、不公平的。

第四，博物馆展览工程涉及人文自然、艺术创作、科技互动和文物保护等，对施工方的展示设计、创作、经验、制作能力等有一个综合的要求，这不是一般专长建筑物表面粉刷、裱糊、贴挂等装饰工程的装修公司所具备的。让建筑装饰公司承担博物馆展览工程，就会因它们不了解展览工程的特点和制作规律而把博物馆展览误当作普通装潢工程处理，或缺乏承担博物馆展览工程的实践经验，或缺乏博物馆设计人才，或缺乏展览二次设计和创作的能力，或缺乏展览总体效果控制能力等，必然将其承担的博物馆展览工程置于极大的风险之中，最后影响展览工程的质量，搞出不伦不类的展览来，违背展览建设的初衷。

第五，把博物馆展览工程当作建筑装饰工程管理，就会要求展览设计与施工强制分离，这将严重影响展览的质量。众所周知，博物馆展览工程从概念设计、深化设计、施工设计到具体制作布展实施是一个边琢磨、边调整、边修改、边完善的过程。即便是最优秀的设计师或设计团队设计的展览方案，无论是展示空间设计、功能动线规划、展示家具和道具设计、展示灯光设计，还是辅助展品设计、版面设计、多媒体规划、互动展示装置规划，在具体空间实施中都有进一步调整、修改和完善的过程。如果展览工程设计与工程实施分离的话，就可能缺失这一完善展览的过程，从而影响博物馆展览的工程质量和艺术水准。

第六，让普通建筑装饰公司承担博物馆展览工程会给文物保护带来重大隐患。在长期博物馆展览工程实践中，专业博物馆展览公司懂得如何与博物馆配合进行文物处理，如何进行文物保护，而普通装饰公司则不了解文物保护。当前我国正处在博物馆展览建设高峰期，大量建筑装饰队伍的鱼龙混杂，存在的一大隐患是文物安全问题。一般建筑装修公司多采用项目承包制，大多数承包人并非本公司正式员工，流动性大，打一枪换个地方，其技术素养、思想品质良莠不齐。这对所建展馆的文物安全极为不利。

第七，目前博物馆展览工程基本上都是由建筑装饰监理公司按照建筑装饰工程的监理规则进行监理。而博物馆展览工程虽然包含装饰美化，但不是普通建筑装饰工程，总体属于知识、信息、思想和文化传播工程。它涉及综合性多专业的交叉，属于文化知识传播、艺术创造范畴的特种行业，其评价是以知识信息传播和观众获得的教育效益为核心。其监理内容和要求与建筑装饰监理侧重的材料、工艺等完全不同，主要是展示内容与表现形式的吻合度监理、展品展项传播效益和艺术效果监理、展览造价合理性监理等几个方面。常言道，“隔行如隔山”，如今承担博物馆展览工程的监理机构，几乎没有一个懂得博物馆展览工程的监理。不仅如此，建筑装饰监理展览工程，反而会设置众多不符合展览艺术制作规律的要求与障碍，严重影响展览的质量。

第八，博物馆展览工程是以信息传播和艺术效果为核心构建的展品展项系统，包括前面提到的各类艺术品、多媒体和科技装置等。以建筑装饰工程管理方式管理博物馆展览工程，政府审计部门必然要求按照建筑装饰工程标准审计博物馆展览工程。在建筑装饰的审计标准下，博物馆的展品展项、各种辅助艺术品、多媒体和科技装置等，则被肢解为材料、重量、体积、工时、单价等没有任何创造性、艺术性等含金量的材料计量学。显然，这样的审计是不符合博物馆展览特点和规律的。可以讲，目前国内几乎没有真正懂得博物馆展览工程审计的审计机构。

总之，博物馆展览工程与普通建筑装饰有着本质上的不同。将博物馆展览工程等同于建筑装饰工程，无异于请兽医为人治病，将一步错，步步错，一步被动，步步被动，严重影响博物馆展览工程的质量，造成博物馆展览工程的失败。

近五六年来，随着博物馆展览工程市场的扩大，一大批从事普通建筑装饰的公司开始涌入博物馆展览工程市场，不仅造成了市场的无序竞争，而且因为这些装饰公司不擅长博物馆展览工程又缺乏经验，最后造成许多展览工程质量低劣，甚至失败，严重影响了博物馆展览工程投资的有效性。

为了扭转博物馆展览工程管理中存在的混乱局面，规范博物馆展览工程市场，保障博物馆展览工程的质量，迫切需要国家有关部门制定博物馆展览工程管理办法，包括博物馆展览工程资质管理办法、展览工程的验收标准、展览工程的结算和审计标准等。

二、展览设计和制作企业资格要求

目前博物馆展览工程市场鱼目混珠，大量建筑装饰企业进入博物馆展览工程，并造成众多博物馆展览工程项目失败。为了保障博物馆展览工程的成功，确保博物馆展览工程由那些具有博物馆展览技术实施能力，并有丰富经验和良好信誉度的机构来实施；同时，也为了加强对博物馆展览工程市场的规范和监督管理，维护博物馆展览工程的市场秩序，必须加强对博物馆展览设计与制作施工企业的市场准入管理，特别要对博物馆展览工程企业的资质和业绩进行审查。博物馆展览工程资质和业绩包括机构的资质和业绩、设计师和项目经理的资质和业绩。

（一）机构的资质和业绩

尽管博物馆展览工程市场已具有相当规模并在不断增长，但与普通建筑装饰工程不同，至今仍然缺失政府有关部门对博物馆展览工程资质的规范。虽然博物馆展览工程不同于普通建筑装饰工程，但毕竟其展厅顶、地、墙基础装饰工程和电气工程属于装饰工程范畴，一般占到博物馆展览工程总造价的20%左右。所以，在国家博物馆展览工程资质缺位的情况下，目前普遍的做法是暂时采用建设部的建筑装饰工程资质。例如某博物馆招标文件规定："投标人必须具有建设部颁发的建筑装饰专项工程设计甲级及以上资质和建筑装修装饰工程专业承包一级及以上资质或建筑装修装饰设计施工一体化一级资质。"

相对于机构的资质，机构的业绩其实更重要。毕竟谁也不敢将一个博物馆展览工程交给从未有过博物馆展览设计制作经验的公司。因此，对投标机构的业绩要求十分重要。例如某自然生态类博物馆招标文件规定："投标人必须具有丰富的博物馆展览工程设计和施工经验，且在2010年1月以来完成至少1个单项工程造价金额在2 000万元及以上自然生态类博物馆、博物馆、科技馆等主题类博物馆展览工程设计制作的业绩。"还应要求机构提出明确的证明，证明该机构曾经完成在主题、性质、内容、规模、技术难度、施工方式等方面相似的展览项目，包括工程名称和地点、业主名称、工程内容、竣工日期、合同价值等。甲方再依据这些资料，对报名参与单位完成的相关项目进行考察，确定这些项目之品质达到某一水平或业主之认可。这样，该设计或施工单位方才得以进入竞标和议标的行列。如此才能确保博物馆展览项目不因恶性竞争而落入出价低但劣质的单位手中，让甲方最终获得的展览质量得以保证。

（二）设计师和项目经理的资质和业绩

相对于机构的资质和业绩，其实设计师和项目经理的资质和业绩更关键。因为博物馆展览工程的实施，主要靠设计师和项目经理来完成。

主创设计师对一个博物馆展览项目非常重要，他不仅要熟悉博物馆展陈设计的表现规律和基本方法，还要具备博物馆学的基本知识，阅读并准确理解博物馆的展览主题和内容，此外还必须了解展陈空间、材料、工艺、成本等，设计师的经验和设计水平直接关系到展览项目的设计品质。

项目经理具体负责一个博物馆展览项目的制作、施工管理，主要负责展览工程中的质量、资金、进度和安全的控制。项目经理的经验和水平直接关系到展览工程的质量、资金、进度和安全。

近年来，随着博物馆展览工程项目的增长，优秀的设计师和项目经理越来越吃香，所以这些设计师和项目经理经常跳槽。因此，有些展陈公司虽然机构资质和业绩很突出，但由于缺乏有丰富经验的设计师和项目经理，这样的机构资质和业绩实际上是空洞的。因此，在展览工程招标文件中必须对设计师和项目经理资质和业绩提出要求。

例如某博物馆招标文件规定："主创设计师必须具备室内装饰与陈设高级设计师和五年以上（含五年）的博物馆展览设计经验，须担任规模在 2 000 万元及以上规模博物馆展览项目的主创设计师职务，并承诺全程跟踪本项目。项目经理必须具有建筑工程专业或装饰装修工程二级建造师资格和五年以上（含五年）的博物馆展览工程管理经验，持有项目经理安全培训考核合格证（B 类），担任过规模 2 000 万元及以上博物馆展览工程项目经理职务，并承诺施工期间全职担任本项目的项目经理。”同样还应要求设计师和项目经理提出明确的证明，证明其曾经完成在主题、性质、内容、规模、技术难度、施工方式等方面相似的展览项目，包括工程名称和地点、业主名称、工程内容、竣工日期、合同价值等。甲方再依据这些资料，对报名参与的设计师和项目经理完成的相关项目进行考察，确定这些项目之品质达到某一水平或业主之认可。这样，该展陈公司才得以进入竞标和议标的行列。

（三）博物馆展览设计和施工机构资质

目前在国内博物馆展览设计和施工市场三种机构资质并存：一是中华人民共和国住房和城乡建设部《建筑装饰装修工程设计与施工资质标准》，这一资质标准主要针对建筑装饰工程设计与施工，由国家政府机关颁布；二是由行业协会中国博物馆协会颁布的《中国博物馆协会博物馆陈列展览设计施工单位资质管理办法》，这一资质标准主要针对博物馆类陈列展览设计与施工，是根据《中华人民共和国文物保护法》《博物馆条例》《博物馆陈列展览管理办法》等法律、法规和规章的规定制定的；三是由行业协会中国展览馆协会颁布的《展览陈列工程设计与施工一体化资质标准》，这一资质标准主要针对非博物馆类展览馆和商业会展。因此，从适用性和作业性看，文物系统和科协系统的博物馆和科技馆及类似博物馆的展览设计和制作应该主要参考《中国博物馆协会博物馆陈列展览设计施工单位资质管理办法》。

市场准入管理制度是国家行政管理机关依照法律政策，对申请人是否具备市场主体资格并有能力从事经营活动进行审查核准，对符合条件的申请人及其经营事项和范围给予批准和许可的一系列具体制度。根据行政许可法第五条规定，“有关行政许可的规定必须公布；未经许可的，不得作为实施行政许可的依据”。而目前国内博物馆展览设计和施工市场采用的三种机构资质其实都缺乏国家行政许可的法律政策依据。住房和城乡建设部《建筑装饰装修工程设计与施工资质标准》是针对建筑装饰工程设计与施工，而博物馆展览工程设计与施工与其有本质区别，因此显然不能作为博物馆展览设计和施工市场准入的依据。中国博物馆协会和中国展览馆协会系民间行业协会，而非国家行政管理机关，因此，其颁布的《中国博物馆协会博物馆陈列展览设计施工单位资质管理办法》和《展览陈列工程设计与施工一体化资质标准》显然不具有法律效力。

综上所述，根据市场准入的公开性和公平性原则，上述目前国内博物馆展览设计和施工市场采用的三种机构资质都不应该作为博物馆展览工程市场准入的依据或标准。在缺乏国家有关博物馆展览设计与施工行政许可和市场准入依据的情况下，在博物馆展览设计与施工招标中，现阶段我们更加应该强调设计师和项目经理的资质与业绩。

附 1：中华人民共和国住房和城乡建设部《建筑装饰装修工程设计与施工资质标准》

一、总　　则

（一）为了加强对从事建筑装饰装修工程设计与施工企业的管理，维护建筑市场秩序，保证工程质量和安全，促进行业健康发展，结合建筑装饰装修工程的特点，制定本标准；

（二）本标准工程范围系指各类建设工程中的建筑室内、外装饰装修工程（建筑幕墙工程除外）；

（三）本标准是核定从事建筑装饰装修工程设计与施工活动的企业资质等级的依据；

（四）本标准设一级、二级、三级三个级别；

（五）本标准中工程业绩和专业技术人员业绩指标是指已竣工并验收质量合格的建筑装饰装修工程。

二、标　准

（一）一级

1. 企业资信

（1）具有独立企业法人资格；

（2）具有良好的社会信誉并有相应的经济实力，工商注册资本金不少于 1 000 万元，净资产不少于 1 200 万元；

（3）近五年独立承担过单项合同额不少于 1 500 万元的装饰装修工程（设计或施工或设计施工一体）不少于 2 项；或单项合同额不少于 750 万元的装饰装修工程（设计或施工或设计施工一体）不少于 4 项；

（4）近三年每年工程结算收入不少于 4 000 万元。

2. 技术条件

（1）企业技术负责人具有不少于 8 年从事建筑装饰装修工程经历，具备一级注册建造师（一级结构工程师、一级建筑师、一级项目经理）执业资格或高级专业技术职称；

（2）企业具备一级注册建造师（一级结构工程师、一级项目经理）执业资格的专业技术人员不少于 6 人。

3. 技术装备及管理水平

（1）有必要的技术装备及固定的工作场所；

（2）有完善的质量管理体系，运行良好。具备技术、安全、经营、人事、财务、档案等管理制度。

（二）二级

1. 企业资信

（1）具有独立企业法人资格；

（2）具有良好的社会信誉并有相应的经济实力，工商注册资本金不少于500万元，净资产不少于600万元；

（3）近五年独立承担过单项合同额不少于500万元的装饰装修工程（设计或施工或设计施工一体）不少于2项；或单项合同额不少于250万元的装饰装修工程（设计或施工或设计施工一体）不少于4项；

（4）近三年最低年工程结算收入不少于1 000万元。

2. 技术条件

（1）企业技术负责人具有不少于6年从事建筑装饰装修工程经历，具有二级及以上注册建造师（注册结构工程师、建筑师、项目经理）执业资格或中级及以上专业技术职称；

（2）企业具有二级及以上注册建造师（结构工程师、项目经理）执业资格的专业技术人员不少于5人。

3. 技术装备及管理水平

（1）有必要的技术装备及固定的工作场所；

（2）具有完善的质量管理体系，运行良好。具备技术、安全、经营、人事、财务、档案等管理制度。

（三）三级

1. 企业资信

（1）具有独立企业法人资格；

（2）工商注册资本金不少于50万元，净资产不少于60万元。

2. 技术条件

企业技术负责人具有不少于三年从事建筑装饰装修工程经历，具有二级及以上注册建造师（建筑师、项目经理）执业资格或中级及以上专业技术职称。

3. 技术装备及管理水平

（1）有必要的技术装备及固定的工作场所；

（2）具有完善的技术、安全、合同、财务、档案等管理制度。

三、承包业务范围

（一）取得建筑装饰装修工程设计与施工资质的企业，可从事各类建设工程中的建筑装饰装修项目的咨询、设计、施工和设计与施工一体化工程，还可承担相应工程的总承包、项目管理等业务（建筑幕墙工程除外）；

（二）取得一级资质的企业可承担各类建筑装饰装修工程的规模不受限制（建筑幕墙工程除外）；

（三）取得二级资质的企业可承担单项合同额不高于1 200万元的建筑装饰装修工程（建筑幕墙工程除外）；

（四）取得三级资质的企业可承担单项合同额不高于300万元的建筑装饰装修工程（建筑幕墙工程除外）。

四、附　　则

（一）企业申请三级资质晋升二级资质及二级资质晋升一级资质，应在近两年内无违法违规行为，无质量、安全责任事故；

（二）取得《建筑装饰装修工程设计与施工资质证书》的单位，其原《建筑装饰装修专项工程设计资格证书》《建筑装饰装修专项工程专业承包企业资质证书》收回注销；

（三）新设立企业可根据自身情况申请二级资质或三级资质，申请二级资质除对“企业资信”（2）中净资产以及（3）（4）不作要求外，其他条件均应符合二级资质标准要求。申请三级资质除对“企业资信”（2）中净资产不作要求外，其他条件均应符合三级资质标准要求；

（四）本标准由建设部负责解释；

（五）本标准自二〇〇六年九月一日起施行。

附2:《中国博物馆协会博物馆陈列展览设计施工单位资质管理办法》（中国博物馆协会第六届第二次理事长会议2015年4月27日通过）

一、总　　则

第一条　为加强博物馆陈列展览设计施工的管理，提高陈列展览的质量和水平，维护陈列展览设计施工单位和中国博物馆协会会员单位的合法权益，加强行业自律管理，制定本办法。

第二条　本办法所称博物馆陈列展览设计施工，是指为生动展示博物馆藏品的历史、艺术、科学价值，准确表达陈列展览主题内涵而进行的形式艺术设计，以及制作、布展等活动。

第三条　从事博物馆陈列展览设计施工活动的中国博物馆协会会员单位，可按照本办法规定的条件申报取得相应资质。

第四条　中国博物馆协会的会员单位在陈列展览设计施工招标中，在遵守国家相关法规政策的前提下，可在其他同等条件下优先考虑取得本办法规定资质的设计施工单位。

第五条　中国博物馆协会负责本办法所指博物馆陈列展览设计施工单位资质的认证和管理工作。

第六条　中国博物馆协会博物馆陈列展览设计施工单位资质管理工作接受政府有关部门的指导和监督。

二、设计资质标准

第七条　博物馆陈列展览设计单位资质分为甲、乙、丙三级。

第八条　甲级资质标准：

（一）具备独立法人资格，企业注册资本不少于200万元人民币；

（二）从事博物馆陈列展览设计业务不少于8年，独立承担过不少于10项展厅面积均在2 000平方米（含）以上或造价1 000万元（含）以上的陈列展览项目设计，艺术效果良好，设计质量合格；

（三）有不少于8年博物馆陈列展览设计经历的博物馆陈列展览设计相关专业总设计师；具备博物馆陈列展览设计等相关专业高级职称人员不少于3人，中级职称人员不少于8人；经中国博物馆协会认证的博物馆陈列展览设计专业执业资格人员不少于10人（首次申报单位从获得资质之日起1年内达标）；

（四）有与开展设计业务相适应的先进设备和固定工作场所；

（五）通过国家质量体系认证或有完善的质量保证体系；

（六）博物馆或其部门申请甲级资质参考上述条件，并结合实际情况处理。

第九条　乙级资质标准：

（一）具备独立法人资格，企业注册资本不少于100万元人民币；

（二）从事博物馆陈列展览设计业务不少于5年，独立承担过不少于5项展厅面积均在1 000平方米（含）以上或造价700万元（含）以上陈列展览的设计，艺术效果较好，设计质量合格；

（三）有不少于5年博物馆陈列展览设计经历的博物馆陈列展览设计相关专业总设计师；具备博物馆陈列展览设计等相关专业高级职称人员不少于2人，中级职称人员不少于6人；经中国博物馆协会认证的博物馆陈列展览设计专业执业资格人员不少于6人（首次申报单位从获得资质之日起1年内达标）；

（四）有与开展设计业务相适应的设备和固定工作场所；

（五）通过国家质量体系认证或有健全的管理制度和质量管理体系；

（六）博物馆或其部门申请乙级资质参考上述条件，并结合实际情况处理。

第十条　丙级资质标准：

（一）具备独立法人资格，企业注册资本不少于30万元人民币；

（二）从事博物馆陈列展览设计业务不少于3年，独立承担过不少于3项展厅面积均在500平方米（含）以上或造价100万元（含）以上陈列展览的设计，有一定艺术效果，设计质量合格；

（三）有不少于3年博物馆陈列展览设计经历的博物馆陈列展览设计相关专业总设计师；具备博物馆陈列展览设计等相关专业中级职称人员不少于3人；经中国博物馆协会认证的陈列展览设计专业执业资格人员不少于4人（首次申报单位从获得资质之日起1年内达标）；

（四）有与开展设计业务相适应的设备和固定工作场所；

（五）具有健全的质量管理制度。

（六）博物馆或其部门申请丙级资质参考上述条件，并结合实际情况处理。

三、施工资质标准

第十一条　博物馆陈列展览施工单位资质分为壹、贰、叁三级。

第十二条　壹级资质标准：

（一）具备独立法人资格，企业注册资金不少于1 000万元；

（二）具有承担各类博物馆陈列展览施工能力，从事博物馆陈列展览施工业务不少于8年，独立承担过不少于10项展厅面积均在2 000平方米（含）以上或造价1 000万元（含）以上大型陈列展览项目施工，项目竣工质量合格，无安全事故；

（三）有相应的博物馆陈列展览施工专业技术人员，有不少于8年博物馆陈列展览施工经历的博物馆陈列展览施工相关专业的总工程师，有具备一级建造师资格的技术总负责人；从事博物馆陈列展览施工人员具备工程管理、博物馆等相关专业的高级技术职称人员不少于3人，中级技术职称人员不少于8人；经中国博物馆协会认证的陈列展览施工专业执业资格人员不少于10人（首次申报单位从获得资质之日起1年内达标）；

（四）有从事博物馆陈列展览施工经验三年以上、经过专业培训持证上岗的技术工人骨干队伍，具有一级注册建造师资格的工程项目管理人员不少于5人；

（五）有与开展施工业务相适应的先进设备和固定工作场所；

（六）通过国家质量体系认证或有完善的质量保证体系，有健全的经营管理、安全、环保等各项管理制度。

第十三条　贰级资质标准：

（一）具备独立法人资格，企业注册资本不少于500万元人民币；

（二）从事博物馆陈列展览施工业务不少于5年，独立承担过不少于5项展厅面积均在1 000平方米（含）以上或造价700万元（含）以上陈列展览的施工，工程竣工质量合格，无安全事故；

（三）有相应的博物馆陈列展览施工专业技术人员，有不少于5年博物馆陈列展览施工经历的博物馆陈列展览施工相关专业的总工程师，有具备二级注册建造师资格的技术总负责人；从事博物馆陈列展览施工人员具备工程管理、博物馆等相关专业的高级技术职称人员不少于2人，中级技术职称人员不少于6人；经中国博物馆协会认证的陈列展览施工专业执业资格人员不少于6人（首次申报单位从获得资质之日起1年内达标）；

（四）有从事博物馆陈列展览施工经验两年以上、经过专业培训持证上岗的技术工人骨干队伍，具有贰级注册建造师资格的工程项目管理人员不少于3人；

（五）有与开展施工业务相适应的设备和固定工作场所；

（六）有完善的质量保证体系和健全的经营管理、安全、环保等各项管理制度。

第十四条　叁级资质标准：

（一）具备法人资格，注册资本不少于100万元人民币；

（二）从事博物馆陈列展览施工业务不少于三年，独立承担过不少于3项展厅面积均在500平方米（含）以上或造价100万元（含）以上陈列展览的施工，工程竣工质量合格，无安全事故；

（三）有相应的博物馆陈列展览施工专业技术人员，有不少于三年博物馆陈列展览施工经历的博物馆陈列展览施工相关专业的总工程师；从事博物馆陈列展览施工人员具备工程管理、博物馆等相关专业的中级技术职称人员不少于3人；经中国博物馆协会认证的陈列展览施工专业执业资格人员不少于4人（首次申报单位从获得资质之日起一年内达标）；

（四）有从事博物馆陈列展览施工经验一年以上、经过专业培训持证上岗的技术工人骨干和稳定的博物馆陈列展览施工队伍；

（五）有与开展施工业务相适应的设备和固定工作场所；

（六）有必要的质量保证体系和经营管理、安全、环保等管理制度。

四、资质适用营业范围

第十五条　博物馆陈列展览设计单位资质一般适用营业范围：

（一）甲级设计资质可承担各类博物馆陈列展览设计。

（二）乙级设计资质可承担单项展厅面积2 500平方米以内的博物馆陈列展览设计。

（三）丙级设计资质可承担单项展厅面积1 000平方米以内的博物馆陈列展览设计。

第十六条　博物馆陈列展览施工单位资质一般适用营业范围：

（一）壹级施工资质可承担各类博物馆陈列展览施工。

（二）贰级施工资质可承担单项展厅面积2 500平方米以内的博物馆陈列展览施工。

（三）叁级施工资质可承担单项展厅面积1 000平方米以内的博物馆陈列展览施工。

五、资质申请与审批

第十七条　博物馆陈列展览设计施工单位申请资质等级认证，应当向中国博物馆协会提交下列材料：

（一）博物馆陈列展览设计施工单位资质等级申请表；

（二）单位营业执照；

（三）法人代表及主要技术人员身份证明及从业证明；

（四）主要经营管理和专业技术人员的身份证、执业资格证书或职称证书、任职文件、社保证明等；

（五）已完成的博物馆陈列展览设计或施工工程项目合同、工程竣工后的实景图片，以及工程质量验收报告等相关资料；

（六）其他有关资料。

第十八条　中国博物馆协会每年受理一次博物馆陈列展览设计施工单位资质等级认证申请（含晋升资质等级申请），审核通过的，发给相应等级的《博物馆陈列展览设计单位资质证书》或《博物馆陈列展览施工单位资质证书》，同时公告社会。

资质证书分为正本和副本，由中国博物馆协会统一印制。

六、监 督 管 理

第十九条　资质证书是承揽博物馆陈列展览设计施工的凭证，只限本单位使用，不得涂改、伪造、出借、转让。资质证书如有遗失，应立即在省级以上媒体上声明作废，并及时向中国博物馆协会报告，申请补办。

第二十条　博物馆陈列展览设计施工单位的名称、地址、法定代表人、注册资金等变更，应在变更后的30天内到中国博物馆协会办理变更备案手续。

第二十一条　博物馆陈列展览设计施工单位分立、合并，应当按照本办法重新申请资质等级认证。

第二十二条　博物馆陈列展览设计施工单位因破产、撤销、停业或其他原因终止业务活动的，应将资质证书交回中国博物馆协会予以注销。

第二十三条　中国博物馆协会每两年进行一次博物馆陈列展览设计施工资质年检。博物馆陈列展览设计施工资质单位应当于年检当年的 3 月 31 日前向中国博物馆协会提交以下年检材料：

（一）《博物馆陈列展览设计施工单位资质年检申报表》；

（二）博物馆陈列展览设计施工资质证书副本原件和复印件；

（三）两年内完成或参与的博物馆陈列展览设计施工项目的合同复印件；

（四）项目工程竣工或进展情况报告及相关材料。

第二十四条　中国博物馆协会对认定为年检合格的博物馆陈列展览设计施工资质单位，在其资质证书副本上加盖年检合格章。

第二十五条　有下列情形之一的博物馆陈列展览设计施工单位，应当认定为年检不合格：

（一）在陈列展览设计施工活动中发生展品、人员安全责任事故的；

（二）因设计施工质量问题造成陈列展览在展出期间发生展品、人员安全事故的；

（三）连续两年没有从事陈列展览设计施工活动的；

（四）有其他违法违规行为的。

第二十六条　对首次未按规定办理年检手续或年检不合格的博物馆陈列展览设计施工单位，将予以警告，责令整改。整改后仍不符合相应等级资质标准的，将降低或撤销其资质。

第二十七条　对有下列情形的博物馆陈列展览设计施工单位，视其情节轻重，给予警告、降低资质等级、撤销资质的处罚：

（一）未在规定期限内办理资质年检手续、变更备案手续的；

（二）以弄虚作假或者以不正当手段取得博物馆陈列展览设计施工资质证书的；

（三）涂改、伪造、出借、转让资质证书的；

（四）将所承担的设计、施工项目分包或转包给其他单位实施的；

（五）单位分立、合并未按照本办法重新申请资质等级认证的；

（六）在陈列展览设计施工中发生重大安全责任事故的。被取消资质的，三年内不得重新申报资质。同时，将在中国博物馆协会网站等媒体公布单位不良信息。

第二十八条　中国博物馆协会承担资质评审的组织和人员应当按照公开、公平、公正的原则，严格遵守资质认证审批、管理的工作程序、规则和纪律，廉洁高效地为博物馆陈列展览设计施工单位服务。对违法违规行为，按照有关规定严肃查处，直至追究法律责任。

七、附　　则

第二十九条　本办法由中国博物馆协会负责解释。

第三十条　本办法自 2015 年 5 月 18 日施行。

附 3：中国展览馆协会《展览陈列工程设计与施工一体化资质标准》

一、总　　则

（一）为了满足中国展览馆协会从事展览陈列（以下简称：展陈）工程设计与施工业务会员的发展需求，更好地为从事展览陈列工程设计与施工的会员单位提供特色化服务，同时维护我国展陈市场秩序，提高展陈工程质量和安全水平，促进展览行业健康发展，结合展陈设计与施工的特点，特制定本标准；

（二）本资质仅在中国展览馆协会会员范围内，本着自愿申请的原则开展评选；

（三）本标准适用于主要从事博物馆、规划馆、自然科技馆、主题馆、企业展厅、体验厅等各类固定展厅的设计与施工业务的会员企业，或主要从事展览陈列范围内专业分包业务的会员企业，业务范围主要包括：艺术景观类、互动多媒体类、影音成像类、数码影像播放类、图表沙盘类、智能机电控制、环形球形影院等，以及随着科技发展所衍生出的新型展览陈列活动和形式；

（四）本标准设一级、二级、三级资质，共三个资质等级；

（五）本标准作为中国展览馆协会优先向中国展览馆协会下属会员单位、展览组织者、相关的各行业协会和地方协会、展览场馆和参展商推荐作为展览、博物馆、陈列馆、城市规划馆和商业陈列场所以及事件活动的承办者、协办者、承包商、服务商的依据。同时，也可作为各类陈列场所工程甲方考量设计和施工企业资质的依据；

（六）本标准中工程业绩和专业技术人员业绩指标是指已竣工并验收质量合格的展陈工程；

（七）各参评单位所提供的相关资料及证明须保证真实有效。如有弄虚作假，一经查实将汇报评审小组，视情节轻重，将予以降级或取消资质进行处罚；

（八）鉴于展览陈列为一个新兴行业，各类规范和要求相对较少，各会员单位和有关社会机构，应本着维护展览陈列市场秩序，促进行业健康发展的宗旨，以协会为平台，群策群力不断完善展览陈列企业资质的评审要求和标准，提升质量，使之越来越符合有关会员和社会机构的需要，推动展陈企业发展。对于一些非展览陈列行业协会组织牵头的，以评审活动为手段，谋取经济利益为目的，盲目推出缺乏权威性和社会责任的所谓展览陈列资质，甚至仿冒中国展览馆协会展览陈列工程资质，不但增加企业负担，而且扰乱了市场秩序，妨害社会公信力和采用机构的利益。各会员应本着为企业负责、对行业负责的精神，自愿做出行业自律声明，做到不参与、不参加，自觉抵制、绝不轻信。

二、标　　准

（一）一级资质标准

1. 企业的基本条件

（1）参评单位须为中国展览馆协会会员，自入会之日始认真履行会员义务，每年按时缴纳会费；

（2）提交行业自律声明；

（3）具有独立企业法人资格；

（4）具有良好的社会信誉并有相应的经济实力，工商注册资本金不少于1 000万元，自正式申请参加资质等级评审日期起计算的上一年度企业净资产1 200万元以上；（需提交上两年度报当地工商税务机关年审通过的会计师事务所出具的年度财务审计报告复印件。复印件需加盖该会计师事务所红章。所提交审计报告中应包含资产、负债各科目余额的简要说明）

（5）自正式申请资质等级评审之日起前36个自然月期间，独立承担过单位合同额不少于1 000万元的展陈工程项目（设计或施工，或设计施工一体）不少于2项，并提供工程质量合格证明或证书。

或单项合同额不少于500万元的展陈工程项目（设计或施工或设计施工一体）不少于4项；并提供工程质量合格证明或证书；［需提供相应的合同书及对应收款凭据（银行对账单）及甲方证明文件复印件］

（6）从事本资质标准所规定的展陈工程经营活动8年以上（含8年，以企业登记注册时间为准）；

（7）近三年中最高年的工程结算收入不少于3 600万元（需提供相应的年度财务审计报告复印件）；

（8）同意公开企业相关参评信息（公开的信息包括企业名称、地址、法人代表、ISO 认证号、主要业绩项目、注册资金、年度净资产等）。

2. 企业的人员条件

（1）企业总人数不少于 50 人（企业人数应提供相应的社保证明）。

（2）企业负责人具有 8 年以上从事工程管理工作经历或具有高级专业职称，各类专业人员不少于：注册于本单位的壹级国家注册建造师 1 人。设计师（设计类大学本科以上学历，工作 10 年以上或中级以上职称）10 人。项目经理（大学本科以上学历，工作 5 年以上或中级以上职称）5 人。具有室内设计或环境艺术、结构、暖通、给排水、电气等相关专业技术人员中，有中级以上职称的人员 5 人：项目主要负责人（室内设计或环境艺术专业）1 人、智能化分项负责人（电气或电子专业）1 人、消防分项负责人（给排水专业）1 人、电气分项负责人（自动控制或电气或给排水专业）1 人、造价编制负责人 1 人，分项负责人要求具备工程师以上专业技术职称。

3. 企业的技术装备及技术水平

（1）有必要的技术装备及固定的工作场所；

（2）具有完善的技术、安全、合同、财务、档案等管理制度；

（3）已通过 ISO 质量管理体系认证和 14000 环境认证，并且在认证有效期内；

（4）企业需以本企业真实情况，做出书面声明：自正式申请参加资质等级评审的日期起计算的前 36 个自然月内，在所从事的各项施工工程及经营活动中未发生严重安全、质量事故，没有涉及企业诚信的不良记录；

（5）参评企业截止到申请之日前的 36 个自然月期间，独立承担的展陈设计与施工项目中，企业拥有专利产品或作品不少于 5 项，至少有 1 项获得各专业机构举办的全国级评比，所获得优秀奖以上奖项（包括精品奖、设计或施工单项奖、特别奖等）需提供获奖证书、主办单位证明及有关文件；

（6）参加中国展览行业企业信用等级评定并获得相应级别；

（7）参加中国展览馆协会展览工程资质评定并获得一级资质；

（8）有固定综合加工场所与仓储用房，建筑和场地的总体面积不少于3 000平方米（需提供真实有效的房产证明或租赁合同）。

（二）二级资质标准

1. 企业的基本条件

（1）参评单位须为中国展览馆协会会员，自入会之日始认真履行会员义务，每年按时缴纳会费；

（2）行业自律声明；

（3）具有独立企业法人资格；

（4）具有良好的社会信誉并有相应的经济实力，工商注册资本金不少于500万元，自正式申请参加资质等级评审日期起计算的上一年度企业净资产600万元以上；（需提交上两年度报当地工商税务机关年审通过的会计师事务所出具的年度财务审计报告复印件。复印件需加盖该会计师事务所红章。所提交审计报告中应包含资产、负债各科目余额的简要说明）

（5）自正式申请资质等级评审之日起前24个自然月期间，独立承担过单位合同额不少于500万元的展陈工程项目（设计或施工，或设计施工一体）不少于2项，并提供工程质量合格证明或证书。

或单项合同额不少于200万元的展陈工程项目（设计或施工或设计施工一体）不少于4项；并提供工程质量合格证明或证书。[需提供相应的合同书及对应收款凭据（银行对账单）复印件]

（6）从事本资质标准所规定的展陈工程经营活动5年以上（含5年，以企业登记注册时间为准）；

（7）近二年中最高年的工程结算收入不少于1 000万元（需提供相应的年度财务审计报告复印件）。

（8）同意公开企业相关参评信息（公开的信息包括企业名称、地址、法人代表、ISO 认证号、主要业绩项目、注册资金、年度净资产等）。

2. 企业的人员条件

（1）企业总人数不少于 30 人（企业人数应提供相应的社保证明）。

（2）企业负责人具有 5 年以上从事工程管理工作经历或具有中级专业职称；设计师（设计类大学本科以上学历，工作 10 年以上或中级以上职称）5 人，项目经理（大学本科以上学历，工作 5 年以上或中级以上职称）3 人。具有室内设计或环境艺术、结构、暖通、给排水、电气等相关专业技术人员中，有中级以上职称的人员 3 人。

3. 企业的技术装备及技术水平

（1）有必要的技术装备及固定的工作场所；

（2）具有完善的技术、安全、合同、财务、档案等管理制度；

（3）已通过 ISO 质量管理体系认证和 14000 环境认证，并且在认证有效期内；

（4）企业需以本企业真实情况，做出书面声明：自正式申请参加资质等级评审的日期起计算的前 24 个自然月内，在所从事的各项施工工程及经营活动中未发生严重安全、质量事故，没有涉及企业诚信的不良记录；

（5）参加中国展览行业企业信用等级评定并获得相应级别；

（6）参加中国展览馆协会展览工程资质评定并获得相应级别；

（7）有固定综合加工场所与仓储用房，建筑和场地的总体面积不少于 2 000 平方米（需提供真实有效的房产证明或租赁合同）。

（三）三级资质标准

1. 企业的基本条件

（1）参评单位须为中国展览馆协会会员，自入会之日始认真履行会员义务，每年按时缴纳会费；

（2）行业自律声明；

（3）具有独立企业法人资格；

（4）具有良好的社会信誉并有相应的经济实力，工商注册资本金不少于200万元，自正式申请参加资质等级评审日期起计算的上一年度企业净资产200万元以上；（需提交上两年度报当地工商税务机关年审通过的会计师事务所出具的年度财务审计报告复印件。复印件需加盖该会计师事务所红章。所提交审计报告中应包含资产、负债各科目余额的简要说明）

（5）自正式申请资质等级评审之日起前12个自然月期间，独立承担过单位合同额不少于100万元的展陈工程项目（设计或施工，或设计施工一体），不少于2项，并提供工程质量合格证明或证书。

或单项合同额不少于50万元的展陈工程项目（设计或施工或设计施工一体）不少于4项；并提供工程质量合格证明或证书；［须提供相应的合同书及对应收款凭据（银行对账单）复印件］

（6）从事本资质标准所规定的展陈工程经营活动3年以上（含3年，以企业登记注册时间为准）；

（7）近一年中最高年的工程结算收入不少于300万元（需提供相应的年度财务审计报告复印件）。

（8）同意公开企业相关参评信息（公开的信息包括企业名称、地址、法人代表、ISO认证号、主要业绩项目、注册资金、年度净资产等）。

2. 企业的人员条件

（1）企业总人数不少于15人（企业人数应提供相应的社保证明）。

（2）企业负责人具有3年以上从事工程管理工作经历或具有中级专业职称；设计师（设计类大学本科以上学历，工作10年以上或中级以上职称）3人，项目经理（大学本科以上学历，工作5年以上或中级以上职称）2人。具有室内设计或环境艺术、结构、暖通、给排水、电气等相关专业技术人员中，有中级以上职称的人员2人。

3. 企业的技术装备及技术水平

（1）有必要的技术装备及固定的工作场所；

（2）具有完善的技术、安全、合同、财务、档案等管理制度；

（3）已通过ISO质量管理体系认证和14000环境认证，并且在认证有效期内；

（4）企业需以本企业真实情况，做出书面声明：自正式申请参加资质等级评审的日期起计算的前12个自然月内，在所从事的各项施工工程及经营活动中未发生严重安全、质量事故，没有涉及企业诚信的不良记录；

（5）参加中国展览行业企业信用等级评定并获得相应级别；

（6）参加中国展览馆协会展览工程资质评定并获得相应级别；

（7）有固定综合加工场所与仓储用房，建筑和场地的总体面积不少于1 000平方米（需提供真实有效的房产证明或租赁合同）。

三、所对应的工程业务范围

（一）取得展览陈列工程设计与施工一体化一级资质的企业，可从事各类展陈工程中的项目咨询、设计、施工和设计与施工一体化工程，还可承担相应展陈工程的总承包、项目管理等业务；

（二）取得展览陈列工程设计与施工一体化一级资质的企业，可承担各类展陈工程的规模不受限制；

（三）取得展览陈列工程设计与施工一体化二级资质的企业、可承担单项合同额不高于1 200万元的展陈工程业务；

（四）取得展览陈列工程设计与施工一体化三级资质的企业可承担单项合同额不高于300万元的展陈工程业务。

四、资质的申请、评定和管理

（一）符合本标准规定的适用条件的展陈工程企业可根据本单位情

况，对照资质等级标准，选择所需要申报的资质等级，在规定时间内，向中国展览馆协会秘书处提请申报。

（二）展陈工程企业和场馆工程部门在申报资质等级时应提交中国展览馆协会规定的资料、数据、证书等文件。

（三）由中国展览馆协会设立的资质评审委员会按《中国展览馆协会展览陈列工程设计与施工一体化资质评审流程》对企业资质进行评审。

（四）评审结果由中国展览馆协会展示陈列专业委员会审核、备案并报中国展览馆协会批准公布。

（五）通过资质等级评审的展陈工程企业将获得资质证书。

（六）资质等级的管理由中国展览馆协会负责。

五、附　　则

（一）本标准自颁布之日起执行；

（二）本标准由中国展览馆协会制定，解释权归中国展览馆协会。

三、常见的博物馆展览工程公开招标模式及其弊端

他山之石，可以攻玉。美国博物馆展览工程委托方式主要有三种：公开招标、邀标议标和直接指定。

1. 公开招标：公开招标的对象主要是指那些技术难度较小，可以面向社会公开招标的博物馆展览工程项目。如普通的、投资小的临时展览和专题展览。

2. 邀标议标：邀标议标的对象主要是指那些难度较大的博物馆展览工程项目。经过考察，从中选择五六家已经处理过类似展览且水准较高的布展公司，进行邀请招标和专家议标，最终确定展览的委托单

位。这是快速有效、公平公正地落实委托单位的方式。

3. 直接指定：直接指定主要是对那些相似性罕见或实施难度大或极度重视质量的博物馆展览工程项目。经考察，仅有个别专业布展公司有能力或擅长解决类似问题。在这种情况下，一般直接将甲方的需求以文件方式寄发给数家在能力上获得肯定的单位。然后组织博物馆专家，一一约谈这些单位，就项目本身进行讨论与沟通，最后以指定方式直接将项目委托与表现最佳者。除此之外，项目的选择标准，不一定完全依照这些单位提出的服务价格，还另外加入其他的参数，例如单位本身的能力、服务范围、设计思路等。

不管采用哪一种委托方式，选择标准中最重要的是对展览设计布展机构的资信审查和业绩考察。除了审查有兴趣参与单位的资信及经济保证外，还要要求该机构提出明确的证明，证明该单位曾经完成在主题、性质、内容、规模、技术难度、施工方式等方面相似的展览项目，包括工程名称和地点、业主名称、工程内容、竣工日期、合同价值等。甲方再依据这些资料，对有兴趣参与单位完成的相关项目进行考察，确定这些项目之品质达到某一水平或业主之认可。这样，该设计或施工单位方才得以进入竞标和议标的行列。如此才能确保博物馆展览项目不因恶性竞争而落入出价低但劣质的单位手中，让甲方最终获得的展览质量得以保证。

美国博物馆大部分是民办博物馆，因此可以采取上述灵活多样的方式，而我国博物馆大部分为国有博物馆，按照国家政策规定，一般都要采取公开招标的方式。但美国博物馆展览工程委托方式中合理的地方值得我们借鉴，例如强调尊重博物馆展览工程的特点和客观规律，强调要有利于保障博物馆展览的质量，强调博物馆展览设计制作的能力和成功经验。

目前我国博物馆展览工程常见的公开招标方式主要有四种：一是按深化设计和施工设计的要求进行招标；二是通过概念设计竞赛提出

概算造价，再进行带深化设计的制作布展招标；三是通过财政评审确定展览工程造价，再进行带深化设计的制作布展招标；四是套用建筑装饰工程做法，设计与制作施工强制分离招标。

（一）按深化设计和施工设计的要求进行招标

一般操作思路：要求每家投标单位按照业主提供的相关资料（建筑图纸、展览内容文本、部分展品资料等）进行深化设计和施工设计，并提供全套施工图和工程量清单预算，在此基础上通过竞标确定中标人，再进行制作布展。

这种招标操作方法只是业主的一厢情愿，根本行不通。因为对投标人来说，要完成所有展览工程的深化设计和施工设计并编制工程量清单，需要投入大量的时间与资金。在目前招标环境并不理想的前提下，即便自己做得可能最好，但难保自己一定中标。如果不中标，不仅为别人做嫁衣裳，而且无法收回高额的投入，风险实在太高，所以投标人一般不会响应这样的投标方式。此外，博物馆展览工程远比普通建筑装饰工程复杂，在业主不能提供全套完整展品清单和学术资料的前提下，在未经专家领导多次反复论证和指导的前提下，投标单位是不可能完成可供实际制作布展的设计方案和工程量清单预算的。因此，这种方式的招标操作是完全行不通的，在实践中很少有这样的招标操作。

（二）通过概念设计竞赛提出概算造价，再进行带深化设计的制作布展招标

一般操作思路：为了满足可行性研究报告、确定投资额和立项的要求，建设方通过付费的方式进行展览方案设计竞赛，即建设方向参

与方案设计竞赛的机构提供建筑图纸、展览内容文本以及部分展品资料等，通过设计竞赛，从中选出一个较好的设计方案，再通过各家报价估算出一个造价概算，作为拦标价。然后以此为基础，再进行带深化设计的制作布展招标。

还有一种类似的做法是直接委托一家展览设计机构做出一个概念设计方案（含施工图、工程量清单和造价概算），然后以此为基础，再进行带深化设计的制作布展公开招标。

上述招标操作方法看似合理，其实不仅是自欺欺人，而且是浪费时间和金钱。因为设计竞赛提供的只是一个初步的概念设计方案，不是一个完整的可供制作布展的实施方案；提供的施工图和工程量清单及其概算是虚拟的、不真实的，不仅有大量缺项漏项，而且在今后的设计方案完善和优化时会有许多变化。最后还是要回到深化设计和施工设计上去，因此，此环节没有真正起到确定科学的投资额（拦标价）的作用，既浪费金钱（支付设计竞赛费用），又浪费时间（至少耽误二三个月时间）。

（三）通过财政评审确定展览工程造价，再进行带深化设计的制作布展招标

这种操作方式为：1. 邀请三家或以上展览设计机构做展览概念设计，政府财政部门邀请第三方评估机构对三套或以上方案进行财政评审，确定初步概算造价和深化设计单位。2. 要求深化设计单位在一两个月内对展示设计方案进行修改完善并编制工程量清单及其报价，并通过专家财政评审确定展览工程量清单、总价和单项价格，其中包括了展项数量、名称、型号、尺寸、面积、材料、工艺和价格等。3. 依据前面确定的展览工程量清单、总价和单项价格进行展览制作布展公开招标，并规定专家财政评审定的展览工程量清单、总价以及单项名

称、价格、型号、尺寸等不准改变。

这种操作办法表面上看似严密合理，其实严重违背博物馆展览工程设计制作规律，很不合理、极不科学。因为一方面，一个完善的展览设计方案需要博物馆业主方展品和学术资料对接、专家指导，不断切磋、修改才能形成。在没有馆方和专家密切配合的情况下，设计方设计的方案必然存在大量缺项、漏项、变更项和有待完善项，其编制的工程量清单及其报价也是极不准确的。另一方面，在后续展览方案深化、制作过程中，业主、专家和当地政府领导往往会对展览设计方案提出增减内容、变更表达方式等意见，这就会出现与上述财政评审约定相矛盾的地方，包括总价、数量以及名称、型号、尺寸、面积、材料、工艺和价格等，这对展览的质量影响很大。

（四）套用建筑装饰工程做法，设计与制作施工强制分离招标

一般操作思路：在博物馆展览工程的委托中，把博物馆展览工程当作建筑装饰工程，简单套用建筑装饰工程的规定，要求博物馆展览形式设计和布展施工强制分离，即对展览形式设计和布展施工分别招标，并规定设计中标单位不能参与施工竞标。

这种貌似合理、公正的做法其实是违背博物馆展览工程规律的，会带来一系列问题（详见本章“五、为何目前博物馆展览工程设计与制作宜一体化”），必然严重影响博物馆展览工程质量。

四、理想的博物馆展览工程委托与管理模式

美国对大型博物馆展览设计、制作与布展工程的委托方式，除了直接委托外，一般采取展览设计和效果监理与制作布展工程分离的做法。其操作方法是：1. 通过考察洽谈或竞标的形式确定一家资信好、

经验丰富的展览设计公司，委托任务主要有两项：一是负责展览的设计，包括全套深化设计方案（展品展项设计、照明设计、展柜设计、施工图和工程量清单等）；二是负责后期的制作布展效果监理。2. 根据设计方案进行展览制作、布展招标选定中标单位进行实施。这种操作模式符合博物馆展览工程的特点和规律，有助于保障展览工程的质量和水准。美国博物馆展览工程的委托方式值得我们学习。

那么，怎样的博物馆展览工程委托和管理模式才是合理合法的？

首先，要符合国家法律和政策的相关规定。2017 年 8 月住建部出台了《工程造价事业发展“十三五”规划》，规划指导思想要求“三个坚持”：“坚持计价规则全国统一；坚持计价依据服务及时准确；坚持培育全过程工程咨询”①，按照七部委颁发的《工程建设项目施工招标投标办法（七部委 30 号令）》的相关规定②，招标项目的前期设计单位一般是不参加施工的竞标和承包。除非是设计、施工总承包形式的交钥匙工程，招标和发包时，就明确由承包人负责设计和施工，并且已具备设计和施工的相关资质。

其次，要符合公平、公正、公开的市场竞争原则。在先有展览设计方案的前提下再进行展览制作布展施工招标，竞标各方面对的都是相同的设计方案，这样，一方面可以对竞标各方进行价格和工艺等进行类比和竞争，符合公平、公正原则；另一方面因为有价格和工艺等的竞争比较，也有利于维护建设方的利益。

再次，要符合博物馆展览工程的特点和规律。鉴于博物馆展览工程的高度综合、专业和复杂，为确保展览内容的思想性、科学性、知识性，展示形式的艺术性、观赏性、趣味性和体验性，展览制作布

---

① 住房和城乡建设部:《工程造价事业发展“十三五”规划》,2017年,第一条第(二)项。

② 《工程建设项目施工招标投标办法》(2013年修改版)第三十五条:“……或者为招标项目的前期准备或者监理工作提供设计、咨询服务的任何法人及其任何附属机构(单位),都无资格参加该招标项目的投标”。

展工艺的严肃性、技术的可靠性、造价的合理性，以及维护展览工程的公平、公正和公开，必须严格遵循博物馆展览策划、设计、制作和布展的科学程序与运作规律，让专业的人做专业的事，形成团队作业。

根据上述合理合法的原则，理想的博物馆展览工程运作模式——“设计与制作布展分离”，其运作路径如下：

第一步：要理清博物馆展览工程建设的主要事项。以新馆展览工程为例，其主要事项包括：1. 展览工程项目建议书和可行性研究报告编写、立项与概算编制；2. 博物馆展览工程运作科学流程、进度及其管理要求编写；3. 展览工程各分项招标文件编制及其招标；4. 展览内容策划及其文本编写；5. 展示形式设计及其工程量清单编制；6. 展览工程预算审核；7. 展览制作布展工程实施及其监理；8. 工程展览验收、结算和审计等。

第二步：根据博物馆展览工程的科学流程，按照不同阶段的任务需要，分别物色不同专业机构承担各个阶段的工作任务。依次如下：

1. 首先要选择一家博物馆展览工程项目管理咨询机构。鉴于目前国内博物馆展览工程建设方普遍不擅长展览工程项目的管理，需要找一家擅长展览工程项目的管理咨询机构。其责任主要有：为业主编写展览工程项目建议书和可行性研究报告，制定展览工程的流程与进度，代理物色展览策划、设计、制作布展、造价评估机构等相关机构。

2. 选择一家展览内容策划机构。按照博物馆展览工程的规律，首先要编写类似于影视剧剧本的展览内容文本，然后展览形式设计师依据展览内容脚本进行展览形式设计。因此，由展览工程项目管理咨询机构代理选择一家具有丰富博物馆展览策划经验的机构进行展览内容文本策划。

3. 选择一家展览形式设计和效果监理机构。按照设计与制作布展分离的做法，由展览工程项目管理咨询机构代理选择一家富有成功展览设计和效果监理的展览形式设计机构。该展览设计与效果监理机构主要承担两项任务，一是根据展览内容文本、有关学术资料、展品清单、展厅空间等，完成所有展览深化设计和施工设计，并编制工程量清单和预算；二是负责展览制作和布展的效果监理。

4. 选择一家擅长展览工程造价咨询机构。由展览工程项目管理咨询机构代理物色一家擅长展览工程造价的咨询机构，负责对展览工程概算编制、预算审核、最终造价结算审核等工作。

5. 选择多家展览制作公司和一家展览制作和布展的管理公司。按照分类委托制作的做法，由展览工程项目管理咨询机构分别物色展柜、照明、辅助艺术品、多媒体与科技装置制作等专业机构，同时物色一家富有丰富经验的展览制作和布展的管理公司负责总体协调和管理。

6. 选择一家展览工程监理机构。按照建设工程管理的要求，博物馆展览工程必须要有工程监理，但博物馆展览工程监理主要负责展厅基础装饰工程以及与建筑装饰有关的内容监理。

但要实行这样的操作模式，不仅要培植上述一批专业化的博物馆展览工程市场主体，同时还要改变传统博物馆展览工程市场管理规则，并制定相关的标准与规范。

第一，要培养一批专业的博物馆展览工程项目管理咨询机构。但目前全国很难找到这样的咨询机构。现有的咨询机构多为一般建设项目咨询管理机构，它们普遍不擅长编写博物馆展览工程项目建议书和可行性研究报告，不了解展览工程管理流程与进度，不擅长编写展览策划、设计、制作布展的招标文件等。

第二，要加强博物馆展览策划人才的培养，培育一批擅长展览内容策划的机构。较之我国每年几万个博物馆陈列展览，专业化、市场化的展览内容策划机构少得可怜，全国只有个别这样的专业机构。因此，要改变目前我国博物馆展览项目重形式、不重内容策划的弊病，一方面要增加展览内容策划的预算，另一方面要培养这样的专业机构，推动博物馆展览内容策划的专业化和市场化发展。

第三，培植一批兼具博物馆展览设计和效果监理的专业公司。要改变目前我国博物馆展览工程普遍存在的重展览制作布展、轻展览设计和效果监理的做法。一方面必须实行设计和效果监理与制作布展强制分离，另一方面必须要培植一批既具有较高博物馆展览设计和效果监理专业能力，又具有商业品德的展览设计公司。但目前国内展览设计公司普遍缺乏较高的博物馆展览设计能力，并且注意力不在设计（设计不赚钱），而在展览制作与布展（有利可图）。因此，要改变我国目前博物馆展览项目重制作布展、轻展览设计和效果监理的错误做法，必须提高展览设计的费率，让展览设计公司能够从设计和效果监理中获得利润，不必从展览制作布展工程中去赚钱，不必出于赚钱目的去做设计（故意设计一些后期制作布展中有利可图的设计项目），安心做好设计。国际上一般博物馆展览设计和效果监理费占展览工程总造价的 20% 左右，美国高的达 25%。而我国目前博物馆展览设计费一般在 4%～8% 之间，几乎没有效果监理费的安排。这种局面需要改变，让展览设计与效果监理机构有钱可赚，能保持中立，强化展览制作与布展的效果监理。

第四，培养一批专业化的展览工程制作与布展的统筹管理机构和专业分包机构。目前国内缺乏专业化的博物馆展览工程制作与布展的统筹管理机构以及专业的分包机构。因此，为了加强博物馆展览制作和布展的统筹协调管理以及专业化制作布展，必须培养一批专业化的博物馆展览工程制作与布展的管理机构和专业分包机构，例如展柜、照明、辅助艺术品、多媒体等制作机构。

第五，培养培植一批专业的博物馆展览工程造价咨询机构。作为第三方，根据博物馆展览工程设计规范、工程量清单编制规范、展览工程取费标准以及市场调研和情报搜集研究，审核展览工程概算、预算与结算。

第六，制定博物馆展览工程设计规范、博物馆展览工程计量规范、博物馆展览工程计价标准以及博物馆展览造价指标动态信息系统。而目前缺乏这些规范标准，为了保障展览项目公共投资的合理性和有效性以及公开透明，政府相关部门要制定博物馆展览工程设计规范、工程量清单计量编制规范，以及展览工程特别是辅助艺术品、多媒体、科技体验装置、照明、展柜等的取费标准或办法，为展览设计和效果监理，为展览工程概算、预算以及结算和审计提供操作依据。

从博物馆展览工程运作管理合法化、专业化、规范化的角度看，未来必须推行“博物馆展览设计与制作布展分离”，这正是我国博物馆展览工程运作管理需要努力的方向。但目前显然我国博物馆展览工程运作管理还不具备上述操作的条件。

较之目前我国博物馆展览工程运作管理的各种模式及其优劣，现阶段比较合理的做法是选择“设计与施工一体化”管理模式，即在“设计与施工一体化”的前提下分阶段操作（详见本章“六、展览工程设计与制作一体化如何操作”）。这种做法的好处是避免设计与制作布展的脱节，可以使设计的理念得以更完善的落实，有助于较好保障博物馆展览工程的质量和艺术水准。不足之处是价格缺乏竞争比较，把审价权交给了行业专家，这是不完全符合国家相关法律的。

五、为何目前博物馆展览工程设计与制作宜一体化

多年来，各地博物馆展览工程的实践表明，在目前条件下，推行展览形式设计与制作布展一体化招标和运作，相对比较符合博物馆展览工程建设规律，有助于较好保障博物馆展览工程的质量和艺术水准。

第一，博物馆展览工程不同于普通建筑装饰工程。普通建筑装饰工程的性质主要是环境美化和装饰。一般来讲，普通建筑装饰工程艺

术含量较低，一般有设计图纸，施工方就可以依图实施，而且其装饰材料一般为市场上可以买到的通用材料。而博物馆展览工程则是一项面向大众的知识、信息和文化传播工程，一项基于传播学和教育学的设计活动，一项兼具学术性、思想性、科学性和艺术性的创作活动。展览工程设计包括展示空间设计、功能动线规划、展览内容点线面规划、展示家具和道具设计、展示灯光设计、辅助展品设计、版面设计、多媒体规划和研发、互动展示装置规划和研发、文物保护设计。虽然博物馆展览工程包含顶、地、墙及电气工程等基础装饰工程，但 70%以上都是艺术工程。此外，展览工程也不是简单的文物摆放，还要善于处理文物艺术品的安全保护问题。显然，博物馆展览工程与普通建筑装饰工程有着本质的不同，不能简单套用普通建筑装饰工程的做法。

第二，博物馆展览工程设计具有二度设计创作的特殊性。博物馆展览工程是一项集成工程，从事展览设计制作的专业公司就是集成公司，它们主要负责展览的总体设计和总体集成，此外还必须具备对分包项目设计和制作指导的能力和经验。在设计阶段完成的展览工程设计只是展览的总体设计方案，包括展览的空间规划、功能动线规划、展览内容点线面规划、辅助展品规划、多媒体规划等。至于展览涉及的大部分具体展项，例如场景、模型、沙盘、景箱、蜡像、壁画、历史画、油画、半景画、雕塑、多媒体、动画、幻影成像等，展览工程设计方案只是提出了其位置、尺寸和设计要求等（俗称“开了个天窗”）。上述每个展项都需要进一步委托相关艺术家或专业机构进行二次甚至多次设计和创作。例如场景的设计制作，要经过草图、效果图、小样、制作等创作阶段，其间要不断修改和调整。设计制作期间，负责展览总设计和总集成的展览公司必须予以指导和监督。可见，仅凭博物馆展览工程方案是难以进行展览工程制作和布展的，这与普通建筑装饰工程只要有设计图纸就可以施工完全不同。博物馆展项二度设计创作的特殊性和必要性，是博物馆展览工程强调形式设计与专业制作一体化的充分依据。这与普通建设工程要求设计、施工分离的强制性规范，在管理上有重大差异。

第三，博物馆展览工程设计和制作，从概念设计、深化设计、施工设计到展品展项设计、制作及现场布展安装是一个边琢磨、边修改、边调整、边完善的过程。即便是最优秀的设计师或设计团队的展览设计方案，无论是展示空间设计、功能动线规划、展示家具和道具设计、展示灯光设计，还是辅助展品设计、版面设计、多媒体规划、互动展示装置规划，往往都存在这样那样的问题，特别是在工程实施中，都有进一步调整、修改和完善的必要。如果展览设计与工程实施分离的话，在展览工程实施中，施工方要么对设计方案存在的问题将错就错，从而影响博物馆展览的工程质量和艺术水准；要么对设计方案存在的问题进行必要的调整，但这将是牵一发而动全身，哪怕是某个展项的删除或调整（尺度、位置、表现方式等），都将造成前期展览设计方所做的整个施工图的改变甚至废弃，需要进行重新设计。因此，从展览工程边修改、边调整、边完善的工作规律讲，博物馆展览设计与制作布展也宜一体化。

第四，如果按照“展览形式设计和布展施工分别招标并规定设计中标单位不能参与施工竞标”这样的规则实施展览工程，必然出现这样可怕的局面：有能力和经验从事博物馆展览设计、制作和布展的专业展览设计制作公司，要么放弃参与展览的形式设计竞标，要么为了表示一种姿态勉强参与但不希望中标（以便日后参与布展施工竞标）。专业公司之所以这样做，原因很简单，因为目前我国博物馆展览设计取费很低（国际上一般在展览工程总造价的15%～25%，而我国一般在4%～8%），而设计本身工作复杂且工作量大，较之布展施工，展览设计不划算；更关键的是设计单位不能参与布展施工竞标，而真正赚钱的机会是在布展施工中。因此，在“展览形式设计和布展施工强制分离”这样的规则指导下，展览设计中标单位往往是那些在博物馆展览工程行业中入行不深的建筑装饰公司。即便它们有做好展览设计的良好愿望，但限于能力和经验，它们往往难以胜任博物馆展览的工程设计工作，最后完成的展览设计方案往往因为存在这样那样的问题而难以付诸实施，被迫在布展施工阶段推倒重来。这对业主来说无疑是一个重大的损失，不仅耽误了展览工程的进度，而且在设计上白白支付了一笔不菲的冤枉钱。

第五，如果展览形式设计与制作布展工程强制分离的话，那么建设方、设计方和施工布展方三方的责任将难以界定。目前我国尚无博物馆展览形式设计的行业规范和标准，在这种情况下，如果博物馆展览工程设计与制作布展进行分离的话，就会产生一系列问题：对设计方而言，为了获得业主方的认可，可能会较少考虑甚至不顾设计方案的造价和预算、空间的条件许可、展项的工艺和技术保证、展项材料的采购可能等因素，尽可能将设计方案做得吸引业主的眼球。而对施工方而言，一方面要完全理解设计方的意图和理念是比较困难的，另一方面，既要考虑实施的可能条件，又要顾及成本和自身的利润，必然要找各种借口偷工减料，例如空间条件和技术条件不允许，某项设备和材料采购不到等。一旦出现这样的情况，甲、乙、丙三方的责任就难以界定，就可能出现相互推诿的局面，最终必然影响展览工程的质量和展览的艺术水准。

一些地方在博物馆展览工程招标中，之所以采用“展览形式设计和制作布展强制分离”的简单做法，究其原因：一是业主，特别是业主的上级领导部门，不了解博物馆展览工程的性质和规律，将博物馆展览工程等同于普通建筑装饰工程；二是明知道现阶段展览形式设计和制作布展强制分离不合理，但为了强调政府公共工程招标的所谓“公平、公正和公开”，只求程序合法，不求过程合理，宁要所谓公平，也不要结果完美。

总之，博物馆展览工程采用设计施工一体化管理模式，其好处是避免设计与施工的脱节，可以使设计的理念得以更完善落实。博物馆建设是一项造福于民众的长远工程。为了做好博物馆的展览工程，我们必须实事求是，遵照博物馆展览工程的建设规律办事。在展览工程的招标和管理上，宜实行展览设计与布展施工一体化。并且，在展览工程实施的全过程中，展览建设方要与展览设计、制作及布展方密切配合。唯有如此，才能保障博物馆展览工程建设的成功。

六、展览工程设计与制作一体化如何操作

虽然目前博物馆展览工程设计与制作布展宜一体化，但如何操作？这是一个比较复杂的问题，需要兼顾博物馆展览工程规律和政策法律两方面来考虑。

博物馆设计一般分为概念设计和深化设计（含施工设计）两个阶段，概念设计只是招标阶段乙方根据甲方提供的简单的、不完整的设计素材（展品、学术资料）做的初步设计，实际上只是做了整个展览设计的一小部分，必然有大量缺项或有待调整、完善的设计。由于没有做完整个展览的全部设计，因此，也必然没有根据全部设计做的施工图设计、工程量清单和预算（虽然有施工图、工程量清单和预算，但都是拍脑袋做的）。

在这种情况下，站在业主及其政府监管部门的立场看，如果仅仅凭一个概念设计方案就与乙方签订展览工程合同（包括投资造价），这显然是不科学、不合理的，也是不利于展览工程的质量保障的。而且，后期展览设计与制作过程中将面临一系列问题，诸如设计变更、造价预算变化和财政评审和审计等。因此，政府有关部门一般不同意这样做。从业主及政府监管部门的角度看，最理想的是在招标阶段就要求乙方做完全部设计，提供全套设计图（包括平面图、立面图、图文版面、辅助艺术品、媒体装置、照明设计、展柜设计、施工图等）、编制完整的工程

量清单和造价预算。但事实上是行不通的，理由主要有三个方面：

第一，在招标阶段甲方提供的设计素材（展品清单及其尺寸、展品背景资料、辅助展品创作学术资料等）严重不足，而且甲方给的设计时间往往只有一两个月，而要真正做好一个中型展览的全部设计起码要四五个月。因此，在设计素材和时间不充分的情况下，事实上要真正做好一个能落地的展览的全部设计是不可能的。

第二，站在乙方的立场看，要按照甲方的招标竞赛要求做完全部设计，提供全套设计图、编制完整的工程量清单和造价预算，需要大量的人力与物力投入。如果投标不中，那损失就比较大，而甲方给的补偿费远远不够补充其投标带来的损失。更何况目前招标评审缺乏科学标准，人为因素影响较大，设计方案好的未必中标。因此，在这种情况下，真正擅长博物馆展览设计与工程的专业机构就不愿参与投标。即便参与了，每家提交的方案依然是不完整的初步设计方案。

第三，由于博物馆展览工程的特殊性，一个好的展陈方案的形成，是设计方、业主和专家密切配合，不断讨论修改的结果。但在招标期间，业主和专家是不可能参与设计过程的。因此，仅靠设计方的努力是不可能形成一个好的展陈方案的。

那么怎么办？首先要尊重博物馆展览设计与制作布展工程规律，以结果为导向，政策法规和程序的本质是要保障一个好的展览结果，机械地、不负责任地死扣不合理的政策法规和程序是不可取的；二是必须考虑甲、乙双方的合理关切。据此，一个合理、合法的解决办法是：

在“设计与施工一体化”的前提下分阶段操作，即在“设计与施工一体化”前提下招标，但合同分两个阶段签。

首先，通过兄弟博物馆类似展览决算价以及本馆展览建设的财力和建设目标确定一个造价概算，例如 10 000 元 / 平方米，展厅面积 5 000 平方米，那概算总价为 5 000 万人民币；在设定展览工程概算总价和约定展览形式设计费（例如 8%，计 400 万人民币）的前提下，通过概念设计方案、业绩、资信选择一家有能力的专业公司作为中标单位，先签订设计合同，在博物馆方及其专家的配合和指导下负责展览深化设计和施工设计。并规定如果设计方案未获得通过，业主有权终止设计合同和扣减设计费，有权拒绝与乙方签订展览工程制作布展合同。

其次，在业主提供全套完整展品清单和学术资料的前提下，设计方进行深化设计和施工设计，并由专家组和相关领导对设计方案反复讨论论证，最后确定展览深化设计方案、施工图和工程量清单预算。此时，因为全套设计图已经完善通过、工程量清单和造价预算也出来了，所以甲方有依据合理合法地与乙方签订展览工程制作布展合同。并且在合同中规定：一、不得突破展览预算造价。二、据实结算，如果决算审计超过预算，不增加资金；如果不到预算总价，按实际结算审计付款。

这样操作，一方面符合博物馆展览设计与制作布展工程规律，照顾到甲、乙双方的合理关切，特别是政府监管部门的关切，能保障博物馆展览工程的顺利推进；另一方面谁设计、谁施工、谁负责，可以避免设计与施工分离造成的相互推诿，避免出现无休止的大量工程变更；此外还能节省时间和金钱，提高了管理效率，保障了展览设计布展的质量。

多年来，各地博物馆展览工程的实践表明，在“展览形式设计与制作布展一体化招标”前提下分阶段操作，不仅符合博物馆展览工程建设规律，更重要的是有助于保障博物馆展览工程的质量和艺术水准。浙江等地的博物馆展览工程项目操作表明，这是一种行之有效的办法。

七、概念设计及其招标评审

为某博物馆展览而进行的，将展览内容文本、展陈空间结构、展品形象资料进行分析后所形成的展陈施工工程设计与辅助展品设计过程定义为展览形式设计。形式设计是对内容准确、完整和生动的表达，因此必须在熟悉展示内容、展品形象资料和展示空间的基础上进行创作。一般来说，博物馆展览形式设计包括两个部分：概念设计、深化设计（含施工设计）。

（一）概念设计的目的和基本要求

概念设计是指初步的创意设计，不是最终的展览实施设计方案，主要供展览招标、选择展览设计和制作机构之用。作为招标阶段的概念设计，其主要目的是通过概念设计方案选择一支相对理想的设计和制作团队，并为下一步展览深化设计和制作奠定基础。因此，这一阶段的概念设计方案只是初步的设计方案，不是最后落地的方案。

因此，评价一个概念设计方案，主要看方案的基本思路和方向是否准确可行，方案是否具有进一步深化的发展前景等。具体来说，就是设计方案对展览传播目的和功能把握是否准确？对展览的主题和内容理解是否正确？展示内容的空间规划设计（点、线、面）是否合理？展示空间的艺术氛围营造是否贴切？艺术表现与展览传播的主题和内容是否吻合？展览艺术表现的逻辑是否清晰？艺术或工艺表现的技术可靠性及其造价是否合理？

概念设计的基本要求是，除了要阐述展览设计和创作的基本思想和总体理念外，必须完整表达展览内容体系在展厅建筑空间中的合理布局，观众参观路线，未来展览空间设计及其总体艺术风格，重点亮点展示效果图，基本展览设备的造型及其尺度比例等。概念设计文件必须包括：

- 展示内容主题结构演绎泡泡图；
- 展览内容点、线、面布局平面图及观众流线图；
- 序厅设计效果图；
- 每个部分或单元重点和亮点设计效果图；
- 典型展品组合效果图，包括展品组合、图文版面等；

- 展览设备造型图，包括展柜、壁龛、展台、展墙的设计图；
- 展厅艺术效果和氛围效果图；
- 各展厅立面图；
- 多媒体项目效果及原理分析图；
- 展厅指示系统规划图和设计图；
- 展览造价概算书。

（二）目前概念设计方案存在的问题

目前，在全国各地博物馆展览工程设计和制作招标中，一个普遍存在的问题是，各家投标单位提交评审的形式概念设计方案五花八门，具体表现在：

一是设计方案缺乏可比性。形式概念设计的内容与边界不确定、不规范，没有统一的范围和考核标准。各投标单位设计方案的内容边界不统一，你做你的，我做我的，在同一展厅内，你做的是这部分设计，而我做的是另一部分设计；各投标单位设计方案的内容深浅程度不统一，有的做的是单纯的概念设计，而有的已经做到初步的扩初设计；各投标单位设计方案的展项数量多少不一，有的做得多，有的做得少；各投标单位设计方案的表现方式不同，材料与工艺也不同，导致报价不统一，有的高，有的低，甚至差异很大。

二是过分强调对方案评价没有实际意义的、应该在合同中规定的施工进度、质量、安全保障和投入设计施工力量。

三是过分强调虚假的展览工程概算报价。概念设计不是中标后的完整的深化设计，必然存在大量缺项、漏项和调整项。因此不可能有准确的、完整的工程量清单，因此这个概算是极不准确、不完整的，不能作为评标的主要因素。

如此等等，将严重影响评委对各家投标单位的设计方案进行科学的类比和客观、公正的评判，不利于业主方真正选出水准较高的展览设计制作机构，不利于后期展览深化设计，影响博物馆展览工程的质量。

附：某博物馆《陈列布展工程评标科目组成及评分细则》

评委独立阅读每份投标文件，对各项目根据以下规则进行分类评分，并按每项目的分值，进行汇总，评委会据此统计平均，得出各投标文件的有效分值（保留到小数点后一位）。满分计为100分，以下为评标科目组成及评分细则：

一、艺术设计创意（共50分）

1.1　总体创意及专业对话能力（共30分）

1.1.1　内容与形式的协调统一（9分）

1.1.1.1　主题突出，形式多样，内容与形式完美统一（7～9分）

1.1.1.2　能表达主题，形式有变化，内容与形式基本统一（4～6分）

1.1.1.3　主题不突出，形式单一，内容与形式脱节（1～3分）

1.1.2　整体布局和总体理念（9分）

1.1.2.1　整体布局科学、合理，总体设计理念先进、新颖（7～9分）

1.1.2.2　整体布局较为合理，总体设计理念一般（4～6分）

1.1.2.3　整体布局不合理，总体设计理念陈旧（1～3分）

1.1.3　重点、亮点的营造和表现（12分）

1.1.3.1　重点突出，创意新颖，视觉震撼，造型独特，有很强的参与性（11～12分）

1.1.3.2　有重点，有一定新意，造型完整且特别，有参与性（8～10分）

1.1.3.3　有一定的重点处理和较好的表现方式（4～7分）

1.1.3.4　无重点、亮点，没有好的表现手段（1～3分）

1.2　高新科技及艺术场景的专业能力（共20分）

1.2.1　高科技技术的运用（10分）

1.2.1.1　高科技项目互动性强，性能优，操作简便，容易维护，价格合理（9～10分）

1.2.1.2　高科技项目互动性较强，性能较好，操作简便，价格适中（7～9分）

1.2.1.3　高科技项目有互动性，性能一般，操作简便，价格较高（3～6分）

1.2.1.4　高科技项目无互动性，性能差，操作复杂，难以维护，价格高（1～2分）

1.2.2　艺术场景具体设计（10分）

1.2.2.1　立意准确，构思巧妙，构图布局合理，机理质感强，光色控制佳，制作工艺先进，艺术感染力强（9～10分）

1.2.2.2　立意基本准确，构思比较巧妙，构图布局比较合理，机理质感比较强，光色控制比较佳，制作工艺比较精，艺术感染力比较强（6～8分）

1.2.2.3　立意一般，构思不够巧妙，构图布局一般，机理质感不强，制作工艺一般，艺术感染力不足（3～5分）

1.2.2.4　立意较差，构思不巧妙，构图布局不合理，机理质感差，制作工艺差，无艺术感染力（1～2分）

二、工程技术分（共28分）

2.1　质量保证措施（8分）

2.1.1　应用技术、设备的能力成熟，针对项目实际提出科学、可行、具体的保证措施，超过招标文件的质量要求，质量违约责任承诺具体（7～8分）

2.1.2 措施基本可行，基本满足招标文件质量要求，质量违约责任承诺具体（3～6分）

2.1.3 措施可行性有明显不足，质量保证手段有明显缺陷（0～1分）

2.2 安全保证措施（6分）

2.2.1 针对项目实际情况，有先进、具体、完整、可行的实施措施，采用规范正确、清晰（5～6分）

2.2.2 有基本合理的实施措施，采用规范正确（2～4分）

2.2.3 安全文明措施不够得力，采用规范不够正确（0～1分）

2.3 进度保证措施（6分）

2.3.1 进度计划编制合理、可行，关键节点的控制措施有力、合理、可行，进度违约责任承诺具体、赔偿合理（5～6分）

2.3.2 进度计划编制可行，关键节点的控制措施合理、可行，进度违约责任承诺具体、基本可行（2～4分）

2.3.3 进度计划编制不够合理，关键节点的控制措施有缺陷，进度违约责任承诺不够明确（0～1分）

2.4 投入设计施工的力量（8分）

2.4.1 项目经理贰级以上（或艺术总监），并有十年以上文博展览项目管理（或专业）经验，其负责的工程中有曾获得中国博物馆十大陈列精品及国家相关文化展览金奖（或一等奖）的，得4分；项目经理贰级以上（或艺术总监），有五年以上文博展览项目管理或专业经验得1.5分；项目经理贰级以上（或艺术总监），文博展览项目管理或专业经验不足五年的，得0.5分。

2.4.2 技术负责人有高级职称、十年以上管理经验的，得2分；技术负责人有高级职称的，五年以上管理经验得1分；技术负责人有较高水平，五年以下管理经验得0.5分。

2.4.3 管理人员力量强，设计施工组织方案科学合理得2分；管理人员力量较强，设计施工组织方案合理得 1 分；管理人员力量较强，设计施工组织方案有待完善得 0.5 分。

三、投标人的类似业绩（12 分）

3.1　2013 年以来，设计制作过同类大中型博物馆陈列展览项目（经业主有效证明或提供合同证明），每个展览项目可得 1 分。本项满分为 4 分。

3.2　2013 年以来获得过中国博物馆十大精品奖（经业主有效证明或提供合同证明）。其中综合奖每个 2 分，满分为 6 分；单项奖（指最佳形式设计奖、最佳制作奖、最佳新技术和新材料应用奖、最佳安全奖、最受观众欢迎奖）每个 1 分，满分为 2 分。本项满分为 8 分。

四、商务经济分（10 分）

4.1　工程概算报价的评分（占 6%）

本项目实行限价招标法，评标科目分总价合理和明细适当两个部分。

A　总价合理（4 分）

1. 报价不得等于、高于限定价，否则视为对限价招标类博物馆艺术陈列项目的不理解，得 0 分；
2. 报价偏离限定价 20% 以上（含 20%）的，视为缺漏项报价或不正当低价竞争，得 0 分；
3. 以去除上述两类 0 分报价后的第二低价和限价的平均价为满分报价；
4. 高于或低于满分报价的，每一个百分点计扣 1 分。

B　明细适当（2 分）

1. 单价合理、项目清晰，得 2 分；
2. 单价比较合理，项目清晰，得 1 分；
3. 单价有明显错漏，或项目明显有错漏，得 0 分。

4.2　设计费报价的评分（占 4%）

1. 计费依据充分、算法清晰合理，得 4 分；

2. 计费较有依据、算法大致得体，得 3 分；

3. 计费基本无据、算法模糊混乱，得 0 分。

（三）如何科学评价展览形式概念设计方案

作为竞争性招标评审，要做到科学、公正地评价展览形式概念设计方案，一要确立概念设计类比的内容范围，二要设定概念设计的科学类比标准。

科学、客观和公正的评价是建立在类比基础上的。显然，不在一个平台上的事物是无法进行类比的，没有类比，也就难以科学、客观和公正地区分优劣。特别是，博物馆展览工程采取设计施工一体化的模式，这样做的好处是避免设计与施工的脱节，可以使设计的理念得以更完善地落实。但同时也带来一定的问题，各投标单位提交的设计方案都有所不同，这就很难在造价等方面进行比较和控制。

因此，为了保障评标的公平和公正，便于对各家投标单位方案进行性价比较，在形式概念设计的设计范围、内容边界和设计程度上必须作出规定。只有这样，方能比较出各家概念设计方案的差异、优劣和性价比，才能体现招标的公正和公平，更重要的是能为下一步展览的深化设计和制作真正选出一个基础良好的方案来。

鉴于概念设计主要关注的是展览的核心创意、基本思路和主要表现方式，因此，概念设计最重要的设计内容和范围主要应该是以下两个方面：

一是展览内容（点、线、面）布局规划。

在概念设计阶段，最重要的任务是对展览内容从传播学和形式设计的角度进行宏观规划（点、线、面），而主要不是微观展项的设计（点）。因为如果宏观规划不合理，即使部分微观展项设计再成功，那也保证不了展览的成功，何况微观展项设计应该在宏观规划科学的前提下进行，并且应该在后期深化设计阶段进行。如果概念设计的基本方向错了，那么今后的深化设计必然不可能成功。

以往的展览设计往往只重视展览“点”的设计而忽视展览内容主题结构（“线和面”）的规划，事实上，展览“线和面”的规划比展览“点”的设计更重要。因为如果“线和面”规划不合理，即使微观展项设计再好，整个展览也不会出彩。这就好比是一篇文章，如果文章的篇章结构不合理，即便某个段落写得再精彩，那也不是一篇好文章。

须知，展览大纲或文本的结构与展览形式设计的结构是不同的。为了使展览内容在“线和面”上具有较高的逻辑清晰度和明确的故事线，在形式设计中，特别需要从传播学和形式设计的角度进行重新规划，也就是在展览大纲或文本的基础上，对展览主题结构（故事线）进行巧妙地演绎并在空间上以平面图的方式做出合理的规划。

例如，当年无锡博物院的“太湖与无锡”展览，展览大纲的结构是学科体系模式的，设计师在形式设计和空间规划上将之调整为如下结构：“太湖水之美、太湖水之生命、太湖水之文化、太湖水之可持续利用”。这样的主题结构简洁清晰，主题突出，也便于观众参观。反之，照搬展览大纲或文本的结构，那么展览将是主题不突出、平铺直叙的；即便一些点的展项设计再成功，那也保证不了展览的成功与精彩。可见，在概念设计阶段，主题结构（故事线）的演绎和规划很重要。

二是展览重点和亮点的表现设计。

展览需要做“秀”，需要“秀”的支撑，所谓“秀”就是展览内容的重点和亮点。因此，考察一个形式概念设计方案的优劣，很重要的一个方面就是看设计单位能否在阅读研究展览内容文本的基础上，准确找到展览的重点和亮点；找到后能否采用最恰当的表现方式，并将它准确、完整和生动地表达出来。所以，在设定展览形式概念设计内容边界和要求时，要明确规定设计单位必须对展览的重点和亮点进行设计，并且要对这些重点和亮点的设计提出明确考核标准。

以杭州中国湿地博物馆概念设计招标为例，在招标文件中，我们明确要求设计方要对包括序厅和各部分重点和亮点做出设计效果图，并附相关说明：

序 厅 设 计

第一部分“湿地与人类”：5～8个形态效果图（“秀”）要求：功能说明、创意说明、形态效果图、工艺或技术支撑说明。

第二部分“中国湿地”：5～8个形态效果图（“秀”）要求：功能说明、创意说明、形态效果图、工艺或技术支撑说明。

第三部分“西溪湿地公园”：5～8个形态效果图（“秀”）要求：功能说明、创意说明、形态效果图、工艺或技术支撑说明。

除了上述两个方面外，在概念设计中，还要考察如下内容：展览设计的基本理念或指导思想、各展览内容平面图、观众流线图、空间轴侧图和展厅总体艺术效果图、展览基本设备造型图，展览造价概算书及其合理性等。

在确立概念设计类比内容范围的基础上，还要科学设定概念设计内容的考核标准。并且，仅仅设计评价指标及其权重是不够的，还必须明确各项指标评价的标准，例如：

根据概念设计评审方案提出对展览内容点、线、面空间布局评审标准：各部分和各单元面积分配是否合理？知识点和信息点安排是否恰当？参观路线规划是否合理？

对展厅艺术效果和氛围效果的评审标准：展厅艺术效果和氛围是否与博物馆展览主题和内容吻合？展厅是否具有引人入胜的视觉效果，是否具有较强的艺术感染力？

对重点、亮点的选择和表现的评审标准：在认真阅读理解展览内容大纲的基础上，找出展览每部分或单元真正的重点和亮点，并能选择最合适的表现手段，用最富创意的理念和可靠的技术手段予以表现，包括场景、模型、沙盘、艺术创作。是否选准了展览真正的重点和亮点？每个重点和亮点的表现手段是否恰当？重点和亮点的表现是否达到内容与形式完美统一？艺术场景设计是否达到构思立意准确、构图布局合理、艺术感染力强？重点和亮点的总体形式表现是否丰富多样和新颖独特？

对多媒体及互动体验展项效果的评审标准：多媒体及互动体验展项是否达到传播目的明确？是否富有创意、互动性强？是否性能优、操作简便？是否容易维护，性价比是否合理？

对概算合理性和性价比的评审标准：展览工程中基础装饰工程、艺术及数字展项、照明、展示家具等概算是否科学合理？总体性价比是否高？

八、工程报价不宜作为展览工程评标的决定性依据

在我国博物馆展览工程招标评审中，无论是设计和施工一体化招标，还是施工与制作分开招标，工程报价往往在招标评审标准中占了过大的比重，并起到了决定性作用。按满分 100 分计算，工程报价分多的会占 30～50 分。须知，即便是 20 分，也往往会对评审结果产生颠覆性的作用。

目前展览工程招标评分标准一般由两部分组成，一是主观分部分（基于各评委主观判断），主要是设计方案，考核指标包括：内容与形式协调统一、整体布局和总体设计理念、重点亮点营造和表现、高科技项目运用、场景的设计制作，以及质量保证措施、安全保证措施、进度保证措施、投入设计施工力量等；二是客观分部分，主要是工程报价，由计算得出分数，各评委的打分一致。一般来说，在主观分部

分，由于分值范围的限定，前几名的投标单位之间的分数往往相差无几，少则几分，多则十几分。在笔者参与的博物馆展览工程招标评审中，曾经遇到第一名和第二名相差只有 0.14 分的情况。而工程报价这一客观分部分则由于价格规则的设定，往往“四两拨千斤”，造成彼此间差距可能很大。这样导致的后果是，一方面，虽然有的投标方设计方案和综合实力很突出，主观分优势明显，但因工程报价分很低（甚至被扣光）而被淘汰出局；另一方面，会给那些水平较低，但以低价为策略的投标单位以可乘之机，凭低价中标，最后因为设计和制作能力的局限而严重影响展览工程的设计和制作质量。

从博物馆展览工程的实践看，这种以工程报价为决定性因素的评审规则既不科学、合理，也违背公平、公正的原则，更不利于业主方选出真正具有实力的展览设计与制作公司。因此，工程报价不宜作为展览工程评标的决定性依据，具体理由如下：

首先，博物馆展览工程招标，特别是设计和施工一体化招标，主要目的是通过展览概念设计方案、业绩经验及综合能力的考察，从若干投标者中选择一支具有博物馆展览工程设计制作能力和丰富经验的队伍，再进行展览深化设计、施工设计和制作布展。因此，在招标阶段，对展览工程设计制作能力和经验的考察是第一位的，工程造价的报价是次要的。试想，如果不能选择一家具有展览工程设计制作能力和经验，并由此影响展览工程的质量和水平，即便价格最低，那也违背了我们展览建设的初衷。

其次，在展览工程招标中各家的工程报价本身是一个虚拟的报价，不具有真实性、参考性和可比性。因为在博物馆展览工程招标，特别是设计和施工一体化招标中，各投标单位提供的是展览概念设计方案（初步创意方案），而不是展览全部展项的具体的深化设计和施工设计方案，而且各家的展项数量不一，表现方式不同，技术、工艺及材料也具有不可比性。在这种情况下，各投标单位提供的展览工程造价报价都是缺乏依据的，或者说是虚拟的，甚至是拍脑袋拍出来的。试想，展览深化设计和施工设计方案都还没有做，何来展览工程具体的科学预算？没有科学预算，又哪来造价的可比性？显然，因为一个虚拟的报价而影响对展览工程设计与制作队伍的正确选择，既不明智也不公平。

再次，展览工程的最终造价主要不是在招标阶段所能决定的，而应该在工程合同签订和工程过程中控制。对展览工程业主来说，造价控制的关键是展览概算的科学编制和审定。在概算编制方面，一要根据自己财力办事，钱多多办事，钱少少办事，二要参考业内同类展览造价的一般水平，保障本展览的基本资金需求。业主应该在展览建设前期，根据本展览的建设目标，对本展览的造价做详细的调查研究和科学分析，再根据自己可获得的资金状况，做出科学的造价概算。然后，依据编制的概算，在工程合同签订时，与展览设计制作方做出上限约定，并在其后的工程进展过程中进行造价控制，最后在工程结束时据实结算。既然工程造价是如此控制的，又何必要用一个虚拟的报价来自欺欺人呢？

最后，展览工程的造价控制应该是合理性控制，而不是越低就越好。一般来说，博物馆展览造价由以下几部分构成：顶地墙的基础装饰工程、基本展览设备、艺术辅助展品、科技装置和多媒体、照明设备、人工及税费等。具体到某个展览，因其表现的方式不一样，各部分构成比例及总造价也不同。例如，文物艺术品类展览，辅助展品和科技装置较少，资金主要用在照明和展示设备上；而自然、科技、历史类展览，往往要采用大量二维或三维造型艺术、高科技装置和多媒体技术，一般造价较高。对于展览工程造价控制来说，主要控制有限资金的优化配置，以及展览展项造价的合理性。显然，展览造价要基本符合一般市场行情，绝不是造价越低就越好。毕竟又要便宜又要好的事情是少见的，而且与建设好展览相比，展览工程的造价是次要的，为了便宜而影响或牺牲展览的质量是得不偿失的。

总之，博物馆展览工程不同于普通装饰工程。普通建筑装饰工程艺术和技术含量较低，一般有设计图纸，施工方就可以依图实施，且其装饰材料一般为市场上可买到的通用材料，并有国家信息价或定额价做参考。而博物馆展览工程是一项艺术和科技相结合的综合工程，大量辅助艺术品和科技装置要约定工艺效果后进行二度设计和制作，其价格构成和判断自然比较复杂。因此，不能为了所谓的“合法”而简单套用普通装饰工程招标中的“工程报价”取胜的评审标准，而要尊重博物馆展览工程的特点和规律，设计合理、科学的评审标准。

九、博物馆展览工程招标评审专家的组成

展览工程招标专家评审是展览工程管理的一个十分重要的环节，不仅事关公平、公正、公开的原则，更关乎能否选择一支优秀的展览设计、制作与布展队伍，关乎展览工程的质量与水准。而要保障评审的专业性和客观公正，就必须保证评委专家资格的专业性和评审专家组组成的合理性。

但目前国内博物馆展览工程招标上普遍存在评审专家资格不够、评审专家组成不合理的现象。评审专家资格不够，主要表现为评审成员或是与展览主题和内容无关的其他领域专家，或是与展览设计、制作和布展工程无关的专家。这里特别要指出的是，文博专家未必是合适的展览工程招标评审专家，文博专业领域很多，例如考古学、文物研究、文物保护、藏品管理、历史研究等，除非其专业领域与招标展览工程的展示主题和内容以及展示设计与工程管理有关。评审专家组成不合理，是指评审专家组成员中大部分是与博物馆展览主题和内容无关的其他领域专家，或是与博物馆展览设计、组织和工程管理无关的专家，例如建筑师、建筑装饰专家、土木工程专家等。不少地方为

了体现所谓公平，或为了控制招标结果（例如城市投资公司主导的博物馆展览工程招标项目）故意排斥文博专家，从地方建筑装饰专家库里抽取博物馆展览工程招标专家评审组专家。博物馆展览工程不是建筑装饰工程，而是一个集学术、文化、艺术、技术等于一体的复杂的文化传播工程。因此，以建筑装饰专家为主体评审博物馆展览工程，就是以非专业判断替代专业判断，无异于请兽医给人治病，必然严重影响博物馆展览工程招标评审的专业性和公信力，导致错误的结果。

那么，如何确定博物馆展览工程招标评审专家资格及其组成的合理性？基本原则主要有两条：一是要尊重博物馆展览工程的特点与规律，强调评审的专业性；二是评委的组成要有代表性，并形成合理的专业和知识结构。由此，我们认为，一个合理的博物馆展览工程招标专家评审组应包括如下人员：与展览主题和内容相关的学术专家、展览内容策划专家、展示形式设计专家（含新媒体专家）、展览工程管理专家、博物馆教育专家、建筑装饰专家、造价评估专家等。其中，学术专家负责对展览设计方案涉及的学术观点、学术材料的判断与把关；展览内容策划专家负责对展示设计方案形式与内容吻合度进行判断与把关；展示形式设计专家负责对展示设计方案传播效应进行判断与把关；展览工程专家负责对展示设计方案实施可行性进行判断与把关；博物馆教育专家负责对展示设计方案智力可达性和是否符合人体工程学进行判断与把关；建筑装饰专家负责对展厅基础装饰工程设计方案进行判断与把关；造价评估专家负责对展览工程造价的合理性进行判断与把关。

评委是评审的主体，其思想品格和专业素质直接关系到展览工程招标评审的客观公正和专业性，决定评审的最终结果。因此，不管哪类专家，除了专业素养外，都要强调其思想品德。

◀ 第十章 ▶

博物馆展览深化设计与制作管理

尽管我国博物馆展览工程已经形成了较大的市场规模，但至今，我国仍然没有一部真正对展览设计和制作实践有引领和实际指导意义的规范。四五年前，国家文物局委托有关机构制订过《博物馆陈列展览形式设计与施工规范》。该规范对陈列展览形式设计与施工规范做了很多有益的探索，但仍有不少有待改进的地方。例如：虽然设计规范对设计阶段进行了划分，但对每一个设计阶段的设计内容、图纸深度以及出图的内容要求没有说清楚；对一些设计给出了基本的尺度，但这些数据只是简单的常识性数据，欠缺必要数据；明确要求陈列展览工程的制图以建筑和装饰的标准（GB/T50104）为准，这仍然没有从根本上解决博物馆陈列展览的特殊性要求；要求展览设计施工监理、验收等以建筑工程的规范和标准来实施，这依然没有解决博物馆展览工程的特殊性要求，还是原地踏步；对于博物馆陈列展览造价的内容，只是提出了哪些项目可以议价，但没有实质性的突破等。

目前不同博物馆、不同设计单位的展览深化设计五花八门。博物馆展览设计的任务是什么？各设计阶段的内容与深度是什么？制图标准及出图的内容要求是什么？具体到展示内容点、线、面如何科学布局？辅助艺术品设计的流程、内容、深度与评价标准是什么？多媒体展项设计的流程、内容、深度与评价标准是什么？图文版面设计的原则和基本要求是什么？照明设计标准和灯具选择要求是什么？此外，博物馆陈列展览设计施工监理、验收等与建筑装饰工程有什么不同？

这些都缺乏明确的科学规范。由此，必然导致展览建设方无法对展览设计过程和内容进行科学化、规范化管理，无法对设计方案进行优劣判断与管控，进而严重影响陈列展览的质量与水准。

博物馆展览不同于建筑装饰，建筑装饰主要是环境美化，强调材料、工艺、环保、舒适和美观等，而作为教育传播媒介的博物馆展览及展品则更强调知识信息传播效应，强调展览及展品的“知识性和教育性”“科学性和真实性”和“艺术性和观赏性”。因此，展览形式设计与施工规范的制订必须尊重博物馆陈列展览特点和设计制作规律。

一、展览深化设计的任务和基本要求

如何对深化设计方案进行有效管控和优劣判断？这是一直以来困扰博物馆建设方的难题。

在各地博物馆展览设计、制作与布展工程实践中，普遍存在展览深化设计任务和要求不清的现象。不仅业主对设计方提不出明确的设计边界和要求，而且设计方所做的深化设计方案也五花八门。如此，必然严重影响展览的质量和艺术水准。

造成上述情况的根源在于，我们缺乏博物馆展览深化设计的规范和标准。没有规范标准，就难以对设计方提出明确的设计要求，就难以对设计方案进行优劣判断。因此，为了加强对展览深化设计方案的有效管控，保障展览深化设计方案的质量，必须根据博物馆展览工程设计的特点和规律，对博物馆展览深化设计的任务和要求提出基本的规范和要求。

一般来说，博物馆的展览工程形式设计包括概念设计、深化设计和施工设计三个部分。

所谓形式概念设计，就是初步的展览形式创意设计，主要考核形式设计的大方向和技术路径是否正确。具体内容主要有：设计方案对展览传播目的把握是否准确？对展览的主题和内容理解是否正确？展览内容在展示空间的点、线、面的布局是否合理？重点和亮点是否选准和有效表达？展览艺术表现的逻辑是否清晰？艺术表现元素与展示主题和内容是否吻合？展示艺术的工艺和技术是否可靠？造价是否合理？展示空间的艺术氛围营造是否贴切？方案是否具有进一步深化的发展前景等？在博物馆展览工程实践中，概念设计一般对应展览工程的招标阶段。

所谓深化设计，是在概念设计的基础上对展览内容深入、具体和形象化的设计。深化设计（含施工设计）一般是在确定中标单位后进行的展览形式设计，深化设计是博物馆展览制作、布展真正的实施方案，主要供展览实施之用。

根据博物馆展览设计与制作布展的实践，我们认为深化设计的任务主要包括：展厅基础装饰工程设计（顶、地、墙及电器工程）、展示内容空间布局设计、观众参观动线设计、展品展项设计、艺术辅助展品设计、图文版面设计、多媒体规划与设计、观众互动体验装置设计与研发、展示家具和道具设计、展示灯光设计等方案。对应的相关图纸应该包括：展览总平面图和各分平面图，观众流线图，各展厅全景透视图，展示空间环境氛围效果图，典型展品组合效果图（包括序厅和各个部分、单元重点和亮点效果图），展示家具和道具的造型图（包括展柜、壁龛、展台、展墙设计图），展项的平面、立面和剖面图，图文版面的设计图，展示灯光设计效果图，多媒体和互动展示装置设计图，施工图以及展览施工预算书等（见右图）。

在博物馆展览深化设计推进的各个阶段，博物馆展览建设方必须对各个阶段的

设计成果进行评价并提出修改意见。那么，该如何判断一个深化设计方案的优劣？根据多年来博物馆展览设计与制作布展的实践，我们认为一个好的深化设计方案必须满足如下基本要求：

1. 设计方案对展览主题和内容理解准确，能形象深刻地揭示展览的主题和内容，能对展览主题和内容进行准确、完整和生动的表达。

2. 设计方案能够准确地反映展览的宗旨和传播目的，从展览总的传播目的，到部分、单元、组以及展品展项，展览各级传播目的清晰明确，并能以传播目的为导向进行内容组织与表达。

3. 设计方案能清晰地表达整个展览的结构逻辑，展示内容"点、线、面"面积分配及其空间规划，布局合理、分割有致，展览的走向和观众参观动线安排科学，做到展线流畅，通透绵延，富有韵律和节奏感。

4. 设计方案中展示重点和亮点突出，能在对展览传播目的、展览的主题和内容进行分析的基础上，准确理解和把握展览各部分和单元的重点和亮点，做到主要知识点、信息传播点突出。

5. 展项展品的信息组团要合理巧妙。文物标本、图片和声像资料以及造型艺术的集合组团科学合理，主次关系和呼应关系清晰，能有效地表达展示的主题和传达展览的信息和内容。

6. 展览信息层次安排科学合理。展览传播信息丰富饱满，包括普通观众的需求信息和专业观众的需求信息，以及展览必须传达的信息和补充信息，能清晰、巧妙地划分展览的信息层次，从而满足不同观众对信息的多样化需求。

7. 艺术表现元素与展示主题和内容高度吻合，能将展览主题和内容的丰富性与展示方式的多样化、现代化有机地结合起来，将展览主题和内容的厚重和写实与展示艺术的轻灵、活泼和典雅有机结合，做到主题突出，形式多样，内容与形式完美统一。

8. 场景设计要构思新颖、立意准确，造型独特，实时特征明显，视觉新冲击力强，信息传播力强，制作工艺先进，符合知识性、教育性、科学性原则，艺术感染力强，有很强的观赏性和吸引力。

9. 多媒体和观众参与体验展项力求开拓创新，符合知识性、教育性、科学性原则，参与性、互动性和体验性强，信息传播力强，操作简便，容易维护，价格合理，有技术和安全的保障。

10. 展厅环境和氛围的营造要具有典雅庄重、引人入胜、充满现代气息、富有艺术感染力。同时，又能与展示空间、展览内容完美结合，相互呼应，相得益彰，起到烘托展示内容的作用，还能为观众创造一个舒适、和谐和温馨的参观环境。

11. 注重人性化设计。能从观众参观的生理和心理特点出发，从观众参观的兴奋度和疲劳度的规律出发，科学地规划展览的空间、展线的长短、展项的高度、展项的视角与空间位置、展品的密度、展览的信息层次，满足人体工程学的基本要求，符合人体体验舒适程度。

12. 展览预算合理，展览技术和工艺可靠，展示空间施工可行。

为了确保深化设计和施工设计方案的质量，在深化设计和施工设计方案推进的每个阶段，博物馆展览建设方应该组织有关专家对设计方案进行会审和完善，控制一步，往下推进一步，只有这样，才能确保展览设计方案的质量。其中，重点是展览点线面空间布局设计、观众参观动线设计、艺术辅助展品设计、图文版面设计、多媒体设计、观众互动体验装置设计与研发、展示家具和道具设计、展示灯光设计等。

二、展览点线面布局规划与设计控制

所谓点线面布局规划，是指在对博物馆展陈空间结构、陈列展览内容、参展展品以及表现方式进行总体分析研究的基础上，科学合理地划分和安排展示内容，包括各部分、单元、组和展示传播点的平面布局、面积分配以及观众参观动线，完成整个展览内容及其故事线在展示空间内的布局架构。这是展览的顶层设计，就像一本书的篇章目录一样重要。

（一）点线面平面布局的问题

点线面布局规划不当是目前我国博物馆展览设计的最大短板之一。展览深化设计中点线面布局规划常见的主要问题有：

1. 在没有认真研究展览内容文本各部分、单元或组主次和表达方式空间需求的基础上，随意安排各部分、单元或组的面积分配和平面布局，导致面积分配和平面布局不合理、主次不分、主要知识点和信息传播点不突出、展示内容体系混乱，或过密，或过疏。

2. 在没有充分考虑展陈空间条件和主要表达方式（场景、雕塑、多媒体、互动装置等）体量、工艺、技术、材料、造价等要求的基础上，随意安排主要表现方式及其空间位置，导致表达方式不具有实施性，不断变更空间布局。

3. 对展示元素（图文版、实物展品、辅助展品等）组织缺乏深入的分析研究，展示元素空间组团不科学、不合理，缺乏内容逻辑关联性，无法有效地传达信息，让观众感到迷惑不解。

4. 观众参观动线规划不符合展览内容的延续性、逻辑性和观众参观习惯，参观动线规划不科学、不合理。

由于展览点线面布局规划不当，导致在此基础上做的施工图设计不具有可实施性和操作性。这样，随着后期展品展项表达方式、位置、体量尺寸等的调整和变化，必然要对施工图设计不断进行重大变更。

（二）展览点线面空间布局规划的基本要求

1. 展示内容空间布局逻辑要与展览内容文本内容逻辑相符合。例如鸦片战争博物馆基本陈列“两个帝国的激烈碰撞”第一部分“鸦片战争前的中西方世界”，在展示内容空间布局上宜左右展开进行对比展示：资产阶级革命（西方）/封建王朝更替（中国）；民主科学（西方）/

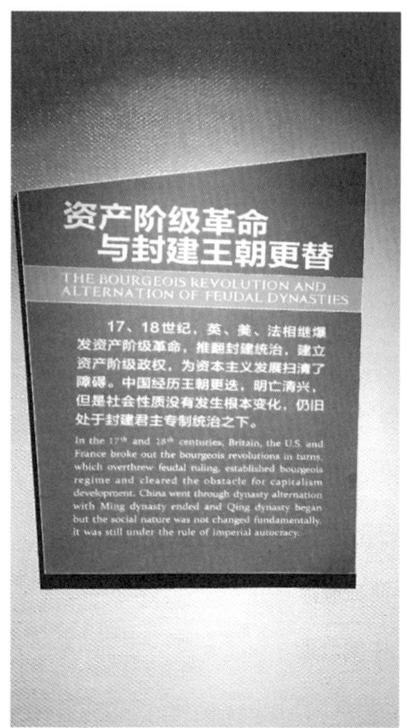

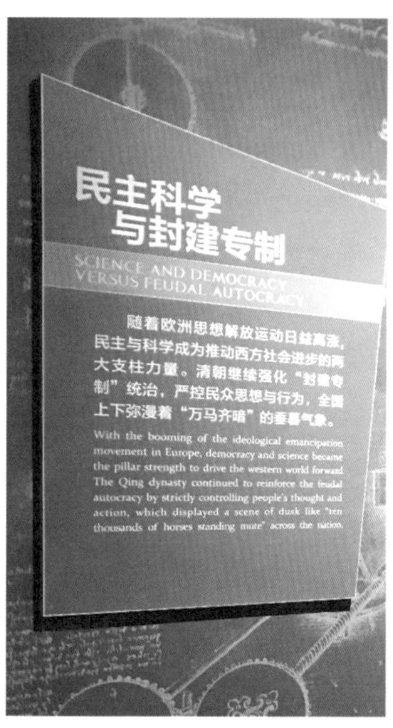

图44　鸦片战争博物馆展版

封建专制（中国）；工业革命（西方）/小农经济（中国）；海洋争霸（西方）/禁海闭守（中国）。

2. 根据展示内容的重要程度合理分配各部分、单元或组的展示空间，做到重点突出，主要知识点和信息传播点突出。例如中国湿地博物馆展览内容结构泡泡图的大小表示对展示空间大小的要求。展厅（部分）面积分配，第一是“中国湿地”，第二是“湿地与人类”，第三是“西溪国家湿地公园”。在“湿地与人类”部分，第一是“湿地功能效益”“湿地面临危机”和“拯救世界湿地”单元，第二是“奇妙的湿地世界”“湿地与人类文明”和“全球湿地探索”。

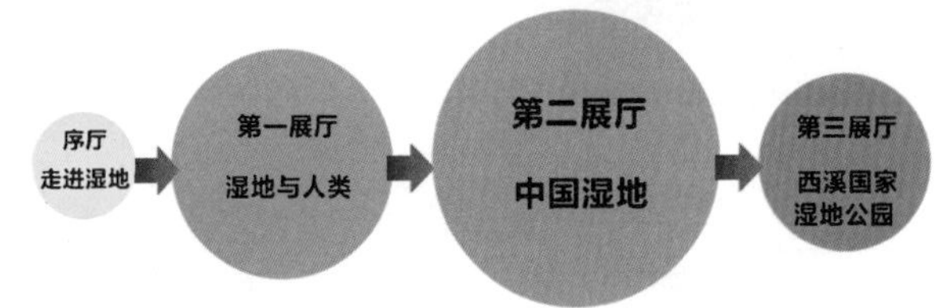

第一展厅：湿地与人类

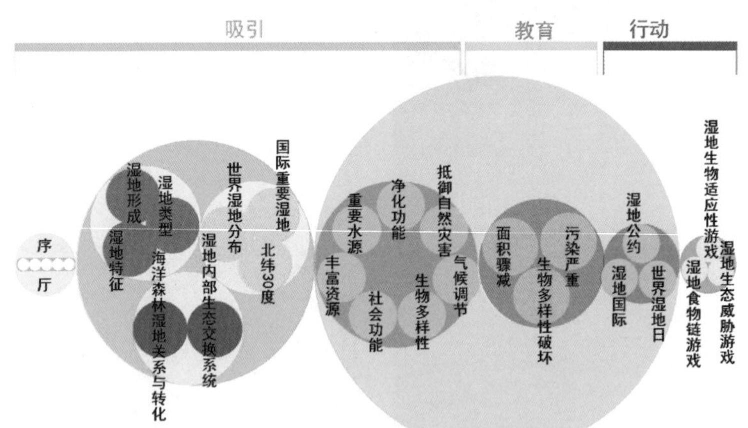

图45　中国湿地博物馆展览内容结构泡泡图

3. 展陈内容体系——点、线、面的布局清晰合理，布局得当，分割有致；观众参观动线规划科学合理，做到展线流畅，通透绵延，富有节奏感。例如某科技馆“科技与生活”展厅内容点、线、面体系布局。

展览内容结构图：

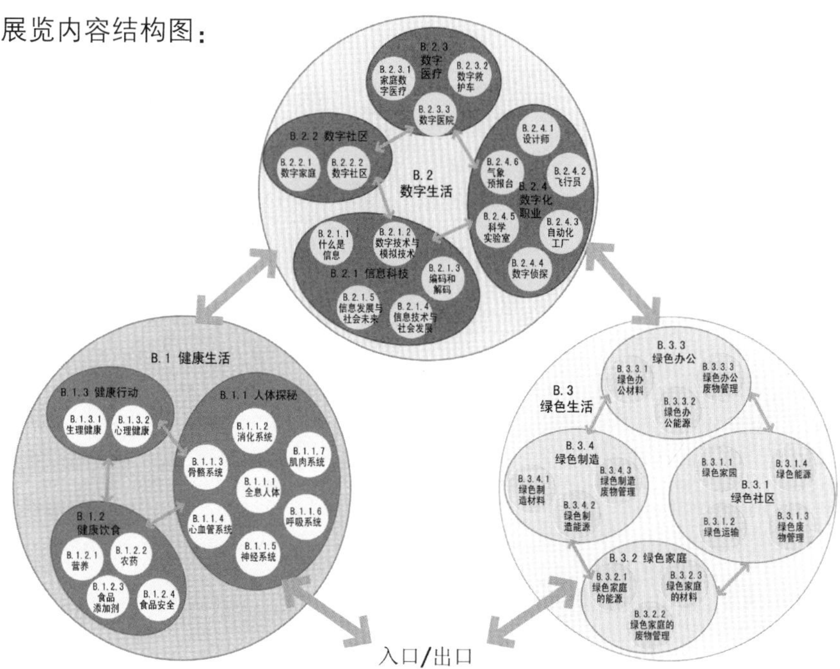

参观动线图：

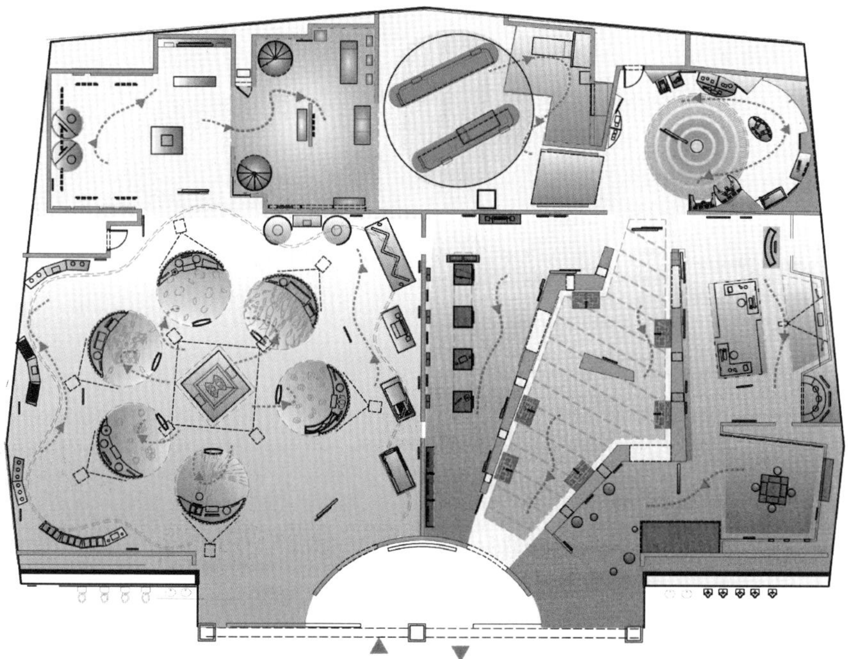

内容平面布局图：

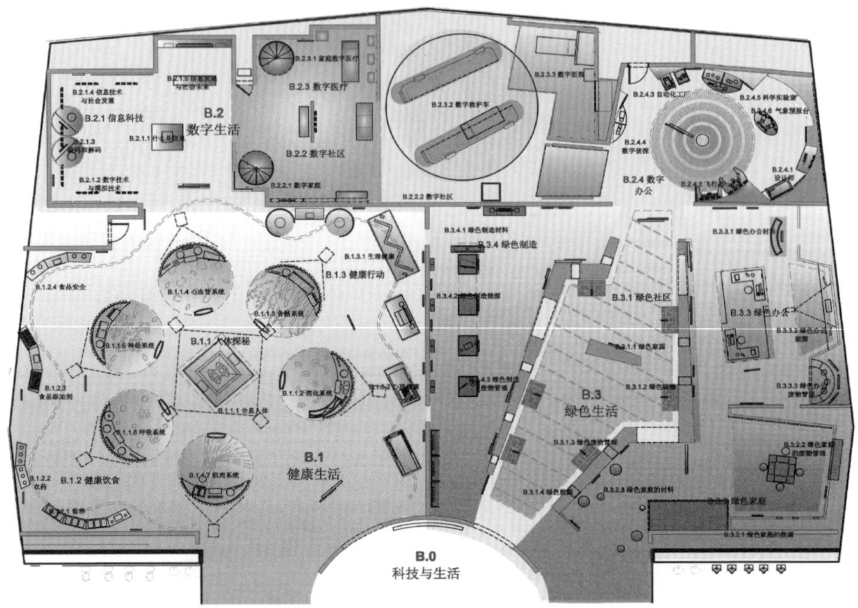

空间布局鸟瞰图：

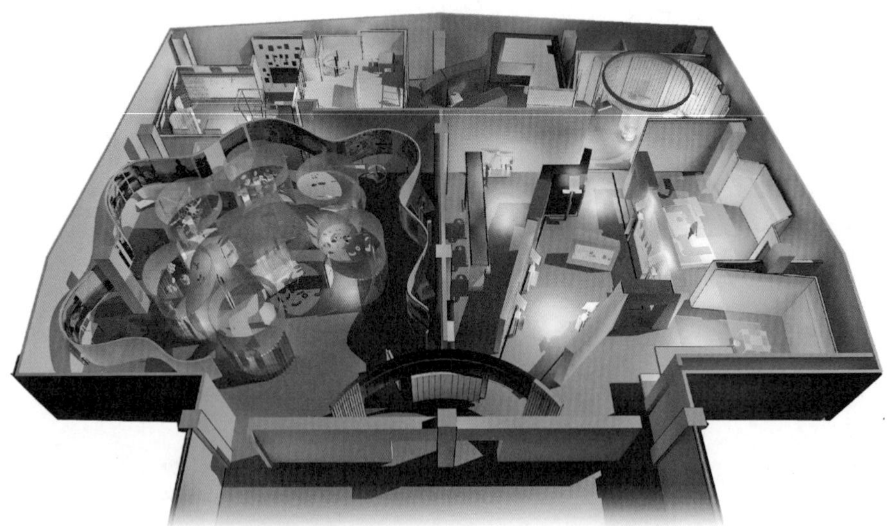

4. 根据展示内容，思考和确定展示内容的最佳方式，并对主要表现方式（场景、雕塑、多媒体、互动装置等）进行周全考虑、做出节点设计，包括位置、体量、尺度等在展示空间内具有可实施性，能够保证在此基础上完成的施工图设计不会发生重大变化。此外，展示元素空间组团科学合理，相互呼应，符合逻辑。

例如无锡博物院“太湖”展览深化设计时的内容结构图、参观动线图、内容平面布局图和空间布局鸟瞰图。

内容结构图：

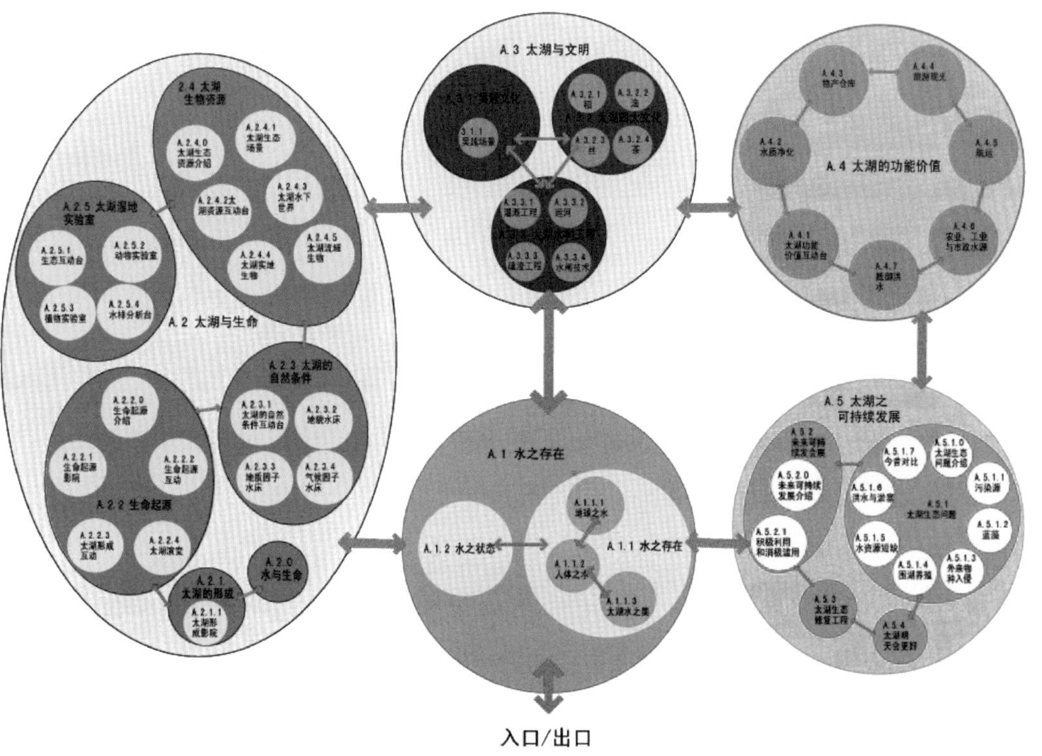

参观动线图：

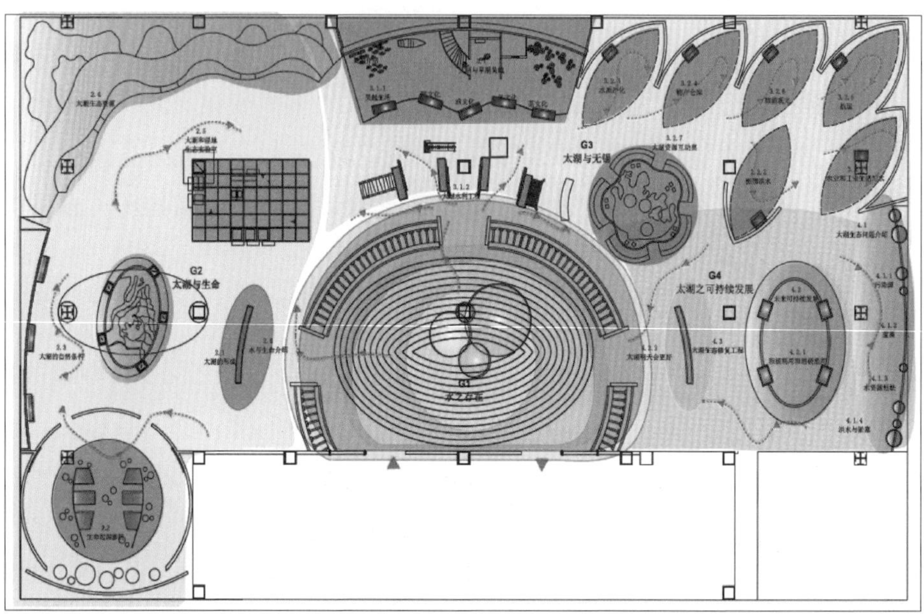

内容平面布局图：

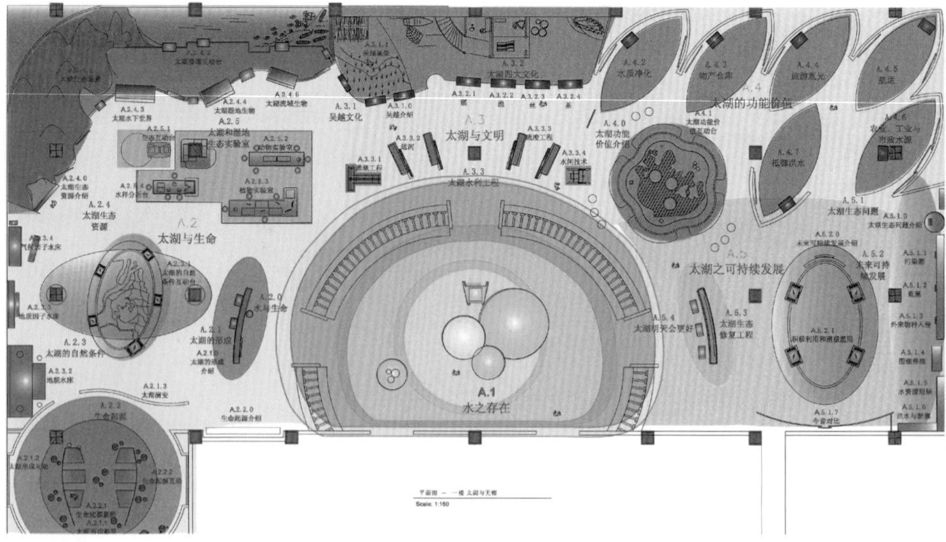

空间布局鸟瞰图：

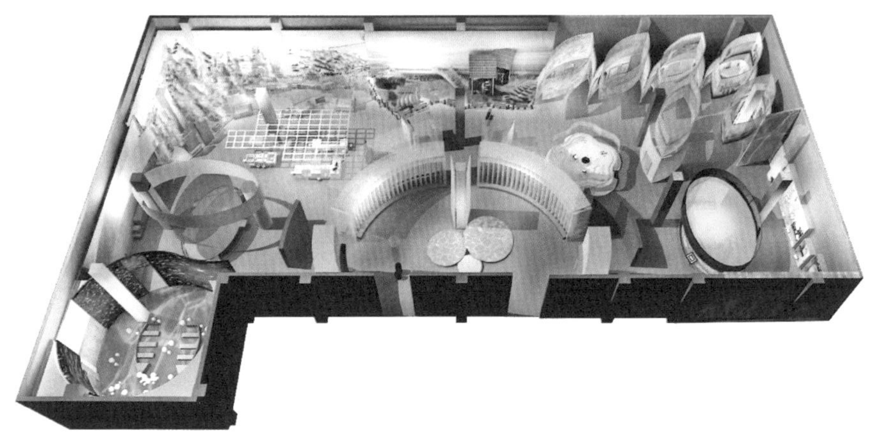

三、序 厅 设 计

现在各地博物馆展览设计往往都有一个序厅的设置，虽然各个博物馆的序厅设计五花八门，但鲜有成功出彩的序厅设计。之所以会如此，一个根本的原因就是设计方普遍不明白序厅的目的和功能是什么。

综观好的博物馆展览序厅设计，普遍遵循了序厅设计的两个目的或功能：一是对展览起到点题的作用，即本展览将展示和告诉观众什么，就像一本书的概要，点明本书将讨论或叙述什么问题和事情；二是对展览起到导入的作用，即激发观众参观的欲望，鼓励观众继续参观展览，就像一本书的概要和题记，将本书讨论的精彩内容或观点提前与观众分享，激发读者阅读本书的兴趣与欲望。

以 2008 年笔者设计的中国湿地博物馆序厅为例：

序厅主题：走进湿地。

序厅功能作用：起到点题和导入作用，通过一个个湿地景观秀，告诉观众，我们将要告诉你什么，并激发观众参观的兴趣与欲望。

序厅内容：也许您认为自己了解湿地，但其实湿地与我们认知的不一样，湿地是一个美丽而奇妙的世界！

创意说明：开篇要精彩，给观众悬念和惊喜，第一时间吸引住观众，给观众以惊喜感，鼓励观众往下参观。因此，我们考虑在序厅利用虚拟技术营造一个真实而美妙的湿地环境，让观众在第一时间进入一个被湿地包围的世界。我们从全球湿地中选择几十个最美丽的湿地（“秀”），例如俄罗斯贝加尔湖、尼亚加拉大瀑布、海南岛红树林、澳大利亚大堡礁、云南哈尼梯田、黑龙江扎龙湿地、东北三江平原湿地、湄公河三角洲、美国佛罗里达的大沼泽地、巴西的潘塔纳尔湿地公园、刚果的曼多比湿地、南非的伊斯曼加利索湿地、斯威士兰和莫桑比克的圣卢西亚湿地、爱沙尼亚的维鲁湿地、博茨瓦纳的奥卡万戈沼泽、法国南部的卡玛格湿地、印度尼西亚巴布亚省的瓦素尔湿地等。数字技术投影构成的湿地精彩景观“秀”忽明忽暗，此伏彼起，纷至沓来，让观众仿佛置身于一个由湿地环绕的奇妙世界之中。设计旨在充分激发观众的好奇心，从而产生进一步参观和探索的愿望。

图47　中国湿地博物馆序厅设计效果图

在进入序厅前，我们还利用序厅前的走廊设计了“湿地走廊”。设计思路为：三层雾屏将走廊分隔为四块空间，分别以四种典型湿地的自然景观为背景，让观众获得穿越式的空间体验。水影显像技术形成的墙面荧幕随着观众移动而变化，感应地面在脚下泛起水光，产生涟漪的效果，观众仿佛置身真实的湿地世界，产生身临其境的投入感。

图48　中国湿地博物馆序厅“湿地走廊”效果图

四、辅助艺术品规划与设计制作控制

博物馆展示媒介看似五花八门、纷繁复杂，其实归根结底展示媒介只有四类：

1. 文物标本。这是博物馆展览的主要展示媒介，是博物馆展览的主角，任何辅助展品都不能替代文物标本的地位。

2. 图文版面。包括文字说明、照片、图表、图解及图片等。图文版面是博物馆展览信息传达的主要媒介。

3. 辅助艺术品。包括灯箱、地图、模型、沙盘、景箱、场景、壁画、油画、漆画、半景画、雕塑、蜡像等。博物馆展示辅助艺术品与纯艺术创作不同，纯艺术创作更多是艺术家思想、精神和情感的抒发，而博物馆展示辅助艺术品更多的则是一种知识、信息的传播媒介，因此，它们必须有扎实的学术支撑，是有依据的再现、还原和重构。

4. 新媒体和科技装置。包括多媒体、幻影成像、影片、视屏、动画、声光电合成技术、仿真复原、观众参与装置等科技装置等。新媒体和科技装置也是一种知识、信息的传播媒介，其演绎同样必须要有扎实的学术支撑，是有依据的再现、还原和重构；必须遵循“科学性和真实性是前提，趣味性和娱乐性是手段，而知识性是核心和目的”的原则。

（一）辅助艺术品的功用

在博物馆展览中，特别是叙事类主题展览，例如历史类、人物类、自然类和科技类展览中，都会普遍采用各种各样的辅助艺术品。辅助展品是博物馆展览重要的设计媒介，在博物馆展览中主要发挥如下作用：

一是起到补充文物标本不足的作用。由于博物馆收藏的局限性，在博物馆的展览筹建中，无论是展示和叙述一段历史、一个文化、一个人物或事件，还是一种自然现象、一种科学原理，我们经常面临文物标本缺失的情况。在这种情况下，辅助展品就能起到替代文物标本、帮助展览阐释和叙事的作用。例如唐末黄巢农民起义，这是一个重大的历史事件。但由于历史上没有留下直接反映这一重大事件的遗迹和文物，所以，当年中国历史博物馆只能根据历史文献的记载创作了大型油画——《唐末黄巢农民起义》。否则，这一重大历史事件就无法表现。

二是起到弥补文物标本叙事和阐释能力不强的作用。在博物馆展览设计中，我们经常会面临这样一种尴尬的情况，有文物标本但其外在表现力不强，或说不清展览要表达的主题和内容。在这种情况下，我们需要利用辅助展品来表达和叙事。例如在设计深圳改革开放史展览“外汇制度改革必要性”这一主题时，虽然我们有外汇调剂市场的照片、账册和工具等实物，但很难说清楚“外汇制度改革必要性”这一主题。于是我们采用“不许抓人！”和“请付外汇！”两个故事绘画，准确、生动地表现了“外汇制度改革必要性”这一主题。

三是有助于增强展览的通俗性、观赏性、趣味性和体验性。在博物馆展览设计中，我们经常会面临这样一种尴尬的情况：仅有文物标本展示，普通观众会觉得展览过于学术或枯燥乏味，看不懂或不喜欢看；或文物标本难以表现历史或自然的现象，需要再现历史或自然的现象，需要解剖展品的结构等。另一方面，虽然博物馆展览传达的知识和信息是理性的，但博物馆展览应该是一种视觉和感性艺术。显然，想让观众看懂并且喜欢博物馆展览，必须增强展览的通俗性、观赏性、趣味性和体验性。例如要表现史前时代某个遗址人类的生存环境，就必须用场景还原其自然生态环境；要展现一件复杂器物的构造，就必须用绘画来解剖其内部构造结构等。

可见，辅助展品是博物馆展览中不可或缺的重要媒介。科学、合理、巧妙地使用辅助展品，往往会起到事半功倍、画龙点睛的功效。有助于增强展览的表现力度，强化展览信息的传播和交流；有助于激发观众的参观兴趣，吸引和鼓励他们主动探索学习；有助于增强展览的观赏性和参与性，为展览注入活力，塑造一个生动活泼、参与性高的参观学习环境，使观众的参观体验更加丰富多彩……

图49　沈阳“九一八”历史博物馆场景效果图

图50　侵华日军南京大屠杀遇难同胞纪念馆场景效果图(1)

图51　侵华日军南京大屠杀遇难同胞纪念馆场景效果图(2)

图52　日本琵琶湖博物馆场景效果图(1)

图53 日本琵琶湖博物馆场景效果图(2)

图54 日本琵琶湖博物馆场景效果图(3)

图 55 美国佛罗里达国家湿地博物馆景箱

图 56 上海奉贤博物馆立体地图效果图

图57 上海奉贤博物馆城镇模型效果图

图58 中国香榧博物馆会稽山沙盘模型

图59　耶路撒冷历史博物馆缩微场景

（二）我国博物馆辅助艺术品利用存在的问题

尽管辅助艺术品在博物馆展示中能发挥重要的效用，但目前我国博物馆展示中辅助艺术品的应用却不甚理想，存在不分对象、不分场合、不分条件滥用的现象，并严重影响辅助艺术品的功效和口碑。主要存在问题：

1. 过度利用辅助艺术品：所谓过度利用辅助展品是指为了刻意追求博物馆展示的观赏性、娱乐性，不重视文物标本的主角地位，喧宾夺主，过度利用场景、绘画、雕塑等，导致整个展厅充斥着各种辅助艺术品，以至博物馆展览看上去不像博物馆展览，而是“欢乐谷”和娱乐场。

2. 辅助艺术品传播目的不明确：辅助展品作为展览的一种传播媒介，应该有明确的展示传播目的，要起到准确、完整和生动地表现展览的内容的作用。但是，在博物馆展示中，不少辅助展品观众参观后不知该展项想要传达什么。例如长三角地区某博物馆古村落复原场景，采用一整面玻璃墙作为介质，投影虚幻抽象的光带等内容，完全脱离了该展示的内容和语境，使观众不知所云。

3. 辅助艺术品传播的内容缺乏科学性和真实性：博物馆是个教育机构，其展览传播的知识和信息必须符合科学性和真实性，即辅助展品表现的内容必须是建立在真实材料和科学研究的基础上。但在我国博物馆展览中，不少辅助展品存在学术支撑不足、传播内容缺乏科学性和真实性的问题，甚至存在没有根据地胡编乱造的现象。例如一些场景和情景再现展项的故事内容、场景、道具等，大多是靠主观臆想或演绎，而缺乏足够的学术素材支撑。这种现象严重损害了博物馆展示内容的科学性和教育意义，影响博物馆的公众形象。

4. 辅助艺术品信息传播力不强：辅助艺术品不等于纯粹的艺术创作，而是一种传播媒介，要通过内容元素选择、组团及合理构图，起到向观众准确、完整和生动传播内容的功效。但在我国博物馆展览中，普遍存在辅助展品重形式、轻内容的现象，即片面强调辅助展品的表现形式，不重视内容选择、组团及合理构图，导致辅助展品不能起到有效传达信息的作用。

5. 辅助艺术品艺术性和观赏性不强：辅助展品的优势在于可以利用绘画、场景、模型、雕塑等表现手法生动、有趣地展示内容和信息，增强观众参观学习的观赏性、艺术性、体验性，激发观众参与和学习的热情，进而达到博物馆知识传播的目的。但在我国博物馆展览中，普遍存在辅助展品的艺术性、观赏性不强的弱点。例如一些场景、雕塑、绘画形式表现死板，缺乏创意，美术设计和表现形式不够感性，达不到引人入胜的境界。

（三）辅助艺术品不能为“秀”而秀

20世纪90年代后期以来，我国博物馆展览表现技术发生了一个重大的转变，即从过去以文物、图片加文字说明为主的传统展览表现模式，转为大量采用辅助艺术品为表现手段的新展览方式。这些辅助艺术品包括模型、沙盘、景观箱、场景、蜡像、雕塑、壁画、全景画、半景画等。无疑，这些辅助艺术品的应用大大提升了我国博物馆的展览水平，大大增强了展览的观赏性和趣味性，增强了展览的表现力度。

但与此同时，我们也必须清醒地看到，在当前博物馆展览形式表现方面，存在辅助艺术品使用不当，甚至滥用的现象，突出表现为利用这些辅助艺术品在展览中乱做“秀”（或称为“秀”而秀），并且这种现象有愈演愈烈的趋势。

一是随心所欲地“做秀”。无疑，博物馆展览需要做“秀”，“秀”是博物馆展览成功的重要支点，没有一定数量的“秀”的支撑，博物馆展览是难以吸引观众的，也难以达到博物馆展览传播的目的。但是，博物馆展览不可以乱做“秀”。一般来讲，展览的“秀”的应该是展览的重点和亮点。以深圳博物馆“改革开放史展览”的第一部分“深圳特区创立阶段”为例，根据展览传播的需要，我们确定了这样一些重点和亮点（“秀”）：

1. 改革开放前深港经济社会状况比较（说明改革的必要性和人民期待变革）；

2. 邓小平提出经济特区和深圳特区的建立（改变中国乃至世界的大胆决策）；

3. 罗湖开发（深圳的象征，也是中国改革开放的第一炮）；

4. 建国贸大厦，创深圳速度（深圳建设速度和效益的代表）；

5. 价格体制和劳动用工制度改革（深圳改革成功的突破口和关键点）；

6. 兴办八大文化设施（物质文明和精神文明两手抓）；

7. 邓小平视察深圳（肯定深圳改革开放的方向）。

可是，在各地博物馆展览形式表现方面，普遍存在的情况是，形式设计师在不该做“秀”的地方乱做秀。他们往往在没有认真阅读和仔细研究展览文本，没有理解和把握展览的传播目的、展览各部分或单元内容的重点和亮点的情况下，根据自己的一知半解，也或为了商业目的，随意地圈一些所谓的重点和亮点，然后大肆利用三维造型艺术胡乱做“秀”，或搞哗众取宠，搞标新立异。结果虽然看似热闹和夺人眼球，但没有实际传播意义，还将大量本该用在刀刃上的有限的珍贵的布展经费浪费掉。例如，当年厦门陈嘉庚纪念馆展览设计方，为了商业目的（当作艺术品可扩充报价），设计了一大片橡胶林。众所周知，陈嘉庚纪念馆所要向观众展示的主要是陈嘉庚的爱国情怀，其爱国主要体现在在南洋募集物质、以资金支援中国抗日战争以及创办学校发展教育两个方面，他从事橡胶业生意不是展览表达的主要内容，因此不该浪费大量资金做一大片橡胶林。

二是生搬硬套地做“秀”。众所周知，形式表现是展览内容的“物化”，必须忠实于展览的主题和内容，必须是对展览内容准确、完整和生动的表达。每一种展示表现方法或手段都自己的特点、优势和适用对象。选择什么样的形式表现方法或手段，首先应取决于展览内容表现的需要，即要以最有利于表现内容为原则。而且，在同等或类似情况下，还应比较造价和维护成本。展览的形式表现也不是越热闹越好，也不是造价越贵越好，而是以恰当、准确、生动表现内容为好。同时，展示表现方式应力求开拓创新，尽量避免与其他博物馆雷同。

可是，在我国目前博物馆展览形式表现中，比较普遍存在的问题是，形式设计和制作方，往往较少根据展览内容表现的特殊需要，较少比较每种表现方式的特点和优势及其造价和维护成本，而是以夺人眼球、造价高和赢利多为目的，特别爱好生搬硬套地利用一些辅助艺术品胡乱做“秀”。今天这馆用这些辅助艺术品，明天换一个馆再改头换面又用这些辅助艺术品，于是出现大量雷同的表现方式，甚至一些场景、雕塑等到了用滥的地步。

三是粗制滥造地做“秀”。艺术表现元素与展览内容的吻合度是考核展览形式表现的一个基本标准。不管是哪种形式表现技术或手法，都必须要有利于形象深刻地揭示展览的主题，有利于诠释实物展品及其背后蕴含的知识和信息，有利于增强展览的艺术感染力。因此，艺术表现要构思立意准确，信息传播力强，构图布局合理，艺术感染力强，制作工艺成熟。

可是，在我国博物馆辅助艺术品表现中，比较普遍存在粗制滥造做“秀”的问题。很多展览“秀”，构思创意平庸肤浅，信息传播力不强，艺术感染力差。讲红军过雪山草地，就做一个雷电闪鸣、一队红军手扶手艰难在草地跋涉的大场景；讲延安精神中的为人民服务精神，就做个张思德烧窑的大场景；讲陈嘉庚在南洋办实业，就做了一大片橡胶林……如此种种，极为肤浅。

博物馆展览不同于商业会展，更不同于迪斯尼和游乐场，它必须具有思想知识内涵、文化学术概念并符合当代人的审美情趣。因此，任何辅助展品的创作都必须建立在客观、真实的学术研究的基础之上，都必须服务和服从展览传播的目的。可是，在我国目前博物馆展览辅助艺术品表现中，这些辅助艺术品的创作较少考虑甚至完全抛开了学术支撑和传播目的，想当然地进行演绎和创作，光有形式，没有内涵。

综上所述，我国博物馆展览在利用辅助艺术品中，普遍存在乱做“秀”或为秀而秀的现象。结果不仅损害了博物馆展览传播的目的，以及展览的思想性、科学性和艺术性，而且糟蹋了宝贵的展览建设资金。这种现象值得引起我们博物馆展览建设方的高度重视。在筹建博物馆展览时，务必要加强对形式设计和制作的管理，认真选好“秀”，并做好“秀”，并让有限的宝贵的展览经费用在刀刃上。

（四）我国博物馆辅助艺术品创作存在问题的原因

辅助艺术品存在问题的主要原因有两个方面：一是设计和制作方

的原因，二是博物馆业主方的问题。

1. 设计和制作方原因

（1）不懂博物馆辅助艺术品创作和应用的原则和要求：从创作的角度看，博物馆辅助展品创作（要有科学依据）与纯艺术创作（不强调科学依据）是不同的；从应用的角度看，每种辅助展品都有其功能特点和使用对象，在博物馆展示中，采用何种辅助展品，必须根据其功能特点来决定，这样才能发挥辅助展品的作用。但由于辅助展品设计和制作方往往不懂辅助展品创作和应用的原则和要求，于是出现乱创作、乱应用辅助展品的现象，不仅不能发挥辅助展品的功效，甚至严重影响展览的传播效果。

（2）不重视辅助艺术品的内容策划：作为博物馆展览的一种传播媒体，辅助展品只是手段，而不是目的和内容。它必须服务和服从于内容传播的需要，要将展示内容与辅助形式有机结合起来，起到准确、完整、生动地表现展示内容的作用。因此，辅助艺术品创作应该高度重视展示内容的策划和演绎，不能为形式而形式。轻视辅助艺术品的内容策划，偏好形式做“秀”，是造成我国博物馆辅助艺术品不成功的主要原因之一。

（3）不重视辅助艺术品创作的学术支撑：博物馆展览必须建立在学术支撑的基础上，无论是艺术的辅助展品，还是技术的辅助展品，都必须依据科学的、真实的学术资料有依据地还原、再现和重构。也就是说辅助展品的创作，不论是内容与故事情节，还是道具和环境，都必须建立在学术研究或客观真实的学术资料基础之上。不重视辅助展品创作的学术支撑，不依据科学的、真实的学术资料进行胡乱地演绎是造成我国博物馆辅助展品不成功的主要原因之一。

（4）追求利益最大化：为了追求利润最大化，展览设计和制作方往往不愿意在人力成本上、技术成本上多投入，不愿在内容策划设计上多花功夫，不愿在形式表现上多出原创性的设计。今天这个博物馆使用过的辅助展品，明天稍做改变后就搬到另外一个博物馆的展示中。总之，希望以最小的成本，获得利润的最大化。这也是造成我国博物馆众多辅助展品不成功的主要原因之一。

2. 业主方的原因

（1）博物馆业主方配合支持不够。辅助艺术品的创作有赖于博物馆业主在学术资料和形象资料方面的配合和支持，否则，最优秀的设计师也不可能创造出成功的辅助展品。但在博物馆展览实际设计和制作中，辅助展品创作方往往得不到博物馆业主在学术资料和形象资料方面的配合和支持，甚至有些业主荒唐地认为，这是展览设计和制作方的事情。在这种情况下，辅助展品创作方只好凭自己在网络或影视作品等途径中找到的支离破碎的、在学术上立不住脚的材料拼凑内容，甚至凭空臆造。如此创作出来的辅助展品，必然问题多多。

（2）业主方控制不力。业主方往往简单地认为，经过专家评审选出的展览公司一定能做好展览，其实不然！做好一个展览涉及众多因素，除了展览设计公司的能力外，还与展览设计公司的敬业精神，与业主的资料配合有关，特别是与业主的监督控制力度有密切关系。我国博物馆辅助艺术品之所以大多不成功，就是因为业主方控制不力。在馆方既不懂展览设计和制作而又没有聘请相关展览专家帮助监理的情况下，必然造成辅助展品设计和制作的失控，必然难以设计和制作出好的辅助展品来。

（3）展览工程委托商业模式的问题。目前，我国博物馆展览工程委托中，一般将辅助展项统包在展览工程之中，再由中标的展览公司委托给第三方设计制作。一方面，业主对辅助艺术品并没有明确的造价预算，另一方面，展览工程总包方为了获得利润最大化，往往以尽可能低的价格再委托给第三方。这样，在资金不足的情况下，实际负责辅助展品创作的第三方为了保障自己的利润，必然不愿意在辅助展品上投入必要的人力和物力。如此状况下创作出来的辅助展项必然达不到基本的要求。

此外，辅助艺术品创作、施工周期短也是重要原因。

（五）博物馆辅助艺术品创作和合理应用的基本原则

1. 辅助艺术品创作的基本原则

博物馆展览是一项基于传播学和教育学的，集学术文化、思想知识和审美于一体的，面向大众的知识、信息和文化和艺术的传播载体。因此，作为展览的传播媒介，辅助艺术品创作的基本原则不外乎三个："知识性和教育性""科学性和真实性""观赏性和趣味性"。并且这三个原则也是衡量一个辅助展品好坏的基本标准。

（1）"知识性和教育性"原则。这是博物馆陈列展览目的，博物馆展览的目的和宗旨是进行知识普及和文化传播，满足服务公众教育的需要。因此，辅助艺术品要有文化学术概念，有思想知识内涵，能给受众以信息、知识和文化，起到传播观念和思想、知识和信息、文化和艺术的作用，起到公众教育的作用，起到促进文化交流和传播的作用。一个没有思想知识内涵、不能起到知识普及和发挥公共教育作用的辅助艺术品，纵然其表现形式如何花哨，也一定不是一个合格的辅助艺术品。同样，一个没有思想知识内涵、仅有花哨表现形式的辅助艺术品，也必然不是一个好的辅助艺术品。

（2）"科学性和真实性"原则。这是博物馆陈列展览前提，博物馆陈列展览的建设要有扎实的学术支撑，要以文物标本和学术研究成果为基础。因此，辅助艺术品的创作都必须以科学的学术研究成果为基础，是有依据的还原、创作和重构。没有"科学性和真实性"作支撑的辅助艺术品，必然不是一个合格的辅助艺术品。

（3）"观赏性和趣味性"原则。这是博物馆陈列展览手段，博物馆陈列展览要有较高的艺术感染力和观赏性。博物馆是个非正规教育机构，参观陈列展览是一种寓教于乐式的学习。同时，虽然陈列展览传播的观点和思想、信息和知识是理性的，但作为一种视觉和感性艺术，其表现的形式应该是感性的。即一个好的博物馆陈列展览，不仅要有思想知识内涵、文化学术概念，还要符合现代人的审美需求。只有具有较高艺术水准、有引人入胜感观效果的陈列展览，才能吸引观众参观。同样，一个缺乏“观赏性和趣味性”的辅助艺术品，必然不是一个好的辅助艺术品。

2. 辅助艺术品合理应用的基本原则

（1）任何辅助艺术品在博物馆展示中的应用都需要有充分的理由。辅助艺术品作为展示的一种辅助手段，不能取代文物展品的主导地位。只有在文物展品不能充分有效传达展示信息的时候，方可考虑辅助艺术品。

（2）辅助艺术品的应用要恰当，要贯彻“功能第一”的原则。辅助艺术品形式多样，其表现能力和效果也各不相同。要根据特定的内容、对象、场合选择最恰当的辅助展品，恰当的才是最好的。所谓恰当，即要以最能表现或传播展示的内容为标准。

（3）辅助艺术品必须服务和服从于展览主题和内容传播的需要。辅助艺术品作为展示的一种形式表现手段，必须以内容解读为基础，要起到准确、完整和生动地传播展览主题和内容的作用。任何脱离展示内容，为形式而形式、玩技术“秀”的辅助艺术品，都往往会产生适得其反的效果。

（4）传播内容是辅助艺术品的核心。博物馆展览传播的是经过筛选和加工过的知识，因此，辅助艺术品内容的取舍、编排和策划，既要考虑辅助艺术品传播内容必要的知识点和信息点，同时也要照顾到展项形式的通俗性、生动性和趣味性，以适应普通观众的参观习惯和审美情趣。

（5）辅助艺术品的创作必须坚持科学严谨的原则，必须有客观真实的学术研究和形象资料作支撑，即展示的内容必须真实和科学，要准确、完整、生动地表达所要传播的知识，而不可臆造虚假。这是它与主题公园、游乐场的根本区别所在。辅助艺术品设计人员需与学术专家进行充分沟通交流，真正将辅助手段和展览内容有机融合，而不能凭个人想象任意演绎和创造。

（6）辅助艺术品设计和制作要精巧，兼顾展示的生动性、趣味性、互动性、体验性，充分发挥辅助艺术品的优势，为观众提供全方位的感官体验。形式表现要新奇，创意构思要新颖独特，要有艺术感染力，要有引人入胜的观赏效果，要能起到启示、吸引和鼓励普通观众参与的作用。

（六）辅助艺术品的设计流程和基本要求

在我国博物馆展示设计中，辅助艺术品设计普遍不理想，一个主要原因是我们对辅助艺术品设计流程及其基本要求缺乏有效的控制。一方面从事博物馆展陈设计的设计师缺乏系统的专门训练，不懂得辅助艺术品设计的工作流程及其要求；另一方面业主也不懂得如何去控制辅助艺术品的设计和创作，任由设计师自由发挥。如此，必然难以创作出理想的辅助艺术品。

从博物馆辅助艺术品创作的科学规律和实践来看，辅助艺术品创作的流程宜为：

1. 确定辅助艺术品的表现方式。博物馆展陈中可采用的辅助艺术品多种多样，采用哪种辅助艺术品的表现方式，应该由内容来决定。内容决定形式，辅助艺术品的表现方式不是越复杂、越新潮越好，而是“适合”。所谓“适合”，就是能够准确、完整、生动地表达内容。

2. 思考和确立辅助艺术品的传播目的。博物馆辅助艺术品不同于纯艺术创作，它首先是一种传播媒介，即要通过其表现方式向观众有效传播内容。因此，设计师在创作博物馆辅助艺术品时，首先要认真思考和准确界定博物馆辅助艺术品的传播目的，并以传播目的为导向展开设计创作。

3. 研究和确定辅助艺术品传播的内容。作为展示传播媒介，博物馆辅助艺术品表达的内容必须符合科学性、真实性原则，必须有学术支撑，是有依据的还原再现。因此，设计师要认真研读和选择学术资料（学术研究成果和形象资料），并根据传播目的准确地表现内容。

4. 编写设计创作说明。在前述研究的基础上，编写清晰的设计说明，包括展项名称、表达方式、传播目的、创意说明、技术和工艺支撑说明等。

5. 勾画出形式表现的草图。根据设计说明，勾画出形式表现的草图，并进行充分讨论和修改完善。

6. 创作效果图。在草图确定的基础上做效果图检验辅助艺术品形式表现的真实效果。

7. 制作实施。在效果图确定的基础上进行制作实施。

整个过程必须是控制一步、做好一步，才往下前进一步。这样才能保证辅助艺术品的创作质量。一个好的辅助艺术品，应该具有如下基本要素：1. 符合知识性和教育性原则，传播目的清晰，信息阐释和传播力强，能准确和完整地表达展示的内容；2. 符合真实性和科学性原则，有学术支撑，是有依据地进行再现和还原，保证历史或事实的真实性；3. 符合观赏性、艺术性和趣味性原则，创意新颖，构图巧妙，艺术表现元素与表现内容要高度吻合，制作工艺先进，艺术感染力强。

（七）辅助艺术品设计说明编写要求

目前国内博物馆展览设计师普遍存在的问题是不会编写辅助艺术品的设计说明，只会画图，讲不清楚设计图的意图，这表明设计师创作目的和思路不清。如果设计师讲不清楚设计图的意图，那么其设计效果图必然是经不起推敲的。设计师在创作辅助艺术品时，首先要认真思考和编写设计说明书。一般来说，辅助艺术品设计说明必须包括如下要素：展项名称、展项传播目的、展示主题、展示手段和创意说明描述等。参见下列设计说明。

设计说明：

1. 展项名称：不同类型的湿地景观。

2. 展示主题：不同类型的湿地景观及与湿地相关的人类文化活动。

3. 创意说明：水池状的展示单元分别代表从海滨滩涂到高原湖泊的几种湿地类型，玻璃水池呈阶梯状逐渐升高，展现出因地势变化而形成的不同湿地景观。多媒体展墙表面镶嵌视频模块，与湿地景观一一对应。观众经过时，感应装置激活视频模块，各种与湿地主题相关的人类文化活动影像此起彼伏，交替放映。该技术的创意之处在于通过影像捕捉装置将参观者的形象投影于荧屏上，使其融入世界各地的湿地文化活动中。

4. 技术或工艺支撑说明（略）。

设计说明：

1. 展项名称：地球之肾。

2. 展示主题：地球之肾——湿地的重要功能。

3. 创意说明：湿地因其强大的生态净化作用被称为“地球之肾”。我们以情节化、互动式的创意展示手段解读湿地功能：大型的污水缸、模拟湿地生态环境的玻璃水缸以及湿地土壤和植物等元素构建出一个湿地净化水质的循环系统。辅以多媒体互动影视展示其生态净化的全过程，从而将抽象的科学生态原理演绎为生动形象的展示语言。简易而富于想象力的互动平台使观众能够在动手操作过程中学习科学原理，达到体验式科普教育的目的。

4. 技术或工艺支撑说明（略）。

设计说明：

1. 展项名称：中国湿地分布。

2. 展示主题：中国湿地的地理分布状况；国际重要湿地的概况。

3. 创意说明：层次分明的空间布局凸显出展厅的纵深感，两张气势磅礴的巨幅中国地图纵横其间，为观众揭开中国湿地展示的序幕。地面为电子感应地图，面积约30平方米，参观者可以涉足其间，全面了解中国湿地的地理分布状况。墙面地图上的视频模块与地面感应区域对应，通过多媒体数字投影放映国际重要湿地的视频影像，形成多角度的展示效果。

4. 技术或工艺支撑说明（略）。

设计说明：

1. 展项名称：青藏高原湿地。

2. 展示主题：青藏高原湿地区的自然地理环境；玛旁雍错湿地景观及生态资源；藏族传统宗教文化与湿地生命。

3. 创意说明：中国自然环境复杂多样，形成了与之适应的类型丰富的湿地生态系统。青藏高原是我国湿地最丰富的地区，我们拟以青藏高原湿地自然景观、动植物、土壤标本为展示核心，用场景化的表现方式展示本区域典型湿地环境资源的特点。观众可通过数字观景镜观看翱翔于蓝天的高原苍鹰以及徜徉于高原湖泊湿地的藏羚羊、野牦牛等湿地动物，同时通过多媒体触摸屏了解高原湿地动物的生活习性。

4. 技术或工艺支撑说明（略）。

设计说明：

1. 展项名称：东北湿地。

2. 展示主题：东北湿地区的自然地理环境；沼泽湿地的形成过程；沼泽湿地丰富的自然资源；丹顶鹤的迁徙、习性与湿地的关系。

3. 创意说明：以动物植物标本与大型景观箱虚实结合，营造出一望无垠的三江平原沼泽地景观，三维数字投影技术构成风云变幻的天空。采集三江平原沼泽土壤标本构造近景，使参观者仿佛置身其间，与沼泽水鸟齐飞，与丹顶鹤共舞。参观者还可通过数字互动操作平台，在大屏幕上观看三江平原沼泽湿地的形成过程，了解丹顶鹤的生活习性与迁徙路线，探索三江平原生物多样性的奇趣。

4. 技术或工艺支撑说明（略）。

设计说明：

1. 展项名称：沿海红树林湿地。

2. 展示主题：红树林湿地的自然景观；红树林生态系统的特点；红树林动植物的生态特性。

3. 创意说明：利用极富想象力的空间分隔营造出中国南部海岸滩涂间的红树林生态环境，观众仿佛穿行于茂密的红树林中，获得身临其境般的感受。巨大的玻璃水箱中，红树林的根系盘根错节，渺小的软体动物犹如庞然大物，这样的创意元素，让观众在奇幻世界的探索中获得非同一般的体验，也对红树林生态系统中的动植物特征做出形象直观的阐释。

4. 技术或工艺支撑说明（略）。

设计说明：

1. 展项名称：西溪人家。

2. 展示主题：西溪的自然风光；西溪人家的生活样态。

3. 创意说明：展区以场景化的细节展示表现西溪的自然风光和人居环境，以及他们的生产和生活样态。通过复原传统西溪人家的生活背景与生活状态，让观众了解西溪人家的居住环境，种桑、养蚕和渔耕等生活和劳动场面，旨在告诉观众西溪是一个人和自然和谐相处的社区。参观者还可在岸边操作台观赏数字技术虚拟的河鱼游动，通过安放于鱼塘、水井中的多媒体视频观看西溪湿地的历史变迁。

4. 技术或工艺支撑说明（略）。

五、数字媒体规划与设计制作控制

所谓数字媒体技术，它是指利用计算机，以数字化的方式将文本、动画、图形图像、音频和视频等多种媒体的优势集成在一起，从而使计算机具有表现、处理、存储多种媒体信息的综合能力。

随着信息技术和数字媒体技术的运用日益普及，数字媒体技术已被广泛地运用到历史博物馆、科技馆、自然历史馆、纪念馆，遗址公园、艺术馆、水族馆、动物园以及游客中心等主题内容阐释机构的展示设计，以营造全新的观众参观体验。

作为面向参观者的展示媒体技术平台，主要用于展览内容诠释，图片、影视、音响和文字数据处理，互动体验设计，触摸屏信息传播，音效环境，舞台灯光效果，多功能剧院，互动游戏，导览系统，远程互动教育和博物馆网络等。

（一）常用的博物馆展示数字媒体

目前，应用于博物馆展览展示中的常用数字媒体技术主要有：音频技术、影像技术、数字媒体触摸屏技术、数字媒体场景合成技术、虚拟现实技术、全周全息幻象数字媒体、复合动态全息数字媒体、情景交互数字媒体、4D 动感影院数字媒体、天象动感穹幕数字媒体以及数字媒体网络技术等。

1. 音频技术

这是一种最基本的数字媒体技术，在博物馆中的应用很普遍。利用音效，不仅能为展示环境塑造特定的气氛，而且可以辅助和加强模拟场景的说服力。

2. 影像技术

即数字影像，包括静态和动态影像，作为博物馆展示中的一种辅助手段，可以起到弥补图文陈列中想象力不足的缺憾，加深观众的理解。补充展览对工艺，流程，过程，解析、微观，宏观等信息维度的展示。

3. 数字媒体触摸屏技术

这是最简单、最有效的数字媒体人机交互手段。利用该技术，博物馆不仅可以为某个展项提供补充说明和详尽的资料，而且可以海量存储、集成、展示展览信息，观众可以根据需要进行浏览、检索、查询、欣赏等。

4. 数字媒体场景合成技术

这是把影像（动态和静态影像）这种数字媒体技术融入展览中，将影像与文物或复原场景合为一体。运用这种技术，可以真实地再现所要表达的环境、细节、人物以及历史事件等无法用文字和图片表达的内容。

5. 虚拟现实技术（Virtual Reality，简称 VR）

虚拟现实技术是一种可以创建和体验虚拟世界的计算机仿真系统，它利用计算机生成一种模拟环境，是一种多源信息融合的、交互式的三维动态视景和实体行为的系统仿真，使用户沉浸到该环境中。虚拟现实技术具有强烈的“身临其境”的临场感。虚拟现实技术主要包括模拟环境（三维立体图像，自由视角）、感知（人体感知）、自然技能（人体行为动作）和传感设备（人机交互设备）等方面。其中在展览中应用较多的是模拟环境（自由视角），衍生出了 360 度或 720 度全景浏览，可采用三维模型生成，或全景照片生成。例如故宫博物院通过 VR 全景技术，向观众展示了康乾盛世时期紫禁城建筑辉煌的景象。“最忆是杭州”采用 VR 全景图片处理技术，向观众展示杭州十大“最忆”之处。且支持多种观看视角，如星球模式、鱼眼模式，支持路径跃迁。

6. 增强现实技术（Augmented Reality，简称 AR）

增强现实技术是一种将真实世界信息和虚拟世界信息“无缝”集

成的新技术，是把原本在现实世界的一定时空范围内很难体验到的实体信息（视觉信息、声音、味道、触觉等），通过电脑等科学技术，模拟仿真后再叠加，将虚拟的信息应用到真实世界，被人类感官所感知，从而达到超越现实的感官体验。真实的环境和虚拟的物体实时地叠加到了同一个画面或空间同时存在，两种信息相互补充、叠加。其技术核心是真实世界信息 + 虚拟世界信息即增强现实。

7. 全周全息幻象数字媒体

通过文物激光三维扫描系统对真实文物进行三维数据扫描采集，数据采集后通过专门计算机系统处理，形成与真实文物完全一模一样的三维实体模型，将形成的文物三维实体模型通过全息幻象展示系统展示，观众会看到的将是与真实文物一模一样的实体，并且全息幻象所特有的神秘感效果将会深深吸引参观者的兴趣。对于博物馆中的极其贵重的文物（出于文物保护的考虑，不可能一直放在展厅对外公众展示的文物），采用全周全息幻象展示系统就很好地解决了“保护”和“展示”两方面的矛盾。其技术核心是高精度的数据采集 + 计算机三维模型生成 + 全周全息展示。

8. 复合动态全息数字媒体

其主要原理是采用复杂的多面全息成像技术来实现不用戴眼镜的立体三维展示效果。其特点是：1. 通过多角度光学全息透视成像原理，参观者无须配戴立体眼镜即可获得真实强烈的临场立体感体验效果。2. 真实的临场立体展示体验效果，较之在单一平面或弧面上产生的 4D 影院立体感效果而言，复合动态全息数字媒体展示技术因具备真实的内部立体进深空间舞台，其表现出的立体效果最具真实震撼的临场体验感。3. 可实现多层次表现内容的复合动态展示，产生极其丰富多彩的视觉表现效果。

9. 情景交互数字媒体

情景交互数字媒体系统是近年来国际上新出现的应用在展览展示及

博物馆展示中的一种新型互动参与式的数字媒体展示形式。其最大特点是能将展陈主题与观众的互动参与结合起来，强烈吸引参观者的兴趣，参观者通过与系统的互动交流，进一步加深对展示主题内容的认识和了解，留下难忘的印象。情景交互数字媒体系统应用相当广泛，完全可以结合不同的博物馆展示主题进行相应的互动展示内容设计。

10. 动感仿真交互数字媒体

动感仿真交互数字媒体是种交互参与体验型数字媒体技术，对于博物馆、科技馆、规划馆中某些特定的展陈设计，能够起到有相当吸引力的展示效果，这种交互参与体验型数字媒体技术能够超越展示现场空间及环境的约束来表现出特定设计的展陈主题。

11. 4D 动感影院数字媒体

4D 影院结合了环幕电影技术、现场声光电特技技术、动感座椅技术、同步控制技术、电影技术、多声道环绕音响技术等多种技术，使影片放映能够达到形象逼真的效果，刺激观众的视觉、听觉、触觉各个感官，营造出身临其境的整体效果，完美地表现出影片主题所涉及的环境，环境内的各种细节，以及观众在特定环境内的感觉，表现出动感。

12. 天象动感穹幕数字媒体

天象动感穹幕数字媒体是一种特殊的大型影院级数字媒体。这种数字媒体影院的观众厅为圆顶式结构，银幕布满整个半球，观众完全置身于整个球型银幕的包围之中，感觉银幕如同苍穹。影片播放时，整个画面视域范围可达 180 度，布满整个球体，在观众的视野范围内看不到银幕边缘。由于银幕影像大而清晰，自观众面前延至身后，且伴有立体声环音，使观众如置身其间。如果再配合与影片同步播放控制的动感平台，观众坐在动感平台上，随着影片播放到不同故事及不同场景情节时，感受到上下升降，左右倾斜，前仰后俯，就好似正搭乘着航天器遨游太空，正驾驶潜水器饱览海底世界的奇特景象。逼真的画面和平台载体的活动，让人不由自主地进入角色，产生十分真实和惊险刺激的特殊感觉。

13. 数字媒体网络展示技术

通过运用视频、音频以及强大的三维技术，将博物馆的馆藏以及研究、展示内容进行整合，配合各类学校的相关课程，制作成交互性的数字媒体演示系统等数字化教育资源，并通过网络或其他数字化手段传播给各类受众。突破传统的陈列方式，创造最大限度的观众的参与和主观能动性。远程教育是数字博物馆的一项主要功能。

（二）博物馆展示中数字媒体技术的功效

今天，数字媒体技术已成为现代博物馆展示中不可缺少的组成部分，合理巧妙地运用数字媒体技术，往往会起到事半功倍、画龙点睛的功效：

- 不仅能梳理博物馆展览中纷杂的信息，而且能生动直观地阐释展品、表现展示内容，更加形象有效地传播展示信息；
- 不仅能增强展示的表现力度，使展示手段突破传统的实物加文字、图片说明的做法，而且能强化信息的传播和交流；
- 不仅能让文物生动起来，让历史的故事再现出来，为展示注入活力，而且能制造悬念，激起观众的参观兴趣；
- 不仅能增强展示的生动性、参与性、交互性和趣味性，塑造一个生动活泼、参与性高的参观学习环境，而且能激发观众主动探索和学习的热情，使观众的参观体验更加丰富多彩；
- 还能让博物馆走出围墙，进行远程传播，将博物馆展览和教育活动的范围延伸到更广阔的空间和更广泛的观众群体。

具体而言，数字媒体技术在博物馆展示中的功效有：

1. 利用数字媒体技术，全面展示展品信息

例如利用全周全息幻象数字媒体，即通过文物激光三维扫描系统

对真实文物进行三维数据扫描采集，数据采集后通过专门计算机系统处理，形成与真实文物完全一模一样的三维实体模型，将形成的文物三维实体模型通过全息幻象展示系统展示，观众会看到的将是与真实文物一模一样的实体，并且全息幻象所特有的神秘感效果将会深深吸引参观者的兴趣，能让观众以全方位、多角度的方式观看展示内容。

2. 利用数字媒体技术，增强展示的细节表现

通过数字媒体技术虚拟解构大型文物，放大文物展品的特写部位，高清晰地展示书画作品的笔触、印鉴等细微特征，让观众清楚地看到展品的纹理、描绘、雕刻等细节。可以较好地弥补实物展出不便近距离观察、展厅照明不足、缺乏足够细节的缺陷。如故宫博物院网站的书画展示，将高清拍摄的书画展品通过网络呈现给观众，可以任意放大展品的指定部位，不仅能 1∶1 地展现书画原貌，还能对画面进行数倍的放大，展示效果远胜于在展厅的实物展示，可以说很好地解决了文物保护与展示之间的矛盾。

3. 利用触摸屏，可海量存储和传递信息

传统展示中受展厅面积和空间局限无法或不便于展示的大量信息，可利用触摸屏，海量存储和传递。同时，触摸屏提供灵活的方式帮助观众学习、浏览，使观众获得信息的方法更为直观简便。它的强大优势还在于能对观众的选择做出响应，从而能让观众积极地参与到展览中来。互动项目不仅要能够提供有深度的内容，同时必须保证观众在浏览屏幕的数秒内，触摸屏幕一两下以后就能清楚了解该项目所要表达的信息。触摸屏互动项目的设计还可以满足儿童和成人的体验愿望。

4. 利用数字媒体技术，便于表现动态过程

数字媒体技术用来表现动态过程时，具有明显、直观的特点。比如对工艺品工艺流程的展示，依靠文物和图版、模型很难清楚地表达制造过程，而利用数字媒体影像或三维动画则可以更好地实现传播目的，使观众一望而可知。又如展示一些事物的变化过程（历史变化、

生态变化、城市变迁等），都可以通过数字媒体技术得到更好的呈现。

5. 利用数字媒体技术，可帮助观众更加形象生动地获取传播信息

媒体技术可以帮助观众更加形象生动地获取传播信息，是现代博物馆展览设计师采用的最有效的展示方式之一。参观博物馆是一个耗费体力和脑力的体验过程，必须考虑观众在参观过程中的生理和心理状况变化规律。合理运用媒体展示技术可以减少观众的疲劳感，使展览生动有趣，更具节奏、韵律和戏剧效果，从而创造高质量的观众学习体验氛围。

6. 利用数字媒体技术解读展览主题

忠实于展览内容的媒体技术应用能使展览主题更明确，信息传播更有效，展览故事线更丰富，为参观者营造全方位、浸入式体验环境。媒体在应用了影视、互动、动画、声效等动态元素后，往往能够比平面和静态场景表现更多层次的内容，展现更丰富的内涵。媒体技术还可以很好地解决诸如多语言环境、延伸观众参观前后的体验、对观众进行持续教育等问题。

7. 利用数字媒体技术创造多种感官的信息传播

与单一视觉传播的传统展示相比，采用数字媒体技术可以将原本较为单调、枯燥的展示信息，通过音频、视频、游戏等表现手法进行表现，通过视觉以外的听觉、触觉、体感等其他感官来传达更丰富的展示信息，使展示不再仅仅局限于“看”，而是一个可看、可听、可触摸、可感受的展示，从而创造多种感官的信息传播，达到寓教于乐的目的。

8. 利用音效为展览注入活力

环境音效能对观众的参观体验产生强大的震撼力。声音是重要的信息传递者，如果制作得当，使用合理，让音效主动与观众的行为产生互动，可以大大增强展览环境的感染力，激发观众的历史时空感，使故事再现，给观众如临其境的体验效果。

9. 通过影片讲述故事

博物馆影视节目可以创造意想不到的环境声效和视觉效果，使展

览故事线更为生动形象，栩栩如生，观众可置身于活历史的氛围，增强展览的真实感。馆内的影院有：封闭式、情境式和安排在游客参观路线上的开放式。成功的博物馆影视节目制作，首要前提是必须对内容进行充分的解读。

10. 利用剧院环境丰富观众的参观体验

封闭式的剧院环境可以让观众坐下来，边休息边体验 2D、3D、4D 或者情境式影片这样的单向信息传播方式，非常方便地提升展览的广度和深度。封闭剧院环境还可以利用其装备完善的舞台、灯光和声效，使观众仿佛置身于另外一个世界，相对于传统媒体展示中的仿真场景，剧院能给观众更加丰富、更加真实的观展体验，从而留下深刻的印象。例如在一个典型的 4D 影院中，观众可以得到视觉上的三维体验，同时移动的座椅又给了观众体感上的刺激，环绕立体声的现场音效结合画面把观众带入极其逼真的情境中，除此之外，喷水、吹风、扫腿等特效进一步增强了现场的真实感，传达给观众的丰富信息是传统媒体所无法比拟的。

11. 倾听观众心声

展览应该允许观众提出自己的看法，得出自己的结论。互动亭设置录像装置，让观众录制自己的观点看法，他们对展览的评价会比纸质的问卷调查更加认真客观。屏幕上可以提供软键盘，游客可以输入邮件地址，将参观过的感兴趣的内容发给好友或者自己。观众更愿意接收来自馆方的公告和展览信息，馆方借此延伸影响力，并达到持续教育的目的。

12. 运用互动游戏增强学习体验

寓教于乐是促进学习行之有效的方法，互动游戏在展览中起着越来越重要的作用。卡通人物和动漫容易引起观众，尤其是孩子们的兴趣，激发他们的想象力和参与热情。让各年龄段观众通过触摸屏同时参与互动游戏，鼓励集体参与和互动，实现观众与观众、观众与展品的对话交流。

13. 利用媒体技术管理展区

媒体技术可以有效地展示博物馆资助者信息，同时还便于馆员对其进行及时更新。博物馆可在捐赠纪念墙上垂直排放一组大型触摸屏，滚动显示包括个人和组织捐赠者的名字、标识、地址、联系方式，甚至统一制作的介绍短片，也可以提供链接，将观众引导到博物馆网站以获得更多相关捐赠者或捐赠机构的详细信息。在网站或展览中显示企业标识和相关信息，可以提升赞助单位的公益形象，激励企业和机构赞助。此外，媒体技术还越来越多地起到导览的作用，比如博物馆内方向指示，售（领）票和信息公告等。

14. 利用数字媒体和网络技术延伸在线服务

网站可以在博物馆推广阶段，起到很好的提升知名度的作用。博物馆建设规划预览不但可以提升其在网络社区中的认知度，还有可能筹集到个人和机构赞助。博物馆对外开放后，网站还可以作为它的在线延伸。网站可以为学校提供方便，鼓励它们将博物馆作为课堂或远程教育的一部分，从而更深层次地发掘博物馆的教育功能，同时还能培养一批忠实观众。通过网络还可以实现对参观者信息的收集整理，观众可以注册成为博物馆会员。馆方则可以通过博物馆在线新闻或其他电子形式，保持与观众的联系。

（三）主要数字媒体技术应用对象及其功效

1. 显示屏或触控屏技术

（1）应用对象

应用对象主要是博物馆展示中那些传统媒体不能达到信息传播理想效果的文字和影像资料。主要有以下几种情况：

- 传统图版无法容纳的海量信息

当博物馆展示中需要向观众提供大量的深度信息而使用传统图文版会占用较大面积并影响展厅美观时，可利用数字媒体平台进行循环播放，或由观众自主点播浏览。这既节约展示空间，又实现了传播目的。

- 需要实时动态展示的内容

有些内容的展示是实时动态的，比如与展厅内的观众进行视频互动，或者实时传送其他画面。如上海科技馆的“动物世界”展示中，为了让观众了解到我国不同地域丰富多彩的动物资源，就通过摄像机实时将南汇和西双版纳等地的画面传送到显示屏上，便于观众了解。

- 动态内容的表达

在展示中经常需要用到视频资料或者是动画内容进行补充说明，而实物和图版一般不能展示动态的内容，因此可以通过各种影像系统进行展示。

- 需要观众参与互动

博物馆展示中，为了便于观众查询信息、获得观众的反馈、增强展示的趣味性，可以适当地设置交互式的查询系统、互动游戏或展项操控装置，让观众与展项进行互动。

（2）触控屏的使用

触控屏也是一种交互式的显示屏，其输入与输出都在同一块屏幕上完成，不需要额外的输入设备，比较直观易用。触控屏通过感应观众对显示屏的触摸、滑动等手势，来控制显示屏的显示内容。

目前常见的触控屏有三种：一是电阻式触控屏，二是红外触控屏，三是电容式触控屏。电阻式触控屏需要给予屏幕表面一定压力，且会随使用时间增长而逐渐产生偏差，一般用于简单的单点点击式交互。红外触控屏依靠屏幕边缘的红外感应设施来侦测输入，但解析度较差，并且因为在四边加装红外感应器使边框必须高于屏幕，影响展示美观。电容式触控屏可以支持精度较高的输入，因近年苹果公司在其手持设备中的大量使用而得到大规模推广，其优点是支持较高的屏幕解析度和输入精度，触点无需校准，缺点是屏幕大小受到限制，很难像红外触控屏一样应用于大尺寸的显示器。

在较大型的触控墙的应用中，雷达触控技术也已经比较成熟。单位触控面积造价不高。适合于触控面积较大，精度要求不是非常高的场合。

在具体展示中要根据展厅环境、展示内容、操作方式来选择使用哪一种触控屏进行展示，不可一概而论。

（3）显示屏的使用

显示屏是博物馆展示中最为常用的数字媒介，按其功能可分为交互式与非交互式的，其实现技术有 CRT、LCD、LED、OLED 等。

显示屏在展示中的使用可以部分替代展板和说明牌，可以提供深度信息发掘，可以演示动态画面，在特定条件下，还可以实现展示所需要的艺术效果。

2. 数字投影系统

（1）应用对象

应用对象主要是博物馆展示中那些需要动态表达的内容、实时动态展示的内容。

- 博物馆展示中那些视频资料或者需要动画展示的内容，可以通过各种影像投影系统进行展示。
- 博物馆展示中那些需要实时传送的视频资料或与展厅内观众进行视频互动的内容，可以通过各种影像投影系统进行展示。

（2）投影系统种类和应用

投影系统种类繁多，根据反射表面的不同，可分为平面投影、沙盘投影、雾幕投影、纱幕投影、幻影成像（包括金字塔式幻影成像）、弧幕投影、穹幕投影、球幕投影（又分内球幕和外球幕）、折幕投影、地幕投影等，按成像方式的不同，又可分为二维投影、三维投影。

沙盘投影可以将动态的影像投射到地形沙盘之上，可以直观地表现地貌变迁、动态地理信息以及与地形有关的历史事件。

幻影成像技术可以利用镜面反射和观众的视错觉将影像投射到事先搭建的实景模型之中，静态的实景模型与动态的影像画面相结合，给观众以亦真亦幻的视觉体验。如宁波博物馆的宋元明州港展示中，在搭建的古代港口实景和塑像中，利用幻影成像技术将动态影像和实景相结合，生动地再现了古代明州港的繁华景象。

金字塔式幻影成像系统是用多个投影仪或其他显示设备投射到反射介质上所呈现的画面展示出立体效果的影像，观众可以从周围的各个角度进行观赏，一般用于单个物体的三维展示。

穹幕投影即以接近半球面的穹顶为投影面进行投影，比较适于展示太空、天空及天象有关的内容。如中国科技馆、上海科技馆、北京天文馆的穹幕影院，以及一些场馆中采用的小型穹幕投影。

三维投影一般使用两台（组）投影仪分别投影对应人眼左右眼看到的画面，观众通过偏振眼镜、红蓝眼镜观看，可以产生逼真的三维空间感。近年来随着技术发展，亦可以使用单个投影机的时序播放配合主动式快门眼镜来实现三维效果。

此外如弧幕投影、折幕投影、地幕投影都是通过投影技术的不同表现来实现不同的效果，弧幕和折幕一般可使用投影拼接方式来扩大影像的可视角度，增强沉浸感。地幕投影则直接将影像投射到地面，还可以结合影像侦测与观众的位置和运动发生互动。

3. 全周全息幻象数字媒体

（1）应用对象

博物馆中的极其贵重的文物（出于文物保护的考虑，不可能一直放在展厅对外公众展示的文物）。此外，全周全息幻象数字媒体展示系统还适合对汽车、建筑、珠宝、名酒等不能在现场实物展示或不方便现场实物展示的展品进行展示。

（2）全周全息幻象数字媒体应用

全周全息幻象展示系统是当前国际上广受欢迎的用于展览展示及博物馆展示新型多媒体展示技术手段之一。

特别是对于那些极其贵重的文物展示来说，全周全息幻象展示系统是种相当理想的展示手段。这是因为，对于博物馆中的极其贵重的文物，出于文物保护的考虑是不可能一直放在展厅对外公众展示的。对于极其贵重的文物，“文物保护”和“公众展示”这对矛盾常常使博物馆处于两难境地。而如果采用全周全息幻象展示系统这种新型多媒体展示手段的话，就很好地解决了“保护”和“展示”两方面的矛盾。我们可以通过文物激光三维扫描系统对真实文物进行三维数据扫描采集，数据采集后通过专门计算机系统处理，形成与真实文物完全一模一样的三维实体模型，将形成的文物三维实体模型通过全周全息幻象展示系统展示，让观众看到与真实文物一模一样的实体展示，并且全周全息幻象所特有的神秘感效果将会深深吸引参观者的兴趣。

全周全息幻象多媒体展示系统不仅是在博物馆展示领域，在企业的产品形象宣传展示场合也有着更广泛的应用。无论是对于大型产品宣传展示、新产品推广展示，还是对产品抽象工作原理的介绍、产品新理念的推广，全周全息幻象多媒体展示系统都能满足上述不同类型的展示要求。对于像先进内燃机、新型中央空调、清洁能源系统、新能源汽车、节能环保建筑、发电机组、高分子新材料、新型药品、珠宝、名酒、豪车、珍贵文物等不能在现场实物展示或不方便现场实物展示的场合，全周全息幻象多媒体展示系统无疑是最适合的展示手段。

4. 复合动态全息数字媒体

复合动态全息多媒体展示技术是当今全球最先进的多媒体展示技术，其主要原理是采用复杂的多面全息成像技术来实现不用戴眼镜的立体三维展示效果，并且展示区域大小可根据现场环境做可大可小的灵活设置，其所具有的这些独特优点，使其成为当今全球最受欢迎的高新多媒体展示技术，世界500强企业、全球知名的科研机构、大型博物馆、科技馆、政府组织每年的大型展示活动中都广泛采用这门技术。

- 通过多角度光学全息透视成像原理，参观者无须配戴立体眼镜即可获得真实强烈的临场立体感体验效果。

- 真实的临场立体展示体验效果，相比较在单一平面或弧面上产生的4D影院立体感效果而言，复合动态全息多媒体展示技术因具备真实的内部立体进深空间舞台，其表现出的立体效果最具真实震撼的临场体验感。

- 可实现多层次表现内容的复合动态展示，产生极其丰富多彩的视觉表现效果。例如我们可利用复合动态全息多媒体展示技术对郑和下西洋时的不同古船的构造在观众面进行立体360度全息动态细节展示，而与此同时相应的复合背景层则展现出郑和下西洋时的庞大船队在波澜壮阔的大海上远航的宏大场面背景相显衬托，这种视觉展示效果使观众产生强烈的如身临其境的真实感受体验。

- 展示区域大小能够根据特殊空间环境进行相应的灵活设置，展示区域及展示成像大小不受限制。在空间大小满足条件的情况下，可实现更胜于4D影院效果的全息影院。

- 展示内容形式丰富多样，可配合不同的展陈主题做多种不同表现形式的内容展示，包括：视频、照片、图纸、动画、效果图、影视特效等。同时展示外在形式可配合现场环境做到灵活巧妙的有机融合。

5. 虚拟现实技术

（1）应用对象

应用对象主要是指博物馆展示中各种需要重构的历史场景或自然场景。在博物馆展示中往往需要对已经消失的历史或自然场景进行再现性地展示，通常博物馆的藏品条件不足以再现历史或自然场景。比如自然博物馆中对某一历史时期生态景观的展现，可资利用的藏品只是动植物的化石标本，在漫长的历史演化进程中已经被固化到一块块石头的碎片之中。利用这些标本进行展示无法唤起观众对当时代生态景观的直观认识。又如对某一历史场景的再现，博物馆的藏品往往只是当时遗留下来的部分物品，或者是反映当时场景的艺术作品，不能全面地反映历史原貌。为了增强展示的直观性、生动性、体验性，需要通过数字媒体技术来进行一定程度地复原与再现，使已经消失的场景能够栩栩如生地呈现在观众面前。

（2）虚拟现实技术的应用

虚拟现实技术在博物馆展览中大部分使用 360 度或 720 度全景式虚拟游览。操作简便，直观性强（如虚拟游览实体博物馆，复原生成阿房宫、圆明园等已经湮灭了的建筑，构建尚未发掘的秦始皇陵等）。头盔式沉浸交互的 VR 使用稀少的原因在于：完全虚拟的环境与现实隔离，由于设备原因，使观众的行动范围受限制。以及眼罩与人体接触的卫生问题。虚拟驾驶体验类也属于 VR 的技术范围，应用也较广泛，我们在本项第 7 点单独解析。

6. 情景交互数字媒体

（1）应用对象

传统博物馆的展示中，往往通过独立的工坊来提供给观众动手操作和体验，如陶瓷作坊、玻璃作坊等。但是这些作坊的工作环境往往与博物馆的展示环境不相协调，与文物和观众安全存在一定冲突。

情景交互数字媒体系统应用相当广泛，完全可以结合不同的博物馆展示主题进行相应的互动展示内容设计。例如使用情景交互数字媒体系统可以模拟考古发掘、文物修复、工艺品制造、古代生产生活等活动，使观众对这些活动的具体过程有全方位的了解，同时亲身参与的体验能给人留下深刻的印象，又增强了展示的趣味性。

（2）情景交互数字媒体系统应用

情景交互多媒体系统是近年来国际上新出现的应用在展览展示及博物馆展示中的一种新型互动参与式的数字多媒体展示形式，其最大特点是能将展陈主题与观众的互动参与结合起来，强烈吸引参观者的兴趣，参观者通过与系统的互动交流，进一步加深对展示主题内容的认识和了解，留下难忘的印象。同时，情景交互多媒体系统其内容本身完全可以配合博物馆及各类型的展览展示活动的不同展示主题而方便地进行相应的调整，具有广泛而灵活的适用性。

情景交互多媒体系统应用相当广泛，完全可以结合不同的博物馆展示主题进行相应的互动展示内容设计。

例如，结合某个考古文物，我们可以设计如下互动交互展示内容："一片广漠的沙漠，参观者从沙漠上走过，沙尘拂去，出现埋藏于沙漠中的文物宝藏。"

再如，对于远古自然环境展示，我们可以设计如下互动交互展示内容："在一片水中，参观者用手划水或将脚踏入水中，看到不同远古世纪的鱼类绕着手脚游动。"

正是因为情景交互多媒体系统能方便而广泛适用于多种不同的主题展示，故其自出现以来就成为各种不同类型的展示活动及博物馆最为广受欢迎的新型多媒体展示形式之一。

7. 动感仿真交互数字媒体

（1）应用对象

动感仿真交互数字媒体是种交互参与体验型数字媒体技术，适用于博物馆、科技馆、规划馆中那些特定的展陈设计——既有情景又能仿真互动的项目。

（2）动感仿真交互数字媒体应用

这种交互参与体验型数字媒体技术能够超越展示现场空间及环境的约束来表现出特定设计的展陈主题，能够起到相当有吸引力的展示效果。

例如，中国科技馆的古代耧车展示，通过实物模型和图版的展示可以让观众了解耧车的外形、结构和使用方式，但是很难展现耧车的作用和实际操作的过程。因此，通过这种技术的应用，可以让观众也亲身体会一下操作耧车的感觉，体验古代农民的劳作情景。

再如，对于郑和下西洋的历史展陈主题，在展陈现场，我们可仿制出郑和宝船，利用动感仿真交互数字媒体技术，我们可以让观众再次沿着历史上郑和下西洋的路线，如临其境地感受郑和下西洋的历史伟大壮举。

再如博物馆中的“动感轮船”“动感矿车”，规划馆中的“未来城市漫游”，科技馆中的“太空遨游”、“深海探险”、列车的操控、探测车的驾驶、机械设备的使用等，诸如此类的展陈主题，动感仿真交互数字媒体技术无疑是最为适合的展陈手段，这种展陈手段强烈吸引并调动起观众的参与兴趣，在互动的参与中使观众对展陈主题的内容留下深刻印象。

以下就以“未来城市开车漫游”为例，详细说明动感仿真交互多媒体技术可实现的效果：

- 可实现车行与飞行两种模拟浏览效果。
- 可真实模拟驾车游览的感受：

1. 方向盘左右转，相应的游览场景也左右转，感受如同真实驾车游览；

2. 踩油门模拟游览速度加快，感受如同真实驾车踩油门加速；

3. 踩刹车模拟游览停止，感受如同真实驾车踩刹车停止；

4. 可模拟真实驾车时不同挡位的驾车模式，高挡高速，低挡低速，还可实现倒挡倒车行驶；

5. 可模拟车行游览时的不同观看角度（抬头仰视等）。

- 可模拟从空中飞行游览的感受：

1. 可从陆地车行模拟状态改为飞行俯瞰游览状态，反之也可从飞行俯瞰游览状态改为陆地车行模拟状态；

2. 飞行模拟中可随意上升和下降高度；

3. 飞行模拟中可随意改变视角；

4. 飞行模拟中可随意改变游览速度。

- 可预先设置游览参数（速度、档位、视角及背景音乐等）。

8. 4D 影院

（1）应用对象

演绎历史故事和自然现象。在传统媒体手段的展示中，博物馆只能用文物、图表、文字、画面、造型向观众传达历史遗留的点滴信息，而不能表现一次重要历史事件、一个自然现象的动态的历史过程。而多功能影院能做到对一次历史故事和一种自然现象完整、丰富、生动的呈现。

（2）4D 影院功效

4D 影院结合了环幕电影技术、现场声光电特技技术、动感座椅技术、同步控制技术、电影技术、多声道环绕音响技术等多种技术，使影片放映能够达到形象逼真的效果，刺激观众的视觉、听觉、触觉各个感官，营造出使人身临其境的整体效果，完美地表现出影片主题所涉及的环境，环境内的各种细节，以及观众在特定环境下的感觉，表现出动感。

4D 影院是从传统的立体影院基础上发展而来，相较于其他类型影院，具有主题突出、科技含量高、效果逼真、画面冲击性强等特点和优势。随着影院娱乐技术的发展和娱乐市场的需求，人们不仅将震动、坠落、吹风、喷水、挠痒、扫腿等特技引入 3D 影院，还根据影片的情景精心设计出烟雾、雨、光电、气泡、气味等效果，形成了一种独特的体验，这就是当今十分流行的 4D 影院。由于观众在观看 4D 影片时能够获得视觉、听觉、触觉、嗅觉等全方位感受，近年来 4D 影院的发展非常迅猛。

4D 影院中的所谓 4D 即是指在普通的电影基础上加上环境特效模拟仿真，4D 影院的环境特效模拟仿真主要分为两大类：

一类是对自然环境的模拟仿真，即观众在看电影时，随着影视内容情节的变化，可实时感受到风暴、雷电、下雨、撞击、喷洒水雾等身边所发生与影像对应的事件，环境模拟仿真是通过影院内安装的下雪、下雨、闪电、烟雾等特效设备配合影片情节的变化而营造一种与影片内容相一致的模拟环境。

另一类是动感特效仿真，即对影片中出现的自然界中的风、水等效果及生活中比较常见的震动、坠落等运动进行模拟，这些特技通过特殊控制系统与影片中的情节进行配合，使观众在观看影片时有身临其境的坠落、震动、吹风、淋雨等感受。

4D影院由银幕、影片、偏振光眼镜、4D特技座椅、数字音响系统、计算机控制系统等构成。因此，对建筑空间规划、银幕、影片、4D特技座椅、数字音响系统、计算机控制系统等都有严格要求。尤其在建筑空间上，必须在建筑设计时提出明确的任务需求，否则难以在即有空间中部署。影院设计的一般标准应该符合中华人民共和国建设部、国家广播电影电视总局《电影院建筑设计规范》JGJ58-88的要求，在此不详述。

黑暗骑乘，即“Dark Ride”，把4D影院按照剧情拆解成一个一个的场景，游客乘坐轨道游览车，沿着既定故事路线，在一个虚实景结合的主题故事环境中穿行体验的大型室内娱乐项目。它将4D立体电影、动感游览车、灾难仿真、仿真布景、虚拟交互、特技表演等当今国际顶尖娱乐技术集成在一起。游客乘坐动感运动车仿佛穿梭于真实场景和立体影片构成的幻境中，整个动感轨道系统会在设计规定的瞬间变换车辆运动方式，产生如急转弯、摆动、颠簸等动作，逼真地模拟爬升、坠落等效果，带领游客经历一场惊心动魄的危险之旅。硬件特技效果如熔岩喷射产生的火光、激烈碰撞的电火花等，巧妙地融合在影片情节当中，在电脑同步控制下呈现出精彩的特效。长江文明馆设计的黑暗骑乘“梦幻长江”是很成功的案例。

9. 天象动感穹幕多媒体影院

（1）应用对象

这种天象动感穹幕数字媒体影院主要用于天文馆和科技馆。

穹幕的出现最早是用于天文天象模拟方面，众所周知，随着地球的公转，一年四季天上的星斗是在不停变化的，使得当时的天文学习及研究受到时间的局限。因此穹幕的出现是完全为了解决当时在天文研究方面的诸多不便而产生的，这也是为什么如今我们看到的穹幕几乎都出现在天文馆和科技馆中。但传统穹幕影片制作受其本身所具有的拍摄和制作难度大及成本高昂的局限，发展至今，其展示内容基本上还都仅局限于天文天象的内容展示方面，在其他方面还很难看到广泛的普及应用，这是由于传统穹幕影片制作具有其特殊难度所决定的。而穹幕本身高度沉浸的体验效果又吸引着博物馆、展览展示馆、教育培训、工业设计等机构，都希望能将穹幕多媒体引入到他们自身的领域进行普及应用。

（2）天象动感穹幕影院功效

天象动感穹幕多媒体是一种特殊的大型影院级多媒体。这种多媒体影院的观众厅为圆顶式结构，银幕布满整个半球，观众完全置身于整个球型银幕的包围之中，感觉银幕如同苍穹。

影片播放时，整个画面视域范围可达 180 度，布满整个球体，在观众的视野范围内看不到银幕边缘。由于银幕影像大而清晰，自观众面前延至身后，且伴有立体声环音，使观众如置身其间。按照视觉理论，人的视域范围一旦超过 150 度，就会产生身临其境的错觉，因此，这种多媒体类型的沉浸效果非常强烈，并且可脱离立体眼镜和头盔，产生立体视觉。

如果再配合影片同步播放控制的动感平台，观众坐在动感平台上，随着影片播放到不同故事及不同场景情节时，感受到上下升降，左右倾斜，前俯后仰，就好似正搭乘着航天器遨游太空，正驾驶潜水器饱览海底世界的奇特景象。逼真的画面和平台载体的活动，让人不由自主地进入角色，产生十分真实和惊险刺激的特殊感觉。

天象动感穹幕影院对建筑空间规划、银幕、影片、数字音响系统、计算机控制系统等都有严格要求。尤其在建筑空间上，必须在建筑设计时提出明确的任务需求，否则难以在即有空间中部署。影院设计的一般标准应该符合中华人民共和国建设部、中华人民共和国广播电影电视部《标准电影院建筑设计规范》JGJ58-88 的要求，此不详述。

10. 3D Mapping 技术

3D Mapping 技术起源于建筑投影灯光秀。根据楼体建筑特点，设计投影画面，产生强烈的 3D 效果，颠覆传统的空间观念。在博物馆展览中，3D Mapping 技术也逐渐出现在展项设计中。

比如仿古城墙上的建筑投影，霸王龙等比复原的白模（皮肤、骨骼的运动状态投影）。3D Mapping 技术不仅仅是画面的设计与输出，先进技术已经可以做到画面追踪到行驶中的汽车，甚至在缓慢旋转的风车叶片上进行追踪投影。

利用建筑平立面夹角的视角差，设计出立体效果的投射画面，也属于建筑投影的范畴。

11. 数字导览

（1）应用对象

博物馆观众的自主参观导览。

（2）数字导览类型与应用

展示自助导览技术发展至今已有半个多世纪，随着科技的不断发展，导览技术与方式也推陈出新，经历了多次升级换代。但新技术的发明和推广并不一定意味着对原有技术的替代，根据展示特性和观众习惯，可以使用不同的导览技术。根据导览方式的不同，可以粗略地分为三个技术时代：

- 纯语音导览

从20世纪60年代开始，博物馆就尝试使用录音磁带与调频广播技术为观众提供语音导览服务。进入数字媒体时代后，博物馆普遍采用了数字方式存储（如MP3制式）的语音导览设备，使语音导览机更加轻巧，便于携带。上海博物馆的手持式语音导览器，使用了中、英、日、法等多国语言为观众详细介绍展厅中的展品。语音导览是目前博物馆中使用最普遍的一种方式。

- 多媒体导览

20世纪90年代，多媒体技术得到长足的发展，融合了音频、图像、文字、视频等多媒体内容的导览设备开始在博物馆得到应用。与纯语音导览相比，多媒体导览能够提供更为全面的信息，但是也分散了观众的视觉注意力，加之技术尚不完善，给观众的体验感较差，这种类型的导览并未能形成规模。

- 交互式导览

最近几年，欧美一些博物馆已经开发出可以在通用移动计算平台（如智能手机、平板电脑）上使用的导览软件，使观众无需租赁专门的导览设备，即可使用自己的移动设备进行导览。观众还可以利用移动设备的地理定位和摄像头功能与展示进行交互，实现AR（增强现实）的效果，及时对展示进行反馈，或者与其他观众进行互动。如中国国家博物馆的手机导览，通过三星智能手机平台，提供展示的深度解读。又如美国9·11国家纪念馆，馆址位于纽约世贸中心大楼原址，场馆建设中，馆方已经推出了一款针对世贸中心原址的手机导览程序，该程序可以根据观众所处的地理位置，提供该位置的历史照片与相关资料，让观众对比9·11事件前的照片与现在眼前的景象，唤起观众对历史的记忆，抚今追昔，让人们在缅怀遇难者的同时，反思当今社会全球化环境下国际恐怖主义给人类文明带来的创伤。交互式导览目前已经成为展示导览的新趋势，具有广阔的发展前景。

（四）数字媒体技术在博物馆展示应用中存在的问题

尽管数字媒体技术在博物馆展示中能发挥很大的效用，但我国博物馆展示中数字媒体技术应用的效果并不理想，普遍存在滥用和乱用的现象，并严重影响数字媒体技术的口碑和后续利用。突出的问题有：

1. 过度利用数字媒体

所谓过度利用数字媒体是指为用数字媒体而用数字媒体，即为了追求博物馆展示的“高科技化”，大量采用数字媒体，在不该用数字媒体的地方乱用数字媒体技术。一些博物馆展示中，不分对象、不分场合、不分条件大量利用数字媒体——触摸屏、视屏、幻影成像等，整个展厅充斥着各种数字媒体，以致喧宾夺主，数字媒体替代了博物馆展示中文物展品主角地位，造成这些博物馆成为数字媒体博物馆而不是真正意义上的博物馆。

2. 数字媒体使用不得当

运用不得当，往往简单生搬硬套数字媒体技术，玩数字媒体技术“秀”，较少考虑每种数字媒体技术的适用对象和场合。

所谓选用不当，是指在博物馆展示中不分对象地使用数字媒体。其实，每项数字媒体技术各有自己的特点和功效，选用什么样的数字媒体，要根据展示对象而定，但在实际应用中经常可见的是将某一种数字媒体技术错误地移植到不同的展示内容中。例如，采用栩栩如生的幻影成像来表现民俗庆典活动比较合适，但用来表现远古时期先民的生产和生活活动显然不合适，因为缺乏远古先民的人像、服饰、活动等学术依据，这种栩栩如生的表现形式越清晰、越生动，其真实性和科学性的问题就越大。再如流行一时的互动地幕投影，就以各种面目出现在许多博物馆的展示中，而与展示的内容又往往不相关联，显得十分牵强。

3. 数字媒体展项传播目的不明确

数字媒体展项作为展览的一种传播媒介，应该有明确的展示传播目的，准确、完整和生动地表现展览的内容。

但是，在博物馆展示中，不少数字媒体展项存在传播目的和展示内容不清楚的情况，即观众参观后不知道该数字媒体展项想要传达什么东西。例如，长三角地区某博物馆古村落复原场景展项，采用一整面玻璃墙作为介质，投影虚幻抽象的光带等内容，完全脱离了该展示的内容和语境，使观众不知所云。甚至，一些博物馆的数字媒体展项与展览的主题和内容完全不相关。例如近年来很多博物馆展览中应用的捕鱼类互动地幕投影，纯粹是一种娱乐游戏（迪斯尼可以这样做），与展示主题和内容完全不相关，显得十分牵强。

4. 数字媒体展项传播内容缺乏科学性和真实性

博物馆展览是一项观点和思想、知识和信息的传播工程，它强调科学性和真实性，即展示的内容必须是建立在真实材料和科学研究的基础上。因此，数字媒体展项传播的内容必须是在此基础上有（学术）依据的还原、再现和重构。

但在我国博物馆展览中，普遍存在数字媒体展项学术支撑不足、传播内容缺乏科学性和真实性，甚至存在没有根据地胡编乱造和演绎的现象。这种现象不仅不能实现展现想要传达的内容的目的，而且严重损害展示内容的科学性和教育意义，影响博物馆的公众形象。很多情景再现、虚拟重建等数字展项的故事内容、场景、道具等，大多是靠主观臆想或演绎，而缺乏足够的学术素材支撑。某些博物馆反映历史事件和人物的影片，不少镜头直接剪辑自电影、电视剧，没有对相关史实和细节进行学术考证。如此，这些数字媒体展项反映的内容是不真实的、不科学的，严重违背了博物馆信息和知识传达的真实性和科学性原则。

5. 数字媒体内容演绎和编辑平庸

一个好的数字媒体展项，应该实现“将学术问题通俗化、知识信息趣味化”，这样，才能达到发挥数字媒体技术优势和特长的目的，达到向观众准确、完整和生动传播内容的目的。

在我国博物馆展览中，普遍存在数字媒体展项使用重技术、轻内容的现象，即片面强调数字媒体的技术和表现形式，内容策划和演绎平庸，缺乏故事性、情节性。具体表现为：一些数字媒体的展示传播目的不清楚；一些数字媒体的展示选题没有新意，缺乏创意；一些数字媒体的展示内容不够生动，学究气太浓，情节性和故事性不强；一些数字媒体的展示内容表述平铺直叙，面面俱到，重点和亮点不突出；一些数字媒体的展示内容逻辑结构混乱，故事线不清等。

6. 数字媒体设计和制作粗糙

数字媒体的优势在于可以利用音频、视频、动画、游戏等表现手法生动、有趣地展示内容和信息，增强观众参观学习的参与感、体验感，激发观众的参与和学习的兴趣，进而达到博物馆知识传播的目的。

但在我国博物馆展览中，普遍存在数字媒体展项表现方式和互动软件设计制作粗糙，参与性、体验性、趣味性不强的弱点。具体表现为：一些数字媒体形式表现死板，缺乏创意，美术设计和表现形式不够感性，达不到引人入胜的境界；影片剪辑、合成和调色不理想，画面亮度不足，画质不清晰、播放不流畅，音效不自然等；触摸屏、交互式数字装置的互动操作软件设计不当，或互动设备普通观众操作困难，或数字展项中各子系统配合不协调，或程控软件响应速度滞后，或操作软件缺乏安全性和稳定性等问题。

7. 数字媒体的空间和数量规划不当

数字媒体在博物馆展览中的应用，都有空间规划和数量规划的要求，合理的规划可以起到事半功倍的作用，反之，不仅会使实际展示效果达不到预期，而且还会影响展览的整体效果和观众的参观体验。

但在我国博物馆展览中，较多存在数字媒体展项在空间、数量等上设计规划不当的现象。例如，触摸屏的位置放置过高，让矮小的观众够不着，而视屏（播放屏）的位置又太低，以至让观众误以为是触摸屏而误按；影院的座位数量和座位布局不合适、屏幕大小和弧度安排不当、影院高度和宽度安排不当，影院观赏角度不佳；一些本该安排多台设备供多人玩的展厅，却仅安排一二台设备；数字媒体展项的设备或内容配置在不合适的展示环境中，或不能很好地融入展厅环境，影响展示效果，显得突兀和生硬，如在明亮的展厅环境中设置幻影成像等需要低照度环境的展项，在古代仿真场景中设置未经艺术造型加工的现代化设备等。

8. 数字媒体设备选用不当

博物馆展览中的数字媒体技术平台是面向公众开放的，几乎是要天天使用的，因此，为了保障其使用质量和稳定性，数字媒体技术平台的设备必须是专业设备而非民用或家用设备。

但在我国博物馆展览中，存在一些数字媒体展项设备——显示器、投影机、音响功放、灯泡等——选型采用不当的现象。例如，该用专业投影机而用了民用投影机，该用大流明的投影仪而用了小流明的投影仪，该用 5 台投影仪而只用了 3 台，造成影片亮度不高、清晰度不够、视角不够大、色彩不够鲜艳饱满等。该用大功率的音响功放而用了低功率的音响功放。此外，在 LCD 显示器、处理器等一系列数字媒体设备选型上也存在这样那样的不当。

由于数字媒体设备选用不当，造成这些数字展项设备不仅效果差，而且故障率高。数字媒体设备选用不当，还表现在数字媒体的架构设计上。系统的架构设计中，软、硬件系统的功能匹配、性能匹配，是非常重要的。

比如，有些一台服务器可以联动控制墙面和立式双屏进行的互动及播放的展项，采用不够先进的架构设计理念，用两台服务器进行控制，不仅造成了设备的浪费，还增加了程序通讯的复杂性，增加了故障率。有些展项需要多台或高端设备同步驱动的，却减少了设备或使用中低端设备，造成演绎卡顿，整体效果欠佳。有软件、程序或游戏要求硬件设备必须具备某些功能和接口的，硬件系统的设备却不具备的。有整馆智能中控实现一键开关或分控的，有些设备选型却不具备断电后远程唤醒的。额外的补救措施不仅增加了预算成本，也影响了展项的可操控性。

9. 数字媒体设备完好率低

所谓数字媒体设备完好率低，是指由于设计、技术和制作上的先天不足，造成这些数字展项设备的稳定性差，故障率高。我国博物馆展示中的大部分数字媒体展项往往在使用一段时间后就出现故障，甚至损坏，成为展厅中的摆设。常见的故障有：触控屏失灵，音响故障，服务器响应缓慢、频繁死机，投影机聚焦不准、定位偏移、灯泡亮度衰减，互动设施失效，动感设备与演示内容不同步等。这造成博物馆数字媒体不仅维护难，而且维护成本高。

上述数字媒体技术在博物馆展示中的不合理使用，严重阻碍了展示水平的发展与提升，影响了博物馆社会职能的发挥。

（五）数字媒体技术在博物馆展示应用中存在问题的原因

造成上述数字媒体技术在博物馆展示中存在问题的主要原因有两个方面：一是设计和制作方方面的原因；二是业主方的问题。此外，还有展览工程操作方面的原因。

1. 设计和制作方的原因

（1）不懂数字媒体技术应用的原则和要求

每种数字媒体都有其功能特点和使用对象，在博物馆展示中，采用何种数字媒体，必须根据其功能特点来决定。这样才能发挥数字媒体的作用。否则，不分场合、不分对象，盲目地照搬数字媒体，必然出现数字媒体乱用的现象，不仅不能发挥数字媒体的功效，甚至造成严重影响展览的传播效果。我国博物馆数字媒体展项之所以出现这样那样的问题，一个根本的原因就在于数字媒体设计方不懂数字媒体技术应用的原则和要求、盲目照搬数字媒体。

（2）不重视数字媒体的内容策划

数字媒体的功效是要准确、完整、生动地表现展示的内容。数字媒体作为博物馆展览的一种传播媒体，它只是手段，而不是目的和内容，它必须服务和服从于内容传播的需要，要将展示内容与数字媒体的技术和形式有机结合起来。因此，数字媒体不能为技术而技术，玩技术秀或形式秀。轻视数字媒体的内容策划，而偏好玩技术秀或形式秀，是造成我国博物馆数字媒体不成功的主要原因之一。

（3）不重视数字媒体创作的学术支撑

博物馆展览必须建立在学术支撑的基础上，不论是艺术的辅助展品，还是技术的辅助展品，都必须依据科学的、真实的学术资料有依据地还原、再现和重构。也就是说，数字媒体的创作，无论是内容与故事情节，还是道具和环境，都必须建立在学术研究或客观真实的基础之上。不重视数字媒体创作的学术支撑，不借科学的、真实的学术资料，进行胡乱地演绎和表现，既是我国博物馆数字媒体创作中的普遍现象，也是造成我国博物馆数字媒体不成功的主要原因之一。

（4）追求利益最大化

为了追求利润最大化，数字媒体创作方往往不愿意在人力、技术成本上多投入，不愿在内容策划设计上多花功夫，不愿在操作和控制软件上进行开发升级。今天这个博物馆使用过的数字媒体，明天稍作改变后就搬到另外一个博物馆的展示中。而在硬件和设备上，则偏好尽可能多的使用，在设备技术和规格上玩“躲猫猫”。总之，希望以最小的成本，获得利润的最大化。这是造成我国博物馆众多数字媒体展项不成功的主要原因之一。

2. 业主方的原因

（1）业主方控制不力

业主方往往简单地认为，经过专家评审选出的展览公司就能做好展览，其实不然！做好一个展览涉及众多因素，除了展览设计公司的能力外，还与展览设计公司的敬业精神，与展览相关方的配合，与业主的监督控制力度，都有密切关系。我国博物馆数字媒体展项之所以大多不成功，是因为业主方控制不力。在博物馆业主不懂数字媒体技术应用的原则和要求而又没有聘请懂数字媒体的展览专家帮助监理的情况下，必然造成数字媒体创作的失控。显然，在没有有效控制的情况下，仅指望展览公司的自觉，是不能保障展览数字媒体项目成功的。

（2）业主方配合支持不够

数字媒体展项的创作有赖于博物馆业主在学术资料和形象资料方面的配合和支持，否则，最优秀的数字媒体展项设计师也不可能创造出成功的数字媒体展项。但在博物馆展览实际设计和制作中，数字媒体展项创作方往往得不到博物馆业主在学术资料和形象资料方面的配合和支持，甚至有些业主荒唐地认为，这是数字媒体展项创作方的事情。在这种情况下，数字媒体展项创作方只好凭自己在网络或影视作品等途径找到的支离破碎的、在学术上立不住脚的材料拼凑内容，甚至凭空臆造。如此创作出来的数字媒体展项，必然问题多多。

除了上述原因外，还有一个重要的原因是博物馆展览数字媒体展项的委托操作。目前，我国博物馆展览工程委托中，一般将数字媒体展项统包在展览工程之中，再由中标的展览公司委托给专业的数字媒体公司进行创作。一方面，业主对每个数字媒体展项和全部数字媒体展项并没有明确的造价预算，另一方面，展览公司为了获得利润最大化，往往以尽可能低的价格再委托给专业的数字媒体公司。这样，在资金不足的情况下，专业的数字媒体公司为了保障自己的利润，必然不愿意在数字媒体展项上投入必要的人力和物力。如此状况下创作出来的数字媒体展项必然达不到基本的要求。

此外，数字媒体展项创作、施工周期短也是重要原因。数字媒体展项的设计施工时间比较长，以多功能影院为例，从剧本的创作、素材的拍摄、剪辑、三维动画的建模、渲染、影院的装修、设备的安装调试到最后交付使用，需要投入大量的人力物力和长时间的工作才能确保最终的展示质量。一部高质量的创作影片，视题材、时长、清晰度的要求不同，一般需要半年乃至一到两年或更长的时间才能最终制作完成。而国内博物馆展示普遍存在着赶工期的现象，公立博物馆作为政府的形象工程、政绩工程，容易受到领导意志的干扰，行政部门不尊重博物馆展示工程的客观规律，要求博物馆必须在指定日期完工开馆，以配合某些庆典、节日、重大活动的进行，导致在展示设计方面赶工期、抢进度，牺牲质量来换取速度。

（六）数字媒体设计制作的流程与原则

虽然数字媒体已普遍在我国博物馆展览中大量使用，但成功的数字媒体设计展项寥寥无几，原因固然是多方面的，但其中一个重要的原因是设计师不懂得数字媒体设计制作的科学流程以及设计制作的原则。

1. 数字媒体设计制作的流程

科学的流程是数字媒体展项设计与制作质量的基本保障。从数字媒体表现的内容的设计与制作看，不外乎三种方式：根据现有影像材料编辑加工；利用动画建模、渲染制作；利用人工演出拍摄制作（例如龙华烈士陵园“龙华二十四烈士多媒体雕塑剧场”）。以动画设计、建模、渲染制作为例，其科学程序依次应该是：

（1）初步设计：认真阅读和研究展览内容文本，选择数字媒体表现的展示信息传播点，再根据数字媒体表现的展示内容，提出数字媒体表现的具体方法和基本构想；

（2）调研与资料收集：针对数字媒体要表现的内容，搜集研究相关学术资料和形象资料，为数字媒体内容脚本策划奠定基础；

（3）媒体内容学术大纲编写：根据相关学术资料和形象资料，编写媒体内容学术大纲，并经展陈艺术总监或业主组织的学术专家小组确认；

（4）媒体内容脚本策划编写：在媒体内容学术大纲的基础上，根据数字媒体表现的方式、传播目的，编写和深化内容脚本，包括具体表达内容、叙事结构、表现材料和操作方式等，并经展陈艺术总监或业主组织的专家小组确认；

（5）媒体硬件系统深化设计：根据数字媒体展项的内容脚本及其表现和操作方式，开展硬件系统的深化设计，并经展陈艺术总监或业主组织的专家小组确认；

（6）媒体数字化设计与制作：根据内容脚本和硬件系统的深化设计，开展展项内容数字化设计与制作，包括绘图、建模、渲染、程序开发、数据库搭建等；

（7）小样审核：数字媒体内容小样审核与修改，并经展陈艺术总监或业主组织的专家小组确认；

（8）硬件采购与系统集成：由媒体设计制作单位完成；

（9）制作修改：集成和完成整个数字媒体的制作和修改，并经展陈艺术总监或业主组织的专家小组确认；

（10）安装调试：现场安装调试，经展陈艺术总监或业主确认；

（11）操作员培训：编写操作手册，并对业主操作员进行培训。

2. 数字媒体设计制作的原则

博物馆展示中任何一种新技术的引入，都需要进行一个转化和适应，以符合展示的需要。就数字媒体技术而言，除了展示设计师要了解各种数字媒体技术的功能、表现能力和效果外，关键是要真正谙通数字媒体技术在博物馆展示中应用的基本原则和要求，这样才能将数字媒体技术恰到好处地融入展示中，发挥数字媒体技术对展览的辅助作用和阐释作用。

（1）任何数字媒体手段在博物馆展示中的应用都需要有充分的理由。数字媒体作为展示的一种辅助手段，不能取代文物展品的主导地位。只有在文物展品不能充分有效传达信息的时候，才可以考虑数字媒体手段。

（2）数字媒体技术的应用要恰当，要贯彻“功能第一”的原则。数字媒体手段多样，其表现能力和效果也各不相同。要根据特定的内容、对象、场合选择最恰当的数字媒体手段，恰当的才是最好的。所谓恰当，即要以最能表现或传播展示的内容为标准。数字媒体技术并非越先进、越昂贵就越好。

（3）数字媒体技术必须服务和服从于展览主题和内容传播的需要。数字媒体技术作为展示的一种形式表现手段，必须以内容解读为基础，要起到准确、完整和生动地传播展览主题和内容的作用，脱离展示内容的数字媒体技术应用往往会产生适得其反的效果，不能为技术而技术，不能以技术玩花架子。

（4）“数字媒体技术”不等于“高新科技”。事实上，许多数字媒体硬件设备和软件制作技巧都已经很成熟。无论是硬件产物（如触摸屏、投影仪或等离子屏）还是软件产品（如互动软件、影片或声效），都要采用成熟的产品并合理地整合。数字媒体技术在博物馆展示中应用的关键是如何合理转化和应用，即要充分理解各种数字媒体技术的功能、表现能力、效果和运用法则，科学地应用数字媒体的软硬件。

（5）数字媒体展项的设计制作必须坚持科学严谨的原则，必须有客观真实的学术研究和形象资料作支撑，即展示的内容必须真实和科学，要准确、完整、生动地表达所要传播的知识，而不可臆造作假。这是它与主题公园、游乐场、电影院的区别所在。博物馆展览是一项学术、文化、思想与技术的集合，学术研究资料和展品形象资料是设计、制作数字媒体展项的学术依据。数字媒体展项设计人员需与学术专家进行充分沟通交流，真正将科技手段和展览内容有机融合，而不能凭个人的想象任意演绎和创造。

（6）传播内容是数字媒体展项的核心。数字媒体技术的应用必须以内容解读为基础。博物馆展览传播的是经过筛选和加工的知识，因此，数字媒体展项内容的取舍、编排和策划，既要满足展览传播的需要，适应观众的需求，要考虑到展项内容必要的知识点和信息点，同时也要照顾到展项内容的系统性、通俗性、生动性和趣味性，以适应普通观众的参观习惯和审美情趣。脱离展示内容的数字媒体会造成截然相反的体验效果并造成“信息骚扰”。

（7）数字媒体展项的软件开发和制作要精细，兼顾展示的生动性、趣味性、参与性、互动性、体验性，充分发挥数字媒体的优势，为观众提供全方位的感官体验。形式表现要新奇，创意构思要新颖独特，展项的软件系统结构的设计和安排要巧妙合理。一方面要确保数字媒体展项有效传达展示的信息，方便普通观众操作利用，同时要具备趣味性、情节性和生动性，起到启示、吸引和鼓励普通观众参与的作用。

（8）数字媒体展项的规划要与展示环境协调，要符合观众参观习惯。例如对展示中比较突兀的数字媒体设备外观应当做好隐蔽工程，对显示屏和触控屏的设置要合理，显示屏安装位置应当在目标观众的视平线上下，采取垂直或略微倾斜的角度直接面向观众，触控屏应该便于观众用手操作，安装位置应当在目标观众的腰部以上肩部以下便于用手操作的位置，采取水平放置或略向上倾斜的角度。在互动操作方式的设置上，应当采取比较通行的人机交互模式，在进行点击、滑动、拖拽等操作时，能够符合观众所预期的互动效果。

（9）数字媒体展项的技术和设备要稳定、可靠、优质，维护方便、经济。选择使用新媒体技术时，要确保其安全性、稳定性。新技术很容易吸引眼球，但最新的未经实践证明的新技术往往存在较大的风险，为新而新的展览技术往往会在很短时间内被证明是失败的。各种设备、数据库、集成系统的维护、更新要相对便利和经济。

（10）选择使用新媒体技术时必须注意与现有平台的兼容性，具备进一步更新、替换的能力。前期的软硬件构架必须考虑到适应未来展示技术，提供必须的可扩展性，否则，经常会出现由于兼容性和通信协议的问题，在开通了新技术装置后导致其他设备整体“罢工”。此外，数字媒体平台要有一定的内容可扩充性，以满足数字媒体展示的内容随着时间变化会有适时更新与补充的需求。

（11）数字媒体展示技术的使用，必须考虑综合成本以及博物馆方经济投入的承受力。数字媒体展示技术固然吸引观众眼球，但是过高的投入和维护成本会使馆方在选择了一种新技术以后，导致其他展项的预算大幅缩水，而且往往会给后期管理造成负担。因此，在数字媒体展示技术的选用上，要综合考虑性价比，应选择经久耐用的数字媒体装置。花费高昂的数字媒体展示技术未必是最佳的选择，何况，媒体技术的更新换代非常快。

（12）要确保展项使用中的安全性。例如设备使用中的强电、液压装置、动力系统、机械设备、观众防护设施（动感设备的安全带、安全杠等）要做到安全合理的设计与设置，并采取多重保护措施，消除观众人身安全的隐患。

在博物馆展示中，除了遵循上述数字媒体应用原则外，还要注意如下事项：

（1）数字媒体展项设计开发要有充分时间保证。

博物馆数字媒体展项设计开发，学术资料的研究、形象资料搜集选择、内容策划、形式设计、软件开发、空间规划、论证、制作、安装、调试往往需要较长时间。为了保障数字媒体展项的成功，必须要给数字媒体展项的设计开发充分的时间保障。

（2）数字媒体展项设计开发要有较充分的资金保证。

作为技术和艺术的结合，数字媒体展项的造价，无论是人力成本还是设备成本往往都比较高。要保障数字媒体展项的质量，必须要有较充分的资金保证。

（3）要建立完备的保养维护体系。

与传统展示不同，数字媒体展示设备需要经常进行维护保养。因此在设计中需要考虑吊装设备、隐蔽设备的日常检修途径。在有条件使用智能化中控系统的展览中，可利用中控系统生成系统工作日志、统计投影机灯泡的使用时间、实现设备远程检测及故障报警等功能。

（4）数字媒体展示技术的使用，必须考虑供应商的稳定性。

持续的技术升级和可靠的后续服务应是选择供应商的主要标准之一。

（七）数字媒体及互动体验设计展项说明编写

目前国内博物馆展览数字媒体及互动体验设计师普遍存在的问题是：设计方只会画图，不会编写设计说明，讲不清楚数字媒体的传播目的、创意说明、操作方式和技术支撑等。这既反映出设计师不懂数字媒体设计的科学流程，也说明设计师创作思路不清晰，在这种情况下设计出来的数字展项自然鲜有成功。对设计师来说，在设计数字媒体前，首先要在综合分析、反复思考的基础上编写设计说明，只有设计思路正确了，方可能设计出一个好的数字展项来；反之，设计说明写不清，设计思路不正确，怎么可能设计出一个好的数字展项来！

一般来说，数字媒体及互动体验设计说明必须包括如下要素：展项名称、展项传播目的、展示手段描述与游客体验、硬件系统结构图、互动体验要求以及设计、技术参考与补充说明等。例如：

设计说明：

1. 展项名称："太湖生态资源"互动生态柜。

2. 展项传播目的（Main Messages）：太湖水下动植物资源。

3. 展示手段描述与游客体验（Exhibit Method & Visitor Experience）：

生态柜：展示太湖水下动植物资源。

活体：建议尽量采用活体。

互动：图文板上将设置互动触摸屏，供观众进一步了解太湖水下的生物资源。

4. 硬件系统结构图（Hardware Diagram）：

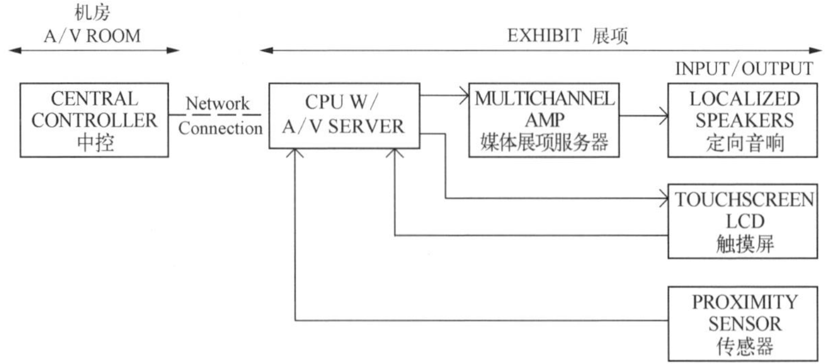

5. 互动项目要求图（Program Diagram）：

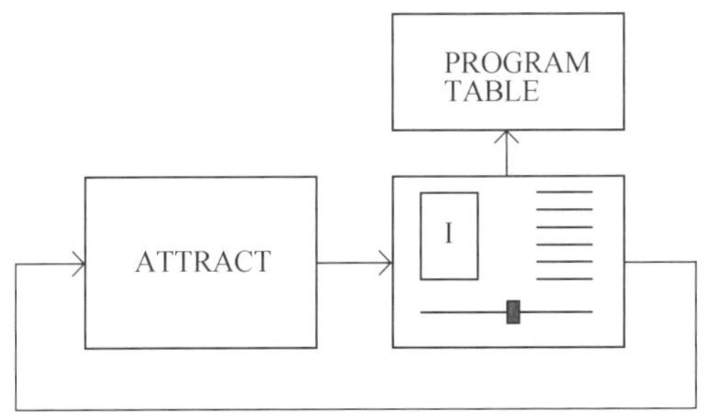

6. 设计、技术参考与补充说明（References）：

● 由研究太湖生态的专家提供具有代表性的动植物、鱼类资源标本清单。

● WXM-090214-036“太湖”第五章：渔业及生物资源。

设计说明：

1. 展项名称：“太湖生态资源”互动生态柜。

2. 展项传播目的（Main Messages）：太湖流域生物资源。

3. 展示手段描述与游客体验（Exhibit Method & Visitor Experience）：生态柜：展示太湖流域（尤其是陆地）的动植物资源。

活体与标本：生态柜内建议采用标本。下方的“橱窗”将通过剖面，展现蟹洞、蚁穴等内部的结构和场景。可以采用活体和标本搭配。

互动：图文板上将设置互动触摸屏，供观众进一步了解太湖湖滨的生物资源。

4. 硬件系统结构图（Hardware Diagram）：

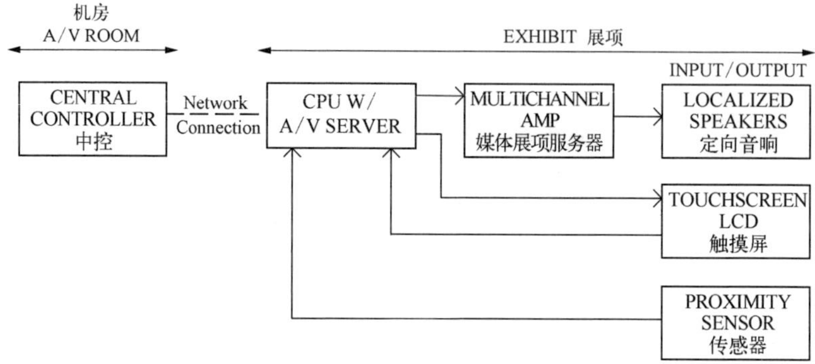

5. 互动项目要求图（Program Diagram）：

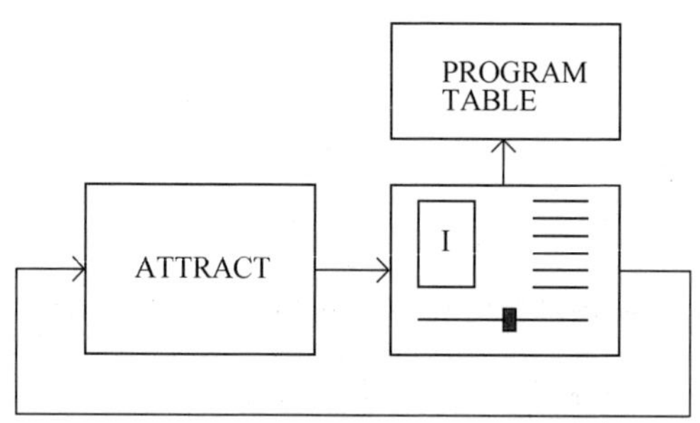

6. 设计、技术参考与补充说明（References）：

- 由研究太湖生态的专家提供具有代表性的动植物、鱼类资源标本清单。
- WXM-090214-036“太湖”第五章：渔业及生物资源。

设计说明：

1. 展项名称："太湖功能与价值"场景＋互动台。

2. 展项传播目的（Main Messages）：面向儿童和少年，综合展示太湖的各种资源与功能。

3. 展示手段描述与游客体验（Exhibit Method & Visitor Experience）：

场景：大型低矮的水台上模拟太湖流域以及太湖的六大功能价值。儿童可以钻入台下，观察太湖水下世界；也可以在台上通过装置参与互动游戏。

4. 硬件系统结构图（Hardware Diagram）：略。

5. 互动项目要求（Program Diagram）：

- 运输功能——遥控船模型，将"货物"模型从五角上的一个角运输到另外一个角；
- 抵御洪水——通过控制闸门来控制流向周边水槽的水位；
- 提供水源——通过手摇"水泵"向周边"住宅区、工厂和稻田"送水；

● 物产仓库——用鱼竿“钓鱼”。水床周边的“货物”模块代表太湖地区丰富的物产。

6. 设计、技术参考与补充说明（References）：略。

设计说明：

1. 展项传播目的（Main Messages）：通过展项效果图、参考图等（Reference renderings，images，etc.）识别人体的主要器官组成、功能及其常见疾病防治。

2. 展示手段描述与游客体验（Exhibit Method & Visitor Experience）：

环境：展区中央的玻璃柜体内放置男女两个放大的全息人体模型，在聚光下自然形成展区的视觉核心。

互动：观众通过人像前的触摸屏，选择感兴趣的人体部位，玻璃柜四个边上的灯光同时上下移动，模拟 CT 扫描，该人体器官的扫描切片将反映在触摸屏上，观众可以进一步了解该器官的相关信息。

3. 硬件系统结构图（Hardware Diagram）：

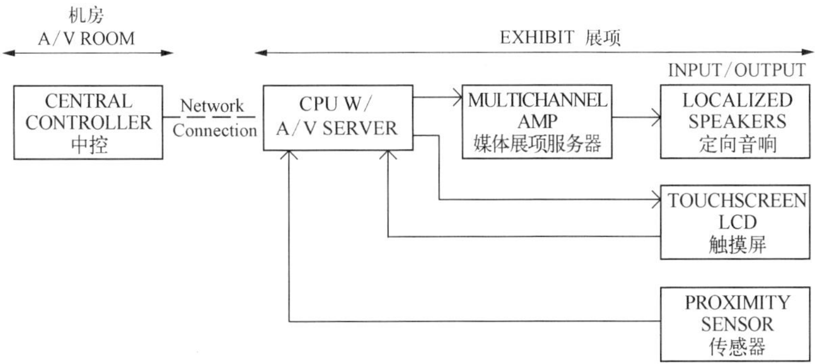

4. 互动项目要求图（Program Diagram）：略。

5. 设计、技术参考与补充说明（References）：略。

设计说明：

1. 展项名称：生物技术——DNA。

2. 展项传播目的（Main Messages）：

DNA决定了生物的结构和特性。科学家通过生物技术控制动植物和微生物的特性，为人类所用，同时也带来了潜在的道德和社会问题。

3. 展示手段描述与游客体验（Exhibit Method & Visitor Experience）：

展厅中央的DNA模型成为吸引观众的标志性展项。操作触摸台可以放大、缩小组织结构，了解DNA、染色体与细胞等生物结构。背景投影墙循环播放生物技术的奥秘：从一颗玉米放大到组织，再到细胞，随后进入DNA/蛋白质结构，解读染色体与生物性状的密切关系。

4. 硬件系统结构图（Hardware Diagram）：略。

5. 互动项目要求图（Program Diagram）：略。

6. 设计、技术参考与补充说明（References）：略。

设计说明：

1. 展项名称：卫星轨道互动台 + 卫星运行视频。

2. 展项传播目的（Main Messages）：展示卫星技术对于生产、生活、国家安全、经济发展的巨大作用。

3. 展示手段描述与游客体验（Exhibit Method & Visitor Experience）：通过展厅中央的卫星轨道模型边上的互动台，观众了解不同轨道上的卫星的作用，包括近地轨道、同步轨道等。观众输入自己想要发射的卫星的重量和目标轨道，计算机将显示从西昌和海南文昌发射场发射同样的卫星所需采用的火箭类型和飞行轨迹，以及为执行任务，需要派遣的远望号观测船的观测监控位置。通过移动轨道上的卫星模型，互动屏上将显示在这一高度上，从 Google Earth 卫星看到的地面情况。

4. 硬件系统结构图（Hardware Diagram）：

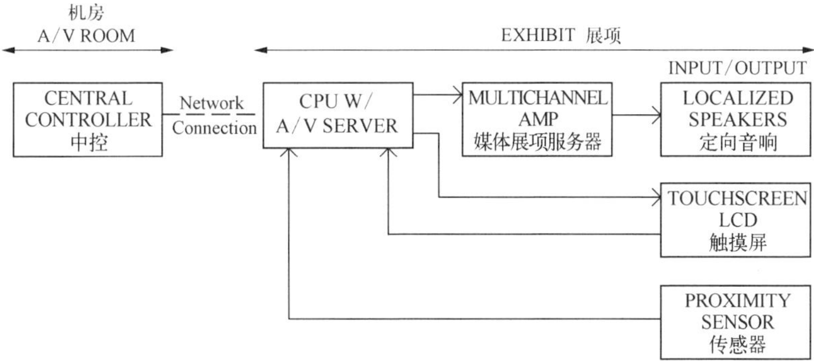

5. 互动项目要求图（Program Diagram）：略。

6. 设计、技术参考与补充说明（References）：略。

设计说明：

1. 展项名称：空间站对接模拟器与深空探险模拟器。

2. 展项传播目的（Main Messages）：利用大型模拟器，吸引观众，并向观众传播太空站对接技术和深空探测知识。

3. 展示手段描述与游客体验（Exhibit Method & Visitor Experience）：

在制作成空间站模型的航天展区的两端为两个大型模拟器，分别模拟载人航天飞船与空间站对接，和深空探险活动。

- 空间站对接模拟器：观众坐在动感座椅上，手持操纵杆，在耳机发出的指令下控制飞船慢慢靠近中国的天宫一号空间站。

- 深空探险模拟器：观众坐在动感座椅上，手持操纵杆，在耳机发出的指令下飞向目标星体，经历地面发射、空中会接、脱离地球轨道、进入月球（或火星）轨道，降落，出舱活动，和返回等过程，让观众充分了解探月与深空探测活动的各个重要阶段。互动装置将进一步解释展开深空探测的重要意义。

4. 硬件系统结构图（Hardware Diagram）：

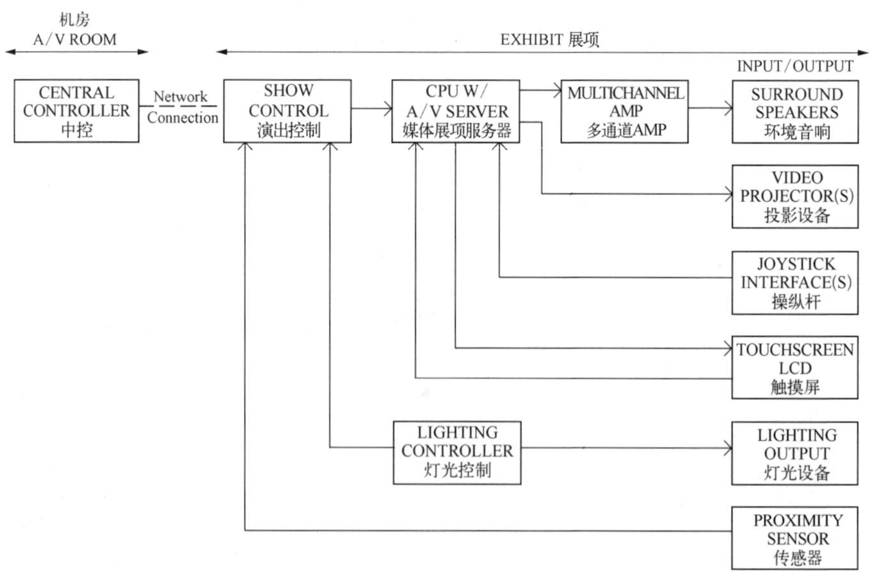

5. 互动项目要求图（Program Diagram）：略。

6. 设计、技术参考与补充说明（References）：略。

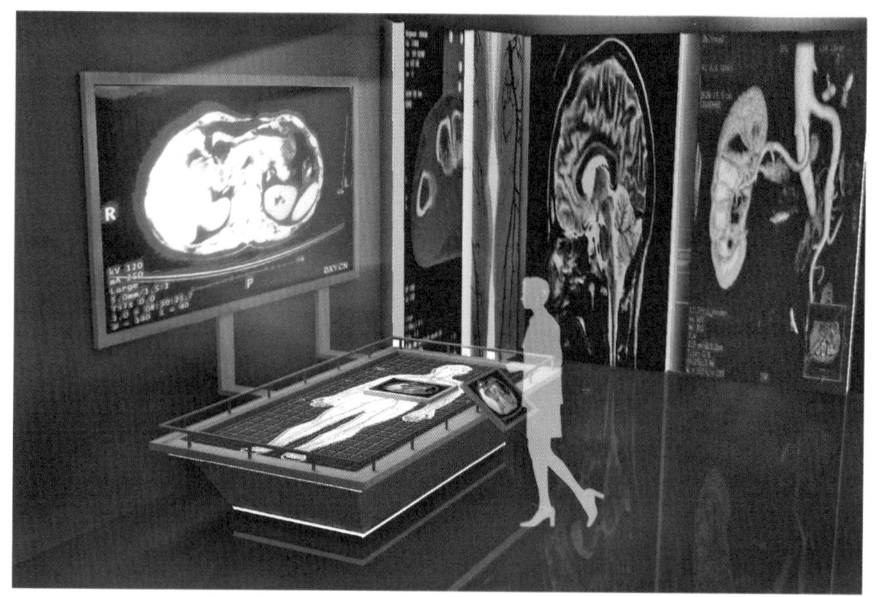

设计说明：

1. 展项名称：医学成像技术互动台。

2. 展项传播目的（Main Messages）：让观众了解 CT、MRT、X 光、超声波等医学成像技术以及它们的区别。

3. 展示手段描述与游客体验（Exhibit Method & Visitor Experience）：长 3.5 米的电光台上平放人体轮廓模型。人模上方为一个 42 英寸的显示器，与观众操作的触摸屏安装在同一个结构上。观众在操作屏上选择不同的成像技术，当移动滑轨时，42 英寸显示器与大屏幕投影的内容同步，反映人体该切片健康的数字影像。观众也可以在操作屏上选择疾病类型，屏幕则显示发生病变部位的切片在医学成像系统下的影像。通过这种方式，观众将了解各种不同医疗成像系统的功能以及适合探测的疾病类型。

4. 硬件系统结构图（Hardware Diagram）：

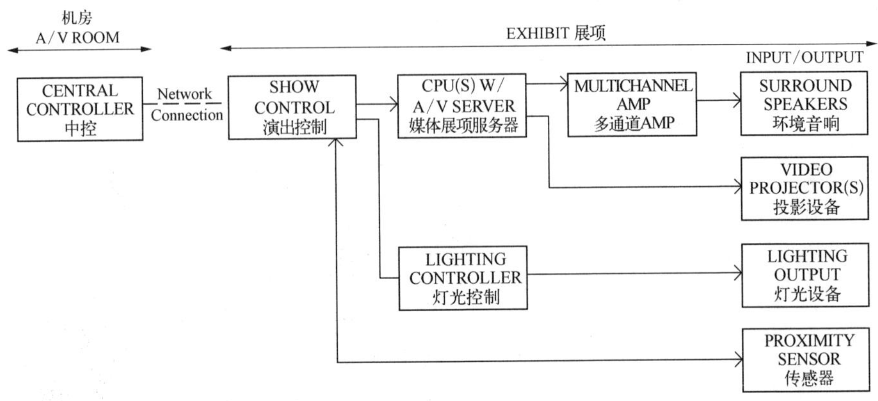

5. 互动项目要求图（Program Diagram）：略。

6. 设计、技术参考与补充说明（References）：略。

六、图文版面设计管理

图文版面是博物馆展览与观众对话的主要媒介之一，是展览的说故事者，直接关系到展览的思想、知识和信息传播以及观众展览参观学习的效益。因此，图文版面也是展示设计的重要内容。图文版面一般包括：各级标题文字看板（展览标题，前言和结语，一级、二级、三级或四级看板标题及其说明文字）、图文信息版（照片、图表等构成的版面）和背景墙面。

（一）图文版面设计存在的问题

拥有一个优美的图文版面，不但能增强观众对展览的兴趣，而且会使他们对整个展览产生深刻的印象。但目前在博物馆展览设计中，图文版面设计的主要问题有：

1. 各级标题文字板设计缺乏规范，其体量、尺寸大小与层级不对应，同级标题板之间尺寸、形态风格、色彩、规格不统一，造成观众难以理解展览内容结构层次及其逻辑关系。

2. 图文版与文物展品之间的呼应关系不对应，或文物展品缺图文版解释，图文版面设计信息组团混乱，其中的文字说明、图片、图表等展示元素的组合、位置、布局、体量、色彩安排混乱，主次不分明，信息传导力不强，甚至导致错误的信息传导。

图49　图文版面混乱造成信息传导力不强

3. 版面设计与展示内容逻辑不相对应和吻合，导致展示内容混乱，使观众参观展览时感到迷茫，不能有效传达展示的内容和信息。

例如杭州 G20 峰会博物馆，展示内容“G20 机制的由来”分为三个阶段：1944—1999 年全球经济治理的布雷顿森林体系时代（西方七国主导全球经济治理）；1999—2008 年全球经济治理的 G20 机制的诞生；2008 年以后全球经济治理的 G20 峰会机制时代。但设计方一开始设计的版面与展示内容逻辑不对应、不吻合。

图50　“G20机制的由来”展示版面

4. 图文版面设计缺乏引人入胜的视觉效果，墙面、版面和信息带三者之间区隔不清晰，信息带不突出，照片、图片密度过大或杂乱无章，色彩过多让人眼花缭乱，背景颜色喧宾夺主或难以烘托展示内容。

图51　图文版面设计缺乏引人入胜的视觉效果(1)

图52 图文版面设计缺乏引人入胜的视觉效果(2)

(二)图文版面设计的原则和要求

1. 各级标题文字看板设计要求规格统一

展览内容的逻辑结构层次的清晰度主要通过各级文字看板来体现，这就像一本书的目录。展览“目录”结构层次清晰，有利于参观者了解陈列展览的内容体系及其层次，有利于展览信息的有效传播；反之，展览结构层次不清晰，观众阅读展览时就会感到迷茫。因此，需要通过设计语言清晰地告诉观众展览内容的逻辑结构层次（部分、单元、组、小组、展项等）。

一般来说，各级标题文字看板设计的基本要求：(1）层级越高，体量和尺寸越大，依次是前言结语、部分说明看板、单元说明看板、组说明看板、小组说明看板；（2）同一级看板尺寸、形态风格、色彩等统一，标识清晰。例如杭州富阳博物馆各级标题版面设计：

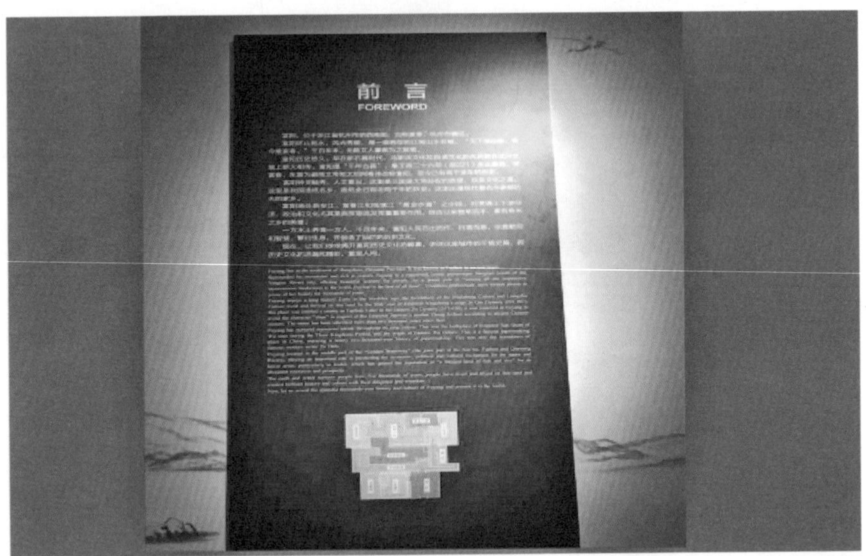

图53　前言

图54　单元标题看板

图55　组标题看板

再如绍兴博物馆基本陈列第二部分“越国”一级、二级标题版面设计：

图56　一级标题版面

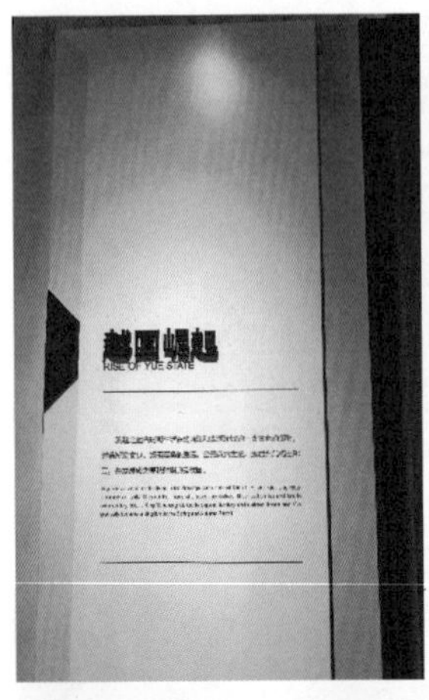

图57　二级标题版面

2. 图文版面设计要符合“信息传达第一”的原则

图文版面是展览信息传播的主要载体，每块图文版面中包括文字说明、图片、照片、图表等，其组合要符合“信息传达第一”的原则。要求：（1）文物展品与图文版之间的呼应关系要强；（2）文字说明、图片、照片、图表等都服务或服从于同一个主题，或说明同一个主题；（3）各元素之间的组合、布局，要明确彼此关系，主次分明，重点突出，通过位置、体量、色彩、光影突出主角。例如中国香榧博物馆图文版：

图58　中国香榧博物馆版面

3. 图文版面要与实物（文物）展品相呼应

图文版面的一个重要功能是对实物（文物）展品进行解释。例如要解释某件实物展品相关的历史文化背景或结构与功能，包括：这件实物展品是如何制造的？各部分是如何构成的？怎么用的？这件实物的技术变化或历史演化是怎样的？实物展品之间的造型、纹饰等是如何比较的？往往要用说明性、图示性、解释性图文版面。因此，此类图文版面设计必须与实物展品相呼应。例如：

图59 上海历史博物馆展览图文版面设计效果图

图60　丹麦盛京人遗址博物馆图文版

图61　日本某博物馆图文版

图62　湖南省博物馆图文版(1)

图63　湖南省博物馆图文版(2)

图64　以色列国家博物馆图文版(1)

图65　以色列国家博物馆图文版(2)

4. 版面设计与展示内容逻辑必须对应与吻合

形式设计是对内容准确的表达，必须服务和服从于展示内容的需要。版面设计首先必须做到与展示内容的逻辑对应与吻合，这是版面设计的基本要求。

例如杭州 G20 峰会博物馆版面效果图：

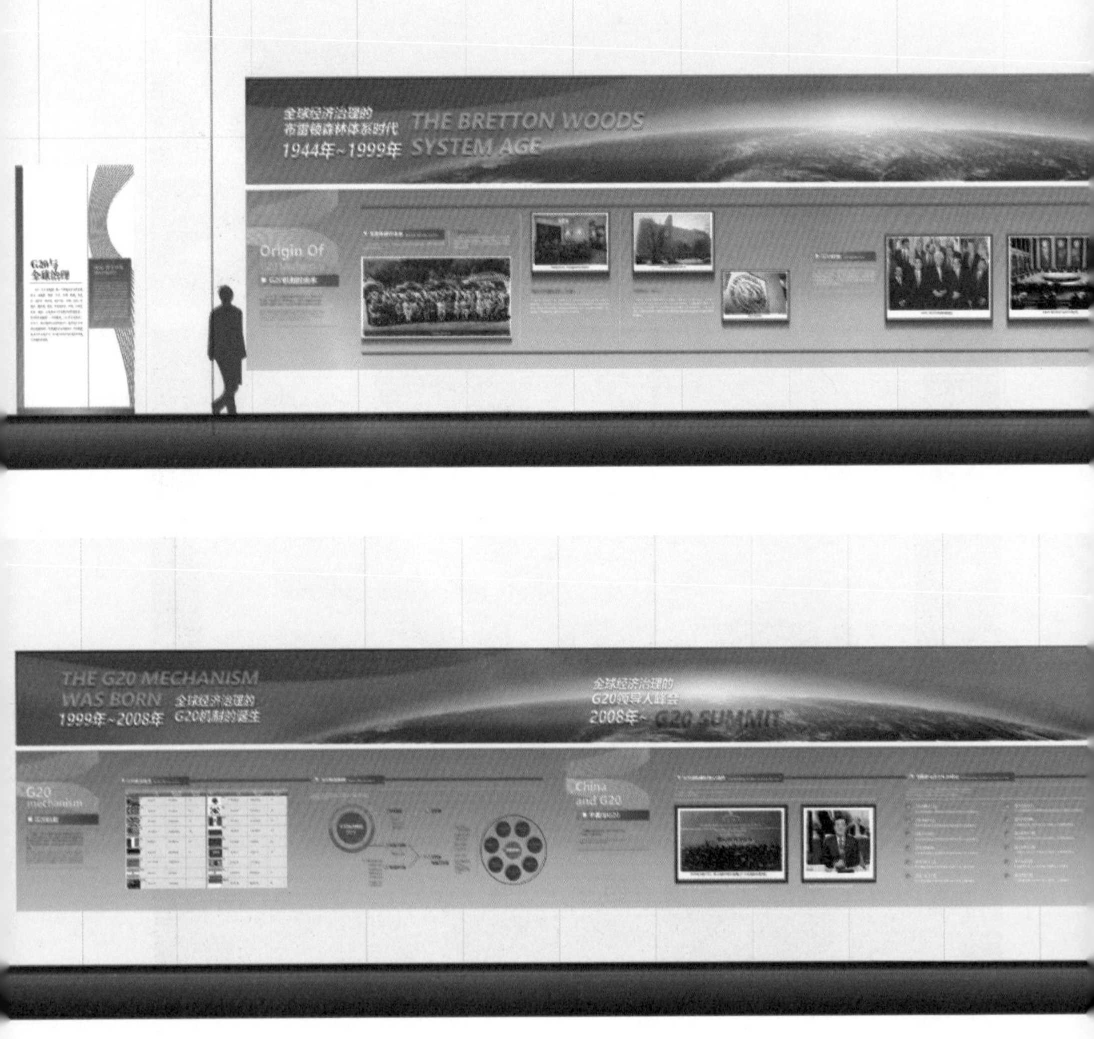

如前述，经过调整，杭州 G20 峰会博物馆展示内容“G20 机制的由来”三个阶段版面设计与展示内容逻辑得到对应和吻合，观众可以清晰看懂“G20 机制”经过了三个发展阶段而来：1944—1999 年全球经济治理的布雷顿森林体系时代（西方七国主导全球经济治理）；1999—2008 年全球经济治理的 G20 机制的诞生；2008 年以后全球经济治理的 G20 领导人峰会机制时代。

5. 图文版面设计符合“图文版面审美传达”的原则

要求：（1）墙面、版面和信息带三者之间区隔分明，墙面、版面要突出信息带；（2）版面中各要素在形态、构图、色彩、光效等的设计上达到优美的视觉效果，满足观众的审美需求；（3）每块版面的布局要处理好天地和左右的关系，符合黄金分割定律；（4）照片、图片展示要疏密得当，分割有致。

例如：中国香榧博物馆图文版面效果图：

经济寿命长
1/4.6
2/1.1
嫁接
历史溯源
2/1.2
传统香榧
嫁接法

七、展示家具设计与选用管理

展示家具是指陈列展览用的展柜、展具、展板、支架等，其中主要是展柜。展示家具对文物展品的保护以及展示效果具有重要作用。随着对文物保护要求和展示效果要求的提高，展柜的设计和选用要求也越来越高，并且涌现出一批专业博物馆展柜制造商。如何根据展览的类型和文物的类别设计或选用合适的展柜，是博物馆面临的一个重要问题。

（一）展柜设计与选用原则

经验表明，展柜设计与选用恰当，不仅有助于文物保护，而且当展柜的呈现效果达到与文物的完美平衡时，文物的展示价值将得到极大的提升。

每个博物馆因为展览类别、文物种类以及保护要求不同，博物馆展柜设计与选用也不同，但博物馆展柜设计与选用的基本原则都是一样的，即：

1. 展示设备（通柜、独立柜、斜柜及其玻璃）的设计和型号规格选用合理；

2. 展示设备坚固、密封好，防尘、防虫、防盗等技术可靠，符合文物保护和环保的要求；

3. 展示设备的造型及其尺度比例合适，满足呈现文物展示效果的需要；

4. 展示设备的开启方便，便于展品更换和清洁；

5. 综合考虑展柜价格与后期维护服务与费用；

6. 根据不同类型的展示特点选择性价比高、效果好的专业成品展柜。

（二）常用的博物馆展柜类型及其使用性能

博物馆常用展柜主要有通柜、独立柜、斜柜等。其使用性能如下：

1. 通柜

（1）使用性能：此类展示柜适于展示大型书画和大型立体展品。

（2）稳定性：展示柜整体为金属结构，长期使用不会出现变形现象，承载能力≥ 150 kg/m^2。

（3）开启系统：拉门侧平推式柜门开启方式，柜门开启宽度≤ 70% 玻璃门总宽度。

（4）玻璃性能：

A 采用优质夹胶安全玻璃，例如 6+6 mm，玻璃透光率可达 80% 以上，玻璃阻断紫外线率达 99%，整个展示面为无框架式通体玻璃。

B 通柜越长，要求玻璃厚度越厚，例如 9+9 mm、12+12 mm。

C 不同文物要求选用不同的玻璃，例如钢化玻璃、超白玻璃、低反射玻璃等。

（5）密闭性：展示柜本身为整体密闭型结构，并采用专用密封型材料和密封硅胶管，展示空间空气交换次数≤ 0.3 次 / 天。

（6）照明装置性能：展示柜的照明装置具有对展览品的保护功能，可以阻断紫外线和照明热，不开启展示柜门也能进行维修。

A 光纤维照明：作为展品重点突出照明，光源体和发光体分离，阻断照明热，无紫外线产生，发光端头可进行 360 度调整，最大限度地满足展览品照明效果的调整，照度可调整。

B 荧光灯照明：作为展示空间内部泛光照明，使用防紫外线荧光灯，阻断紫外线率达 95% 以上，照度 300 lx 以下，色温 4 000 K 左右。

C 其他照明装置选项：射灯照明、照度调控系统、光感应系统等，用户可根据使用要求进行选择。

D 其他辅助装置：磨砂复合玻璃，阻断紫外线；铝制隔栅，光扩散功能，使光线均匀照射到展览品。

（7）安全性能：

A 展示柜采用特殊锁定装置，万能钥匙管理系统，钥匙互换率＞10 万次。

B 其他选项：热线感应器、冲击感应器、开闭感应器、重量感应器等自动报警系统，用户可根据使用要求进行选择。

（8）湿度性能：

A 调湿剂，分为 40%、50%、60% 等各湿度范围，湿度范围偏差为 ±3%，用户可根据使用要求进行选择。

B 电子调湿系统，通过电子调湿设备自动对展示空间的湿度进行监测控制，调湿范围为 35%～70% 之间，控湿精度达 ±1.5%。

（9）环保性能：展示柜所用材料均为环保材料，展台基座材料为 E1 级板材，展示空间中的甲醛含量≤ 0.05 mg/m^3，苯含量≤ 0.05 mg/m^3，TVOC 含量≤ 0.5 mg/m^3。

（10）维护管理性能：展示柜按标准化技术进行设计、生产、组装，除更换调湿剂和灯具检修外不需要其他维修，且调湿剂放置和灯具安装都设有单独空间，更换调湿剂和灯具检修时无需打开柜门，不会影响展示空间环境，便于维护。

2. 独立柜

（1）使用性能：此类展示柜适于展示体积较小的立体展品，或需要突出的重点文物。

（2）稳定性：展示柜整体为金属结构，长期使用不会出现变形现象，承载能力≥ 100 kg/m^2，展示柜整体可移动、固定。

（3）开启系统：铰链侧开启方式，柜门开启角度≤ 90 度。

（4）玻璃性能：

A 采用优质夹胶安全玻璃，例如 6+6 mm，玻璃透光率可达 80% 以上，玻璃阻断紫外线率达 99%，玻璃采用 45 度对角无影胶粘结，保证其美观和粘结牢度。

B 不同文物要求选用不同的玻璃，例如钢化玻璃、超白玻璃、低反射玻璃等。

（5）密闭性：展示柜本身为整体密闭型结构，并采用专用密封型材料和密封硅胶管，展示空间空气交换次数≤ 0.2 次 / 天。

（6）照明装置性能：展示柜的照明装置具有对展览品的保护功能，可以阻断紫外线和照明热，不开启展示柜门也能进行维修。

A 光纤维照明：作为展品重点突出照明，光源体和发光体分离，阻断照明热，无紫外线产生，发光端头可进行 360 度调整，最大限度地满足展览品照明效果的调整，照度可调整。

B 荧光灯照明：作为展示空间内部泛光照明，使用防紫外线荧光灯，阻断紫外线率达 95% 以上，照度 300 lx 以下，色温 4 000 K 左右。

C 其他照明装置选项：射灯照明、照度调控系统、光感应系统等，用户可根据使用要求进行选择。

D 其他辅助装置：磨砂复合玻璃，阻断紫外线；铝制隔栅，光扩散功能，使光线均匀照射到展览品。

（7）安全性能：

A 展示柜采用特殊锁定装置，万能钥匙管理系统，钥匙互换率＞10 万次。

B 其他选项：热线感应器、冲击感应器、开闭感应器、重量感应器等自动报警系统，用户可根据使用要求进行选择。

（8）湿度性能：

A 调湿剂，分为 40%、50%、60% 等各湿度范围，湿度范围偏差为 ±3%，用户可根据使用要求进行选择。

B 电子调湿系统，通过电子调湿设备自动对展示空间的湿度进行监测控制，调湿范围为 35%～70% 之间，控湿精度达 ±1.5%。

（9）环保性能：展示柜所用材料均为环保材料，展台基座材料为 E1

级板材，展示空间中的甲醛含量≤ 0.05 mg/m^3，苯含量≤ 0.05 mg/m^3，TVOC 含量≤ 0.5 mg/m^3。

（10）维护管理性能：展示柜按标准化技术进行设计、生产、组装，除更换调湿剂和灯具检修外不需要其他维修，且调湿剂放置和灯具安装都设有单独空间，更换调湿剂和灯具检修时无需打开柜门，不会影响展示空间环境，便于维护。

3. 斜面柜

（1）使用性能：此类展示柜适于展示体积较小的展品或平铺式纸制展品和卷轴式长幅书画，此类展示柜可单独使用，也可无限连接延长使用来展示较长条形展品。

（2）稳定性：展示柜整体为金属结构，长期使用不会出现变形现象，承载能力≥ 100 kg/m^2，展示柜整体可移动、固定。

（3）开启系统：上翻转式开启方式，开启角度为 15 度～20 度之间。

（4）玻璃性能：

A 采用优质夹胶安全玻璃，例如 6+6 mm，玻璃透光率可达 80% 以上，玻璃阻断紫外线率达 99%。

B 不同文物要求选用不同的玻璃，例如钢化玻璃、超白玻璃、低反射玻璃等。

（5）密闭性：展示柜本身为整体密闭型结构，并采用专用密封型材料和密封硅胶管，展示空间空气交换次数≤ 0.2 次 / 天。

（6）照明装置性能：展示柜的照明装置具有对展览品的保护功能，可以阻断紫外线和照明热。

A 光纤维照明：作为展品重点突出照明，光源体和发光体分离，阻断照明热，无紫外线产生，发光端头可进行 360 度调整，最大限度地满足展览品照明效果的调整，照度可调整。

B 荧光灯照明：作为展示空间内部泛光照明，使用防紫外线荧光灯，阻断紫外线率达 95% 以上，照度 300 lx 以下，色温 4 000 K 左右。

C 其他照明装置选项：射灯照明、照度调控系统、光感应系统等，用户可根据使用要求进行选择。

D 其他辅助装置：磨砂复合玻璃，阻断紫外线；铝制隔栅，光扩散功能，使光线均匀照射到展览品。

（7）安全性能：

A 展示柜采用特殊锁定装置，万能钥匙管理系统，钥匙互换率＞10 万次。

B 其他选项：热线感应器、冲击感应器、开闭感应器、重量感应器等自动报警系统，用户可根据使用要求进行选择。

（8）湿度性能：

A 调湿剂，分为 40%、50%、60% 等各湿度范围，湿度范围偏差为 ±3%，用户可根据使用要求进行选择。

B 电子调湿系统，通过电子调湿设备自动对展示空间的湿度进行监测控制，调湿范围为 35%～70% 之间，控湿精度达 ±1.5%。

（9）环保性能：展示柜所用材料均为环保材料，展台基座材料为 E1 级板材，展示空间中的甲醛含量≤ 0.05 mg/m^3，苯含量≤ 0.05 mg/m^3，TVOC 含量≤ 0.5 mg/m^3。

（10）维护管理性能：展示柜按标准化技术进行设计、生产、组装，除更换调湿剂和灯具检修外不需要其他维修，且调湿剂放置和灯具安装都设有单独空间，不影响展示空间环境，便于维护。

（三）博物馆展柜选择比较

为了帮助博物馆需求方了解目前国内市场上的主要展柜品牌，简要介绍各家展柜品牌如下：①

① 由杭州征野展示公司提供资料。

1. 德国汉氏展柜作为世界公认的专业展柜品牌中的翘楚，质量与品牌信誉度毋庸置疑。标准化的展柜制作工艺优势是其他任何品牌所无法比拟的，但是好的效果需要相对宽裕的资金作为保障，同时进口品牌的供货周期较长也不得不考虑。代表工程有：首都博物馆（部分），浙江省博物馆（部分），浙江省美术馆（部分）等。德国汉氏展柜是国际一流博物馆专业品牌的代表。

2. 英国克里克展柜多用于高档美术馆与博物馆，品牌认知度仅次于汉氏，价格与汉氏大体相当。但是该品牌在中国博物馆中占有率不高，因此售后服务的到位率和供货周期容易被诟病。代表工程有：故宫博物院（部分），南京市博物馆（部分）。

3. 文博时空展柜作为国内较老的博物馆展示设备的生产厂家，展柜的设计与制作是其强项，多年来积累了相当的经验。其售后与供货周期的关系较为均衡，展柜运用比较广泛，成功案例较多，具有国内很高的品牌认知度，因此价格在国内品牌中是最高的。代表工程有：国家博物馆（部分），中国文字博物馆（部分），云南省博物馆（部分）。

4. 中比展柜是依托比利时良好的玻璃成型技术的合资品牌，为近几年新兴的品牌。产品质量较为可靠，但是案例不多，缺乏借鉴性，同时自主研发能力较为薄弱，价格也不得不考虑项目的承受能力。代表工程有：山东省博物馆（部分），西安大明宫，重庆红岩革命纪念馆。

5. 汉克展柜是专业从事中国博物馆展柜制作的品牌，10 年的业绩积累赢得了不少的赞誉和信任，品质较为有保证。该品牌售后服务能力强，供货周期短，产品配套齐全，品牌自身定位具有较高的性价比，比较适合中型的博物馆。代表工程有：青川地震博物馆，中国财税博物馆，中国三峡博物馆（部分），内蒙古博物院（部分）。

6. 旺达展柜是专业展柜制作公司，在商业领域也应用比较广泛，具有一定的技术基础和开发能力，以及较好的机械制作能力，售后服

附：博物馆常用展柜比较表

博物馆常用展柜比较表

品牌	汉氏	克里克	文博时空	中比	汉克	旺达	顺泰	万龙
产地	德国	英国	北京	比利时 / 北京	杭州	天津	杭州	杭州
品牌定位	美术馆 / 博物馆	美术馆 / 博物馆	博物馆 / 公共	博物馆 / 公共	博物馆	博物馆 / 商业	博物馆 / 商业	商业 / 公共
近年大型博物馆工程案例	首都博物馆 浙江省博物馆 浙江省美术馆	故宫博物院 南京市博物馆	国家博物馆 中国文字博物馆 云南省博物馆	山东省博物馆 重庆红岩革命纪念馆 西安大明宫	青川地震博物馆 中国三峡博物馆 中国财税博物馆 内蒙古博物院	天津市博物馆 陕西自然博物馆 中国茶叶博物馆 河南博物院	广西民族博物馆 常州市博物馆 中国钧官窑址博物馆	中国刀剪剑博物馆 江山市博物馆
产品主要特性	技术标准严格，产品精准度一流，具有全球品牌效应	施工水准一流，产品质量可靠，业务经验丰富	行业从业早，具有较高的专业认知度，附件完整	外观时尚，产品系列齐全，玻璃制作具有进口技术水准	博物馆经验丰富，专业性强，系列齐全，综合性价比高	机械结构可靠，产品开发度高，配套完整性好	产品完成性好，制作周期有保障	定做样式较为丰富，产品系列多
升降机械	自研	自研	自研	无	自研	自研	无	无

（续表）

平柜开启方式	翻 / 拉 / 升降	翻 / 拉 / 升降	翻 / 拉 / 升降	翻 / 拉	翻 / 拉 / 升降	翻 / 拉 / 升降	翻 / 拉	翻 / 拉
独立柜开启方式	侧 / 前 / 升降	侧 / 前 / 升降	侧 / 前 / 升降	侧 / 前	侧 / 前 / 升降	侧 / 前 / 升降	侧 / 前	前
异形定制技术	强	一般	一般	弱	强	一般	弱	弱
玻璃定制技术	强	一般	强	强	一般	一般	弱	弱
恒温恒湿机搭配	自研	自研	自研	定购	定购	自研	定购	定购
光导纤维灯搭配	自研	自研	自研	定购	定购	自研	定购	定购
生产周期（含运输）	90～150 天	120～180 天	60～90 天	75～120 天	45～60 天	60～75 天	45～60 天	45～60 天
价格等级	最高	最高	高	高	中	中	中低	低
售后服务能力	优秀	一般	好	好	优秀	一般	好	一般
质保年数（灯具除外）	1 年	1 年	1 年	1 年	2 年	2 年	1 年	1 年

务较为出色。代表工程有：天津市博物馆，陕西自然博物馆（部分），河南博物院（部分），中国茶叶博物馆（部分）。

7. 顺泰展柜是近几年发展较快的品牌，较为平均的综合效果和相对低廉的价格是其品牌的立足基础，供货流通时间也非常快，售后服务也较为出色。但是如果需要应用较为复杂的定制，就需要充分考量其能力。代表工程有：广西民族博物馆（部分），常州市博物馆（部分），中国禹州钧官窑址博物馆（部分）。

8. 万龙展柜应用于地区性商业和展示项目，在产品价格和定制便捷性方面有一定的优势，其货源充足，但是在博物馆中运用较少。代表工程有：中国刀剪剑博物馆（部分），江山市博物馆（部分）。

（四）关于展柜价格组成的说明

博物馆展柜构成比较复杂，展柜的构成不同，价格也就不同。同时，不同博物馆的不同展览对展柜的需求也不同。用高了，是浪费；用低了，不利于文物保护和影响展陈效果。因此各博物馆应根据自己的需求因地制宜地选择和采购。为了便于博物馆方正确选用展柜，兹简要介绍如下：

展柜的价格组成，主要分为裸柜、特形定制附加费用、定制灯具、升降设备、恒温恒湿设备等。

裸柜：主要指展柜的标准基础铁质部分、玻璃部分、底部基础台面部分、基础照明灯具和电气部分。因此，标准通柜和标准斜面柜以米为计价单位，独立柜根据大小和样式，以个为计价单位。

特形定制附加费用：因为涉及需要，在标准展柜的基础上需要根据需求定制特殊展柜所需要额外增加的附加费用。主要定制内容包括展柜的异形定制，展柜玻璃超过额定高度的玻璃定制，玻璃品种有特殊要求（如超白玻璃、防弹玻璃灯）的定制，背板或者基础积木特殊要求定制等。

定制灯具：该部分是指需要安装特殊要求的灯具，则需要另行采购和定制。如 LED 立杆灯，光导纤维灯等。

升降设备：部分独立柜和斜面柜因文物摆放需要，需安装升降机械装置。该部分费用会额外增加在柜子的报价中。

恒温恒湿设备：部分独立柜、斜面柜、通柜因为文物属性特殊，需要安装恒温恒湿设备。该部分费用会额外增加在柜子的报价中。

备注：以上分析中所指展柜报价，均指比较各品牌相同规格、标准型的裸柜。

八、照明设计与灯具选用

灯光是展陈的灵魂，照明是博物馆展示中十分重要的要素。目前，博物馆展览中普遍存在的主要问题有：博物馆方不懂展示照明，对照明的设计、灯具品质、照明效果、预算与价格等提不出专业化的要求和建议；监理机构对展示照明设计、光源和灯具品质、采购、安装和调试缺乏有效控制；博物馆行业缺乏专业化的照明设计团队和人才，博物馆照明设计、光源和灯具选用不专业等。这些问题不仅严重影响博物馆的文物保护、展示观赏效果和展示信息引导，而且也影响了博物馆展示照明投入的合理性和有效性。

随着博物馆展览对文物保护、展示效果以及环保节能的要求越来越高，低功率、长寿命、小角度、长照距、冷光源的灯具已经大量使用，对展陈照明设计与光源灯具品质选用的要求越来越高。为了实现《博物馆照明设计规范》提出的基本要求，保障博物馆展览照明设计的科学性、技术的可靠性、品质的严肃性、造价的合理性，必须加强对我国博物馆展览照明设计、光源和灯具选购、安装调试和验收等的作用化、规范化管理。

(一)博物馆展示照明的作用

照明设计是博物馆展览深化设计的重要内容，照明在博物馆展示中主要起到四个方面的作用：

1. 照明是文物保护的需要，好的照明可以减少光辐射对文物展品的损害，有助于文物展品的保护；

2. 参观博物馆展览是一种视觉体验活动，好的照明有助于观众获得对展览及其文物展品最佳的观赏效果；

3. 照明也是一种设计语言，好的照明能烘托展品及其展览价值、提供信息引导，帮助观众阅读、参观展览；

4. 博物馆是个高雅的艺术殿堂，好的照明能为观众创造舒适、美妙的视觉环境体验。

尽管不同博物馆展览对照明有不同的要求，但博物馆展览照明设计和灯具选用的基本要求不外乎：文物保护的要求；展示效果的要求；灯具品质和节能环保要求。

附博物馆照明效果照片①：

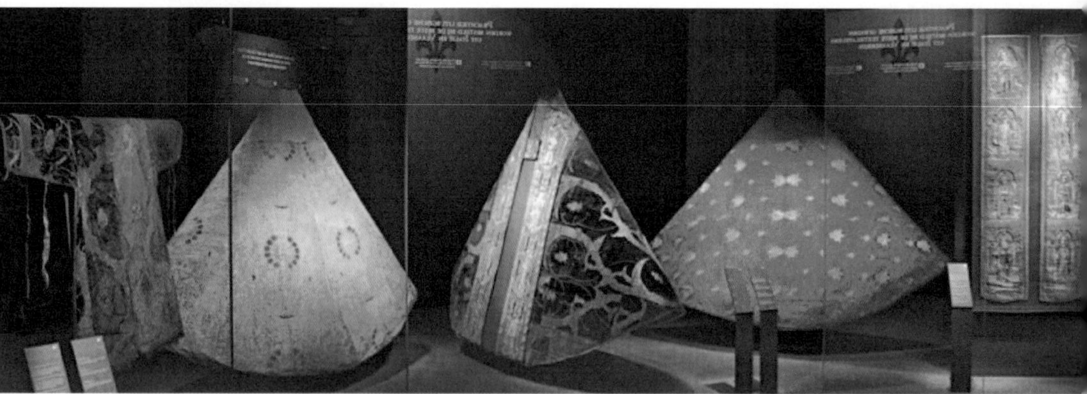

“大胆的查理”展览，比利时，Exhibition Charles le Téméraire–Brugges(Belgium)。光纤照明系统保护最敏感脆弱的收藏品的同时提供世界一流的展示

① 由入想–复雅照明公司提供资料。

巴塞尔历史博物馆，瑞士，Musée Historique de Bales — Suisse。光纤照明灯棍带来舒适而绝佳的视觉体验，加强颜色效果的同时更好地保护脆弱的艺术品

亚洲文明博物馆，新加坡，Asian Civilisations Museum — Singapore。照明使文化空间重焕生机

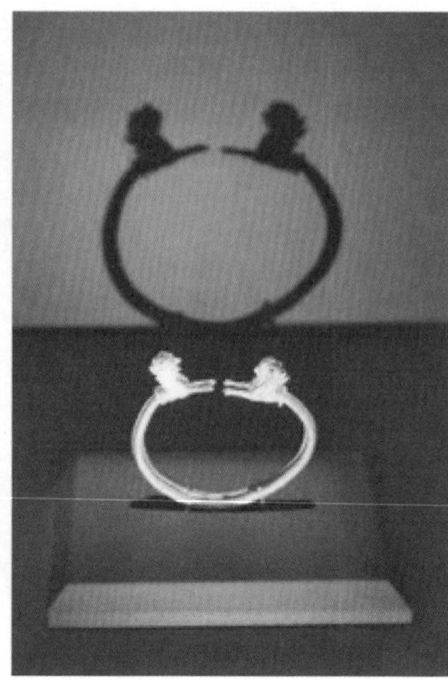

塞萨洛尼基国家考古博物馆，希腊，Musée National Archeologique de Thessalonique。照明提高了观众的视觉体验

慕尼黑国家博物馆，照明完美呈现展品的细节和材质

维多利亚国家美术馆，澳大利亚墨尔本，National Galerie of Victoria Melbourne — Australia。照明升华展品，使之引人入胜

维多利亚国家美术馆，澳大利亚墨尔本，National Galerie of Victoria(Melbourne — Australia)。巧妙处理材质、形状和材料，打造过目难忘的展示

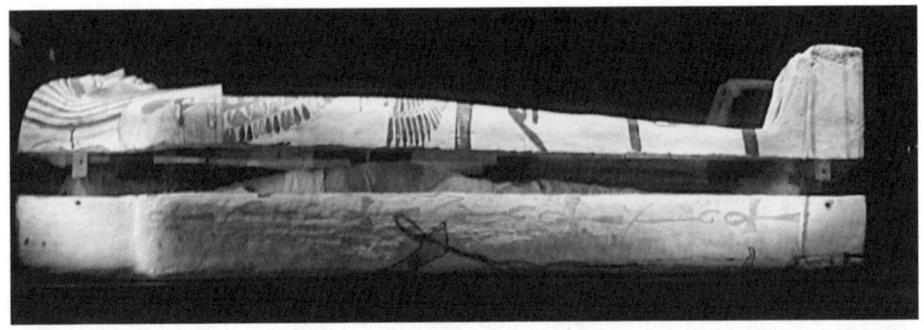

莫娜荷伯特历史博物馆，澳大利亚，Mona Hobart。给珍贵而神秘的展品画龙点睛的效果

上海震旦博物馆。通过照明突出文物，营造展示效果

（二）博物馆展示照明基本要求

国家文物局颁发的《博物馆照明设计规范》，对博物馆照明的总体要求为："博物馆的照明必须遵循有利于保护展品和观赏展品的原则，达到安全可靠、技术先进、节约能源、维修方便的要求。"

目前，在博物馆照明使用中，无论是在能源效率方面，还是在照明质量、视觉舒适度方面，LED 灯具已替代白炽灯和卤钨灯，成为最主要的光源。

1. 文物保护的控制

照明如何保护文物，主要从紫外线和红外线的防护、照度的控制和暴露值控制三个方面达成。

（1）《博物馆照明设计规范》（以下简称《规范》）中对于紫外线、红外线的防护要求：

类　别	紫外辐射	红外辐射
对光特别敏感的展品：纺织品、织绣品、绘画、纸质物品、彩绘陶（石）器、染色皮革、动物标本等	10 μW/lm	1 W/m^2
对光敏感的展品：油画、蛋清画、不染色皮革、角制品、骨制品、象牙制品、竹木制品和漆器等	75 μW/lm	3 W/m^2
对光不敏感的展品：金属制品、石质器物、陶瓷器、宝玉石器、岩矿标本、玻璃制品、搪瓷制品、珐琅器等	75 μW/lm	10 W/m^2

这就对博物馆照明的光源选择提出了严格的要求。目前市场上主要有两种光源，一是卤素光源。卤素光源的紫外线含量最大为 170 μW/lm，红外线严重超标。二是 LED 光源。原装进口 LED 光源的紫外线含量为 5 μW/lm，红外线含量几乎为零，符合最严格的标准。因此，从文物保护的角度看，博物馆应该采用 LED 光源。

（2）照度的控制。

《规范》要求，"对于光特别敏感的展品"，如中国画、彩陶等，照度控制在 50 lx 以内。这就要求 LED 灯具必须调光且无频闪，LED 轨道射灯需单灯调光，其他 LED 灯具需回路调光。

《规范》中对于照度的控制要求具体如下：

类　　别	参考平面及其高度	照度标准值（lx）
对光特别敏感的展品：纺织品、织绣品、绘画、纸质物品、彩绘陶（石）器、染色皮革、动物标本等	展品面	≤ 50
对光敏感的展品：油画、蛋清画、不染色皮革、角制品、骨制品、象牙制品、竹木制品和漆器等	展品面	≤ 150
对光不敏感的展品：金属制品、石质器物、陶瓷器、宝玉石器、岩矿标本、玻璃制品、搪瓷制品、珐琅器等	展品面	≤ 300

注：陈列室一般照明应按展品照度值的 20%～30% 选取。

（3）暴露值的控制。

《规范》要求，“对于光特别敏感的展品”，如中国画、彩陶等，暴露值控制在 50 000（lx・h/a），采用红外人体感应技术，当观众靠近通柜时，LED 轨道射灯工作，重点照度达到 50～80 lx；当观众离开通柜时，LED 射灯可延迟 5～10 分钟关闭，环境光维持在 10 lx。

《规范》中对于暴露值的控制要求具体如下：

类　　别	参考平面及其高度	年曝光量（lx・h/a）
对光特别敏感的展品：纺织品、织绣品、绘画、纸质物品、彩绘陶（石）器、染色皮革、动物标本等	展品面	50 000
对光敏感的展品：油画、蛋清画、不染色皮革、角制品、骨制品、象牙制品、竹木制品和漆器等	展品面	360 000
对光不敏感的展品：金属制品、石质器物、陶瓷器、宝玉石器、岩矿标本、玻璃制品、搪瓷制品、珐琅器等	展品面	不限制

2. 展示效果的营造

展示效果的营造主要从层次感的塑造、立体感的塑造、光线的均匀度、视觉的舒适度、气氛的烘托、色彩还原性、灯具的灵活性等方面进行控制。

（1）层次感的塑造：

通过照度分级定位来表达空间层次感，各种照明系统相结合，体现空间中主与次的元素，虚与实的意境，场景灯光。这再次要求 LED 灯具必须调光且无频闪，LED 轨道射灯需单灯调光，其他 LED 灯具需回路调光。

（2）立体感的塑造：

对于立体的展品，应表现其立体感。立体感应通过定向照明和漫射照明的结合来实现。这就要求 LED 轨道射灯的配光多样性（窄光、中光、宽光），其中特别是对窄光的精确性要求最高，可变焦的配光（从超窄光到超宽光可调节）为最佳选择。

（3）光线的均匀度：

《规范》中要求：只设一般照明陈列室的地面照度均匀度不应小于 0.7。对于平面展品，照明的照度均匀度不应小于 0.8；对于高度大于 1.4 m 的平面展品，照明的照度均匀度不应小于 0.4。这就要求必须选用高质量的带有偏配光反射器的洗墙灯。

（4）视觉的舒适度：

《规范》中要求：展厅中不应有来自光源的直接眩光或来自室内各种表面的反射眩光。这就要求必须选用配有防眩光配件的灯具。

（5）气氛的烘托：

《规范》中要求：直接照明光源的色温应小于 3 300 K；现代美术馆、艺术馆等空间，可采用 3 300～4 000 K 甚至更高的色温。卤素灯具的色温只有暖色调 3 000 K。LED 灯具的色温从 2 400 K 到 6 500 K 可选，即暖白色、中间色、冷白色，是最佳的选择。且色容差在

±50 K 以内。

（6）好的色彩还原性：

《规范》中要求：在陈列绘画、彩色织物以及其他多色展品等对辨色要求高的场所，显色指数（Ra）不应低于 90。对辨色要求不高的场所，显色指数（Ra）不应低于 80。LED 灯具的显色指数（Ra）最好选择在 95 以上。

（7）灯具的灵活性：

天花板照明中，最好使用轨道灯具，含轨道射灯、轨道洗墙灯，灯具位置可根据布展需要灵活调整，同时再次要求轨道射灯的配光多样性（窄光、中光、宽光），可变焦的配光（从超窄光到超宽光可调节）为最佳选择。柜内照明中，最好使用可变焦射灯，即光斑大小可调节，从窄光到宽光，根据布展展品的大小来调节光斑大小。

3. 灯具品质和节能环保的要求

一是要求灯具长寿命，免维护；二是低能耗，绿色环保。

（1）长寿命，免维护。

卤素光源的平均寿命为 2 000～3 000 小时，用不到 1 年。

原装进口 LED 光源的平均寿命为 20 000～30 000 小时，正常使用情况下，几乎免维护，是最佳选择。

保证 LED 灯具长寿命、免维护的前提条件是良好的散热，要求灯头外壳和散热件必须是一体压铸。

（2）低能耗，绿色环保。

20 W 的 LED 灯具的光通量相当于 100 W 的卤素灯具，即 LED 灯具的能耗是传统卤素灯具的 1/5，大大减少碳排放量，是绿色环保的光源。

（三）博物馆展陈灯具选择比较

目前我国博物馆照明市场上主要的灯具品牌有：ERCO 欧科、

iGuzzini 依古姿妮、Zumtobel 奥德堡；WAC 华格、PHOJA 复雅、Akzu 埃克苏；Hongri 红日、JaB 佳博、JG 晶谷等。对这九个主要的品牌做以下简单介绍：

1. ERCO 欧科，一线品牌中的翘楚，品牌信誉度与质量毋庸置疑。控光准的优势是其他任何品牌灯具所无法比拟的，但是价格也是最贵的。代表项目有：故宫博物院（小部分）、中国国家博物馆（小部分）、上海博物馆（大部分）、上海历史博物馆（天花照明）、上海刘海粟美术馆（小部分）、南京博物院（小部分）、浙江省美术馆（大部分）、江苏省美术馆（小部分）、陕西历史博物馆（部分）、成都博物院（小部分）等；

2. iGuzzini 依古姿妮，一线品牌中的佼佼者，在上海设立工厂，依赖进口与合资并重的销售策略，售后服务好、性价比高是其优势。代表项目有：中国国家博物馆（小部分）、南京博物院（小部分）、江苏省美术馆（小部分）、浙江省博物馆孤山路馆区及武林馆区（小部分）、上海自然博物馆（大部分）、上海龙美术馆（小部分）、成都博物院（小部分）等。

3. Zumtobel 奥德堡，一线品牌中的三甲之一，价格介于 ERCO 与 iGuzzini 之间，由于国内市场开拓力度不够，导致该品牌在中国博物馆市场中占有率不高，因此售后服务的到位率和供货周期过长的弊端容易被诟病。代表项目有：清华大学艺术博物馆（全部）、浙江省美术馆（小部分）等。

4. WAC 华格，作为较早的中国博物馆照明领域的专业品牌，赢得了不少的赞誉和信任基础。公司研发与生产实力强，销售网络广，但是该品牌灯具具有产品结构不丰富、相对笨重的特性，不是所有场合都适用。代表项目有：中国国家博物馆（小部分）、国家典籍博物馆（小部分）、上海龙美术馆（部分）、南京大屠杀遇难同胞纪念馆（全部）、良渚博物院（部分）、浙江自然博物院（部分）、成都博物院（小部分）、中国文字博物馆（部分）、安徽省博物馆、武汉市美术馆、广东省科学中心等。

5. PHOJA 入想-复雅，作为中国博物馆照明市场上的新秀，专注于博物馆照明设备的研发、生产、销售和服务。得益于组建了一支中法联合团队而进行的“直销”及高性价比的产品定位，5 年内快速占领了江浙沪核心市场。代表项目有：湖南省博物馆（全部）、国家典籍博物馆（小部分）、上海历史博物馆（柜内照明）、南京六朝博物馆（全部）、南京博物院（小部分）、江苏省美术馆（大部分）、中国丝绸博物馆（全部）、浙江自然博物院（部分）等。

6. Akzu 埃克苏，作为中国博物馆照明市场上的黑马，灯具研发风格与 ERCO 欧科相似，走极简主义风格，灯具制作工艺水品高，比较适合于美术馆项目，由于价格定位偏高，市场占有率不高。代表项目有：中国人民革命军事博物馆（部分）、四川博物院（小部分）、改革开放博物馆（部分）、国家典籍博物馆（部分）、福建博物院（小部分）、山西博物馆（小部分）、长沙博物馆（小部分）、南山博物馆（大部分）等。

7. Hongri 红日，作为中国博物馆照明市场上最早的灯具品牌，是典型的广东式灯具制造商，灯具品质一般，但是价格便宜，早年市场占有率很高，随着博物馆照明市场对灯具品质要求的不断提高，特别是 LED 新光源替代传统卤素光源后，产品研发相对薄弱，其他黑马及新秀等公司的杀入使市场竞争加大，近几年在走下坡路。代表项目有：海南省博物馆新馆（部分）、湖北省博物馆（部分）、陕西历史博物馆（大部分）、山西博物馆（大部分）、辽宁省博物馆（大部分）等。

8. JaB 佳博，作为博物馆灯具生产商后来者，也是典型的广东式灯具制造商，灯具品质一般，价格便宜，起家于卤素光源产品时代，早年市场占有率较高，但是随着 LED 新光源替代传统卤素光源后，产品研发相对薄弱，近几年在走下坡路。代表项目有：中国航海博物馆（小部分）、江苏省美术馆（小部分）、吉林省博物馆（小部分）等。

附：博物馆展陈灯具比较表

博物馆展陈灯具比较表

	国际一线品牌			合资二线品牌		国产三线品牌			
品　牌	ERCO	iGuzzini	Zumtobel	人想-复雅	华格	埃克苏	红日	佳博	晶谷
产　地	德国	意大利	奥地利	法国 / 上海	广东	广东	广东	广东	广东
品牌定位	建筑照明（含博物馆）	建筑照明（含博物馆）	建筑照明（含博物馆）	博物馆（专注）	商业照明（含博物馆）	博物馆（专注）	博物馆（专注）	博物馆 / 商业	博物馆 / 商业
中国博物馆市场占有率	10%	10%	非常少	15%	10%	5%	10%	5%	10%
近 3 年省级以上博物馆工程案例	故宫博物院，南京博物院，上海历史博物馆，上海刘海粟美术馆，江苏省美术馆，陕西历史博物馆	南京博物院，上海自然博物馆，浙江省博物馆	清华大学艺术博物馆	湖南省博物馆，南京博物院，江苏省美术馆，国家典籍博物馆，中国丝绸博物馆，浙江自然博物院，上海历史博物馆，湖北省博物馆，汉阳陵博物馆。	中国人民革命军事博物馆，南京博物院，国家典籍博物馆，浙江自然博物院	中国人民革命军事博物馆，国家典籍博物馆，海南省博物馆，四川博物院	海南省博物馆，陕西历史博物馆	山西博物院，陕西省自然博物馆	国家方志馆，山东省博物馆，中华民族博物院

（续表）

产品主要特性		控光准，达到世界领先水准，具有全球品牌效应	外观时尚，全系列配件完整，具有全球品牌效应	制造工艺精湛，具有国际品牌效应	专为博物馆开发，控光精准，创新性强，形式多样，配件齐全，逐步具有国际影响力	外观时尚，控光精准，高效节能，具有全球品牌效应	专为博物馆开发，控光准确，紧跟ERCO开发	没太多特点，价格便宜	没太多特点，价格便宜	没太多特点，价格便宜
主要产品重要参数	轨道灯	款式多，工业设计强，配光精准	款式多，造型时尚	工艺精湛	配光精确，可变焦，可变色温，可变颜色，配件齐全	款式多，配光精确，品质不错	紧跟ERCO开发，工艺精湛	款式多，品质一般	款式多，品质一般	款式多，品质一般
	洗墙灯	照度均匀性大于0.8	照度均匀性大于0.75	照度均匀性大于0.6	照度均匀性大于0.6	照度均匀性大于0.6	照度均匀性大于0.6	照度均匀性大于0.4	照度均匀性大于0.4	照度均匀性大于0.4
	展柜灯	没有	展柜洗墙灯均匀度好	微型轨道灯不错	展柜灯具种类齐全，灯体紧凑，非常有特色，业内知名度高	展柜灯具种类多，灯体较大	展柜灯具不多	款式多，品质一般	款式多，品质一般	款式多，品质一般
生产周期（含运输）		60天	60天	60天	20天	30天	30天	30天	30天	30天
价格等级		最高	高	最高	中高	中高	中高	低	低	低
售后服务能力		AAA	AA	A	AAAAA	AAA	AA	AA	AA	AA
质保年数		2年	2年	2年	3年	2年	2年	2年	2年	2年

9. JG 晶谷，作为博物馆灯具生产商后来者，也是典型的广东式灯具制造商，灯具品质一般，价格便宜，研发团队来自 JaB 佳博公司，专注于 LED 灯具的研发，产品研发有一定创新，得益于较强的市场推广力度，市场占有率在低价灯具中比较高。代表项目有：海南省博物馆（部分）、山东省博物馆（部分）、南京博物院（小部分）、上海电信博物馆（部分）、武汉自然博物馆（部分）、西安博物院（部分）、中国华侨历史博物馆（部分）等。

博物馆灯具不是越贵、品质越高就越好。每个博物馆展览选用什么样的灯具，应该结合自己实际情况而定，包括文物保护、展示效果、性价比以及维护和售后服务等。对文物保护和展示效果高的文物艺术品展览，可以选择高端品牌；对于文物保护和展示效果要求不高的展览，可以采用中低档品牌。反之，对于文物保护和展示效果要求不高的展览，采用高档品牌，就是一种无谓的浪费。当然也可以采用几种品牌组合利用的方式，不过要考虑搭配和谐，轨道系统要兼容。

（四）重视博物馆展陈中的照明设计

博物馆展陈中照明的使用对象，既有文物，也有雕塑、绘画等辅助艺术品；既有墙面和展柜内大量的图文版面，也有尺幅宽大的背景墙面。此外还有环境照明。它们要求各异，特点不同，因此，必须结合实际情况进行照明设计和灯具选择。以某博物馆的照明设计为例，思路如下：

1. 文物保护方面照明设计

文物保护是展陈照明设计中首先要考虑的内容，主要从紫外线和红外线的防护、照度的控制和暴露值控制考虑。

（1）紫外线控制：紫外线会对展品产生光化学反应，并最终损害展品。“对光特别敏感的展品：丝、棉麻等纺织品、织绣品；中国画、书法、拓片、手稿、文献、书籍、邮票、图片、壁纸等各种纸质物品；彩绘陶（石）器、染色皮革、动物标本等”，根据国际照明委员会、国际博协和国家文物局的照明标准，紫外线含量不能高于 10 μW/lm，须使用 LED 灯具对这部分展品进行照射。

（2）红外线控制：红外线带来的热量对我们的展品也有一定的伤害，可以采用滤红外线配件，即能截止红外线波长，减少热量的出现，使热量尽可能通过灯具客体进行散热。根据国际照明委员会、国际博协和国家文物局的照明标准，要求使用 LED 灯具对这部分展品进行照明。

（3）照度控制：根据国际照明委员会、国际博协和国家文物局的照明标准，“对于光特别敏感的展品，如中国画”，照度控制在 50 lx。须使用可调光的 LED 灯具对这部分展品进行照明。

（4）暴露值控制：根据国际照明委员会、国际博协和国家文物局的照明标准，“对于光特别敏感的展品，如中国画”，暴露值控制在 50 000（lx · h/y），采用红外人体感应技术，当观众靠近通柜时，LED 射灯工作，重点照度达到 50 lx；当观众离开通柜时，LED 射灯可延迟 5～10 分钟调暗，环境光维持在 10 lx。须使用可调光的 LED 灯具及红外人体感应控制设备对这部分展品进行照明。

2. 展柜重点照明

展柜内的重点文物或其重点部位照明，也是照明设计的重要内容。

（1）通柜的照明设计上，引导观众视觉认知的过程由面到点，照明方式兼顾平面类和立体类，力求每个展品都有生动的灯光。采用专业“LED 洗墙灯”（功率 10 W、色温为 4 000 K 中性白色、显色性 Ra 不小于 90、回路调光），使得通柜立面的照度约 30～50 lx。采用“LED 可变焦射灯”对立体展品做重点照明（功率 3 W、色温为 3 000 K 暖白色，显色性 Ra 不小于 95，单灯调光或回路调光，加配丰富的配件系统），根据文物类别照度约 50～300 lx 不等。

（2）“无帽”独立柜，采用“LED 立杆式可变焦射灯”对立体展品做重点照明（功率 3 W、色温为 3 000 K 暖白色，显色性 Ra 不小于 95，单灯调光或回路调光，加配丰富的配件系统）。

（3）“有帽”独立柜，采用“LED 可变焦射灯”对立体展品做重点照明（功率 3 W、色温为 3 000 K 暖白色，显色性 Ra 不小于 95，单灯调光或回路调光，加配丰富的配件系统）。

（4）对于平柜照明，采用“立杆式桌柜专用灯”，是最理想的选择，能保证书画面的照度的均匀度达到 0.6 以上（功率 20 W/m、色温为 3 000 K 暖白色，显色性 Ra 不小于 95，单灯调光或回路调光，加配丰富的配件系统）。

附：展柜照明设计效果图

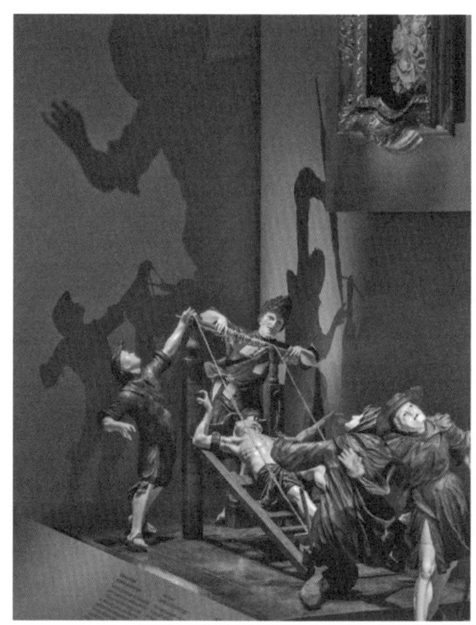

3. 图文信息展板重点照明

（1）各种类型的文字展板遍布整个展厅，根据内容级别划分有单元说明、组说明、个体说明等，表达“物”所包含的历史信息。文字展板的照明，采用单灯调光的轨道射灯进行重点照明，由于灯光可以进行有效调光，因此可以轻松地根据展板内容分级而设定照度的级别：单元说明的展板照度控制在 150～180 lx，组说明的展板照度控制在 100～120 lx，个体说明的展板照度控制在 50～80 lx。如此，随着亮度

图66　通过展版上不同的照度水平区分展板内容的重要性

的明暗变化，这犹如灯光有了动感的跳跃，整个场景在灯光的指引下活动了起来，观众可以根据展板上不同的照度水平，轻而易举地判别展板内容的重要性。

（2）为了保持天花板的简洁性，选用同一种系列同一尺寸灯具，根据不同的天花板高度、展板大小、照度级别我们选择了不同配光角度的反射器，同时为了避免直接眩光照射到观众的眼睛，我们有针对性地配备了一定比例的防眩光配件，如蜂窝罩、挡板。

4. 场景艺术品重点照明

（1）通过对场景内重点展品、人物、背景画的不同照度和亮度的层次区分，为场景增加“层次感和立体感”，体现光与影的结合。对光不敏感的展品的照度为第一层次，为250～300 lx，由于其反射系数低，吸光率高，因此需要适当提高照度值；人物雕塑的照度为第二层次，为120～150 lx，对于人物雕塑采用了正面灯光和侧面灯光相结合的虚实照明，通过灯光对人物“影子”的真实塑造，突出雕塑的立体感，增强场景的“真实性”；背景画的照度为第三层次，为50 lx左右。

图67　通过场景中不同的照度和亮度为场景增加“层次感和立体感”

（2）人物雕塑的照明，采用主光配合辅光来达到较好的立体感，以保证“光与影”的结合，主光和辅光的照度比率一般取5∶1。通过调整环境光完善空间形式设计的视觉引导，灯光尽可能独占参观者的注意力，展示人物雕塑的魅力。同时，将周围的环境光的照度水平调低，保证射灯与人物雕塑的垂直面成30度的入射角，对人物雕塑的反射光、阴影及整体照明效果也都是最理想的。

图68　通过主光配合辅光达到较好的立体感

（3）博物馆中各类场景诉求不同，例如有反映自然风貌的大型场景，又有以刻画人物为主的半场景，既有展现历史文化风貌为主的仿真场景，又有还原秀丽景色的仿真场景，这就需要针对不同场景选择色温、色阶、亮度等特性各有差异的灯具，并进行调光控制。

图69 通过选择色温、色阶、亮度等特性各有差异的灯具满足不同类型场景的照明需求

5. 大幅背景画均匀性照明

背景画的照明，首要考虑的是灯光均匀性的问题，国家标准规定，照度的均匀性（最小照度与平均照度的比值）要大于0.4。需根据场景的大小、纵深来精确定位高质量的洗墙灯，其反射器的好坏、灯具布置的距高比、距间比，将直接影响着画面灯光的“横向均匀度”和“纵向均匀度”。同时光源色温的选择应该切合背景画的色调。

6. 展厅环境照明

（1）展厅各区域的亮度关系需要合理设定，舒适过渡，重点规划，太亮将耗费能源，同时达不到展馆的艺术效果，太暗将带来安全隐患，

图70　展厅环境照明

同时也达不到展馆的艺术效果。解决展厅与展厅之间、柜内与柜外之间的亮度平衡问题，有效地避免光幕反射，将亮暗的比值控制在5∶1的比例，让展厅空间的光环境更加贴近观众，营造一个和谐舒适、简洁宁静的光氛围，使展览更易于理解。

（2）突破常规，展厅的环境照明，考虑不大量布置天花筒灯，而是运用展板、通柜、场景的二次反射光、余光增添辅助照明，为展厅提供舒适的环境光。

（3）序厅和尾厅是整个展览不可或缺的部分，针对这连接展厅外部与展厅内部的过渡空间，运用照明生理学的经验，对序厅和尾厅的灯光进行科学的布置，由于观众刚刚从外部环境到达内部展厅，由亮到暗，因此在序厅中需要保持较亮的灯光，以保障观众有个过渡，同时经过长时间的产品的观看，适应了比较暗的舒适环境，因此在尾厅中适当地亮起来，可以让观众出展厅有个较良好的过渡。序厅与尾厅的环境亮度介于展厅外部的亮度和展厅内部的亮度之间，对观众的视觉进行了“暗适应”与“明适应”的科学调节。

（五）博物馆展陈照明实践中的新理念和新技术

当今社会，新理念、新技术层出不穷，博物馆展陈照明新理念新技术也日新月异。

从照明发展理念上讲，既然称之为“展陈”，显然就是为前来观展的观众而设；既然称之为“博物馆展陈照明”，毫无疑问就是为前来博物馆观展的观众们而做的照明。所以，博物馆展陈照明是为观众而生的。

从照明技术发展看，近年来，值得介绍的是“智能动态光纤系统”和“智能可变颜色灯光系统”新技术的发展和应用。

下面简单介绍 Luxam 公司的“智能动态光纤系统”和“智能可变颜色灯光系统”新理念与新技术。Luxam 公司 1995 年创立于美国，1997 年在法国成立分公司，作为博物馆光纤照明技术方面的先锋，Luxam 致力于为博物馆提供全方位的替代技术。在全球范围内，该公司已经完成了 250 多个博物馆项目，其专业照明方案已经覆盖了巴黎的卢浮宫、纽约的大都会艺术博物馆、华盛顿的国家档案馆、伦敦博物馆、北京故宫陶瓷馆、西安博物馆、上海艺术之家以及亚洲文明博物馆和新加坡国家博物馆等[①]。

1. 智能动态光纤系统

智能动态光纤系统，可以通过电脑的软件编程，灵活设定和控制数十、数百盏光纤灯的明、暗、灭顺序和延时参数，获得群组展品的动态舞台视效，把博物馆中原本无生命的静态文物搬上有生命的动态的戏剧舞台，极具创新性地实现了“让文物活起来”的目标。

结合对文物展品及展陈主题的文化艺术内涵的发掘和深刻理解，通过对这项照明技术的创新性应用，能够为具备特定文化艺术品性或美学特征的群组文物展品赋予极具舞台效果的动态戏剧性呈现，直至

① 由入想–复雅照明公司提供资料。

实现视效、声效与人（观众）机（移动互联设备）物（文物）互动交流相结合的立体化实时动态场景效果，让文物活起来，让展台动起来，让观众嗨起来，实属博物馆展陈照明中的艺术照明新理念。

在湖南省博物馆新馆中，成功地把智能动态光纤系统这项艺术照明新理念付诸实践。利用这项照明技术，在由 3 组 12 支歌 / 舞 / 奏乐俑组成的歌舞俑展柜中，为这 12 名“演员”编排了不同的“出场”顺序，在黑暗的背景中，通过动态的灯光，让这组分工有序、配合默契的“表演团”成员们从无到有、从有到无地淡入淡出，犹如现实生活中的舞台般活灵活现地为观众们跨越时空，上演了一台来自两千多年前的歌舞剧，为观众带来了美的享受、视觉的震撼、奇妙的体验和无限的趣味，而这正是我们博物馆展陈照明工作的终极目的。艺术照明之魅力与功效，正在于此。见下组图：

a 黑暗的背景中，先是最后一排的中间2名奏乐俑淡入

b 然后是最后一排的另外3名奏乐俑淡入

c 然后是中间一排两端的2名舞俑淡入

d 然后是中间一排中间的2名舞俑淡入

e 然后是第一排两端的2名歌俑淡入

f 然后是“主唱”歌俑淡入，其他歌舞奏乐俑一起集体变得稍暗

g 突出“主唱”歌俑

h 最后，舞台上的全体12名歌舞奏乐俑一起集体全亮

特别需要强调的是，此处使用的光纤照明技术，因其低功率高光效、不含紫外线红外线以及电源与灯具远距分离的技术特点，在文物保护方面还具有接近完美的数据指标。智能动态光纤系统是博物馆展陈照明实践中开创的第一个艺术照明新理念。

2. 智能可变颜色灯光系统

智能可变颜色灯光系统是指将舞美灯光中的那种大尺度的光色变化理念引入到博物馆展陈照明之中，融入时间的概念，通过灯光颜色的智能变化，营造“春、夏、秋、冬”或“早、中、晚”的场景变化。在博物馆展陈照明中，特别是场景照明中，创新地运用这种艺术手法和理念，可以向观众们呈现和诠释文物瑰宝，起到不同凡响的效果。

智能可变颜色灯光系统采用 RGBW+DMX512 技术实现四色光源完美混光，在博物馆场景中实现舞美化、艺术化照明的运用，增加戏剧性，夸张性。只利用 RGB 三种颜色混色，混出的光谱是不连续的，显色性 Ra 会很差。而采用 RGBW 四种颜色混出某个色温点的白光，混色比例会有无穷多种，每种比例对应一种同色异谱光，显色性 Ra 会高达 95 以上。

从下面几张图片中能够看到灯光颜色动态变化给恐龙场景带来的极佳艺术呈现效果：

（六）博物馆展示照明的问题与对策

从上述博物展示馆照明的要求看，博物馆展示照明工程（设计、采购、安装和调试）是一个复杂的系统工程。不仅有观赏效果、文物保护的要求，也有展示信息引导和观众环境体验的要求；不仅有光源、灯具选购的要求，更有品牌、型号、规格、技术参数选择的要求，此外还有点位数量、造价合理性方面的选择要求。因此，要确保某个博物馆展览照明工程设计的科学性、技术的可靠性、品质的严肃性、造价的合理性，必须对照明的设计、品质、采购、安装和调试等进行有效的控制。

但目前我国博物馆展示照明设计和采购模式主要是委托展览工程总包方来实施，即业主将博物馆展览工程委托给总包方，由总包方负责展览照明的设计和采购，包括品牌、规格、型号、数量、造价、安装、调试等。这种不可控的操作模式带来诸多弊端：

从博物馆业主方看，主要问题有：1. 缺乏博物馆照明专业知识，在招标和项目委托中，对博物馆照明的技术需求提不出专业化的要求；2. 不了解博物馆照明的价格，在招标和项目委托中，对合理的展览照明预算心中无数；3. 对展示照明设计、品质、采购、安装和调试控制不力，多数交给总包方采购，并且对总包方又缺乏有效控制。

从总包方看，主要问题有：1. 没有博物馆展示照明设计的专业能力和专门人才，交由照明灯具商负责照明设计，而对照明灯具商的设计和灯具品质又缺乏有效控制；2. 追求利润最大化，总包方往往对灯具的利润要求在 50% 以上。

从照明分包商看，主要问题有：1. 大部分分包商也缺乏博物馆展示照明设计的专业能力和专门人才；2. 以卖产品为目的，看菜吃饭，给多少钱提供多少品质的产品和服务；3. 甚至为了利润最大化，提供不符合品质要求的照明设备（例如假 LED、卤素灯等）。

从展览工程的监理方看，主要问题有：监理公司只懂建筑装饰监理，而对博物馆专业展示照明完全不懂，因此完全无法对展示照明的设计、灯具品质、照明效果等进行有效的监理。

可见，由于上述各方利益取向不同，目前博物馆照明设计和灯具采购采用的这种不可控的操作模式必然无法实现《博物馆照明设计规范》提出的基本要求——“博物馆的照明必须遵循有利于保护展品和观赏展品的原则，达到安全可靠、技术先进、节约能源、维修方便的要求。”目前我国博物馆展示照明普遍存在的问题：观赏效果不佳，展示信息引导性不强，未能有效做好文物保护，未能给观众创造舒适、美妙的环境体验。究其原因，主要是照明的设计、选购和安装调试缺乏可控的操作模式。

因此，为了实现《博物馆照明设计规范》提出的基本要求，保障博物馆展览照明工程设计的科学性、技术的可靠性、品质的严肃性、造价的合理性，必须对目前采用的照明设计、灯具选购、安装调试和验收等管理模式进行调整，做出制度性的安排。可考虑的措施有：

1. 培育专业化的博物馆展示照明设计咨询机构，为博物馆提供专业化的照明设计、预算编写和照明监理一体化服务；

2. 由博物馆聘请专业的照明设计方，提供专业的展示照明设计方案；

3. 将照明设计与照明设备采购强制分离，设计方不得参与照明采购活动；

4. 作为展览工程的专项，将展示照明设计以及灯具采购从总包方分离出来，进行单独招标委托；

5. 在展览工程委托中，明确规定只有总包方具备展示照明设计的专业资格和专门人才，方能参与展览工程中的照明设备采购活动，并接受业主委托的照明设计咨询机构的监督；

6. 加强对博物馆工作人员照明设计管理的培训，让他们懂得如何去管理博物馆照明的设计和采购业务。

九、展览深化设计与制作的配合和控制

博物馆展览深化设计与制作是一项集学术、创意、传播于一体的设计活动，因此，一个成功的展览有赖业主方、形式设计师、专家团队和艺术总监等多方的合作。

（一）配合和控制不力是展览深化设计与制作中普遍存在的情况

各地的博物馆展览工程运作方式一般是：博物馆建设方通过展览工程招标，依据投标方的展览“概念设计”方案、类似业绩、价格等选定展览公司，然后由中标展览公司进行展览深化设计、施工设计，直至展项制作和现场布展。其间，整个工程主要交给监理公司去监理。这样的做法必然导致监控不力，并严重影响博物馆展览工程的质量。其理由如下：

一是深化设计和施工设计是展览建设方需要严格监控的重要环节。

博物馆展览工程一般要经过概念设计、深化设计和施工设计、场外制作和现场布展几个阶段。概念设计一般是展览工程招标阶段建设方作为选择展览设计和制作公司的重要依据。概念设计往往是在设计依据不充分的前提下做的初步创意方案，也就是说它只是投标方根据建设方提供的部分展品资料、内容文本和建筑空间做出的展览初步规划设计，带有较大的虚拟设计成分，显然它远不能作为展览工程的实施方案。与概念设计不同，深化设计和施工设计才是中标方针对展览项目进行的展览工程实施方案。它是在完整的展览内容文本、翔实的展品资料、明确的展示空间、既定的经费预算基础上，对展览内容进行的深入、具体和形象化的设计。显然，深化设计和施工设计才是建设方要严格控制的环节。

二是不能盲目信赖展览设计和制作公司的能力与信誉。

展览建设方往往简单地认为，经过专家评审选出的展览公司就能做好展览，其实不然！做好一个展览涉及众多因素，除了展览设计和制作公司的能力和业绩外，还与展览设计和制作公司的敬业精神，与展览相关方的配合，与建设方的监督控制力度，都有密切关系。显然，在没有有效控制的情况下，在缺乏相关各方紧密配合的前提下，仅仅指望展览设计制作公司的自觉，是不能保障展览项目成功的。

三是建筑装饰监理公司难以对展览艺术效果和工程造价进行有效监理。

建筑装饰工程监理主要是对建筑装饰工程的进度、投资、质量、安全、文明施工五个方面进行监理，重点是装饰装修工程中的质量控制，依照现行建筑工程法律法规《建筑装饰装修工程质量验收规范》划分的 10 个分项工程，即地面工程、抹灰工程、门窗工程、吊顶工程、轻质隔墙工程、饰面板（砖）工程、幕墙工程、涂饰工程、裱糊与软包工程和细部工程，主要从原材料、半成品、成品的质量控制，施工工艺要求，监理巡视与旁站，监理试验与见证，工程验收这五个方面对建筑装饰装修工程进行监理。

而博物馆展览工程不是建筑装饰工程，它是以文物标本和学术研究为基础，陈列设备技术为平台，辅助艺术形式为突破，高度综合的、专业性很强的艺术创作活动，总体属于知识、信息、思想和文化传播工程。它涉及综合性多专业的交叉，属于文化知识传播、艺术创造范畴的特种行业，其评价是以知识信息传播和观众获得的教育效益为考核核心。

与建筑装饰工程主要是施工阶段监理不同，博物馆展览工程监理是从设计到制作布展的全过程监理；与建筑装饰监理侧重的材料、工艺等不同，博物馆展览工程监理内容主要是展示内容与表现形式的吻合度监理、展品展项传播效益和艺术效果监理、展览造价合理性监理等几个方面。此外，建筑装饰监理的内容、材料、工艺及其标准是共性的，对所有建筑装饰工程都适用，而博物馆展览工程则不同，不同博物馆展览的展品展项都是个性化的，显然不能像建筑装饰工程监理那样用同一个标准去衡量和监理。而且，占博物馆展览工程总工程量70%以上是非建筑装饰工程，装饰工程监理机构难以对这些艺术或科技含量高的辅助艺术品和科技装置品质做出专业判断。总之，博物馆展览工程和普通装饰、商业会展项目以及其他公共建设项目有着本质上的不同。让建筑装饰监理机构监理博物馆展览工程，无异于请兽医给人治病，必然难以对展览工程设计、制作和布展进行有效监理。

（二）展览成功与否关键在于业主的配合与控制

要做好展览，展览建设方必须负起两个方面的责任：一是配合，为设计方提供设计素材，把关学术资料和展品资料；二是控制，对设计方案涉及的学术、工艺、造价等进行有效管控。

1. 为设计方提供设计素材并进行学术把关

展览设计和制作不单单是被委托的设计制作公司的事，一个成功的展览有赖业主方、设计制作方的密切的合作。首先，展览建设方必须向设计方提供完整、准确的设计素材，这好比是厨师做菜，油盐酱醋以及食材应由业主负责，而不应该把责任推给厨师。否则，如果博物馆不能提供完整、准确的展品形象资料和学术研究资料，展览设计制作方必然巧妇难为无米之炊，必定难以做好一个博物馆展览。一些博物馆展览建设方错误地认为，既然对方是中标的设计单位，那么所有设计素材甚至包括展品的搜集都应推给设计制作方，这样做显然是错误的。

除了提供设计素材外，还必须对设计方提供学术指导。因为展览形式设计是对内容准确、完整和生动的表达，形式设计中对学术观点的把握、展览内容的理解，对展品和形象资料的选用、展品的组合，对辅助展品的创作等，都有赖于建设方学术专家的配合。显然，仅靠擅长艺术和媒体设计的设计师是难以把握上述学术问题的。

因此，为了做好展览，展览建设方必须成立专门的资料对接班子配合展览公司，对展览公司展览设计和制作进行资料对接，并提供展品形象资料和学术研究资料并进行指导。这是展览成功与否的一个关键因素。

2. 对展览设计和制作进行有效控制

深化设计和制作是博物馆展览工程中必须重点监控的管理环节。展览成功的关键在于设计和制作控制。只有对展览设计和制作公司进行有效控制，才能保障其尽力做好本馆的展览。展览设计和制作公司的能力和业绩是一回事，是否尽力做好本展览项目又是一回事。或许该公司做过很多成功的展览项目，但是否成功做过与本项目相似的项目？以往成功的展览项目是哪个设计师做的？主持本项目的设计师是否成功做过与本项目相似的展览？还有，国内较优秀的展览设计布展公司比较少，但它们手上的项目往往比较多，能否保障本展览项目的基本设计和制作力量又是一回事。即使是优秀的设计公司或设计师，其设计水平和能力往往有所长、有所短，也不可能做到尽善尽美。另外企业遵循的法则是追求利润最大化，在展览预算偏紧的情况下，往往会出于节省成本的考虑，故意弱化某些设计环节和细节；在展览预算充足的情况下，往往会出于追求利润的目的，有意增加一些不必要但有利可图的展项。无论哪种做法，都必然影响展览工程的质量和造价的合理性。

因此，为了保障展览的质量和水准，必须对展览深化设计和制作进行有效控制。展览深化设计和制作主要应该控制三个方面：一是学术控制，即展品展项设计制作的科学性和真实性，以及艺术表现与展览主题和内容吻合度的控制；二是艺术效果监理，即展览艺术表现效果和工艺技术质量的控制；三是造价监理，即展览造价预算以及展品展项造价合理性控制。上述每一项都要由学术和艺术专家严格把关和审定，不能由设计师任意作为。特别是展览中涉及的辅助艺术品、多媒体及科技装置和图文版面，它们往往是展览设计的重点内容，必须进行重点控制。否则，如果放任展览公司按其意图设计、制作，那么不仅会严重影响展览的艺术效果和工艺质量以及展览造价的合理性，影响展览的有效传播，更为严重的是可能出现重大学术错误和政治错误。

十、为何展览设计和制作要引入艺术总监

博物馆展览是以文物标本和学术研究为基础，陈列设备技术为平台，辅助艺术形式为突破，高度综合的、专业性很强的艺术创作活动，和普通装饰、商业会展项目以及其他公共建设项目有着本质上的不同。除了展览工程中的基础装饰工程——顶、地、墙的装饰外，博物馆展览中会大量采用艺术含量高的二维和三维造型艺术——雕塑、绘画、场景、沙盘、模型等，以及高科技信息装置——视频、触摸屏、影视、动画、多媒体等。显然，普通装饰工程监理机构难以对这些艺术或科技含量高的辅助艺术品和科技装置品质做出专业的判断；另一方面，又由于这些辅助艺术品和科技装置目前国家尚没有信息价和定额价，往往采用市场可比价定价，这样，普通装饰工程监理机构同样难以对这些展项的造价合理性做出科学判断。

与此同时，由于博物馆展览工程的复杂性，博物馆展览工程的管理对于大部分缺乏博物馆展览工程的实际操作和管理经验的博物馆主管来说，无疑是十分困难的事。例如展览工程的科学流程应该怎样设置？每个节点有什么管理要求？展览形式概念设计、深化设计和施工设计的考核标准是什么？展览的艺术效果和工程质量该怎样控制？展览工程的造价如何构成、如何审定？如此种种必然严重困扰博物馆展览建设方。

鉴于博物馆建设方缺少展览工程管理的实际经验，以及国家关于博物馆展览工程规范和标准的缺位，为了保障博物馆展览内容的思想性、科学性和艺术性，以及展览设计制作工艺的严肃性、技术的可靠性、造价的合理性，有必要在展览工程的实施中聘请具有丰富博物馆展览工程管理经验的专家担任艺术总监，为博物馆展览建设方提供专业化的咨询建议，协助博物馆展览建设方控制展览的艺术效果、工程质量和造价合理性。

什么样的人可以作为博物馆展览工程的艺术总监？艺术总监应该具备如下资格：有良好的博物馆学和展览工程的研究造诣；有丰富的博物馆展览策划、设计及工程管理实践经验；了解和熟悉现代博物馆展览的理念、技术和方法；掌握和熟悉博物馆展览工程费用构成及其市场价格；最好有博物馆学的正高级职称，在业内享有较高的知名度。

展览工程艺术总监的工作使命是为博物馆展览工程提供学术、技术、艺术、经济方面的指导、咨询和决策建议。与建筑装饰工程监理不同，博物馆展览工程艺术总监最大的特点是全过程监理和效果监理。所谓全过程监理，是要对展览设计、制作、施工和布展全过程进行监理，建筑装饰监理不包含设计监理。所谓效果监理，是要对展览内容与形式的学术性、科学性、艺术性进行把关，要对展品展项的传播效果和艺术效果把关。

展览工程艺术总监主要承担三大任务：艺术表现与展览主题和内容吻合度监理；展品展项的艺术表现效果和工艺技术质量监理；展项和布展造价合理性监理。具体包括：

展览平面布局和参观动线合理性和可行性审定：在对展览的内容、展品和形象资料以及实际的展示空间的翔实分析的基础上，做出展览各部分空间的平面合理分配及参观动线的规划。

重点亮点选择及其表现方式的审定：根据展览传播目的、主题和内容，确定各部分或单元的重点和亮点及其在平面上的点位规划，并研究和确定表现的艺术形式。

场景设计审定：审核内容包括传播目的、主题和基本内容、创意构想、工艺和技术支撑说明。先做草图和效果图，审定后再制作。

雕塑设计审定：审核内容包括传播目的、主题和基本内容、创意构想和材质。先做草图或效果图，审定后做模样，再雕塑成像。

模型沙盘审定：审核内容包括传播目的、主题和基本内容、创意构想、工艺和技术支撑说明。先做草图和效果图，审定后再制作。

绘画创作审定：审核内容包括传播目的、主题和基本内容、创意构想。先绘草图和效果图，审定后再创作。

多媒体规划及其相关技术和艺术的审定：根据展览内容表现的需要，统一安排展览的多媒体规划，包括数量、点位、形式；多媒体脚本内容审定；多媒体形式及系统结构审定。

影院规划及其相关技术和艺术审定：根据展览内容和空间，审定影院的位置、面积、形式（环幕、球幕、4D 或是 3D 影院）；影片主题和内容审定；影片分镜头审定；影片艺术效果审定；影片设备审定。

参与互动装置及其相关技术与艺术的审定：根据展览内容和空间，审定参与互动装置的数量、位置、内容、形式表现和操作模式。

版面设计审定：包括一级、二级和三级标题的规格和风格，每级版面的主题和内容吻合度，版面内文字、图片、图表和实物的组合关系，以及艺术效果等。

展柜设计选型及其相关技术的审定：展柜选用的合理性和技术可靠性，包括展柜的形式、数量、品牌、规格、工艺、价格等。

照明设计及其相关技术与艺术的审定：包括照明布点数量及其合理性，灯具品牌和质量，文物保护效果，照明展示效果，眩光控制效果等。

造价及其合理度控制：包括基础装饰工程，展示设备，照明系统，图文版面以及所有非标类展品展项，例如雕塑、场景、模型、沙盘、多媒体、绘画等。

现场布展安装监理：包括施工的组织、制作与施工方案制定，工艺和技术要求把关，进度控制、预算控制、质量控制，以及甲乙双方配合完成展览设备和大型辅助展品的安装、实物展品和辅助展品的布置，展览和安保消防协调，按需调整展览的设计和工艺。

以辅助艺术展品为例，其监理流程和措施如下：

1. 审定辅助艺术品的表现方式。博物馆展陈中可采用的辅助艺术品多种多样，采用哪种辅助艺术品的表现方式，应该由内容来决定。内容决定形式，辅助艺术品的表现方式不是越复杂、越新潮越好，而是“适合”。所谓“适合”，就是能够准确、完整、生动地表达内容。

2. 审定辅助艺术品的传播目的。博物馆辅助艺术品不同于纯艺术创作，它首先是一种传播媒介，即要通过其表现方式向观众有效传播内容。因此，设计师在创作博物馆辅助艺术品时，首先要认真思考和准确界定博物馆辅助艺术品的传播目的，并以传播目的为导向展开设计创作。

3. 审定辅助艺术品传播的内容。作为展示传播媒介，博物馆辅助艺术品表达的内容必须符合科学性、真实性原则，必须有学术支撑，是有依据的还原、再现。因此，设计师要认真研读和选择学术资料（学术研究成果和形象资料），并根据传播目的准确地表现内容。

4. 审定设计创作说明。在前述研究的基础上，编写清晰的设计说明，包括展项名称、表达方式、传播目的、创意说明、技术和工艺支撑说明等。

5. 审定辅助艺术品草图。根据设计说明，勾画出形式表现的草图及其内容元素，并进行充分讨论和修改完善。

6. 审定创作效果图。在草图确定的基础上做效果图检验辅助艺术品形式表现的真实效果。

7. 控制制作实施。在效果图确定的基础上进行制作实施。

整个过程必须是控制一步、做好一步，才往下前进一步。这样才能保证辅助艺术品的创作质量。一个好的辅助艺术品，应该具备如下要素：（1）符合知识性教育性原则，传播目的清晰，信息阐释和传播力强，能准确和完整地表达展示的内容；（2）符合观赏性、艺术性和趣味性原则，创意新颖，构图巧妙，艺术表现元素与表现内容要高度吻合，制作工艺先进，艺术感染力强；（3）符合真实性和科学性原则，有学术支撑，是有依据地进行再现和还原，保证历史或事实的真实性。

再以多媒体展项设计制作为例，艺术总监至少要进行如下过程控制：

1. 数字媒体内容学术大纲审定；2. 数字媒体文学剧本审定；3. 数字媒体分镜头剧本审定；4. 数字媒体内容表现方式和操作方式审定；5. 数字媒体硬件采购与系统集成审定；6. 数字媒体操作员手册内容审定等。

此外，艺术总监还要承担如下工作：展览工程商务谈判咨询；展览工程合同中技术和经济项目审核；展览工程预算审核和控制；展览施工布置时的艺术监理与指导；展览工程验收咨询；展览工程造价结算和审计顾问；其他涉及展览工程技术、艺术、经济监理和顾问方面的工作等。

由于国家行业规范和制度的缺位，现在博物馆展览工程监理过程中一个奇怪的事情是：建筑装饰监理机构有监理资格却不会监理（除了占展览工程量20%左右的基础装饰工程外），但监理费照拿；懂博物馆展览工程监理的博物馆展览工程专家能监理，但没有监理资格。在这种情况下，一个可行的操作方法是：在选择监理机构时，要求监理机构必须聘请博物馆展览工程艺术总监，或从监理预算中按展览工程监理比重直接抽取艺术总监费，由业主直接招聘艺术总监。

展览成功与否，与能否对设计与制作布展过程进行有效监理密切相关。国际上博物馆展览工程管理十分重视展览设计、制作和布展的艺术监理。每个博物馆展览工程项目都会聘请专业设计公司或专家担任艺术监理，并且支付较高的艺术监理费。例如2011年上海科技馆与美国顶尖博物馆展览设计公司 Gallagher & Associates 签订上海自然博物馆设计和监理合同，合同总价约 2 865 万，其中设计阶段费用为 1 565 万，设计顾问和效果监理为 1 300 万。但目前我国博物馆普遍没有认识到展览工程艺术监理的重要性，很少聘用艺术监理；而业主和承担展览工程的建筑装饰监理机构又不懂展览监理，这样，必然造成展览设计与制作布展失控，严重影响展览工程的质量和水准。例如郑州市博物馆新馆总投资为 18.94 亿元，其中装饰布展总投资 3.62 亿元，其装饰和展览监理招标控制价只有 470 万，[①] 中标价 388.9 万元，而且中标机构河南精工工程管理咨询有限公司并不擅长博物馆展览效果监理[②]。因此，为了保障博物馆展览工程的质量，除了选择一支优秀的展览设计和制作布展公司外，应该请专业设计公司或专家担任艺术监理。

① 郑州博物馆新馆布展工程监理招标公告，http://zzjsj.zhengzhou.gov.cn/zbgg/1649517.jhtml。

② 郑州博物馆新馆布展工程监理中标结果公告，https://www.bidcenter.com.cn/newscontent-68910966-4.html。

◀ 第十一章 ▶

施工图设计与工程量清单编制

施工图设计为展览工程设计的一个重要阶段，一般在完成展览深化设计以后开始施工图设计。这一阶段的主要任务是通过图纸把展览设计者的意图和全部展陈设计结果表达出来，并编制展览工程的工程量清单，作为施工制作的依据，它是设计和施工工作的桥梁。

目前各地博物馆展览工程项目工程量清单编制存在的主要问题有：一是施工图设计不规范、不清楚；二是没有针对博物馆展览工程的特点和规律，展览工程项目工程量清单编制基本上套用建筑装饰工程的模式；三是分类不合理、不清晰，可谓五花八门，有的按展厅编制工程量清单，有的按类别编制工程量清单；四是展柜、照明、辅助艺术品和多媒体的工程量编制指标不规范，例如品牌、型号、规格、作者、内容描述、材料、工艺、尺寸、面积、数量、单价等不完整、不清晰；五、展览工程工程量清单的编制没有形成统一的编码系统，仅用简单数字编码。这些问题导致政府财政和审计部门以及专家无法对工程量清单及其价格作出准确、科学的判断，难以保障博物馆展览工程市场的公开、透明、合理和合法，亟待规范。

一、施工图设计的基本要求与规范

施工图设计为博物馆展览工程设计的一个阶段，在展示深化设计完成总体平面布局、确定主要展项、设备、装置等位置、造型和尺度的基础上绘制。这一阶段主要通过图纸，把设计者的意图和全部设计结果表达出来，作为施工制作的依据，它是设计和施工工作的桥梁。展览工程施工图与展示设计图不同，展示设计图是方案创意的图纸，施工图是用于指导实际施工的图纸，包括建筑结构水暖电气等专业，深度要比方案图高，细部尺寸，构造做法都要详细表述清楚。施工图设计的任务主要是对整个博物馆展陈设计方案中所有涉及的展示设备、装备、装置以及高科技单项进行设计，确定其尺寸、材料、工艺技术，按一定的比例尺绘制统一的施工图。

展览工程施工图设计的重点是节点结构设计，其主要任务是落实所有展品（包括实物展品和辅助展品、立体展品和平面展品以及高科技装置）在展示空间的布局与展品之间的组合关系，用平、立面图对应的形式绘制成设计图。这些设计图可以用黑白线图（框图）形式按统一比例尺绘制，并用文字标注展示内容或展品名称，也可用黑白或彩色的照片按比例缩微剪贴入图。深化设计必须按展墙编号（索引图编号）逐一设计绘制。

施工图必须参照工程制图的国家标准工艺绘制。展览工程施工图设计应形成所有专业的设计图纸：含图纸目录，说明和必要的设备、材料表，并按照要求编制工程预算书。施工图设计文件，应满足设备材料采购以及非标准设备制作和施工的需要。在施工设计的同时，必须统计出所有展示设备、装备、装置项目以及一切需施工制作的展项的统计表，并以此编写施工图预算书。

二、展览工程工程量清单编制缺乏规范

博物馆展览工程工程量清单是将拟建博物馆展览工程中的实体项目和非实体项目，分解为对应的名称和相应数量的明细清单，由分部分项工程项目清单、措施项目清单、其他项目清单、规费项目和税金

项目五种清单组成，反映出博物馆展览工程的全部工程内容和为实现这些工程内容而进行的一切工作。

工程量清单是建设工程计价的依据，是工程付款和结算的依据，同时也是工程实施过程中调整工程量、进行工程索赔的依据。然而，尽管博物馆展览工程市场化已经几十年，而且全国市场规模也达几百亿，但目前仍然缺乏统一的工程量清单编制规范。因为缺乏相应的编制规范，通常由第三方或承包方编制工程量清单存在诸多的问题，如编制的标准不统一、指标不明确、前后不一致等。

（一）博物馆展陈工程缺乏工程量清单编制规范

博物馆建设工程的投资一般可分为三大部分：分别为建筑投资（土建、安装、绿化等）、内部公共空间的装饰投资以及展览工程的投资（展厅的基础装修、设计安装与展陈，不包括文物展品）。建筑工程、装饰工程均可套用《建设工程工程量清单计价规范》，然而博物馆展陈工程作为博物馆总投资的重要组成部分，本身具有个性化、创意性，产品种目繁多，规格千变万化的特点，并不适用《建设工程工程量清单计价规范》的工程量清单项目及计算规则。

目前各地博物馆展览工程工程量清单编制五花八门，无统一的标准及规范可循。有的按展厅编制工程量清单，有的按类别编制工程量清单，主体套用《建设工程工程量清单计价规范》的工程量清单项目及计算规则。这就形成了在估算、概算、预算、结算、决算各阶段以各自的理解及惯用格式进行造价编制的情况，甚至出现有些项目的概预算、投标报价以及最终结算的清单及报价在格式及内容上都不一致的情况，不仅造成缺项、漏项和报价模糊不清，而且给项目的决算以及审计造成很大困难。

以某博物馆装饰布展工程量清单与预算书为例，其完整的内容除了汇总总价表外，包括五部分内容：展厅基础装饰工程、安装工程、展品展项、照明灯具等部分。

工程项目总价表

工程名称：××博物馆装饰布展工程

序号	项 目 名 称	金额（元）
1	装饰部分	6 619 291.00
2	安装部分	448 517.00
3	展品部分（展项、新媒体、人机互动、装置、道具、展柜、绘画、光电图表、场景、高分子写真人、雕塑、浮雕、沙盘、模型、立体图版、景箱）	18 496 270.00
4	专业灯具部分	4 389 857.00
	合 计	29 953 935.00

单位工程费汇总表

工程名称：××博物馆装饰布展工程—基础装饰

序号	项 目 名 称	金额（元）
1	分部分项工程量清单	5 910 493.00
2	措施项目清单	157 186.00
3	其他项目清单	0.00
4	规 费	319 718.00
5	农民工工伤保险	7 281.00
6	税 金	224 613.00
	合 计	6 619 291.00

分部分项工程量清单计价表

工程名称：× × 博物馆装饰布展工程—基础装饰

序号	项目编码	项目名称	计量单位	数量	金额（元）	
					综合单价	合价
1		一层公共部位				2 035 652.04
2	020102001001	石材楼地面；水泥砂浆找平层，米黄大理石铺贴	m^2	1 016.73	534.26	543 198.17
3	020302001001	天棚吊顶；轻钢龙骨石膏板吊顶，细木工板灯槽，米白色乳胶漆	m^2	292.93	169.58	49 675.07
4	020204004001	玻璃钢翻模钢架基层	t	11.85	10 233.31	121 262.42
5	020207001001	装饰板墙面；型钢骨架基层，木龙骨细木工板基层，不锈钢贴面，木基层刷防火涂料三	m^2	112.29	894.75	100 471.48
6	020204001001	石材墙面；墙面钢骨架基层，米黄大理石干	m^2	972.513	911.35	886 299.72
7	020209001001	隔断；艺术玻璃隔断	m^2	36.43	631.18	22 993.89
8	补充 002	标识：标题铜字 × × 博物馆及字母	项	1	4 500.00	4 500.00
9	补充 002	米黄大理石接待台	m^2	5	7 000.00	35 000.00
10	020208001001	柱（梁）面装饰；大堂 2～3 立面柱子，钢架基层米黄大理石干挂	m^2	157.32	1 067.27	167 902.92
11	020207001002	装饰板墙面；木龙骨基层、十二夹板基层（刷防火涂料三遍）、免漆板饰面	m^2	4.95	600.37	2 971.83
12	020207001003	装饰板墙面；型钢基层、木龙骨十二夹板基层（刷防火涂料三遍）、免漆板饰面	m^2	28.32	805.04	22 798.73

（续表）

序号	项目编码	项目名称	计量单位	数量	金额（元）	
					综合单价	合价
13	010304001001	空心砖墙、砌块墙	m^3	32.76	716.56	23 474.51
14	020407002001	金属门窗套；细木工板基层、不锈钢板饰面、刷防火涂料三遍	m^2	27.746	563.57	15 636.81
15	020401003001	实木装饰门；成品木饰面双开门 1 800×2 400，含小五金	樘	3	3 021.77	9 065.31
16	020401003002	实木装饰门；成品木饰面单开门 800×2 200，含小五金	樘	2	1 374.11	2 748.22
17	020401003003	实木装饰门；成品木饰面单开门 1 000×2 200，含小五金	樘	1	1 641.04	1 641.04
18	020407001001	木门窗套；细木工板基层，免漆板饰面，防火涂料三遍	m^2	10.68	637.82	6 811.92
	以下省略					
140	020407001008	木门窗套；细木工板基层，免漆板饰面，防火涂料三遍	m^2	5.58	637.82	3 559.04
141	020604002010	木质装饰线；80 宽木质门套线	m	39.12	124.75	4 880.22
142		合计				5 910 493.23

措施项目清单计价表

工程名称：××博物馆装饰布展工程—基础装饰

序号	项 目 名 称	金额（元）
1	垂直运输机械	0.00
2	脚手架费	75 556.79
3	大型机械设备进出场及安、拆	0.00
4	室内空气污染测试	0.00
5	原墙体拆除	25 000.00
6	环境保护费	435.00
7	文明施工费	6 045.00
8	安全施工费	2 660.00
9	临时设施费	11 123.00
10	夜间施工增加费	583.00
11	二次搬运费	10 639.00
12	缩短工期增加费	13 109.00
13	已完工程及设备保护费	3 878.00
14	检验试验费	8 157.00
	合 计	157 186.00

单位工程费汇总表

工程名称：××博物馆装饰工程安装

序号	项 目 名 称	金额（元）
1	分部分项工程量清单	411 717.00
2	措施项目清单	9 243.00
3	其他项目清单	0.00
4	规 费	11 842.00
5	农民工工伤保险	493.00
6	税 金	15 222.00
	合 计	448 517.00

分部分项工程量清单计价表

工程名称：××博物馆装饰工程安装

序号	项目编码	项目名称	计量单位	数量	金额（元）	
					综合单价	合价
1		一层大堂				97 818.44
2	030204018001	配电箱 1AL1	台	1	1 632.62	1 632.62
3	030212001001	砖、混凝土结构暗配电线管 KBG20	m	1 824	10.12	18 458.88
4	030208001001	电力电缆 YJV-1KV-5×10	m	45.66	55.35	2 527.28
5	030212003001	管内穿照明线 ZRBV-2.5 mm^2	m	4 924.8	3.21	15 808.61
6	030212003002	管内穿照明线 BVR-2.5 mm^2	m	1 915.2	3.49	6 684.05
7	030204031001	地插安装	套	3	181.24	543.72
8	030213003001	筒灯	套	37	177.13	6 553.81
9	030213003002	筒灯（带应急电源）	套	6	308.43	1 850.58
10	030213003003	金卤灯	套	21	480.13	10 082.73
11	030213003004	疏散指示灯	套	2	222.54	445.08
12	030213003005	出口指示灯	套	2	222.54	445.08
13	030204031002	接线盒暗装	套	550	9.16	5 038.00

（续表）

序号	项目编码	项目名称	计量单位	数量	金额（元）	
					综合单价	合价
14	030213003006	T5 灯带	m	350	79.28	27 748.00
15		一层临展				27 146.85
16	030204018002	配电箱 1AL2	台	1	3 312.62	3 312.62
17	030208001002	电力电缆 YJV−1KV−4 × 25+1 × 16	m	7.5	107.64	807.30
18	030208004001	电缆桥架 钢制桥架 300 × 100	m	50.52	167.47	8 460.58
19	030213003007	疏散指示灯	套	4	222.54	890.16
20	030213003008	出口指示灯	套	1	222.54	222.54
21	030204031003	安全型二三极插座	套	5	39.52	197.60
22	030204031004	地插安装	套	7	181.24	1 268.68
23	030213003009	筒灯	套	23	177.13	4 073.99
24	030213003010	通桂柜内 T5 灯	套	74	88.37	6 539.38
25	030204031005	接线盒暗装	套	150	9.16	1 374.00
26		二层临展				62 073.61
27	030204018003	配电箱 二层临展配电箱	台	1	1992.62	1992.62

（续表）

序号	项目编码	项目名称	计量单位	数量	金额（元）	
					综合单价	合价
28	030208001003	电力电缆 YJV-1KV-5×10	m	75	55.35	4 151.25
29	030212001002	砖、混凝土结构暗配电线管 KBG20	m	1 504.8	10.12	15 228.58
30	030212003003	管内穿照明线 ZRBV-2.5 mm^2	m	4 062.96	3.21	13 042.10
31	030212003004	管内穿照明线 BVR-2.5 mm^2	m	1 580.04	3.49	5 514.34
32	030213003011	疏散指示灯	套	6	222.54	1 335.24
33	030213003012	出口指示灯	套	3	222.54	667.62
34	030204031006	安全型二三极插座	个；套	5	39.52	197.60
35	030204031007	地插安装	个；套	14	181.24	2 537.36
36	030213003013	筒灯	套	31	177.13	5 491.03
37	换 030213003001	通柜内 T5 灯	套	111	88.37	9 809.07
38	030204031008	接线盒暗装	个；套	230	9.16	2 106.80
39		三层 5 单元				68 404.06
40	030204018004	配电箱 3AL1	台	1	1 932.62	1 932.62
41	030208001004	电力电缆 YJV-1KV-5×10	m	7.5	55.35	415.13
42	030208004002	电缆桥架 钢制桥架 300×100	m	34	167.47	5 693.98

（续表）

序号	项目编码	项　目　名　称	计量单位	数　量	金额（元）	
					综合单价	合　价
43	030212001003	砖、混凝土结构暗配电线管 KBG20	m	1 121.4	10.12	11 348.57
44	030212003005	管内穿照明线 ZRBV-2.5 mm^2	m	3 027.78	3.21	9 719.17
45	030212003006	管内穿照明线 BVR-2.5 mm^2	m	1 177.47	3.49	4 109.37
46	030213003014	疏散指示灯	套	5	222.54	1 112.70
47	030213003015	出口指示灯	套	5	222.54	1 112.70
48	030213003016	通柜内 T5 灯	套	29	88.37	2 562.73
49	030204031009	接线盒暗装	个；套	550	9.16	5 038.00
50	030213003017	T5 灯带	m	233.11	79.28	18 480.96
51	030213003018	筒灯（带应急电源）	套	19	308.43	5 860.17
52	030204031010	安全型二三极插座	个；套	12	39.52	474.24
53	030204031011	地插安装	个；套	3	181.24	543.72
54		三层其他区域				156 274.12
55	030204018005	配电箱 3AL2	台	1	1 632.62	1 632.62
56	030204018006	配电箱 3AL3	台	1	3 492.62	3 492.62

（续表）

序号	项目编码	项目名称	计量单位	数量	金额（元）	
					综合单价	合价
57	030208001005	电力电缆 YJV-1KV-5×10	m	72	55.35	3 985.20
58	030208001006	电力电缆 YJV-1KV-4×25+1×16	m	83	107.64	8 934.12
59	030208004003	电缆桥架 钢制桥架 300×100	m	72	167.47	12 057.84
60	030212001004	砖、混凝土结构暗配电线管 KBG20	m	2 970	10.12	30 056.40
61	030212003007	管内穿照明线 ZRBV-2.5 mm^2	m	8 019	3.21	25 740.99
62	030212003008	管内穿照明线 BVR-2.5 mm^2	m	3 118.5	3.49	10 883.57
63	030213003019	疏散指示灯	套	9	222.54	2 002.86
64	030213003020	出口指示灯	套	9	222.54	2 002.86
65	030204031012	安全型二三极插座	个；套	40	39.52	1 580.80
66	030204031013	地插安装	个；套	16	181.24	2 899.84
67	030213003021	通柜及橱窗内 T5 灯	套	57	88.37	5 037.09
68	030204031014	接线盒暗装	个；套	550	9.16	5 038.00
69	030213003022	T5 灯带	m	325	79.28	25 766.00
70	030213003023	筒灯（带应急电源）	套	42	308.43	12 954.06
71	030213003024	LED 灯带	m	25	88.37	2 209.25
72		合　计				411 717.08

措施项目清单计价表

工程名称：××博物馆装饰布展工程安装

序号	项　目　名　称	金额（元）
1	脚手架费	3 028.00
2	环境保护费	153.00
3	文明施工费	1 149.00
4	安全施工费	485.00
5	临时设施费	3 601.00
6	夜间施工增加费	0.00
7	二次搬运费	0.00
8	缩短工期增加费	0.00
9	已完工程及设备保护费	101.00
10	检验试验费	726.00
	合　计	9 243.00

单位工程费汇总表

工程名称：××博物馆装饰工程展品

序号	项　目　名　称	金额（元）
1	分部分项工程量清单	16 770 897.00
2	措施项目清单	183 792.00
3	其他项目清单	0.00
4	规　费	893 512.00
5	农民工工伤保险	20 347.00
6	税　金	627 722.00
	合　计	18 496 270.00

××博物馆展品

序号	名称	尺寸/型号	数量	单位	单价	总价
序厅						
1	展览标题字		1	组	3 500.00	3 500.00
2	顶面氛围渲染背景画高清工业喷绘		36.25	m^2	350.00	12 687.50
3	肌理背景墙		22	m^2	1 500.00	33 000.00
4	主题墙高浮雕					
4.1	主题墙浮雕稿创作		1	项	45 000.00	45 000.00
4.2	浮雕泥稿塑型与内容深度刻画		65	m^2	2 800.00	182 000.00
4.3	雕塑复合材料翻模与抛光、表面打磨处理与肌理处理		65	m^2	1 800.00	117 000.00
4.4	远距离二次运输与专业大型浮雕拼装		1	项	32 000.00	32 000.00
5	海盐历史缩影演绎					
5.1	工程投影机	三洋 XM-1500C	3	台	37 000.00	111 000.00
5.2	专业工程音响系统	惠威 T200B	1	套	3 200.00	3 200.00
5.3	多通道融合系统	多媒体集成，技术转让	3	通道	22 500.00	67 500.00
5.4	电脑主机	高配置 I5 级别，专业一分三显卡	1	套	9 500.00	9 500.00
5.5	系统配套	线管安装，运输，现场测试与配套	1	项	硬件 ×10%	19 120.00
5.6	海盐历史演绎剧本编写与策划	多媒体设计	1	项	12 000.00	12 000.00

（续表）

序号	名　称	尺寸 / 型号	数量	单位	单　价	总　价
5.7	资料搜集与前期视频技术处理	多媒体设计	1	项	8 500.00	8 500.00
5.8	部分视频资料拍摄与编辑	多媒体设计	1	项	34 000.00	34 000.00
5.9	演绎动画制作	多媒体设计	1	项	16 500.00	16 500.00
5.10	后期合成技术整合，配音	多媒体设计，国家一级播音员	1	项	23 500.00	23 500.00
5.11	系统集成	软件集成安装调试，后期维护	1	项	软件 ×10%	9 450.00
6	穹顶辅助动态投影					
6.1	工程投影机	三洋 XM-1000C	2	台	25 000.00	50 000.00
6.2	专业短焦镜头	三洋原装	2	个	18 500.00	37 000.00
6.3	电脑主机	高性能	1	套	9 500.00	9 500.00
6.4	系统配套	线管安装，运输，现场测试与配套	1	项	硬件 ×10%	9 650.00
6.5	天空效果演绎动画制作	多媒体设计	1	项	16 500.00	16 500.00
6.6	FLASH 编程制作	多媒体设计	1	项	14 000.00	14 000.00
6.7	系统集成	软件集成安装调试，后期维护	1	项	软件 ×10%	3 050.00
7	辅助效果					
7.1	展厅标题三维立体数码雕刻表面烤漆		1	项	3 400.00	3 400.00
7.2	动态海盐历史节点演绎		10	组	3 500.00	35 000.00
	合　计					917 557.50

（续表）

序号	名　　称	尺寸 / 型号	数量	单位	单　价	总　价
第一单元：沧海桑田						
1	复合材料造型单元说明	1 400×4 500	1	项	6 800.00	6 800.00
第一组：远古遗存						
2	组说明数码三维雕刻，立体填色	1 000×600	1	项	1 650.00	1 650.00
3.1	三维立体标题字	2 400×250	4	组	1 481.00	5 924.00
3.2		1 600×200	2	组	790.00	1 580.00
3.3		2 200×600	1	组	3 258.00	3 258.00
3.4		1 400×300	1	组	1 037.00	1 037.00
3.5		1 800×400	2	组	1 777.00	3 554.00
4.1	定制展柜	1 400×600×600	1	个	2 380.00	2 380.00
4.2		2 200×600×600	1	个	3 740.00	3 740.00
4.3		3 400×2 400×800	3.4	米	9 500.00	32 300.00
4.4		700×700×1 800	4	个	16 000.00	64 000.00
4.5		600×600×1 100	1	个	13 500.00	13 500.00
4.6		1 000×600×600	2	个	1 700.00	3 400.00
4.7		2 400×400×600	1	个	4 080.00	4 080.00
4.8		2 400×400×600	1	个	4 080.00	4 080.00

（续表）

序号	名　　称	尺寸 / 型号	数量	单位	单　价	总　价
4.9	定制展柜	1 600 × 600 × 600	1	个	2 720.00	2 720.00
4.10		1 200 × 500 × 600	1	个	2 040.00	2 040.00
4.11		1 200 × 2 000	1	个	3 750.00	3 750.00
4.12		800 × 800 × 1 400	1	个	17 800.00	17 800.00
5	地面镶嵌出土文物碎片坑（圆形）	1 100 × 300	4	个	2 200.00	8 800.00
6	墙面仿制四大文化层剖面（特殊效果处理）	9 000 × 4 000	32	m^2	1 675.00	53 600.00
7	仿考古用标尺	高 4 000	2	个	480.00	960.00
8	仙坛庙祭祀遗址坑复原	3 900 × 3 500 × 300	1	项	28 000.00	28 000.00
9	肌理墙面	11 000 × 2 400	24.4	m^2	1 500.00	36 600.00
10	四个文化层信息挂片油画布高清丝印	700 × 1 400	4	项	580.00	2 320.00
11.1	干栏式建筑器物纹样高清背景画	2 600 × 2 800	6.8	m^2	350.00	2 380.00
11.2		2 000 × 3 000	5.5	m^2	350.00	1 925.00
12	仙坛庙遗址大型高清喷绘	5 100 × 4 200	19.4	m^2	350.00	6 790.00
13	手绘线描稿接发掘现场画面	2 400 × 3 800	9.1	m^2	1 200.00	10 920.00
14	纳米技术高温工业艺术丝网印艺术版面		9	m^2	1 350.00	12 150.00

（续表）

序号	名　　称	尺寸 / 型号	数量	单位	单　价	总　价
15.1	定制金属框架发光文物说明牌	200 × 600	1	套	1 150.00	1 150.00
15.2		200 × 2 200	2	套	2 200.00	4 400.00
15.3		200 × 1 000	1	套	1 917.00	1 917.00
16	文物展示配套支架、积木、托架		1	项	12 000.00	12 000.00
17	视频播放系统					
17.1	电视机	合资品牌 42 寸电视机	台	1	6 800.00	6 800.00
17.2	播放器	硬盘播放器（含 2G CF 卡）	台	1	850.00	850.00
17.3	系统配套	线管安装，运输，现场测试与配套	项	1	硬件 × 10%	765.00
17.4	剧本编写与策划	多媒体设计	项	1	12 000.00	12 000.00
17.5	资料搜集与技术处理	多媒体设计	项	1	8 500.00	8 500.00
17.6	视频资料拍摄与编辑	多媒体设计	项	1	14 000.00	14 000.00
17.7	过渡动画设计与制作	多媒体设计	项	1	6 500.00	6 500.00
17.8	后期合成技术整合，配音	多媒体设计，国家一级播音员	项	1	8 500.00	8 500.00
17.9	系统集成	软件集成安装调试，后期维护	项	1	软件 × 10%	4 950.00
	合　计					424 370.00

（续表）

序号	名　　称	尺寸 / 型号	数量	单位	单　价	总　价
		第二组：千年聚落				
1	组说明数码三维雕刻，立体填色	1 000 × 600	1	项	1 650.00	1 650.00
		……				
7	定制平柜	400 × 400 × 400	2	个	2 800.00	5 600.00
8	高清氛围背景	12 000 × 4 000	44	m^2	350.00	15 400.00
9	环境置景		1	项	4 000.00	4 000.00
10	结语艺术文字		1	项	750.00	750.00
11	定制留言台		2	个	1 400.00	2 800.00
12	文物展示配套支架、积木、托架		1	项	9 500.00	9 500.00
	合　计					303 012.50
		……				
		其　　他				
1	预留全馆导览 / 查询多媒体系统					
1.1	一体触摸机	杭州远望 42 寸立式触摸一体机	2	套	15 800.00	31 600.00
1.2	电脑主机	E5300/ 华硕 G41/2G DDR3/ 盈通 GT220	1	台	3 650.00	3 650.00

（续表）

序号	名　称	尺寸 / 型号	数量	单位	单　价	总　价
1.3	系统配套	线管安装，运输，现场测试与配套	1	项	硬件 ×10%	3 525.00
1.4	内容策划与编辑	正野多媒体设计	1	项	13 500.00	13 500.00
1.5	资料搜集与技术处理	正野多媒体设计	1	项	5 000.00	5 000.00
1.6	图文界面设计与制作	正野多媒体设计	1	项	15 500.00	15 500.00
1.7	FLASH 动态页面制作	（转让技术）正野多媒体集成	1	项	18 500.00	18 500.00
1.8	FLASH 后台程序编写	（转让技术）正野多媒体集成	1	项	16 000.00	16 000.00
1.9	底层语言匹配与接口程序	正野多媒体开发自研	1	项	16 000.00	16 000.00
1.10	系统集成	软件集成安装调试，后期维护	1	项	软件 ×10%	8 450.00
	合　计					131 725.00
	总　计					16 770 897.00

措施项目清单计价表

工程名称：×× 博物馆装饰布展工程—展品

序号	项 目 名 称	金额（元）
1	脚手架费	19 102.00
2	环境防护、文明施工费	57 524.00
3	夜间施工增加费	671.00
4	二次搬运费	30 188.00
5	缩短工期增加费	43 772.00
6	已完工程及设备保护费	9 056.00
7	检验试验费	23 479.00
合 计		183 792.00

单位工程费汇总表

工程名称：×× 博物馆装饰工程专业灯具

序号	项 目 名 称	金额（元）
1	分部分项工程量清单	4 165 524.00
2	措施项目清单	33 824.00
3	其他项目清单	0.00
4	规 费	36 698.00
5	农民工工伤保险	4 829.00
6	税 金	148 982.00
合 计		4 389 857.00

××博物馆——展陈灯具

编号	名称 / 型号	数量	图片	配光	光源	尺寸（mm）	安装方式	功能	单价（人民币：元）	总价（人民币：元）
一层临展厅及入口大厅										
L1ls	LED 轨道射灯 WAC J-9S-WW-BK	90		10 度	LED 3×3W 3 000K	灯具外形：75×68×134	通柜内部 / 轨道安装	通柜文物重点照明	2 533.99	228 059.10
			LED 芯片：美国 CREE 3× 单科 3W 3 000 K 360lm CRI ≥ 85							
	配件：国内定制 滤光罩 J-9-1	25	滤光						82.80	2 070.00
	配件：国内定制 滤光罩 J-9-2	50	滤光						82.80	4 140.00
	配件：国内定制 滤光罩 J-9-3	90	滤光						82.80	7 452.00
	配件：国内定制 柔光棱镜 J-9	10	柔化光斑						51.75	517.50
L1lm	LED 轨道射灯 WAC J-9F-WW-BK	35		25 度	LED 3×3W 3 000K	灯具外形：75×68×134	通柜内部 / 轨道安装	通柜文物重点照明	2 533.99	88 689.65
			LED 芯片：美国 CREE 3× 单科 3W 3 000K 360lm CRI ≥ 85							
……										
									合计 1：	844 526.32

（续表）

编号	名称 / 型号	数量	图片	配光	光源	尺寸（mm）	安装方式	功能	单价（人民币：元）	总价（人民币：元）
二层临展厅										
L1ls	LED 轨道射灯 WAC J-9S-WW-BK	136		10 度	LED 3×3W 3 000K	灯具外形：75×68×134	通柜内部 / 轨道安装	通柜文物重点照明	2 533.99	344 622.64
			LED 芯片：美国 CREE 3× 单科 3W 3 000K 360lm CRI ≥ 85							
	配件：国内定制 滤光罩 J-9-1	37	滤光						82.80	3 063.60
	配件：国内定制 滤光罩 J-9-2	74	滤光						82.80	6 127.20
	配件：国内定制 滤光罩 J-9-3	136	滤光						82.80	11 260.80
	配件：国内定制 柔光棱镜 J-9	20	柔化光斑						51.75	1 035.00
L1lm	LED 轨道射灯 WAC J-9F-WW-BK	30		25 度	LED 3×3W 3 000K	灯具外形：75×68×134	通柜内部 / 轨道安装	通柜文物重点照明	2 533.99	76 019.70
			LED 芯片：美国 CREE 3× 单科 3W 3 000K 360lm CRI ≥ 85							
	配件：国内定制 滤光罩 J-9-1	9	滤光						82.80	745.20
	配件：国内定制 滤光罩 J-9-2	17	滤光						82.80	1 407.60

（续表）

编号	名称 / 型号	数量	图片	配光	光源	尺寸（mm）	安装方式	功能	单价（人民币：元）	总价（人民币：元）
L1lm	配件：国内定制 滤光罩 J-9-3	30				滤光			82.80	2 484.00
	配件：国内定制 柔光棱镜 J-9	30				柔化光斑			51.75	1 552.50
	配件：国内定制 拉伸棱镜 J-9	5				拉伸光斑			51.75	258.75
TK31	三回路轨道 IGUZZINI 8934.004 黑色	8				4 米 三回路轨道 黑色		明装	2 519.83	20 158.63
	配件：IGUZZINI 8935.004	9				封头 黑色			43.21	388.89
	配件：IGUZZINI 8936.004	9				进电段 黑色			429.62	3 866.58
	配件：IGUZZINI 8938.004	5				直型连接件 黑色			234.71	1 173.55
	配件：IGUZZINI 8940.004	3				L 型连接件 可进电 黑色			610.76	1 832.28
……										
									合计 2：	769 639.89
三层主展厅										
L1s	轨道射灯（单灯调光）IGUZZINI 6401.074 灰色	36		8 度	QT12 50W	灯具外形：78 × 150 × 198	通柜内部 / 轨道安装	通柜文物重点照明	3 596.35	129 468.60
	配件：国内定制 柔光棱镜 1	10				柔化光斑			51.75	517.50

（续表）

编号	名称 / 型号	数量	图片	配光	光源	尺寸（mm）	安装方式	功能	单价（人民币：元）	总价（人民币：元）
L1s	配件：国内定制 拉伸棱镜 1	5	拉伸光斑						51.75	258.75
	配件：IGUZZINI 9492.004	10	配件固定器						121.10	1 211.00
	光源 OSRAM 64440 S	36	QT12 50W 12V						16.87	607.32
L1m	轨道射灯（单灯调光）IGUZZINI 6402.074 灰色	16		24 度	QT12 50W	灯具外形：78 × 150 × 198	通柜内部 / 轨道安装	通柜文物重点照明	3 596.35	57 541.60
	配件：国内定制 柔光棱镜 1	16	柔化光斑						51.75	828.00
	配件：IGUZZINI 9492.004	16	配件固定器						179.01	2 864.16
	光源 OSRAM 64440 S	16	QT12 50W 12V						16.87	269.92
……										
									合计 3：	2 551 357.71
									合计 1+2+3：	4 165 523.93

措施项目清单计价表

工程名称：×× 博物馆装饰布展工程安装

序号	项　目　名　称	金额（元）
1	安全防护、文明施工费	19 557.00
2	夜间施工增加费	83.00
3	二次搬运费	1 041.00
4	缩短工期增加费	10 830.00
5	已完工程及设备保护费	229.00
6	检验试验费	2 083.00
	合　计	33 824.00

（二）博物馆展陈工程的分部分项工程缺乏科学的归类

2013 版的《建设工程工程量清单计价规范》中共有六类工程量清单项目及计算规则，分别为附录 A“建筑工程工程量清单项目及计算规划”，附录 B“装饰装修工程工程量清单项目及计算规则”，附录 C“安装工程工程量清单项目及计算规则”，附录 D“市政工程工程量清单项目及计算规则”，附录 E“园林绿化工程工程量清单项及计算规则”，附录 F“矿山工程工程量清单项目及计算规划”。以附录 B“装饰装修工程工程量清单项目及计算规则为例”，“装饰装修工程的工程量清单编制又分为实体项目及措施项目，实体项目又分为楼地面工程、墙、柱面工程、天棚工程、门窗工程、油漆、涂料、裱糊工程以及其他工程”①。不难看出建设工程有着严密的工程类别以及分部分项的分类标准，并有对应的工程量清单编制规范。

① 住房城乡建设部：《建设工程工程量清单计价规范》，2013 年，目录、附录 B。

而博物馆展览工程在工程量清单的编制中，至今未形成统一明晰的工程内容的分类与概括。分析目前展览工程工程量清单的编制，以顺序罗列特定空间内的展览工程内容为主，也就是将某一展厅内的所有工程内容编制在同一表格中，并未对工程内容进行科学系统的分类，比如某非遗博物馆展厅内有场景、多媒体、人物蜡像、展柜、绘画等内容，其工程量清单编制的方式如下表：

展厅一：非遗馆

序号	项目名称	规　　格	计量单位	工程量
1	非遗场景布置	竹竿架固定、搭接；场景布置	项	1
2	非遗场景投影系统			
	高清投影机	雅图高清投影机 LX-8100	台	1
	电脑主机	联想扬天 M4800	台	1
	安装调试费	设备总价的 10%	项	1
	影视片软件制作	内容策划、配音混音、视频编辑	项	1
3	人物蜡像	硅胶蜡像	尊	2
4	成品定制沿墙大通柜	金属框架、冷轧钢板、6 mm+6 mm 夹胶玻璃、手动平移尺寸：H3400 mm W800 mm	m	5
5	成品定制独立柜	金属框架、冷轧钢板、12 mm 钢化玻璃、侧移开启尺寸：700 × 700 × 2200	m	3

以空间为基础罗列式的编制工程量清单，有其存在的合理性。比如能使展厅的展陈项目清晰化，直观明了地给出展厅的展示特色及造价。然而存在的问题是整个工程量清单缺乏系统性、规范化，无法对同类别的工程项目进行统一的分析及管理，同时不利于对重要的单项工程进行独立的动态调控及全过程管理。因此有必要对展览工程进行系统分类，并根据不同的工程类别进行工程量的计算及清单的编制。

（三）展览工程工程量清单的编制没有形成统一的编码系统

编码系统，简单地说，就是用数字或者字母为目的物进行编号。在编制工程量清单中，科学、明晰的编码系统可起到使编制条理清晰、规范、管理便捷的作用，同时使工程量清单在应用中易于搜索、分类及归类。建设部 2013 版《建设工程工程量清单计价规范》中，对项目的编码有着明确的规定："分部分项工程量清单的项目编码，应采用十二位阿拉伯数字表示。一至九位应按附录的规定设置，十至十二位应根据拟建工程量清单项目名称设置，同一招标工程的项目编码不得有重码。"①

相比之下，展陈工程目前并没有形成规范的编码规定，展陈工程的工程量清单中编码还仅简单地表示数字顺序，而不同展厅的工程编码往往是重复的。项目编码制度有利于促使工程项目实现标准化、信息化，如果缺失，不利于项目的全过程管理与控制，以及完整的资料审计及归档。

展览工程一般由基础装饰工程及展陈工程组成，基础装饰工程工程量清单的编码通常根据《建设工程工程量清单计价规范》进行设置，而展陈工程就因无规范可依，一般采用简单的排序或是随意设置，这就给造价的精细化及全过程管理带来困难。例如某工程的基础装饰工程量清单如下表：

××博物馆基础装饰工程工程量清单

项目编码	项　目　名　称	单位	数量
020102001001	石材楼地面：水泥砂浆找平层，米黄大理石铺贴	m^2	1 016.73
020302001001	天棚吊顶：轻钢龙骨石膏板吊顶，细木工板灯槽，米白色乳胶漆	m^2	292.93
020204004001	玻璃钢翻模钢架基层	T	11.85
	……		

① 住房城乡建设部：《建设工程工程量清单计价规范》，2013 年，第 3.2.3 条。

××博物馆展陈工程工程量清单

序号	名　　称	尺寸/型号	单位	数量
序　　厅				
1	展览标题字		组	1
2	顶面氛围渲染背景画高清工业喷绘		m^2	36.25
3	肌理背景墙		m^2	22
4	三维立体标题字	2 400×250	组	4
	……			
展　厅　一				
1	复合材料造型单元说明	1 400×4 500	项	1
2	组说明数码三维雕刻，立体填色	1 000×600	项	1
3	定制展柜	1 400×600×600	个	1
4	文物展示配套支架、托架		项	1
	……			

我们不难看出基础装饰工程的编码根据《建设工程工程量清单计价规范》进行设置，以020102001001石材楼地面为例，编码首位的02为装饰装修工程的编码；接下来的01为整体面层的编码；下面的02为块料面层的编码；之后的001为石材楼地面的编码；最后的001为项目自身的序号。我们根据编码规则，很容易就可以了解到该子项的工程特征及工程内容。然而展陈工程目前还没有科学有效的编码系统，因此很难从编码上可得出对应的项目信息，也很难进行项目的索引以及电子化管理，这些都给展陈项目工程量编制的制度化、规范化带来困难。

（四）展陈工程工程量清单编制中对应的指标不明确

在《建设工程工程量清单计价规范》中，对所有子项的项目特征的描述都有具体的要求，并对应相应的工程量计算规则以及工程内容。例如在装饰装修工程工程量清单项目及计算规则中关于金属扶手的特征描述中的要求体现为："扶手材料种类、规格、品牌、颜色；栏杆材料种类、规格、品牌、颜色；栏板材料种类、规格、品牌、颜色；固定配件种类；防护材料种类；油漆种类、刷漆遍数。工程内容包括：制作、运输、安装、刷防护材料以及刷油漆。"[①] 明确的工程量清单编制要求使各项工程在工、料上清晰明了，避免了在工程、计价以及结算上的扯皮现象，在保证工程质量以及管理造价上都有决定性的作用。

较之建筑装饰工程，博物馆展陈工程名目繁多，不仅涵盖基础装修部分，还涉及大量多媒体、展柜、照明以及辅助艺术品等。它们不仅包含复杂的艺术创作和知识创造，而且每一项工程内容的表现指标都不尽相同，远非建筑装饰工程指标（项目名称、项目特征、计量单位和工程量等）那么简单。例如展柜除需体现品牌、型号、规格、材质、尺寸之外，还需表明开启方式、锁具、恒温恒湿、密封等配套系统的情况；再如绘画、场景等辅助艺术品，除需体现作者、内容描述、材料、工艺、尺寸、面积、数量、单价等之外，还需体现技术等级、技术难度等指标。

而目前展陈工程在工程量编制中，普遍存在的问题是简单套用或模仿建筑装饰工程，所有的分部分项工程也采用项目名称、项目特征、计量单位和工程量来编制清单，或对项目特征描述不明确、不完整、不准确和不统一。没有详细的项目特征和指标的描述，就难以表达出每一项工程的个性，造成工程内容模糊，不仅不利于质量和造价的管理及控制，也造成项目实施过程中变动严重、争议不断，而且严重影响到展览工程的结、决算及审计。

---

① 住房城乡建设部:《建设工程工程量清单计价规范》,2013年,附录B表B.1.7。

以展柜为例，天津旺达和北京文博时空报价模式也不统一。

天津旺达博物馆展柜报价模式

序号	名称	规格型号	单位	数量	箱体单价（元）	箱体总价（元）	玻璃	开启方式	备注
1	独立柜	600 × 600 × 2 020	台	32	13 720	439 040	6+6超白夹胶玻璃	手动90°开启	
2	独立柜	720 × 720 × 2 160	台	20	25 200	504 000	6+6超白夹胶玻璃	电动遥控升降	
3	平柜	2 400 × 500 × 1 220	台	11	39 200	431 200	6+6超白夹胶玻璃	电动遥控掀起	
4	墙柜	203 000 × 1 075 × 3 600	米	203	25 900	5 257 700	8+8超白夹胶玻璃	电动遥控旋出	
5	龛柜	1 600 × 600 × 600	台	7	21 000	147 000		手动掀起开启	
6	……								
7	……								
8		独立柜 52 台　平柜 11 台　墙柜 203 米　龛柜 7 台							
9		箱体合计人民币大写：陆佰柒拾柒万捌仟玖佰肆拾元整 6 778 940.00							

北京文博时空展柜报价模式

序号	名称	规格型号	玻璃	开启方式	照明	数量	单　价	金　额
1	通柜	1 070 × 4 000	6+6 超白夹胶玻璃	拉出左右平移	普通日光灯	203 m	20 150.00	4 090 450.00
2	顶升独立柜	720 × 720 × 2 160	6+6 超白夹胶玻璃	电动升降	普通日光灯	20 台	21 060.00	421 200.00

（续表）

序号	名称	规格型号	玻璃	开启方式	照明	数量	单　价	金　额
3	精品独立柜	600×600×2 000	6+6 超白夹胶玻璃	90°开启	普通日光灯	32 台	19 942.00	638 144.00
4	电动顶升柜	1 400×500×1 200	5+5 超白夹胶玻璃	电动升降	无	11 台	20 540.00	225 940.00
5	龛柜	1 600×600×600	5+5 超白夹胶玻璃	上掀开启	无	7 台	10 140.00	70 980.00
……								
							小　计	5 446 714.00
							其他费用	
							总　计	5 446 714.00

注：1. 产品详细规格及设计为附件的图纸为准
　　2. 此报价为超白安全夹胶玻璃

合计人民币
大写：　肆佰零柒万陆仟伍佰元整

我们知道，展柜与展柜之间有着很大的区别，材质、工艺、配件以及温、湿度要求等配套设施的不同，展柜在造价上就会有很大的差异。单纯从上表中，我们无法了解到展柜的详细情况，因此就很难审核单价的合理性，这就给后续的施工、结（决）算及审计带来很大的困难。因此没有详细的工程量编制指标的要求，以上表这样的工程量清单进行招投标，就会给后续的施工、造价管理带来很多的隐患，这也是很多博物馆项目在工程结束之后很长时间还无法完成工程决算和审计的原因之一。因此，明确各分项工程工程量编制中的指标以及特征描述在造价全过程管理中十分重要。

除了展柜，辅助艺术品、多媒体和灯具报价模式和指标体系同样不明确、不完整、不统一，例如某博物馆多媒体和辅助艺术品项目：

××博物馆展项报价书

工程名称：××博物馆布展工程深化设计及布展项目

编号	工程名称	项目简述	单位	数量	单价	合价	需补充
	序厅						
1	走进富春山居图	利用投影技术将富春山居图投射在纱幕上。整个画面以水墨、写意的形式表现					
		投影【详见多媒体部分报价】	项	1	1 028 200.00	1 028 200.00	
		钢板激光切割山体造型、表面艺术处理	项	1	50 000.00	50 000.00	尺寸：高度及长度，表面艺术处理工艺及效果图
		地面弧形黑镜制作，仿山体倒影效果	项	1	30 000.00	30 000.00	需根据山体尺度做合理比例
2	家在富春江上	不锈钢烤漆立体发光字 标题文字 约 700 mm 高 ×6　展览文字 350 mm 高 ×9	项	1	30 000.00	30 000.00	
		背景画【丙烯，中央美院专业画家现场绘制】	m^2	27	3 500.00	94 325.00	画家级别，姓名
3	门厅导览触摸屏	【详见多媒体部分报价】	项	1	53 800.00	53 800.00	

（续表）

编号	工程名称	项　目　简　述	单位	数量	单价	合价	需补充
		一、山 水 富 阳					
4	地形沙盘：两山夹一江	整体沙盘模型以素色沙盘为基础。利用投影的技术将沙盘的地形、地貌表现出来。结合背景的投影来共同表现两山夹一江的秀美景色、文化特征、典型特征等。背景采用绘画的手法表现富春江富阳段的景色					
		沙盘制作	m^2	18.6	6 500.00	120 640.00	
		沙盘斜面展台制作	m^2	18.6	1 200.00	22 272.00	
		背景画【丙烯，中央美院专业画家现场绘制】	m^2	17.4	3 500.00	60 900.00	画家级别，姓名
		投影【详见多媒体部分报价】	项	1	960 700.00	960 700.00	
5	动物标本	复制一部分动植物的标本模型。采用集中展示的手法表现。上端纱幔打印的方式表现富春江丰富的动植物资源					
		标本展示地台	m^2	14.3	2 000.00	28 600.00	地台的尺寸：长宽高
		动物标本【暂定　一级保护动物：黑麂】	个	1	40 000.00	40 000.00	
		动物标本【暂定　二级保护动物：大灵猫】	个	1	12 500.00	12 500.00	
		水獭	个	1	45 000.00	45 000.00	

（续表）

编号	工程名称	项目简述	单位	数量	单价	合价	需补充
5	动物标本	穿山甲	个	1	48 000.00	48 000.00	
		赤腹鹰	个	1	5 000.00	5 000.00	
		老鹰	个	1	6 000.00	6 000.00	
		山鸡	个	1	1 500.00	1 500.00	
		猫头鹰	个	1	6 800.00	6 800.00	
		鸳鸯	个	2	3 500.00	7 000.00	
		树干	个	1	15 000.00	15 000.00	直径及高度
		顶部立体纱幔造型（画面创作及打印）	m^2	18.4	2 000.00	36 720.00	
6	互动投影：历代文人咏富阳	利用立体卷轴的方式表现历代文人咏富阳的诗词歌赋。结合投影的方式突出表现相关的视频和图片					
		卷轴造型展板（含画面创作及打印）	m^2	10.4	2 200.00	22 880.00	
		投影【详见多媒体部分报价】	项	1	737 000.00	737 000.00	
7	视频（大、小）	采用大小不一的视频表现富阳山水【详见多媒体部分报价】	项	1	163 200.00	163 200.00	视频时长。三个屏幕的内容是否相同？

（续表）

编号	工程名称	项目简述	单位	数量	单价	合价	需补充
8	4D 影院	利用 4D 技术重点表现富春江一年四季的优美景色【详见多媒体部分报价】	项	1	4 593 507.00	4 593 507.00	未找到详细报价
9	4D 影院展项	仿真水面制作	m^2	43	3 200.00	137 600.00	
	二、千年古县						
10	视频：千年古县	利用小型视频穿插在展板之中。重点表现从史前文明到明清不同年代一些重点的考古发掘。历史名人。重大事件等【详见多媒体部分报价】	项	1	96 800.00	96 800.00	未找到详细报价
11	沙盘模型：新登老县城	复原一个清末期新登老县城的微缩模型。重点表现其城墙之内的景象。表现城门、重点建筑、重点道路、重点河流、景点等					
		模型地台	m^2	29.4	1 200.00	35 280.00	
		微缩模型	m^2	21.7	15 000.00	325 500.00	微缩比例是多少？
		利用投影结合下方的沙盘展示。重点表现新登古城的市井生活、人文风情等民间生活【详见多媒体部分报价】	项	1	395 000.00	395 000.00	
12	地层剖面复原：出土瓷器	利用土层复原的方式将出土的瓷器立体展现在展墙上面。瓷器均采用现场出土的相关文物	m^2	33.6	7 000.00	235 200.00	展墙的材质及厚度，展示瓷器的数量及保护方法

（续表）

编号	工程名称	项目简述	单位	数量	单价	合价	需补充
13	微缩模型：恩波桥	利用等比例缩小的方式复制恩波桥模型，将其置于模型台之上。让观众直观地感受恩波桥的风采					
		模型地台	m^2	4.76	1 200.00	5 712.00	
		恩波桥【微缩模型】	项	1	40 000.00	40 000.00	微缩比例是多少?
		人工手绘背景画	m^2	9.4	3 500.00	32 900.00	画家级别，姓名，绘画材质
		将恩波桥以绘画的方式表现在展墙之上。结合投影及动态表现的方式表现恩波桥上的特色生活，表现不同人物、不同职业的生活特征。（参考清明上河图）【详见多媒体部分报价】	项	1	460 700.00	460 700.00	
		三、东 吴 之 源					
14	人物画像：孙坚、孙策、孙权	孙坚、孙策、孙权的人物画像装裱（人物画像甲供）	幅	3	2 000.00	6 000.00	
15	人物雕像：孙权	采用玻璃钢仿青铜的手法，制作一个孙权雕像。比例约为 1 ： 1.25	个	1	90 000.00	90 000.00	
		竹筒造型背景	m^2	8.4	2 000.00	16 800.00	
		雕塑基座	项	1	4 000.00	4 000.00	

（续表）

编号	工程名称	项目简述	单位	数量	单价	合价	需补充
16	模型：造船	复制一个三国时期的战船模型。表现东吴时期造船行业的成熟及其先进的制作工艺水平					
		地台	m^2	5	1 200.00	6 000.00	
		建造战船模型场景复原	项	1	180 000.00	180 000.00	模型材质，复原比例（具体的场景内容，比如有几个人物等）
		背景画【丙烯，中央美院专业画家现场绘制】	m^2	16	3 500.00	56 000.00	画家级别，姓名
17	仿竹造景	选取富阳典型的竹子，穿插于展墙背景中，让展示空间变得生动、活泼	项	1	15 000.00	15 000.00	数量
18	绘画：孙氏入龙门	采用创作绘画的方式，表现孙氏入龙门的传说	m^2	4.5	30 000.00	135 000.00	画家级别，姓名，绘画材质
19	触摸屏：东吴之源	【详见多媒体部分报价】	项	1	96 800.00	96 800.00	
20	触摸屏：龙门照片查询	【详见多媒体部分报价】	项	1	51 400.00	51 400.00	

（续表）

编号	工程名称	项目简述	单位	数量	单价	合价	需补充
	四、造纸名乡						
21	场景复原：泗州遗址	采用微缩场景复原的手法，表现泗州遗址，重点体现泗州遗址的具体功能分区及典型的文化特征、建筑元素等，以表现当时造纸工艺的先进水平					
		场景地台	m^2	29.3	1 200.00	35 112.00	
		场景模型复原	m^2	24.5	20 000.00	489 000.00	模型材质，复原比例，具体的场景内容（比如有几个人物等）
22	立体动态雕塑2组：削竹、抄纸	制作两组雕塑。结合背景的立体展板，表现民间造纸工艺的两个重要环节，让观者更加直观地了解民间造纸工艺的工艺流程	组	2	50 000.00	100 000.00	两组雕塑人物有几个？道具有哪些？比例是什么？
23	动画：主要生产工序	以动画互动体验查询的方式，表现制作的工艺工程。整个画面以卡通、生动的表现形式来体现，比较符合儿童及青少年的喜好，让他们在参观的过程中加深印象【详见多媒体部分报价】	项	1	421 400.00	421 400.00	
24	多点触摸：保护传承	对非遗传承人进行实际采访，让观众仿佛面对面地和文化传人进行交流，让观众能够了解其文化的源远流长【详见多媒体部分报价】	项	1	208 100.00	208 100.00	

（续表）

编号	工程名称	项目简述	单位	数量	单价	合价	需补充
25	立体树状图	以LED结合信息展板及视频的方式表现造纸工艺的立体树状图	项	1	60 000.00	60 000.00	树状图尺度，视频的详细分解
26	仿竹造景	选取富阳典型的竹子，穿插在背景墙中	项	1	15 000.00	15 000.00	数量
27	触摸屏：造纸互动	【详见多媒体部分报价】	项	1	376 400.00	376 400.00	
	五、鱼米之乡						
28	标本：杂粮、稻麦	复制部分稻谷、麦穗、杂粮等农作物的标本，让观众能在展厅中认识到富阳主要的农作物及其种植的节气、种植的具体过程	项	1	10 000.00	10 000.00	数量，种植的节气、种植的具体过程的表现形式
29	互动视频：农事活动	以视频讲解对应实物展示的手法，向观众表现不同农作工具的具体使用方法和使用环境，使整个展览更加生动有趣【详见多媒体部分报价】	项	1	223 400.00	223 400.00	
30	标本：鱼类	选取富春江典型、特色的鱼来制作标本，并在背景上复制一个富春江的剖面断层，表现不同鱼类所处的不同生存环境，让参观者能够直观地了解富春江丰富的鱼类资源	项	1	130 000.00	130 000.00	标本数量，剖面尺度，制作材质
31	模型：游动的鱼	采用素色翻模的手法来制作一群鱼类模型。将整个模型置于吊顶上。在布置上，让整个鱼群极具动感，不但增加展览的氛围、点出主题，同时也使整个展览充满趣味性	项	1	60 000.00	60 000.00	模型数量，制作材质，整体尺度

（续表）

编号	工程名称	项目简述	单位	数量	单价	合价	需补充
32	复制：渔船	选取富春江上比较典型的小渔船，置于展厅之中，与游动的鱼群、渔网形成一个有机整体，前后呼应	项	1	60 000.00	60 000.00	
33	视频：网具捕捞法	采用视频播放结合实物展示的手法，表现不同渔具具体的使用方法，让观众了解不同的捕鱼工具，同时也能知道其具体的使用方法【详见多媒体部分报价】	项	1	208 100.00	208 100.00	
34	造型：捕鱼动态	选取一到两种比较生动有趣的捕鱼方式以剪影的形式立于展台之上，让展览的氛围变得更加生动有趣	项	1	20 000.00	20 000.00	展台的尺度，造型，材质，比例
35	透明屏	采用透明屏的形式表现富阳的地方特产。当触摸透明屏，形成交互时，屏幕上就会表现其特产的制作工艺及其本身的特点【详见多媒体报价】	项	1	346 800.00	346 800.00	
36	复原：民居	选取富阳龙门一栋典型的民居，将其按照一定的比例进行复原。部分房间要展示其建筑构造，同时要表现其内部的家具陈设及典型的建筑文化特征					具体比例，共有几个房间？有几个房间展示其建筑构造？几个房间需有家具陈设？
		场景地台	m^2	5.8	1 200.00	6 960.00	
		民居微缩模型复原（含人物模型及场景）	m^2	5	27 000.00	135 000.00	

（续表）

编号	工程名称	项目简述	单位	数量	单价	合价	需补充
37	投影：乡土建筑	【详见多媒体部分报价】	项	1	385 000.00	385 000.00	
38	复原：寺庙建筑	选取富阳一典型的寺庙建筑，按照一定的比例采用微缩复原的手法，表现其内部陈设及其典型建筑特色					具体比例
		场景地台	m^2	4.78	1 200.00	5 736.00	
		寺庙建筑模型复原	m^2	4	27 000.00	108 000.00	材质
39	复原：建筑局部	选取龙门一点典型的建筑构件作为展品，结合战墙来共同表现不同的建筑构件在建筑中的具体运用和其具体的特征	项	1	90 000.00	90 000.00	尺度，构件数量，复原比例
40	复制：牌坊	以 1 ∶ 1 的比例复原富阳的 1 个牌坊（登云），让其与建筑本身的高度融为一体。既增加展览的氛围，同时在其展览流线中作为一个亮点来表现	项	1	100 000.00	100 000.00	材质
	六、黄 金 水 道						
41	光电立体地图：水系图	以徽杭水道为基础，复原整个富春江的航运水道，表现富春江繁华的水上贸易。同时增加了不同部分区域政治、文化、贸易交流。同时也要体现其重点的地理位置。在具体展示时还要结合相关的图文展板及主题视频					

（续表）

<table>
<tr><th>编号</th><th>工程名称</th><th>项目简述</th><th>单位</th><th>数量</th><th>单价</th><th>合价</th><th>需补充</th></tr>
<tr><td rowspan="2">41</td><td rowspan="2">光电立体地图：水系图</td><td>水系图视频展示【详见多媒体部分报价】</td><td>项</td><td>1</td><td>217 200.00</td><td>217 200.00</td><td></td></tr>
<tr><td>光电显示</td><td>m^2</td><td>19.8</td><td>6 000.00</td><td>118 500.00</td><td></td></tr>
<tr><td rowspan="4">42</td><td rowspan="4">富春江上往来的商船场景复原</td><td>复制一批船模。重点表现富春江上不同的船只。结合码头、货的场景搭建，同时结合微缩人物等元素共同表现富春江上繁忙的贸易</td><td></td><td></td><td></td><td></td><td>模型比例</td></tr>
<tr><td>场景地台</td><td>m^2</td><td>11.9</td><td>1 200.00</td><td>14 280.00</td><td></td></tr>
<tr><td>场景复原【8～10 艘】</td><td>项</td><td>1</td><td>200 000.00</td><td>200 000.00</td><td>复原比例</td></tr>
<tr><td>人工手绘背景画</td><td>m^2</td><td>30.6</td><td>3 500.00</td><td>107 100.00</td><td>画家级别、姓名，材质</td></tr>
<tr><td>43</td><td>投影：黄金水道</td><td>利用老照片及视频结合现代拍摄手法，表现富春江在不同时期作为黄金水道的重要贡献，以及繁华的航运盛况【详见多媒体部分报价】</td><td rowspan="2">项</td><td rowspan="2">1</td><td rowspan="2">758 200.00</td><td rowspan="2">758 200.00</td><td></td></tr>
<tr><td>44</td><td>投影：富春江上的船队</td><td>将投影投射到船队的模型台上，让原本单调的船队模型变更生动有趣。利用航拍的手段，表现富春江两岸秀美的景色【详见多媒体部分报价】</td><td></td></tr>
<tr><td>45</td><td>实物造型场景：码头</td><td>参考不同时期码头的具体照片。选取具有代表性的作为制作依据。利用立体剪影的手法制作出繁华的码头景象，让整个参观氛围变得生动有趣</td><td>项</td><td>1</td><td>100 000.00</td><td>100 000.00</td><td>立体剪影的数量、比例、材质</td></tr>
</table>

（续表）

编号	工程名称	项　目　简　述	单位	数量	单价	合价	需补充
46	仿竹造景	选取富阳典型的竹子，穿插在背景墙中	项	1	15 000.00	15 000.00	基本数量
		七、人 杰 地 灵					
47	漆画：名人墙	选取不同时期、不同领域的重点人物制作一面名人墙。采用漆画的手法来表现。	m^2	12.5	7 500.00	93 600.00	技师级别、姓名
48	人物圆雕	选取典型的1～3个人物为原型，采用圆雕的手法将其呈现到观众眼前，让观众直观地了解民人的风采及其背后的故事					
		场景地台	m^2	9.4	1 200.00	11 280.00	
		玻璃钢圆雕人物	个	3	50 000.00	150 000.00	比例
49	触摸屏	采用多媒体触摸屏的手法表现不同人物背后的故事和做出的贡献【详见多媒体部分报价】	项	1	179 600.00	179 600.00	
50	投影：人杰地灵	利用投影的方式将不同时期的不同的人物以写意的手法形成一个短片，让观众在参观的同时能够通过短片对整个板块的人物有一个大概的了解【详见多媒体部分报价】	项	1	530 000.00	530 000.00	没有详细分解
51	仿竹造景	选取富阳典型的竹子，穿插在背景墙中	项	1	15 000.00	15 000.00	基本数量
52	灵峰精舍场景	含建筑门帘、含投影表现形式	项	1	180 000.00	180 000.00	场景比例，投影详细分解

（续表）

编号	工程名称	项目简述	单位	数量	单价	合价	需补充
		八、临时展厅					
53	定制通柜		m	69.3	22 800.00	1 580 040.00	通柜的具体尺寸，长宽高，玻璃品类、箱体材质，配备的设施：安防设施、密封系统，开启系统、温湿控制等方面说明
54	活动展墙		m	114	6 000.00	686 400.00	具体尺寸，长宽高
55	独立柜		个	22	30 000.00	660 000.00	具体尺寸，长宽高，玻璃品类、箱体材质，配备的设施：安防设施、密封系统，开启系统、温湿控制等方面说明
56	通柜展台		m	80	1 200.00	96 000.00	
57	独立展台		个	22	1 800.00	39 600.00	
58	积木		个	100	300.00	30 000.00	

（续表）

编号	工程名称	项目简述	单位	数量	单价	合价	需补充
九、其他							
59	实物展陈地台		m^2	189	1 500.00	283 500.00	具体尺度，长宽高
60	展板	蜂窝铝板烤漆，UV 打印	m^2	140	1 200.00	168 000.00	
61	墙面大型喷绘背景画制作	写真喷绘	m^2	680	350.00	238 000.00	
62	一级展板		块	6	8 500.00	51 000.00	
63	立体展板		m^2	40	1 800.00	72 000.00	
64	平面展柜		m	15	11 500.00	172 500.00	具体尺寸，长宽高，玻璃品类、箱体材质，配备的设施：安防设施、密封系统，开启系统、温湿控制等方面说明
65	斜面展台		m	32	8 000.00	256 000.00	具体尺寸，长宽高，玻璃品类、箱体材质，配备的设施：安防设施、密封系统，开启系统、温湿控制等方面说明

（续表）

编号	工程名称	项目简述	单位	数量	单价	合价	需补充
66	壁龛展柜		个	3	6 000.00	18 000.00	具体尺寸，长宽高，玻璃品类、箱体材质，配备的设施：安防设施、密封系统，开启系统、温湿控制等方面说明
67	说明牌		个	40	50.00	2 000.00	材质，尺寸
68	信息栏杆		m	15	1 600.00	24 000.00	
69	立体展架说明牌		个	10	2 000.00	20 000.00	材质，尺寸
70	挂幔（半透）		m^2	60	800.00	48 000.00	
71	中控系统	【详见多媒体部分报价】	项	1	347 500.00	347 500.00	
		小计				21 717 544.00	
		税金（6.5%）				1 411 640.36	
		合　计				23 129 184.36	

总之，目前各地博物馆在展览工程项目预算、结算和决算阶段的工程量清单编制上分类五花八门，无统一的标准及规范可循。甚至有些项目的预算、投标报价以及最终结算的清单及报价在格式及内容上都不一致，给项目的决算以及审计造成很大困难。这不仅影响展览工程造价的透明性、影响博物馆展览工程的结算和审计，而且也严重影响博物馆展览工程的质量。

三、展览工程工程量编制规范缺失的原因分析

随着我国近年来博物馆建设的快速发展，展陈工程成为博物馆建设工程的重要组成部分。然而博物馆展陈工程一方面面临急速发展的需要，一方面却不得不面对相关行业规范的缺失。究其工程量清单编制规范缺失的原因，主要有三个方面，一是展览工程自身的特点限制；二是业界缺乏对展览工程工程量编制规范的研究探讨；三是还处于照搬、套用建筑工程做法的阶段。

1. 展览工程自身的特点限制工程量清单编制规范的出台

与建筑、装潢、绿化等工程相比，展览工程更多地包含了创意、艺术及个性化的元素，同时创新的技术以及展示手段也层出不穷，材料更是千变万化，在这种情况下，展览工程本身很难用建筑或装饰工程硬性的工、料、机的方式对工程进行量化，也就难以形成统一的编制规范。

同时博物馆有不同的类型，有社会历史类博物馆、自然科学博物馆、文化艺术类博物馆以及综合类的博物馆等，不同类型的博物馆的展览有着自身的特点，彼此之间有着很大的差别。比如社会历史类的博物馆注重文物的陈列与文化的传播，自然科学博物馆注重实物展示及互动体验，文化艺术类博物馆注重各类艺术品的展现及欣赏氛围的

营造。根据博物馆展览内容的不同，展陈工程的内容以及工程量清单的组成也就具有非常大的区别，因此很难形成统一的工程量清单编制规范。

2. 业界缺乏对展览工程工程量编制规范的研究探讨

近年来虽然博物馆建设发展迅速，然而大多数的新建博物馆往往把大量的资金及技术资源投入到场馆的建设，追求场馆的地标效应，并未给到展陈工程足够的投入及重视。而就展览的行业发展来看，更多地关注展陈形式的研究，而对应的工程量的计量规范以及造价体系的研究少之又少。2019 年 6 月 28 日财政部印发《陈列展览项目支出预算方案编制规范和预算编制标准试行办法》（以下简称《试行办法》），首次对展陈项目的预算编制进行规范，同时在一定范围内给出展陈工程的造价标准。该《试行办法》的出台可以说填补了政府层面对展陈工程预算指导的空白，具有重要的意义。然而，《试行办法》并未对直接影响到展陈工程最终造价的工程量计算及编制给予指导及规范，因此，到目前为止，关于展陈工程工程量编制规范的研究及探讨，还是非常地稀缺。

3. 目前展览工程工程量的确定习惯照搬、套用装饰工程的做法

对于展览工程工程量清单的编制，因缺少对应的行业标准，从政府层面及业主层面，又需要寻求展览工程量清单编制的依据，往往强制要求展陈工程套用建筑室内装饰装修工程的编制规范。在编制展陈工程概预算时，甚至套用装饰装修工程的定额，以至于使展陈工程在工程量清单的编制以及价格的确定上不伦不类，违反自身的规律，造成行业乱象。室内装饰工程的设计范围往往只限于硬装部分（软装部分另外设计），而展览工程的范围不仅涵盖基础装修部分，还涉及多媒体、展柜、照明以及辅助艺术品等。以展陈工程中的场景制作为例，人工费中一般未能充分考虑到专业美工师、道具师，甚至艺术家艺术创作的价值；甚至于按照钢筋水泥的标准去拆分核定仿真地形、地貌

及古建仿造的工程量，对于仿真动植物及人物的制作也未能考虑到其中大量的研发、实验、打样的过程及制作中的艺术创作价值。这些现象都给展览工程的工程量编制以及计价带来困难，不利于展览工程的健康发展。

四、博物馆展览工程分项工程内容分类

如果对博物馆展览工程工程量的编制进行规范，无疑首先需要对展览工程进行分类，并根据不同的工程类别设置工程量清单编制的规范要求。通过对博物馆展览工程特点、规律和内容组成的分析，我们认为博物馆展览工程工程量应该由如下几个类别组成：

1. 展厅基础装饰部分：包括展厅顶部、地面、墙面装饰工程以及电器工程等。

2. 展柜部分：裸柜（通柜、独立柜和斜面柜）、玻璃、灯具等。

3. 照明部分：光源、灯具、控制系统、灯罩等。

4. 辅助艺术品部分：分平面和立体两类，平面的包括图文版面、地图、图表、素描、速写、壁画、油画、国画、连环画、漆画、版画、水墨画、水彩画、粉画、沙画、年画等。立体的包括模型、沙盘、景箱、场景、灯箱、半景画、全景画、雕塑、蜡像等。

5. 多媒体与科技信息装置部分：多媒体，包括硬件、操作软件和内容（拍摄、动画、剪辑）；观众体验装置，包括硬件、操作软件和内容；影院，包括硬件、操作软件和影片。

6. 其他：文物征集、修复和复制费；展览内容策划、形式设计费、展览工程监理费和艺术总监费；间接费（利税、运输、包装等）；不可预见费等。

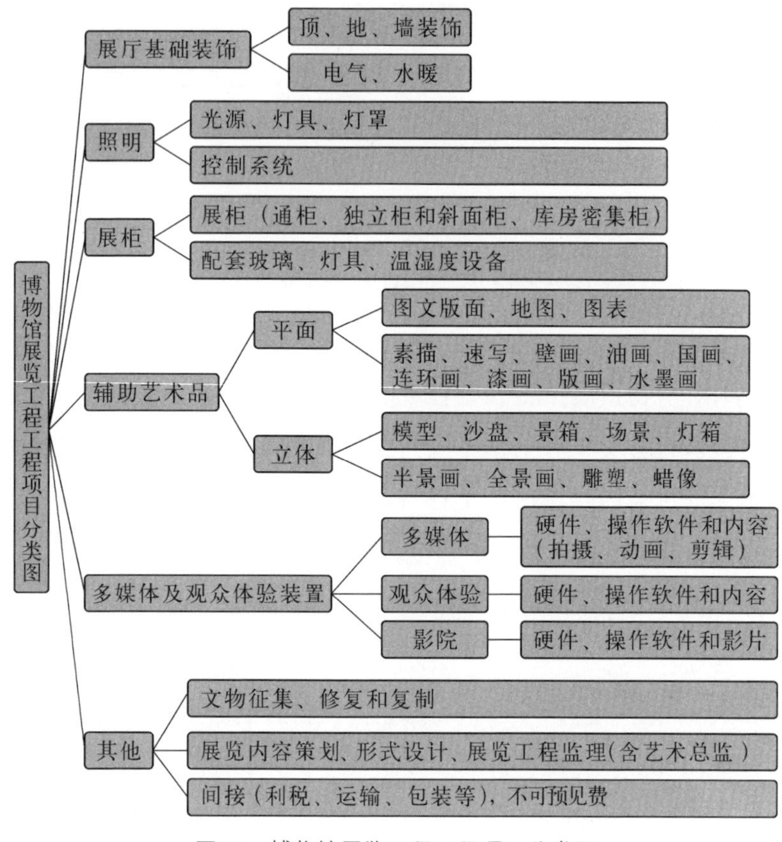

图71　博物馆展览工程工程项目分类图

五、展览工程工程量清单编制中对应的指标要求

如果要编制一份清晰明了、争议少并经得起项目全过程验证的工程量清单，无疑需要对每一子项的工程内容及特征进行详细的描述，必要的时候需附加实物图片或效果图，以避免设计与施工的巨大差异。展览工程的各分项工程与建筑的标准化相比，更多的具有艺术创造及个性化的特点，然而我们依然可以通过设置相应的指标及编制要求来使展览工程的各分项工程具体化，以利于工程量的计算、核价及造价的管理。

1. 展柜的工程量清单编制指标及要求

展柜是集成性的设备，涉及的指标很多，每一项指标的不同都会直接影响展柜的质量、价格以及使用功能。展柜的工程量清单除了需体现品牌、尺寸、计量单位及数量之外，还需体现柜体的材质、厚度，玻璃的品牌、类型（普通玻璃、超白玻璃、夹胶玻璃等）、厚度，开启的方式及配件，灯具的品牌、型号，锁具的品牌、型号，背板及底板的材质、厚度，密封系统，恒温、恒湿等配套系统等。详见下表展柜的工程量清单项目及编制规则：

表 8　独立柜（编码：ZC0101）

项目编码	名　称	展 柜 特 征	计量单位	工程量计算规则	工程内容
ZC0101001	独立柜 1	1. 柜体材料、厚度； 2. 玻璃：品牌、类型、厚度； 3. 开启方式及配件； 4. 灯具； 5. 恒温恒湿系统； 6. 锁具； 7. 背板与底板； 8. 密封系统； 9. 特殊功能	个	根据设计图纸计算展柜的立体尺寸	1. 设计 2. 加工制作 3. 运输 4. 安装 5. 配合布展 6. 维护维修

2. 照明工程的工程量清单编制指标及要求

照明工程灯具的工程量清单同样需要多指标与参数来体现产品的特征，从而确定产品的价格。通常灯具的特征指标有品牌、材质、光源、重要参数以及其他的配置情况。其中光源应该体现其类型、功率、显色性及色温，参数包括配光、调光情况。其他的配置应该包括可加配件，比如活页挡板、蜂窝罩、柔光棱镜等，壳体及表面处理情况，可调方向，是否有防眩光设计，适配的轨道，是否自带锁定结构，以及强制性认证等，同时需附实物图片。详见下表照明工程的工程量清单项目及编制规则：

表 9 低空间轨道灯（编码：ZC0201）

项目编码	名 称	灯 具 特 征	计量单位	工程量计算规则	工程内容
ZC0201001	可变焦轨道射灯	1. 品牌 2. 材质 3. 光源：类型、功率、显色性、色温 4. 参数：配光、调光 5. 其他配置： 可加配件 壳体 可调方向 防眩光结构 有无外露明线 6. 强制性认证 7. 图片	个	根据设计图纸计算数量	1. 设计 2. 加工制作 3. 运输 4. 安装 5. 配合布展 6. 维护维修

3. 辅助艺术品的工程量清单编制指标及要求

辅助艺术品的工程量清单及价格向来是落差及争议较大的部分，这部分的项目涵括了大量艺术创作的内容，而艺术创作的等级及艺术的表现力具有很大的差别，因此同样的工程量但艺术等级和艺术价值有所不同，价格的差异会非常大。所以科学、真实编制的工程量清单，会成为得出合理价格的重要依据。以绘画为例，如果绘画师在艺术史上有创造性的重要成就，其作品在国内外具有重大影响，并在国际拍卖市场上拍出高价位，长期受到收藏家的欢迎，一般市场会承认其艺术地位，通常可以将其定为一级绘画师。依此类推，如果艺术成就达到国家级水平，可以将其定为二级绘画师；具有省级艺术水准的绘画师可以定为三级。当然，对于艺术等级的划分，还有很多复杂的因素，在此只是做初步的探索，特别对于无法用简单的标准来衡量的项目，我们也可以结合实例、效果图、技术难度以及叠加的艺术手段来进行分类计价，当然这些都需要在工程量清单中予以体现。例如：

博物馆图文版面类展品分析指标系统[①]

名称	展示类型	展示形式工艺描述、材质、设备	艺术等级			技术难度			叠加工艺手段	计量单位	尺寸 / 型号（长 × 高 × 宽）体积	综合单价	备注
			A	B	C	1	2	3					
图文版面	KT 板	厚度一般 5～8 mm，挂墙，怕挤压											
	雪佛板	PVC 发泡板或安迪板，以聚氯乙烯（PVC）为主原料，厚度 2～10 mm											
	铝板、铝塑板												
	高密度板	厚度 9～12 mm，防水防潮容易安装，立体感强											
	亚克力	又称有机玻璃，透明性好，不易碎，易安装											
	实木雕刻												
	辅助展项	积木、托架、说明牌											

① 以下图表设计由南京百会装饰工程有限公司提供数据资料。

博物馆灯箱类辅助展品分析指标系统

名称	展示类型	展示形式工艺描述、材质、设备	艺术等级			技术难度			叠加工艺手段	计量单位	尺寸/型号（长×高×宽）体积	综合单价	备注
			A	B	C	1	2	3					
灯箱	展示图文	按材料分： 超薄灯箱、吸塑灯箱、滚动灯箱、水晶灯箱、拉布灯箱、电子灯箱、EL灯箱、LED灯箱、亚克力灯箱、铝型材灯箱、玻璃钢灯箱、不锈钢灯箱等											

博物馆标本和文物复制类展品分析指标系统

名称	展示类型	展示形式工艺描述、材质、设备	艺术等级			技术难度			叠加工艺手段	计量单位	尺寸/型号（长×高×宽）体积	综合单价	备注
			A	B	C	1	2	3					
标本制作	插针标本	制成的昆虫标本上加适量防蛀防霉药剂，然后插上标签											
	液浸标本	采用保存液来防腐的标本											
文物	文物复制和修复												
	文物征集												

博物馆绘画类展品分析指标系统

名称	展示类型	展示形式工艺描述、材质、设备	艺术等级			技术难度			叠加工艺手段	计量单位	尺寸/型号（长×高×宽）体积	综合单价	备注
			A	B	C	1	2	3					
绘画	油画	分为三类：人物画、风景画和静物画											
	水彩、水粉画、色粉画	水彩以水为媒介调和颜料作画的表现方式。分：干画法、湿画法。色粉画画在有颗粒的纸或布上，直接在画面上调配色彩，利用色粉笔的覆盖及笔触的交插变化而产生丰富的色调。色粉画从效果来看，兼有油画和水彩的艺术效果，具有其独特的艺术魅力											
	丙烯画	丙烯画艺术体现在各个方面。比如传统的墙画工艺、个性涂鸦、甚至画在服装上。											
其他（绘画）	漆画	漆画又可分成刻漆、堆漆、雕漆、嵌漆、彩绘、磨漆等不同品种。壁饰、屏风和壁画等的表现形式											
	壁画	分为：1. 手工画 2. 手绘画 3. 墙贴画 4. 装饰画											
	年画	按印制工艺分，可分为木板年画、水彩年画、扑灰年画、胶印年画											
	连环画	分为：漫画连环画、木刻连环画、年画连环画、影视连环画、卡通连环画											

（续表）

名称	展示类型	展示形式工艺描述、材质、设备	艺术等级			技术难度			叠加工艺手段	计量单位	尺寸 / 型号（长 × 高 × 宽）体积	综合单价	备注
			A	B	C	1	2	3					
其他（绘画）	插　画	商业插画包括出版物配图、卡通吉祥物、影视海报、游戏人物设定及游戏内置的美术场景设计、广告、漫画、绘本、贺卡、挂历、装饰画、包装等多种形式											
	线　描	线描是运用线的轻重、浓淡、粗细、虚实、长短等笔法表现物象的体积、形态、质感、量感、运动感的一种方法。特点是简练、清晰，可刻画各种现象											
	素　描	素描从目的和功能上说，一般可分为创作素描和习作素描两大类											

博物馆雕塑类展品分析指标系统

名称	展示类型	展示形式工艺描述、材质、设备	艺术等级			技术难度			叠加工艺手段	计量单位	尺寸 / 型号（长 × 高 × 宽）体积	综合单价	备注
			A	B	C	1	2	3					
雕塑	圆　雕	圆雕作品又称立体雕，是指非压缩的，可以多方位、多角度欣赏的三维立体雕塑（以制作青铜为例：小稿绘制、小稿制作、泥稿制作、翻模、浇筑、翻模、浇筑、粗修精修上色、安装）											

（续表）

名称	展示类型	展示形式工艺描述、材质、设备	艺术等级			技术难度			叠加工艺手段	计量单位	尺寸/型号（长×高×宽）体积	综合单价	备注
			A	B	C	1	2	3					
雕塑	浮　雕	浮雕分高浮雕，低浮雕，阴刻和透雕、玻璃钢											
	石　雕	常用的石材有花岗石、大理石、青石、砂石等											
	铜　雕	铜雕（金属铸造和锻造）											
	木　雕	木雕可以分为立体圆雕、根雕、浮雕三大类											
	根　雕	以树根（包括树身、树瘤、竹根等）的自生形态及畸变形态为艺术创作对象，通过构思立意、艺术加工及工艺处理，创作出人物、动物、器物等艺术形象作品											
	玉石雕刻	以玉为料，大体还是采用切、磋、琢、磨四种方法											
	蜡像（含硅胶像）	采集资料—蜡像创作—泥稿的创作—翻制完泥稿—蜡稿完成（植发、植眉、植眼睫毛及胡子，化妆，服装）											

博物馆模型、沙盘类展品分析指标系统

名称	展示类型	展示形式工艺描述、材质、设备	艺术等级			技术难度			叠加工艺手段	计量单位	尺寸/型号（长×高×宽）体积	综合单价	备注
			A	B	C	1	2	3					
模型	立体、平面	包括人物模型，沙盘模型，实物模型等											
沙盘	地形沙盘	地形模型是以微缩实体的方式来表示地形地貌特征，并在模型中体现山体、水体、道路等物，主要表现的是地形数据，使人们能从微观的角度来了解宏观的事物。 运用的行业有：政府、交通、水利、电力、公安指挥、国土资源、旅游、人武、军事等											
	建筑沙盘	建筑模型是以微缩实体的方式来表示建筑艺术											
	电子沙盘	电子沙盘通过真实的三维地理信息数据，利用先进的地理信息技术，能实时动态查找每一个地理信息											
	多媒体沙盘	采用计算机多媒体控制技术，使声光电字幕同步显示或异步显示，既可采用遥控、手控、感应式控制，也可采用多媒体控制											

博物馆场景类展品分析指标系统

名称	展示类型	展示形式工艺描述、材质、设备	艺术等级			技术难度			叠加工艺手段	计量单位	尺寸/型号（长×高×宽）体积	综合单价	备注
			A	B	C	1	2	3					
全景画、半景画	虚拟画系统	背景画与实体物品有机结合，虚拟体现，形成完整画面感											
场景	植物类场景	植物场景是以现代的植物群落和植物生态系统为基础，采用背景画与前景植物相结合的手法，可以真实展现分布在我国不同地区的六种典型植物景观：荒漠、典型草原、典型湿地、山地、热带雨林以及红树林植物景观，营造出一个多姿多彩的现代植物世界											
	文化类场景	以文物与人文历史，文化题材，产品题材，军事题材为主，文物类的展示，物品以柜式、货架式为辅，人文文化以书画作品，瓷器，历史，人物展示为主											

（续表）

名称	展示类型	展示形式工艺描述、材质、设备	艺术等级			技术难度			叠加工艺手段	计量单位	尺寸 / 型号（长 × 高 × 宽）体积	综合单价	备注
			A	B	C	1	2	3					
场景	地貌场景	地貌结构类场景是结合矿藏，以古代至近代地貌发展，演变到现代的各种土层与景观，展示给观众地貌的结构以及植物生长在地层表面繁衍的过程											
	景　箱	大比例实景微缩复原生态景箱（以水族箱为例）：水质过滤设备、自来水除氯器、箱内过滤器、保温设备、照明设备、增氧设备置景											

博物馆雕刻工艺类展品分析指标系统

名称	展示类型	展示形式工艺描述、材质、设备	艺术等级			技术难度			叠加工艺手段	计量单位	尺寸 / 型号（长 × 高 × 宽）体积	综合单价	备注
			A	B	C	1	2	3					
雕刻工艺	石　雕	指用各种可雕、可刻的石头，创造出具有一定空间的可视、可触的艺术形象，借以反映社会生活，表达艺术家的审美感受、审美情感、审美理想的艺术。常用的石材有花岗石、大理石、											

（续表）

名称	展示类型	展示形式工艺描述、材质、设备	艺术等级			技术难度			叠加工艺手段	计量单位	尺寸 / 型号（长 × 高 × 宽）体积	综合单价	备注
			A	B	C	1	2	3					
雕刻工艺	石　雕	青石、砂石等。石材质量坚硬耐风化，是大型纪念性雕塑的主要材料。2008年入选第二批国家级非物质文化遗产名录。石雕雕刻设计手法多种多样，可以分为浮雕，圆雕，沉雕，影雕，镂雕，透雕。尽管石雕制品种类繁多，其分类方法很多，但其加工工序大致相同，一般为：石料选择、模型制作、坯料成型、制品成型、局部雕刻、抛光、清洗、制品组装验收和包装											
	砖　雕	砖雕指在青砖上雕出山水、花卉、人物等图案，是古建筑雕刻中很重要的一种艺术形式，制作工艺与核心点是用金砖等级的成品青砖进行表面深度雕刻，这是我国几百年来传统意义上真正的砖雕，传统砖雕精致细腻、气韵生动、极富书卷气等特点。 工艺工序流程：1. 制砖：中国砖雕最常使用专门烧制的青砖，均采用颗粒极为细腻的黏土或者河底沉淀的淤泥为原料，有时还应用特殊的烧制工艺，											

（续表）

名称	展示类型	展示形式工艺描述、材质、设备	艺术等级			技术难度			叠加工艺手段	计量单位	尺寸 / 型号（长 × 高 × 宽）体积	综合单价	备注
			A	B	C	1	2	3					
雕刻工艺	砖　雕	务求成品质地匀净、软硬适中、不含气孔。例如徽州砖雕用砖只采取新安江北岸最优质的黏土。制成砖块还必须经过打磨才可以使用。2. 打样：把设计稿拓印在涂抹过石灰水的砖面上，或者在砖块上直接画稿，调整基本布局及比例。3. 打坯：用凿子或刻刀粗略勾勒画面的轮廓，分出基本层次。4. 出细：运用多种工具，铲、刻、挑等计划相结合，刻画细节											
	木　雕	黄杨木雕是浙江地区的传统民间雕刻艺术之一，以黄杨木做雕刻材料，利用黄杨木的木质光洁、纹理细腻、色彩庄重的自然形态取材。最早在元代至正二年的“李铁拐”像保存于北京故宫博物院。明清时期，黄杨木雕已经形成了独立的手工艺术风格，并且以其贴近社会的生动造型和刻画人物形神兼备而受到人们的喜爱。其内容题材大多表现中国民间神话传说中的人物，如八仙、寿星、关公、弥勒佛、观音等。2006 年 6 月，列入第一批国家级非物质文化遗产名录											

博物馆陶瓷工艺类展品分析指标系统

名称	展示类型	展示形式工艺描述、材质、设备	艺术等级			技术难度			叠加工艺手段	计量单位	尺寸/型号（长×高×宽）体积	综合单价	备注
			A	B	C	1	2	3					
陶瓷工艺	瓷板画	瓷板画是指在平素瓷板上使用特殊的化工颜料手工绘画、上釉，再经高温烧制而成的一种平面陶瓷工艺品。瓷板画可装裱或嵌入屏风中，作观赏用。瓷板画品种多样，有青花、青花釉里红、五彩、素三彩、斗彩、粉彩、墨彩、浅绛彩等，图案内容涉及面广，包括人物、山水、花卉、虫鸟、鱼藻及吉祥图案等，形制则有长方、圆形、椭圆、多方、多角、扇面等多种形制											
	陶板画	简单说就是在陶瓷板上作画，也叫瓷板画。最早是利用彩釉在陶瓷板上作画，然后烧制成品，以晚清民国时期的江西景德镇珠山八友作品最出名，现在陶板画收藏以这几个人的价最高。以后发展到使用景泰蓝、珐琅釉等作画。现在有瓷雕陶板画，瓷雕和彩釉结合等多种技法											

（续表）

名称	展示类型	展示形式工艺描述、材质、设备	艺术等级			技术难度			叠加工艺手段	计量单位	尺寸 / 型号（长 × 高 × 宽）体积	综合单价	备注
			A	B	C	1	2	3					
陶瓷工艺	石湾陶人	广东的石湾陶瓷早在新石器时代晚期的贝丘遗址中已揭开其烧陶的历史序篇，石湾出现大型窑场的历史最迟可上溯到唐朝。50—70 年代先后在佛山石湾和南海奇石发现唐宋窑址，发掘出的均石湾公仔人物塑像石湾公仔人物塑像属半陶瓷器，火候偏低，硬度不高，坯胎厚重，胎质松弛，属较典型的唐代南方陶器。石湾匠师们根据人民生活的需要及喜爱，运用本地的陶土和釉料，制成各种既实用又美观的器物。以鸟兽、虫鱼和植物的形体加以变化，塑造成各种各样的小品用具及各种动植物造型的花插、壁挂、文具、烟盅等。雕塑也以当地群众最常见的渔、樵、耕、读、仙佛、历史英雄人物和牛、马、狮、猴、鸡、鸭等形象为题材，故多形神兼备，栩栩如生，为人们最欣赏，被亲切地称为“石湾公仔”											

（续表）

名称	展示类型	展示形式工艺描述、材质、设备	艺术等级			技术难度			叠加工艺手段	计量单位	尺寸 / 型号（长 × 高 × 宽）体积	综合单价	备注
			A	B	C	1	2	3					
陶瓷工艺	德化陶塑	德化陶瓷又称“德化瓷”，是福建德化的传统瓷雕塑烧制技艺之一。德化瓷的制作方法可分两种，一是选用优质的高岭土直接塑造成型，一是翻制模具后再注浆或拓印成型。德化瓷一般在土坯干后再根据需要决定是否上釉，而后放入窑中，在摄氏一千多度的高温中烧制出成品。德化陶瓷的装饰艺术十分精湛，装饰手法丰富多样，它在继承发扬刻花、划花和印花等传统的装饰技术的基础上，又大胆创新，大量使用了堆花、贴花和刻写诗词美语等装饰技法，充分利用德化白瓷质地纯白、杂质少等特点，塑造出各种艺术品而不施任何彩料，成为德化瓷器的艺术特色											
	景德镇瓷器	特点：景德镇瓷器造型优美、品种繁多、装饰丰富、风格独特。尤其以“骨瓷”最为有名。骨瓷的瓷质具有其独特的风格和特色，白如玉，明如镜，薄如纸，声如磐是其四大特点											

（续表）

名称	展示类型	展示形式工艺描述、材质、设备	艺术等级			技术难度			叠加工艺手段	计量单位	尺寸/型号（长×高×宽）体积	综合单价	备注
			A	B	C	1	2	3					
陶瓷工艺	紫砂	紫砂是一种介于陶器与瓷器之间的陶瓷制品，其特点是结构致密，接近瓷化，强度较大，颗粒细小，断口为贝壳状或石状，但不具有瓷胎的半透明性。宜兴紫砂器胎质具有这种特性，而且，于器表光挺平整之中，含有小颗粒状的变化，表现出一种砂质效果。紫砂器的泥色有多种，除去主要的朱泥、紫砂泥外，尚有白泥、乌泥、黄泥、松花泥等各种色泽，紫砂器不挂釉，而是充分利用泥本色，烧成后色泽温润，古雅可爱，紫砂器面还具有亚光效果，既可减弱光能的反射，又能清晰地表现器物形态、装饰与自身天然色泽的生动效果。紫砂陶质地古朴淳厚，不媚不俗，与文人气质十分相似，以至文人深爱笃好、以坯当纸，或撰壶铭，或书款识，或刻以花卉，刻以印章，托物寓意，每见巧思。制作紫砂陶器的工艺有很多种，常有手工成型，注浆成型，滚压成型，塑压成型等方式，《紫砂陶器》国家标准对紫砂茶壶的成型方式，就规定了只能采用手工成型，这也是对传统手工艺的保护											

（续表）

名称	展示类型	展示形式工艺描述、材质、设备	艺术等级			技术难度			叠加工艺手段	计量单位	尺寸/型号（长×高×宽）体积	综合单价	备注
			A	B	C	1	2	3					
陶瓷器烧制	单色釉瓷	单色釉瓷又分为素瓷和色釉瓷，二者均俗称为“一道釉”											
	彩绘瓷	指带有颜色的一道釉瓷器											

10　博物馆漆艺类展品分析指标系统

名称	展示类型	展示形式工艺描述、材质、设备	艺术等级			技术难度			叠加工艺手段	计量单位	尺寸/型号（长×高×宽）体积	综合单价	备注
			A	B	C	1	2	3					
漆艺	福州脱胎漆器	特点：光亮美观、不怕水浸、不变形、不褪色、坚固、耐温、耐酸碱腐蚀。福州脱胎漆器最大特点是轻。造型别致，装饰技法丰富多样，色彩明丽和谐，具有非凡的艺术魅力											
	扬州漆器	特点：扬州漆器技法巧夺天工、造型隽秀精致、画面富丽雅致，兼具清秀艳丽和丰满豪放的艺术特点。扬州漆器擅长于制作点螺、刻漆、平磨螺钿、骨石镶嵌、雕漆等工艺											

（续表）

名称	展示类型	展示形式工艺描述、材质、设备	艺术等级			技术难度			叠加工艺手段	计量单位	尺寸/型号（长×高×宽）体积	综合单价	备注
			A	B	C	1	2	3					
漆艺	磨漆画	磨漆画是以漆作颜料，运用漆器的工艺技法，经逐层描绘和研磨而制作出来的画。磨漆画在借鉴传统漆器技法的基础上，融入现代绘画艺术手法，将“画”和“磨”有机地结合起来，使制作出来的画具有色调明朗、深沉，立体感强，表面平滑光亮等特点。其制作方法是：先以生漆和瓦灰按脱胎工艺技法在木板上上漆打底、磨制光滑，然后用调配好的色漆在底板上层层描绘出各种纹样。利用上漆的厚薄不匀，使画面产生富于变化的明暗调子，从而具有立体感。在作画过程中，为了更好地表现物体，还可以根据画面内容的需要，采用宝石、螺钢、蛋壳、金、银、锡等材料进行镶嵌，使画面层次更加丰富。最后，经打磨并罩上透明漆，用细瓦灰与生油推光。正因为“磨”体现了天晨漆画的独特工艺，故称为“磨漆画”											

博物馆金属工艺类展品分析指标系统

名称	展示类型	展示形式工艺描述、材质、设备	艺术等级			技术难度			叠加工艺手段	计量单位	尺寸 / 型号（长 × 高 × 宽）体积	综合单价	备注
			A	B	C	1	2	3					
金属工艺	青铜铸造	铸造青铜是用于生产铸件的青铜。青铜铸件广泛应用于机械制造、舰船、汽车、建筑等工业部门，在重有色金属材料中形成铸造青铜系列。常用的铸造青铜有锡青铜、铅青铜、锰青铜和铝青铜等（铸造青铜最初仅指锡青铜，后因多种合金元素被采用，出现了锡青铜以外的新型青铜，如铝青铜、硅青铜、锰青铜、铬青铜、铍青铜和铅青铜）											
	景泰蓝	景泰蓝是用细扁铜丝掐成图案，焊在铜胎上，再填点上彩色釉料，经烧制而成。这种工艺品晶莹夺目，金碧辉煌，具有浑厚持重、富丽典雅的艺术特色。品种有景泰蓝保健球、瓶、碗、盘、烟具、酒具、灯具、糖罐、料盒、奖杯、飞禽、走兽和各种装饰品等 60 余类											
	烧　瓷	烧瓷，又名“铜胎画珐琅”，与景泰蓝同为金属工艺中的姐妹艺术。它与景泰蓝的区别在于不用掐丝，而是在以铜制胎之后，在胎体上敷上一层白釉，烧结后用釉色进行彩绘，经二、三次填彩、修正后再烧结、镀金、磨光而成											

（续表）

名称	展示类型	展示形式工艺描述、材质、设备	艺术等级			技术难度			叠加工艺手段	计量单位	尺寸/型号（长×高×宽）体积	综合单价	备注
			A	B	C	1	2	3					
金属工艺	花丝镶嵌	花丝镶嵌，又叫“细金工艺”。它是用金、银等材料，镶嵌各种宝石、珍珠，或用编织技艺制造而成。花丝镶嵌分为两类：花丝，是把金、银抽成细丝，用堆垒、编织技法制成工艺品；镶嵌则是把金、银薄片锤打成器皿，然后錾出图案，镶以宝石而成。花丝镶嵌工艺早在春秋时代就已有雏形，在明代达到高超的艺术水平，到清代有了更大的发展，名品不断涌现，很多成为宫廷贡品											
	铁　画	铁画是以铁为墨，以砧为砚，以锤代笔锻制而成。铁画的品种分为三类：一类为尺幅小景，多以松、梅、兰、竹、菊、鹰等为题材，这类铁画衬板镶框，挂于粉墙之上，更显端庄醒目；一类为灯彩，一般由4～6幅铁画组成，内糊以纸或素绢，中燃银烛，光彩夺目，动人神魄；一类为屏风，多为山水风景，古朴典雅，蔚为壮观											

博物馆玻璃工艺类展品分析指标系统

名称	展示类型	展示形式工艺描述、材质、设备	艺术等级			技术难度			叠加工艺手段	计量单位	尺寸/型号（长×高×宽）体积	综合单价	备注
			A	B	C	1	2	3					
玻璃工艺	高级银镜玻璃	高级银镜玻璃是采用现代先进制镜技术，选择特级浮法玻璃为原片，经敏化、镀银，镀铜、涂保护漆等一系列工序制成的。其特点是成像纯正、反射率高、色泽还原度好，影像亮丽自然，即使在潮湿环境中也经久耐用											
	彩印玻璃	彩印玻璃是摄影、印刷、复制技术在玻璃上应用的产物											
	彩釉钢化玻璃	彩釉钢化玻璃是将玻璃釉料通过特殊工艺印刷在玻璃表面，然后经烘干、钢化处理而成。彩色釉料永久性烧结在玻璃表面上，具有抗酸碱、耐腐蚀、永不褪色、安全高强等优点，并有反射和不透视等特性											
	彩绘玻璃	彩绘玻璃是一种应用广泛的高档玻璃品种。它是用特殊颜料直接着墨于玻璃上，或者在玻璃上喷雕成各种图案再加上色彩制成的，可逼真地对原画复制，而且画膜附着力强，可进行擦洗。根据室内彩度的需要，选用彩绘玻璃，可将绘画、色彩、灯光融于一体。如复制山水、风景、海滨丛林画等用于门庭、中厅，将大自然的生机与活力剪裁入室											

（续表）

名称	展示类型	展示形式工艺描述、材质、设备	艺术等级			技术难度			叠加工艺手段	计量单位	尺寸/型号（长×高×宽）体积	综合单价	备注
			A	B	C	1	2	3					
玻璃工艺	喷砂玻璃	包括喷花玻璃和沙雕玻璃，它是经自动水平喷砂机或立式喷砂机在玻璃上加工成水平或凹雕图案的玻璃产品。											
	平板玻璃	平板玻璃是传统的玻璃产品，主要用于门窗，起着透光、挡风和保温作用。要求无色，并具有较好的透明度和表面光滑平整，无缺陷。											
	压花玻璃	压花玻璃又称花纹玻璃和滚花玻璃，主要用于门窗、室内间隔、卫浴等处。压花玻璃表面有花纹图案，可透光，但却能遮挡视线，即具有透光不透明的特点，有优良的装饰效果。											
	中空玻璃	中空玻璃是由两层或两层以上普通平板玻璃所构成。四周用高强度、高气密性复合粘结剂，将两片或多片玻璃与密封条、玻璃条粘接密封，中间充入干燥气体，框内充以干燥剂，以保证玻璃片间空气的干燥度。其特性，因留有一定的空腔，而具有良好的保温、隔热、隔音等性能。主要用于采暖、空调、消声设施的外层玻璃装饰。其光学性能、导热系数、隔音系数均应符合国家标准。											

（续表）

名称	展示类型	展示形式工艺描述、材质、设备	艺术等级			技术难度			叠加工艺手段	计量单位	尺寸/型号（长×高×宽）体积	综合单价	备注
			A	B	C	1	2	3					
玻璃工艺	钢化玻璃	钢化玻璃又称强化玻璃。它是利用加热到一定温度后迅速冷却的方法，或是用化学方法进行特殊处理的玻璃。它的特性是强度高，其抗弯曲强度、耐冲击强度比普通平板玻璃高3～5倍。安全性能好，有均匀的内应力，破碎后呈网状裂纹。主要用于门窗、间隔墙和厨柜门。钢化玻璃还具有耐酸、耐碱的特性。一般厚度为2～5毫米。其规格尺寸为400毫米×900毫米、500毫米×1 200毫米											
	夹丝玻璃	夹丝玻璃别称防碎玻璃。它是将普通平板玻璃加热到红热软化状态，再将预热处理过的铁丝或铁丝网压入玻璃中间而制成。它的特性是防火性优越，可遮挡火焰，高温燃烧时不炸裂，破碎时不会造成碎片伤人。另外还有防盗性能，玻璃割破还有铁丝网阻挡。主要用于屋顶天窗、阳台窗											

（续表）

名称	展示类型	展示形式工艺描述、材质、设备	艺术等级			技术难度			叠加工艺手段	计量单位	尺寸/型号（长×高×宽）体积	综合单价	备注
			A	B	C	1	2	3					
玻璃工艺	高性能中空玻璃	高性能中空玻璃除在两层玻璃之间封入干燥空气之外，还要在外侧玻璃中间空气层侧，涂上一层热性能好的特殊金属膜，它可以阻隔太阳紫外线射入到室内的能量。其特性是有较好的节能效果、隔热、保温，改善居室内环境。外观有八种色彩，富有极好的装饰艺术价值											
	玻璃马赛克	玻璃马赛克又称玻璃锦砖或玻璃纸皮砖。它是一种小规格的彩色饰面玻璃。一般规格为20毫米×20毫米、30毫米×30毫米、40毫米×40毫米，厚度为4～6毫米，属于各种颜色的小块玻璃质镶嵌材料。外观有无色透明的、着色透明的、半透明的，带金银色斑点、花纹或条纹的。正面具有光泽，滑润细腻；背面带有较粗糙的槽纹，以便用砂浆粘贴。玻璃马赛克具有色调柔和、朴实、典雅、美观大方，化学稳定性、冷热稳定性好等优点。而且还有不变色、不积尘、容重轻、粘结牢等特性，多用于室内局部，阳台外侧装饰。其抗压强度、抗拉强度、耐水、耐酸性均应符合国家标准											

（续表）

名称	展示类型	展示形式工艺描述、材质、设备	艺术等级			技术难度			叠加工艺手段	计量单位	尺寸/型号（长×高×宽）体积	综合单价	备注
			A	B	C	1	2	3					
玻璃工艺	夹层玻璃	夹层玻璃，是一种在两片或多片平板玻璃之间，嵌夹透明塑料薄片，再经热压粘合而成的平面或弯曲的复合玻璃制品。其主要特性是安全性好，破碎时，玻璃碎片不零落飞散，只能产生辐射状裂纹，不至于伤人。抗冲击强度优于普通平板玻璃，防犯性好，并有耐光、耐热、耐湿、耐寒、隔音等特殊功能。多用于与室外接壤的门窗。夹层玻璃的厚度，一般为6～10毫米，规格为800毫米×1 000毫米和850毫米×1 800毫米。采用PVB膜将玻璃和图案甚至是其他材料如金属丝，经过高温高压粘合起来，最大的特点就是安全，强度很高，很不容易打破，即使破碎也是粘在一起的，不会造成伤害，美观性较好，也可以加名人书画，邮票、钱币、标本等，能够体现个性化。希尔顿酒店的洗手间门上和里面的隔断就是采用这种玻璃，香港产价格在400～700元/平米之间，比较上档次											

（续表）

名称	展示类型	展示形式工艺描述、材质、设备	艺术等级			技术难度			叠加工艺手段	计量单位	尺寸 / 型号（长 × 高 × 宽）体积	综合单价	备注
			A	B	C	1	2	3					
玻璃工艺	铜条镶嵌玻璃	也叫中空镶嵌玻璃，它以外观豪华，隔热防冷，无霜防爆的特点，流行于欧美，近几年传入我国。它制作要求高，需要专用的设备工具及材料											
	异彩闪光景泰蓝玻璃	异彩闪光景泰蓝玻璃是以立线彩晶玻璃为基础，景泰蓝装饰玻璃效果为蓝本，制造出的一种新款装饰玻璃，它表面五光十色，绚丽多彩，市场前景广泛											
	英式镶嵌玻璃	英式镶嵌玻璃最早起源于英国，近几年来在我国流行，主要是用铅条，依照图案的形状，组合成形，并配合色块组成各种图案，铅条有立线彩晶玻璃的外观，但比铜条镶嵌玻璃易加工，成本低，市场前景很好											
	冰裂玻璃	高品质的冰裂玻璃内部是采用两张 PVB 膜加三张钢化玻璃高温加压粘合而成											

（续表）

名称	展示类型	展示形式工艺描述、材质、设备	艺术等级			技术难度			叠加工艺手段	计量单位	尺寸 / 型号（长 × 高 × 宽）体积	综合单价	备注
			A	B	C	1	2	3					
玻璃工艺	压花玻璃	将白玻二次加热，用刻有花纹的模具压出花纹，类似印刷的原理。压花玻璃透光不透影，适合用在门窗、隔断等，但由于压花玻璃厚度受限制，一般都比较薄，所以不适合做造型，不够大气。国产价格在 150 元 / 平米左右。比利时格拉威宝就是以生产压花玻璃见长，售价在 250～450 元 / 平米之间											
	雕刻玻璃	顾名思义，就是在玻璃上雕刻各种图案和文字，最深可以雕入玻璃 1/2 深度，立体感较强，可以做成通透的和不透的，适合做隔断和造型，也可以上色之后再夹胶，南坪丽华酒店大堂就采用了这种隔断，大气、厚重！港产价格在 700～1 300 元 / 平米之间。适合酒店、会所、别墅等做隔断或墙面造型											
	热熔玻璃	将玻璃放置在做好的造型模具上加热，软化。冷却后就会形成各种凹凸不平、扭曲、拉伸、流状或气泡的效果，很有个性。特点是大气，视觉冲击力强。适合做墙面造型。港产价格为 750～1 300 元 / 平米											

（续表）

名称	展示类型	展示形式工艺描述、材质、设备	艺术等级			技术难度			叠加工艺手段	计量单位	尺寸/型号（长×高×宽）体积	综合单价	备注
			A	B	C	1	2	3					
玻璃工艺	琉璃玻璃	将玻璃烧熔，加入各种颜色，在模具中冷却成型，色彩鲜艳。装饰效果强。但面积都很小，价格较贵，希尔顿酒店大堂背景墙上的小块就是用琉璃玻璃制作，价格 1 500 元/平米以上											
	玻璃砖	用玻璃做的砖，分空心和实心两种。白色空心较常见，10～15 元一块。实心色彩较多，艳丽，可以做灯光遮罩，效果很好，适合娱乐场所或较现代风格采用。港产 80～100 元一块											
	彩釉钢化玻璃	在玻璃上涂釉层，类似于瓷砖。高温烧制。强度较高，色彩丰富，光泽度好，平滑，耐高温、耐腐蚀、耐潮湿。不会褪色。适合做厨卫台面和墙面。可印刷图案。时尚感强，现代！港产价格 400～500 元/平米											
	冰花玻璃	冰花玻璃是一种在原片玻璃上制作成的一种形似冰花、肌理自然的一种装饰玻璃，它主要用于镶嵌玻璃门窗，高档装饰镜，隔断屏风等处，是一种投资少，收益高的艺术玻璃加工项目											

（续表）

名称	展示类型	展示形式工艺描述、材质、设备	艺术等级			技术难度			叠加工艺手段	计量单位	尺寸/型号（长×高×宽）体积	综合单价	备注
			A	B	C	1	2	3					
玻璃工艺	彩绘玻璃	彩绘玻璃也称喷绘玻璃，是艺术玻璃装饰品种中的主导产品，它用途广泛，加工容易，市场潜力大											
	立线彩晶玻璃	立线彩晶玻璃是一种不需机械设备，占地面积少，技术含量低，项目投资少，资金回报率高的一种艺术玻璃加工项目											
	金银质感玻璃	金银质感玻璃也叫金属感玻璃，它是用一种特殊的原料，特殊的操作技法，在玻璃表面加工成形似镜面，立体感强，色彩艳丽的一种新型玻璃表面装饰工艺。它常用在大型壁画，小型壁饰，各类工艺品及装饰玻璃中											
	砂雕艺术玻璃	砂雕艺术玻璃是各类装饰艺术玻璃的基础，它是流行时间最广，艺术感染力最强的一种装饰玻璃											
	景泰蓝玻璃	景泰蓝玻璃是用景泰蓝釉料在玻璃表面加工成的一种色彩丰富，表现方法独特，操作施工无污染的一种高档艺术玻璃											

（续表）

名称	展示类型	展示形式工艺描述、材质、设备	艺术等级			技术难度			叠加工艺手段	计量单位	尺寸/型号（长×高×宽）体积	综合单价	备注
			A	B	C	1	2	3					
玻璃工艺	乳画玻璃	乳画玻璃也叫蒙砂玻璃，它是借助丝网版，蒙砂膏，直接在玻璃表面进行印刷的一种装饰玻璃，它可加工出多种装饰图案，以适应不同的使用场所，很适合批量加工生产											
	水珠玻璃	水珠玻璃也叫肌理玻璃，它跟砂雕艺术玻璃一样，是一种生命周期长，可登大雅之堂的装饰玻璃，它是以砂雕玻璃为基础，借助水珠漆的表现方法可以加工成形似热熔玻璃的一种高雅、新款的艺术玻璃，而加工成本仅是热熔玻璃的五分之一											
	污点艺术玻璃	污点艺术玻璃，起源于北美，流行于欧洲，并在近百年的装饰玻璃中引领潮头，独占风骚。它以加工方法洒脱，用色大胆，肌理表现丰富，渲染力强，无需专用设备，而深受艺术玻璃加工同行的欢迎											
	冰晶画	冰晶画的图片合成完全采用现在先进的玻璃影像合成专利技术，利用物理成像原理辅以化学生成技术，瞬间实现图像与玻璃、密度板等材质的完美结合。冰晶画技术简单，制作设备投资小，其设备主要是固化箱，基本是手工操作											

博物馆编结工艺类展品分析指标系统

名称	展示类型	展示形式工艺描述、材质、设备	艺术等级			技术难度			叠加工艺手段	计量单位	尺寸/型号（长×高×宽）体积	综合单价	备注
			A	B	C	1	2	3					
编结工艺	棒针编结	以棒形或环形针为工具进行编结。棒形针用竹子、金属、塑料等材料制成，有两种：一种是两端都呈尖形，4 支为一组；一种是一端呈尖形，另一端为小圆球形，2 支为一组。环形针是用光滑的尼龙绳将两根短棒针连接起来，编结时呈环形。棒形针和环形针的粗细规格均用号数来分档。号数越小，则针越粗。针的粗细不同，编结后的效果也不同											
	钩针编结	以钩针为主要工具，花叉、菊花针为附属工具进行编结。钩针用金属、象牙、竹子等材料制成，前端呈带倒钩的圆锥形。钩针的粗细用号数表示，号数越大，针头越细。竹子、象牙制的钩针较粗，主要用于毛线的编结；金属制的钩针较细，主要用于花边编结。花叉用金属制成，由一根直杆和一根直角杆构成。二杆交叉处有螺丝，编结时可调节宽度形成各式图案。菊花针用金属制成，呈圆形，周围有 12 根针，针的长度可以伸缩，用以制作菊花图案											

（续表）

名称	展示类型	展示形式工艺描述、材质、设备	艺术等级			技术难度			叠加工艺手段	计量单位	尺寸/型号（长×高×宽）体积	综合单价	备注
			A	B	C	1	2	3					
编结工艺	民间结线	以丝线、棉线为材料，不用工具，经手工编结为花色线结，然后制成流苏、手提包、台布等品种。其中流苏是传统品种，有排须和缨子两种。排须的穗子较短，排列成行，如同胡须，多用于台布、窗帘、床罩、灯罩、围巾、帐幔、旗帜、灯彩的边缘装饰。缨子的穗子较长，扎成一束，用于刀剑鞘柄、旗杆的装饰											
	阿富汗针编结	以一端带钩的棒针为工具，进针时如棒针，向前编结，退针时如钩针，向后钩线。流行于日本和中国香港等地区。主要有服装、室内陈设品、小件物品等3类。服装有大衣、套衫、开襟衫、背心、连衣裙、短裙等。室内陈设品包括台布、床罩、枕套、灯罩、窗帘、靠垫、茶垫等。小件物品包括帽子、手套、披肩、围腰、围巾、袜子、软鞋、手袋等											

（续表）

名称	展示类型	展示形式工艺描述、材质、设备	艺术等级			技术难度			叠加工艺手段	计量单位	尺寸 / 型号（长 × 高 × 宽）体积	综合单价	备注
			A	B	C	1	2	3					
编结工艺	草编	草编，民间广泛流行的一种手工艺品。是利用各地所产的草，就地取材，编成各种生活用品，如提篮、果盒、杯套、盆垫、帽子、拖鞋和枕席等。有的利用事先染有各种色彩的草，编织各种图案，有的则编好后加印装饰纹样。既经济实用，又美观大方。 2008 年入选第二批国家级非物质文化遗产名录。主要品种有河北、河南、山东的麦草编，上海嘉定及广东高要、东莞的黄草编，浙江的金丝草编，湖南的龙须草编及台湾的草席等											
	竹编	传统竹编工艺有着悠久的历史，富含着中华民族劳动人民辛勤劳作的结晶，竹编工艺品分为细丝工艺品和粗丝竹编工艺品。2008 年 6 月 7 日，竹编经国务院批准列入第二批国家级非物质文化遗产名录。竹编工艺可分为细丝工艺和粗丝竹编工艺品（说明：有瓷胎工艺品和无瓷胎工艺品）。成品主要是经对竹子切丝、刮纹、打光、劈细等工序，将剖成一定粗细的篾丝编结起来制成。东张竹编主要是粗丝竹编工艺											

博物馆绣织工艺类展品分析指标系统表

名称	展示类型	展示形式工艺描述、材质、设备	艺术等级			技术难度			叠加工艺手段	计量单位	尺寸/型号（长×高×宽）体积	综合单价	备注
			A	B	C	1	2	3					
绣织工艺	云锦	南京云锦是中国传统的丝制工艺品，有“寸锦寸金”之称，至今已有一千六百年历史。如今只有云锦还保持着传统的特色和独特的技艺，一直保留着传统的提花木机织造，这种靠人记忆编织的传统手工织造技艺仍无法用现代机器来替代。南京云锦木机妆花手工织造技艺是中国古老的织锦技艺最高水平的代表，于2006年列入首批国家级非物质文化遗产名录，并于2009年9月成功入选联合国《人类非物质文化遗产代表作名录》											
	缂丝	缂（kè，同刻）丝，又称“刻丝”，是中国传统丝绸艺术品中的精华。是中国丝织业中最传统的一种挑经显纬，极具欣赏装饰性丝织品。苏州缂丝画也与杭州丝织画、永春纸织画、四川竹帘画并称为中国的“四大家织”。2006年5月，苏州缂丝织造技艺入选第一批国家级非物质文化遗产名录；2009年9月，缂丝又作为中国蚕桑丝											

（续表）

名称	展示类型	展示形式工艺描述、材质、设备	艺术等级			技术难度			叠加工艺手段	计量单位	尺寸／型号（长×高×宽）体积	综合单价	备注
			A	B	C	1	2	3					
绣织工艺	缂丝	织技艺入选世界非物质文化遗产。这是一种经彩纬显现花纹，形成花纹边界，具有犹如雕琢镂刻的效果，且富双面立体感的丝织工艺品。缂丝的编织方法不同于刺绣和织锦 它采用“通经断纬”的织法，而一般锦的织法皆为“通经通纬”法，即纬线穿通织物的整个幅面。缂丝作品一般有三个特点： 首先是缂丝作品大多是一种集体创作的作品，后人判断这类作品价值的高低只能看其作品本身的工艺和艺术价值。 其次是缂丝的创作往往很费功夫和时间，有时为了完成一件作品需要几个月乃至一年以上，所以，一件缂丝作品的完成往往倾注作者大量的心血。 再次，缂丝作品具有很高的观赏性。许多缂丝作品既有平涂色块的平缂，也有构图造型的构缂、齐缂。缂丝作品一般立体感很强，加上缂丝作品的题材都是人们喜闻乐见的，故其艺术和观赏价值完全可以和名家书画分庭抗礼，甚至有所超越											

（续表）

名称	展示类型	展示形式工艺描述、材质、设备	艺术等级			技术难度			叠加工艺手段	计量单位	尺寸 / 型号（长 × 高 × 宽）体积	综合单价	备注
			A	B	C	1	2	3					
绣织工艺	蜀　绣	蜀绣历史悠久，最早可上溯到三星堆文明，东晋以来与蜀锦并称“蜀中瑰宝”。蜀绣以软缎、彩丝为主要原料，针法包括 12 大类 122 种。具有针法严谨、针脚平齐、变化丰富、形象生动、富有立体感等特点											
	苏　绣	苏绣是汉族优秀的民族传统工艺之一，是苏州地区刺绣产品的总称，其发源地在苏州吴县一带，现已遍衍无锡、常州等地。刺绣与养蚕、缫丝分不开，所以刺绣，又称丝绣											
	粤　绣	指以广州为中心的珠江三角洲民间刺绣工艺的总称，相传与黎族织锦同出一源，以构图饱满，形象传神，纹理清晰，色泽富丽，针法多样，善于变化的艺术特色而闻名宇内。包括刺绣字画、刺绣戏服、珠绣等											
	湘　绣	湘绣是以湖南长沙为中心的刺绣工艺品的总称。现代意义上的湘绣主要是在湖南民间刺绣工艺的基础上融入古代宫廷绣、士大夫闺阁绣的技艺与											

（续表）

名称	展示类型	展示形式工艺描述、材质、设备	艺术等级			技术难度			叠加工艺手段	计量单位	尺寸 / 型号（长 × 高 × 宽）体积	综合单价	备注
			A	B	C	1	2	3					
绣织工艺	湘 绣	某些形式，同时吸取了苏绣和粤绣及其他绣种的精华而发展起来的刺绣工艺品。湘绣主要以蚕丝、纯丝、硬缎、软缎、透明纱和各种颜色的丝线、绒线绣制而成，其构图严谨、色彩鲜明，各种针法富于表现力，通过丰富的色线和千变万化的针法，使绣出的人物、动物、山水、花鸟等具有特殊的艺术效果，无论平绣、织绣、网绣、结绣、打籽绣、剪绒绣、乱针绣等都充分发挥针法的表现力。注重精细入微地刻画物象的外形和内质											
	彩锦绣	现代刺绣品，是江苏南通工艺美术研究所在继承民间“点彩”和“纳锦”传统针法以及传统戳纱绣基础上创制的新绣种。以“点彩”与“纳锦”两种绣法组成。其工艺特点是在方格纱的底料上，灵活运用点彩、纳锦针法以及染、衬钉、盘等各种工艺手段，组成独特的点、线、面的刺绣画面。彩锦绣有省工、省料、富有装饰效果的特点。在大型刺绣壁画、室内装饰壁挂、腰带、绣衣等方面的成功运用，说明彩锦绣有较宽的表现力											

（续表）

名称	展示类型	展示形式工艺描述、材质、设备	艺术等级			技术难度			叠加工艺手段	计量单位	尺寸 / 型号（长 × 高 × 宽）体积	综合单价	备注
			A	B	C	1	2	3					
绣织工艺	挑花绣	陕南挑花绣，又称“絮花”或“十字绣花”。它是一种手工刺绣，因产地以城固县为主的陕南各县而得名。陕南挑花艺术，是世世代代留传下来的。明代以前，陕南民间妇女就用花针和彩线刺绣荷包、枕头、锦肚、烟包、鞋帽之类。于明代即已广泛流传，在城镇已出现了“闺阁家家架绣棚，妇姑人人习针巧”的兴旺景象。以致乡间也“家家养蚕，户户绣花”。陕南挑花绣是在画样的基础上，“以针代笔，以线晕色”的一种艺术。它的针法看似简单，以小十字花构成纹样，组织出千变万化，错综复杂的人物山水、飞禽走兽或花鸟虫鱼等多种图案。陕南挑花绣多以土布、麻布或毛青布作底布，以蓝色棉线或彩色丝线作绣线。图案构思大胆而巧妙，构图饱满而匀称，取材丰富多彩											
	补　绣	抽纱工种的一种，也称“补布绣”。广东汕头地区的补布绣，与江苏的贴布相似，也是补布与刺绣结合。但汕头所生产的台布，配色较繁，花分五彩，叶分深浅，一张台布显得色彩非常丰富											
	辫　绣	辫绣，是指用丝线结成辫子钉绣成的绣品											

六、展览工程工程量清单编制的编码系统

前述建设部2013版《建设工程工程量清单计价规范》中，对项目的编码有着明确的规定："分部分项工程量清单的项目编码，应采用十二位阿拉伯数字表示。一至九位应按附录的规定设置，十至十二位应根据拟建工程量清单项目名称设置，同一招标工程的项目编码不得有重码。"为了区别于建设工程所有的项目分类与层级均由数字编码，博物馆展陈工程的一级分类建议用拼音缩写来表示。比如基础装饰部分为ZS，展陈部分为ZC。具体编码系统的编制规则建议如下：

1. 基础装饰部分（ZS）

1.1　ZS.1楼地面工程，对应的工程量清单及编码有：表ZS.1.1整体面层（编码：ZS0101）、ZS.1.2块料面层（编码：ZS0102）、表ZS.1.3橡塑面层（编码：ZS0103）、表ZS.1.4其他材料面层（编码：ZS0104）、表ZS.1.5踢脚线（编码：ZS0105）、表ZS.1.6零星装饰项目（编码：ZS0106）。

1.2　ZS.2墙、柱面工程，对应的工程量清单及编码有：表ZS.2.1墙面抹灰（编码：ZS0201）、表ZS.2.2柱面抹灰（编码：ZS0202）、表ZS.2.3零星抹灰（编码：ZS0203）、表ZS.2.4墙饰面（编码：ZS0204）、表ZS.2.5柱（梁）饰面（编码：ZS0205）、表ZS.2.6隔断（编码：ZS0206）。

1.3　ZS.3天棚工程，对应的工程量清单及编码有：表ZS.3.1天棚抹灰（编码：ZS0301）、表ZS.3.2天棚吊顶（编码：ZS0302）、表ZS.3.3天棚其他装饰（编码：ZS0303）。

2. 展陈部分（ZC）

2.1　ZC.1展柜工程，对应的工程量清单及编码有：表ZC.1.1独立柜（编码：ZC0101）、表ZC.1.2通柜（编码：ZC0102）、表ZC.1.3平柜（编码：ZC0103）、表ZC.1.4（编码：ZC0104）、表ZC.1.5挑柜

（编码：ZC0105）、表 ZC.1.6 壁龛柜（编码：ZC0105）。

2.2 ZC.2 照明工程，对应的工程量清单及编码有：表 ZC.2.1 低空间轨道灯（编码：ZC0201）、表 ZC.2.2 中空间轨道灯（编码：ZC0202）、表 ZC.2.3 高空间轨道灯（编码：ZC0203）、表 ZC.2.4 展柜灯（编码：ZC0204）、表 ZC.2.5 轨道（编码：ZC0205）、表 ZC.2.6 配件（编码：ZC0206）。

2.3 ZC.3 辅助艺术品部分，对应的工程量清单及编码有：表 ZC.3.1 场景（编码：ZC0301）、表 ZC.3.2 绘画（编码：ZC0302）、表 ZC.3.3 雕塑（编码：ZC0303）、表 ZC.3.4 模型（编码：ZC0304）、表 ZC.3.5 沙盘（编码：ZC0305）、表 ZC.3.6 灯箱（编码：ZC0306）、表 ZC.3.7 图文版面（编码：ZC0307）、表 ZC.3.8 雕刻（编码：ZC0308）、表 ZC.3.9 标本（编码：ZC0309）、表 ZC.3.10 杂项（编码：ZC0310）。

2.4 ZC.4 多媒体与科技装置部分，对应的工程量清单及编码有：表 ZC.4.1 视频播放系统（编码：ZC0401）、表 ZC.4.2 多媒体互动系统（编码：ZC0402）。

以上是对展览工程的工程量清单的编码规则进行梳理，下一级的子目可以根据工程内容进一步地细分，例如表 ZC.4.1 视频播放系统（编码：ZC0401）的下一级编码有：ZC0401001 屏幕、ZC0401002 播放器、ZC0401003 系统配套、ZC0401004 剧本编写与策划、ZC0401005 资料搜集与技术处理、ZC0401006 视频资料拍摄与编辑、ZC0401007 后期合成、ZC0401008 配音、ZC0401009 系统集成。因篇幅的关系，在此只涉及编码的规则，完整的编码系统可根据此规则在实践中予以应用。

七、展览工程工程量清单编制构成范式

2017 年 2 月国务院办公厅发布了《关于促进建筑业持续健康发展的意见》（国办发〔2017〕19 号），明确提出要“完善工程量清单计价体系和工程造价信息发布机制，形成统一的工程造价计价规则，合理

确定和有效控制工程造价”。[①]2017 年 8 月住建部出台了《工程造价事业发展“十三五”规划》，规划指导思想要求“三个坚持”：“坚持计价规则全国统一；坚持计价依据服务及时准确；坚持培育全过程工程咨询。”[②] 更是为工程造价的操作与管理指明了方向。

建筑装饰工程都有明确的工程量清单编制规范，然而，作为建设工程重要内容的博物馆展览工程，由于其具有个性化、创意性，产品种目繁多，规格千变万化的特点，并不适用《建设工程工程量清单计价规范》的工程量清单项目及计算规则。尽管 2017 年 6 月，财政部印发关于《陈列展览项目支出预算方案编制规范和预算编制标准试行办法》(以下简称“试行办法”)的通知，此《试行办法》主要从预算编制的角度，对博物馆展陈工程的工作流程以及造价指标给出标准及规范，但仍然没有对展陈工程工程量清单的编制提出具体办法。

为了规范博物馆展览工程项目工程量清单编制，便于政府财政和审计部门以及专家对工程量清单及其价格作出准确、科学的判断，保障博物馆展览工程市场的公开、透明、合理和合法，必须对博物馆展览工程项目工程量清单编制作出明确清晰的规范。

博物馆展览工程作为工程项目来讲，工程量清单的编制的基础内容应该与建设工程相似，都应包括分项工程量清单、措施项目清单、其他项目清单、规费项目清单以及税费项目清单。但同时博物馆展览工程项目工程量清单编制也应该尊重博物馆展览工程的特点和规律。一个完整的博物馆展览工程工程量清单应该包含如下内容：

(1) 博物馆展览工程总工程量总价汇总表 / 博物馆展览工程总设计图；

(2) 展厅基础装饰工程工程量清单汇总表 / 对应的基础装饰工程图纸；

---

① 国务院办公厅:《关于促进建筑业持续健康发展的意见》,2017年,第五条第(九)项。

② 住房城乡建设部:《工程造价事业发展“十三五”规划》,2017年,第一条第(二)项。

（3）展柜系统清单汇总表 / 对应展柜图纸；

（4）照明系统清单汇总表 / 对应的照明设计图纸；

（5）辅助艺术品清单汇总表 / 对应的设计图纸；

（6）多媒体及科技装置清单汇总表 / 对应的设计图纸；

（7）其他费用清单汇总表。

其中，在“博物馆展览工程总工程量总价汇总表”前面应该包括封面、总说明和一般规定：

1. 封面

______________________ 工程

工 程 量 清 单

招标人：______________　　工程造价咨询人 ______________

法定代表人或其授权人：____________（签字或盖章）　　法定代表人或其授权人：____________（签字或盖章）

编制人：______________（造价人员签字盖专用章）　　复核人：______________（造价人员签字盖专用章）

编制时间：　年　月　日　　复核时间：　年　月　日

2. 总说明

工程名称：

一、项目概况：包括项目名称、建设地点、总建筑面积、展陈工程面积；
二、建设及主要合作单位介绍：业主方、展陈工程总承包方、审价单位等；
三、展陈工程概况：展陈工程陈列展览主题以及主要展示内容介绍；
四、展陈项目工期安排；
五、工程量清单编制方具体联系人姓名、联系方式等。

3. 博物馆展陈工程工程量清单编制的一般规定

（1）博物馆展陈工程量清单应由具有编制能力的招标人或受其委

托具有相应资质的工程造价咨询人编制；

（2）工程量清单应由分部分项工程量清单、措施项目清单、其他项目清单、规范项目清单、税金项目清单组成；

（3）分部分项工程量清单应包括项目编码、项目名称、各分部分项工程的计量指标、计量单位和工程量等方面的信息；

（4）分部分项工程量清单的项目编码，应采用项目名称缩写加阿拉伯数字表示，同一工程的项目编码不得有重码；

（5）分部分项工程量清单的项目名称建议参照第（四）部分编制规范的项目名称并结合拟建工程的实际情况确定；

（6）编制工程量清单出现第三部分的编制规范中未包括的项目，编制人可做相应补充并说明补充的原因。

其中，关于展览工程工程量清单各部分编制规范（范式）如下：

1. 展柜

工程量编制按展柜的配套图纸编制，采用“裸柜+”模式，其中裸柜分通柜、独立柜和斜面柜等编制，包括品牌、型号、规格、单位、尺寸等；“+”包括玻璃、灯具、温湿度等。展柜的工程量清单项目及编制规则如下表：

表 ZC.1.1 独立柜（编码：ZC0101）

项目编码	名　称	项 目 特 征	计量单位	工程量计算规则	工程内容
ZC0101001	独立柜 1	1. 柜体材料、厚度 2. 玻璃：品牌、类型、厚度 3. 开启方式及配件 4. 灯具 5. 恒温恒湿系统 6. 锁具 7. 背板与底板 8. 密封系统 9. 特殊功能	个	根据设计图纸计算展柜的立体尺寸及数量	1. 设计 2. 加工制作 3. 运输 4. 安装 5. 配合布展 6. 维护维修

2. 照明

工程量编制按照明的配套图纸编制，包括光源、灯具、控制系统、灯罩，清单指标包括品牌、型号、规格、尺寸、单位等。照明灯具的工程量清单项目及编制规则如下表：

表 ZC.2.1 低空间轨道灯（编码：ZC0201）

项目编码	名　称	项 目 特 征	计量单位	工程量计算规则	工程内容
ZC0201001	可变焦轨道射灯	1. 品牌 2. 材质 3. 光源：类型、功率、显色性、色温 4. 参数：配光、调光 5. 其他配置： 可加配件 壳体 可调方向 防眩光结构 有无外露明线 6. 强制性认证 7. 图片	个	根据设计图纸计算数量	1. 设计 2. 加工制作 3. 运输 4. 安装 5. 配合布展 6. 维护维修

3. 辅助艺术品

工程量编制按艺术品分类编制，包括类别、作者、题材、材料、技术等级、单位、尺寸等。以绘画为例，辅助艺术品的工程量清单项目及编制规则如下表：

表 ZC.3.2 场景（编码：ZC0302）

项目编码	名称	项 目 特 征	计量单位	工程量计算规则	工程内容
ZC0302001	××绘画	1. 绘画种类 2. 材质 3. 创作者姓名 / 技术资格 4. 艺术等级（A、B、C） 5. 技术难度（1、2、3） 6. 叠加艺术手段 7. 创作时长	m^2	按设计图纸的长宽尺寸计算	1. 绘画史据收集 2. 设计 3. 小样 4. 绘制 5. 运输 6. 安装

4. 多媒体与科技装置

工程量编制按科技与艺术品分类编制，包括硬件、操作软件和内容（拍摄、动画、剪辑）等，指标包括品牌、型号、规格、尺寸、单位等。以多媒体互动系统为例，其工程量清单编制规则如下表：

表 DMT.2 多媒体互动系统（编码：DMT02）

项目编码	项目名称	品牌	型号	技术规格	单位	工程量	单价
DMT0201	投影机						
DMT0202	音响系统						
DMT0203	电脑主机						
DMT0204	配件						
DMT0205	系统配套						
DMT0206	内容策划与编辑						
DMT0207	资料收集分析						
DMT0208	界面设计与制作						
DMT0209	动画页面制作						
DMT02010	多点摄像识别与捕捉系统						
DMT02011	数据库匹配程序开发						
DMT02012	后台程序编写						
DMT02013	多点触控平台						
DMT02014	系统集成						
…							

5. 其他

包括文物征集、修复和复制费；展览内容策划费、形式设计费、展览工程监理费和艺术总监费；间接费（利税、运输、包装等）；不可预见费。其工程量清单编制规则如下表：

其他项目工程量清单

项目编码	项 目 名 称	费 用
QT0101	展览内容策划费	
QT0102	形式设计费	
QT0103	展览工程监理费和艺术总监费	
QT0104	间接费（利税、运输、包装等）	
QT0105	不可预见费	
…		

◀ 第十二章 ▶

展览工程现场组织与管理

就博物馆展览工程现场组织管理的内容而言，其与建筑装饰工程现场管理没有太大的不同，主要有四个方面：质量控制、预算控制、进度控制和安全保障。但由于博物馆展览工程的大部分施工内容是文物展陈、辅助艺术品和多媒体及科技装置类的非标项目，所以两者的具体管理内容具有很大的不同。

博物馆展览设计、制作和布展是一项复杂的系统工程，从形式设计、展品展项制作、现场安装布展，到展品展项艺术效果和工艺质量以及展览工程进度、预算和造价合理性的控制，有赖于科学、有效的组织管理，有赖于展览工程建设方、设计制作方、艺术总监、工程监理方的密切配合。只有如此，才能保障展览工程的进度、质量和造价的合理性，以及展览施工的安全性。因此，博物馆展览工程管理不能仅仅依靠现场管理方（监理方），还需要设计制作方和艺术总监的配合。

另外需要特别强调的是，对于现场组织管理方来讲，要管理好博物馆展览工程这样主体为非标项目的工程，需要其具有丰富的博物馆展览工程管理历练。建筑装饰行业的各种证书只能代表有从业资格，不完全代表有博物馆展览工程管理的相应能力。博物馆展陈施工现场组织管理必须轻各种证书和资格，重个人博物馆展览工程管理从业经历。

展览工程现场组织与管理关键之一是要明确甲、乙双方的权利和责任义务，并严格按照约定的权利和责任义务开展工作。

一、甲方的责任和权利

1. 甲方必须建立展览工程制作与施工组织管理班子，负责制作与施工的管理，包括与乙方共同确定制作与施工方案、工艺和技术要求把关、进度控制、预算控制。

2. 甲方必须指定某某为甲方代表，在合同有效期内，甲方代表将代表甲方负责合同履行。除非另有规定，甲方发出的所有通知、指示、命令、证明、批准、确认和其他信息都应通过甲方代表传达。除非另有规定，乙方提供给甲方的所有报告、通知、文件、资料和其他信息应交给甲方代表。甲方可以随时指定他人替代原指定的代表，但应及时以书面形式通知乙方，重新指定的时间和方式不应该产生权利重复的现象，这种指定只能在乙方收到书面通知时生效。

3. 甲方要及时为乙方各种展品展项的设计与制作提供素材、学术指导与咨询。

4. 甲方必须提供乙方为履行合同义务所需的工地现场，负责协调水、电等乙方施工所需基本条件，为乙方办理施工许可证及其他施工所需证件、批件，以使乙方具备顺利开展施工的工作条件。

5. 甲方现场管理小组负责合同履行，对工程质量、进度进行监督检查，办理验收、变更手续和其他事宜，所有事宜以甲方驻工地代表审核签证为准。

6. 甲方需在双方约定时间内及时对乙方提交的方案、图纸、样稿、展品等审核并予以书面确认，以保证工程进度，逾期未批复视为甲方同意。

7. 甲方有义务与乙方共同完成展览设备和大型辅助展品的安装、辅助展品的布置、展览和安保协调、按需调整展览的设计和工艺。

8. 鉴于文物保护的要求，甲方负责文物的布展工作。

9. 甲方应按合同规定及时向乙方支付工程款，不得无故拖欠工程款，否则，乙方有权停止或推迟工程进展，有权得到违约补偿。

二、乙方的责任和权利

1. 乙方指定某某为乙方代表（项目经理），在合同有效期内，乙方代表将代表乙方负责合同履行。此指定应认为是请求甲方同意指定之人。乙方代表将始终代表乙方行事，负责向甲方代表以及工程监理报告、提交、传达所有乙方的报告、通知、文件、资料和其他信息。除非另有规定，甲方 / 工程监理提供给乙方的所有通知、指示、命令、证明、批准、确认和其它有关合同的信息应提供给乙方代表。

2. 从现场工程开始到验收通过为止，乙方应派遣足够的项目管理人员在工程现场从事本合同项下工作，其数量及人员资质条件应事先获甲方 / 工程监理同意并经甲方书面批准。乙方代表（项目经理）将负责监督乙方的所有现场工作情况，并应在正常工作时间内亲临现场。如甲方 / 工程监理认为乙方雇用的任何代表或人员行为不当，或不称职，或玩忽职守，甲方 / 工程监理可以要求乙方进行调换，乙方必须执行。

3. 乙方应尽一切努力，按合同规定的技术要求和标明的技术规范、工程进度和合同总价，切实履行全部合同义务。选用优质材料，施工精细，确保制作、安装、施工、调试等各个环节的质量。同时，保证按照工程节点的时间进度表按时完工与竣工。

4. 乙方必须向甲方提交施工方案、制作与施工进度表、质量保证措施、安全保证措施、投入设计施工的力量、主要装饰材料的性能和规格、工艺和技术标准、造价明细表。

5. 乙方应根据其实施的各项工作内容，及时向甲方 / 工程监理提交各项专题报告、日常进度报告、施工质量报告、突发事件报告、施工内容修改申请等甲方 / 工程监理要求提供的报告。

6. 乙方须无条件接受甲方 / 工程监理 / 展示效果监理 / 质量监督管理部门的质量检查和管理，共同把好质量关。

7. 乙方应按甲方提供的展览文本及甲方聘请的学术专家、艺术总监的要求进行方案设计及施工图设计，乙方方案设计和施工图设计的深度应符合建设部有关设计深度的规定。乙方应根据甲方的要求对设计方案进行调整和优化，提供设计方案及效果图，直至取得甲方的确认；提供调整后的方案设计图、效果图及工程概算并配合协助甲方完成相关申报审批工作。

8. 乙方必须严格按照经过甲方确认的施工图纸、国家有关现行施工和验收规范以及省、市有关规定进行施工，并应接受甲方、艺术总监、监理单位对工程质量、工期、安全、文明施工、环保及工地纪律的监督管理，保证工程质量，及时解决工程过程中遇到的问题。

9. 乙方必须按国家有关规定，办理有关必要的施工手续，提供进场的设备清单、主要材料清单及材料设备进场计划。指派乙方驻工地代表，负责合同履行。

10. 乙方的全部制作及施工要满足消防部门、文物保护部门、安监部门等的要求。严格遵守国家或地方政府有关建设工程安全生产的管理规定，严格执行施工规范、安全操作规程、防火安全规定、环境保护规定，切实履行职责，加强进度、安全、质量的全方位管理，建立健全管理体系，规范施工。对施工现场应采取必要的安全技术措施，设置安全施工的警示标志，并随时接受安全监督检查，消除事故隐患，杜绝一切事故发生。在施工过程中，严格服从甲方、监理工程师的管理。

11. 乙方必须办理施工保险和第三者责任险，并承担费用，施工过程中由于乙方的原因而发生的安全事故由乙方负全部责任。

12. 应根据合同规定按时向甲方提交日常进度报告、施工质量报告、突发事件报告等。

13. 乙方在进场施工前，向甲方提供一份现场施工人员名单，包括项目经理、主创设计师及相应资质的专业技术、管理人员。乙方在合同工期内，必须保证主创设计师对展览、装修成果的质量、展览制作工艺、艺术效果和整体效果把关，必须保证上述人员常驻工地现场，共同负责整体工程的日常管理与运作，未经甲方同意，乙方不得擅自调换和撤离。

14. 乙方保证工程中采用的材料、工艺、技术免于第三方提出侵犯其专利权、商标权或者其他知识产权的起诉。

15. 乙方负责现场管理和监督，以保证施工有序、文明地进行，并承担对现场一切设施和工程成品保护义务，直到工程竣工并移交给甲方为止。施工中未经甲方同意或有关部门批准，乙方不得随意拆改原建筑物结构及各种设备管线。

16. 乙方应负责做好施工场地的标准化管理，文明施工、现场清洁应符合国家和地方的有关规定，做到工完、料尽、场地清。

17. 配备专职资料员，参照《建设工程文件归档整理规范》，整理展览制作文件，并归档。自觉配合竣工验收，编制完整的结算书。

18. 乙方保证参加现场工程例会、工地碰头会，讨论和协调相关问题。

19. 乙方接受甲方竣工验收规定，并承担依本合同及适用法律应承担的其他责任。移交全套报建资料、操作手册及其密码、维护培训手册等，并有义务对博物馆工作人员进行维护培训。

◀ 第十三章 ▶

博物馆展览工程的结算和审计

博物馆建造工程的投资一般可分为三大部分：一是博物馆建筑投资（土建、安装、绿化等），二是内部公共空间的装饰投资，三是博物馆展览工程的投资。

建筑投资、装饰投资都有比较成熟的计量计价模式，一般可采用定额计算法和工程量清单计算法两种模式。但博物馆展览工程不同于建筑装饰工程，因其具有个性化、创意性及艺术价值，并且工艺复杂，产品种目繁多，规格千变万化，很难套用建筑装饰工程硬性的工料、人工方式进行计算，很难形成具有体系的标准化计量模式。

目前，作为博物馆总投资重要组成部分的展览工程投资，其计价方式基本处于产品罗列的阶段，缺乏层次明晰的造价结构及归类计价的模式，没有形成比较系统成型的造价体系及计算依据，缺乏定额标准以及权威的市场价格信息，导致建设方很难对展览工程进行结算和审计。

如果强制采用建筑装饰工程的计价方式，即采用建筑装饰工程硬性的工料、人工方式进行计算，必然违反违背博物馆展览工程的特殊性，激化甲乙双方的矛盾，不利于博物馆展览工程市场的健康发展。

随着各地博物馆展览工程日趋社会化和市场化，甲乙双方在博物馆展览工程结算和审计上存在的分歧和矛盾愈来愈凸显，并已严重阻碍我国博物馆展览工程市场的健康发展。因此，迫切需要研究和解决这个问题。

一、展览工程设计与制作的特殊性

一般来讲，普通建筑装饰工程艺术含量较低，一般有设计图纸，施工方就可以依图实施，而且其装饰材料一般为市场上可以买到的通用材料，因此容易制定取费标准，也好执行。而博物馆展览工程与建筑装饰工程有不同，它是一项集学术、创意、艺术和技术于一体的创作活动，是一项知识、信息、思想和文化传播工程，涉及人文自然、艺术创作、科技互动和文物保护等综合性多专业的交叉。除展厅基础装饰工程（顶、地、墙和电器工程）外，约70%以上是非标类的艺术与科技工程，包括辅助展品设计、版面设计、多媒体规划和研发、互动展示装置规划和研发、展示家具和道具设计、展示灯光设计和文物保护设计。以辅助展品例，包括场景、模型、沙盘、景箱、蜡像、壁画、历史画、油画、半景画、雕塑、多媒体、动画、幻影成像等。

显然，博物馆展览工程是以信息传播和艺术效果为核心构建的展品展项系统，与普通建筑装饰工程有着本质的不同，不能简单套用普通建筑装饰工程的做法。如果以建筑装饰工程管理方式来对其进行结算和审计，那么博物馆的展品展项、各种辅助艺术品、多媒体和科技装置等，必然被肢解为材料、重量、体积、工时、单价等没有任何创造性、艺术性等含金量的材料计量学。例如，我们不能简单地根据原料和工时等为一位绘画大师的绘画作品定价。而且，即便是同一题材的一幅绘画，也因为不同级别画家的创作而价值不等，我们不能简单地根据原料和工时等为一幅包含复杂知识劳动和艺术创造的绘画定价。显然，套用建筑装饰的定额标准来对博物馆展览工程结算和审计，不仅是完全不合理的，也不符合博物馆展览工程的特点和规律的，必然是行不通的。

二、目前展览工程计价模式及其弊端

虽然博物馆展览工程市场已具有相当规模，但长久以来，博物馆展陈工程未形成独立的计价体系。目前，国内博物馆展览工程采用的计价方式除了简单粗暴地套用建筑装饰工程定额标准外，主要有如下三种不合理的计价方式。

（一）根据招标阶段中标价包死价格

这种操作方式为：通过招标确定中标价，规定在今后的展览设计与制作中，必须按照中标价进行深化设计和制作以及竣工后的结算审计，不允许增加内容及其展项，对超出总价部分的内容不予承认。

尽管在后来的博物馆展示设计与制作中，为了保障展览工程的质量，业主与专家往往会提出修改、变更和增加设计内容，包括表现方式、尺寸、材料、数量等，并有认可的会议记录，但财政审计往往不予采纳。并且，一些地方主要领导一般也对超出招标约定的变更及总价不愿承担责任，宁愿项目质量受损。

这种根据招标阶段中标价包死价格的做法，必将严重影响博物馆展览工程的质量。因为招标阶段竞标方提交的是不完整的初步设计方案，一方面方案存在诸多问题，例如有大量缺项、漏项、有待完善项以及数量、尺寸、面积统计不准确的地方；第二方面，由于在招标阶段甲方设计报价评标条款，必然迫使投标各方报价低于甚至远低于甲方为此博物馆展览项目设定的概算；第三方面，在后期深化完善设计方案过程中，领导和专家往往会对展览提出完善和提升要求，例如增加展览内容及其展项、变更展示方式和提升展示技术等。因此，如果简单地按中标价敲死报价，不允许增加内容或变更方式，那必然会严重影响博物馆展览工程的质量，违背博物馆展览工程建设的初衷。

（二）按中标单位初步设计方案进行财政评审，并按评审结果结算审计

这种操作方式为：1. 邀请 3 家以上机构做展览概念设计方案，政府财政部门邀请第三方评估机构对三套方案进行财政评审，确定“拦标价”，并以此价格再进行招标。2. 选中中标单位后，给中标单位数个月左右的时间进行修改完善并编制工程量清单及其报价。再通过专家财政评审确定展览工程量清单、总价和单项价格，其中包括了展项数量、名称、型号、尺寸、面积、材料、工艺和价格等。不仅规定总造价不能突破财政评审确定的总造价，而且必须按照财政评审确定的工程量清单名称和单价进行深化设计与制作，不得增加、减少、变更展览内容及其展项，包括名称、型号、尺寸、面积、材料和工艺等。3. 此后结算审计也必须完全按照财政评审的约定操作。

这种操作办法表面上看似严密合理，其实严重违背博物馆展览工程设计制作规律，很不合理、极不科学，必将严重影响展览工程的质量。因为：1. 一个完善的展览设计方案不是靠乙方单方面就能做好的，需要博物馆业主方展品和学术资料对接、专家指导，不断切磋、修改才能形成。显然，在没有博物馆方和专家密切配合的情况下，仅靠乙方的努力是难以形成完善的设计方案的，必然存在大量缺项、漏项、变更项和有待完善项，其编制的工程量清单及其报价也是极不准确的。2. 一般来说，在展览设计、制作过程中，业主、专家和当地政府领导往往会对展览设计方案提出增加内容、变更表达方式等意见，而乙方又不得不听。这就会出现与上述财政评审约定相矛盾的地方，包括总价、数量以及名称、型号、尺寸、面积、材料、工艺和价格等。3. 如果只能按财政评审规定的工程量清单及其价格来设计与制作以及结算

审计，那就不需要后面对设计方案的修改和完善，何必要一次次专家指导和论证？何必要听取领导提出的意见？只能按财评审的规定将设计方案存在的错误进行到底。

（三）以审计结果作为工程结算依据

目前各地博物馆展览工程审计一般都外包给审计单位，并且审计单位收费模式一般是：审计出来数量越多，审计单位提成就越多。在这种情况下，审计单位为了多拿审计费必然不顾博物馆展览工程的特殊性、不顾展陈公司的合理利益而乱作为，把包含较高艺术创作和科技含量的辅助艺术品和新媒体以及科技装置的价格按建筑装饰价格标准或是低档次的价格来强行砍价。

这种做法显然是错误的：1. 损害了自愿、公平、公正的市场交易原则，严重损害了展览设计和施工企业的合法权益；2. 通过地方立法强制性地将第三方做出的审计结果作为平等主体之间签订的民事合同的价款结算依据，实际上是以行政定价代替市场定价；3. 一些政府投资的博物馆展览建设单位以等候审计结果为由拖延工程结算时间，进而拖延支付工程款，使施工企业不堪重负，并直接影响对材料、设备供应商及劳务企业的款项结算和支付；4. 审计机关和被审计单位之间是一种行政监督关系，审计机关并没有对具体交易行为进行定价的权力。如果发展下去，必然逼得展陈公司采取对策，最后必然严重影响展览工程的质量。

三、展览工程结算和审计的合理办法

所谓合理办法，是指展览工程的结算与审计一要有利于尊重博物馆展览工程设计与制作的特殊性，保障博物馆展览工程的质量；二要维护展览工程甲乙双方的合法权益，有利于博物馆展览工程市场的长远健康发展。

根据上述原则，结合多年来博物馆布展行业的收费标准实际，进行综合考虑，目前合适的解决之道就是前面“展览工程设计与制作一体化如何操作”中论述过的部分。即通过概念设计招标选择一家有能力的专业公司作为中标单位，先签订设计合同，负责展览深化设计和施工设计。然后在博物馆馆方、专家密切配合下，深化、完善设计方案，在此基础上编制工程量清单及造价预算。再经过专家财政评审，修订并确定工程量清单造价预算，以财政评审结论作为签订展览工程合同的工程量及造价条款的依据。并且在合同条款中约定两点：

一是造价不能突破财政评审规定的总造价，并且“据实结算”，按实际结算结果支付费用。例如某项博物馆展览工程，财政评审结果为5 000万元人民币，实际结算为4 500万元人民币，那就按4 500元人民币支付，如果超出5 000万元人民币，只能给5 000万元人民币。

二是根据博物馆展陈工程的特点，在合同中对“据实结算”和审计原则或标准进行约定。

关于结算和审计原则，应该区别于建筑装饰，尊重博物馆展览工程的特点，合理的做法是分类结算和审计，特别是要把带有复杂劳动以及艺术创作和科技创新的艺术品和多媒体从展览工程中剥离出来。

1. 展陈施工工程中展陈空间的吊顶工程、地面工程、墙体基础装饰工程和电气工程，按照国家建筑装饰装潢工程定额或信息价结算和审计。

目前，博物馆展览工程造价体系中只有基本装修和安装部分的内容有国家规范，基本装修、安装部分按定额价格执行本身没有问题，因为按照定额价，纯粹的装修公司也有利润，但由于博物馆工程的设计、施工标准较高（特别是材料要求高），施工过程中返工较多（返工虽有签证，但大多亏本），工程交叉作业复杂，初步验收和竣工验收后的整改过程繁杂而漫长，导致施工单位窝工多、零活多、停工多，按定额计价对施工单位来说基本亏损，而现在非标项目的价格也很透明，所以博物馆工程整体利润近些年大幅下滑。由此，今后在博物馆展览工程造价体系的构成及概算编制中提高人工工资就显得尤为迫切，以能形成一个行业内的人工工资标准为上策。

2. 展柜部分：按设备市场价结算审计，采用“裸柜（通柜、独立柜和斜面柜）+”模式，在裸柜的基础上分别计算玻璃（低反射玻璃、超白玻璃、钢化玻璃）、灯具、恒温恒湿设备的价格。

3. 照明部分：按设备市场价结算审计，分别计算光源、灯具、控制系统、灯罩等的价格。

4. 辅助艺术品不宜纳入工程类结算审计，应尊重艺术品创作的特点，宜分三类结算审计：

4.1　展陈辅助展品中的普通工艺及美术效果的制品，包括雕塑、绘画、场景、沙盘、特殊展柜、特殊光源的灯光照明、特定型展品托架、模型、视频、多媒体等，按博物馆展览工程市场相似货品的可比价进行定价，并据博物馆展陈工作的特殊性，协商正负调节范围。审计时主要核实情况。

4.2　展陈中采用的无可比价的辅助展品类艺术作品，如场景制作，一般采用协商艺术效果后的报价确认。审计时主要核实效果情况。

4.3　社会知名艺术家参与创作的辅助展品类艺术作品，如国画、油画、雕塑，其计费按照协商价确认。审计时主要核实情况。

5. 多媒体与科技信息装置部分，分三类结算审计：

5.1　多媒体，按硬件设备、操作软件和内容三部分结算审计，其中内容部分根据技术和艺术难度等级再分三类——人物实景演出拍摄、动画制作、剪辑制作。

5.2　观众体验装置，按硬件、操作软件和内容三部分结算审计。

5.3　影院，可参考影院市场价结算审计，包括设备硬件、操作软件和影片创作。

6. 博物馆展览设计费，目前国内普遍偏低，一般在 4%～10% 之间。目前国际上例如美国和日本的博物馆展览设计费最高达 20% 以上（包括展览制作和布展过程中的效果监理）。从中国实情看，合理的博物馆展览设计费应该在 8%～15% 之间。

7. 文物修复和复制费：按市场价结算审计。

8. 间接费（利税、运输、包装等）：按国家有关规定结算审计。

其中，对博物馆展览工程中涉及的重要辅助艺术品和多媒体展项，采用跟踪审计的办法。即由设计方提出设计方案及其报价，由审计牵头组成博物馆专家对其进行专业评审，确定艺术效果和价格，甲乙双方签字认可，最后结算审计时主要核实是否达到了双方约定的效果。例如 2017 年完成的中共“一大”旧址纪念馆基本陈列，整个展览造价 1 200 万，其中 800 万雕塑和其他艺术品没有纳入展览工程类结算审计。

这种结算和审计办法，符合博物馆展览工程特殊性和规律性，符合合理合法的原则，容易被甲乙双方接受，越来越被各地博物馆展览工程所采纳。

目前，博物馆展览工程结算和审计都是由建筑装饰造价机构兼任，这类机构因缺乏博物馆展陈的专业人员以及专门的结算和审价经验，往往采用建筑装饰的模式对博物馆展览工程进行造价管理，必然影响博物馆展览工程结算和审计的合理性和科学性，甚至造成极大的偏差。

此外，博物馆展览工程结算方式和审计标准与招标文件和合同编制密切关联，因此，在招标文件和合同编制过程中，必须充分考虑并包含展览工程结算方式和审计标准。

为了推动博物馆展览工程结算和审计的科学化和精细化管理，一要培养专业的博物馆展览工程造价第三方评估和审计机构，二要对国内博物馆展览工程造价结算进行跟踪评估，建立价格信息库，每两年发布一份权威的可供参考的博物馆展览市场信息价格造价指数，这将有助于博物馆展览工程造价的合理化、科学化。这是博物馆展览工程行业长远健康发展的基本条件。

◀ 第十四章 ▶

博物馆展览工程的验收、移交和维护保养

博物馆展览工程的竣工验收、移交与维护保养是展览工程的收尾环节，此项工作不仅事关展览工程的设计和制作质量的评估以及投资效益，而且也关系到展览工程是否具备开放使用的条件以及日后维护保养，因此是博物馆展览工程管理的重要内容。

但目前各地博物馆展览工程普遍存在的问题是虽有竣工验收、移交的程序但多数是走形式，没有实际效果。验收流程缺失，验收主体的组成不合理，特别是缺乏科学的验收标准。目前只有基础装修部分、安装部分两个大类有国家标准的，而非标部分，例如展柜、照明、辅助艺术品、多媒体和科技装置等没有国家标准。移交手续不完整，移交内容不清楚。

为了规范博物馆展览工程验收、移交工作，使展览工程甲乙双方有章可循，迫切需要参考建设工程的验收与移交标准或规范，结合博物馆展览工程的特点，制订《博物馆展览工程验收、移交办法》。

一、展览工程的验收

工程竣工验收是指展览工程竣工之后，依照国家有关法律、法规及工程建设规范、标准的规定，对展览工程建设质量进行评定的过程。

博物馆展览工程项目的竣工验收是展览设计、制作、布展施工全过程的最后一道程序，也是展览工程项目管理的最后一项工作。它是

展览工程建设投资成果转入开放使用的标志，也是全面考核展览工程投资效益、检验设计、制作和施工质量的重要环节。

目前博物馆展览工程验收大多是走形式。其操作一般都是：乙方向甲方 / 工程监理 / 展示效果监理提供完整竣工资料及竣工验收报告。业主成立专家小组，请展览工程设计方、制作施工方、监理单位介绍一下各自承担和完成的任务。然后专家小组进行现场考察，再一起开会就展览工程存在的问题、需要改进和提升的方面提出意见，撰写验收通过报告，专家签字。

显然，这样的验收只是走过场，没有真正起到验收的作用。那么如何做到有效的验收？必须明确如下事项：验收流程与时间、验收主体、验收内容、验收标准等。

1. 验收流程与时间

根据博物馆展览工程的特点，博物馆展览工程验收应该分两个阶段。

第一阶段是初步验收，即展览工程完成以后为了满足开放进行的验收。乙方向甲方 / 工程监理 / 展示效果监理提供完整竣工资料及竣工验收报告。甲方收到乙方送交的竣工验收报告后规定时间内应组织验收，不验收或不提出修改意见，视为初步竣工验收报告已被认可。同时规定，不验收，不能开放。

第二阶段验收是最终验收，即在博物馆展览开放半年以后的验收。之所以要把最终验收明确规定在展览开放半年以后，一是因为展览工程中的诸多问题只有在开放半年以后才能慢慢发现，时间短，不容易发现问题；二是一些博物馆业主拖而不验收，甚至一拖几年，导致展览工程过了两年质保期。在过了质保期后再验收，显然是对乙方合法权利的侵犯。所以在展览工程合同中必须明确展览开放以后半年左右业主必须进行验收。

2. 验收内容与标准

博物馆展览工程包含基础装饰工程，但不同于建筑装饰工程，它是以文物标本和学术研究为基础，陈列设备技术为平台，艺术的或技术的辅助展品为辅助，基于知识传播和公共教育的目的，面向大众的知识与信息、文化与艺术、价值与情感的传播工程。因此验收内容至少应该包括这些内容：展厅基础装饰工程（特别是隐蔽工程）、图文版面、多媒体及科技装置、辅助艺术品、展柜、照明灯具、安全环保、指示标识系统等，并进行分类验收。验收标准主要依据是合同和展览文本，此外应该包括国家建筑装饰验收标准、国家文物保护有关规定、博物馆照明规范、通用标识规范、博物馆展览相关规定等。

3. 验收主体的组成

博物馆展览工程应该由谁来验收？根据上述博物馆展览工程的特点以及验收内容，博物馆展览工程的验收人员要特别强调是真正的博物馆展览专家，他们至少应该包括如下人员：与展览相关的学术专家、展览文本策划人、展览设计方、博物馆展览专家、多媒体专家、文博专家、监理单位、建筑装饰专家等。

4. 验收报告

验收报告除了要记录验收时间、人员外，必须对验收的内容进行分类评述，指出存在的问题以及改进的意见，明确验收通过还是不通过。

二、展览工程的移交

展览工程项目经初步验收合格后，便可办理工程移交手续。展览工程项目的移交包括展览实体移交和展览工程文件移交两部分。其中，展览工程文件移交之所以重要，是为了博物馆方能够顺利进行展览日常开放以及报建存档。展览工程验收通过后，展览工程承担方必须将展览工程相关的资料移交给博物馆方。

移交内容至少包括两部分：一是展览工程档案资料，包括全套展览设计方案及其电子版、全套报建资料（开工报告、竣工报告、竣工数量表、布展工程施工和安装记录、隐蔽工程施工和安装记录等），二是操作手册（特别是多媒体、照明系统）及其密码、维护培训手册等，并有义务对博物馆工作人员进行维护培训。移交时要编制《工程档案资料移交清单》，甲乙双方在移交清单上签字盖章，移交清单一式两份，双方各自保存一份，以备查对。

此外，展览工程项目合同中一般都有保修期规定，并对这段时间内所发生的质量问题以合同条款的形式规定出了预先处理方式，业主可以按照合同要求进行保修。在保修期内，如发现因乙方制作和施工质量原因造成的问题，应由乙方无偿进行保修；因博物馆在使用后有新的要求或使用不当需进行局部处理和返修时，由双方另行协商解决；对无法协商解决的项目质量及其他问题，可请法律部门调解，也可提交有关仲裁机构仲裁解决。

三、展览档案管理

陈列展览档案资料应该包括与该陈列展览相关的一切档案资料，包括文献的、实物的、声像的、电子的，主要但不限于如下资料：陈列展览内容文本、陈列展览文物及其他展品清册、陈列展览形式设计资料、陈列展览工程档案资料、陈列展览场景照片或影像资料、陈列展览宣传推广资料、文创产品资料、陈列展览效益评估资料等。

四、展览的维护保养

维护保养包括硬件和软件两个部分。硬件的维护包括展柜、灯具、多媒体硬件、互动装置、影像和声像设备、辅助艺术品、图文版面、展出物件的保养、导览设备、指示系统等。软件的维护包括更新信息、操作软件、设计、解说系统等。

维护保养是保障博物馆展览正常开放的重要条件，也是令博物馆方普遍感到棘手头疼的问题。博物馆展览开放一二年（质保期）以后，多媒体、体验互动装置、照明系统等软件和硬件往往出现这样那样的问题。

对此，博物馆方因缺乏专门的人才而一筹莫展，叫原展览工程承担方往往又叫不应。怎么办？一个合理、有效的做法是，博物馆方与展览工程承担方签订长期维护保养合同，馆方每年支付一定费用，定期或出现突发情况时，展览工程承担方承诺第一时间到现场处理解决，这是一种让甲乙双方互赢的做法。

◀结 语▶

做好博物馆展览的十大支撑条件

博物馆建造成功与否的关键是展览。场馆是舞台，展览才是主角，优秀的展览方能真正吸引观众。场馆建设得再宏伟壮观，但如果展览不精彩，难说博物馆是成功的。那么，怎样才能做好一个博物馆的展览呢？根据博物馆展览工程的一般规律，以及我国博物馆展览筹建中的主要问题，概括讲，主要有如下十个方面。

一、展览相关学术资料准备和梳理

博物馆展览不同于商业会展，其宗旨是进行思想文化传播，旨在向观众传播观念和思想、知识与信息、文化与艺术、价值与情感。因此，它所提出的概念、观点以及反映的内容都必须建立在客观、真实的学术研究的基础上的。学术研究成果是博物馆展览的学术基础，不仅起到提炼展览概念、观点和思想以及深化展览主题的重要作用，也是博物馆展览制作科学的或艺术的辅助展品的学术依据。

但在全国各地博物馆展览筹建实践中，普遍存在学术研究成果积累或梳理严重不足的现象，具体表现在对与展览主题有关的学说理论、研究成果、历史文献资料、档案资料以及其他故事情节材料等，缺乏系统的收集、整理和研究。缺乏必要的学术研究成果支撑，必然严重影响展览概念、观点和思想以及展览主题和内容的把握和提炼，影响科学的或艺术的辅助展品的创作，最终影响展览的质量。

因此，为了做好博物馆展览，博物馆展览建设方要未雨绸缪，在博物馆展览筹建之前的相当一段时间内，应该聘请和组织专门的学术专家团队，收集和梳理好与展览主题和内容有关的学术研究资料，并编写学术资料汇编或学术大纲。

二、展品形象资料积累与研究

博物馆的展览不是写书，它主要依靠展品形象资料为媒介进行观点、思想、知识的传播，展品形象资料是博物馆展览的物质基础，是展览的特殊语言，并且展品形象资料的丰富程度和质量高低将直接影响到展览传播的效果和质量。因此，展品形象资料的收集和储备对博物馆展览成功至关重要。

但在全国各地的博物馆展览筹建中，展览建设方往往认识不到展品形象资料收集、储备、整理和研究的重要性，要么实物展品的储备严重不足，拿不出几件真正可用于展览的实物展品，要么对收藏的文物展览缺乏研究，导致文物展品收藏与研究无法对展览构成有力的支撑，必然严重影响展览的质量。

因此，为了保障筹建的博物馆展览质量，展览建设方要高度重视并在展览筹备之前的相当长一段时间，投入必要的人力、物力和财力，加强文物标本、声像资料和图片资料的收集、储备、整理和研究工作。

三、科学规范的展览工程运作

博物馆展览工程是一项复杂的系统工程，不仅程序多、专业性强，而且涉及面广。要确保展览内容的思想性、科学性和知识性，展览形态的艺术性，布展制作工艺的严肃性，展览技术的可靠性，展览造价的合理性，必须按照展览工程的规律进行科学规范的运作。即要确立科学合理的工作程序，按每个程序规范运作。

但全国各地博物馆展览工程建设中，由于博物馆展览建设方缺乏展览筹建经验，或受长官意志干扰，普遍存在不按展览工程科学程序做的现象，不按展览工程管理要求管控的现象。例如：先造建筑后搞展览，不重视展览学术支撑体系建设，不重视展览内容设计，按建筑装饰工程要求运作展览工程，不懂得对展览工程进行有效管控，盲目追求展览工程速度等。其结果必然严重影响博物馆展览工程的质量和展览的艺术水准。

因此，要筹建一个成功的博物馆展览，必须尊重展览工程的科学程序及其管理要求，按照展览工程的客观规律规范运作。在整个筹建过程中，聘请经验丰富的展览工程管理专家，往往能起到事半功倍的效果，可以让建设方少走很多弯路，节省时间和金钱。同时，地方党政领导要尽量尊重专家的专业建议，切忌用行政判断替代专业判断。

四、展览内容文本策划设计

按照博物馆展览设计和制作的流程，首先由专长展览内容策划的策划师，依据学术研究资料和展品资料，按照博物馆展览的表现规律与方法，从传播学和教育学的角度，编纂类似于电影或电视剧剧本的展览文本，再由专业形式设计师根据展览内容文本进行二度创作。展览内容文本是博物馆展览形式设计的前提和依据，这就如同电影制作一样，剧本是第一位的因素。只有首先具备一个好的展览内容文本，形式设计和制作师才有可能制造出一个优秀的博物馆展览来。

但在全国各地博物馆展览工程建设中，普遍存在的一个问题是忽视展览内容文本的策划，多数博物馆的展览文本仅仅是一个简单粗糙的展览文字大纲或展品清单，更有一些博物馆连一个简单的展览文字大纲也没有，任由不擅长展览文本策划的专业布展公司自由发挥。在这种情况下，即使最优秀的展览艺术设计师，也难以创造出一个有吸引力、感染力的展览来。我们可以为一个博物馆建设投入几个亿甚至十几个亿，唯独不愿意在最核心的环节——展览内容文本上投入必要的经费，这完全是本末倒置。

因此，为了保证博物馆展览的成功，博物馆展览建设方应该高度重视展览内容文本的策划。如果自身缺乏展览内容策划能力和经验，一个有效的办法是让专业的人做专业的事，委托具有丰富博物馆展览文本策划经验的专家进行展览文本的策划，这往往能起到事半功倍的效果。

五、展览形式创意设计

展览的主题和内容要通过一定的形式来表达，只有通过完美的艺术形式，展览的主题和内容才能得以准确、生动和鲜明地表现。展览形式设计是一个再创作的过程，即在对展览主题和内容、文物展品及展览特定空间研究的基础上，运用形象思维，对展品和材料进行取舍、补充、加工和组合，塑造出能鲜明、准确地表达主题思想和内容的陈列艺术形象系列。一个好的形式设计不仅能起到准确和完整表达展览思想和内容的作用，可以使展览更丰满，还能增强展览的趣味性、娱乐性，吸引更多的观众。

形式设计是展览内容设计的“物化”，必须忠实于展览的主题和内容，是对展示主题和内容准确、完整、生动的表达。但由于一方面博物馆展览设计极具个性化，另一方面国家缺乏博物馆展览设计的规范与标准，再加上博物馆展览建设方一般都缺乏设计管控的经验，造成各地博物馆展览设计方案缺乏创意，同质化现象严重。在这种情况下，博物馆建设方对展示设计方案的优劣无法进行专业判断，最后形成的展览设计方案往往存在这样那样的问题，严重影响博物馆展览的质量和水准。

因此，为了保障博物馆展览的质量和水准，一方面博物馆展览建设方应该物色优秀的展览形式设计团队，另一方面要组织强有力的展陈专家顾问团队，强化对展示设计方案的指导和监督。

六、展示空间规划与设计

一台好戏的成功演出，离不开一个好的舞台。展示空间就是博物馆展览的舞台，一个展览的成功需要一个好的展示空间。那么，什么样的展示空间才是一个好的展示空间呢？这不仅取决于展览的类别，更取决于展览的表现形式和手段。一般来讲，青铜、陶瓷、书画、钱币、玉器等文物艺术品展览，对展示空间的要求——柱距、层高、体量等，往往比较普适。但对于一些展示大型文物标本（恐龙、大象）展，或需要采用较多造型艺术——沙盘、模型、景箱、场景、雕塑、半景画以及科技互动的叙事类主题展览等，例如历史文化主题展、自然生态展、科技展等，往往对空间要有量体裁衣的要求。不仅对柱距、层高、宽度、荷载以及空间延续性有要求，还可能有特殊空间的特别的要求，例如下沉式墓葬还原陈列、水下（海底）水族展示、太空旅游体验展示、4D 或动感影院等。

但在我国各地博物馆新馆建设中，博物馆建设方往往重建筑外部形态，轻建筑功能需求，对展示空间没有根据展览的类型和表现的手段进行深思熟虑的规划设计，结果建成的博物馆展示空间不适应博物馆展览的表现。由于缺乏一个良好的展示表现舞台，许多本该重点渲染表现的展项被迫扭曲或放弃，从而严重影响展览的质量。

因此，为了给博物馆展览提供一个良好的展示空间，保证展览的展示效果，博物馆建设方应先做展示设计规划，后做建筑设计。根据展览的类别、内容体量及其表现手段，向建筑师提出展示空间的功能需求和设计边界，并组织建筑师与博物馆展陈专家进行交流对话。如此，方能让展示空间无缝对接展示的需求。

七、展览设计、制作与布展的支持与控制

博物馆展览的成功与否，与展览建设方能否对展览设计、制作与布展进行有效配合和管控密切相关。要做好展览的设计、制作与布展工作，一方面有赖于博物馆展览建设方的对展览设计方展品与学术资料的支持与配合，另一方面需要建设方对设计方进行专业化的有效管控。

但在全国各地博物馆展览工程建设中，普遍存在展览建设方对展览设计方展品与学术资料的支持与配合不够、管控不力，甚至放任的现象，这已经成为严重影响我国博物馆展览艺术效果、工程质量和造价合理性的主要因素。之所以会出现这种现象，一是展览建设方错误地认为展览设计是设计方的责任，忽视对展览设计方展品资料和学术资料的支持与配合；二是错误地认为建筑装饰监理能对展览设计、制作与布展进行监理；三是自身缺乏展览工程管理的专业知识和管理经验；四是没有聘请专家团队或聘请的专家名不副实。

因此，为了保证博物馆展览的成功，展览建设方一方面应组织力量，加强对设计方展览设计方的学术和展品资料的支持与配合；另一方面应聘请富有经验的展陈专家团队或艺术总监，加强对展览设计、制作和布展各个阶段、各个方面的管控。

八、展览筹建资金的保障

资金是博物馆展览筹建的重要支撑，一个成功的展览须有起码的资金保障。今天的博物馆展览已远非过去的展柜、照明加文字说明的

简单模式，而是各种艺术与科技手段的高度结合体。在整个博物馆展览工程投资构成中，展厅基础装饰工程仅占展览总造价的 20% 左右，而占展览总造价 70% 以上的辅助艺术品、多媒体、科技体验装置、特殊照明设备、专业展柜、安全与环境设备以及文物修复与复制等，往往价格不菲。目前我国自然科技类展览造价最高达 35 000 元 / 平方米，历史文化类展览造价最高达 20 000 元 / 平方米。在美、欧、日等先进国家的博物馆建设中，展览经费往往高于建筑建造费用，多数展览与建筑的资金比达到 1∶1，甚至 2∶1。

但在我国不少博物馆建造中，展览经费估算往往不足，有些甚至捉襟见肘。造成这种状况的原因，除了财政困难外，一是不重视展览，以为建博物馆就是造博物馆建筑，往往把大量资金用在了博物馆建筑上；二是误将博物馆展览视为普通建筑装饰工程，以为每个平方米一二千元就够了；三是对展览经费预估不足，没有根据展览的特点和建设目标对展览费用构成进行比较深入的财务分析，对经费预估不足。

无疑，展览是博物馆建设的核心。为了保障展览的质量和水准以及实现博物馆展览的建设目标，展览建设方必须为展览提供与其建设目标相对应的资金支撑。我们不能一方面要求展览建设的目标要全国一流、国内领先，而另一方面又不给其与建设目标对应的经费保障。

九、展览工程的时间保障

博物馆展览筹建是一项耗时的系统工程，要打造一个成功的博物馆展览，除了资金和展品等的保障外，还要有时间保障。国际上筹建一个新展览，从观众需求和市场调查、学术资料整理研究、展品形象资料收集选择、资金筹措，到内容策划、形式设计、展示空间规划、展项制作、布展安装往往需要数年的时间。

而我国不少博物馆展览的筹建，往往是前期拖而不决，或事先不做充分的积累准备工作，一旦领导拍了板，就要求速战速决，或为了迎接什么节日，或为了赶在某届政府或某位主要领导任期内完功。在这种前提下，展览筹建被迫置展览工程客观规律于不顾，建设速度和质量被迫服从行政命令规定的时间节点，按非常规程序操作。结果造成博物馆展览质量因筹建时间严重不足而存在各种各样的问题。

博物馆建设不像简单的土建装饰工程，可以赶工抢进度，而是一项需要慢工出细活的文化工程；也不是政绩工程或形象工程，而是一项造福于人民和社会的长远的文化事业。因此，在博物馆及其展览工程的建设上，我们应本着对人民、对文化事业高度负责的态度，强调时间服从质量，确保博物馆及其展览工程的建设质量。

十、选准人、选好队伍

一个博物馆展览的建成，需要各方面专家和专业机构的合作和配合，他们包括学术专家、内容策划专家、建筑师、专业展览设计和制作机构、照明设计师、艺术总监等。学术专家为展览学术观点、学术研究成果把关，内容策划专家负责展览内容文本的策划，专业展览设计制作公司负责展览的设计、制作和布展，建筑师负责建筑设计，艺术总监负责展览内容与形式吻合度、展品展项的艺术效果和工艺技术质量等的指导和监督。

目前国内博物馆展览工程市场上鱼龙混杂，真假难辨。选错人、选错队伍，有可能一步被动，步步被动；一步错，步步错。特别要把好两类专家机构和专家的选择关：一是要选好展览设计制作公司。随着博物馆展览工程市场的发展，一大批建筑装饰公司、广告公司、会展公司开始涌入博物馆展览工程市场。实践表明，如果选错队伍，后果将不堪设想。博物馆展览工程必须由具有丰富博物馆布展工程实践经验的机构来承担。二是要选好展览建设顾问、评审专家和艺术总监。

所谓专家，应学有所专，必须是真正研究博物馆展览并富有丰富实践经验的专家。不得不说，在博物馆展览工程实践中，确有不少对博物馆展览设计与工程缺乏专业知识和经验的所谓专家混迹其中。他们不当的评审结论、不专业的判断和建议，往往会严重影响展览建设方的决策和行动，甚至严重干扰博物馆展览工程的推进，影响博物馆展览工程的质量。

因此，对博物馆展览建设方来讲，在选择展览建设顾问、评审专家和艺术总监以及展览设计制作公司上，务必谨慎，这是影响展览的关键因素。

以上十个方面，不仅是做好博物馆展览的基本条件，也是我国博物馆展览工程实践中常见的问题。任何一两个方面出问题，都可能严重影响整个展览工程的质量和艺术水准。

附　件

◀ 附件一 ▶

《博物馆建筑设计规范》

中华人民共和国行业标准

博物馆建筑设计规范

Code for design of museum building

JGJ 66–2015

批准部门：中华人民共和国住房和城乡建设部

施行日期：2016 年 2 月 1 日

中华人民共和国住房和城乡建设部公告

第 846 号

住房城乡建设部关于发布行业标准《博物馆建筑设计规范》的公告

现批准《博物馆建筑设计规范》为行业标准，编号为 JGJ 66–2015，自 2016 年 2 月 1 日起实施。其中，第 4.1.3、4.1.5 条为强制性条文，必须严格执行。原《博物馆建筑设计规范》JGJ 66–91 同时废止。

本规范由我部标准定额研究所组织中国建筑工业出版社出版发行。

中华人民共和国住房和城乡建设部

2015 年 6 月 30 日

前　言

根据住房和城乡建设部《关于印发〈2008 年工程建设标准规范制订、修订计划（第一批）〉的通知》（建标〔2008〕102 号）的要求。规范编制组经广泛调查研究，总结实践经验，参考有关国际标准和国外先进技术，并在广泛征求意见的基础上，对原《博物馆建筑设计规范》JGJ 66-91 进行了修订。

本规范主要技术内容是：总则、术语、选址与总平面、基本规定、建筑设计分类规定、藏品保存环境、防火、采光与照明、声学、结构与设备。

本规范修订的主要技术内容是：1. 扩大规范的使用范围，使之适用于博物馆、纪念馆、美术馆、科技馆、陈列馆等，并相应补充了各类博物馆建筑设计的技术内容；2. 在适用、安全、防火、卫生、藏品保护、照明和声学等方面，有较大的补充和修改；增加了建筑智能化系统的内容；3. 对照现行有关建设标准和技术标准，并根据近年博物馆建设的经验和发展要求，修改和补充了相关规定；4. 重新编写章节纲目和术语。

本规范中以黑体字标志的条文为强制性条文，必须严格执行。

本规范由住房与城乡建设部负责管理和对强制性条文的解释，由华东建筑设计研究院有限公司华东建筑设计研究总院负责具体技术内容的解释。执行过程中如有意见或建议，请寄送华东建筑设计研究院有限公司华东建筑设计研究总院《博物馆建筑设计规范》编制组（地址：上海市汉口路 151 号；邮政编码：200002）。

本规范主编单位：华东建筑设计研究院有限公司

本规范参编单位：中国航空规划建设发展有限公司

上海博物馆

中国美术馆

上海科技馆
中国艺术科技研究所
公安部四川消防研究所

本规范主要起草人员：陈梦驹　翁　皓　江　璐　韩光宗　周建龙　冯旭东　马伟骏　邵民杰　王小安　沈朝晖　胡建中　俞　明　钱之广　闫贤良　董岳华　华焦宝　王　庠　王　炯

本规范主要审查人员：刘景樑　顾　均　何玉如　崔　愷　沈　迪　王洪礼　赵擎夏　江　刚　赵世明　杜毅威　廖坚卫　段　勇　李元潮

1　总　　则

1.0.1　为使博物馆建筑设计符合适用、安全、卫生等方面的基本要求，制定本规范。

1.0.2　本规范适用于新建、扩建和改建的博物馆建筑设计。

1.0.3　按博物馆的藏品和基本陈列内容分类，博物馆可划分为历史类博物馆、艺术类博物馆、科学与技术类博物馆、综合类博物馆等四种类型。

1.0.4　博物馆建筑可按建筑规模划分为特大型馆、大型馆、大中型馆、中型馆、小型馆等五类，且建筑规模分类应符合表 1.0.4 的规定。

表 1.0.4　博物馆建筑规模分类

建筑规模类别	建筑总建筑面积（m^2）
特大型馆	＞50 000
大型馆	20 001～50 000
大中型馆	10 001～20 000
中型馆	5 001～10 000
小型馆	≤5 000

1.0.5 博物馆建筑设计应遵循下列原则：

1 在完整的工艺设计基础上进行，满足博物馆功能及其适度调整的要求，并适应博物馆可持续发展的需要；

2 保障公众和工作人员的使用环境符合国家现行卫生标准的规定；

3 保障使用者安全，应满足儿童、青少年、老年人、残障人士、婴幼儿监护人等使用和安全的要求，并应符合现行国家标准《无障碍设计规范》GB 50763 的要求；

4 保护藏品、展品安全，避免人为破坏和自然破坏；

5 因地制宜，与当地的自然和人文环境、经济和技术发展水平相结合，满足节地、节能、节水、节材和环境保护的要求；

6 在建设全过程中对展陈、环境、装修、标识、信息管理系统、安全防范工程等进行协调设计。

1.0.6 博物馆建筑设计除应符合本规范外，尚应符合国家现行有关标准的规定。

2 术 语

2.0.1 博物馆建筑 museum building

为满足博物馆收藏、保护并向公众展示人类活动和自然环境的见证物，开展教育、研究和欣赏活动，以及为社会服务等功能需要而修建的公共建筑。

2.0.2 历史类博物馆 museum of history

以历史的观点来展示藏品，主要按编年次序为重要的历史事件提供实证和文献资料的博物馆。

2.0.3 艺术类博物馆 museum of art

主要展示其藏品的艺术与美学价值的博物馆。

2.0.4 科学与技术类博物馆 museum of science and technology

以分类、发展或生态的方法展示自然界，以立体的方法从宏观或微观方面展示科学成果的博物馆。

2.0.5 综合类博物馆 comprehensive museum

综合展示自然、历史、艺术方面藏品的博物馆，通常为地区性的地志博物馆。

2.0.6 纪念馆 memorial museum

为纪念某一历史事件、人物而设立的博物馆，属历史类博物馆的一种。

2.0.7 美术馆 art museum

为教育、研究和欣赏的目的，收藏、保护并向公众展示美术藏品的艺术博物馆。

2.0.8 科技馆 science and technology museum

以提高公民科学素质为目的，开展科普展览、科技培训等活动的科学与技术类博物馆。

2.0.9 陈列馆 exhibition hall

小型的或专题性的博物馆。

2.0.10 自然博物馆 museum of nature history

以分类、生态和历史的观点了解自然和人类环境，展示其进化过程的科学与技术类博物馆。

2.0.11 技术博物馆 museum of technology

收集、保存、展示和研究产业、专业或是专项工程技术成果的科学与技术类博物馆。

2.0.12 工艺设计 process design

经过可行性研究、项目评估、建筑设计任务书编制等建设前期工作确定的博物馆建设纲要和技术内容。

2.0.13 藏品 collection

博物馆库藏或在展的具有收藏、展示、传播、研究价值的文物、标本、艺术品、科技展品、工程技术产品、音像制品、模型等的总称。

2.0.14 展品 exhibits

向观众展示的藏品及其辅助资料、科技展品、互动或声像演示装置、模型、图文板等的总称。

2.0.15 展厅 exhibition hall

为向观众展示展品而设置的专用房间。

2.0.16 基本陈列厅 fundamental display hall

为展示博物馆的主要收藏和基本内容而设置的展厅。

2.0.17 临时展厅 temporarily exhibition hall

为短期展示、适时更替的展品而设置的展厅。

2.0.18 儿童展厅 children’s exhibition hall

为展示适于学龄前儿童的展品而设置的展厅。

2.0.19 特殊展厅 special exhibition hall

生态陈列、全景画、天象厅、声像演示、装置艺术等有特殊工艺要求的展厅的统称。

2.0.20 综合大厅 comprehensive hall

对观众开放，兼具展品展示和交通枢纽功能的建筑空间。

2.0.21 展厅净面积 net area of gallery

展厅的使用面积，包括展品、展具、展览设备及其安全保护范围的占地面积和观众使用的观展活动、通行面积。

2.0.22 展品占地率 area ratio of exhibits

展厅内展品、展具、展览设备及其安全保护范围的占地面积与展厅净面积之比，以百分比表示。

2.0.23 展厅观众合理密度 reasonable density of attendance

在一定的展览方式条件下，展厅内观展环境、展品和观众安全能得到充分保证，且空气质量维持良好时，展厅净面积每平方米能容纳的最大观众人数。简称合理密度。

2.0.24 展厅观众高峰密度 peak density of attendance

在一定的展览方式条件下，展厅内观展环境、展品和观众安全不能得到充分保证，空气质量下降趋向允许限值而需限制厅外观众进入时，展厅净面积每平方米能容纳的最大观众人数。简称高峰密度。

2.0.25　展厅观众合理限值 reasonable limiting value of attendance

在一定的展览方式条件下，展厅内达到合理密度时的观众人数。简称合理限值。

2.0.26　展厅观众高峰限值 peak limiting value of attendance

在一定的展览方式条件下，展厅内达到高峰密度时的观众人数。简称高峰限值。

2.0.27　藏品保存场所 spaces for collection

藏品库区、展厅和藏品技术区等有藏品的建筑空间的总称。

2.0.28　藏品库区 collection storage area

为藏品收藏及管理而专设的房间、通道等建筑空间的总称，由库前区和库房区组成。

2.0.29　库前区 collection management area

藏品库区内接收、管理藏品的工作区域。

2.0.30　库房区 collection storage rooms

藏品库区内收藏藏品的区域，包括藏品库房及其走道。

2.0.31　库房区总门 gate of storage rooms

库前区进入库房区的门。

2.0.32　拆箱间 collection unpacking room

对进入库前区的藏品箱、包进行开箱、拆包、清点工作的房间。

2.0.33　鉴选室 identification room

对开箱、拆包后的藏品进行初步鉴定、甄别的房间。

2.0.34　暂存库 temporary storage room

库前区内为暂时存放尚未清理、消毒的藏品而专设的房间。

2.0.35　周转库 revolution storage room

为暂时存放已提陈出库待使用、外展，或是已使用、外展待入库的藏品而专设的房间。

2.0.36 缓冲间 buffer room

为对温湿度敏感的藏品入库前或出库后适应温湿度变化而专设的房间。

2.0.37 鉴赏室 appreciation room

库前区内供专业人员鉴赏、研究藏品的房间。

2.0.38 展具 exhibits container

展品展示中使用的橱柜、台座、支架、隔板、镜框、瓶罐等。

2.0.39 藏具 collection container

藏品保管中使用的橱柜、台座、支架、箱盒、囊匣、镜框、瓶罐等。

2.0.40 消毒室 disinfection room

用熏蒸、冷冻、低氧等化学或物理方法对藏品进行杀虫、灭菌的专用房间。

2.0.41 熏蒸室 fumigation room

用气化化学药品对藏品进行杀虫、灭菌的消毒室。

2.0.42 信息中心 information center

对博物馆的藏品、展览、管理等信息进行采集、制作、处理、储存和传播等功能用房的总称。

3 选址与总平面

3.1 选址

3.1.1 博物馆建筑基地的选择应符合下列规定:

1 应符合城市规划和文化设施布局的要求;

2 基地的自然条件、街区环境、人文环境应与博物馆的类型及其收藏、教育、研究的功能特征相适应;

3 基地面积应满足博物馆的功能要求，并宜有适当发展余地;

4 应交通便利，公用配套设施比较完备；

5 应场地干燥、排水通畅、通风良好；

6 与易燃易爆场所、噪声源、污染源的距离，应符合国家现行有关安全、卫生、环境保护标准的规定。

3.1.2　博物馆建筑基地不应选择在下列地段：

1 易因自然或人为原因引起沉降、地震、滑坡或洪涝的地段；

2 空气或土地已被或可能被严重污染的地段；

3 有吸引啮齿动物、昆虫或其他有害动物的场所或建筑附近。

3.1.3　博物馆建筑宜独立建造。当与其他类型建筑合建时，博物馆建筑应自成一区。

3.1.4　在历史建筑、保护建筑、历史遗址上或其近旁新建、扩建或改建博物馆建筑，应遵守文物管理和城市规划管理的有关法律和规定。

3.2　总平面

3.2.1　博物馆建筑的总体布局应遵循下列原则：

1 应便利观众使用、确保藏品安全、利于运营管理；

2 室外场地与建筑布局应统筹安排，并应分区合理、明确、互不干扰、联系方便；

3 应全面规划，近期建设与长远发展相结合。

3.2.2　博物馆建筑的总平面设计应符合下列规定：

1 新建博物馆建筑的建筑密度不应超过40%。

2 基地出入口的数量应根据建筑规模和使用需要确定，且观众出入口应与藏品、展品进出口分开设置。

3 人流、车流、物流组织应合理；藏品、展品的运输线路和装卸场地应安全、隐蔽，且不应受观众活动的干扰。

4 观众出入口广场应设有供观众集散的空地，空地面积应按高峰时段建筑内向该出入口疏散的观众量的1.2倍计算确定，且不应少于0.4 m^2/人。

5 特大型馆、大型馆建筑的观众主入口到城市道路出入口的距离不宜小于20 m，主入口广场宜设置供观众避雨遮阴的设施。

6 建筑与相邻基地之间应按防火、安全要求留出空地和道路，藏品保存场所的建筑物宜设环形消防车道。

7 对噪声不敏感的建筑、建筑部位或附属用房等宜布置在靠近噪声源的一侧。

3.2.3 博物馆建筑的露天展场应符合下列规定：

1 应与室内公共空间和流线组织统筹安排；

2 应满足展品运输、安装、展览、维修、更换等要求；

3 大型展场宜设置问询、厕所、休息廊等服务设施。

3.2.4 博物馆建筑基地内设置的停车位数量，应按其总建筑面积的规模计算确定，且不宜小于表3.2.4的规定：

表3.2.4 博物馆建筑基地内设置的停车位数量

<table>
<tr><th colspan="4">每1 000 m² 建筑面积设置的停车位（个）</th></tr>
<tr><th rowspan="2">大型客车</th><th colspan="2">小型汽车</th><th rowspan="2">非机动车</th></tr>
<tr><th>小型馆、中型馆</th><th>大中型馆、大型馆、特大型馆</th></tr>
<tr><td>0.3</td><td>5</td><td>6</td><td>15</td></tr>
</table>

注：1 计算停车位时，总建筑面积不包含车库建筑面积。
2 停车位数量不足1时，应按1个停车位设置。

4 基本规定

4.1 一般规定

4.1.1 博物馆建筑的功能空间应划分为公众区域、业务区域和行政区域，且各区域的功能区和主要用房的组成宜符合表4.1.1的规定，并应满足工艺设计要求。

表 4.1.1 博物馆建筑各区域的功能区和主要用房的组成

区域分类	功能区或用房类别	主要用房组成			
		历史类、综合类博物馆	艺术类博物馆	科学与技术类博物馆	
				自然博物馆	技术博物馆、科技馆
公众区域	陈列展览区	综合大厅、基本陈列厅、临时展厅、儿童展厅、特殊展厅及其设备间	综合大厅、基本陈列厅、临时展厅、儿童展厅、特殊展厅及其设备间	综合大厅、基本陈列厅、临时展厅、儿童展厅、特殊展厅及其设备间	综合大厅、基本陈列厅、临时展厅、儿童展厅、特殊展厅及其设备间
		展具储藏室、讲解员室、管理员室	展具储藏室、讲解员室、管理员室	展具储藏室、讲解员室、管理员室	展具储藏室、讲解员室、管理员室
	教育区	影视厅、报告厅、教室、实验室、阅览室、博物馆之友活动室、青少年活动室	影视厅、报告厅、教室、阅览室、博物馆之友活动室、青少年活动室	影视厅、报告厅、教室、实验室、阅览室、博物馆之友活动室、青少年活动室	影视厅、报告厅、教室、实验室、阅览室、博物馆之友活动室、青少年活动室
	服务设施	售票室、门廊、门厅、休息室（廊）、饮水、厕所、贵宾室、广播室、医务室	售票室、门廊、门厅、休息室（廊）、饮水、厕所、贵宾室、广播室、医务室	售票室、门廊、门厅、休息室（廊）、饮水、厕所、贵宾室、广播室、医务室	售票室、门廊、门厅、休息室（廊）、饮水、厕所、贵宾室、广播室、医务室
		茶座、餐厅、商店	茶座、餐厅、商店	茶座、餐厅、商店	茶座、餐厅、商店
业务区域	藏品库区 库前区	拆箱间、鉴选室、暂存库、保管员工作用房、包装材料库、保管设备库、鉴赏室、周转库	拆箱间、鉴选室、暂存库、保管员工作用房、包装材料库、保管设备库、鉴赏室、周转库	拆箱间、鉴选室、暂存库、保管员工作用房、包装材料库、保管设备库、鉴赏室、周转库	拆箱间、保管员工作用房、保管设备库

（续表）

区域分类	功能区或用房类别		主要用房组成			
			历史类、综合类博物馆	艺术类博物馆	科学与技术类博物馆	
					自然博物馆	技术博物馆、科技馆
业务区域	藏品库区	库房区	按藏品材质分类，可包括书画、金属器具、陶瓷、玉石、织绣、木器等库	按艺术品材质分类，可包括书画、油画、雕塑、民间工艺、家具等库	按学科分哺乳、鸟、爬行、两栖、鱼、昆虫、无脊椎动物、植物、古生物类等库，按标本制作方法分浸制、干制标本库	工程技术产品库、科技展品库、模型库、音像资料库
	藏品技术区		清洁间、晾置间、干燥间、消毒（熏蒸、冷冻、低氧）室	清洁间、晾置间、干燥间、消毒（熏蒸、冷冻、低氧）室	清洗间、晾置间、冷冻消毒间	按工艺要求配置
			书画装裱及修复用房、油画修复室、实物修复用房（陶瓷、金属、漆木等）、药品库、临时库	书画装裱及修复用房、油画修复室、实物修复用房（陶瓷、金属、漆木等）、药品库、临时库	动物标本制作用房、植物标本制作用房、化石修理室、模型制作室、药品库、临时库	
			鉴定实验室、修复工艺实验室、仪器室、材料库、药品库、临时库	鉴定实验室、修复工艺实验室、仪器室、材料库、药品库、临时库	生物实验室、仪器室、药品库、临时库	
	业务与研究用房		摄影用房、研究室、展陈设计室、阅览室、资料室、信息中心	摄影用房、研究室、展陈设计室、阅览室、资料室、信息中心	摄影用房、研究室、展陈设计室、阅览室、资料室、信息中心	摄影用房、研究室、展陈设计室、阅览室、资料室、信息中心

（续表）

区域分类	功能区或用房类别	主要用房组成			
		历史类、综合类博物馆	艺术类博物馆	科学与技术类博物馆	
				自然博物馆	技术博物馆、科技馆
业务区域	业务与研究用房	美工室、展品展具制作与维修用房、材料库	美工室、展品展具制作与维修用房、材料库	美工室、展品展具制作与维修用房、材料库	美工室、展品展具制作与维修用房、材料库
行政区域	行政管理区	行政办公室、接待室、会议室、物业管理用房	行政办公室、接待室、会议室、物业管理用房	行政办公室、接待室、会议室、物业管理用房	行政办公室、接待室、会议室、物业管理用房
		安全保卫用房、消防控制室、建筑设备监控室	安全保卫用房、消防控制室、建筑设备监控室	安全保卫用房、消防控制室、建筑设备监控室	安全保卫用房、消防控制室、建筑设备监控室
	附属用房	职工更衣室、职工餐厅	职工更衣室、职工餐厅	职工更衣室、职工餐厅	职工更衣室、职工餐厅
		设备机房、行政库房、车库	设备机房、行政库房、车库	设备机房、行政库房、车库	设备机房、行政库房、车库

注：1 当综合类博物馆、科技馆等设有自然部或存有自然类藏品时，可按自然博物馆的要求设置相关用房；当技术博物馆、科技馆等存有科技类文物时，可按历史类博物馆的要求设置相关用房。

2 当艺术类博物馆的藏品以古代艺术品为主时，其藏品库区的用房组成可与历史类博物馆相同。

4.1.2 博物馆建筑设计应根据工艺设计的要求确定各功能空间的面积分配。陈列展览区、藏品库区建筑面积占总建筑面积的比例可按表 4.1.2 的规定，并应通过工艺设计确定。

表 4.1.2 陈列展览区、藏品库区建筑面积占总建筑面积的比例

<table>
<tr><th colspan="2" rowspan="2">博物馆类别</th><th rowspan="2">功能区</th><th colspan="5">功能区建筑面积占总建筑面积的比例（%）</th></tr>
<tr><th>特大型</th><th>大型</th><th>大中型</th><th>中型</th><th>小型</th></tr>
<tr><td colspan="2" rowspan="2">历史类
艺术类
（以古代艺术藏品为主）</td><td>陈列展览区</td><td>25～35</td><td>30～40</td><td>35～45</td><td>40～55</td><td>50～75</td></tr>
<tr><td>藏品库区</td><td>20～25</td><td>18～25</td><td>12～20</td><td>10～15</td><td>≥ 8</td></tr>
<tr><td colspan="2" rowspan="2">艺术类
（以现代艺术藏品为主）</td><td>陈列展览区</td><td>30～40</td><td>35～45</td><td>40～50</td><td>45～55</td><td>50～75</td></tr>
<tr><td>藏品库区</td><td>15～20</td><td>15～20</td><td>12～18</td><td>10～15</td><td>≥ 8</td></tr>
<tr><td rowspan="5">科学与技术类</td><td rowspan="2">自然博物馆</td><td>陈列展览区</td><td>25～35</td><td>30～40</td><td>35～45</td><td>40～55</td><td>50～75</td></tr>
<tr><td>藏品库区</td><td>20～25</td><td>18～25</td><td>12～20</td><td>10～15</td><td>≥ 8</td></tr>
<tr><td>技术博物馆</td><td colspan="6">按工艺设计要求确定</td></tr>
<tr><td rowspan="2">科技馆</td><td>展览教育区</td><td>55～60</td><td>60～65</td><td>65～70</td><td>65～75</td><td rowspan="2">—</td></tr>
<tr><td>藏品库区</td><td>10～15</td><td>10～15</td><td>5～15</td><td>5～15</td></tr>
<tr><td colspan="2" rowspan="2">综合类</td><td>陈列展览区</td><td>25～35</td><td>30～40</td><td>35～45</td><td>40～55</td><td>50～70</td></tr>
<tr><td>藏品库区</td><td>20～25</td><td>18～25</td><td>15～20</td><td>10～15</td><td>≥ 10</td></tr>
</table>

注：科技馆通常将展览用房与教育用房合称为展览教育区，因此面积比例按展览教育区列出。

4.1.3 博物馆建筑的藏（展）品出入口、观众出入口、员工出入口应分开设置。公众区域与行政区域、业务区域之间的通道应能关闭。

4.1.4 博物馆建筑内的观众流线与藏（展）品流线应各自独立，不应交叉；食品、垃圾运送路线不应与藏（展）品流线交叉。

4.1.5 博物馆建筑的藏品保存场所应符合下列规定：

1 饮水点、厕所、用水的机房等存在积水隐患的房间，不应布置在藏品保存场所的上层或同层贴邻位置。

2 当用水消防的房间需设置在藏品库房、展厅的上层或同层贴邻位置时，应有防水构造措施和排除积水的设施。

3 藏品保存场所的室内不应有与其无关的管线穿越。

4.1.6 公众区域应符合下列规定：

1 当有地下层时，地下层地面与出入口地坪的高差不宜大于 10 m；

2 除工艺设计要求外，展厅与教育用房不宜穿插布置；

3 贵宾接待室应与陈列展览区联系方便，且其布置宜避免贵宾与观众相互干扰；

4 当综合大厅、报告厅、影视厅或临时展厅等兼具庆典、礼仪活动、新闻发布会或社会化商业活动等功能时，其空间尺寸、设施和设备容量、疏散安全等应满足使用要求，并宜有独立对外的出入口；

5 为学龄前儿童专设的活动区、展厅等，应设置在首层、二层或三层，并应为独立区域，且宜设置独立的安全出口，设于高层建筑内应设置独立的安全出口和疏散楼梯。

4.1.7 通向室外的藏品库区或展厅的货运出入口，应设置装卸平台或装卸间；装卸平台或装卸间应满足工艺设计要求，且应有防止污物、灰尘和水进入藏品库区或展厅的设施，并应有安全防范及监控设施。

4.1.8 博物馆建筑内藏品、展品的运送通道应符合下列规定：

1 通道应短捷、方便。

2 通道内不应设置台阶、门槛；当通道为坡道时，坡道的坡度不应大于 1∶20。

3 当藏品、展品需要垂直运送时应设专用货梯，专用货梯不应与观众、员工电梯或其他工作货梯合用，且应设置可关闭的候梯间。

4 通道、门、洞、货梯轿厢及轿厢门等，其高度、宽度或深度尺寸、荷载等应满足藏品、展品及其运载工具通行和藏具、展具运送的要求。

5 对温湿度敏感的藏品、展品的运送通道，不应为露天。

6 应设置防止无关人员进入通道的技术防范和实体防护设施。

4.1.9 公众区域的厕所应符合下列规定：

1 陈列展览区的使用人数应按展厅净面积 0.2 人 /m^2 计算；教育区使用人数应按教育用房设计容量的 80% 计算。陈列展览区与教育区厕所卫生设施数量应符合表 4.1.9 的规定，并应按使用人数计算确定，且使用人数的男女比例均应按 1∶1 计。

2 茶座、餐厅、商店等的厕所应符合相关建筑设计标准的规定。

3 应符合现行国家标准《无障碍设计规范》GB 50763 的规定，并宜配置婴童搁板和喂养母乳座椅；特大型馆、大型馆应设无障碍厕所和无性别厕所。

4 为儿童展厅服务的厕所的卫生设施宜有 50% 适于儿童使用。

表 4.1.9 厕所卫生设施数量

设 施	陈列展览区		教育区	
	男	女	男	女
大便器	每 60 人设 1 个	每 20 人设 1 个	每 40 人设 1 个	每 13 人设 1 个
小便器	每 30 人设 1 个	—	每 20 人设 1 个	—
洗手盆	每 60 人设 1 个	每 40 人设 1 个	每 40 人设 1 个	每 25 人设 1 个

4.1.10 业务区域和行政区域的饮水点和厕所距最远工作点的距离不应大于 50 m；卫生设施的数量应符合现行行业标准《城市公共厕所设计标准》CJJ 14 的规定，并应按工艺设计确定的工作人员数量计算确定。

4.1.11 应在博物馆建筑内的适当的位置设清洁用水池、清洁工具储藏室、清洁工人休息间、垃圾间。

4.1.12　锅炉房、冷冻机房、变电所、汽车库、冷却塔、餐厅、厨房、食品小卖部、垃圾间等可能危及藏品安全的建筑、用房或设施应远离藏品保存场所布置。

4.1.13　当职工餐厅与观众餐厅合用时，应设置避免非工作人员进入业务区域或行政区域的安全设施。

4.2　陈列展览区

4.2.1　陈列展览区的平面组合应符合下列规定：

1 应满足陈列内容的系统性、顺序性和观众选择性参观的需要；

2 观众流线的组织应避免重复、交叉、缺漏，其顺序宜按顺时针方向；

3 除小型馆外，临时展厅应能独立开放、布展、撤展；当个别展厅封闭维护或布展调整时，其他展厅应能正常开放。

4.2.2　展厅的平面设计应符合下列规定：

1 分间及面积应满足陈列内容（或展项）完整性、展品布置及展线长度的要求，并应满足展陈设计适度调整的需要；

2 应满足观众观展、通行、休息和抄录、临摹的需要；

3 展厅单跨时的跨度不宜小于 8 m，多跨时的柱距不宜小于 7 m。

4.2.3　展厅净高应符合下列规定：

1 展厅净高可按下式确定：

$$h \geqslant a + b + c \qquad (4.2.3)$$

式中：h——净高（m）；

a——灯具的轨道及吊挂空间，宜取 0.4 m；

b——厅内空气流通需要的空间，宜取 0.7 m～0.8 m；

c——展厅内隔板或展品带高度，取值不宜小于 2.4 m。

2 应满足展品展示、安装的要求，顶部灯光对展品入射角的要求，以及安全监控设备覆盖面的要求；顶部空调送风口边缘距藏品顶部直线距离不应少于 1.0 m。

4.2.4 特殊展厅的空间尺寸、设备、设施及附属设备间等应根据工艺要求设计。

4.2.5 展厅容纳的观众人数，不宜大于其合理限值（M_1），且不应大于其高峰限值（M_2），M_1、M_2 应按下列公式计算：

$$M_1 = e_1 \cdot S \quad (4.2.5\text{-}1)$$

$$M_2 = e_2 \cdot S \quad (4.2.5\text{-}2)$$

式中：M_1——合理限值（人）；

M_2——高峰限值（人）；

e_1——展厅观众合理密度（人 /m^2），可在表 4.2.5 中选取；

e_2——展厅观众高峰密度（人 /m^2），可在表 4.2.5 中选取；

S——展厅净面积（m^2）。

表 4.2.5 展厅观众合理密度 e_1 与展厅观众高峰密度 e_2

编号	展品特征	展览方式	展厅观众合理密度 e_1（人 /m^2）	展厅观众高峰密度 e_2（人 /m^2）
Ⅰ	设置玻璃橱、柜保护的展品	沿墙布置	0.18～0.20	0.34
Ⅱ		沿墙、岛式混合布置	0.14～0.16	0.28
Ⅲ	设置安全警戒线保护的展品	沿墙布置	0.15～0.17	0.25
Ⅳ		沿墙、岛式、隔板混合布置	0.14～0.16	0.23
Ⅴ	无需特殊保护或互动性的展品	展品沿墙布置	0.18～0.20	0.34
Ⅵ		展品沿墙、岛式、隔板混合布置	0.16～0.18	0.30

（续表）

编号	展品特征	展览方式	展厅观众合理密度 e_1（人/m²）	展厅观众高峰密度 e_2（人/m²）
Ⅶ	展品特征和展览方式不确定（临时展厅）		—	0.34
Ⅷ	展品展示空间与陈列展览区的交通空间无间隔（综合大厅）		—	0.34

注：1 本表不适于展品占地率大于 40% 的展厅。
2 计算综合大厅高峰限值 M_2 时，展厅净面积 S 应按综合大厅中的展示区域面积计算。

4.2.6 陈列展览区的合理观众人数应为其全部展厅合理限值之和，高峰时段最大容纳观众人数应为其全部展厅高峰限值之和。

4.3 教育区与服务设施

4.3.1 教育区的教室、实验室，每间使用面积宜为 50 m²～60 m²，并宜符合现行国家标准《中小学校设计规范》GB 50099 的有关规定。

4.3.2 应在博物馆建筑的观众主入口处，设置售票室、门廊、门厅等，并应在其中或近旁合理安排售票、验票、安检、雨具存放、衣帽寄存、问询、语音导览及资料索取、轮椅及儿童车租用等为观众服务的功能空间。

4.3.3 餐厅、茶座的设计应符合现行行业标准《饮食建筑设计规范》JGJ 64 的要求，且产生的油烟、蒸汽、气味等不应污染藏品保存场所的环境，并应配置食品储藏间、垃圾间和通往室外的卸货区。

4.4 藏品库区、藏品技术区

4.4.1 藏品库区应由库前区和库房区组成，并应符合下列规定：

1 建筑面积应满足现有藏品保管的需要，并应满足工艺确定的藏品增长预期的要求，或预留扩建的余地；

2 当设置多层库房时，库前区宜设于地面层；体积较大或重量大于 500 kg 的藏品库房宜设于地面层；

3 开间或柱网尺寸不宜小于 6 m；

4 当收藏对温湿度敏感的藏品时，应在库房区总门附近设置缓冲间。

4.4.2 采用藏品柜（架）存放藏品的库房应符合下列规定：

1 库房内主通道净宽应满足藏品运送的要求，并不应小于 1.20 m；

2 两行藏品柜间通道净宽应满足藏品存取、运送的要求，并不应小于 0.80 m；

3 藏品柜端部与墙面净距不宜小于 0.60 m；

4 藏品柜背与墙面的净距不宜小于 0.15 m。

4.4.3 藏品技术区应符合下列规定：

1 各类用房的面积、层高、平面布置、墙地面构造、水池、工作台、排气柜、空调参数、水质、电源、防腐蚀、防辐射等应根据工艺要求进行设计。

2 建筑空间与设备容量应适应工艺变化和设备更新的需要。

3 使用有害气体、辐射仪器、化学品或产生灰尘、废气、污水、废液的用房，应符合国家有关环境保护和劳动保护的规定；使用易燃易爆品的用房应符合防火要求；危险品库，应独立布置。

4 藏品技术区的实验室每间面积宜为 20 m^2～30 m^2。

4.5 业务与研究用房

4.5.1 摄影用房可包括摄影室、编辑室、冲放室、配药室、器材库等，并应符合下列规定：

1 摄影用房宜靠近藏品库区设置，有工艺要求的大型馆、特大型馆可在库前区设置专用摄影室；

2 摄影室面积、层高、门宽度和高度尺寸，以及灯光、吊轨等设施应满足摄影工艺要求；

3 冲放室应严密避光，室内墙裙、地面和管道应采取防腐蚀材料，并应设置满足工艺要求的水质、水压、水温和水量，废液应按国家有关环境保护的要求进行处置。

4.5.2 研究室、展陈设计室朝向宜为北向，并应有良好的自然采光、照明。

4.5.3 需要从藏品库区提取藏品进行工作的研究室，应与库区连接方便，并宜设藏品存放室或保险柜。

4.5.4 信息中心可由服务器机房、计算机房、电子信息接收室、电子文件采集室、数字化用房等组成，且服务器机房和计算机房的设计应符合现行国家标准《电子信息系统机房设计规范》GB 50174 的规定，并不应与藏品库及易燃易爆物存放场所毗邻。

4.5.5 美工室、展品展具制作与维修用房应符合下列规定：

1 应与展厅联系方便，且应靠近货运电梯设置，并应避免干扰公众区域和有安静环境要求的区域。

2 净高不宜小于 4.5 m。

3 通往展厅的垂直和水平通道，应满足展品、展具运输的要求。

4 应采取隔声、吸声处理措施满足声学设计要求。

5 应按工艺要求配置水、电等设备；使用油漆和易产生粉尘的工作区应设置排气、除尘等设施；当设有电焊等明火设施时，应符合国家现行有关标准的要求。

4.6 行政管理区

4.6.1 行政管理区的办公用房应符合现行行业标准《办公建筑设计规范》JGJ 67 的有关规定。

4.6.2　安全保卫用房应符合下列规定：

1 安全保卫用房应根据博物馆防护级别的要求设置，并可包括安防监控中心或报警值班室、保卫人员办公室、宿舍（营房）、自卫器具储藏室、卫生间等。大型馆、特大型馆宜在重要部位设分区报警值班室。

2 安防监控中心、报警值班室宜设在首层。

3 安防监控中心不应与建筑设备监控室或计算机网络机房合用；当与消防控制室合用时，应同时满足消防与安全防范的要求。

4 报警值班室、安防监控中心、自卫器具储藏室应安装防盗门窗。

5 特大型馆、大型馆的安防监控中心出入口宜设置两道防盗门，门间通道长度不应小于 3.0 m；门、窗应满足防盗、防弹要求。

6 保卫人员办公室、宿舍（营房）的使用面积应按定员数量确定；宿舍（营房）应有自然通风和采光，并应配备卫生间、自卫器具储藏室。

5　建筑设计分类规定

5.1　历史类、艺术类、综合类博物馆

5.1.1　展厅设计应符合下列规定：

1 展示艺术品的单跨展厅，其跨度不宜小于艺术品高度或宽度最大尺寸的 1.5 倍～2.0 倍。

2 展示一般历史文物或古代艺术品的展厅，净高不宜小于 3.5 m；展示一般现代艺术品的展厅，净高不宜小于 4.0 m。

3 临时展厅的分间面积不宜小于 200 m^2，净高不宜小于 4.5 m。

5.1.2　库前区应符合下列规定：

1 保管员工作室可包含测量、摄影、编目、藏品检索、影像库及

库前更衣间、风淋间等功能空间或用房；

2 清洁区与不洁区应分区明确。

5.1.3 库房区应符合下列规定：

1 藏品应按材质类别分间储藏。每间应单独设门，且不应设套间。

2 每间库房的面积不宜小于 50 m^2；文物类、现代艺术类藏品库房宜为 80 m^2～150 m^2；自然类藏品库房宜为 200 m^2～400 m^2。

3 文物类藏品库房净高宜为 2.8 m～3.0 m；现代艺术类藏品、标本类藏品库房净高宜为 3.5 m～4.0 m；特大体量藏品库房净高应根据工艺要求确定。

4 重点保护的一级文物、标本等珍贵藏品应独立设置库房。

5.1.4 藏品技术区的用房可包括清洁间、晾置间、干燥间、消毒（熏蒸、冷冻、低氧）室、书画装裱及修复用房、油画修复室、实物修复用房、实验室等，并应符合下列规定：

1 清洁间应配置沉淀池；晾置间（或晾置场地）不应有直接日晒，并应通风良好。

2 熏蒸室（釜）应密闭，并应设滤毒装置和独立机械通风系统；墙面、顶棚及楼地面应易于清洁。

3 书画装裱及修复用房可包括修复室、装裱间、裱件暂存库、打浆室；修复室、装裱间不应有直接日晒，应采光充足、均匀，应有供吊挂、装裱书画的较大墙面，并宜设置空调设备。

4 油画修复室的平面尺寸、净高、电源、通风系统和专业照明等应根据设备和工艺要求设计。

5 实物修复用房可包括金石器、漆木器、陶瓷等修复用房及材料工具库。金石器修复用房可包括翻模翻砂浇铸室、烘烤间、操作室等；漆木器修复用房可包括家具、漆器修复室、阴干间等；陶瓷修复用房可包括陶瓷烧造室、操作室等。实物修复用房应符合下列规定：

1）每间面积宜为 50 m^2～100 m^2，净高不应小于 3.0 m；

2）应有良好自然通风、采光，且不应有直接日晒；

3）应根据工艺要求配备排气柜、污水处理等设施，当设有明火设施时，应满足防火要求；

4）漆器修复室宜配有晾晒场地。

5.2 自然博物馆

5.2.1 展厅应符合下列规定：

1 应有防止标本展品药物气味在展厅扩散的措施；

2 展厅净高不宜低于 4.0 m；

3 临时展厅的分间面积不宜小于 400 m^2。

5.2.2 藏品库区应符合下列规定：

1 库前区、库房区用房的设置宜符合本规范第 5.1.2 条、第 5.1.3 条的规定，并应根据工艺要求确定；

2 液体浸制标本库、蜡制标本库和使用樟脑气体防虫的标本库设计应符合下列规定：

1）宜设于首层且应靠外墙设置，不应设在地下、半地下室；

2）应密闭，并应设独立的通风与空调系统。

5.2.3 藏品技术区的用房可包括清洗间、晾置间、冷冻消毒室、动物标本制作用房、植物标本制作用房、化石修理室、模型制作室、生物实验室等，并应符合下列规定：

1 宜设于地面层，并应配有露天场地。

2 清洗间的清洗池与沉淀池应按工艺要求设置；晾置间或场地应靠近清洗间。

3 冷冻消毒室每间面积不宜小于 20 m^2，且可根据工艺要求设于库前区。

4 动物标本制作用房可包括解剖室、鞣制室、制作室、缝合室等，并应符合下列规定：

1）解剖室应设置污水处理设施，并宜配置露天剥制场地；应有良好的采光、照明、通风条件；墙地面应采取防水措施，且易冲洗清洁；污物应直接运至室外，不应穿越其他房间。

2）鞣制室应设置通风、排气、遮光设施，并宜附设药品器材库，墙地面应采取防水措施，且易冲洗清洁。

3）制作室净高不宜小于4.0 m，并应有良好的采光，焊接区应满足防火要求。

4）缝合室净高不宜小于4.0 m，并应有良好的采光和清洁的环境。

5 植物标本制作用房可包括蜡模制作室、浸泡室、消毒室、标本修复室、药品器材库房等，并应符合下列规定：

1）液体浸泡标本、蜡制标本制作室应靠外墙设置，且应有防止液体流散设施和废液处理设施，并应根据工艺设置排气柜；墙、地面应防水、防腐蚀，且易冲洗清洁。

2）使用火灾危险性为甲、乙类物品应满足防火要求。

3）应通风、采光良好。

6 化石修理室、模型制作室的净高及平面尺寸应满足符合工艺要求，应有良好的采光、照明、通风条件，应配置污水处理设施，并宜配置露天制作场地；焊接区应满足防火要求。

5.3　技术博物馆

5.3.1　用于展示大型工程技术产品和大型实验装置的展厅宜设于地面层；用于展示或储藏重量大的工程技术产品的展厅或库房宜设于无地下室的地面层。

5.3.2　展示交通运输或大型工程技术产品的技术博物馆宜配置露天展场；特大型露天展场宜配备导览车辆。

5.4 科技馆

5.4.1 科技馆常设展厅的使用面积不宜小于 3 000 m^2，临时展厅使用面积不宜小于 500 m^2。

5.4.2 公众区域应符合下列规定：

1 宜设置在首层、二层、三层，不宜设在四层及以上或地下、半地下层；

2 临时展厅宜设于地面层，并应靠近门厅或设有专用门厅；

3 建筑应符合青少年、儿童观众的行为特征和安全使用要求；

4 展览教育区应满足工艺适时变化的要求，并应满足观众选择性参观的要求；

5 建筑应充分利用自然通风和采光，展厅室内应避免受阳光直晒；

6 展厅内应布置观众休息区，休息区内应设置饮水处和休息座椅，且座椅的数量不宜小于展厅观众合理限值的 5%。

5.4.3 展厅柱网和净高应符合下列规定：

1 特大型馆、大型馆展厅跨度不宜小于 15.0 m，柱距不宜小于 12.0 m；大中型馆、中型馆展厅跨度不宜小于 12.0 m，柱距不宜小于 9.0 m。

2 特大型馆、大型馆主要入口层展厅净高宜为 6.0 m～7.0 m；大中型馆、中型馆主要入口层净高宜为 5.0 m～6.0 m；特大型馆、大型馆楼层净高宜为 5.0 m～6.0 m；大中型馆、中型馆楼层净高宜为 4.5 m～5.0 m。

5.4.4 货运入口宜设装卸平台和临时库房；特大型馆货梯载重量不宜小于 5 t，大型馆货梯载重量不宜小于 3 t，大中型馆、中型馆货梯载重量不宜小于 2 t。

5.4.5 展示中产生振动或产生允许噪声级（A 声级）在 60 dB 以上的科技展品、实验装置或设备不应与要求安静的区域相邻，并应对其采取隔振、减振和消声、隔声处理。

6 藏品保存环境

6.0.1 藏品保存场所应符合下列规定：

1 应有稳定的、适于藏品长期保存的环境；

2 应具备防止藏品受人为破坏的安全条件；

3 应具备不遭受火灾危险的消防条件；

4 应设置保障藏品保存环境、安全和消防条件等不受破坏的监控设施。

6.0.2 藏品保存场所的环境要求应包括对温度、相对湿度、空气质量、污染物浓度、光辐射的控制，以及防生物危害、防水、防潮、防尘、防振动、防地震、防雷等内容。

6.0.3 藏品保存场所对温度、相对湿度的控制应符合下列规定：

1 温度、相对湿度及其变化幅度的限值应根据藏品的材质类别及相关因素，经科学实验或实践经验确定；

2 收藏、展示或修复对温度、湿度敏感藏品的库房、展厅、藏品技术用房等，应设置空气调节设备；

3 设置空气调节设备的藏品库房、展厅，其温度和相对湿度应保持稳定，温度日较差应控制在2℃～5℃范围，相对湿度日波动值不应高于5%，且应根据藏品材质类别确定。藏品保存环境的温度、相对湿度标准可按表6.0.3确定，并应满足工艺要求。

表 6.0.3 藏品保存环境的温度、相对湿度标准

材质	藏品	温度（℃）	相对湿度（%）
金属	青铜器、铁器、金银器、金属币	20	0～40
	锡器、铅器	25	0～40
	珐琅器、搪瓷器	20	40～50

（续表）

材质	藏　　品	温度（℃）	相对湿度（%）
硅酸盐	陶器、陶俑、唐三彩、紫砂器、砖瓦	20	40～50
	瓷器	20	40～50
	玻璃器	20	0～40
岩石	石器、碑刻、石雕、石砚、画像石、岩画、玉器、宝石	20	40～50
	古生物化石、岩矿标本	20	40～50
	彩绘泥塑、壁画	20	40～50
纸类	纸张、文献、经卷、书法、国画、书籍、拓片、邮票	20	50～60
织品类、油画等	丝毛棉麻纺织品、织绣、服装、帛书、唐卡、油画	20	50～60
竹木制品类	漆器、木器、木雕、竹器、藤器、家具、版画	20	50～60
动植物材料	象牙制品、甲骨制品、角制品、贝壳制品	20	50～60
	皮革、皮毛	5	50～60
	动物标本、植物标本	20	50～60
其他	黑白照片及胶片	15	40～50
	彩色照片及胶片	0	40～50

4 未设空气调节设备的藏品库房应贯彻恒湿变温的原则，相对湿度不应大于70%，且昼夜间的相对湿度差不宜大于5%。

6.0.4　藏品库房、展厅空气中烟雾灰尘和有害气体浓度限值应符合表6.0.4的规定，当进入室内的空气超过限值时，应采取过滤净化措施。

表 6.0.4 藏品库房、展厅空气中烟雾灰尘和有害气体浓度限值

污 染 物	日平均浓度限值（mg/m^3）
二氧化硫	≤ 0.05
二氧化氮	≤ 0.08
一氧化碳	≤ 4.00
臭氧	≤ 0.12（1 h 平均浓度限值）
可吸入颗粒物	≤ 0.12

6.0.5 藏品库房室内环境污染物浓度限值应符合藏品保存的要求，并应符合表 6.0.5 的规定。

表 6.0.5 藏品库房室内环境污染物浓度限值

污 染 物	最高浓度限值（mg/m^3）
甲醛	≤ 0.08
苯	≤ 0.09
氨	≤ 0.2
氡	≤ 200 BQ/m^3
总挥发性有机化合物	≤ 0.5

6.0.6 文物、标本、艺术品及对温湿度敏感的工程技术产品、科技展品的藏品库区和展厅，其围护结构的热工性能应符合现行国家标准《公共建筑节能设计标准》GB 50189 的规定，且藏品库区及展厅围护结构的最小热惰性指标 D 值，不应小于表 6.0.6 的规定。

表 6.0.6 藏品库区及展厅围护结构最小热惰性指标 D 值

围护结构名称	室温波动范围（℃）	
	±0.2	±0.5
屋面	—	3

（续表）

围护结构名称	室温波动范围（℃）	
	±0.2	±0.5
顶棚	4	3
外墙	—	4

注：室温波动范围要求在 ±0.2℃的用房，不应靠外墙或直接在屋面下布置。

6.0.7 藏品保存场所的建筑构件、构造应符合下列规定：

1 门窗应符合保温、密封、防生物入侵、防日光和紫外线辐射、防窥视的要求，并应符合国家现行防火和安全防范标准的规定。

2 当库房区因工艺要求设置通风外窗时，窗墙比不宜大于1∶20，且不应采用跨层或跨间的窗户。

3 室内装修宜采用在使用中不产生挥发性气体或有害物质，在火灾事故中不产生烟尘和有害物质的材料；墙及楼地面应表面平整、易清洁；楼地面应耐磨、防滑。

4 操作平台、藏具、展具应牢固，表面平整，构造紧密；易碎易损藏品及展品应采取防振、减振措施。

5 屋面排水系统应保证将屋面雨水迅速排至室外雨水管渠或室外；屋面防水等级应为Ⅰ级；当为平屋面时，屋面排水坡度不宜小于5%，夏热冬冷和夏热冬暖地区的平屋面宜设置架空隔热层。

6 无地下室的首层地面以及半地下室及地下室的墙、地面应有防潮、防水、防结露措施；地下室防水等级应为一级。

7 管道通过的墙面、楼面、地面等处均应用不燃材料填塞密实。

8 藏品保存场所的外门、外窗、采光口、通风洞等应根据安全防护要求设置实体防护装置；藏品保存场所建筑周围不应有可攀缘入室的高大乔木、电杆、外落水管等物体。

6.0.8 藏品保存场所周边绿化不宜选用易生虫害或飞花扬絮的植物。

7 防　　火

7.1 一般规定

7.1.1 博物馆建筑各功能场所之间应进行防火分隔，建筑及各功能区的防火设计应符合现行国家标准《建筑设计防火规范》GB 50016的规定。当设置人防工程时，应符合现行国家标准《人民防空工程设计防火规范》GB 50098 的有关规定。当利用古建筑作为博物馆建筑时，应符合国家现行有关古建筑防火的规定。

7.1.2 博物馆建筑的耐火等级不应低于二级，且当符合下列条件之一时，耐火等级应为一级：

1 地下或半地下建筑（室）和高层建筑；

2 总建筑面积大于 10 000 m^2 的单层、多层建筑；

3 主管部门确定的重要博物馆建筑。

7.1.3 高层博物馆建筑的防火设计应符合一类高层民用建筑的规定。

7.1.4 除因藏品保存的特殊需要外，博物馆建筑的内部装修应采用不燃材料或难燃材料，并应符合现行国家标准《建筑内部装修设计防火规范》GB 50222 的规定。

7.1.5 博物馆建筑设计应满足博物馆对一切火源、电源和各种易燃易爆物进行严格管理的要求，并应符合下列规定：

1 除工艺特殊要求外，建筑内不得设置明火设施，不得使用和储存火灾危险性为甲类、乙类的物品；

2 藏品技术区、展品展具制作与维修用房中因工艺要求设置明火设施，或使用、储藏火灾危险性为甲类、乙类物品时，应采取防火和安全措施，且应符合现行国家标准《建筑设计防火规范》GB 50016 的规定；

3 食品加工区宜使用电能加热设备，当使用明火设施时，应远离藏品保存场所且应靠外墙设置，应用耐火极限不低于 2.00 h 的防火隔墙和甲级防火门与其他区域分隔，且应设置火灾报警和自动灭火装置。

7.2 藏品保存场所的防火设计

7.2.1 藏品库区、展厅和藏品技术区等藏品保存场所的建筑构件耐火极限不应低于表 7.2.1 的规定，并应为不燃烧体。

表 7.2.1 藏品保存场所建筑构件的耐火极限

建筑构件名称		耐火极限（h）
墙	防火墙	3.00
	承重墙、房间隔墙	3.00
	疏散走道两侧的墙、非承重外墙	2.00
	楼梯间、前室的墙，电梯井的墙	2.00
	珍贵藏品库房、丙类藏品库房的防火墙	4.00
柱		3.00
梁		2.50
楼板		2.00
屋顶承重构件，上人屋面的屋面板		1.50
疏散楼梯		1.50
吊顶（包括吊顶格栅）		0.30
防火分区、藏品库房和展厅的疏散门、库房区总门		甲级

7.2.2 藏品保存场所的安全疏散楼梯应采用封闭楼梯间或防烟楼梯间，电梯应设前室或防烟前室；藏品库区电梯和安全疏散楼梯不应

设在库房区内。

7.2.3 陈列展览区防火分区设计应符合下列规定：

1 防火分区的最大允许建筑面积应符合下列规定：

1）单层、多层建筑不应大于 2 500 m^2；

2）高层建筑不应大于 1 500 m^2；

3）地下或半地下建筑（室）不应大于 500 m^2。

2 当防火分区内全部设置自动灭火系统时，其防火分区最大允许建筑面积可按本条第一款的规定增加一倍；当局部设置时，其防火分区增加面积可按设置自动灭火系统部分的建筑面积减半计算。

3 当裙房与高层建筑主体之间设置防火墙时，裙房的防火分区可按单层、多层建筑的要求确定。

4 对于科技馆和展品火灾危险性为丁、戊类物品的技术博物馆，当建筑内全部设置自动灭火系统和火灾自动报警系统时，其每个防火分区的最大允许建筑面积可适当增加，并应符合下列规定：

1）设置在高层建筑内时，不应大于 4 000 m^2；

2）设置在单层建筑内或仅设置在多层建筑的首层时，不应大于 10 000 m^2；

3）设置在地下或半地下时，不应大于 2 000 m^2。

5 防火分区内一个厅、室的建筑面积不应大于 1 000 m^2；当防火分区位于单层建筑内或仅设置在多层建筑的首层，且展厅内展品的火灾危险性为丁、戊类物品时，该展厅建筑面积可适当增加，但不宜大于 2 000 m^2。

7.2.4 陈列展览区每个防火分区的疏散人数应按区内全部展厅的高峰限值之和计算确定。

7.2.5 藏品库房区内藏品的火灾危险性应根据藏品的性质和藏品中可燃物数量等因素划分，并应符合现行国家标准《建筑设计防火规范》GB 50016 中关于储存物品火灾危险性分类的规定。

7.2.6 丙类液体藏品库房不应设在地下或半地下，以及高层建筑中；当设在单层、多层建筑时，应靠外墙布置，且应设置防止液体流散的设施。

7.2.7 当丁、戊类藏品库房的可燃包装材料重量大于物品本身重量1/4，或可燃包装材料体积大于藏品本身体积的1/2时，其火灾危险性应按丙类固体藏品类别确定；当丁、戊类藏品库房内采用木质护墙时，其防火设计应按丙类固体藏品库房的要求确定。

7.2.8 藏品库区的防火分区设计应符合下列规定：

1 藏品库区每个防火分区的最大允许建筑面积应符合表7.2.8的规定。

2 防火分区内一个库房的建筑面积，丙类液体藏品库房不应大于300 m^2；丙类固体藏品库房不应大于500 m^2；丁类藏品库房不应大于1 000 m^2；戊类藏品库房不宜大于2 000 m^2。

表7.2.8 藏品库区每个防火分区的最大允许建筑面积

藏品火灾危险性类别		每个防火分区的允许最大建筑面积（m^2）			
		单层或多层建筑的首层	多层建筑	高层建筑	地下、半地下建筑（室）
丙	液体	1 000	700	—	—
	固体	1 500	1 200	1 000	500
丁		3 000	1 500	1 200	1 000
戊		4 000	2 000	1 500	1 000

注：1 当藏品库区内全部设置自动灭火系统和火灾自动报警系统时，可按表内的规定增加1.0倍。

2 库房内设置阁楼时，阁楼面积应计入防火分区面积。

7.2.9 当藏品库区中同一防火分区内储藏不同火灾危险性藏品时，该防火分区最大允许建筑面积应按其中火灾危险性最大类别确定；当该防火分区内无甲、乙类或丙类液体藏品，且丙类固体藏品库房建筑面积之和不大于区内库房建筑面积之和的1/3时，该防火分区最大允许建筑面积可按本规范 7.2.8 条丁类藏品的规定确定。

7.2.10 藏品库区内每个防火分区通向疏散走道、楼梯或室外的出口不应少于 2 个，当防火分区的建筑面积不大于 100 m^2 时，可设一个出口；每座藏品库房建筑的安全出口不应少于 2 个；当一座库房建筑的占地面积不大于 300 m^2 时，可设置 1 个安全出口。

7.2.11 地下或半地下藏品库房的安全出口不应少于 2 个；当建筑面积不大于 100 m^2 时，可设 1 个安全出口。

当地下或半地下藏品库房有多个防火分区相邻布置，且采用防火墙分隔时，每个防火分区可利用防火墙上通向相邻防火分区的甲级防火门作为第二安全出口，但每个防火分区至少应有一个直通室外的安全出口。

8 采光与照明

8.1 采光

8.1.1 博物馆建筑应进行光环境的专业设计。

8.1.2 博物馆建筑的采光设计应符合现行国家标准《建筑采光设计标准》GB 50033 的规定。

8.1.3 博物馆建筑的采光标准值应符合表 8.1.3 的规定。

表 8.1.3 博物馆建筑的采光标准值

采光等级	场所名称	侧面采光		顶部采光	
		采光系数标准值（%）	室内天然光照度标准值（lx）	采光系数标准值（%）	室内天然光照度标准值（lx）
Ⅲ	文物修复室 *、标本制作室 *、书画装裱室	3.0	450	2.0	300

（续表）

采光等级	场所名称	侧面采光		顶部采光	
		采光系数标准值（%）	室内天然光照度标准值（lx）	采光系数标准值（%）	室内天然光照度标准值（lx）
Ⅳ	陈列室、展厅、门厅	2.0	300	1.0	150
Ⅴ	库房、走道、楼梯间、卫生间	1.0	150	0.5	75

注：1 * 表示采光不足部分应补充人工照明，照度标准值为 750 lx。
2 表中的展厅是指对光不敏感的展厅，如无特殊要求应根据展品的特征和使用要求优先采用天然光。
3 书画装裱室设置在建筑北侧，工作时一般仅用天然光照明。

8.1.4 展厅应根据展品特征和展陈设计要求，优先采用天然光，且采光设计应符合下列规定：

1 天然光产生的照度应符合本规范第 8.1.3 条的规定；

2 展厅内不应有直射阳光，采光口应有减少紫外辐射、调节和限制天然光照度值和减少曝光时间的构造措施；

3 应有防止产生直接眩光、反射眩光、映象和光幕反射等现象的措施；

4 当需要补充人工照明时，人工照明光源宜选用接近天然光色温的高温光源，并应避免光源的热辐射损害展品；

5 顶层展厅宜采用顶部采光，顶部采光时采光均匀度不宜小于 0.7；

6 对于需要识别颜色的展厅，宜采用不改变天然光光色的采光材料；

7 光的方向性应根据展陈设计要求确定；

8 对于照度低的展厅，其出入口应设置视觉适应过渡区域；

9 展厅室内顶棚、地面、墙面应选择无反光的饰面材料。

8.2 照明

8.2.1 博物馆建筑的照明设计应符合现行国家标准《博物馆照明设计规范》GB/T 23863 和《建筑照明设计标准》GB 50034 的规定。

8.2.2 博物馆建筑的照明设计应遵循有利于观赏展品和保护展品的原则，并应安全可靠、经济适用、技术先进、节约能源、维修方便。

8.2.3 展厅内展品的照明应根据展品的类别确定，且照度标准值不应大于表 8.2.3 的规定：

表 8.2.3 展厅展品照度标准值

展品类型	参考平面及其高度	照度标准值（lx）	年曝光量（lx·h/a）
对光特别敏感的展品，如织绣品、国画、水彩画、纸质展品、彩绘陶（石）器、染色皮革、动植物标本等	展品面	≤ 50（色温≤ 2 900 K）	50 000
对光敏感的展品，如油画、不染色皮革、银制品、牙骨角器、象牙制品、竹木制品和漆器等	展品面	≤ 150（色温≤ 3 300 K）	360 000
对光不敏感的展品，如铜铁等金属制品，石质器物，宝玉石器，陶瓷器，岩矿标本，玻璃制品、搪瓷制品、珐琅器等	展品面	≤ 300（色温≤ 4 000 K）	—

8.2.4 博物馆部分场所的照度标准值应符合表 8.2.4 的规定。

表 8.2.4 博物馆建筑相关场所照度标准值

房间或场所	参考平面及高度	照度标准值（lx）	UGR	U_0	R_a
门厅	地面	200	22	0.40	80
综合大厅	地面	100	22	0.40	80

（续表）

房间或场所	参考平面及高度	照度标准值（lx）	UGR	U_0	R_a
寄物处	地面	150	22	0.60	80
接待室	0.75 m 工作面	300	22	0.60	80
报告厅、教室	0.75 m 工作面	300	22	0.60	80
美工室	0.75 m 工作面	500	22	0.60	90
编目室	0.75 m 水平面	300	22	0.60	80
摄影室	0.75 m 水平面	100	22	0.60	80
熏蒸室	实际工作面	150	22	0.60	80
藏品修复室	实际工作面	750	19	0.70	90
标本制作室	实际工作面	750	19	0.70	90
书画装裱室	实际工作面	500	19	0.70	90
实验室	实际工作面	300	22	0.60	80
周转库房	地面	50	22	0.40	80
藏品库房	地面	75	22	0.40	80
一般库房	地面	100	22	0.40	80
鉴赏室	0.75 m 水平面	150	22	0.60	80
阅览室	0.75 m 水平面	300	19	0.60	80
绘画展厅	地面	100	19	0.60	80
雕塑展厅	地面	150	19	0.60	80
科技馆展厅	地面	200	22	0.60	80

注：1 表中照度标准值为参考平面上的维持平均照度值。

2 藏品修复室、标本制作室的照度标准值采用混合照明的照度标准值，其一般照明的照度值按混合照明照度的 20%～30% 选取；当对象是对光敏感或特别敏感的材料，应减少局部照明的时间，并应有防紫外线的措施。

8.2.5 除科技馆、技术博物馆外，展厅照明质量应符合下列规定：

1 一般照明应按展品照度值的 20%～30% 选取；

2 当展厅内只有一般照明时，地面最低照度与平均照度之比不应小于 0.7；

3 平面展品的最低照度与平均照度之比不应小于 0.8；高度大于 1.4 m 的平面展品，其最低照度与平均照度之比不应小于 0.4；

4 展厅内一般照明的统一眩光值（UGR）不宜大于 19；

5 展品与其背景的亮度比不宜大于 3∶1。

8.2.6 立体造型的展品应通过定向照明和漫射照明相结合的方式表现其立体感，并宜通过试验方式确定。

8.2.7 展厅照明光源宜采用细管径直管形荧光灯、紧凑型荧光灯、卤素灯或其他新型光源。有条件的场所宜采用光纤、导光管、LED 等照明。

8.2.8 一般展品展厅直接照明光源的色温应小于 5 300 K；对光线敏感展品展厅直接照明光源的色温应小于 3 300 K。

8.2.9 在陈列绘画、彩色织物以及其他多色展品等对辨色要求高的场所，光源一般显色指数（R_a）不应低于 90；对辨色要求不高的场所，光源一般显色指数（R_a）不应低于 80。

8.2.10 博物馆建筑室内照明光源色表按其相关色温分为三组，光源色表分组宜按表 8.2.10 确定。

表 8.2.10 光源色表分组

色表分组	色表特征	相关色温（K）	适用场所
Ⅰ	暖	<3 300	接待室、寄物处、对光线敏感展品展厅
Ⅱ	中间	3 300～5 300	办公室、报告厅、售票处、鉴赏室、阅览室、一般展品展厅
Ⅲ	冷	>5 300	高照度场所

8.2.11 藏品库房室内和对光特别敏感展品的照明应选用无紫外线的光源，并应有遮光装置。展厅内的一般照明应采用紫外线少的光源。对于对光敏感及特别敏感的展品或藏品，使用光源的紫外线相对含量应小于 20 μW/1 m，其年曝光量不应大于本规范表 8.2.3 的规定。

9 声 学

9.0.1 博物馆建筑应进行声学设计。

9.0.2 博物馆建筑的空间布局，应结合功能分区的要求，将安静区域与嘈杂区域隔离。

9.0.3 对产生噪声的设备应采取隔振、隔声措施，并宜将其设于地下。

9.0.4 公众区域应避免产生声聚焦、回声、颤动回声等声学缺陷。

9.0.5 博物馆建筑的室内允许噪声级应符合表 9.0.5 的规定：

表 9.0.5 室内允许噪声级

房 间 类 别	允许噪声级（A 升级，dB）
有特殊安静要求的房间	≤ 35
有一般安静要求的房间	≤ 45
无特殊安静要求的房间	≤ 55

注：1 特殊安静要求的房间指报告厅、会议室等；有一般安静要求的房间指一般展厅、研究室、行政办公及休息室等；无特殊安静要求的房间指以互动性展品为主的展厅、实验室等。

2 对邻近有特别容易分散观众听讲解注意力的干扰声时，表中的允许噪声级应降低 5 dB。

3 室内允许噪声级应为关窗状态下昼间和夜间时段的标准值。

9.0.6 博物馆建筑不同房间围护结构的空气声隔声标准和撞击声隔声标准应符合表 9.0.6 的规定：

表 9.0.6　空气声隔声标准和撞击声隔声标准

围护结构或楼板部位 / 房间类型	空气声隔声标准	撞击声隔音标准
	隔墙及楼板计权隔声量（dB）	层间楼板计权标准化撞击声压级（dB）
有特殊安静要求的房间与一般安静要求的房间之间	≥ 50	≤ 65
有一般安静要求的房间与产生噪声的展览室、活动室之间	≥ 45	≤ 65
有一般安静要求的房间之间	≥ 40	≤ 75

注：产生噪声的房间系指产生噪声的以操作为主的展示室、学生活动室等以及产生噪声与振动的机械设备用房。

9.0.7　公众区域的顶棚或墙面宜做吸声处理。

9.0.8　公众区域，包括展厅、门厅、教育用房等公共区域混响时间宜符合表 9.0.8 的规定。

表 9.0.8　公众区域混响时间

房　间　名　称	房间体积（m^3）	500 Hz 混响时间（使用状态，s）
一般公共活动区域	200～500	≤ 0.8
	501～1 000	1.0
	1 001～2 000	1.2
	2 001～4 000	1.4
	>4 000	1.6
视听室、电影厅、报告厅	—	0.7～1.0

注：特殊音效的 3D、4D 影院应根据工艺设计要求确定混响时间。

10 结构与设备

10.1 结构

10.1.1 特大型、大型、大中型博物馆建筑及主管部门确定的重要博物馆建筑的主体结构的设计使用年限宜取为100年，其安全等级宜为一级；中型及小型博物馆建筑主体结构的设计使用年限宜取为50年，其安全等级宜为二级。

10.1.2 特大型、大型、大中型博物馆建筑及主管部门确定的重要博物馆建筑的主体结构的抗震设防类别宜取为乙类，中型及小型博物馆建筑主体结构的抗震设防类别宜取为丙类。

10.1.3 博物馆建筑的楼地面使用活载标准值应按表10.1.3采用，且不应低于现行国家标准《建筑结构荷载规范》GB 50009所规定的要求，凡有特殊情况或有专门要求及现行国家标准《建筑结构荷载规范》GB 50009中未规定的楼地面使用活载应按照实际情况采用。

表10.1.3 博物馆建筑的楼地面使用活荷载要求

功能空间			使用活荷载（kN/m^2）
展厅	主入口层		8.0
	其他楼层	特大型及大型博物馆	5.0
		中、小型博物馆	4.0
库房	一般库房		6.0
	大型的石雕或金属制品库房		10.0
办公室			2.0
多功能会议室			3.5

（续表）

功　能　空　间	使用活荷载（kN/m^2）
资料室、档案室	5.0
密集书柜	12.0
机房	7.0
走廊、门厅、楼梯	3.5
运送藏品的汽车通道	10.0

10.1.4　特大型、大型博物馆建筑主体结构的风荷载宜采用100年一遇的风荷载，雪荷载宜采用100年一遇的雪荷载；大中型、中型及小型博物馆建筑主体结构的风荷载可采用50年一遇的风荷载，雪荷载可采用50年一遇的雪荷载。

10.1.5　建筑结构设计应符合现行国家标准《建筑抗震设计规范》GB 50011的规定，并应满足博物馆藏品防震和防工业振动专项设计的要求。

10.1.6　隔墙、挂饰、吊灯等非结构构件的抗震设计和防坠落设计应符合现行行业标准《非结构构件抗震设计规范》JGJ 339的规定，并应满足博物馆藏品防震和防工业振动专项设计的要求。

10.2　给水排水

10.2.1　博物馆建筑应设给水排水系统，并应满足生活用水、空调用水、道路绿化用水、馆区内各功能区域工艺用水的要求。博物馆建筑的用水定额、给水排水系统选择，应按现行国家标准《建筑给水排水设计规范》GB 50015中的有关规定执行。

10.2.2　卫生器具和配件应符合现行行业标准《节水型生活用水器具》CJ/T 164的有关要求。公共场所的卫生间洗手盆应采用感应式或延时自闭式水嘴，小便器应配套采用感应式或延时自闭式冲洗阀。

10.2.3 博物馆公众区域的餐厅、茶座等宜设置热水供应装置，休息室（廊）宜设置观众饮水装置。

10.2.4 博物馆建筑的排水应遵循雨水与生活排水分流的原则，各类用房排水的排放应符合国家及地方的规定。

10.2.5 当博物馆的藏品库房、展厅等用房设置在地下室或半地下室内时，应在上述用房邻近部位设置地下室或半地下室地坪排水集水坑和提升装置，提升装置应有可靠的动力供应。

10.2.6 屋面的雨水排水方式应根据房间的使用功能、屋面的结构形式和气候条件选择。藏品保存场所的屋面应采用雨水外排水系统。

10.2.7 屋面的雨水设计重现期不宜小于 10 年。屋面雨水排水工程应设置溢流设施。屋面雨水排水工程与溢流设施的总排水能力不应小于 50 年重现期的雨水量。

10.2.8 给水排水和消防给水的管材、管件及附件等均应符合国家现行有关产品标准的要求，接口连接应严密牢固。管道的敷设应符合本规范第 4.1.5 条的规定。当管道内介质温度存在低于室内空气露点温度可能时，应设置防露措施。

10.2.9 博物馆建筑的自动灭火系统设计应符合现行国家标准《建筑设计防火规范》GB 50016 的有关规定，并应符合下列规定：

1 珍贵藏品的库房和中型及以上建筑规模博物馆收藏纸质书画、纺织品等遇水即损藏品的库房，应设置气体灭火系统；

2 一级纸（绢）质文物的展厅应设置气体灭火系统；

3 除本条第 1 款、第 2 款外，设置自动灭火系统的藏品库房、展厅、藏品技术用房，宜选用自动喷水预作用灭火系统或细水雾灭火系统。

10.2.10 博物馆建筑应设置灭火器。灭火器的配置应符合现行国家标准《建筑灭火器配置设计规范》GB 50140 的有关规定。

10.3 供暖、通风与空气调节

10.3.1 博物馆藏品库房的室内温湿度设计计算参数应根据工艺要求确定，当工艺要求未确定时可按本规范第 6.0.3 条选取。

10.3.2 博物馆的陈列展览区和工作区供暖室内设计温度应符合下列规定：

1 严寒和寒冷地区主要房间应取 18℃～24℃；

2 夏热冬冷地区主要房间宜取 16℃～22℃；

3 值班房间不应低于 5℃。

10.3.3 博物馆的陈列展览区和业务区宜设置空调，室内空气设计计算参数宜符合表 10.3.3 的规定。

表 10.3.3 陈列展览区和业务区室内空气设计计算参数

房间名称	夏季		冬季		新风量 [m^3/（h·p）]
	温度（℃）	相对湿度（%）	温度（℃）	相对湿度（%）	
办公室	24～27	55～65	18～20	—	30
会议室	25～27	≤ 65	16～18	—	30
休息室	25～27	≤ 60	18～22	—	30
展览区	25～27	45～60	18～20	35～50	20
技术用房	25	45～60	18～20	≥ 40	30
餐厅	25～27	≤ 65	18～20	—	20
门厅	26～28	≤ 65	16～18	—	10
计算机房	23 ± 2	45～60	20 ± 2	45～60	20

10.3.4 博物馆建筑空调系统冷热源应根据博物馆建筑物的用途、规模、使用特点、负荷变化情况与参数要求、所在地区气象条件与能

源状况等，通过技术经济比较确定。

10.3.5 博物馆的陈列展览区、藏品库区和公众集中活动区宜采用全空气空调系统。

10.3.6 博物馆建筑的下列区域宜分别或独立设置空气调节系统：

1 使用时间不同的空气调节区域；

2 温湿度基数和允许波动范围不同的空气调节区域；

3 对空气的洁净要求不同的空气调节区域；

4 在同一时间内需分别进行供热和供冷的空气调节区域。

10.3.7 藏品库房温湿度要求应根据藏品类别和材质确定。空调系统宜独立设置，或可局部添加小型温湿度调节设备。有藏品区域应设有温湿度调节的设施，特别珍贵物品藏品库的空调系统冷热源应设置备用机组。空调水管、空气凝结水管不应穿越藏品库房。

10.3.8 博物馆建筑内使用樟脑气体防虫和液体浸制的标本库房，空调和通风系统应独立设置。

10.3.9 库房区和敏感藏品封闭式展区的空调系统应按工艺要求设置空气过滤装置，但不应使用静电空气过滤装置。

10.3.10 展示书画及对温湿度较敏感藏品的展厅，可设置展柜恒温恒湿空调机组。

10.3.11 熏蒸室应设独立机械通风系统，且排风管道不应穿越其他用房；排风系统应安装滤毒装置，且控制开关应设置在室外。

10.3.12 藏品技术用房、展品制作与维修用房、实验室等应按工艺要求设置带通风柜的通风系统和全室通风系统，并应按工艺要求计算通风换气量。

10.3.13 对于博物馆建筑内化学危险品和放射源及废料的放置室，夏季应设置使室温小于25℃的冷却措施，并应设有通风设施。

10.3.14 当技术经济比较合理时，博物馆的集中机械排风系统宜设置热回收装置。

10.3.15 博物馆建筑的供暖通风与空调系统应进行监测与控制，且监控内容应根据其功能、用途、系统类型等经技术经济比较后确定。

10.3.16 博物馆建筑中经常有人停留或可燃物较多的房间及疏散走道、疏散楼梯间、前室等应设置防排烟系统，并应符合现行国家标准《建筑设计防火规范》GB 50016 的有关规定。

10.4 建筑电气

10.4.1 博物馆建筑的供配电设计应按现行国家标准《供配电系统设计规范》GB 50052 的规定执行，且供电电源应符合下列规定：

1 特大型、大型及高层博物馆建筑应按一级负荷要求供电，其中重要设备及部位用电应按一级负荷中特别重要负荷要求供电；

2 大中型、中型及小型博物馆建筑的重要设备及部位用电负荷应按不低于二级负荷要求供电。

10.4.2 博物馆建筑内消防用电设备及系统的设计应符合现行国家标准《建筑设计防火规范》GB 50016 的相关规定。

10.4.3 火灾报警、防盗报警系统的用电设备应设置自备应急电源。

10.4.4 有恒温恒湿要求的藏品库房、陈列展览区的空调用电负荷不应低于二级负荷。

10.4.5 陈列展览区内不应有外露的配电设备；当展区内有公众可触摸、操作的展品电气部件时应采用安全低电压供电。

10.4.6 藏品库房的电源开关应统一安装在藏品库区的藏品库房总门之外，并应设置防剩余电流的安全保护装置。

10.4.7 展厅内宜设置使用电化教育设施的电气线路和插座。

10.4.8 熏蒸室的电气开关应设置在室外。

10.4.9 藏品库房和展厅的电气照明线路应采用铜芯绝缘导线穿金属保护管暗敷；利用古建筑改建时，可采取铜芯绝缘导线穿金属保护管明敷。

10.4.10 特大型、大型博物馆建筑内，成束敷设的电线电缆应采用低烟无卤阻燃电线电缆；大中型、中型及小型博物馆建筑内，成束敷设的电线电缆宜采用低烟无卤阻燃电线电缆。

10.4.11 展厅的照明应采用分区、分组或单灯控制，照明控制箱宜集中设置；藏品库房内的照明宜分区控制。

10.4.12 特大型、大型博物馆建筑的展厅应采用智能照明控制系统；对光敏感的展品宜采用能通过感应人体来开关灯光的控制装置。

10.4.13 展厅及疏散通道应设置能引导疏散方向的灯光疏散指示标志；安全出口处应设置消防安全出口灯光标志。

10.4.14 特大型、大型博物馆建筑展厅内疏散通道和主要疏散路线的地面上宜增设能保持视觉连续的灯光疏散指示标志。

10.4.15 特大型、大型博物馆建筑的展厅内应设置应急照明，其照度值不应低于一般照明值的 10%。

10.4.16 展厅、疏散通道、疏散楼梯等部位应设置疏散照明，其地面平均水平照度不应低于 5 lx。

10.4.17 重要藏品库房应设置警卫照明。

10.4.18 博物馆建筑应根据其使用性质和重要性、发生雷电事故的可能性及造成后果的严重性，进行防雷设计。特大型、大型、大中型博物馆应按第二类防雷建筑物进行设计，中型、小型博物馆应根据年预计雷击次数确定防雷等级，并应按不低于第三类防雷建筑物进行设计。

10.5 智能化系统

10.5.1 博物馆建筑智能化系统应按国家现行标准《民用建筑电气设计规范》JGJ 16 和《智能建筑设计标准》GB 50314 的有关规定执

行，并应符合下列规定：

1 应根据博物馆的建筑规模、使用功能、管理要求、建设投资等实际情况，选择配置相应的智能化系统；

2 应满足面向社会公众的展示、文化传播、教学研究和资料存储等信息化应用的需求；

3 应建立满足博物馆藏（展）品的展示、库藏和运输的公共安全防护体系，以及应对突发事件的应急防范措施；

4 大中型及以上博物馆建筑的弱电缆线宜采用低烟无卤阻燃型，并应采用暗敷方式敷设在金属导管或线槽中；遗址博物馆、古建筑改建的博物馆建筑可采用明敷的方式。

10.5.2 博物馆建筑的信息设施系统应符合下列规定：

1 在公众区域、业务与研究用房、行政管理区、附属用房等处应设置综合布线系统信息点；

2 陈列展览区、藏品库区的门口宜设置对讲分机。

10.5.3 博物馆建筑的信息化应用系统应符合下列规定：

1 公众区域应设置多媒体信息显示、信息查询和无障碍信息查询终端；

2 宜设置语音导览系统，支持数码点播或自动感应播放的功能；

3 博物馆的藏品和展品宜实施电子标签；

4 宜建立数字化博物馆网站和声讯服务系统。

10.5.4 博物馆建筑的公共安全系统应符合下列规定：

1 应设置火灾自动报警系统和入侵报警系统，并应符合现行国家标准《火灾自动报警系统设计规范》GB 50116 和《入侵报警系统工程设计规范》GB 50394 的相关规定；

2 藏品库房内应根据不同场所设置感烟或感温探测器，并宜设置灵敏度高的吸气式感烟器；

3 展柜内宜根据保护对象的需求，设置感烟探测器；

4 大中型及以上规模的博物馆建筑及木质结构古建筑应设置电气火灾监控系统；

5 典藏、保护、展示有关历史、文化、艺术、自然科学、技术方面的文物、标本等实物的博物馆应符合国家现行标准《文物系统博物馆风险等级和安全防护级别的规定》GA 27 和《博物馆和文物保护单位安全防范系统要求》GB/T 16571 的规定；

6 非典藏、保护、展示有关历史、文化、艺术、自然科学、技术方面的文物、标本等实物的博物馆应符合现行国家标准《视频安防监控系统工程设计规范》GB 50395 和《出入口控制系统工程设计规范》GB 50396 的有关规定；

7 安全技术防范系统的监控应能适应陈列设计、布展功能调整的需要；

8 敞开式珍贵展品的陈列展览应设置触摸报警、电子幕帘、防盗探测、视频侦测、移动报警等目标防护技术措施；

9 珍贵文物、贵重藏品在装卸区、拆箱（包）间、暂存库、周转库、缓冲间、鉴赏室等的藏（展）品停放、交接、进出库应有全过程、多方位的视频监控；

10 藏品库区、陈列展览区、藏品技术区应设置出入口控制系统，业务与研究用房、行政管理用房、强电间、弱电间宜设置出入口控制系统；

11 观众主入口处宜设置防爆安检和体温探测装置，各陈列展览区入口宜设置客流分析系统。

10.5.5 博物馆建筑的设备监控系统应符合下列规定：

1 应根据观众流量对公众区域的温湿度和新风量进行自动调节，并对空气中二氧化碳、硫化物的含量进行监测；

2 应具有对熏蒸、清洗、干燥、修复等区域产生的有害气体进行实时监控的功能；

3 展柜、陈列展览区和藏品库区应设置温湿度数据采集点；

4 藏品库房、信息中心应设置漏水报警系统。

10.5.6 博物馆建筑应设置博物馆信息管理系统，并宜与智能化集成系统构成信息管理共享平台。

本规范用词说明

1 为便于在执行本规范条文时区别对待，对要求严格程度不同的用词说明如下：

1）表示很严格，非这样做不可的：

正面词采用“必须”；反面词采用“严禁”；

2）表示严格，在正常情况下均应这样做的：

正面词采用“应”；反面词采用“不应”或“不得”；

3）表示允许稍有选择，在条件许可下首先应这样做的：

正面词采用“宜”；反面词采用“不宜”；

4）表示有选择，在一定条件下可以这样做的，采用“可”。

2 条文中指明应按其他有关标准执行的写法为“应符合……的规定”或“应按……执行”。

引用标准名录

1《建筑结构荷载规范》GB 50009

2《建筑抗震设计规范》GB 50011

3《建筑给水排水设计规范》GB 50015

4《建筑设计防火规范》GB 50016

5《建筑采光设计标准》GB 50033

6《建筑照明设计标准》GB 50034

7《供配电系统设计规范》GB 50052
8《人民防空工程设计防火规范》GB 50098
9《中小学校设计规范》GB 50099
10《火灾自动报警系统设计规范》GB 50116
11《建筑灭火器配置设计规范》GB 50140
12《电子信息系统机房设计规范》GB 50174
13《公共建筑节能设计标准》GB 50189
14《建筑内部装修设计防火规范》GB 50222
15《智能建筑设计标准》GB 50314
16《入侵报警系统工程设计规范》GB 50394
17《视频安防监控系统工程设计规范》GB 50395
18《出入口控制系统工程设计规范》GB 50396
19《无障碍设计规范》GB 50763
20《博物馆和文物保护单位安全防范系统要求》GB/T 16571
21《博物馆照明设计规范》GB/T 23863
22《城市公共厕所设计标准》CJJ 14
23《节水型生活用水器具》CJ/T 164
24《民用建筑电气设计规范》JGJ 16
25《饮食建筑设计规范》JGJ 64
26《办公建筑设计规范》JGJ 67
27《非结构构件抗震设计规范》JGJ 339
28《文物系统博物馆风险等级和安全防护级别的规定》GA 27

附件二

全国一、二、三级博物馆建筑面积表（2018年度）

博物馆名称	博物馆性质	质量等级	是否免费开放	地　　址	原馆建筑面积（m^2）	现馆建筑面积（m^2）	注	数　据　来　源
北京市（31家）								
故宫博物院	文物	一级	否	东城区景山前街4号	725 000	725 000		https: //baike.baidu.com/item/ 北京故宫博物院 /8663390?fromtitle=故宫博物院 &fromid=5317
中国国家博物馆	文物	一级	是	东城区东长安街16号	200 000	200 000		https: //baike.baidu.com/item/ 中国国家博物馆
中国人民革命军事博物馆	行业	一级	是	海淀区复兴路9号	159 000	159 000		https: //baike.baidu.com/item/ 中国人民革命军事博物馆

（续表）

博物馆名称	博物馆性质	质量等级	是否免费开放	地　址	原馆建筑面积（m^2）	现馆建筑面积（m^2）	注	数　据　来　源
北京鲁迅博物馆（北京新文化运动纪念馆）	文物	一级	是	西城区阜成门内宫门口二条19号、东城区五四大街29号	11 400	11 400	鲁迅故居400，生平陈列馆1 000，新文化运动纪念馆10 000	https: //baike.baidu.com/item/ 北京鲁迅博物馆
中国地质博物馆	行业	一级	否	西城区西四羊肉胡同15号	11 000	11 000		https: //baike.baidu.com/item/ 中国地质博物馆
中国农业博物馆	行业	一级	是	朝阳区东三环北路16号	124 000	124 000		https: //baike.baidu.com/item/ 中国农业博物馆 /1751870?fr=aladdin
中国人民抗日战争纪念馆	文物	一级	是	丰台区宛平城内街101号	2 000	20 000		https: //baike.baidu.com/item/ 中国人民抗日战争纪念馆 /1777646
中国科学技术馆	行业	一级	否	朝阳区北辰东路5号	102 000	102 000		https: //baike.baidu.com/item/ 中国科学技术馆 /1751615
北京自然博物馆	行业	一级	是	东城区天桥南大街126号	21 000	21 000		https: //baike.baidu.com/item/ 北京自然博物馆
首都博物馆	文物	一级	是	西城区复兴门外大街16号	63 390	63 390		https: //baike.baidu.com/item/ 首都博物馆
周口店北京人遗址博物馆	文物	一级	否	房山区周口店大街1号	1 000	1 000		https: //baike.baidu.com/item/ 周口店北京人遗址博物馆

（续表）

博物馆名称	博物馆性质	质量等级	是否免费开放	地　址	原馆建筑面积（m^2）	现馆建筑面积（m^2）	注	数　据　来　源
中国航空博物馆	行业	一级	是	昌平区小汤山5806号	200 000	530 000		https: //baike.baidu.com/item/ 中国航空博物馆
北京天文馆（北京古观象台）	行业	一级	否	西城区西外大街138号、东城区东裱褙胡同2号	7 000	20 000		https: //baike.baidu.com/item/ 北京天文馆 /1632709?fr=aladdin
恭王府博物馆	文物	一级	否	西城区前海西街17号	60 000	60 000		http: //www.pgm.org.cn/pgm/guanyu/guanyu.shtml#d2k
大钟寺古钟博物馆	文物	二级	否	海淀区北三环西路甲31号	30 000	30 000		https: //baike.baidu.com/item/ 大钟寺古钟博物馆
北京古代建筑博物馆	文物	二级	否	西城区东经路21号	8 000	8 000		http: //ask.kedo.gov.cn/c/2015-05-12/735426.shtml
中国电信博物馆	行业	二级	否	海淀区学院路42号	7 000	7 000		https: //baike.baidu.com/item/ 中国电信博物馆
中国铁道博物馆	行业	二级	否	西城区马连道南街2号院1号楼	32 785	32 785	正阳门馆9485，东郊馆20 500，詹天佑纪念馆2 800	https: //baike.baidu.com/item/ 中国铁道博物馆 /4388121?fr=aladdin

（续表）

博物馆名称	博物馆性质	质量等级	是否免费开放	地　址	原馆建筑面积（m^2）	现馆建筑面积（m^2）	注	数　据　来　源
孔庙和国子监博物馆	文物	二级	否	东城区国子监街13–15号	49 000	49 000	孔庙22 000，国子监27 000	https: //baike.baidu.com/item/北京孔庙和国子监博物馆/4698246?fr=aladdin
明十三陵博物馆	文物	二级	否	昌平区十三陵特区办事处定陵	725 000	725 000	占地面积120 000 000	http: //www.mingtombs.com/sslx/jqgk/201602/t20160201_2306.htm
北京汽车博物馆	行业	二级	否		47 000	47 000		http: //www.automuseum.org.cn/list.html?/BWGGL/QBJJ/
中国园林博物馆	行业	二级	是		49 950	49 950	主体建筑28 200	http: //www.gardensmuseum.cn/web/ybggl.html
北京石刻艺术博物馆	文物	三级	否	海淀区五塔寺24号	20 000	20 000		https: //baike.baidu.com/item/北京石刻艺术博物馆/7964187?fr=aladdin
中国长城博物馆	文物	三级	是	延庆区八达岭长城景区中国长城博物馆	4 000	4 000		https: //baike.baidu.com/item/中国长城博物馆/1631930?fr=aladdin
北京市西周燕都遗址博物馆	文物	三级	是	房山区琉璃河镇董家林村	3 000	3 000		https: //baike.baidu.com/item/北京市西周燕都遗址博物馆

（续表）

博物馆名称	博物馆性质	质量等级	是否免费开放	地　址	原馆建筑面积（m^2）	现馆建筑面积（m^2）	注	数　据　来　源
北京辽金城垣博物馆	文物	三级	是	丰台区右安门外玉林小区甲40号	2 500	2 500		https: //baike.baidu.com/item/ 辽金城垣博物馆 /9353656?fr=aladdin
北京市大葆台西汉墓博物馆	文物	三级	是	丰台区郭公庄707号	18 000	18 000		https: //baike.baidu.com/item/ 北京市大葆台西汉墓博物馆
詹天佑纪念馆	行业	三级	否	延庆区八达岭特区	2 800	2 800		https: //baike.baidu.com/item/ 詹天佑纪念馆 /1631289?fr=aladdin
北京文博交流馆	文物	三级	否	东城区禄米仓胡同5号	7 000	7 000		http: //www.zhihuatemple.com/Culturalexchange/
北京民俗博物馆	文物	三级	否	朝阳门外大街141号	47 400	47 400		http: //www.dym.com.cn/bwgjs/bgjs/
中国传媒大学传媒博物馆	行业	三级	是		3 000	3 000		http: //mediamuseum.cuc.edu.cn/2383/list.htm
				总　计	2 593 725	2 974 225		单位：平方米
增长：380 500　增长率：14.7%								

（续表）

博物馆名称	博物馆性质	质量等级	是否免费开放	地　址	原馆建筑面积（m^2）	现馆建筑面积（m^2）	注	数据来源
天津市（5家）								
天津博物馆（天津美术馆、李叔同故居纪念馆）	文物	一级	是	河西区平江道62号、河西区平江道60号、河北区海河东路与滨海道交口	640 003	640 003		http: //www.tjbwg.com/cn/course.aspx
周恩来邓颖超纪念馆	文物	一级	是	南开区水上公园西路9号	7 150	7 150		http: //www.china.com.cn/culture/txt/2008-03/31/content_13977071.htm
天津自然博物馆（北疆博物院）	文物	一级	是	河西区友谊路31号	35 000	35 000		https: //baike.baidu.com/item/ 天津自然博物馆 /1324072?fr=aladdin
元明清天妃宫遗址博物馆	文物	二级	是	河东区大直沽中路51号	3 000	3 000		https: //baike.baidu.com/item/ 元明清天妃宫遗址博物馆 /3480178?fr=aladdin
平津战役纪念馆	文物	二级	是	红桥区平津道8号	14 000	14 000		https: //baike.baidu.com/item/ 平津战役纪念馆 /1223670?fr=aladdin
				总　计	699 153	699 153		单位：平方米
增长：0　无增长								

（续表）

博物馆名称	博物馆性质	质量等级	是否免费开放	地　址	原馆建筑面积（m^2）	现馆建筑面积（m^2）	注	数　据　来　源
河北省（31 家）								
河北博物院	文物	一级	是	石家庄市东大街 4 号	53 128	53 128		http: //www.hebeimuseum.org.cn/contents/217/2749.html
西柏坡纪念馆	文物	一级	是	石家庄市平山县西柏坡镇	3 344	3 344		https: //baike.baidu.com/item/ 西柏坡纪念馆 /2504558?fr=aladdin
邯郸市博物馆	文物	一级	是	邯郸市中华北大街 45 号	11 000	11 000		http: //www.hdmuseum.org/about.asp?id=41
河北省科学技术馆	行业	二级	否	石家庄市长安区西大街 73 号	8 400	8 400		https: //baike.baidu.com/item/ 河北省科学技术馆 /1140432?fr=aladdin
河北美术馆	文物	二级	是	石家庄市槐安东路 11 号	5 300	5 300		https: //baike.baidu.com/item/ 河北美术馆
石家庄市博物馆	文物	二级	是	石家庄市建设北大街 11 号	6 292	6 292		http: //sjzmuseum.com/a/about/
张家口市博物馆	文物	二级	是	张家口市桥东区东兴街 14 号	18 800	18 800		https: //baike.baidu.com/item/张家口博物馆 /9210802?fromtitle= 张家口市博物馆 &fromid=23709798&fr=aladdin

（续表）

博物馆名称	博物馆性质	质量等级	是否免费开放	地　址	原馆建筑面积（m^2）	现馆建筑面积（m^2）	注	数　据　来　源
乐亭县李大钊纪念馆	文物	二级	是	乐亭县觅园街1号	8 656	8 656		http: //www.lidazhao.org.cn/News.aspx?id=1
唐山博物馆	文物	二级	是	唐山市工人文化宫院内龙泽南路22号	24 000	24 000		https: //baike.baidu.com/item/ 唐山博物馆 /4751330?fr=aladdin
武强年画博物馆	文物	二级	是	武强县城新开街1号	5 400	5 400		https: //baike.baidu.com/item/ 武强年画博物馆 /3030118?fr=aladdin
秦皇岛市山海关长城博物馆	文物	二级	是	秦皇岛市山海关区第一关路	6 230	6 230		https: //baike.baidu.com/item/ 秦皇岛市山海关长城博物馆
八路军一二·九师纪念馆	文物	二级	是	邯郸市涉县河南店镇赤岸村	56 000	56 000	占地面积56 000，建筑面积无可查	https: //baike.baidu.com/item/涉县八路军一二九师纪念馆/18513955?fr=aladdin
磁州窑博物馆	文物	二级	是	磁县磁州路中段路北	5 000	5 000		https: //www.czybwg.com/html/About/
承德市避暑山庄博物馆	文物	二级	否	承德市丽正门大街避暑山庄博物馆	56 000	56 000	展陈面积13 000	https: //baike.baidu.com/item/ 承德避暑山庄博物馆 /2977720

（续表）

博物馆名称	博物馆性质	质量等级	是否免费开放	地　址	原馆建筑面积（m^2）	现馆建筑面积（m^2）	注	数 据 来 源
廊坊博物馆	文物	二级	是	廊坊市广阳区和平路238-1号	7 604	7 604		http: //www.lfmuseum.org/summary/js/
沧州市博物馆	文物	二级	是	沧州市运河区上海路以北吉林大道以西	30 000	30 000		http: //www.czbwg.com/Channel/10 000/index.aspx
河北海盐博物馆（黄骅市博物馆）	文物	三级	是	黄骅市渤海路中段480-2、黄骅市渤海路中段480-1		2 000	展厅面积2 000，2009年建馆	http: //www.hbhybwg.com/col.jsp?id=110
保定市莲池博物馆	文物	三级	否	保定市裕华西路246号	3 680	3 680		http: //www.glhc.org.cn/glhc/n191.html
安国市中药文化博物馆	文物	三级	是	安国市药兴大路	1 500	1 500	展厅面积1 500	https: //baike.baidu.com/item/安国中药文化博物馆/13334745?fr=aladdin
留法勤工俭学运动纪念馆	文物	三级	是	保定市金台驿街86号	2 400	2 400		http: //www.hebgcdy.com/agzyjyjd/system/2017/03/28/030252451.shtml
涿州市博物馆	文物	三级	是	涿州市华阳西路49号	12 000	12 000		http: //www.zzbwg.com/ContentS/ShowS/1/?channel=8

（续表）

博物馆名称	博物馆性质	质量等级	是否免费开放	地　址	原馆建筑面积（m^2）	现馆建筑面积（m^2）	注	数　据　来　源
承德县博物馆	文物	三级	是	承德县文化中心（下板城学苑路）四楼	669	669		https: //baike.baidu.com/item/ 承德县博物馆 /4234392?fr=aladdin
保定直隶总督署博物馆	文物	三级	否	保定市莲池区裕华西路301号	30 000	30 000	陈列室56间，总面积891.1	https: //baike.baidu.com/item/保定直隶总督署博物馆 /2816566?fr=aladdin
丰宁满族自治县满族博物馆	文物	三级	是	丰宁满族自治县大阁镇宁丰路333号	4 695	4 695		https: //baike.baidu.com/item/ 丰宁满族博物馆 /8654433
滦平县博物馆	文物	三级	是	滦平县滦平镇新建东路南侧14号	500	500		https: //baike.baidu.com/item/ 滦平县博物馆
隆化民族博物馆	文物	三级	是	隆化县隆化镇兴州路381号	2 500	2 500		https: //baike.baidu.com/item/ 隆化民族博物馆
平泉县博物馆	文物	三级	是	承德市平泉县泽州园	9 000	9 000		http: //gxs.pingquan.gov.cn/syscolumn/gk/bggk/index.html
定州市博物馆	文物	三级	否	定州市刀枪街1号		256 000	2016年竣工	https: //baike.baidu.com/item/ 定州博物馆 /3751109?fromtitle= 定州市博物馆 &fromid=7347065&fr=aladdin

（续表）

博物馆名称	博物馆性质	质量等级	是否免费开放	地址	原馆建筑面积（m^2）	现馆建筑面积（m^2）	注	数据来源
峰峰磁州窑历史博物馆（峰峰磁州富田窑址博物馆、峰峰磁州窑盐店窑址博物馆）	文物	三级	是	邯郸市峰峰矿区彭城镇富田村南、邯郸市峰峰矿区滏阳西路385号、邯郸市峰峰矿区滏阳西路80号	16 000	16 000		http: //baike.chinaso.com/wiki/doc-view-116856.html
泥河湾博物馆	文物	三级	否	阳原县西城镇府前街	4 623	4 623		http: //www.nhwmuseum.com/index.php?m=content&c=index&a=lists&catid=27
中国人民抗日军政大学陈列馆	文物	三级	是	邢台县浆水镇前南峪村	2 880	2 880		https: //baike.baidu.com/item/ 中国人民抗日军政大学陈列馆 /19972463?fr=aladdin
				总计	395 601	653 601	单位：平方米	
增长：258 000　增长率：65.2%								
山西省（27家）								
山西博物院	文物	一级	是	太原市滨河西路北段13号	90 000	112 000	此为占地面积，新建馆建筑面积为51 000	http: //www.shanximuseum.com/about.html

（续表）

博物馆名称	博物馆性质	质量等级	是否免费开放	地　　址	原馆建筑面积（m^2）	现馆建筑面积（m^2）	注	数　据　来　源
八路军太行纪念馆	文物	一级	是	武乡县城太行街 363 号	148 000	148 000		https: //baike.baidu.com/item/ 八路军太行纪念馆 /1793514?fr=aladdin
中国煤炭博物馆	行业	一级	否	太原市迎泽西大街 2 号	90 000	90 000		https: //baike.baidu.com/item/ 中国煤炭博物馆 /1096355?fr=aladdin
红军东征纪念馆	文物	二级	是	吕梁市石楼县东征大街	1 100	1 100		https: //baike.baidu.com/item/ 红军东征纪念馆 /2893600?fr=aladdin
山西省民俗博物馆	文物	二级	否	太原市文庙巷 3 号	18 000	18 000		https: //baike.baidu.com/item/ 山西省民俗博物馆 /8054827?fr=aladdin
山西省艺术博物馆	文物	二级	否	太原市起凤街 1 号	10 000	10 000		https: //baike.baidu.com/item/ 山西省艺术博物馆
彭真生平暨中共太原支部旧址纪念馆	行业	二级	是	太原市迎泽区海子边东街 99 号（文瀛公园内）	5 656	5 656		https: //baike.baidu.com/item/ 彭真生平暨中共太原支部旧址纪念馆 /18521659?fr=aladdin
太原市晋祠博物馆	文物	二级	否	太原市晋源区晋祠镇晋祠博物馆	25 000	25 000		https: //baike.baidu.com/item/ 晋祠博物馆 /8054725

（续表）

博物馆名称	博物馆性质	质量等级	是否免费开放	地址	原馆建筑面积（m^2）	现馆建筑面积（m^2）	注	数据来源
大同市博物馆	文物	二级	是	大同市太和路大同市博物馆	90 000	32 821	旧馆面积无可查	https: //baike.baidu.com/item/ 大同市博物馆 /1777948?fr=aladdin#reference-[1]-98563-wrap
河边民俗博物馆	文物	二级	是	定襄县河边镇	1 980	1 980		https: //baike.baidu.com/item/ 河边民俗博物馆 /9584373?fr=aladdin
吕梁市汉画像石博物馆	文物	二级	是	吕梁市离石区龙凤南大街 39 号	7 360	7 360		https: //baike.baidu.com/item/ 吕梁汉画像石博物馆 /8054515?fr=aladdin
山西祁县乔家大院民俗博物馆	文物	二级	否	祁县东观镇乔家堡村中堂街 2 号	25 600	25 600		http: //www.qjdywhyq.com/list-16-1.html
长治市博物馆	文物	二级	是	长治市太行西街 259 号	8 200	8 200		https: //baike.baidu.com/item/ 长治市博物馆 /8054629?fr=aladdin
榆社县化石博物馆	文物	二级	是	晋中市榆社县迎春南路 27 号	880	1 760		https: //baike.baidu.com/item/ 榆社县化石博物馆
晋城博物馆	文物	二级	是	晋城市凤台东街 1263 号	10 282	10 282		https: //baike.baidu.com/item/ 晋城博物馆
运城博物馆	文物	二级	是	运城市红旗东街 318 号		23 570		http: //www.sxycbwg.com/list.asp?classid=93

(续表)

博物馆名称	博物馆性质	质量等级	是否免费开放	地　址	原馆建筑面积(m²)	现馆建筑面积(m²)	注	数 据 来 源
盐湖区博物馆	文物	三级	是	运城市盐湖区北相镇舜帝陵景区	9 600	9 600		https: //baike.baidu.com/item/ 运城市盐湖区博物馆 /4212434?fr=aladdin
万荣县博物馆	文物	三级	是	万荣县城西大街 08 号		112 000	无可查	
侯马晋国古都博物馆	文物	三级	是	侯马市路东市府西路 24 号	3 200	3 200		https: //baike.baidu.com/item/ 晋国古都博物馆 /1135328?fr=aladdin
麻田八路军总部纪念馆	行业	三级	是	晋中市左权县麻田镇麻田村	6 400	6 400		https: //baike.baidu.com/item/ 麻田八路军总部纪念馆
祁县晋商文化博物馆	文物	三级	否	祁县城内东大街 33 号	23 628	23 628		https: //baike.baidu.com/item/ 山西省晋商文化博物馆 /8054358
平遥县票号博物馆	文物	三级	否	晋中市平遥县城内西大街 38 号	2 414	2 414		https: //baike.baidu.com/item/ 中国票号博物馆 /11054348
平遥县博物馆	文物	三级	否	晋中市平遥县城内东大街 109 号			无可查	

（续表）

博物馆名称	博物馆性质	质量等级	是否免费开放	地　　址	原馆建筑面积（m^2）	现馆建筑面积（m^2）	注	数　据　来　源
平遥县双林寺彩塑艺术馆	文物	三级	否	晋中市平遥县中都乡桥头村双林寺			占地 15 000	https: //baike.baidu.com/item/ 平遥双林寺彩塑艺术馆 /2978114?fromtitle= 平遥县双林寺彩塑艺术馆 &fromid=12588375&fr=aladdin
山西国民师范旧址革命活动纪念馆	文物	三级	是	太原市五一路 276 号			校园占地 200 000	https: //baike.baidu.com/item/ 山西国民师范旧址革命活动纪念馆
朔州市朔城区马邑博物馆	文物	三级	是	朔州市朔城区崇福广场			无可查	
武乡县八路军总部旧址王家峪纪念馆	文物	二级	是	武乡县韩北乡王家峪村			无可查	
				总　计	577 300	678 571		单位：平方米
增长：101 271　增长率：17.5%								
内蒙古自治区（28 家）								
内蒙古博物院	文物	一级	是	呼和浩特市新华东街 27 号	15 000	15 000		https: //baike.baidu.com/item/ 内蒙古博物院 /4742698?fr=aladdin

（续表）

博物馆名称	博物馆性质	质量等级	是否免费开放	地　址	原馆建筑面积（m^2）	现馆建筑面积（m^2）	注	数　据　来　源
鄂尔多斯博物馆	文物	一级	是	鄂尔多斯市康巴什新区文化西路南5号	41 227	41 227		https: //baike.baidu.com/item/ 鄂尔多斯博物馆
内蒙古自治区将军衙署博物院	文物	二级	否	呼和浩特市新华大街31号	30 000	30 000		https: //baike.baidu.com/item/ 绥远城将军衙署 ?fromtitle= 内蒙古自治区将军衙署博物院 &fromid=22854262
呼和浩特博物馆	文物	二级	是	呼和浩特市新城区通道北路62号			无可查	
包头博物馆	文物	二级	是	包头市昆区阿尔大街25号	24 000	24 000		http: //www.nmgbtbwg.cn/html/zoujinbaobo/baobogaikuang/
呼伦贝尔民族博物院	文物	二级	是	呼伦贝尔市海拉尔区河东胜利大街		13 000	2009年6月20日正式开馆	https: //baike.baidu.com/item/ 呼伦贝尔民族博物馆 /7881170?fr=aladdin
赤峰市博物馆	文物	二级	是	赤峰市新城区富河街10A		11 000	新馆2010年竣工，老馆面积无可查	http: //chifengbowuguan.meishujia.cn/?act=usite&said=353&usid=813；https: //baike.baidu.com/item/ 赤峰博物馆 /7268303?fr=aladdin

（续表）

博物馆名称	博物馆性质	质量等级	是否免费开放	地　址	原馆建筑面积（m^2）	现馆建筑面积（m^2）	注	数　据　来　源
通辽市博物馆	文物	二级	是	通辽市科尔沁区霍林河大街文化体育广场北侧	20 000	20 000		http: //www.keerqinmuseum.com/summary/js/
阿拉善博物馆	文物	二级	是	阿拉善盟额鲁特东路与军分区东路交叉口东南		13 800	2010 年建成	https: //baike.baidu.com/item/ 阿拉善博物馆 /4133597?fr=aladdin
鄂尔多斯青铜器博物馆	文物	二级	是	鄂尔多斯市东胜区准格尔南路 3 号	30 089	30 089	2006 年建成	http: //eeds.wenming.cn/zhutihd_60505/xgqjl/dsq/201709/t20170925_4780870.shtml
巴林右旗博物馆	文物	二级	是	赤峰市巴林右旗大板镇旗政府广场西侧	7 000	7 000		https: //baike.baidu.com/item/ 巴林右旗博物馆 /3018743?fr=aladdin
乌兰察布市博物馆	文物	三级	是	乌兰察布市集宁新区格根西街 10 号		9 000	2012 竣工，旧馆面积无可查	https: //baike.baidu.com/item/ 乌兰察布博物馆 /3046525?fr=aladdin
莫力达瓦达斡尔族自治旗博物馆	文物	三级	是	呼伦贝尔市莫力达瓦达斡尔族自治旗尼尔基镇纳文东大街 91 号		3 800	2008 竣工	https: //baike.baidu.com/item/ 莫力达瓦旗达斡尔民族博物馆 /8564079

（续表）

博物馆名称	博物馆性质	质量等级	是否免费开放	地　址	原馆建筑面积（m^2）	现馆建筑面积（m^2）	注	数据来源
兴安盟博物馆	文物	三级	是	兴安盟乌兰浩特市新桥东街		14 000	2010 年开馆	https: //baike.baidu.com/item/ 兴安盟博物馆
科尔沁右翼中旗博物馆	文物	三级	是	兴安盟科尔沁右翼中旗巴彦胡硕镇		4 822.6	2009 年 8 月投入使用	https: //baike.baidu.com/item/ 科尔沁右翼中旗博物馆
科尔沁右翼前旗博物馆	文物	三级	是	兴安盟科尔沁右翼前旗科尔沁镇		3 200	2008 年始建	http: //xinganmeng.nmgnews.com.cn/system/2017/02/14/012267133.shtml
库伦旗宗教博物馆	文物	三级	是	通辽市库伦旗库伦镇东梁新区		12 000	2009 年建新馆，旧馆面积无可查	http: //www.sohu.com/a/292726573_720997
奈曼旗王府博物馆	文物	三级	是	通辽市大沁他拉镇王府街西段	31 000	31 000		https: //www.sohu.com/a/190725020_230043
巴林左旗辽上京博物馆	文物	三级	是	赤峰市巴林左旗林东镇古塔路 123 号	4 500	4 500	2003 年建成	https: //baike.baidu.com/item/ 辽上京博物馆 /3418455?fr=aladdin
喀喇沁旗王府博物馆	文物	三级	否	赤峰市喀喇沁旗王爷府镇街中心	4 555	4 555		https: //baike.baidu.com/item/ 喀喇沁旗王府博物馆

（续表）

博物馆名称	博物馆性质	质量等级	是否免费开放	地址	原馆建筑面积（m^2）	现馆建筑面积（m^2）	注	数据来源
宁城县辽中京博物馆	文物	三级	是	赤峰市宁城县天义镇南城村	2 200	2 200		https: //baike.baidu.com/item/ 辽中京博物馆 /8549444
敖汉旗博物馆（内蒙古红山文化博物馆）	文物	三级	是	赤峰市敖汉旗新惠镇	4 500	4 500	2004 年迁入新馆	https: //baike.baidu.com/item/ 敖汉旗史前博物馆 /8834242
鄂伦春自治旗博物馆	文物	三级	是	呼伦贝尔市鄂伦春自治旗阿里河镇	2 800	2 800		https: //baike.baidu.com/item/ 鄂伦春博物馆 /2822868
扎赉诺尔博物馆（扎赉诺尔历史文化陈列馆）	文物	三级	是	呼伦贝尔市扎赉诺尔区新区市政大街南侧、鑫湖路西侧		8 320.5	2012 年竣工	https: //baike.baidu.com/item/ 扎赉诺尔博物馆 /8977646
扎兰屯市历史博物馆	文物	三级	是	呼伦贝尔市扎兰屯市吊桥路 8-1 号	780	780		https: //baike.baidu.com/item/ 扎兰屯历史博物馆
满洲里市博物馆（满洲里市沙俄监狱陈列馆）	文物	三级	是	呼伦贝尔市满洲里市互贸区套娃广场西侧	1 498	1 498		https: //baike.baidu.com/item/ 满洲里市沙俄监狱陈列馆
内蒙古河套文化博物院	文物	三级	是	巴彦淖尔市临河区五一街		64 700	2012 年 9 月开放	https: //baike.baidu.com/item/ 中国河套文化博物院

(续表)

博物馆名称	博物馆性质	质量等级	是否免费开放	地址	原馆建筑面积(m^2)	现馆建筑面积(m^2)	注	数据来源
内蒙古乌海市博物馆	文物	三级	是	乌海市滨河区学府街工业大学以西乌海市科学技术馆二楼		376 792.1	占地760,建筑面积无可查	https: //baike.baidu.com/item/ 乌海市博物馆 /894928?fr=aladdin
				总计	219 149	376 792.1	单位:平方米	
增长:157 643.1 增长率:71.9%								
辽宁省(17家)								
辽宁省博物馆	文物	一级	是	沈阳市沈河区市府大路363号	5 203	1 00 013	辽宁省博物馆市政府馆展厅面积5 203,于2004年开馆,2015年闭馆,2015年浑南新馆开馆	http: //www.lnmuseum.com.cn/abouts/
沈阳"九·一八"历史博物馆	文物	一级	是	沈阳市大东区望花南街46号	12 600	12 600		https: //baike.baidu.com/item/ 沈阳"九·一八"历史博物馆
旅顺博物馆	文物	一级	是	大连市旅顺口区列宁街42号	2 602	2 602		https: //baike.baidu.com/item/ 旅顺博物馆 /1630157?fr=aladdin

（续表）

博物馆名称	博物馆性质	质量等级	是否免费开放	地址	原馆建筑面积（m^2）	现馆建筑面积（m^2）	注	数据来源
大连现代博物馆	文物	一级	是	大连市沙河口区会展路 10 号	34 000	34 000		https: //baike.baidu.com/item/ 大连现代博物馆
沈阳故宫博物院	文物	一级	否	沈阳市沈河区沈阳路 171 号			占地面积 60 000	https: //baike.baidu.com/item/ 沈阳故宫博物院
旅顺日俄监狱旧址博物馆	文物	二级	是	大连市旅顺口区向阳街 139 号	12 521	12 521		https: //baike.baidu.com/item/ 旅顺日俄监狱旧址博物馆
张氏帅府博物馆	文物	二级	否	沈阳市沈河区少帅府巷 46 号	27 600	27 600		https: //baike.baidu.com/item/ 张氏帅府博物馆
沈阳新乐遗址博物馆	文物	二级	否	沈阳市皇姑区黄河北大街龙山路 1 号	7 500	30 000	扩容后的新乐遗址博物馆展览面积将达到 3 万，是原展馆的 4 倍左右	http: //www.chinanews.com/cul/2011/11-30/3497001.shtml
抗美援朝纪念馆（丹东市博物馆）	文物	二级	是	丹东市振兴区山上街 7 号	182 475	182 475	182 475 为占地面积，陈列面积 5 400	https: //baike.baidu.com/item/ 抗美援朝纪念馆 /171749?fr=aladdin
锦州市博物馆	文物	二级	是	锦州市古塔区北三里 1 号	5 700	5 700		https: //baike.baidu.com/item/ 锦州市博物馆

（续表）

博物馆名称	博物馆性质	质量等级	是否免费开放	地　　址	原馆建筑面积（m^2）	现馆建筑面积（m^2）	注	数　据　来　源
鞍钢集团博物馆	行业	二级	是	鞍山市铁西区环钢路1号鞍山正门西侧		12 600	2014年开馆	https: //baike.baidu.com/item/ 鞍钢集团博物馆
鞍山市博物馆	文物	二级	是	鞍山市千山中路41号	7 400	7 400		https: //baike.baidu.com/item/ 鞍山市博物馆
本溪市博物馆	文物	三级	是	本溪市明山区峪明路324-1	8 000	8 000	新馆2009年落成。旧馆面积无可查	https: //baike.baidu.com/item/ 本溪市博物馆 /9992177?fr=aladdin
营口市博物馆	文物	三级	是	营口市站前区少年宫里21号	3 200	3 200		http: //www.ykbwg.com/gngk/index.php?id=1
凌海市萧军纪念馆	文物	三级	是	凌海市国庆路32号	3 500	3 500		http: //www.zgxjjng.cn/index.php?m=page&a=index&id=1
铁岭市博物馆	文物	三级	是	铁岭市银州区文化街88号	6 800	6 800	新馆2000年竣工，旧馆无可查	https: //baike.baidu.com/item/ 铁岭市博物馆 /14096713?fr=aladdin
辽阳博物馆	文物	三级	是	辽阳市白塔区中心路2号	27 000	27 000		https: //baike.baidu.com/item/ 辽阳博物馆
				总　计	346 101	476 011		单位：平方米
				增长：129 910　增长率：37.5%				

（续表）

博物馆名称	博物馆性质	质量等级	是否免费开放	地　址	原馆建筑面积（m^2）	现馆建筑面积（m^2）	注	数 据 来 源
吉林省（13 家）								
吉林省博物院（东北抗日联军纪念馆）	文物	一级	是	长春市净月高新技术产业开发区永顺路 1666 号		32 000	2016 年新馆开放，旧馆面积无可查	https://baike.baidu.com/item/ 吉林省博物院 /1865369?fr=aladdin
吉林省自然博物馆	行业	一级	否	长春市净月大街 2556 号		14 700	2006 年竣工，2007 年对外开放	https://baike.baidu.com/item/ 吉林省自然博物馆
伪满皇宫博物院	文物	一级	否	长春市光复北路 5 号	13 700	13 700		https://baike.baidu.com/item/ 伪满皇宫博物院 /2151196
吉林市博物馆（吉林市陨石博物馆）	文物	二级	是	吉林市丰满区吉林大街 100 号	11 700	11 700		https://baike.baidu.com/item/ 吉林市博物馆
四平战役纪念馆	文物	二级	是	四平铁西区英雄广场内	2 700	2 700		https://baike.baidu.com/item/ 四平战役纪念馆
白城市博物馆	文物	二级	是	白城市金辉北街文化中心 C 座	3 000	3 000		https://baike.baidu.com/item/ 白城市博物馆

（续表）

博物馆名称	博物馆性质	质量等级	是否免费开放	地　　址	原馆建筑面积（m^2）	现馆建筑面积（m^2）	注	数　据　来　源
延边博物馆（延边朝鲜族民俗博物馆、延边朝鲜族革命博物馆）	文物	二级	是	延吉市长白西路 8627 号	14 570	14 570		https: //baike.baidu.com/item/ 延边博物馆
白山市长白山满族文化博物馆	文物	三级	是	白山市长白山大街 777 号		5 818		https: //baike.baidu.com/item/ 长白山满族文化博物馆 /9666511?fr=aladdin
靖宇火山矿泉群地质博物馆（靖宇博物馆）	文物	三级	是	白山市靖宇县靖宇大街 154 号	1 908	1 908	2005 年竣工	https: //baike.baidu.com/item/ 吉林靖宇火山矿泉群地质博物馆 /8601578
抚松人参博物馆	文物	三级	是	白山市抚松县抚松镇参北新区人参大厦		4 116	2008 年建成开馆	https: //baike.baidu.com/item/ 中国人参博物馆 /1653462?fr=aladdin
镇赉县博物馆	文物	三级	是	白城市镇赉县镇赉镇团结东路 1488 号	2 710	2 710	2007 年投入使用	https: //baike.baidu.com/item/ 镇赉县博物馆
东北师范大学东北民族民俗馆	行业	三级	否	长春市经济技术开发区卫星路 98 号		22 000	2013 年竣工	https: //baike.baidu.com/item/ 东北师范大学东北民族民俗博物馆 /14819171

（续表）

博物馆名称	博物馆性质	质量等级	是否免费开放	地　址	原馆建筑面积（m^2）	现馆建筑面积（m^2）	注	数　据　来　源
集安市博物馆	文物	三级	否	通化市集安市胜利街与云水路交汇处	644	644		https: //baike.baidu.com/item/ 集安市博物馆
				总　计	50 932	129 566		单位：平方米
增长：78 634　增长率：154.4%								
黑龙江省（36 家）								
黑龙江省博物馆	文物	一级	是	哈尔滨市南岗区红军街 50 号	4 117	50 000	50 000 为规划建筑面积；旧馆办公楼建筑面积 1 168，藏品库房建筑面积 2 949	https: //baike.baidu.com/item/ 黑龙江省博物馆
东北烈士纪念馆（中共黑龙江历史纪念馆、东北抗联博物馆）	文物	一级	是	哈尔滨市南岗区一曼街 241 号，哈尔滨市南岗区一曼街 243 号			无可查	

（续表）

博物馆名称	博物馆性质	质量等级	是否免费开放	地　　址	原馆建筑面积（m^2）	现馆建筑面积（m^2）	注	数　据　来　源
爱辉历史陈列馆	文物	一级	是	黑河市爱辉镇萨布素街	100 000	100 000	占地面积	https: //baike.baidu.com/item/ 瑷珲历史陈列馆 /511316?fromtitle= 爱辉历史陈列馆 &fromid=3102541&fr=aladdin
大庆市铁人王进喜纪念馆	行业	一级	是	大庆市让胡路区中原路 2 号	1 240	1 240		https: //baike.baidu.com/item/ 铁人王进喜纪念馆 /672800?fr=aladdin
大庆市博物馆	文物	一级	是	大庆市高新开发区文苑街 2 号		18 700	新馆 2011 年竣工，旧馆面积无可查	https: //baike.baidu.com/item/ 大庆博物馆 /9543179
哈尔滨市建筑艺术馆	行业	二级	是	哈尔滨市道里区透笼街 88 号	3 121	3 121	圣索菲亚教堂面积 721，犹太新会堂面积 2 400	https: //baike.baidu.com/item/ 哈尔滨建筑艺术馆 /8955509?fr=aladdin
黑龙江省民族博物馆	文物	二级	是	哈尔滨市南岗区文庙街 25 号	5 674	5 674		https: //baike.baidu.com/item/ 黑龙江省民族博物馆
齐齐哈尔市博物馆	文物	二级	是	齐齐哈尔市建华区中华路 1 号	14 000	14 000		https: //baike.baidu.com/item/ 齐齐哈尔博物馆 ?fromtitle= 齐齐哈尔市博物馆 &fromid=7613789

（续表）

博物馆名称	博物馆性质	质量等级	是否免费开放	地址	原馆建筑面积（m^2）	现馆建筑面积（m^2）	注	数据来源
侵华日军虎头要塞博物馆	文物	二级	是	虎林市虎头镇	1 800	1 800		https: //special.dbw.cn/system/2009/11/14/052213387.shtml
伊春市博物馆	文物	二级	是	伊春市伊春区新兴西大街 1 号	400	400		https: //baike.baidu.com/item/ 伊春市博物馆 /4070315?fr=aladdin
大兴安岭资源馆	文物	二级	是	大兴安岭地区加格达奇区会展中心负一层	2 800	2 800	建成于 2004 年	http: //www.hljmuseum.com/system/201510/102230.html
侵华日军第七三一部队罪证陈列馆	文物	二级	是	哈尔滨市平房区新疆大街 47 号		9 997	2018 年正式开放	https: //baike.baidu.com/item/ 侵华日军第七三一部队罪证陈列馆 /4543701?fr=aladdin
哈尔滨阿城金上京历史博物馆	文物	二级	是	哈尔滨市阿城区金源路 49 号	5 400	5 400		https: //baike.baidu.com/item/ 金上京历史博物馆 /7749809
佳木斯市博物馆	文物	二级	是	佳木斯市前进区长安路 922 号	5 500	5 500		https: //baike.baidu.com/item/ 佳木斯博物馆 /4713589
黑龙江流域博物馆	文物	二级	是	鹤岗市萝北县名山镇名山岛		6 399	2009 年开放	http: //hljlybwg.org.cn/about/?207.html
北安庆华军事工业遗址博物馆	文物	二级	是	北安市乌裕尔大街 1 号原庆华厂院内		6 400		https: //heihe.dbw.cn/system/2016/02/22/057097611.shtml

（续表）

博物馆名称	博物馆性质	质量等级	是否免费开放	地址	原馆建筑面积（m^2）	现馆建筑面积（m^2）	注	数据来源
大庆油田历史陈列馆	行业	三级	是	大庆市萨尔图区中七路32号	15 900	15 900		https: //baike.baidu.com/item/大庆油田历史陈列馆/10335769?fr=aladdin
嘉荫神州恐龙博物馆	行业	三级	是	伊春市嘉荫县	4 650	4 650	2005年竣工	https: //baike.baidu.com/item/黑龙江嘉荫神州恐龙博物馆/5705718?fr=aladdin
北大荒博物馆	行业	三级	是	哈尔滨市红旗大街175号	3 772	3 772	2005年竣工	http: //www.bdhbwg.org.cn/plus/view.php?aid=1
黑河知青博物馆	文物	三级	是	黑河市爱辉镇		6 400	2009年开馆	https: //baike.baidu.com/item/黑河知青博物馆
鸡西市博物馆	文物	三级	是	鸡西市文化路西段	4 600	4 600		https: //baike.baidu.com/item/鸡西市博物馆/18902984?fr=aladdin
伊春森林博物馆	文物	三级	是	伊春市伊春区政府新区		10 800	2012年建成	https: //baike.baidu.com/item/伊春森林博物馆
鹤岗市博物馆	文物	三级	是	鹤岗市兴安区光宇小区宇南路西		13 600		http: //www.sohu.com/a/315069578_120066508

（续表）

博物馆名称	博物馆性质	质量等级	是否免费开放	地　址	原馆建筑面积（m^2）	现馆建筑面积（m^2）	注	数据来源
孙吴日本侵华罪证陈列馆（孙吴县侵华日军军人会馆遗址陈列馆）	文物	三级	是	黑河市孙吴县北		2 000	展厅面积 2 000，2010 建陈列馆	http: //www.chinamartyrs.gov.cn/GuoJiaJiKangZhan/GuoJiaJiLingYuanJianJie/jnss29.html
绥化市博物馆	文物	三级	是	绥化市新兴西街 1 号		5 000	2009 年竣工	https: //baike.baidu.com/item/ 绥化市博物馆 /16817362?fr=aladdin
大兴安岭“五·六”火灾纪念馆	文物	三级	是	大兴安岭地区漠河县中华路 301 号	2 900	2 900	旧馆面积无可查，2006 年改扩建	https: //baike.baidu.com/item/ 大兴安岭五·六火灾纪念馆 ?fromtitle=大兴安岭“五·六”火灾纪念馆 &fromid=5280353
图强林业博物馆	文物	三级	是	大兴安岭图强林业局	6 000	6 000	2005 年建馆	https: //www.sohu.com/a/168809324_176892
远东林木博物馆（中俄友好纪念馆）	文物	三级	是	牡丹江市穆棱市下城子镇经济开发区		680		http: //www.muling.gov.cn/info/1034/8167.htm
哈尔滨钱币博物馆	文物	三级	是	哈尔滨市道里区尚志大街 160 号	800	800	2007 年投入使用	https: //baike.baidu.com/item/ 哈尔滨市钱币博物馆 /16821554?fr=aladdin
黑河博物馆	文物	三级	是	黑河市海兰街 241 号	2 100	2 100		https: //baike.baidu.com/item/ 黑河博物馆 /4144286?fr=aladdin

（续表）

博物馆名称	博物馆性质	质量等级	是否免费开放	地　址	原馆建筑面积（m^2）	现馆建筑面积（m^2）	注	数　据　来　源
汤原县博物馆	文物	三级	是	佳木斯市汤原县哈肇路中段南侧		3 100	2011 年新馆落成，旧馆面积不可查	https: //baike.baidu.com/item/ 汤原博物馆 /23516830?fr=aladdin
同江市赫哲族博物馆	文物	三级	是	佳木斯市同江市三江口广场东侧	1 700	1 700	2002 年开放	https: //baike.baidu.com/item/ 同江市赫哲族博物馆
双鸭山市博物馆	文物	三级	是			25 000	2009 年建馆	http: //baike.chinaso.com/wiki/doc-view-118082.html
望奎县满族博物馆	文物	三级	是			3 618	2009 年建成	http: //hlj.ifeng.com/culture/folk/detail_2014_09/23/2944016_0.shtml
大庆油田有限责任公司大庆油田科技馆	行业	三级	是		10 000	10 000		https: //baike.baidu.com/item/ 大庆油田科技博物馆 /8704965?fr=aladdin
黑龙江北方民俗博物馆	非国有	三级	是	哈尔滨市红星村永发屯		21 000	2014 年成立	https: //baike.baidu.com/item/ 黑龙江北方民俗博物馆 /22593491?fr=aladdin
				总　计	196 474	375 051		单位：平方米
增长：178 577　增长率：90.9%								

（续表）

博物馆名称	博物馆性质	质量等级	是否免费开放	地　　址	原馆建筑面积（m^2）	现馆建筑面积（m^2）	注	数　据　来　源
上海市（21 家）								
上海博物馆	文物	一级	是	人民大道 201 号	39 200	39 200		https: //baike.baidu.com/item/ 上海博物馆 /556555
中共一大会址纪念馆（中共代表团驻沪办事处纪念馆（周公馆））	文物	一级	是	黄陂南路 374 号	900	900		https: //baike.baidu.com/item/ 中国共产党第一次全国代表大会会址纪念馆 /1015290?fr=kg_qa
上海鲁迅纪念馆	文物	一级	是	甜爱路 200 号	5 043	5 043		https: //baike.baidu.com/item/ 上海鲁迅纪念馆
上海科技馆（上海自然博物馆）	行业	一级	是	世纪大道 2000 号、北京西路 510 号（静安雕塑公园内）	12 000	45 257	2015 年开放，上海自然博物馆筹备处面积 12 000	https: //baike.baidu.com/item/ 上海科技馆
陈云纪念馆	行业	一级	是	练塘镇朱枫公路 3516 号	5 500	5 500	2000 年开馆	https: //baike.baidu.com/item/ 陈云纪念馆
嘉定博物馆（嘉定竹刻博物馆、顾维钧生平陈列室）	文物	二级	是	嘉定镇博乐路 215 号、嘉定镇南大街 321 号、嘉定镇南大街 349 号	9 608	9 608		https: //p.51vv.com/vp/Pl2lcpMa

（续表）

博物馆名称	博物馆性质	质量等级	是否免费开放	地　　址	原馆建筑面积（m^2）	现馆建筑面积（m^2）	注	数　据　来　源
上海市青浦区博物馆	文物	二级	是	青浦区华青南路 1000 号	8 800	8 800	2004 年竣工	https: //baike.baidu.com/item/ 青浦区博物馆 /5911597?fr=aladdin
上海市松江区博物馆	文物	二级	是	中山东路 233 号	1 800	1 800		https: //baike.baidu.com/item/ 松江博物馆 /7560401
上海孙中山故居纪念馆	文物	二级	否	香山路 7 号	2 500	2 500		https: //baike.baidu.com/item/ 上海孙中山故居纪念馆
上海宋庆龄故居纪念馆	文物	二级	否	淮海中路 1843 号	4 844	4 844		https: //baike.baidu.com/item/ 上海宋庆龄故居纪念馆
上海公安博物馆	行业	二级	是	瑞金南路 518 号	8 500	8 500		https: //baike.baidu.com/item/ 上海公安博物馆
上海市历史博物馆（上海元代水闸遗址博物馆、上海崧泽遗址博物馆）	文物	二级	是		3 700	23 000		https: //news.artron.net/20171101/n965815.html
上海淞沪抗战纪念馆	文物	三级	是	友谊路 1 号	3 490	3 490		https: //baike.baidu.com/item/ 淞沪抗战纪念馆 /3618707?fromtitle=上海淞沪抗战纪念馆 &fromid=4579898&fr=aladdin

（续表）

博物馆名称	博物馆性质	质量等级	是否免费开放	地址	原馆建筑面积（m^2）	现馆建筑面积（m^2）	注	数据来源
上海工艺美术博物馆	行业	三级	否	汾阳路 79 号	1 496	1 496	2001 年，占地面积 5 862	https: //baike.baidu.com/item/ 上海工艺美术博物馆
闵行区博物馆（张充仁纪念馆）	文物	三级	是	名都路 85 号、七宝镇蒲溪广场 75 号		15 000	2019 年开馆	https: //baike.baidu.com/item/ 闵行区博物馆 /8042248?fr=aladdin
上海市金山区博物馆	文物	三级	是	金山大道 1800 号	1 319	1 319		https: //baike.baidu.com/item/ 金山博物馆 /1304215?fr=aladdin
浦东新区南汇博物馆（上海吴昌硕纪念馆）	文物	三级	是	惠南镇文师街 18 号、陆家嘴东路 15 号	3 510	3 510		http: //www.sh-aiguo.gov.cn/node2/node4/node7/userobject1ai531.html
上海市银行博物馆	行业	三级	是	复兴东路 301 号		4 000	2016 年开馆	https: //baike.baidu.com/item/ 上海市银行博物馆 /2076205?fr=aladdin
上海韬奋纪念馆	文物	三级	是	重庆南路 205 弄 53–54 号	354	354		https: //baike.baidu.com/item/ 上海邹韬奋纪念馆 /4318585?fromtitle=上海韬奋纪念馆 &fromid=16919784&fr=aladdin
宋庆龄生平事迹陈列馆	行业	三级	是	宋园路 21 号	933	933		https: //baike.baidu.com/item/ 宋庆龄生平事迹陈列馆

（续表）

博物馆名称	博物馆性质	质量等级	是否免费开放	地　址	原馆建筑面积（m^2）	现馆建筑面积（m^2）	注	数据来源
上海纺织博物馆	非国有	三级	是	澳门路 150 号	5 980	5 980	室内展示面积 4 480，户外展示面积 1 500	http: //www.shtexm.com/ch/About-1.html
				总　计	119 477	191 034		单位：平方米
增长：71 557　增长率：59.9%								
江苏省（41 家）								
南京博物院	文物	一级	是	南京市中山东路 321 号	70 000	84 800	二期改建 2013 年完工	http: //www.njmuseum.com/zh/articleDetails?id=9064
侵华日军南京大屠杀遇难同胞纪念馆	行业	一级	是	南京市水西门大街 418 号	115 000	115 000		https: //baike.baidu.com/item/ 侵华日军南京大屠杀遇难同胞纪念馆 /3508930?fr=aladdin
扬州博物馆	文物	一级	是	扬州市文昌西路 468 号	25 000	25 000	2005 年竣工	https: //baike.baidu.com/item/ 扬州博物馆
苏州博物馆（苏州民俗博物馆）	文物	一级	是	苏州市姑苏区东北街 204 号	19 000	19 000	2006 年新馆建成并开放	https: //baike.baidu.com/item/ 苏州博物馆 /1629584
南通博物苑	文物	一级	是	南通市濠南路 19 号	6 330	6 330	2005 年扩建	http: //www.ntmuseum.com/guide/intro/

（续表）

博物馆名称	博物馆性质	质量等级	是否免费开放	地址	原馆建筑面积（m^2）	现馆建筑面积（m^2）	注	数据来源
南京市博物总馆（南京市博物馆、南京市太平天国历史博物馆、中共代表团梅园新村纪念馆、南京市民俗博物馆、南京渡江胜利纪念馆、南京市江宁织造博物馆、南京六朝博物馆）	文物	一级	否	南京市秦淮区中华路257号、南京市朝天宫4号、南京市秦淮区瞻园路128号、南京市玄武区汉府街18-1号、南京市中山南路南捕厅15号、南京市鼓楼区渡江路1号、南京市玄武区碑亭巷9号、南京市玄武区长江路302号	98 338.2	98 338.2	南京市博物馆面积8 000，太平天国历史博物馆建筑面积6 000，中共代表团梅园新村纪念馆面积1 278.2，南京市民俗博物馆14 060，南京渡江胜利纪念馆9 000，南京市江宁织造博物馆37 000，南京六朝博物馆23 000	
常州博物馆	文物	一级	是	常州市新北区龙城大道1288号	20 000	20 000		https: //baike.baidu.com/item/ 常州博物馆 /1765322?fr=aladdin
南京地质博物馆	行业	二级	是	南京市珠江路700号	2 500	9 700		https: //baike.baidu.com/item/ 南京地质博物馆

（续表）

博物馆名称	博物馆性质	质量等级	是否免费开放	地　址	原馆建筑面积（m²）	现馆建筑面积（m²）	注	数　据　来　源
徐州博物馆（徐州市文物考古研究所）	文物	二级	是	徐州市和平路101号	12 000	12 000		https://baike.baidu.com/item/徐州博物馆
徐州汉兵马俑博物馆	行业	二级	否	徐州市云龙区兵马俑路1号	6 000	6 000	2004年改建	https://baike.baidu.com/item/徐州汉兵马俑博物馆
无锡博物院（无锡中国民族工商业博物馆、张闻天旧居、程及美术馆、无锡碑刻陈列馆）	文物	二级	是	无锡市钟书路100号、梁溪区振新路415号、崇安区汤巷45号、滨湖区蠡湖大道500号、睦亲坊巷3号	3 286	71 000		http://www.wxmuseum.com/wxbwg/News/Index
江阴市博物馆	文物	二级	是	江阴市澄江中路128号	12 000	12 000	2005年改建	http://www.jymuseum.com.cn/index.php/zjjb/jgls
徐州汉画像石艺术馆	文物	二级	是	徐州市泉山区湖东路	2 200	8 000		https://baike.baidu.com/item/徐州汉画像石艺术馆/8501537?fr=aladdin
连云港市博物馆	文物	二级	是	连云港市朝阳东路68号	13 600	13 600	2006年竣工	https://baike.baidu.com/item/连云港市博物馆

（续表）

博物馆名称	博物馆性质	质量等级	是否免费开放	地址	原馆建筑面积（m^2）	现馆建筑面积（m^2）	注	数据来源
淮安市博物馆	文物	二级	是	淮安市健康西路 146-1 号	5 000	5 000		https: //baike.baidu.com/item/ 淮安市博物馆
常熟博物馆	文物	二级	是	常熟市北门大街 1 号	9 100	9 100		https: //baike.baidu.com/item/ 常熟博物馆
镇江博物馆	文物	二级	是		5 158	5 158	2004 年建成	https: //baike.baidu.com/item/ 镇江市博物馆 ?fromtitle= 镇江博物馆 &fromid=1629532
苏州碑刻博物馆	文物	二级	是	苏州市姑苏区人民路 613 号	3 757	3 757		https: //baike.baidu.com/item/ 苏州碑刻博物馆
周恩来纪念馆	行业	二级	是		3 265	3 265		https: //baike.baidu.com/item/ 周恩来纪念馆
新四军纪念馆	文物	二级	是		33 333	33 333	占地面积	https: //baike.baidu.com/item/ 盐城新四军纪念馆 /8496677?fromtitle= 新四军纪念馆 &fromid=1128665&fr=aladdin
史可法纪念馆	文物	三级	否	扬州市广储门外街 24 号	6 000	6 000	占地面积	https: //baike.baidu.com/item/ 史可法纪念馆 /1633899?fr=aladdin

（续表）

博物馆名称	博物馆性质	质量等级	是否免费开放	地址	原馆建筑面积（m^2）	现馆建筑面积（m^2）	注	数据来源
扬州市蜀冈唐子城风景区管理处（扬州唐城遗址博物馆、扬州汉广陵王墓博物馆）	文物	三级	否	扬州市平山堂东路98号、平山堂东路20号	34 000	34 000	扬州唐城遗址博物馆建筑面积7 000，扬州汉广陵王墓博物馆占地27 000	https: //baike.baidu.com/item/ 唐城遗址博物馆 /1631700；https: //baike.baidu.com/item/ 汉广陵王墓博物馆 /8765667
仪征市博物馆	文物	三级	是	仪征市解放西路201号	5 520	5 520	2006年建成	http: //www.yzmuseum.cn/nav/14.html
镇江焦山碑刻博物馆	文物	三级	是	镇江市东吴路焦山风景区内	6 500	6 500		https: //baike.baidu.com/item/ 镇江焦山碑刻博物馆 /3850871?fr=aladdin
兴化市博物馆	文物	三级	是	兴化市牌楼北路2号	1 200	1 200		https: //wenku.baidu.com/view/a01307accf2f0066f5335a8102d276a2002960d4.html
苏皖边区政府旧址纪念馆	文物	三级	是	淮安市淮海南路30号	10 000	10 000	占地面积10 000，展示面积5 000	http: //www.swbqjz.com/bgjj.asp
南通中国珠算博物馆	行业	三级	是	南通市崇川区濠北路58号	6 000	6 000	2004年建馆	https: //baike.baidu.com/item/ 中国珠算博物馆 /6807202?fr=aladdin

（续表）

博物馆名称	博物馆性质	质量等级	是否免费开放	地　址	原馆建筑面积（m^2）	现馆建筑面积（m^2）	注	数　据　来　源
常州市金坛区博物馆	文物	三级	是	常州市金坛区沿河东路 6-1 号（愚池公园内）	3 500	3 500	2005 年开馆	https: //baike.baidu.com/item/ 金坛博物馆 /1765349
苏州丝绸博物馆	文物	三级	是	苏州市人民路 2001 号	9 460	9 460		https: //baike.baidu.com/item/ 苏州丝绸博物馆
苏州戏曲博物馆（中国昆曲博物馆、苏州评弹博物馆）	文物	三级	是	苏州市姑苏区中张家巷 14 号	839	839		http: //kunopera.com.cn/InfoList.aspx?id=17
吴江博物馆	文物	三级	是	苏州市吴江区松陵镇笠泽路 450 号	3 653	3 653		https: //baike.baidu.com/item/ 吴江博物馆 /5785057?fr=aladdin
新沂市博物馆	文物	三级	是	新沂市大桥西路 8 号	3 000	3 000		https: //baike.baidu.com/item/ 新沂博物馆 /1765887
江苏省邳州市博物馆	文物	三级	是	邳州市运平路	3 800	3 800		https: //baike.baidu.com/item/ 江苏省邳州市博物馆
南京市明城垣博物馆	文物	三级	否	南京市玄武区解放门 8 号			无可查	

（续表）

博物馆名称	博物馆性质	质量等级	是否免费开放	地　址	原馆建筑面积（m^2）	现馆建筑面积（m^2）	注	数　据　来　源
求雨山文化名人纪念馆	文物	三级	是	南京市浦口区江浦街道雨山路48号	5 200	5 200		https: //baike.baidu.com/item/求雨山文化名人纪念馆/10715058?fr=aladdin
南京市江宁区文化保护中心（南京市江宁区博物馆）	文物	三级	是	南京市江宁区东山街道竹山路80号		7 480	旧馆面积不可查，新馆2008年投入使用	https: //baike.baidu.com/item/江宁博物馆/10079923?fr=aladdin
南京云锦博物馆	文物	三级	是	南京市建邺区茶亭东街240号	4 300	4 300		https: //baike.baidu.com/item/中国南京云锦博物馆?fromtitle=南京云锦博物馆&fromid=10732984
新四军江南指挥部纪念馆	文物	三级	是	溧阳市竹箦镇水西村	6 000	6 000		https: //baike.baidu.com/item/新四军江南指挥部旧址?fromtitle=新四军江南指挥部纪念馆&fromid=8379339
张家港博物馆	文物	三级	是	张家港市杨舍镇暨阳西路2号	7 060	7 060		https: //baike.baidu.com/item/张家港博物馆
淮安市楚州博物馆	文物	三级	否	淮安市淮安区局巷1号			无可查	

（续表）

博物馆名称	博物馆性质	质量等级	是否免费开放	地址	原馆建筑面积（m^2）	现馆建筑面积（m^2）	注	数据来源
宿迁市博物馆	文物	三级	是	宿迁市黄河南路 188 号		15 000	2012 年兴建，2014 年竣工	https: //baike.baidu.com/item/ 宿迁市博物馆 /2289840?fr=aladdin
				总计	580 899.2	698 893.2		单位：平方米
增长：117 994　增长率：20.3%								
浙江省（62 家）								
浙江省博物馆	文物	一级	是	杭州市孤山路 25 号	7 360	7 360		https: //baike.baidu.com/item/ 浙江省博物馆 /1629454?fr=aladdin
浙江自然博物馆	文物	一级	是	杭州市下城区西湖文化广场 6 号	26 000	26 000		https: //baike.baidu.com/item/ 浙江自然博物院 /22857955?fromtitle= 浙江自然博物馆 &fromid=1035174&fr=aladdin
中国丝绸博物馆	文物	一级	是	杭州市玉皇山路 73-1 号	8 000	8 000		https: //baike.baidu.com/item/ 中国丝绸博物馆 /2032514?fr=aladdin
宁波博物馆	文物	一级	是	宁波市鄞州区首南中路 1000 号		30 000	新馆 2008 年竣工，旧馆无可查	https: //baike.baidu.com/item/ 宁波博物馆
温州博物馆	文物	一级	是	温州市鹿城区市府路 491 号	26 000	26 000	2003 年竣工	https: //baike.baidu.com/item/ 温州博物馆 /5862190?fr=aladdin

（续表）

博物馆名称	博物馆性质	质量等级	是否免费开放	地　址	原馆建筑面积（m^2）	现馆建筑面积（m^2）	注	数　据　来　源
杭州博物馆	文物	一级	是	杭州市上城区粮道山18号	13 000	13 000	2001年对外开放	https: //baike.baidu.com/item/ 杭州博物馆
余姚市河姆渡遗址博物馆	文物	二级	是	余姚市河姆渡镇芦山寺村	3 200	3 200	占地面积23 000的以遗址考古现场重建	https: //baike.baidu.com/item/ 余姚市河姆渡遗址博物馆
宁波市天一阁博物馆（冯孟颛纪念馆、银台第官宅博物馆、浙东学术文化陈列馆）	文物	二级	是	宁波市天一街5号、宁波市海曙区孝闻街91号、宁波市海曙区迎凤街133号、宁波市海曙区前丰村管江岸34号	34 000	34 000	占地面积	http: //www.tianyige.com.cn/survey/introduction/7022f50e7881b006a4b132da15e25386
保国寺古建筑博物馆	文物	二级	否	宁波市江北区洪塘街道	5 700	5 700		https: //baike.baidu.com/item/ 宁波市保国寺古建筑博物馆 /6224922?fr=aladdin
杭州南宋官窑博物馆	文物	二级	是	杭州市上城区南复路60号	10 000	10 000		https: //baike.baidu.com/item/ 杭州南宋官窑博物馆

（续表）

博物馆名称	博物馆性质	质量等级	是否免费开放	地　　址	原馆建筑面积（m^2）	现馆建筑面积（m^2）	注	数　据　来　源
中国茶叶博物馆	文物	二级	是	杭州市龙井路88号	7 600	7 600		https: //baike.baidu.com/item/ 中国茶叶博物馆
杭州市余杭博物馆	文物	二级	是	余杭区临平南大街95号	8 000	8 000		https: //baike.baidu.com/item/ 余杭区博物馆 /14707907?fr=aladdin
杭州胡庆余堂中药博物馆	非国有	二级	否	杭州市上城区大井巷95号	2 700	2 700		https: //baike.baidu.com/item/ 杭州胡庆余堂中药博物馆 /2976949?fr=aladdin
绍兴鲁迅纪念馆	行业	二级	是	绍兴市鲁迅中路235号	5 000	5 000		https: //baike.baidu.com/item/ 绍兴鲁迅纪念馆
绍兴市上虞博物馆	文物	二级	是	绍兴市上虞区人民中路228号	7 185	7 185	2000年竣工	http: //www.shangyu.ccoo.cn/bendi/info-21474.html
嘉兴南湖革命纪念馆	行业	二级	是	嘉兴市烟雨路186号七一广场前	1 963.3	19 633	2006年新馆	https: //baike.baidu.com/item/ 南湖革命纪念馆 /4544827?fromtitle=嘉兴南湖革命纪念馆 &fromid=2126978&fr=aladdin
嘉兴博物馆	文物	二级	是	嘉兴南湖区海盐塘路485号	22 000	22 000		http: //www.jiaxingmuseum.com/content/2014-06/19/content_2550630.htm

（续表）

博物馆名称	博物馆性质	质量等级	是否免费开放	地　址	原馆建筑面积（m^2）	现馆建筑面积（m^2）	注	数　据　来　源
衢州市博物馆	文物	二级	是	衢州市新桥街98号	9 400	9 400	2004年新馆对外开放	https: //baike.baidu.com/item/ 衢州市博物馆
湖州市博物馆	文物	二级	是	湖州市仁皇山新区吴兴路1号	10 274	10 274	2006年新馆开放	http: //www.huzhoumuseum.com/huzhou/huzhou/hubo_intro.html
绍兴博物馆	文物	二级	是	绍兴市越城区偏门直街75号	5 946	5 946		https: //baike.baidu.com/item/ 绍兴博物馆 /10026619?fr=aladdin
杭州市萧山区博物馆	文物	二级	是	杭州市萧山区北干山南路651号	3 000	3 000		https: //baike.baidu.com/item/ 杭州市萧山区博物馆 /2127154?fr=aladdin
西溪湿地博物馆	行业	二级	是	杭州市天目山路402号		15 000	2009年对外开放	https: //baike.baidu.com/item/ 西溪湿地博物馆
余姚博物馆	文物	二级	是	余姚市龙泉山西麓广场	1 600	1 600	2003年开放	https: //baike.baidu.com/item/ 余姚博物馆 /11034721?fr=aladdin
宁波中国港口博物馆	文物	二级	是	宁波市北仑区春晓街道港博路6号		40 978	2014年建成	https: //baike.baidu.com/item/ 中国港口博物馆 ?fromtitle= 宁波中国港口博物馆 &fromid=19518888

（续表）

博物馆名称	博物馆性质	质量等级	是否免费开放	地址	原馆建筑面积（m^2）	现馆建筑面积（m^2）	注	数据来源
杭州工艺美术博物馆（杭州中国刀剪剑、扇业、伞业博物馆）	文物	二级	是	杭州市小河路450号、336号、334号		37 862		https: //baike.baidu.com/item/ 杭州工艺美术博物馆
杭州西湖博物馆	文物	二级	是	杭州市上城区南山路89号	7 920	8 500	2009年改扩建	http: //www.westlakemuseum.com/Html/!web2013/bwggk2013/index.html
宁波帮博物馆	文物	二级	是	宁波市镇海区庄市街道思源路255号		24 000	2009年建成	http: //www.nbbbwg.com/pd_bwg/info.aspx?Id=18
永康市博物馆	文物	二级	是	宁波市镇海区庄市街道思源路255号	6 000	6 000		https: //baike.baidu.com/item/ 永康市博物馆 /9918693?fr=aladdin
丽水市博物馆	文物	二级	是	丽水市莲都区括苍路701号	13 000	13 000		http: //www.lsbwg.com/bggk/bggs/2015-09-15/3915.html
江山市博物馆	文物	三级	是	江山市鹿溪北路297号	5 000	5 000		https: //baike.baidu.com/item/ 江山市博物馆 /2127930?fr=aladdin
舟山博物馆	文物	三级	是	舟山市定海区环城南路453号	3 693	14 100	2014年迁新馆	http: //www.zsbwg.com/show.aspx?columnid=75

（续表）

博物馆名称	博物馆性质	质量等级	是否免费开放	地　址	原馆建筑面积（m^2）	现馆建筑面积（m^2）	注	数据来源
庆元县香菇博物馆	文物	三级	是	浙江省丽水市庆元县咏归路6号	2 380	2 380	2010年迁新馆	https: //baike.baidu.com/item/ 庆元香菇博物馆 /8367971?fromtitle=庆元县香菇博物馆 &fromid=2644878&fr=aladdin
缙云县博物馆	文物	三级	是	缙云县五云街道黄龙路140号	3 780	3 780		https: //baike.baidu.com/item/ 缙云县博物馆
龙泉市博物馆	文物	三级	是	龙泉市剑川大道258号	386	386		https: //baike.baidu.com/item/ 龙泉市博物馆
诸暨市博物馆	文物	三级	是	诸暨市东一路18号	3 600	3 600		https: //baike.baidu.com/item/ 诸暨市博物馆
越剧博物馆	文物	三级	是	嵊州市百步阶8号	2 253	2 253		https: //baike.baidu.com/item/ 越剧博物馆
乐清市博物馆	文物	三级	是	温州市乐清市乐成街道乐湖路26号	16 000	16 000		http: //www.sohu.com/a/290677058_283238
桐乡市茅盾纪念馆	文物	三级	是	桐乡市乌镇观前街17号	566.04	566.04		https: //baike.baidu.com/item/ 桐乡市茅盾纪念馆 /17335593?fr=aladdin

（续表）

博物馆名称	博物馆性质	质量等级	是否免费开放	地　址	原馆建筑面积（m^2）	现馆建筑面积（m^2）	注	数　据　来　源
桐乡市丰子恺纪念馆	文物	三级	是	桐乡市石门镇大井路 1 号	820	820		http://www.jiaxing.gov.cn/art/2014/1/15/art_1536300_22023544.html
桐乡市博物馆	文物	三级	是	桐乡市环园路 399 号		9 518	旧馆面积无可查，新馆 2013 年开放	https://baike.baidu.com/item/桐乡市博物馆/2130820?fr=aladdin
李叔同纪念馆	文物	三级	是	平湖市当湖街道叔同路 29 号	1 506	1 506		https://baike.baidu.com/item/李叔同纪念馆
平湖莫氏庄园陈列馆	文物	三级	否	平湖市当湖街道人民西路 39 号	2 600	2 600		https://baike.baidu.com/item/平湖莫氏庄园陈列馆
海宁市博物馆	文物	三级	是	海宁市西山路 542 号	5 000	5 000		https://baike.baidu.com/item/海宁市博物馆
德清县博物馆	文物	三级	是	德清县武康镇云岫南路 7 号	6 000	6 000	新馆 2005 年竣工	https://baike.baidu.com/item/德清博物馆?fromtitle=德清县博物馆&fromid=3019373
长兴县博物馆	文物	三级	是	长兴县雉城镇台基路 9 号	3 500	31 000	2019 年 1 月迁新馆	https://baike.baidu.com/item/长兴县博物馆/9900189?fr=aladdin#reference-[1]-3349503-wrap

（续表）

博物馆名称	博物馆性质	质量等级	是否免费开放	地址	原馆建筑面积（m^2）	现馆建筑面积（m^2）	注	数据来源
新四军苏浙军区纪念馆	文物	三级	是	长兴县槐坎乡温塘村 55-1	2 000	2 000		https: //baike.baidu.com/item/ 新四军苏浙军区纪念馆 /6624694?fr=aladdin
吴昌硕纪念馆	文物	三级	是	安吉县递铺镇天目路 572 号	972	972	2012 年建成	http: //www.wcsjng.com.cn/erji.asp?shangjilanmu=%D7%DF%BD%F8%BC%CD%C4%EE%B9%DD&lanmuming=%D7%DF%BD%F8%BC%CD%C4%EE%B9%DD&xianshishijian=%B7%F1&leixing=%CE%C4%D5%C2%D0%CD&danxinxi=%CA%C7
桐庐博物馆	文物	三级	是	桐庐县城南街道学圣路 646 号	2 600	2 600		https: //baike.baidu.com/item/ 桐庐博物馆
镇海口海防历史纪念馆	文物	三级	是	宁波市镇海区沿江东路 198 号	3 200	3 200		https: //baike.baidu.com/item/ 镇海海防历史纪念馆 ?fromtitle= 镇海口海防历史纪念馆 &fromid=3595656
奉化市溪口博物馆	行业	三级	是	奉化市溪口镇武岭西路 159 号	3 000	3 000	2010 年新馆投入使用	https: //baike.baidu.com/item/ 溪口博物馆 /11034769

（续表）

博物馆名称	博物馆性质	质量等级	是否免费开放	地　址	原馆建筑面积（m^2）	现馆建筑面积（m^2）	注	数　据　来　源
浙东海事民俗博物馆	文物	三级	否	宁波市江东北路 156 号	5 000	5 000	占地面积	https: //baike.baidu.com/item/ 浙东海事民俗博物馆 /8328816?fr=aladdin
慈溪市博物馆	文物	三级	是	慈溪市浒山街道寺山路 352 号	2 000	2 000		https: //baike.baidu.com/item/ 慈溪市博物馆 /8650169?fr=aladdin
柔石纪念馆	文物	三级	是	宁海县柔石路 1 号			无可查	
十里红妆博物馆	非国有	三级	是	宁海县徐霞客大道 1 号	3 000	3 000		https: //baike.baidu.com/item/ 十里红妆博物馆 /10896867?fr=aladdin
瑞安市博物馆	文物	三级	是			10 390	2013 年建成	http: //www.ruianmuseum.com/about.php
桐乡市钟旭洲钱币艺术博物馆	文物	三级	是			2 417	2009 年建成	http: //baike.chinaso.com/wiki/doc-view-117621.html
君匋艺术院	文物	三级	是		1 432	1 432		https: //baike.baidu.com/item/ 君匋艺术院 /22852914?fr=aladdin
海盐县博物馆	文物	三级	是			18 000	2008 年建成	http: //www.chinahymuseum.com/about_2.asp

（续表）

博物馆名称	博物馆性质	质量等级	是否免费开放	地　址	原馆建筑面积（m^2）	现馆建筑面积（m^2）	注	数　据　来　源
兰溪市博物馆	文物	三级	是		300	6 213	2011 年新馆对外开放	https: //baike.baidu.com/item/ 兰溪市博物馆 /2130975?fr=aladdin
东阳市博物馆	文物	三级	是			6 700	2008 年建成并开放	https: //baike.baidu.com/item/ 东阳市博物馆 /9918634?fr=aladdin
浦江博物馆	文物	三级	是		4 300	4 300		https: //baike.baidu.com/item/ 浦江博物馆 /9897959?fr=aladdin
景宁畲族自治县畲族博物馆	文物	三级	是			3 554	2006 年建成	https: //baike.baidu.com/museum/jingningshezu
				总　计	329 736.34	590 225.04		单位：平方米
增长：260 488.7　增长率：79%								
安徽省（32 家）								
安徽博物院	文物	一级	是	合肥市怀宁路 268 号（新馆）、安庆路 268 号（老馆）	11 580	41 000		https: //baike.baidu.com/item/ 安徽博物院 /10888151?fr=aladdin
安徽中国徽州文化博物馆	文物	一级	是	黄山市屯溪区迎宾大道 50 号	14 000	14 000	2008 年竣工	https: //baike.baidu.com/item/ 安徽中国徽州文化博物馆

（续表）

博物馆名称	博物馆性质	质量等级	是否免费开放	地　址	原馆建筑面积（m^2）	现馆建筑面积（m^2）	注	数据来源
寿县博物馆	文物	二级	是	寿县寿春镇大街	6 558	6 558		https: //baike.baidu.com/item/ 寿县博物馆
安庆市博物馆（安徽中国黄梅戏博物馆、安庆市革命文物陈列馆）	文物	二级	是	安庆市湖心中路 6–2 号、迎江区菱湖南路 102 号	3 500	31 634		https: //baike.baidu.com/item/ 安庆市博物馆 /9988956?fr=aladdin，http: //www.aqbwg.cn/v-1.1.5-zh_CN-/AqMuseum/mian.w#!content3
淮北市博物馆	文物	二级	是	淮北市博物馆路 1 号	10 670	10 670		http: //www.hbbwg.net/?bwggs.html
新四军军部旧址纪念馆	文物	二级	是	宣城市泾县云岭镇	5 072	5 072	司令部旧址建筑面积 1 381，政治部旧址面积 255，军礼大礼堂旧址建筑总面积 2 200，修械所旧址建筑总面积 822，战地服务团俱乐部旧址面积 414	https: //baike.baidu.com/item/ 新四军军部旧址纪念馆 /3575751?fr=aladdin

（续表）

博物馆名称	博物馆性质	质量等级	是否免费开放	地址	原馆建筑面积（m^2）	现馆建筑面积（m^2）	注	数据来源
淮南市博物馆	文物	二级	是	淮南市洞山中路15号	10 200	10 200		http: //hnsbwg.cn/html/huainan//155/156/index.html
皖西博物馆	文物	二级	是	六安市佛子岭中路市行政中心东侧	4 500	4 500		https: //baike.baidu.com/item/ 皖西博物馆 /10018817?fr=aladdin
歙县博物馆	文物	二级	是	歙县披云路10号			无可查	
阜阳市博物馆	文物	二级	是	阜阳市颍州区清河东路339号	3 000	3 000		https: //baike.baidu.com/item/ 阜阳市博物馆
宿州市博物馆	文物	二级	是	宿州市通济一路8号		10 000	2010年竣工	https: //baike.baidu.com/item/ 宿州市博物馆
马鞍山市博物馆	文物	二级	是	马鞍山市雨山区太白大道2006-1号		11 000	2008年底竣工	http: //www.mas-museum.com/static/5/aboutus.html
安徽省地质博物馆	行业	二级	是	合肥市嘉和路999号	26 495	26 495	2008年新馆开工	https: //baike.baidu.com/item/ 安徽省地质博物馆 /8023610?fr=aladdin
蚌埠市博物馆	文物	二级	是	蚌埠市蚌山区胜利中路51号	34 000	34 000	2015年迁入新馆，旧馆面积不可查	http: //www.ahbbmuseum.com/UserData/SortHtml/6260358510.html

（续表）

博物馆名称	博物馆性质	质量等级	是否免费开放	地　址	原馆建筑面积（m^2）	现馆建筑面积（m^2）	注	数　据　来　源
合肥市李鸿章故居陈列馆	文物	三级	否	合肥市淮河路208号	3 500	3 500		https: //baike.baidu.com/item/ 合肥市李鸿章故居陈列馆 /23659487?fr=aladdin
渡江战役总前委旧址纪念馆	文物	三级	是	肥东县撮镇瑶岗村	563	563		http: //zwgk.bengbu.gov.cn/com_content.jsp?XxId=406200894
马鞍山市三国朱然家族墓地博物馆	文物	三级	是	马鞍山市雨山区朱然路3号	115 700	115 700	占地面积	https: //baike.baidu.com/item/ 马鞍山市三国朱然家族墓地博物馆 /23659494?fr=aladdin
巢湖市博物馆	文物	三级	是	巢湖市放王岗	10 000	10 000	未竣工，老馆面积无可查	https: //baike.baidu.com/item/ 巢湖市博物馆
祁门县博物馆	文物	三级	是	祁门县文峰南路文化活动中心	1 280	1 280		https: //baike.baidu.com/item/ 祁门县博物馆
秀山门博物馆	非国有	三级	是	池州市杏村西路302号			无可查	
萧县博物馆	文物	三级	是	宿州市萧县龙城镇民治街68号	1 170	1 170		https: //baike.baidu.com/item/ 萧县博物馆 /9692532?fr=aladdin
亳州市博物馆	文物	三级	是	谯城区芍花路209号	5 200	5 200		https: //baike.baidu.com/item/ 亳州市博物馆

（续表）

博物馆名称	博物馆性质	质量等级	是否免费开放	地　址	原馆建筑面积（m^2）	现馆建筑面积（m^2）	注	数　据　来　源
淮北市刘开渠纪念馆	行业	三级	是	淮北市相山公园内刘开渠纪念馆	4 977	4 977	占地面积	https: //baike.baidu.com/item/ 淮北市刘开渠纪念馆
广德县博物馆	文物	三级	是	广德县桐汭西路青少年活动中心三楼	5 800	5 800	新馆预计 5 800，旧馆无可查	http: //www.chinabidding.com/bidDetail/231554048.html
中共淮海战役总前委旧址纪念馆	行业	三级	是	濉溪县临涣镇文昌街北段西侧	2 196	2 196	占地面积	https: //baike.baidu.com/item/ 淮海战役总前委旧址 /15446484?fr=aladdin
宣城市博物馆	文物	三级	是	宣城市宣州区府山广场	2 400	2 400		http: //www.bytravel.cn/Landscape/76/xuanchengshibowuguan.html
铜陵市博物馆	文物	三级	是	铜陵市学院路 477 号	3 100	20 000	2014 年竣工	https: //baike.baidu.com/item/ 铜陵市博物馆 /9693300?fr=aladdin，http: //jing640219.qiyeshangpu.com
桐城市博物馆	文物	三级	是	桐城市龙眠中路 2 号	15 000	15 000		https: //baike.baidu.com/item/ 桐城市博物馆
潜山县博物馆	文物	三级	是	潜山县梅城镇皖光苑路 28 号	6 000	6 000		https: //baike.baidu.com/item/ 潜山市博物馆 ?fromtitle= 潜山县博物馆 &fromid=9691435

（续表）

博物馆名称	博物馆性质	质量等级	是否免费开放	地　　址	原馆建筑面积（m^2）	现馆建筑面积（m^2）	注	数　据　来　源
金寨县革命博物馆	文物	三级	是	金寨县梅山镇红村路 35 号	8 300	8 300		https: //baike.baidu.com/item/ 金寨县革命博物馆 /3574765?fr=aladdin
天长市博物馆	文物	三级	是	天长市石梁西路 131 号	4 500	4 500		https: //baike.baidu.com/item/ 天长市博物馆 /12584456?fr=aladdin
黄山区博物馆	文物	三级	是	黄山市黄山区太平东路 20 号	2 200	2 200	2009 年改造，原面积无可查	http: //ah.wenming.cn/agzyjyjd/201501/t20150106_2386801.shtml
				总　计	321 461	416 915		单位：平方米
增长：95 454　增长率：29.7%								
福建省（40 家）								
福建博物院	文物	一级	是	福州市鼓楼区湖头街 96 号	35 800	35 800	2002 年新馆建成	https: //baike.baidu.com/item/ 福建博物院 /2966215?fr=aladdin
福建・中国闽台缘博物馆	文物	一级	是	泉州市丰泽区北清东路 212 号		23 332	2006 年竣工	https: //baike.baidu.com/item/ 中国闽台缘博物馆 /6846234
泉州海外交通史博物馆	文物	一级	是	泉州市丰泽区东湖街 425 号	17 300	17 300		https: //baike.baidu.com/item/ 泉州海外交通史博物馆
古田会议纪念馆	文物	一级	是	上杭县古田镇古田路 85 号	11 000	11 000		https: //baike.baidu.com/item/ 古田会议纪念馆

（续表）

博物馆名称	博物馆性质	质量等级	是否免费开放	地　址	原馆建筑面积（m^2）	现馆建筑面积（m^2）	注	数　据　来　源
中央苏区（闽西）历史博物馆	文物	一级	是	龙岩市新罗区北环西路51号	4 800	4 800		https: //baike.baidu.com/item/ 中央苏区（闽西）历史博物馆
福州市博物馆	文物	二级	是	福州市晋安区文博路8号	11 198	11 198	2000年对外开放	http: //www.fzsbwg.com/index.php?m=content&c=index&a=lists&catid=59
漳州市博物馆	文物	二级	是	漳州市龙文区迎宾路与龙文路交接处	4 600	4 600		http: //www.fjzzmuseum.com/About.asp
泉州市博物馆	文物	二级	是	泉州市丰泽区北清东路西湖公园北侧	16 000	16 000	2005年竣工	https: //baike.baidu.com/item/ 泉州博物馆 /8709772?fromtitle= 泉州市博物馆 &fromid=3826631&fr=aladdin
德化县陶瓷博物馆	文物	二级	是	德化县浔中镇学府路17号	5 700	5 700		https: //baike.baidu.com/item/ 德化县陶瓷博物馆
晋江市博物馆	文物	二级	是	晋江市世纪大道382号	16 000	16 000		https: //baike.baidu.com/item/ 晋江市博物馆
华侨博物院	行业	二级	是	厦门市思明南路493号	3 000	3 000		https: //baike.baidu.com/item/ 华侨博物院 /9808810?fr=aladdin

（续表）

博物馆名称	博物馆性质	质量等级	是否免费开放	地　址	原馆建筑面积（m^2）	现馆建筑面积（m^2）	注	数　据　来　源
福州市长乐区博物馆	文物	二级	是	福州市长乐区吴航街道爱心路 198 号		8 000	2004 年对外开放	https: //baike.baidu.com/item/ 长乐博物馆 /9426312?fr=aladdin
上杭县博物馆	文物	二级	是	上杭县临江镇临江路 52 号	1 102	1 102		http: //bwg.shanghang.gov.cn/bwgjj/201212/t20121210_147961.htm
福建省革命历史纪念馆	行业	二级	是	福州市晋安区福马路 988 号鼓山下院	16 000	16 000		https: //baike.baidu.com/item/ 福建省革命历史纪念馆 /8327405?fr=aladdin
福建省昙石山遗址博物馆	文物	二级	是	闽侯县甘蔗街道昙石村 330 号	1 460	1 460		https: //baike.baidu.com/item/ 福建省革命历史纪念馆 /8327405?fr=aladdin
三明市博物馆	文物	二级	是	三明市梅列区贵溪洋新区城市文化广场 665 号	5 000	5 000	2004 年扩建	https: //baike.baidu.com/item/ 三明市博物馆
毛泽东才溪乡调查纪念馆	文物	二级	是	上杭县才溪镇下才村湖田路 102 号	7 300	7 300		https: //baike.baidu.com/item/ 毛泽东才溪乡调查纪念馆

（续表）

博物馆名称	博物馆性质	质量等级	是否免费开放	地　址	原馆建筑面积（m^2）	现馆建筑面积（m^2）	注	数据来源
厦门市博物馆	文物	二级	是		4 217	25 300	2007 年迁入新馆	https: //baike.baidu.com/item/ 厦门市博物馆
龙岩博物馆	文物	二级	是	龙岩市新罗区和平路 33 号		30 000	2008 年建成	http: //www.mnw.cn/news/ly/867635.html
福建闽越王城博物馆	文物	三级	是	武夷山市兴田镇城村村观音阁 1 号	1 514	1 514		http: //www.fjmywcbwg.com/bwg/gaikuang/jianjie/
东山县博物馆	文物	三级	是	东山县铜陵镇风动石景区内	986	986		https: //baike.baidu.com/item/ 东山博物馆 /8875649?fromtitle= 东山县博物馆 &fromid=9437975&fr=aladdin
邵武市博物馆	文物	三级	是	邵武市小东门 8 号	7 000	7 000	占地面积	https: //baike.baidu.com/item/ 邵武市博物馆
泰宁县博物馆	文物	三级	是	泰宁县杉城镇尚书巷 8 号	13 000	13 000	占地面积	https: //baike.baidu.com/item/ 泰宁县博物馆
建宁中央苏区反“围剿”纪念馆（建宁县博物馆）	文物	三级	是	建宁县溪口镇溪口街 49 号	40 000	40 000	占地面积	https: //baike.baidu.com/item/ 建宁县中央苏区反“围剿”纪念馆 /5947005

（续表）

博物馆名称	博物馆性质	质量等级	是否免费开放	地　址	原馆建筑面积（m^2）	现馆建筑面积（m^2）	注	数　据　来　源
龙岩博物馆	文物	三级	是	龙岩市新罗区和平路32号花家地			无可查	
武平县博物馆	文物	三级	是	武平县平川镇育才路23号	746	746		https: //baike.baidu.com/item/ 武平县博物馆
长汀县博物馆	文物	三级	是	长汀县汀州镇兆征路41号	10 700	10 700	汀州试院占地10 000，汀州客家博物馆占地700	https: //baike.baidu.com/item/ 长汀县博物馆
漳平市博物馆	文物	三级	是	漳平市塔东路128号	4 223	4 223		http: //www.zp.gov.cn/xxgk/zdxxgk/ggwhty/szgk/201812/t20181215_1451495.htm
泉州华侨历史博物馆	行业	三级	是	泉州市丰泽区东湖街732号	6 523	6 523		https: //baike.baidu.com/item/ 泉州华侨历史博物馆 /3826819?fr=aladdin
宁德市博物馆（闽东畲族博物馆）	文物	三级	是	宁德市东侨经济开发区华庭路西侧	800	800		https: //baike.baidu.com/item/ 宁德市博物馆
安溪县博物馆	文物	三级	是	安溪县凤城镇大同路141号			无可查	

（续表）

博物馆名称	博物馆性质	质量等级	是否免费开放	地　址	原馆建筑面积（m^2）	现馆建筑面积（m^2）	注	数据来源
莆田市博物馆	文物	三级	是	莆田市城厢区龙桥延寿村延寿175号		28 800	2017年开馆	https: //baike.baidu.com/item/莆田市博物馆/10128978?fr=aladdin
中国船政文化博物馆	文物	三级	是	福州市马尾区昭忠路7号	4 100	4 100	2004年竣工	https: //baike.baidu.com/item/中国船政文化博物馆
福建民俗博物馆	文物	三级	是			2 400	2010年开馆	https: //baike.baidu.com/item/福建民俗博物馆
南安市博物馆	文物	三级	是		300	300		http: //baike.chinaso.com/wiki/doc-view-118038.html
毛主席率领红军功攻克漳州纪念馆	文物	三级	是		704	704		http: //wmf.fjsen.com/topic/2011-04/25/content_6083350.htm
客家族谱博物馆	文物	三级	是			35 000	2012年建成	https: //baike.baidu.com/item/中国客家族谱博物馆/6958379?fr=aladdin
连城县博物馆	文物	三级	是		2 400	2 400		https: //baike.baidu.com/item/连城县博物馆
福建土楼博物馆	文物	三级	是			10 692.7	2015年开放	https: //baike.baidu.com/item/福建土楼博物馆/17604906?fr=aladdin

（续表）

博物馆名称	博物馆性质	质量等级	是否免费开放	地　址	原馆建筑面积（m^2）	现馆建筑面积（m^2）	注	数　据　来　源
将乐县博物馆	文物	三级	是		1 200	1 200	2002 年迁入新馆	https: //baike.baidu.com/item/ 将乐县博物馆
				总　计	254 673	413 980.7		单位：平方米
增长：159 307.7　增长率：62.6%								
江西省（36 家）								
江西省博物馆	文物	一级	是	南昌市新洲路 2 号	35 000	35 000		http: //www.jxmuseum.cn/News/Details/gbjj
南昌八一起义纪念馆	文物	一级	是	南昌市西湖区中山路 380 号	5 903	5 903		https: //baike.baidu.com/item/ 南昌八一起义纪念馆 /2121335?fr=aladdin
井冈山革命博物馆	文物	一级	是	井冈山市茨坪镇红军路 5 号 1 栋	20 030	20 030	2007 年新馆竣工，旧馆面积无可查	https: //baike.baidu.com/item/ 井冈山革命博物馆 #2
瑞金中央革命根据地纪念馆	文物	一级	是	赣州市瑞金市龙珠路 1 号	1 827	1 827	2007 年新馆竣工，旧馆面积无可查	https: //baike.baidu.com/item/ 瑞金中央革命根据地纪念馆 /574619?fr=aladdin
安源路矿工人运动纪念馆	文物	一级	是	萍乡市安源区安源镇	3 245	3 245		https: //baike.baidu.com/item/ 安源路矿工人运动纪念馆

（续表）

博物馆名称	博物馆性质	质量等级	是否免费开放	地　　址	原馆建筑面积（m^2）	现馆建筑面积（m^2）	注	数　据　来　源
八大山人纪念馆	文物	二级	是	南昌市青云谱区青云谱路259号	10 000	10 000		https: //wenku.baidu.com/view/5dd38c176edb6f1aff001fe3.html
景德镇陶瓷馆	文物	二级	是	景德镇市紫晶路1号	32 000	32 000		https: //baike.baidu.com/item/景德镇陶瓷馆/8981379?fr=aladdin
上饶集中营革命烈士纪念馆	行业	二级	是	上饶市信州区陵园路66号	17 000	17 000		https: //baike.baidu.com/item/上饶集中营革命烈士纪念馆
江西客家博物院	文物	二级	是	赣州市赣县杨仙大道1号		40 000	2010年成立	https: //baike.baidu.com/item/江西客家博物院
九江市博物馆	文物	二级	是	九江市八里湖新区博物馆（胜利碑下）	14 000	14 000		https: //baike.baidu.com/item/九江市博物馆
江西省庐山博物馆	文物	二级	是	庐山芦林一号	2 700	2 700		https: //baike.baidu.com/item/庐山博物馆/7521776?fr=aladdin
宜春市博物馆（宜春市袁州地方时间博物馆）	文物	二级	是	宜春市芦洲北路536号	11 225	11 225		https: //baike.baidu.com/item/宜春市博物馆
萍乡博物馆	文物	二级	是	萍乡市滨河东路376号	16 900	16 900		http: //www.pxmuseum.com/nd.jsp?id=116#_jcp=1

（续表）

博物馆名称	博物馆性质	质量等级	是否免费开放	地址	原馆建筑面积（m^2）	现馆建筑面积（m^2）	注	数据来源
婺源博物馆	文物	二级	是		6 000	6 000	展厅面积	https: //baike.baidu.com/item/ 婺源县博物馆 /8978310?fr=aladdin
赣州市博物馆	文物	二级	是			20 290	2009 年开馆	https: //baike.baidu.com/item/ 赣州市历史文化与城市建设博物馆 /13778199?fromtitle= 赣州市博物馆 &fromid=9075190&fr=aladdin
南昌县博物馆	文物	三级	是	南昌县莲塘镇澄湖北路 579 号博物馆 3 号门	3 120	3 120		https: //baike.baidu.com/item/ 南昌县博物馆
瑞昌市博物馆	文物	三级	是	瑞昌市人民北路 167 号	1 500	1 500		https: //baike.baidu.com/item/ 瑞昌市博物馆
秋收起义修水纪念馆	文物	三级	是	修水县凤凰山路 138 号	10 000	10 000	占地面积	http: //www.xsqs.cn/a/01/2013/0824/203.html
抚州市博物馆	文物	三级	是	抚州市迎宾大道 586 号	12 663	12 663		https: //baike.baidu.com/item/ 抚州市博物馆 /4881280?fr=aladdin
乐安县博物馆	文物	三级	是	乐安县城广场路 38 号	1 622	1 622	占地面积	https: //baike.baidu.com/item/ 乐安县博物馆
樟树市博物馆	文物	三级	是	樟树市广场路 35 号	2 340	2 340		https: //baike.baidu.com/item/ 樟树市博物馆

（续表）

博物馆名称	博物馆性质	质量等级	是否免费开放	地址	原馆建筑面积（m^2）	现馆建筑面积（m^2）	注	数据来源
高安市博物馆（高安元青花博物馆）	文物	三级	是	高安市筠泉路1号	1 300	1 300		https: //baike.baidu.com/item/ 高安市博物馆 /9986653?fr=kg_qa
秋收起义铜鼓纪念馆	文物	三级	是	铜鼓县定江东路 489 号	4 400	4 400		https: //baike.baidu.com/item/ 秋收起义铜鼓纪念馆 /9949638?fr=aladdin
湘鄂赣革命纪念馆	文物	三级	是	万载县阳乐大道 322 号	580	580		https: //baike.baidu.com/item/ 万载湘鄂赣革命纪念馆 /12572294
吉水县博物馆	文物	三级	是	吉水县龙华中大道 122 号	2 500	2 500		http: //www.jishui.ccoo.cn/bendi/info-121360.html
湘赣革命纪念馆（含三湾改编纪念馆、贺子珍纪念馆）	文物	三级	是	永新县禾川镇民主街盛家坪路 14 号、三湾村三湾乡、禾川镇三湾公园内	2 100	2 100		https: //baike.baidu.com/item/ 湘赣革命纪念馆 /7799139?fr=aladdin
兴国革命纪念馆	文物	三级	是	兴国县红军路 5 号	1 807	1 807		https: //baike.baidu.com/item/ 兴国革命纪念馆

（续表）

博物馆名称	博物馆性质	质量等级	是否免费开放	地　址	原馆建筑面积（m^2）	现馆建筑面积（m^2）	注	数　据　来　源
于都县博物馆（中央红军长征出发纪念馆）	文物	三级	是	于都县贡江镇政府大门右侧老干部活动中心三楼			无可查	
景德镇民窑博物馆	文物	三级	是	景德镇市航空路 18 号	8 500	8 500		https: //baike.baidu.com/item/ 景德镇民窑博物馆 /7773670?fr=aladdin
景德镇陶瓷民俗博物馆	文物	三级	是	景德镇市枫树山蟠龙岗	150 000	150 000	占地面积	http: //www.jdztcms.com/about.hb
新余市博物馆	文物	三级	是	新余市仙来中大道 61 号	3 952	3 952		https: //baike.baidu.com/item/ 新余市博物馆 /840472?fr=aladdin
鹰潭市博物馆（江西道教文化博物馆）	文物	三级	是	鹰潭市湖西路 4 号	3 856	3 856	2000 年建新馆	https: //baike.baidu.com/item/ 鹰潭市博物馆
方志敏纪念馆	行业	三级	是	弋阳县弋江镇北路 69 号	1 300	1 300		https: //baike.baidu.com/item/ 方志敏纪念馆
吉安市博物馆	文物	三级	是		12 000	12 000		http: //www.jabwg.cn/jibogaikuang/guanyujibo/

（续表）

博物馆名称	博物馆性质	质量等级	是否免费开放	地　址	原馆建筑面积（m^2）	现馆建筑面积（m^2）	注	数据来源
新干县博物馆（大洋洲商代青铜博物馆）	文物	三级	是	新干县环城南路 10 号	1 580	1 580	2003 年建馆	https: //baike.baidu.com/item/ 新干县博物馆 /8755335?fr=aladdin
吉州窑博物馆（吉安县博物馆）	文物	三级	是	吉安市吉安县永和镇		8 659	2015 年对外开放	http: //www.jzybwg.com/category.asp?id=20
				总　计	400 950	469 899		单位：平方米
增长：68 949　增长率：17.2%								
山东省（52 家）								
山东博物馆	文物	一级	是	济南市经十路 11899 号	82 900	82 900	2010 年新馆竣工	https: //baike.baidu.com/item/ 山东博物馆
青岛市博物馆	文物	一级	是	青岛市崂山区梅岭东路 51 号	7 500	7 500		https: //baike.baidu.com/item/ 青岛市博物馆
青州博物馆	文物	一级	是	青州市范公亭西路 1 号	12 000	12 000		https: //baike.baidu.com/item/ 青州博物馆
中国甲午战争博物院	文物	一级	是	威海市刘公岛	8 800	8 800		https: //baike.baidu.com/item/ 中国甲午战争博物院

（续表）

博物馆名称	博物馆性质	质量等级	是否免费开放	地　址	原馆建筑面积（m^2）	现馆建筑面积（m^2）	注	数　据　来　源
烟台市博物馆	文物	一级	是	烟台市芝罘区毓岚街 2 号	17 000	17 000	2007 年新馆开工建设，旧馆面积无可查	https: //baike.baidu.com/item/ 烟台市博物馆
潍坊市博物馆	文物	一级	是	潍坊市东风东街 6616 号	18 669.7	18 669.7		https: //baike.baidu.com/item/ 潍坊市博物馆
济南市博物馆	文物	二级	是	济南市历下区经十一路 30 号	6 300	6 300		https: //baike.baidu.com/item/ 济南市博物馆 /118264?fr=aladdin
烟台张裕酒文化博物馆	行业	二级	否	烟台市芝罘区大马路 56 号	10 000	10 000		https: //baike.baidu.com/item/ 张裕酒文化博物馆 /2602835?fr=aladdin
齐文化博物馆（齐国故城遗址博物馆）	文物	二级	否	临淄区齐都镇张皇路 7 号、淄博市临淄区临淄大道 308 号		35 000	2016 年开馆	https: //baike.baidu.com/item/ 齐文化博物馆
青岛海产博物馆	行业	二级	否	青岛市市南区莱阳路 2 号			无可查	
青岛啤酒博物馆	行业	二级	否	青岛市市北区登州路 56 号	6 000	6 000	展出面积	https: //baike.baidu.com/item/ 青岛啤酒博物馆 /560506?fr=aladdin
中国海军博物馆	行业	二级	否	青岛市市南区莱阳路 8 号	40 000	40 000	占地面积	http: //www.hjbwg.com/001.html

（续表）

博物馆名称	博物馆性质	质量等级	是否免费开放	地　址	原馆建筑面积（m^2）	现馆建筑面积（m^2）	注	数　据　来　源
临沂市博物馆	文物	二级	是	临沂市北城新区兰陵路 10 号	20 805	20 805		http: //museum.linyi.cn/info/1172/1132.htm
诸城市博物馆	文物	二级	是	诸城市和平北街 125 号	2 500	2 500		http: //jing859201.qiyeshangpu.com
泰安市博物馆	文物	二级	否	泰安市朝阳街七号（岱庙）			岱庙占地 100 000	http: //www.daimiao.cn/channels/69.html
淄博市博物馆	文物	二级	是	淄博市张店区商场西街 153 号	13 000	13 000		https: //baike.baidu.com/item/ 淄博市博物馆 /124452?fr=aladdin
东营市历史博物馆	文物	二级	是	东营市广饶县月河路 270 号	6 812	6 812	新馆 2002 年建成	https: //baike.baidu.com/item/ 东营市历史博物馆
莒县博物馆	文物	二级	是	莒县振兴东路 208 号	1 500	16 000	2005 年建新馆	https: //baike.baidu.com/item/ 莒州博物馆 ?fromtitle= 莒县博物馆 &fromid=3295679
山东临朐山旺古生物化石博物馆	文物	二级	是	临朐县城山旺路 1167 号	4 000	4 000		http: //lqxbwg.linqu.gov.cn/BGJJ/201606/t20160602_9653.html
孔繁森同志纪念馆	行业	二级	是	聊城市东昌湖西北隅	1 400	1 400		https: //baike.baidu.com/item/ 孔繁森同志纪念馆 /1983190?fr=aladdin

（续表）

博物馆名称	博物馆性质	质量等级	是否免费开放	地　　址	原馆建筑面积（m^2）	现馆建筑面积（m^2）	注	数　据　来　源
威海市文登区博物馆	文物	二级	是	文登市柳营街57号	792	792		https: //baike.baidu.com/item/ 文登市博物馆 /6651441?fr=aladdin
济南市章丘区博物馆	文物	二级	是	济南市章丘区清照路135号	684.57	684.57		https: //baike.baidu.com/item/ 章丘市博物馆 /9550574?fr=aladdin
山东大学博物馆	行业	二级	是	山大南路27号中心校区知新楼27楼	800	1 500	2001年迁入新馆	http: //museum.sdu.edu.cn/bggk/jglc.htm
聊城中国运河文化博物馆	文物	二级	是	聊城市东昌西路88号		16 000	2009年开放	https: //baike.baidu.com/item/ 聊城中国运河文化博物馆
济宁市博物馆	文物	三级	是	济宁市任城区古槐路38号	11 000	11 000	新馆2020年4月建成，面积27 000	https: //baike.baidu.com/item/ 济宁博物馆 ?fromtitle= 济宁市博物馆 &fromid=3430367
邹城博物馆	文物	三级	是	邹城市顺河路56号		12 500	2002年开馆	https: //baike.baidu.com/item/ 邹城博物馆 /989248?fr=aladdin
济宁市兖州区博物馆	文物	三级	是	兖州区文化东路53号	7 800	7 800		https: //baike.baidu.com/item/ 兖州博物馆 /2083497?fr=aladdin

（续表）

博物馆名称	博物馆性质	质量等级	是否免费开放	地　址	原馆建筑面积（m^2）	现馆建筑面积（m^2）	注	数　据　来　源
曲阜市孔子博物院（曲阜市汉魏碑刻陈列馆、曲阜市孟母教子馆）	文物	三级	否	曲阜市东华门大街1号、曲阜市后作街、曲阜市小雪街道凫村		55 000	2013年动工，2019年开放	https: //baike.baidu.com/item/ 曲阜市孔子博物院
日照市博物馆	文物	三级	是	日照市烟台路33号	9 260	9 260		https: //baike.baidu.com/item/ 日照市博物馆
临沂市银雀山汉墓竹简博物馆	文物	三级	否	兰山区沂蒙路212号	2 400	2 400		https: //baike.baidu.com/item/ 银雀山汉墓竹简博物馆 /1495001?fr=aladdin
博兴县博物馆	文物	三级	是	滨州市博兴县胜利二路文化广场西南	2 300	2 300	2001年建成并开放	https: //baike.baidu.com/item/ 博兴县博物馆
菏泽市博物馆	文物	三级	是	菏泽市华英路537号	3 000	3 000		https: //baike.baidu.com/item/ 菏泽市博物馆
威海市博物馆	文物	三级	是	即墨路2A文化艺术中心三楼	4 120	12 250	2010年底竣工	https: //baike.baidu.com/item/ 威海市博物馆
荣成博物馆	文物	三级	是	荣成市成山大道东段28号	28 672	28 672	2003年建馆	https: //baike.baidu.com/item/ 荣成博物馆

（续表）

博物馆名称	博物馆性质	质量等级	是否免费开放	地址	原馆建筑面积（m^2）	现馆建筑面积（m^2）	注	数据来源
枣庄市博物馆	文物	三级	是	枣庄市市中区龙庭路 56 号	3 320	3 320		https: //baike.baidu.com/item/ 枣庄市博物馆
山东省滕州市博物馆	文物	三级	是	滕州市学院中路 82 号	20 000	20 000		https: //baike.baidu.com/item/ 滕州市博物馆 /1376135?fr=aladdin
龙口市博物馆	文物	三级	是	龙口市东莱街 137 号	4 800	4 800		http: //baike.chinaso.com/wiki/doc-view-120326.html
登州博物馆（蓬莱古船博物馆）	文物	三级	是	蓬莱市迎宾路 59 号	1 300	1 300		https: //baike.baidu.com/item/ 登州博物馆 /8045346?fr=aladdin
蒲松龄纪念馆	文物	三级	否	淄川区洪山镇蒲家庄	5 000	5 000		https: //baike.baidu.com/item/ 蒲松龄故居 /418153?fr=aladdin
青岛德国总督楼旧址博物馆	文物	三级	否	青岛市市南区龙山路 26 号	4 080	4 080		https: //baike.baidu.com/item/ 青岛德国总督楼旧址博物馆 /16170843?fr=aladdin
胶州市博物馆	文物	三级	是	胶州市澳门路西端	1 181.6	1 181.6		https: //baike.baidu.com/item/ 胶州市博物馆 /6721306?fr=aladdin
即墨市博物馆	文物	三级	是	即墨市蓝鳌路 1018 号	2 200	2 200		http: //qdsq.qingdao.gov.cn/n15752132/n15752817/n18275039/n26206923/n26419634/151215022207053502.html

（续表）

博物馆名称	博物馆性质	质量等级	是否免费开放	地　址	原馆建筑面积（m^2）	现馆建筑面积（m^2）	注	数　据　来　源
青岛消防博物馆	行业	三级	是	南区金湖路16号	600	600		https: //baike.baidu.com/item/ 青岛消防博物馆 /8086344?fr=aladdin
济南市长清区博物馆	文物	三级	是	济南市经十西路17017号	1 600	1 600		https: //baike.baidu.com/item/ 济南市长清区博物馆
淄博市陶瓷博物馆	文物	三级	是	淄博市张店中心路一号			无可查	
滕州市汉画像石馆	文物	三级	是	滕州市府前路-龙泉广场			无可查	
烟台福山区王懿荣纪念馆	文物	三级	是	烟台市福山区河滨路与英特尔大道交汇处福山文博苑	799	799		https: //baike.baidu.com/item/ 王懿荣纪念馆 /8539317?fr=aladdin
高密市博物馆	文物	三级	是		1 200	4 200	新馆2009年建成	https: //baike.baidu.com/item/ 高密市博物馆
寿光市博物馆	文物	三级	是	寿光市幸福路7附2号	3 000	3 000		https: //baike.baidu.com/item/ 寿光市博物馆
东平县博物馆	文物	三级	是	东平县佛山街西		12 005.9	2011年竣工	https: //baike.baidu.com/item/ 东平博物馆 /7068176

（续表）

博物馆名称	博物馆性质	质量等级	是否免费开放	地　址	原馆建筑面积（m^2）	现馆建筑面积（m^2）	注	数　据　来　源
沂水县博物馆	文物	三级	是	沂水县正阳路6号	4 230	4 230		https: //baike.baidu.com/item/ 沂水县博物馆
德州市博物馆	文物	三级	是	德州市东方红东路文体中心内	21 000	21 000		https: //baike.baidu.com/item/ 德州市博物馆
				总　计	404 325.87	561 161.77		单位：平方米
增长：156 835.9　增长率：38.8%								
河南省（53 家）								
河南博物院	文物	一级	是	郑州市农业路8号	78 000	78 000		https: //baike.baidu.com/item/ 河南博物院 /529742
郑州博物馆	文物	一级	是	郑州市中原区嵩山南路168号	28 906	28 906	旧馆 14 206，新馆 14 700	https: //baike.baidu.com/item/ 郑州博物馆 /22816209，https: //baike.baidu.com/item/ 郑州博物馆 /783622
洛阳博物馆	文物	一级	是	洛阳市洛龙区聂泰路	62 000	62 000		https: //baike.baidu.com/item/ 洛阳博物馆 /1628817?fr=aladdin
南阳市汉画馆	文物	一级	是	南阳市卧龙区汉画街398号	6 000	6 000		https: //baike.baidu.com/item/ 南阳市汉画馆

（续表）

博物馆名称	博物馆性质	质量等级	是否免费开放	地　　址	原馆建筑面积（m^2）	现馆建筑面积（m^2）	注	数　据　来　源
开封市博物馆	文物	一级	是	开封新区五大街与六大街郑开大道北侧	54 286	54 286		https: //baike.baidu.com/item/ 开封市博物馆
鄂豫皖苏区首府革命博物馆	文物	一级	是	信阳新县新集镇文博新村004号	9 589	9 589		https: //baike.baidu.com/item/ 鄂豫皖苏区首府革命博物馆
洛阳古代艺术博物馆（河南古代壁画馆）	文物	二级	是	洛阳市机场路45号	8 200	8 200		https: //baike.baidu.com/item/ 洛阳古代艺术博物馆
洛阳周王城天子驾六博物馆	文物	二级	否	洛阳市西工区中州中路226号	1 700	1 700		https: //baike.baidu.com/item/ 洛阳周王城天子驾六博物馆
三门峡市虢国博物馆	文物	二级	否	三门峡市六峰北路	6 200	6 200	2000年对外开放	https: //baike.baidu.com/item/ 三门峡市虢国博物馆
内乡县衙博物馆	文物	二级	否	内乡县城关镇县衙大街东段88号	2 704	2 704		https: //baike.baidu.com/item/ 内乡县衙博物馆
新安县千唐志斋博物馆	文物	二级	是	洛阳市新安县铁门镇	8 740	8 740	新馆预计2020年建成，旧馆面积不可查	https: //baike.baidu.com/item/ 千唐志斋博物馆 /4223435?fromtitle=新安县千唐志斋博物馆 &fromid=9875142&fr=aladdin

（续表）

博物馆名称	博物馆性质	质量等级	是否免费开放	地　　址	原馆建筑面积（m^2）	现馆建筑面积（m^2）	注	数　据　来　源
鹤壁市博物馆	文物	二级	是	鹤壁市淇滨区湘江路 12 号	18 400	18 400	2005 年新馆开放	https: //baike.baidu.com/item/ 鹤壁市博物馆 /9876572?fr=aladdin
南阳市博物馆	文物	二级	否	南阳市卧龙路 766 号	13 000	13 000	计划新展览面积，旧馆无可查	http: //www.prcfe.com/news/2017/0313/147611.html
许昌市博物馆	文物	二级	是	许昌市许都路东段	5 366	5 366		https: //baike.baidu.com/item/ 许昌博物馆 /6592268?fr=aladdin
新郑市博物馆	文物	二级	是	新郑市轩辕路	2 138	2 138		https: //baike.baidu.com/item/ 新郑市博物馆
郑州二七纪念馆	文物	二级	是	郑州市二七区钱塘路 82 号	3 917	3 917		https: //baike.baidu.com/item/ 郑州二七纪念馆
郑州市大河村遗址博物馆	文物	二级	是	郑州市中州大道与连霍高速交叉口东南角 700 米	4 100	4 100		https: //baike.baidu.com/item/ 郑州市大河村遗址博物馆
三门峡市博物馆	文物	二级	是	三门峡市陕州公园内	3 200	3 200		https: //baike.baidu.com/item/ 三门峡市博物馆
巩义市博物馆	文物	二级	是	巩义市北宋永昭陵东南隅	12 300	12 300		https: //baike.baidu.com/item/ 巩义市博物馆

（续表）

博物馆名称	博物馆性质	质量等级	是否免费开放	地　　址	原馆建筑面积（m^2）	现馆建筑面积（m^2）	注	数　据　来　源
安阳博物馆	文物	二级	是	安阳市文峰区文明大道东段436号	20 000	20 000		https: //baike.baidu.com/item/ 安阳市博物馆 ?fromtitle= 安阳博物馆&fromid=11290987
洛阳民俗博物馆	文物	二级	是	洛阳市新街九都东路口	5 250	5 250		http: //lyrb.lyd.com.cn/html2/2019-08/07/content_209229.htm
洛阳匾额博物馆	文物	二级	是	洛阳新街以东、九都路以北、洛阳民俗博物馆以西	1 947	1 947		http: //lyrb.lyd.com.cn/html2/2019-03/19/content_195355.htm
平顶山博物馆	文物	二级	是	平顶山市新城区市政文化广场东南角		30 000	2012 年开馆	https: //baike.baidu.com/item/ 平顶山博物馆 /2069582?fr=aladdin
周口市博物馆	文物	二级	是	周口市东新区文昌大道东段2号			2011 年开放	https: //baike.baidu.com/item/ 周口市博物馆
信阳博物馆	文物	二级	是	信阳市羊山新区百花园		30 000	2010 年开放	http: //www.xymuseum.com/a/zjbwg.html
鄂豫皖革命纪念馆	文物	二级	是	信阳市北京路和107国道交汇口处		30 000	2007 年建成开放	http: //www.eywgmjng.cn/index.php?m=content&c=index&a=lists&catid=2

（续表）

博物馆名称	博物馆性质	质量等级	是否免费开放	地　　址	原馆建筑面积（m^2）	现馆建筑面积（m^2）	注	数　据　来　源
驻马店市博物馆	文物	二级	是	驻马店市驿城区通达路		12 000	2013 年开馆	https: //baike.baidu.com/item/驻马店市博物馆 /12000832?fr=aladdin
洛阳龙门博物馆	非国有	二级	是	洛阳市洛龙区龙门石窟风景区北入口		10 000	2013 年开馆	https: //baike.baidu.com/item/龙门博物馆 /5787146?fr=aladdin
八路军驻洛办事处纪念馆	文物	三级	是	洛阳市老城区九都东路 222 号	4 200	4 200		https: //baike.baidu.com/item/八路军驻洛办事处纪念馆
新乡市博物馆	文物	三级	是	新乡市人民东路 697 号	52 585	52 585	2011 年建成，旧馆面积无可查	https: //baike.baidu.com/item/新乡市博物馆
安阳民俗博物馆	文物	三级	是	安阳市鼓楼东街 6 号	3 000	3 000		https: //www.0951njl.com/henanlvyou/anyang/wenfeng/26064.html
焦作市博物馆	文物	三级	是	焦作市建设中路 72 号	10 500	10 500		http: //jzsbwg.cn/index.asp
沁阳市博物馆	文物	三级	是	沁阳市覃怀东路 1 号	2 000	6 500	2009 年建成	https: //baike.baidu.com/item/沁阳市博物馆 /6653547?fr=aladdin
河南省镇平县彭雪枫纪念馆	文物	三级	是	镇平县建设东路 378 号	2 351	3 916	2004 年续建	https: //baike.baidu.com/item/彭雪枫纪念馆 /33821

（续表）

博物馆名称	博物馆性质	质量等级	是否免费开放	地　址	原馆建筑面积（m^2）	现馆建筑面积（m^2）	注	数　据　来　源
汝州市汝瓷博物馆	文物	三级	是	汝州市望嵩中路 65 号	35 000	35 000	旧馆无可查	http: //www.sohu.com/a/155882664_225350
固始县博物馆	文物	三级	是	固始县蓼城大道南		10 000	2008 年建成	http: //www.gsbowuguan.org.cn
光山县佛教艺术博物馆	文物	三级	是	光山县净居寺名胜管理区	1 410	1 410		http: //baike.chinaso.com/wiki/doc-view-120437.html
兰考县焦裕禄纪念馆	文物	三级	是	兰考县裕禄大道 88 号	2 100	2 100		https: //baike.baidu.com/item/ 焦裕禄同志纪念馆 /1051115?fr=aladdin
茶具博物馆	文物	三级	是	光山县司马光东路 26 号	4 000	4 000	2004 年建成	https: //baike.baidu.com/item/ 中国茶具博物馆 /7952209?fr=aladdin
周口关帝庙民俗博物馆	文物	三级	否	周口市川汇区富强街 111 号	36 000	36 000	占地面积	http: //www.zkgdm.com/About.asp?ID=1
南阳知府衙门博物馆	文物	三级	否	南阳市民主街 100 号	72 000	72 000	占地面积	https: //baike.baidu.com/item/ 南阳府衙 /778367?fromtitle= 南阳知府衙门博物馆 &fromid=9873771&fr=aladdin
林州市博物馆	文物	三级	是	林州市翠微路 5 号	2 000	2 000		http: //baike.chinaso.com/wiki/doc-view-120076.html

（续表）

博物馆名称	博物馆性质	质量等级	是否免费开放	地址	原馆建筑面积（m^2）	现馆建筑面积（m^2）	注	数据来源
汤阴岳飞纪念馆	文物	三级	否	汤阴县岳庙街86号	4 200	4 200		https: //baike.baidu.com/item/ 汤阴岳飞纪念馆
偃师商城博物馆	文物	三级	是	偃师市商都东路52号	3 100	3 100		https: //baike.baidu.com/item/ 偃师商城博物馆 /2977573?fr=aladdin
洛阳隋唐大运河博物馆	文物	三级	是	洛阳市九都东路171号	3 000	3 000		http: //www.lywwj.gov.cn/bencandy.php?fid=126&id=13313
新安县博物馆	文物	三级	是	新安县新城世纪广场	4 100	4 100		https: //baike.baidu.com/item/ 新安县博物馆
濮阳市博物馆	文物	三级	是	濮阳市开州中路165号文化艺术中心	2 020	15 600	2011 年迁入新馆	https: //baike.baidu.com/item/ 濮阳市博物馆
方城县博物馆	文物	三级	是	方城县西关释之路北侧	3 697	3 697		http: //baike.chinaso.com/wiki/doc-view-120232.html
新县许世友将军纪念馆	文物	三级	是	新县东南田铺乡河铺村许家洼	322	322		https: //baike.baidu.com/item/ 许世友将军纪念馆 /9814085?fr=aladdin
济源市博物馆	文物	三级	是	济源市天坛中路1087号	3 370	3 370		https: //baike.baidu.com/item/ 济源市博物馆

（续表）

博物馆名称	博物馆性质	质量等级	是否免费开放	地　址	原馆建筑面积（m^2）	现馆建筑面积（m^2）	注	数　据　来　源
淮滨县淮河博物馆	文物	三级	是	淮滨县东湖东山岛		8 000	2012 年开馆	https: //baike.baidu.com/item/ 淮河博物馆 /4458616
郑州大象陶瓷博物馆	非国有	三级	是	郑州市金水区顺河路 36 号		2 000	2008 年竣工	https: //baike.baidu.com/item/ 郑州大象陶瓷博物馆 /13028385?fr=aladdin
周口华威民俗文化博物苑	非国有	三级	是	周口市工农南路 25 号	6 000	6 000		https: //baike.baidu.com/item/ 周口华威民俗文化博物苑
				总　计	612 898	764 543	单位：平方米	
增长：151 645　增长率：24.7%								
湖北省（46 家）								
湖北省博物馆	文物	一级	是	武汉市武昌区东湖路 160 号	49 611	49 611		https: //baike.baidu.com/item/ 湖北省博物馆
武汉博物馆	文物	一级	是	武汉市江汉区青年路 373 号	17 834	17 834	2001 年竣工	https: //baike.baidu.com/item/ 武汉博物馆 /4134277
荆州博物馆	文物	一级	是	荆州市荆中路 166 号	23 000	23 000		https: //baike.baidu.com/item/ 荆州博物馆
辛亥革命武昌起义纪念馆	文物	一级	是	武汉市武昌区武珞路 1 号	6 000	6 000		https: //baike.baidu.com/item/ 辛亥革命武昌起义纪念馆

（续表）

博物馆名称	博物馆性质	质量等级	是否免费开放	地　址	原馆建筑面积（m^2）	现馆建筑面积（m^2）	注	数　据　来　源
武汉市中山舰博物馆	文物	一级	是	武汉市江夏区金口街中山舰路特1号	11 000	11 000		https: //baike.baidu.com/item/ 武汉中山舰博物馆 ?fromtitle= 武汉市中山舰博物馆 &fromid=23692987
武汉革命博物馆	文物	二级	是	武汉市武昌区武昌红巷13号	19 296.8	19 296.8		https: //baike.baidu.com/item/ 武汉革命博物馆
襄阳市博物馆	文物	二级	是	襄阳市襄城北街1号	9 739	9 739		https: //baike.baidu.com/item/ 襄阳市博物馆
黄石市博物馆	文物	二级	是	黄石市下陆区团城山广会路12号	6 141.27	6 141.27	2008年新馆建成，旧馆无可查	https: //baike.baidu.com/item/ 黄石市博物馆
宜昌博物馆	文物	二级	是	宜昌市西陵区夷陵大道115号	8 000	8 000		https: //baike.baidu.com/item/ 宜昌博物馆
十堰市博物馆	文物	二级	是	十堰市北京北路91号		11 000	2007年正式开放	https: //baike.baidu.com/item/ 十堰市博物馆
鄂州市博物馆	文物	二级	是	鄂州市鄂城区寒溪路7号	4 219.6	4 219.6		http: //expo.machineryinfo.net/Template/hallIndex/643
随州市博物馆	文物	二级	是	随州市擂鼓墩大道98号	9 636	9 636		https: //baike.baidu.com/item/ 随州博物馆 /5654130?fr=aladdin

（续表）

博物馆名称	博物馆性质	质量等级	是否免费开放	地　　址	原馆建筑面积（m^2）	现馆建筑面积（m^2）	注	数　据　来　源
恩施土家族苗族自治州博物馆	文物	二级	是	恩施市金桂大道文化中心	20 285	20 285		http: //www.bwg.org.cn/2015/0627/104531.shtml
武当山博物馆	文物	二级	是	武当山旅游经济特区博物馆路 14 号	27 000	27 000		http: //www.wudangmuseum.com/Article/ShowInfo.asp?ID=76
湖北明清古建筑博物馆	文物	二级	是	湖北省武汉市黄陂区木兰乡雨霖村	8 000	8 000		http: //www.enshi.gov.cn/2015/1231/187470.shtml
黄冈市博物馆	文物	二级	是	黄冈市黄州区明珠大道 110 号	12 000	12 000	2012 年新馆竣工，旧馆面积无可查	http: //www.hgbwg.org.cn/nd.jsp?id=23
空降兵军史馆	行业	二级	是	孝感市		8 600	2010 年落成开馆	http: //www.bytravel.cn/Landscape/75/kongjiangbingjunshiguan.html
湖北地质博物馆	行业	三级	是	武汉市江汉区解放大道 684 号	7 200	7 200		https: //baike.baidu.com/item/ 湖北地质博物馆 /8004938?fr=aladdin
八路军武汉办事处旧址纪念馆	文物	三级	是	武汉市江岸区长春街 57 号	2 252.6	2 252.6		https: //baike.baidu.com/item/ 八路军武汉办事处旧址 /665399?fr=aladdin

（续表）

博物馆名称	博物馆性质	质量等级	是否免费开放	地　址	原馆建筑面积（m^2）	现馆建筑面积（m^2）	注	数　据　来　源
蕲春县李时珍纪念馆	文物	三级	是	蕲春县蕲州镇时珍路 168 号	7 000	7 000		http: //www.lszjng.com/about.html
潜江市博物馆	文物	三级	是	潜江市章华南路 27 号	4 300	4 300		http: //qjsbwg.cn/index.php?m=home&c=Lists&a=index&tid=9
浠水县闻一多纪念馆	文物	三级	是	浠水县清泉镇红烛路 1 号	2 000	2 000		https: //baike.baidu.com/item/浠水县闻一多纪念馆 /12601596?fr=aladdin
武穴市博物馆	文物	三级	是	武穴市玉湖路 239 号	2 000	2 000		https: //baike.baidu.com/item/ 武穴市博物馆
潜江市曹禺纪念馆	文物	三级	是	潜江市章华北路曹禺公园内	3 000	3 000	2004 年建馆	http: //www.cyjng.cn/html/about/aboutus/
咸宁市博物馆	文物	三级	是	咸宁市咸安区金桂路 169 号		9 887	2013 年开馆	https: //baike.baidu.com/item/ 咸宁市博物馆 /8518072?fr=aladdin
赤壁市博物馆	文物	三级	是	咸宁市赤壁市陆水湖大道 229 号	3 400	3 400	2002 年建馆	https: //baike.baidu.com/item/ 赤壁市博物馆 /9763614?fr=aladdin
孝感市博物馆	文物	三级	是	孝感市城站路 87 号	2 143	2 143		https: //www.xiaogan.com/news/3610.html
荆门市博物馆	文物	三级	是	荆门市象山大道 19 号	8 409	8 409		http: //www.jmmuseum.com/list.php?fid=3

（续表）

博物馆名称	博物馆性质	质量等级	是否免费开放	地　址	原馆建筑面积（m^2）	现馆建筑面积（m^2）	注	数　据　来　源
钟祥市博物馆	文物	三级	是	钟祥市莫愁湖路 28 号	10 957	10 957		https: //baike.baidu.com/item/ 钟祥市博物馆 /9766685?fr=aladdin
大悟县革命博物馆	文物	三级	是	大悟县长征路广场后巷 2 号			无可查	
丹江口市博物馆	文物	三级	是	丹江口市北京路 120 号	5 300	5 300		https: //baike.baidu.com/item/ 丹江口市博物馆 /9620401?fr=aladdin
武汉二七纪念馆	文物	三级	是	武汉市江岸区解放大道 2499 号	12 700	12 700		https: //baike.baidu.com/item/ 武汉二七纪念馆 #2
中南民族大学民族学博物馆	行业	三级	是	武汉市洪山区民族大道 182 号	2 600	2 600		http: //zt.cnhubei.com/2011-10/08/cms490467article.shtml
宜城市博物馆（宜城市楚皇城文物保护工作站）	文物	三级	是	宜城市中华大道 9 号	5 591	5 591		https: //baike.baidu.com/item/ 宜城市博物馆 /9759644?fr=aladdin
监利县革命历史博物馆（周老嘴湘鄂西革命根据地纪念馆）	文物	三级	是	荆州市监利县容城镇沿江路西 33 号 荆州市监利县周老嘴镇老正街 96 号	900	900		https: //baike.baidu.com/item/ 监利县革命历史博物馆 /17516242?fr=aladdin

（续表）

博物馆名称	博物馆性质	质量等级	是否免费开放	地　址	原馆建筑面积（m^2）	现馆建筑面积（m^2）	注	数 据 来 源
宜都市博物馆	文物	三级	是	宜都市陆城园林大道 29 号	4 100	4 100		https: //baike.baidu.com/item/ 宜都市博物馆
枝江市博物馆	文物	三级	是	枝江市城区马家店街道办事处南岗路 50 号			无可查	
秭归县屈原纪念馆	文物	三级	是	秭归县茅坪镇滨湖社区凤凰山			无可查	
十堰市郧阳博物馆	文物	三级	是	十堰市郧阳区郧阳路文化东巷 6 号		11 000	2007 年正式开放	https: //baike.baidu.com/item/ 十堰市博物馆 /5323573?fr=aladdin
黄麻起义和鄂豫皖苏区革命纪念馆	行业	三级	是	红安县陵园大道 1 号	4 670	4 670		https: //baike.baidu.com/item/ 黄麻起义和鄂豫皖苏区革命烈士纪念馆 /8954851
中国地质大学（武汉）逸夫博物馆	文物	三级	否	武汉市洪山区鲁磨路 388 号	10 000	10 000		http: //mus.cug.edu.cn/bwggk/bgjj.htm
京山县博物馆	文物	三级	是	京山县新市镇文峰西路 10 号	9 047	9 047	旧馆面积无可查	https: //baike.baidu.com/item/ 京山县博物馆 /9766799?fr=aladdin

（续表）

博物馆名称	博物馆性质	质量等级	是否免费开放	地　址	原馆建筑面积（m^2）	现馆建筑面积（m^2）	注	数　据　来　源
麻城市革命博物馆	文物	三级	是	麻城市陵园路陵园广场南侧	4 200	4 200		https: //baike.baidu.com/item/ 麻城市革命博物馆 /9776475?fr=aladdin
浠水县博物馆	文物	三级	是	浠水县清泉镇新华正街 349 号	5 000	5 000		https: //baike.baidu.com/item/ 浠水县博物馆
罗田县博物馆	文物	三级	是	凤山镇胜利街 51 号	250	250		https: //baike.baidu.com/item/ 罗田博物馆 /18882406?fr=aladdin
天门市博物馆	文物	三级	是	天门市西湖路	1 500	1 500		https: //baike.baidu.com/item/ 天门市博物馆
				总　计	350 282.27	390 769.27		单位：平方米
增长：40 487　增长率：11.6%								
湖南省（26 家）								
湖南省博物馆	文物	一级	是	长沙市开福区东风路 50 号	91 000	91 000		https: //baike.baidu.com/item/ 湖南省博物馆
韶山毛泽东同志纪念馆	文物	一级	是	韶山市韶山冲	5 000	5 000	2012 年闭馆改造，2013 年开放	https: //baike.baidu.com/item/ 韶山毛泽东同志纪念馆 /2966498?fr=aladdin
刘少奇同志纪念馆	文物	一级	是	宁乡县花明楼镇炭子冲村	3 100	3 100		https: //baike.baidu.com/item/ 刘少奇同志纪念馆

（续表）

博物馆名称	博物馆性质	质量等级	是否免费开放	地　址	原馆建筑面积（m^2）	现馆建筑面积（m^2）	注	数据来源
长沙简牍博物馆	文物	一级	是	长沙市天心区白沙路 92 号		14 100	2013 年竣工	https: //baike.baidu.com/item/ 长沙简牍博物馆
长沙市博物馆（中共湘区委员会旧址纪念馆）	文物	二级	是	长沙市开福区八一路 538 号	118	24 000	2015 年投入使用	https: //baike.baidu.com/item/ 长沙市博物馆
株洲市博物馆	文物	二级	是	株洲市芦淞区建设中路文化园内	4 200	4 200		https: //baike.baidu.com/item/ 株洲市博物馆
彭德怀纪念馆	文物	二级	是	湘潭县乌石镇乌石村	3 100	3 100		https: //baike.baidu.com/item/ 彭德怀纪念馆
岳阳博物馆	文物	二级	是	岳阳市岳阳楼区龙舟路 14 号	6 600	6 600		https: //baike.baidu.com/item/ 岳阳博物馆
任弼时纪念馆	文物	二级	是	汨罗市弼时镇	1 580	1 580	占地面积 80 000	https: //baike.baidu.com/item/ 任弼时纪念馆
常德博物馆	文物	二级	是	常德市武陵区武陵大道南段 282 号	11 000	11 000		http: //www.hncdbwg.cn/News/Details/bgjj

（续表）

博物馆名称	博物馆性质	质量等级	是否免费开放	地　址	原馆建筑面积（m^2）	现馆建筑面积（m^2）	注	数据来源
中国人民抗日战争胜利受降纪念馆	文物	二级	是	芷江侗族自治县芷江镇七里桥村	8 200	8 200		https: //baike.baidu.com/item/ 中国人民抗日战争胜利受降纪念馆 /9495117?fr=aladdin
郴州市博物馆	文物	二级	是	五岭广场南侧郴州市文化中心内		8 000	2009 年开馆	https: //baike.baidu.com/item/ 郴州市博物馆
益阳市博物馆	文物	二级	是	益阳市赫山区康富南路	3 600	10 200	2009 年竣工	https: //baike.baidu.com/item/ 益阳市博物馆
胡耀邦同志纪念馆	文物	二级	是	浏阳市中和镇苍坊村敏溪河畔			无可查	
湘潭市博物馆	文物	二级	是	湘潭市岳塘区湖湘东路 7 号	3 540	42 000	2015 年建设	https: //baike.baidu.com/item/ 湘潭市博物馆 /9645739?fr=aladdin
里耶古城（秦简）博物馆	文物	二级	是	湘西土家族苗族自治州龙山县里耶镇		7 200	2010 年开放	https: //baike.baidu.com/item/ 里耶秦简博物馆 /8634073
湘西土家族苗族自治州博物馆	文物	三级	是	吉首市环城路芙蓉岗	6 800	6 800		https: //baike.baidu.com/item/ 湘西土家族苗族自治州博物馆

（续表）

博物馆名称	博物馆性质	质量等级	是否免费开放	地　址	原馆建筑面积（m^2）	现馆建筑面积（m^2）	注	数据来源
怀化市博物馆	文物	三级	是	怀化市鹤城区迎丰中路 360 号	3 000	3 000		https: //baike.baidu.com/item/ 怀化博物馆 /462086?fr=aladdin
临澧县博物馆	文物	三级	是	临澧县安福镇朝阳东街 59 号	4 600	4 600		https: //baike.baidu.com/item/ 临澧县博物馆
蔡和森同志纪念馆	文物	三级	是	双峰县永丰镇复兴街 247 号	1 624	1 624		https: //baike.baidu.com/item/ 蔡和森同志纪念馆
永州市博物馆	文物	三级	是	永州市零陵区南津南路 414 号	7 000	7 000		https: //baike.baidu.com/item/ 永州市博物馆
醴陵市博物馆（毛泽东考察湖南农民运动纪念馆）	文物	三级	是	醴陵市东正街 30 号			无可查	
攸县博物馆（谭震林生平业绩陈列馆）	文物	三级	是	攸县联星街道办事处雪花社区珍珠巷 52 号	850	850		https: //baike.baidu.com/item/ 攸县博物馆 /9629602?fr=aladdin
衡阳市博物馆	文物	三级	是	衡阳市石鼓区明翰路 28 号	7 260	7 260		https: //baike.baidu.com/item/ 衡阳博物馆 ?fromtitle= 衡阳市博物馆 &fromid=11310826

（续表）

博物馆名称	博物馆性质	质量等级	是否免费开放	地　址	原馆建筑面积（m^2）	现馆建筑面积（m^2）	注	数　据　来　源
慈利县博物馆	文物	三级	是	益阳市赫山区康复南路	500	500		https: //baike.baidu.com/item/ 慈利县博物馆
湘西剿匪史料陈列馆（辰溪县博物馆）	文物	三级	是	辰溪县城剿匪胜利公园内		2 200	2002 年建馆	http: //moment.rednet.cn/rednetcms/news/localNews/20150427/107294.html
				总　计	172 672	273 114	单位：平方米	
增长：100 442　增长率：58.2%								
广东省（57 家）								
广东省博物馆	文物	一级	是	广州市天河区珠江新城珠江东路 2 号	18 700	67 000	2004 年建设	https: //baike.baidu.com/item/ 广东省博物馆 /1628626?fr=aladdin
西汉南越王博物馆	文物	一级	否	广州市解放北路 867 号	17 400	17 400		https: //baike.baidu.com/item/ 西汉南越王博物馆
深圳博物馆	文物	一级	是	深圳市福田区深南中路同心路 6 号	18 000	18 000		https: //baike.baidu.com/item/ 深圳博物馆
孙中山故居纪念馆	文物	一级	是	广东省中山市翠亨村	2 000	2 000		https: //baike.baidu.com/item/ 孙中山故居纪念馆

（续表）

博物馆名称	博物馆性质	质量等级	是否免费开放	地　　址	原馆建筑面积（m^2）	现馆建筑面积（m^2）	注	数　据　来　源
广东民间工艺博物馆	文物	一级	否	广州市荔湾区中山七路恩龙里34号	6 400	6 400		https: //baike.baidu.com/item/广东民间工艺博物馆
广州博物馆（“三·二九”起义指挥部旧址纪念馆、三元里人民抗英斗争纪念馆）	文物	一级	否	广州市越秀山镇海楼、广州市越华路小东营5号、广州市广园中路34号			无可查	
广东革命历史博物馆（黄埔军校旧址纪念馆、广州起义纪念馆、中华全国总工会旧址纪念馆、越南青年政治训练班旧址）	文物	二级	是	广州市越秀区陵园西路2号大院2号、黄埔区长洲岛军校路170号大院、越秀区起义路200号之一、越秀区越秀南路89号、越秀区文明路250号	2 000	2 000		https: //baike.baidu.com/item/广东革命历史博物馆/1785336?fr=aladdin

（续表）

博物馆名称	博物馆性质	质量等级	是否免费开放	地　址	原馆建筑面积（m^2）	现馆建筑面积（m^2）	注	数　据　来　源
毛泽东同志主办农民运动讲习所旧址纪念馆（中共三大会址纪念馆）	文物	二级	是	广州市中山四路 42 号、广州市越秀区恤孤院路 3 号			无可查	
广州艺术博物院	文物	二级	是	广州市麓湖路 13 号	40 300	40 300		https: //www.gzam.com.cn/jj/index_13.aspx
孙中山大元帅府纪念馆	文物	二级	是	广州市海珠区纺织路东沙街 18 号		4 238	2006 年正式对外开放	https: //baike.baidu.com/item/孙中山大元帅府纪念馆 /8422848?fr=aladdin
番禺博物馆	文物	二级	是	番禺区沙头街银平路 121 号	15 500	15 500		https: //baike.baidu.com/item/ 番禺博物馆
江门市博物馆（江门五邑华侨华人博物馆）	文物	二级	是	蓬江区白沙大道西 37 号	10 000	10 000	2005 年开放	https: //baike.baidu.com/item/ 江门市博物馆
广东海上丝绸之路博物馆	文物	二级	否	阳江市海陵岛经济开发试验区南海一号大道西		17 500	2009 年竣工	https: //baike.baidu.com/item/ 广东海上丝绸之路博物馆

（续表）

博物馆名称	博物馆性质	质量等级	是否免费开放	地　　址	原馆建筑面积（m^2）	现馆建筑面积（m^2）	注	数　据　来　源
肇庆市博物馆	文物	二级	是	肇庆市端州区江滨路	8 100	8 100		http://www.artnow.com.cn/commonpage/ArtOrgDetail.aspx?ChannelID=478&OrganizationId=617
潮州市博物馆	文物	二级	是	潮州市人民广场西侧	4 600	4 600		https://baike.baidu.com/item/潮州市博物馆/10210318?fr=aladdin
云浮市博物馆	文物	二级	是	云浮市世纪大道中	4 401	4 401	2009 年开馆	https://baike.baidu.com/item/云浮市博物馆
惠州市博物馆	文物	二级	是	惠州市江北市民乐园西路 3 号	23 000	23 000	2006 年兴建，旧馆无可查	http://www.hzbwg.com/html/a/about.html
东莞市博物馆	文物	二级	是	东莞市莞城区新芬路 36 号	5 800	5 800		https://baike.baidu.com/item/东莞市博物馆
东莞展览馆	文物	二级	是	东莞市南城区鸿福路 97 号	26 397	26 397		https://baike.baidu.com/item/东莞展览馆
鸦片战争博物馆	文物	二级	是	东莞市虎门镇解放路 113 号	2 500	2 500		https://baike.baidu.com/item/鸦片战争博物馆
韶关市博物馆	文物	二级	是	韶关市武江区工业西路 90 号	17 300	17 300	2001 年竣工	https://baike.baidu.com/item/韶关市博物馆/8640625?fr=aladdin

（续表）

博物馆名称	博物馆性质	质量等级	是否免费开放	地　　址	原馆建筑面积（m^2）	现馆建筑面积（m^2）	注	数　据　来　源
珠海市博物馆	文物	二级	是	珠海市吉大景山路 191 号	8 000	8 000		https: //baike.baidu.com/item/ 珠海市博物馆
中山大学生物博物馆	行业	二级	是	广州市海珠区新港西路 135 号中山大学马文辉堂	33 000	33 000	预计新馆面积 30 000，旧馆无可查	http: //www.sysu.edu.cn/2012/cn/zjzd/zjzd04/
广东中医药博物馆	行业	二级	是	广州市番禺区大学城外环东路 232 号	14 200	14 200		https: //baike.baidu.com/item/ 广东中医药博物馆 /6123895?fr=aladdin
佛山市顺德区博物馆	文物	二级	是	佛山市顺德区大良街道新城区碧水路北侧	27 000	27 000	2013 年新馆建成开放，旧馆面积无可查	https: //baike.baidu.com/item/ 佛山市顺德区博物馆
东莞市可园博物馆	文物	二级	是	东莞市莞城区可园路 32 号	1 234	1 234		https: //baike.baidu.com/item/ 东莞市可园博物馆 /3019405?fr=aladdin
南越王宫博物馆	文物	二级	是	广州市中山四路 316 号	53 000	53 000		https: //baike.baidu.com/item/ 南越王宫博物馆
辛亥革命纪念馆	文物	二级	是	广州市黄埔区长洲岛中部	18 000	18 000		https: //baike.baidu.com/item/ 辛亥革命纪念馆

（续表）

博物馆名称	博物馆性质	质量等级	是否免费开放	地　址	原馆建筑面积（m^2）	现馆建筑面积（m^2）	注	数　据　来　源
河源市博物馆（河源恐龙博物馆）	文物	二级	是	河源市南堤路	1 700	1 700		https: //baike.baidu.com/item/ 河源市博物馆
广东中国客家博物馆	文物	二级	是	梅州市梅江区东山大道 2 号		37 000	2008 年竣工	https: //baike.baidu.com/item/ 广东中国客家博物馆
汕头市博物馆	文物	三级	是	汕头市金平区月眉路与韩堤路交界处	17 279	17 279		https: //baike.baidu.com/item/ 汕头市博物馆
南雄市博物馆	文物	三级	是	韶关南雄市	2 700	2 700		https: //baike.baidu.com/item/ 南雄博物馆 /2554057
惠东县博物馆	文物	三级	是	惠东县城南湖公园内	1 200	1 200		https: //baike.baidu.com/item/ 惠东县博物馆
大埔县博物馆	文物	三级	是	梅州市大埔县湖寮镇山子下村黄腾坑	5 800	5 800		https: //baike.baidu.com/item/ 大埔县博物馆
博罗县博物馆	文物	三级	是	博罗县罗阳一路 301 号	1 100	1 100		https: //baike.baidu.com/item/ 博罗博物馆 /471868

（续表）

博物馆名称	博物馆性质	质量等级	是否免费开放	地　址	原馆建筑面积（m^2）	现馆建筑面积（m^2）	注	数　据　来　源
海丰县博物馆	文物	三级	是	海丰县城红场路		1 500	2010 年开放	https: //baike.baidu.com/item/ 海丰县博物馆
罗定市博物馆	文物	三级	是	罗定市罗城街道文博街	5 720	5 720	2003 年开馆	https: //baike.baidu.com/item/ 罗定博物馆 ?fromtitle= 罗定市博物馆 &fromid=1016664
新兴县博物馆	文物	三级	是	云浮市新兴县新城镇中山路 72 号	1 850	1 850		https: //baike.baidu.com/item/ 新兴县文广新局 /3290583
揭阳市博物馆	文物	三级	是	揭阳市榕城区揭阳楼二楼	6 344	6 344		https: //baike.baidu.com/item/ 揭阳市博物馆
丁日昌纪念馆	文物	三级	是	揭阳市榕城区柴街丁府	6 000	6 000		http: //baike.chinaso.com/wiki/doc-view-120443.html
湛江市博物馆	文物	三级	是	湛江市赤坎区南方路 50 号	30 000	30 000		https: //baike.baidu.com/item/ 湛江市博物馆 /2607161?fr=aladdin
雷州市博物馆	文物	三级	是	雷州市西湖大道	850	10 821.6	新馆 2009 年建成开放	https: //baike.baidu.com/item/ 雷州市博物馆

（续表）

博物馆名称	博物馆性质	质量等级	是否免费开放	地址	原馆建筑面积（m^2）	现馆建筑面积（m^2）	注	数据来源
中山市博物馆（香山商业文化博物馆、中山漫画馆、中山美术馆、中山·中国收音机博物馆）	文物	三级	是	中山市孙文中路 197 号、中山市石岐区孙文西路 152 号、中山市湖滨路逸仙湖公园内、中山市岐江公园内	2 000	2 000		https: //baike.baidu.com/item/ 中山市博物馆
江门市新会区博物馆	文物	三级	是	江门市新会区公园路 12 号	12 000	12 000		https: //baike.baidu.com/item/ 新会区博物馆 /2560220?fr=aladdin
台山市博物馆	文物	三级	是	台山市台城环北大道诗山	2 586	2 586		https: //baike.baidu.com/item/ 台山市博物馆
深圳市南山区南头古城博物馆	文物	三级	是	深圳市南山区南头较场 2 号			无可查	
深圳市中英街历史博物馆	文物	三级	是	深圳市盐田区沙头角镇内环城路九号	1 688	1 688		https: //baike.baidu.com/item/ 中英街历史博物馆 /8711691?fr=aladdin
深圳（宝安）劳务工博物馆	文物	三级	是	宝安区石岩街道上屋社区永和路 6 号		5 860	2008 年建成开放	http: //ibaoan.sznews.com/content/2017-10/25/content_17588134.htm

（续表）

博物馆名称	博物馆性质	质量等级	是否免费开放	地　址	原馆建筑面积（m^2）	现馆建筑面积（m^2）	注	数　据　来　源
深圳市大鹏新区大鹏古城博物馆	文物	三级	是	深圳市大鹏新区大鹏街道鹏城社区赖府巷10号			无可查	
深圳古生物博物馆	行业	三级	否	深圳市罗湖区莲塘仙湖路160号		2 000		https: //baike.baidu.com/item/ 深圳古生物博物馆 /3512455?fr=aladdin
邓世昌纪念馆（海珠区博物馆、粤海第一关纪念馆、十香园纪念馆）	文物	三级	是	广州市海珠区宝岗大道龙涎里2号、海珠区新港东路石基村黄埔古港、海珠区江南大道中怀德大街3号	4 700	4 700	占地面积	https: //baike.baidu.com/item/ 邓世昌纪念馆
花都区洪秀全纪念馆	文物	三级	是	广州市花都区秀全街大布村官禄布	13 000	13 000		https: //baike.baidu.com/item/ 花都区文广局 /6940885
茂名市博物馆	文物	三级	是	茂名市人民北路51号	5 690	5 690		https: //baike.baidu.com/item/ 茂名市博物馆

（续表）

博物馆名称	博物馆性质	质量等级	是否免费开放	地　　址	原馆建筑面积（m^2）	现馆建筑面积（m^2）	注	数　据　来　源
越秀区博物馆	文物	三级	是	广州市惠福西路			无可查	
佛山市祖庙博物馆	文物	三级	否	佛山市禅城区祖庙路 21 号	30 200	30 200		https: //baike.baidu.com/item/ 佛山市祖庙博物馆 /16853955?fr=aladdin
佛山市南海区博物馆	文物	三级	是	佛山市南海区西樵镇西樵山南门入口处东侧		14 559.7	2011 年竣工	https: //baike.baidu.com/item/ 南海博物馆 /9984071
广东瑶族博物馆	文物	三级	是	清远市连南瑶族自治县朝阳路 113 号		14 566	2013 年开馆	https: //baike.baidu.com/item/ 广东瑶族博物馆
				总　计	529 239	684 734.3		单位：平方米
增长：155 495.3　增长率：29.4%								
广西壮族自治区（26 家）								
广西壮族自治区博物馆	文物	一级	是	南宁市民族大道 34 号	32 727.8	32 757.8		https: //baike.baidu.com/item/ 广西壮族自治区博物馆 /1628458?fr=aladdin

（续表）

博物馆名称	博物馆性质	质量等级	是否免费开放	地　址	原馆建筑面积（m^2）	现馆建筑面积（m^2）	注	数　据　来　源
广西民族博物馆	文物	一级	是	南宁市青环路11号	29 370	29 370		https: //baike.baidu.com/item/ 广西民族博物馆
广西壮族自治区自然博物馆	文物	二级	是	南宁市人民东路1-1号（南宁市人民公园内）	2 000	2 000		https: //baike.baidu.com/item/ 广西壮族自治区自然博物馆
柳州市博物馆	文物	二级	是	柳州市解放北路37号	16 600	16 600		https: //baike.baidu.com/item/ 柳州博物馆 ?fromtitle= 柳州市博物馆 &fromid=1628288
桂林博物馆	文物	二级	是	桂林市秀峰区西山路4号	34 000	34 000	2014年竣工，旧馆面积不可查	http: //www.guilinmuseum.org.cn/Survey/Details/gbgk
桂海碑林博物馆	文物	二级	否	桂林市龙隐路1号	40 795	40 795	占地面积	https: //wenku.baidu.com/view/5cb30964a417866fb84a8eb5.html
百色起义纪念馆	文物	二级	是	百色市右江区城东大道112号	5 500	5 500		https: //baike.baidu.com/item/ 百色起义纪念馆 /8868712?fr=aladdin
南宁博物馆	文物	二级	是	南宁市良庆区龙堤路15号	30 800	30 800		https: //baike.baidu.com/item/ 南宁博物馆
梧州市博物馆	文物	二级	是	梧州市珠山	8 526	8 526		https: //baike.baidu.com/item/ 梧州市博物馆

（续表）

博物馆名称	博物馆性质	质量等级	是否免费开放	地　址	原馆建筑面积（m^2）	现馆建筑面积（m^2）	注	数据来源
八路军桂林办事处纪念馆	文物	三级	是	桂林市中山北路 14 号	800	800		https: //baike.baidu.com/item/ 八路军桂林办事处纪念馆
桂林甑皮岩遗址博物馆	文物	三级	否	桂林市象山区甑皮岩路 26 号			无可查	
桂林市靖江王陵博物馆	文物	三级	否	桂林市靖江路 1 号靖江王陵博物馆			无可查	
广西地质博物馆	行业	三级	否	南宁市建政路 1 号	2 182	2 182		https: //baike.baidu.com/item/ 广西地质博物馆 /8022659?fr=aladdin
横县博物馆	文物	三级	是	横县横州镇淮海路	900	900		http: //baike.chinaso.com/wiki/doc-view-120905.html
兴安县博物馆	文物	三级	否	兴安县兴安镇三台路 15 号	1 500	1 500		https: //baike.baidu.com/item/ 兴安县博物馆 /620418?fr=aladdin
合浦县博物馆	文物	三级	是	合浦县廉州镇定海南路 81 号	1 800	1 800		https: //baike.baidu.com/item/ 合浦县博物馆
博白县博物馆	文物	三级	是	博白县博白镇公园路 007 号			无可查	

（续表）

博物馆名称	博物馆性质	质量等级	是否免费开放	地　址	原馆建筑面积（m^2）	现馆建筑面积（m^2）	注	数据来源
容县博物馆	文物	三级	是	容县容州镇东门街 26 号	1 880	880		https: //baike.baidu.com/item/ 容县博物馆 /9790302?fr=aladdin
右江民族博物馆	文物	三级	是	百色市右江区城东路后龙山 2 号	4 457	4 457		https: //baike.baidu.com/item/ 右江民族博物馆
田东县博物馆	文物	三级	是	田东县平马镇南华路 1 号	4 167.66	4 167.66		http: //www.gxtd.gov.cn/xxgk/bmwj/20180903-1491178.shtml
右江革命纪念馆	文物	三级	是	田东县平马镇南华路 1 号	7 336.25	7 336.25		https: //baike.baidu.com/item/ 右江革命纪念馆 /10892899?fr=aladdin
靖西市壮族博物馆	文物	三级	是	靖西市中山公园西北侧	1 880	1 880		https: //baike.baidu.com/item/ 靖西县壮族博物馆 /10893319
贺州市博物馆	文物	三级	是	贺州市体育路 65 号	800	800	占地面积	http: //www.gxhzsbwg.com/index.php/cms/item-view-id-1300.html
金秀瑶族自治县瑶族博物馆	文物	三级	是	金秀县金秀镇平安路 6 号	4 700	4 700		http: //jinxiu.museum.chaoxing.com/html/jinxiu//155/156/index.html
中国红军第八军革命纪念馆	文物	三级	是	龙州县独山路 43 号	4 922.5	4 922.5		https: //baike.baidu.com/item/ 中国红军第八军革命纪念馆 /9674837?fr=aladdin

（续表）

博物馆名称	博物馆性质	质量等级	是否免费开放	地　址	原馆建筑面积（m^2）	现馆建筑面积（m^2）	注	数　据　来　源
崇左市壮族博物馆	文物	三级	是	崇左市江州区石景林西路6号		12 000	2012 年开放	https: //baike.baidu.com/item/ 崇左壮族博物馆 ?fromtitle= 崇左市壮族博物馆 &fromid=13855752
				总　计	237 644.21	248 674.21		单位：平方米
增长：11 030　增长率：4.6%								
海南省（1 家）								
海南省博物馆	文物	一级	是	海口市国兴大道 68 号		25 000	2008 年开放	https: //baike.baidu.com/item/ 海南省博物馆
				总　计	0	25 000		单位：平方米
增长：25 000								
重庆市（16 家）								
重庆中国三峡博物馆	文物	一级	是	渝中区人民路236 号	45 098	45 098		https: //baike.baidu.com/item/ 重庆中国三峡博物馆

（续表）

博物馆名称	博物馆性质	质量等级	是否免费开放	地　址	原馆建筑面积（m^2）	现馆建筑面积（m^2）	注	数据来源
重庆红岩革命历史博物馆（红岩革命纪念馆、重庆红岩联线文化发展管理中心、重庆歌乐山革命纪念馆）	文物	一级	是	渝中区红岩村52号、沙坪坝区烈士墓政法三村63号、渝中区嘉陵桥东村35号	10 341	10 341		http: //www.hongyan.info
重庆自然博物馆	文物	一级	是	北碚区金华路398号	30 842	30 842	旧馆面积无可查	https: //www.cmnh.org.cn/about/?4.html
重庆市万州区博物馆	文物	二级	是	万州区江南新区市民广场		15 062	旧馆面积无可查	https: //baike.baidu.com/item/ 万州区博物馆 /12572237?fromtitle=重庆市万州区博物馆 &fromid=19958052&fr=aladdin
云阳县博物馆	文物	二级	是	云阳县市民文化活动中心二楼		6 021.9	2012 年开放	http: //baike.chinaso.com/wiki/doc-view-116732.html
巫山博物馆（巫山县文物管理所）	文物	二级	是	巫山县长江三峡巫峡与大宁河小三峡交汇处		13 300	2009 年开放	https: //baike.baidu.com/item/ 巫山博物馆 /114605?fr=aladdin

（续表）

博物馆名称	博物馆性质	质量等级	是否免费开放	地　　址	原馆建筑面积（m^2）	现馆建筑面积（m^2）	注	数　据　来　源
重庆大韩民国临时政府旧址陈列馆	文物	三级	是	渝中区七星岗莲花池 38 号	1 770	1 770		https: //baike.baidu.com/item/ 重庆大韩民国临时政府旧址陈列馆
北碚区博物馆（抗战荣誉军人自治试验区陈列馆、晏阳初纪念馆、国立复旦大学重庆旧址）	文物	三级	是	北碚区南京路 6 号、北碚区文星湾 1 巷 1–33 号、北碚区天生新村 63 号、北碚区梨园村 18 号、北碚区澄江镇运河村四川仪表九厂内、北碚区歇马镇天马村柑橘研究所内、北碚区东阳街道夏坝路旁	8 832	8 832	占地面积	https: //baike.baidu.com/item/ 北碚博物馆 /2423417
重庆巴渝民俗博物馆	文物	三级	是	渝北区双龙大道二支巷			无可查	

（续表）

博物馆名称	博物馆性质	质量等级	是否免费开放	地址	原馆建筑面积（m^2）	现馆建筑面积（m^2）	注	数据来源
聂荣臻元帅陈列馆	行业	三级	是	江津区几江街道鼎山大道	3 647	3 647		https: //baike.baidu.com/item/ 聂荣臻元帅陈列馆 /4607138?fr=aladdin
钓鱼城古战场遗址博物馆	文物	三级	否	合川区南园东路 99 号城投大厦 16 楼	2 975	2 975		https: //baike.baidu.com/item/ 钓鱼城历史文物陈列馆 /4313227
铜梁区博物馆	文物	三级	是	铜梁区巴川街道龙门街 169 号	7 000	7 000		https: //baike.baidu.com/item/ 铜梁县博物馆 /7576779
刘伯承同志纪念馆	行业	三级	是	开县汉丰街道盛山社区	2 343	2 343		https: //baike.baidu.com/item/ 刘伯承同志纪念馆
奉节县白帝城博物馆	文物	三级	否	奉节县夔门街道白帝村	4 000	4 000	占地面积	https: //baike.baidu.com/item/ 奉节县白帝城博物馆
杨闇公杨尚昆旧居陈列馆（重庆市潼南区杨尚昆故里管理处）	文物	三级	是	潼南区梓潼街道办事处石碾村	1 100	110		http: //baike.chinaso.com/wiki/doc-view-116512.html
重庆市开州博物馆	文物	三级	是	开州区滨湖中路		4 200	2013 年开放	https: //baike.baidu.com/item/ 开州博物馆 /4472163?fr=aladdin
				总计	117 948	155 541.9		单位：平方米
增长：37 593.9 增长率：31.9%								

（续表）

博物馆名称	博物馆性质	质量等级	是否免费开放	地　址	原馆建筑面积（m^2）	现馆建筑面积（m^2）	注	数　据　来　源
四川省（39 家）								
四川博物院	文物	一级	是	成都市浣花南路 251 号	8 006.5	32 026	2009 年新馆竣工	https://baike.baidu.com/item/四川博物院/2812558?fr=aladdin
成都金沙遗址博物馆	文物	一级	否	成都市青羊区金沙遗址路 2 号	38 000	38 000		https://baike.baidu.com/item/成都金沙遗址博物馆
成都武侯祠博物馆	文物	一级	否	成都市武侯祠大街 231 号	9 200	9 200		https://baike.baidu.com/item/成都武侯祠博物馆/675256?fr=aladdin
成都杜甫草堂博物馆	文物	一级	否	成都市青羊区青华路 37 号			占地面积 300 000	https://baike.baidu.com/item/成都杜甫草堂博物馆/4824775?fr=aladdin
自贡恐龙博物馆	文物	一级	否	自贡市大安区大山铺 238 号	66 000	66 000		https://baike.baidu.com/item/自贡恐龙博物馆
邓小平故居陈列馆	文物	一级	是	广安市协兴镇	3 800	3 800		https://baike.baidu.com/item/邓小平故居陈列馆/9803788?fr=aladdin
三星堆博物馆	文物	一级	否	广汉市西安路 133 号	12 000	12 000		https://baike.baidu.com/item/三星堆博物馆/3312542?fr=kg_qa

（续表）

博物馆名称	博物馆性质	质量等级	是否免费开放	地　址	原馆建筑面积（m^2）	现馆建筑面积（m^2）	注	数　据　来　源
自贡市盐业历史博物馆	文物	一级	否	自贡市自流井区解放路107号	6 303	6 304		https: //baike.baidu.com/item/ 自贡市盐业历史博物馆 /2035378?fr=aladdin
成都永陵博物馆	文物	二级	否	成都市金牛区永陵路 10 号	54 000	54 000		https: //baike.baidu.com/item/ 成都永陵博物馆
新都杨升庵博物馆（新都博物馆）	文物	二级	否	成都市新都区新都镇桂湖中路 109 号、新都区新都镇桂湖中路 89 号	48 000	48 000		http: //www.bytravel.cn/Landscape/84/yangshengbowuguan.html
泸州市博物馆（况场朱德旧居陈列馆、泸州石刻艺术博物馆）	文物	二级	是	泸州市江阳区江阳西路 37 号、泸州市江阳区况场镇宜民街、泸州市龙马潭区石堡湾顺江路	10 500	10 500		https: //baike.baidu.com/item/ 泸州市博物馆 /276961?fr=aladdin
朱德同志故居纪念馆	文物	二级	是	南充市仪陇县马鞍镇大弯路 47 号	3 760	3 760		https: //baike.baidu.com/item/ 朱德同志故居纪念馆 /2966593?fr=aladdin

（续表）

博物馆名称	博物馆性质	质量等级	是否免费开放	地址	原馆建筑面积（m^2）	现馆建筑面积（m^2）	注	数据来源
四川宋瓷博物馆（遂宁市博物馆）	文物	二级	是	遂宁市船山区西山路 613 号	5 000	5 000		https: //baike.baidu.com/item/ 四川宋瓷博物馆
眉山三苏祠博物馆（眉山三苏纪念馆）	文物	二级	是	眉山市东坡区纱縠行南段 72 号、东坡区纱縠行南段三苏纪念馆	69 333	69 333		https: //baike.baidu.com/item/ 三苏祠博物馆
四川省建川博物馆	非国有	二级	否	大邑县安仁古镇迎宾路	15 000	15 000		https: //baike.baidu.com/item/ 建川博物馆 /862201
成都华希昆虫博物馆	非国有	二级	否	都江堰市青城山脚下			无可查	
宜宾市博物院	文物	二级	是	城区西北隅的真武山庙群	4 000	4 000		https: //baike.baidu.com/item/ 宜宾博物馆 /1035205?fr=aladdin
宜宾市赵一曼纪念馆	文物	三级	是	翠屏区翠屏公园内	547	547		https: //baike.baidu.com/item/ 赵一曼纪念馆 /2034875
荥经县博物馆	文物	三级	是	荥经县严道镇民主路 129 号	4 540	4 540	2016 年新馆建成，2018 年对外开放，旧馆面积不可查	https: //www.yjxbwg.org/go.htm?url=museum_overview

（续表）

博物馆名称	博物馆性质	质量等级	是否免费开放	地　址	原馆建筑面积（m^2）	现馆建筑面积（m^2）	注	数　据　来　源
陈毅纪念馆	文物	三级	是	资阳市乐至县园林路	750	750		https: //baike.baidu.com/item/ 陈毅故里景区 /4507536?fromtitle= 陈毅纪念馆 &fromid=9800096&fr=aladdin
凉山彝族奴隶社会博物馆	文物	三级	是	西昌市西门坡街 47 号	5 000	5 000		https: //baike.baidu.com/item/ 凉山彝族奴隶社会博物馆
红四方面军总指挥部旧址纪念馆	文物	三级	是	巴中市通江县文庙街 29 号	784	784		https: //baike.baidu.com/item/ 红四方面军总指挥部旧址纪念馆
渠县历史博物馆	文物	三级	是	渠县渠江镇和平街 93 号（渠县文庙内）	2 100	2 100		http: //www.bytravel.cn/Landscape/85/quxianlishibowuguan.html
川陕革命根据地博物馆	文物	三级	是	巴中市红碑路南龛段 42 号	4 527	4 527		https: //baike.baidu.com/item/ 川陕革命根据地博物馆 /3509191?fr=aladdin
射洪县书画博物馆	文物	三级	是	射洪县太和镇宏达家鑫路上段 35 号		4 275	2010 年对外开放	http: //www.shehong.gov.cn/bsfw/msfw/ggsy/wtxx/201609/t20160929_128163.html
内江市张大千纪念馆	文物	三级	是	内江市东兴区东桐路圆顶山	2 000	2 000		https: //baike.baidu.com/item/ 张大千纪念馆 /30025?fr=aladdin

（续表）

博物馆名称	博物馆性质	质量等级	是否免费开放	地　　址	原馆建筑面积（m^2）	现馆建筑面积（m^2）	注	数　据　来　源
什邡市博物馆	文物	三级	是	什邡市什邡广场	20 973	20 973		http: //www.neijiang.gov.cn/news/2014/03/946329.html
广元皇泽寺博物馆（广元红军文化博物馆）	文物	三级	否	广元市利州区上西则天路、广元南山魏家岩	2 300	2 300		https: //baike.baidu.com/item/ 皇泽寺博物馆 /14683473?fr=aladdin
大邑县刘氏庄园博物馆	文物	三级	否	成都市大邑县安仁镇金桂街15 号	21 055	21 055		https: //baike.baidu.com/item/ 大邑刘氏庄园博物馆 /1628102
彭州市博物馆	文物	三级	是	彭州市天彭镇西干道西段	200	200		http: //www.artyi.net/news_museum_10962.html
四川易园园林艺术博物馆	非国有	三级	否	成都市金牛区金泉路 8 号			无可查	
成都川菜博物馆	非国有	三级	否	成都市郫县古城镇荣华北巷8 号		12 000		https: //baike.baidu.com/item/ 成都川菜博物馆
成都华通博物馆	非国有	三级	是	成都市高新区科技孵化园 9 号楼 F 座	30 000	50 000		http: //www.cccic.org.cn/my/201210/715.html

（续表）

博物馆名称	博物馆性质	质量等级	是否免费开放	地　址	原馆建筑面积（m^2）	现馆建筑面积（m^2）	注	数　据　来　源
5.12 汶川特大地震纪念馆	文物	三级	是	北川羌族自治县曲山镇任家坪		14 280	2013 年开放	https: //baike.baidu.com/item/5・12 汶川特大地震纪念馆 /15421377?fromtitle=5.12 汶川特大地震纪念馆 &fromid=3976646&fr=aladdin
达州市博物馆	文物	三级	是	永兴路 2 号达州市政府附近		9 493	2010 年开馆	https: //baike.baidu.com/item/ 达州博物馆 /2121383
川陕苏区将帅碑林纪念馆	文物	三级	是	巴中市南龛山顶	1 000	1 000	2005 年建成	http: //baike.chinaso.com/wiki/doc-view-121320.html
南江县博物馆	文物	三级	是	南江县南江镇西门沟 65 号	1 200	1 200		https: //baike.baidu.com/item/ 南江县博物馆 /829543?fr=aladdin
汶川县博物馆	文物	三级	是	汶川县威州镇较场街		9 071	2010 年竣工	https: //baike.baidu.com/item/ 汶川博物馆 /1338444
“5.12”汶川特大地震映秀震中纪念馆	文物	三级	是	汶川县映秀镇渔子溪村		4 800	2012 年开放	https: //baike.baidu.com/item/%225.12%22 汶川特大地震映秀震中纪念馆
				总　计	449 878.5	547 818		单位：平方米
增长：97 939.5　增长率：21.8%								

（续表）

博物馆名称	博物馆性质	质量等级	是否免费开放	地址	原馆建筑面积（m^2）	现馆建筑面积（m^2）	注	数据来源
贵州省（9家）								
遵义会议纪念馆	文物	一级	是	遵义市红花岗区子尹路96号	18 457	18 457		https: //baike.baidu.com/item/ 遵义会议纪念馆
贵州省民族博物馆	行业	二级	是	贵阳市南明区箭道街23号	13 175	13 175	2012年成立	https: //baike.baidu.com/item/ 贵州省民族博物馆
贵州省博物馆	文物	二级	是	贵阳市云岩区北京路168号	46 450	46 450	2013年迁馆	https: //baike.baidu.com/item/ 贵州省博物馆
黔东南州民族博物馆	文物	二级	是	凯里市广场路5号	7 421	7 421		https: //baike.baidu.com/item/ 黔东南州民族博物馆
四渡赤水纪念馆	文物	二级	是	遵义市习水县土城镇	1 800	1 800		https: //www.sdcs1935.com
黔南州民族博物馆	行业	三级	是	都匀市民族路35号	6 625	6 625		http: //www.qiannan.gov.cn/zwgk/zfxxgkml/zpfl/ggqsydwxx/wh/201903/t20190318_2317060.html
遵义市博物馆（贵州酒文化博物馆）	文物	三级	是	遵义市人民路与珠海路交汇处	8 201	8 201		https: //baike.baidu.com/item/ 遵义市博物馆 /5407858?fr=aladdin

（续表）

博物馆名称	博物馆性质	质量等级	是否免费开放	地　　址	原馆建筑面积（m^2）	现馆建筑面积（m^2）	注	数　据　来　源
奢香博物馆	文物	三级	是	大方县慕俄格古城办事处庆云村顺德路中段	3 800	3 800		http: //www.360doc.com/content/19/0722/10/11400841_850284026.shtml
贵州茶文化生态博物馆	文物	三级	是	湄潭县湄江镇天文大道“中国茶城”内		2 000	2013 年开放	https: //baike.baidu.com/item/ 贵州茶文化生态博物馆 /18033144?fr=aladdin
				总　计	105 929	107 929	单位：平方米	
增长：2 000　增长率：1.9%								
云南省（18 家）								
云南省博物馆	文物	一级	是	昆明市官渡区广福路 6393 号	16 465	16 465		https: //baike.baidu.com/item/ 云南省博物馆
云南民族博物馆	行业	一级	是	昆明市滇池路 1503 号	60 000	60 000		https: //baike.baidu.com/item/ 云南民族博物馆
红河州博物馆	文物	二级	是	蒙自市天马路 65 号	8 121	8 121	2003 年竣工	https: //baike.baidu.com/item/ 红河州博物馆
大理白族自治州博物馆	文物	二级	是	大理市下关洱河南路 8 号	8 800	8 800		https: //baike.baidu.com/item/ 大理白族自治州博物馆

（续表）

博物馆名称	博物馆性质	质量等级	是否免费开放	地　址	原馆建筑面积（m^2）	现馆建筑面积（m^2）	注	数据来源
昆明动物博物馆	行业	二级	否	昆明市教场东路 32 号	7 350	7 350		https: //baike.baidu.com/item/ 昆明动物博物馆
玉溪市博物馆（玉溪市聂耳纪念馆）	文物	二级	是	玉溪市红塔区红塔大道 30 号（红塔区棋阳路延长线）	5 000	5 000		https: //baike.baidu.com/item/ 玉溪博物馆 /12650129
楚雄彝族自治州博物馆	文物	二级	是	楚雄市鹿城南路 471 号	11 200	11 200		https: //baike.baidu.com/item/ 楚雄彝族自治州博物馆
昆明市博物馆	文物	二级	是	昆明市拓东路 93 号	7 400	20 331	2008 年二期工程完工	https: //baike.baidu.com/item/ 昆明市博物馆
大理市博物馆	文物	三级	是	大理市大理古城复兴路 111 号	2 650	2 650		https: //baike.baidu.com/item/ 大理市博物馆
禄丰县恐龙博物馆	文物	三级	是	禄丰县金山镇金山南路 95 号	3 000	3 000		https: //baike.baidu.com/item/ 楚雄禄丰恐龙博物馆 /10239080
云南李家山青铜器博物馆	文物	三级	是	玉溪市江川县大街街道上营社区星云路西段 1 号			不可查	

（续表）

博物馆名称	博物馆性质	质量等级	是否免费开放	地　址	原馆建筑面积（m^2）	现馆建筑面积（m^2）	注	数 据 来 源
元谋人博物馆	文物	三级	是	京昆高速永武段入元谋县城联络线南侧	5 389.6	5 389.6	2010 年新馆对外开放，旧馆面积无可查	https: //baike.baidu.com/item/ 元谋人博物馆
迪庆州博物馆	文物	三级	是	香格里拉市独克宗古城月光广场南侧	2 338	5 420	2007 年开馆	https: //baike.baidu.com/item/ 迪庆藏族自治州博物馆 ?fromtitle= 迪庆州博物馆 &fromid=1149478
丽江市博物院	文物	三级	是	丽江市古城区黑龙潭公园北端	1 010	12 928		https: //max.book118.com/html/2018/0618/173283436.shtm
孟连县民族历史博物馆	文物	三级	是	孟连县娜允镇娜允五组	1 799.3	1 799.3		http: //www.pesbwg.com/pbgk.asp?id=1347
保山市博物馆	文物	三级	是	保山市永昌文化园 4 号	3 224	3 224		https: //baike.baidu.com/item/ 保山博物馆 /11053640?fromtitle= 保山市博物馆 &fromid=1149036&fr=aladdin
广南县民族博物馆	文物	三级	是	广南县莲城镇龙井社区莲城西路 9 号	2 347	2 347		https: //baike.baidu.com/item/ 广南县博物馆

（续表）

博物馆名称	博物馆性质	质量等级	是否免费开放	地　址	原馆建筑面积（m^2）	现馆建筑面积（m^2）	注	数　据　来　源
普洱市博物馆	文物	三级	是	思城北部新区滨河路	10 000	10 000	2011 年对外开放	https: //baike.baidu.com/item/ 普洱市博物馆 /20102733?fr=aladdin
				总　计	156 093.9	184 024.9		单位：平方米
增长：27 931　增长率：17.9%								
西藏自治区（1 家）								
西藏博物馆	文物	一级	是	拉萨市民族南路 2 号	23 508	23 508		https: //baike.baidu.com/item/ 西藏博物馆
				总　计	23 508	23 508		单位：平方米
增长：0　无增长								
陕西省（39 家）								
陕西历史博物馆	文物	一级	是	西安市雁塔区小寨东路 91 号	55 600	55 600		https: //baike.baidu.com/item/ 陕西历史博物馆 /197309?fr=aladdin
秦始皇帝陵博物院	文物	一级	否	西安市临潼区			占地面积 2 257 333	http: //www.bmy.com.cn/2015new/contents/463/18357.html
西安碑林博物馆	文物	一级	否	西安市碑林区三学街 15 号	34 667	34 667	占地面积	http: //www.beilin-museum.com/contents/45/976.html

（续表）

博物馆名称	博物馆性质	质量等级	是否免费开放	地　址	原馆建筑面积（m^2）	现馆建筑面积（m^2）	注	数据来源
汉阳陵博物馆	文物	一级	否	西安经济技术开发区泾河工业园机场路东段			占地面积 96 000	https: //baike.baidu.com/item/ 汉阳陵博物馆 /1939466?fr=kg_qa
西安博物院	文物	一级	是	西安市碑林区友谊西路 72 号	16 000	16 000		https: //baike.baidu.com/item/ 西安博物院
西安半坡博物馆	文物	一级	否	西安市灞桥区半坡路 155 号	4 500	4 500		https: //baike.baidu.com/item/ 西安半坡博物馆
延安革命纪念馆	文物	一级	是	延安市王家坪圣地路 1 号	5 000	5 000		https: //baike.baidu.com/item/ 延安革命纪念馆
西安大唐西市博物馆	非国有	一级	是	西安市莲湖区劳动南路 118 号		32 000	2001 年成立	https: //baike.baidu.com/item/ 西安大唐西市博物馆
宝鸡青铜器博物院	文物	一级	是	宝鸡滨河大道中华石鼓园	34 800	34 800		https: //baike.baidu.com/item/ 宝鸡青铜器博物院
耀州窑博物馆	文物	二级	是	铜川市王益区黄堡镇新宜南路 25 号	4 000	4 000	2010 年对外开放	https: //baike.baidu.com/item/ 耀州窑博物馆
汉中市博物馆	文物	二级	是	汉中市汉台区东大街 26 号	8 000	8 000		https: //www.sohu.com/a/245981723_100011815

（续表）

博物馆名称	博物馆性质	质量等级	是否免费开放	地　　址	原馆建筑面积（m^2）	现馆建筑面积（m^2）	注	数　据　来　源
西安事变纪念馆	文物	二级	是	西安市碑林区建国路69号、莲湖区青年路117号	9 141	9 141		http: //www.xasb.net/gqjs.asp?id=567
八路军西安办事处纪念馆	文物	二级	是	西安市北新街七贤庄一号	13 600	13 600		https: //baike.baidu.com/item/八路军西安办事处纪念馆/2865459?fr=aladdin
法门寺博物馆	文物	二级	否	宝鸡市扶风县法门镇	2 030	13 768		https: //baike.baidu.com/item/法门寺博物馆
乾陵博物馆	文物	二级	否	咸阳市乾县			占地 40 000	https: //baike.baidu.com/item/乾陵博物馆
咸阳博物院	文物	二级	是	咸阳市中山街53号	2 000	39 809		https: //baike.baidu.com/item/咸阳博物院
茂陵博物馆	文物	二级	否	兴平市南位镇茂陵村南	200	15 805		https: //baike.baidu.com/item/茂陵博物馆
昭陵博物馆	文物	二级	否	礼泉县烟霞镇	7 000	7 000		http: //www.hues.com.cn/yishujigou/bwg/show/?n_id=3210
安康博物馆	文物	二级	是	汉滨区江北黄沟路	14 825	14 825		http: //www.akbwg.cn/about.php?cid=20

（续表）

博物馆名称	博物馆性质	质量等级	是否免费开放	地　址	原馆建筑面积（m^2）	现馆建筑面积（m^2）	注	数据来源
陕西自然博物馆	行业	二级	否	西安市水厂路1号		16 000	2008年开馆	https: //baike.baidu.com/item/陕西自然博物馆/388271?fr=aladdin
宝鸡市周原博物馆	行业	二级	否	扶风县法门镇召陈村	1 000	1 000		http: //www.bytravel.cn/Landscape/61/shanxianzhouyuanbowuguan.html
西北农林科技大学农林博物馆	行业	二级	否	陕西杨凌邰城路北段3号		16 000		https: //baike.baidu.com/item/西北农林科技大学博览园
三原县博物馆	文物	三级	否	三原县东大街33号	13 390	13 390		https: //baike.baidu.com/item/三原县博物馆
凤翔县博物馆	文物	三级	是	凤翔县县城文化路西段	450	450		https: //baike.baidu.com/item/凤翔县博物馆
扶风县博物馆	文物	三级	是	扶风县老城区东大街5号	2 300	2 300		https: //baike.baidu.com/item/扶风县博物馆
铜川市玉华博物馆	文物	三级	否	铜川市印台区金锁关镇镇玉华村	3 000	3 000		https: //baike.baidu.com/item/玉华博物馆/6267563
蒲城县博物馆	文物	三级	否	蒲城县红旗路中段	8 500	8 500		http: //baike.chinaso.com/wiki/doc-view-121092.html

（续表）

博物馆名称	博物馆性质	质量等级	是否免费开放	地　址	原馆建筑面积（m^2）	现馆建筑面积（m^2）	注	数　据　来　源
绥德县博物馆	文物	三级	否	绥德县名州镇进士巷 13 号	286	286		https: //baike.baidu.com/item/ 绥德县博物馆 /1505839?fr=aladdin
勉县武侯祠博物馆	文物	三级	否	勉县武侯镇	53 333	53 333		https: //baike.baidu.com/item/ 勉县武侯祠博物馆
旬阳县博物馆	文物	三级	是	旬阳县城关镇人民北路 6 号	344	344		https: //baike.baidu.com/item/ 旬阳县博物馆
商洛市博物馆	文物	三级	是	商州区工农路中段	7 744	7 744		https: //baike.baidu.com/item/ 商洛市博物馆 /17516011?fr=kg_qa
米脂县博物馆	文物	三级	否	榆林市米脂县行宫东路（李自成行宫）	3 600	3 600		https: //baike.baidu.com/item/ 米脂县博物馆
洛川县博物馆	文物	三级	是	延安市洛川县解放路北段			无可查	
洛川会议纪念馆	文物	三级	是	洛川县永乡乡冯家村	2 000	2 000		http: //mini.eastday.com/mobile/180328152400110.html
延安新闻纪念馆	文物	三级	否	延安清凉山南麓	3 000	3 000		https: //baike.baidu.com/item/ 延安新闻纪念馆 /10499347?fr=aladdin

（续表）

博物馆名称	博物馆性质	质量等级	是否免费开放	地　址	原馆建筑面积（m^2）	现馆建筑面积（m^2）	注	数据来源
西安唐皇城墙含光门遗址博物馆（西安中国书法艺术博物馆）	行业	三级	否	西安市甜水井大街含光门内、西安市自强东路585号		4 000	2008年建成	https: //baike.baidu.com/item/ 西安唐皇城墙含光门遗址博物馆/7132357?fr=aladdin
临潼区博物馆	文物	三级	是	西安市临潼区环城东路1号	6 600	6 600		https: //baike.baidu.com/item/ 临潼博物馆 /8726726
汉中民俗博物馆	非国有	三级	是	汉中市汉台区宗营镇中街村宗柏路			占地 300 000	https: //baike.baidu.com/item/ 汉中民俗博物馆
韩城市博物馆	文物	三级	否	韩城市金城区学巷45号	80 000	80 000		https: //baike.baidu.com/item/ 韩城市博物馆
				总　计	396 910	530 062		单位：平方米
增长：133 152　增长率：33.5%								
甘肃省（25家）								
甘肃省博物馆	文物	一级	是	兰州市七里河区西津西路3号	28 000	28 000		https: //baike.baidu.com/item/ 甘肃省博物馆
敦煌研究院	文物	一级	否	敦煌市莫高窟			无可查	https: //www.mgk.org.cn/information/detail/pavilion?id=123666

（续表）

博物馆名称	博物馆性质	质量等级	是否免费开放	地　址	原馆建筑面积（m^2）	现馆建筑面积（m^2）	注	数　据　来　源
天水市博物馆（天水民俗博物馆）	文物	一级	是	天水市秦州区伏羲路 110 号、天水市秦州区民主西路 117 号	8 361	8 361		http: //www.tssbwg.com.cn/html/2013/zzjg_1127/218.html
兰州市博物馆	文物	二级	是	兰州市城关区庆阳路 240 号	5 800	5 800		https: //baike.baidu.com/item/ 兰州市博物馆 /6317416?fr=aladdin
临夏州博物馆	文物	二级	是	临夏市东区市政府统办楼广场西侧	800	800		https: //baike.baidu.com/item/ 临夏回族自治州博物馆 ?fromtitle= 临夏州博物馆 &fromid=16758010
张掖市甘州区博物馆	文物	二级	否	张掖市甘州区民主西街大佛寺巷	6 957	6 957		https: //baike.baidu.com/item/ 甘州区博物馆
平凉市博物馆	文物	二级	是	平凉市东郊宝塔梁	3 600	21 636	2015 年改扩建	https: //baike.baidu.com/item/ 平凉市博物馆
和政古动物化石博物馆	文物	二级	是	和政县城关镇梁家庄新村	8 000	8 000		https: //baike.baidu.com/item/ 和政古动物化石博物馆
灵台县博物馆	文物	三级	是	灵台县城中学路 6 号		1 700	2006 年开馆	https: //baike.baidu.com/item/ 灵台县博物馆

（续表）

博物馆名称	博物馆性质	质量等级	是否免费开放	地　址	原馆建筑面积（m^2）	现馆建筑面积（m^2）	注	数　据　来　源
庄浪县博物馆	文物	三级	是	庄浪县水洛镇文化巷10号	1 541	1 541		https: //baike.baidu.com/item/ 庄浪县博物馆
静宁县博物馆	文物	三级	是	城关镇人民巷5号	1 585	1 585		http: //www.bytravel.cn/Landscape/76/jingningxianbowuguan.html
山丹县博物馆（艾黎捐赠文物陈列馆）	文物	三级	是	山丹县文化街3号	1 314	1 314		https: //baike.baidu.com/item/ 山丹县博物馆 /7440041?fr=aladdin
高台县博物馆	文物	三级	是	张掖市高台县湿地新区	5 565	5 565		https: //baike.baidu.com/item/ 高台县博物馆
敦煌市博物馆	文物	三级	是	敦煌市鸣山北路1390号	7 500	7 500	2011年新馆竣工	https: //baike.baidu.com/item/ 敦煌博物馆 ?fromtitle= 敦煌市博物馆&fromid=8718327
秦安县博物馆	文物	三级	是	秦安县兴国镇新华街42号	560	560		https: //baike.baidu.com/item/ 秦安县博物馆
嘉峪关长城博物馆	文物	三级	是	嘉峪关峪泉镇	3 499	3 499	2003年竣工	https: //baike.baidu.com/item/ 嘉峪关长城博物馆
庆阳市博物馆	文物	三级	是	西峰区弘化西路4号	12 800	12 800		https: //baike.baidu.com/item/ 庆阳市博物馆
庆城县博物馆	文物	三级	是	庆城县普照寺巷1号	4 627	4 627		https: //baike.baidu.com/item/ 庆城县博物馆

（续表）

博物馆名称	博物馆性质	质量等级	是否免费开放	地　址	原馆建筑面积（m^2）	现馆建筑面积（m^2）	注	数　据　来　源
镇原县博物馆	文物	三级	是	镇原县文化广场东侧	2 000	2 000		https: //baike.baidu.com/item/ 镇原县博物馆
环县博物馆	文物	三级	是	环县环江大道102号	1 046	1 046		https: //baike.baidu.com/item/ 环县博物馆
庆阳市陇东民俗博物馆	文物	三级	是	西峰区董志镇北门村	1 260	1 260		http: //www.ldmsbwg.com/Item/list.asp?id=1675
靖远县博物馆	文物	三级	是	靖远县鹿鸣园戏台西侧	1 200	1 200		http: //www.bytravel.cn/Landscape/76/jingyuanxianbowuguan.html
会宁红军长征胜利纪念馆	文物	三级	是	白银市会宁县会师镇会师北路7号	10 000	10 000		https: //baike.baidu.com/item/会宁红军长征胜利纪念馆 /12776835?fr=aladdin
会宁县博物馆	文物	三级	是	会宁县会师镇会师北路7号	547.4	1 306	2006年建成	https: //baike.baidu.com/item/ 会宁县博物馆
玉门市博物馆	文物	三级	是	甘肃省玉门市新市区文化三馆大楼	1 800	1 800		http: //baike.chinaso.com/wiki/doc-view-122213.html
				总　计	118 362.4	138 857	单位：平方米	
增长：20 494.6　增长率：17.3%								

（续表）

博物馆名称	博物馆性质	质量等级	是否免费开放	地　址	原馆建筑面积（m^2）	现馆建筑面积（m^2）	注	数　据　来　源
青海省（7家）								
青海省博物馆	文物	一级	是	西宁市西关大街58号	20 800	20 800		https: //baike.baidu.com/item/ 青海省博物馆 /1627225?fr=aladdin
青海柳湾彩陶博物馆	文物	二级	是	海东市乐都区柳湾村		5 830	2004 年开放	https: //baike.baidu.com/item/ 青海柳湾彩陶博物馆
青海藏医药文化博物馆	行业	二级	是	西宁市生物园区经二路36号		12 000	2006 年建成	https: //baike.baidu.com/item/ 中国藏医药文化博物馆 /6076705?fromtitle= 青海藏医药文化博物馆 &fromid=7658823&fr=aladdin
海南州民族博物馆	文物	三级	是	海南州共和县恰卜恰镇青海湖南大街	1 070	1 070		https: //baike.baidu.com/item/ 青海省海南藏族自治州民族博物馆 /6486492
黄南州民族博物馆	文物	三级	是	黄南藏族自治州同仁县隆务镇青年大道			无可查	
湟中县博物馆	文物	三级	是	西宁市湟中县鲁沙尔镇迎宾路1号		11 142.3	2007 年开馆	http: //www.hhwhbwg.com/about.asp?mnid=1

（续表）

博物馆名称	博物馆性质	质量等级	是否免费开放	地　　址	原馆建筑面积（m^2）	现馆建筑面积（m^2）	注	数　据　来　源
互助土族自治县博物馆	文物	三级	是	互助县威远镇南街 9 号		500	2008 年开放	https: //baike.baidu.com/item/ 土族博物馆 /12806824?fr=aladdin
				总　计	21 870	51 342.3		单位：平方米
增长：29 472.3　增长率：134.8%								
宁夏回族自治区（10 家）								
宁夏回族自治区博物馆	文物	一级	是	银川市金凤区人民广场东街 6 号	7 000	30 258	2008 年新馆建成并开放	https: //baike.baidu.com/item/ 宁夏回族自治区博物馆
固原博物馆	文物	一级	是	固原市西城路 133 号	14 000	14 000	2016 年经改扩建开放	http: //www.nxgybwg.com/e/action/ShowInfo.php?classid=1&id=307
西北农耕博物馆	行业	二级	是	固原市北京路市委党校北	4 050	4 050		http: //xbngbwg.com/News_View.asp?NewsID=1
贺兰山自然博物馆	行业	三级	否	苏峪口国家森林公园迎宾区	2 400	2 400	2004 年建馆	https: //baike.baidu.com/item/ 贺兰山自然博物馆 /8478710?fr=aladdin
回族博物馆	非国有	三级	否	银川市永宁县纳家户村村北	162	162	2001 年建成	https: //baike.baidu.com/item/ 回族博物馆

（续表）

博物馆名称	博物馆性质	质量等级	是否免费开放	地　　址	原馆建筑面积（m^2）	现馆建筑面积（m^2）	注	数　据　来　源
宁夏回族自治区地质博物馆	行业	三级	是	银川市金凤区人民广场东街6号	7 000	30 258	2008年新馆建成并开放	https: //baike.baidu.com/item/ 宁夏回族自治区博物馆 /1627604
西夏博物馆	文物	三级	否	银川市西郊贺兰山东麓	5 300	5 399		https: //baike.baidu.com/item/ 西夏博物馆
石嘴山市博物馆	文物	三级	是	石嘴山市大武口区长庆街与世纪大道交汇处	16 118	16 118		https: //baike.baidu.com/item/ 石嘴山市博物馆 /13878632?fr=aladdin
吴忠市博物馆	文物	三级	是	吴忠市利通区开元西路两馆一中心		18 158	2013年建成	https: //baike.baidu.com/item/ 吴忠博物馆 /19835664?fr=aladdin
盐池博物馆	文物	三级	是	盐池县城关镇东南隅	3 380	3 380		https: //wenku.baidu.com/view/653225701688848687 62d631.html
				总　计	59 410	124 183	单位：平方米	
增长：64 773　增长率：109%								

（续表）

博物馆名称	博物馆性质	质量等级	是否免费开放	地　址	原馆建筑面积（m^2）	现馆建筑面积（m^2）	注	数据来源
新疆维吾尔自治区（10 家）								
新疆维吾尔自治区博物馆	文物	一级	是	乌鲁木齐市西北路 581 号	17 288	17 288	2005 年新馆建成，旧馆面积无可查	https: //baike.baidu.com/item/ 新疆维吾尔自治区博物馆 /1627548?fr=aladdin
吐鲁番博物馆	文物	一级	是	吐鲁番市木纳尔路 1268 号	17 570	17 570		https: //baike.baidu.com/item/ 吐鲁番博物馆 /4800605?fr=aladdin
新疆兵团军垦博物馆	文物	二级	是	石河子北三路 59 号	9 703	9 703		https: //baike.baidu.com/item/ 新疆兵团军垦博物馆 /6586281
巴音郭楞蒙古自治州博物馆	文物	二级	是	库尔勒市迎宾路口	26 500	26 500	2008 年建成交工，旧馆面积无可查	https: //baike.baidu.com/item/ 巴音郭楞蒙古自治州博物馆
哈密市博物馆	文物	三级	是	哈密市环城南路	12 000	12 000		https: //baike.baidu.com/item/ 哈密博物馆 /6485984
乌鲁木齐市博物馆（市革命历史纪念地管理中心）	文物	三级	是	乌鲁木齐市水磨沟区南湖南路 123 号	1 000	1 000		https: //baike.baidu.com/item/ 乌鲁木齐市博物馆

（续表）

博物馆名称	博物馆性质	质量等级	是否免费开放	地　址	原馆建筑面积（m^2）	现馆建筑面积（m^2）	注	数据来源
阿克苏地区博物馆	文物	三级	是	阿克苏市西大街 27 号	18 000	18 000	2017 年建成，旧馆面积无可查	https: //baike.baidu.com/item/ 阿克苏地区博物馆
伊犁哈萨克自治州博物馆（伊犁州林则徐纪念馆）	文物	三级	是	伊宁市飞机场路 188 号、伊宁市开发区福州路 885 号	1 830	1 830	陈列面积	https: //baike.baidu.com/item/ 伊犁哈萨克自治州博物馆
博尔塔拉蒙古自治州博物馆	文物	三级	是	博乐市南城区锦绣路 9 号	7 910	7 910	2011 年新馆开馆，旧馆面积无可查	http: //www.cass.cn/tupian/201709/t20170908_3633583.html
新疆喀什地区博物馆	文物	三级	是	喀什市塔吾古孜路 19 号	2 360	2 360		https: //baike.baidu.com/item/ 喀什地区博物馆 /9749432?fr=aladdin
				总　计	114 161	114 161		单位：平方米
增长：0　无增长								

◀ 附件三 ▶

《陈列展览项目支出预算方案编制规范和预算编制标准试行办法》

中华人民共和国财政部办公厅

财办预〔2017〕56号

关于印发《陈列展览项目支出预算方案编制规范和预算编制标准试行办法》的通知

党中央有关部门财务部门，国务院各部委、各直属机构财务部门，中央军委后勤保障部财务局，武警各部门后勤（财务）部门，全国人大常委会办公厅机关事务管理局，政协全国委员会办公厅机关事务管理局，高法院行装局，高检院计财局，各民主党派中央财务部门，有关人民团体财务部门，有关中央管理企业财务部门：

为完善中央部门预算管理体系，推进中央部门项目支出预算标准化管理，提高管理的规范化、精准度和合理性，我们制定了《陈列展览项目支出预算方案编制规范和预算编制标准试行办法》（以下简称

《试行办法》），现印发各中央部门试行。

一、中央部门项目支出预算中涉及陈列展览的事项，应单独编制二级项目。多个陈列展览事项，可合并后编制二级项目。陈列展览的内容原则上不应与其他类型的支出内容合并编制二级项目。

二、属于《试行办法》适用范围内的中央部门陈列展览项目支出预算，原则上按照《试行办法》的要求编制。部门新增的2018年及以后年度的项目应按《试行办法》编制？已批复预算的延续项目中涉及2018年及以后年度的支出按照《试行办法》进行调整。

三、试行期间，《试行办法》未做规定的内容或标准，部门可根据其他相关规定或实际情况编制预算。《试行办法》中有关支出标准原则上作为编制预算支出的上限。确因特殊情况个别单项支出需突破《试行办法》中相关标准的，部门在编制方案中详细说明原因。

四、《试行办法》主要适用于预算编制。预算执行中，对按照《试行办法》编制的预算，在不突破项目支出预算总额的情况下，部门可结合实际情况按照相关规定调剂。

五、《试行办法》于印发之日起试行。试行中遇到的问题，请及时向财政部反馈。财政部将根据经济社会发展以及市场价格变化等因素，适时对《试行办法》进行调整。

特此通知。

附件：陈列展览项目支出预算方案编制规范和预算编制标准试行办法

财政部办公厅

2017年6月28日

陈列展览项目支出预算方案编制规范和预算编制标准试行办法

一、适用范围

《陈列展览项目支出预算方案编制规范和预算编制标准试行办法》（以下简称《试行办法》）主要适用于中央财政资金安排的博物馆、纪念馆、美术馆等场馆所开展的布展内容相对固定，展示时间较长（一般五年以上）的常设陈列展览项目。其中，博物馆是指兼具社会科学与自然科学双重性质的博物馆；纪念馆是指研究和反映历史上的重要事件和重要人物为主要内容的博物馆；美术馆是指包括绘画、书法、工艺美术等文化艺术类博物馆。展示馆、科技馆等场馆常设陈列展览项目可参照执行。

《试行办法》不包括展品的征集、修复和运输，展品的后期维护费用等预算支出。上述预算支出要按照厉行节约、从严从紧的原则编制预算，待条件成熟时，财政部将另行出台专门规定。

二、方案编制规范

（一）基本情况

1. 项目单位情况

简要阐述项目单位的职能、机构、人员和主要业务等基本情况。

2. 项目名称和类型

项目名称应规范表述为“×××陈列展览项目”，并说明项目类型属于博物馆、纪念馆或美术馆等，项目属性属于新建、改建或扩建。

3. 项目建设依据

简要列出项目建设的主要依据，包括有关政策文件的要求和规定、上级部门或主管部门的批复文件及内容等。

4. 主要工作内容

从展览策划（选题调研、需求调查、主题确定）、展览内容设计（展览大纲、展览脚本编写）、展览形式设计（初步设计、深化设计）、施工布展（招标、监理、场内场外制作、布展、调试）、展览评估（展示效果、绩效评估）等方面进行简述。

5. 预期总目标及阶段性目标

简要阐述项目预期所要达到的总目标和阶段性目标。

6. 项目总投入情况

说明项目建设规模、经费投入及资金来源情况。

（二）必要性分析

1. 阐述本项目落实党和国家重点工作的要求以及有关政策文件规定的具体情况。

2. 阐述本项目在我国陈列展览建设体系中的定位和作用。

3. 从传承文化、满足民众需求、推动文化交流等方面，阐述项目建设的重要性。

4. 对改建和扩建项目，应结合现有场馆陈列规模、内容及表现形式等方面的情况以及面临的主要问题，阐述实施项目建设的紧迫性。

（三）建设方案

1. 陈列展览布局

综合考虑陈列展览项目功能需求，合理划分场馆展示空间，确定展厅数量、展厅面积及展示主题，阐述基本平面布局。

2. 陈列展览内容

详述各展厅的陈列展览内容，从藏品特色、行业特色、学术文化内涵、运用现代科学技术、材料工艺、表现手法等方面阐述本项目的重点和亮点。对设备（展柜）、辅助展品（雕塑、绘画等）的选择和应用进行说明，尽可能根据陈列展览内容表现的实际需要核定，避免过多使用不必要的进口展柜。

3. 展厅装饰

阐述各展厅的室内装饰方案及要求，包括电气、消防、安防、水暖、智能化控制系统等相关安装工程，重点说明墙柱面、楼地面、天棚面所使用的材料和材质。

4. 陈列展览展品

在原有馆藏品基础上，重点阐述拟通过调拨、移交、借展、捐赠、交换、购买、复仿制等征集方式获取展品的情况，包括展品的种类、地点、规格、品质、数量及有关协议。

5. 特殊照明

根据展品特殊要求，依据《博物馆照明设计规范》等规定，详细说明专业灯光的具体配置方案，包括所采用的光源、灯具的型号、规格、产地等。

6. 多媒体系统

围绕陈列展览内容脚本和展示形式，明确多媒体技术的运用范围，合理选用多媒体技术手段，避免成为偏离主题、干扰受众参观体验的纯技术展示。重点阐述多媒体技术应用规划方案，说明多媒体系统配置清单情况，包括软硬件配置规格、技术标准等内容。

（四）可行性分析

1. 基本条件

阐述项目单位目前已经具备的基本条件，包括土地资源、建筑设施及基础设施条件、展出场地的展品保护保存和安保条件、馆藏文物的基本情况、拟借展文物和协作单位情况、自然环境条件等。

2. 组织保障能力

分析项目单位总体业务技术力量、协作单位和专家顾问力量、项目负责人的组织管理能力、项目主要参加人员的业务基础。

3. 风险分析

主要从资金保障、政策调整、技术应用等方面阐述本项目的不确定性。

（五）资金预算

简述基础装修费、陈列布展费、专业灯光购置费、多媒体系统工程费、其他费用等资金预算内容。

（六）项目绩效管理

简述项目绩效目标，以及投入、过程、产出、效益等绩效指标。

三、预算编制标准

（一）预算构成

陈列展览项目预算一般由基础装修费、陈列布展费、专业灯光购置费、多媒体系统工程费、其他费用等五部分不同类型的费用构成。具体内容如下：

1. 基础装修费

主要指展区范围内的基础装修工程费用，包括装饰工程费和安装工程费。为避免重复投资和费用重复计算，对应由基建投资装修工程安排的资金，在陈列展览预算编制中不予考虑。

（1）装饰工程费。主要指展区范围内的地面、墙面、天棚、门窗等内部装饰工程的费用，改建项目可列支原有陈列展览工程的拆除费用。

（2）安装工程费。主要指展区范围内与陈列展览有关的水电安装、暖通、消防、安防和弱电智能化工程等费用。

2. 陈列布展费

主要指在展区空间内，按一定主题序列和艺术形式设置布展内容所支出的购置、制作及安装费用。

（1）设备购置、制作及安装费。主要是指展览设备（展柜、展台、展架）、展示说明牌、展板以及平面制作（立体字、广告灯箱、平面立体化等）等购置、制作及安装费用。

（2）辅助展品制作费。主要指场景、模型、沙盘、雕塑、绘画等辅助展品的艺术创作与制作费用。

3. 专业灯光购置费

主要指为保护展品不受损害而配置的专业光源及灯具等发生的购置费用。

4. 多媒体系统工程费

主要指采用多媒体技术手段，为实现陈列展览效果而产生的多媒体系统硬件费、软件费、系统集成费和影像制作费。

5. 其他费用

主要包括建设单位管理费、招标代理费、监理费、设计费等费用。陈列展览项目总预算编制格式如下，其中分项预算表见附件。

陈列展览项目总预算表

序号	项　目　名　称	计算基准	预算金额（万元）	备　注
	合　计			
一	**基础装修费**			
（一）	装饰工程费			
（二）	安装工程费			
二	**陈列布展费**			
（一）	设备购置、制作及安装费			
（二）	辅助展品制作费			
三	**专业灯光购置费**			
四	**多媒体系统工程费**			

（续表）

序号	项 目 名 称	计算基准	预算金额（万元）	备 注
（一）	硬件费用			
（二）	软件费用			
（三）	系统集成费			
（四）	影像制作费			
五	**其他费用**			
（一）	建设单位管理费			
（二）	招标代理费			
（三）	监理费			
（四）	设计费			

（二）费用标准

陈列展览项目一般要经历概念设计、深化设计和施工图设计阶段。针对各个阶段设计深度的不同，确定相应的费用标准。

1. 概念设计阶段

概念设计阶段主要包括陈列主题创意策划、市场调查与目标观众定位等工作内容。本阶段项目方案设计尚未成型，无法确定具体费用明细，宜采用综合定额标准，对立项筹建到竣工验收所需的全部费用，按单位展区地面面积的费用上限值控制。具体见下表：

概念设计阶段项目预算标准表

展馆类别	预算构成	预算标准	计算基准	备 注
博物馆	综合考虑项目从立项筹建到完成所需的全部费用	≤ 14 000 元 / 平方米	按展区地面面积算	展示馆可参照美术馆预算标准控制，科技馆可参照博物馆预算标准控制
纪念馆		≤ 12 000 元 / 平方米		
美术馆		≤ 10 000 元 / 平方米		

2. 深化设计和施工图设计阶段

深化设计阶段主要包括陈列大纲编写和专家论证、文字脚本编写等工作内容，并配有效果图和初步施工图等辅助说明，大体完成方案的编制工作。施工图设计阶段主要包括展品及相关资料收集和设计进一步深化等工作内容。深化设计和施工图设计阶段方案设计基本成型，可以确定基础装修工程费、陈列布展费、专业灯光购置费、多媒体系统工程费、其他费用等分项费用，宜采用分项定额标准对上述各分项费用，按单位展区地面面积的费用上限值控制。具体见下表：

深化设计和施工图设计阶段预算标准表

序号	费用项目	计算基准	预算标准		备　注
一	基础装修费	按照展区地面面积计算	≤ 3 000 元 / 平方米		改陈项目增加拆除工程费150元 / 平方米
二	陈列布展费	按照展区地面面积计算	博物馆	≤ 6 000 元 / 平方米	其中，进口专业恒温恒湿展柜按12万元 / 个控制
			纪念馆	≤ 4 000 元 / 平方米	
			美术馆	≤ 5 000 元 / 平方米	
三	专业灯光购置费	按照展区地面面积计算	国产灯具：≤ 1 000 元 / 平方米 进口灯具：≤ 1 500 元 / 平方米		
四	多媒体系统工程费	按照展区地面面积计算	≤ 3 000 元 / 平方米		多媒体系统费用占总投资比重原则上不应超过20%，数字虚拟展览可另行制定标准
五	其他费用	包括建设单位管理费、招标代理费、监理费、设计费等	参照《基本建设项目建设成本管理规定》（财建〔2016〕504号）、《招标代理服务收费管理暂行办法》（计价格〔2002〕1980号）、《工程建设监理收费标准》（发改价格〔2007〕670号）、《工程勘察设计收费管理规定》（计价格〔2002〕10号），根据项目实际及市场行情综合确定		

附：

1. 基础装修工程费用明细表

2. 陈列布展费用明细表

3. 专业灯光费用明细表

4. 多媒体系统工程费用明细表

5. 其他费用明细表

附 1　基础装修工程费用明细表

序号	项目名称	项目特征	单位	工程量	综合单价	合价	备注
	合　计						
一	**装饰工程**						
（一）	拆除工程						
（二）	隔断工程						
（三）	内部装饰						
	……						
	小　计						
二	**安装工程**						
（一）	水电安装						
（二）	暖通工程						
（三）	消防工程						
（四）	智能化工程						
	……						
	小　计						

附 2　陈列布展费用明细表

序号	项目名称	项目特征及配置要求	单位	工程量	单价	合价	备　注
	合　计						
一	**设备购置、制作及安置费**						
（一）	展　柜						注明采用国产、进口、工厂定制、现场制作的情况
（二）	展　墙						
（三）	展　台						
（四）	展　架						
（五）	展示说明牌						
（六）	可拆装组合式展板						
	……						
	小计						
二	**辅助展品制作费**						
（一）	场　景						
（二）	模　型						
（三）	沙　盘						
（四）	雕　塑						
（五）	绘　画						
	……						
	小　计						

注：项目特征及配置要求主要是对项目的功能和技术参数进行描述，如展柜，需要填报展柜的品牌、型号、是否恒温恒湿、是否定制等诸方面信息。

附 3 专业灯光费用明细表

序号	项目名称	规格型号和配置要求	单位	工程量	单价	合价	备 注
	合 计						
一	灯 具						
二	导 轨						
	……						

附 4 多媒体系统工程费用明细表

序号	项目名称	配置要求及技术参数	单位	工程量	单价	合价	备 注
	合 计						
一	**硬件费用**						品牌型号
(一)	投影机						
(二)	触摸系统						
	……						
二	**软件费用**						
三	**系统集成费**						
四	**影像制作费**						
	……						

附 5 其他费用明细表

序号	费 用 项 目	单 位	金 额	备 注
	合 计			
一	建筑单位管理费			
二	招标代理费			
三	监理费			
四	设计费			
	……			

信息公开选项：依申请公开

抄送：各省、自治区、直辖市、计划单列市财政厅（局），新疆生产建设兵团财务局，财政部驻各省、自治区、直辖市、计划单列市财政监察专员办事处。

财政部办公厅 2017 年 7 月 5 日印发

后　记

本书在写作过程中，始终坚持贴近中国博物馆建设现实，以问题为导向，旨在客观揭示博物馆建设及展览设计与工程实践中突出的或普遍性的问题，分析其原因，并提出了初步解决之道。为此，在本书的调研和写作过程中，笔者采访和征求了博物馆建设及展览设计与工程实践第一线的专家和从业人员，不仅获得了大量一手资料，而且得到了许多宝贵的意见，在此表示衷心的感谢！

特别要鸣谢：上海博物馆的李蓉蓉老师，上海美术设计公司的胡晓云老师，上海历史博物馆的张岚老师，杭州征野展示设计公司的徐征野老师，浙江自然博物院严洪明馆长，广州集中美公司的刘如凯老师，江苏美术馆的陈同乐老师，南京百会公司的胡朋老师、许建春老师和祝嵘先生，上海复雅照明公司的姜海涛先生等。